世界一わかりやすい

Illustrator & Photoshop 操作とデザインの教科書

ピクセルハウス 著

2021/2020/2019 対応版

技術評論社

注意 ご購入・ご利用前に必ずお読みください

本書の内容について

●本書記載の情報は、2021年1月14日現在のものなので、ご利用時には変更されている場合もあります。また、ソフトウェアはバージョンアップされる場合があり、本書での説明とは機能内容や画面図などが異なってしまうこともあり得ます。本書ご購入の前に必ずソフトウェアのバージョン番号をご確認ください。

●本書に記載された内容は、情報の提供のみを目的としています。本書の運用については、必ずお客様自身の責任と判断によって行ってください。これら情報の運用の結果について、技術評論社および著者はいかなる責任も負いかねます。
また、本書内容を超えた個別のトレーニングにあたるものについても、対応できかねます。あらかじめご承知おきください。

※本書は弊社発行の『世界一わかりやすいIllustrator & Photoshop 操作とデザインの教科書 CC/CS6対応版』(2018年3月発行)を基に、最新のAdobe Illustrator / Photoshopに対応させたものです。そのため、『世界一わかりやすいIllustrator & Photoshop 操作とデザインの教科書 CC/CS6対応版』と学習素材が重複しております。あらかじめご了承ください。

レッスンファイルについて

●本書で使用するレッスンファイル(練習用および練習問題ファイル)の利用には、別途アドビ株式会社(以後アドビ社)のIllustrator / Photoshopのバージョン2021/2020/2019が必要です。それ以外のバージョンでは利用できなかったり、操作手順が異なることがあります。

●本書で使用したレッスンファイルの利用は、必ずお客様自身の責任と判断によって行ってください。レッスンファイルを使用した結果生じたいかなる直接的・間接的損害も、技術評論社、著者、プログラムの開発者、レッスンファイルの制作に関わったすべての個人と企業は、一切その責任を負いかねます。

IllustratorとPhotoshopはご自分でご用意ください

●アドビ社のIllustratorおよびPhotoshopは、ご自分でご用意ください。

●アドビ社のWebサイトより、Illustrator 2021、Photoshop 2021の体験版(7日間有効)をダウンロードできます。ダウンロードには、Creative Cloudのメンバーシップ ID(Adobe ID)が必要です(無償で取得可能)。詳細は、アドビ社のWebサイト(下記URL)をご覧ください。

https://www.adobe.com/jp/

以上の注意事項をご承諾いただいた上で、本書をご利用願います。これらの注意事項をお読みいただかずに、お問い合わせいただいても、技術評論社および著者は対処しかねます。あらかじめ、ご承知おきください。

Illustrator 2021 / Photoshop 2021の動作に必要なシステム構成

※下記はアドビ社のWebサイトの情報から抜粋したものです。

Windows

● Illustrator:Intel マルチコアプロセッサー(64ビット対応必須)または AMD Athlon64プロセッサー
Photoshop:64ビットをサポートしているIntelまたはAMDプロセッサー(2GHz以上)SSE 4.2 以降
● Microsoft Windows 10(64ビット)バージョン1809以降
● 8GB以上のRAM(16GB以上を推奨)
● 4GB以上の空き容量のあるハードディスク(インストール時には追加の空き容量が必要)、SSDを推奨
● 1,280x800 以上の画面解像度をサポートするディスプレイ(1,920x1,080 以上を推奨)
タッチワークスペースを使用するには、Windows 10を実行しているタッチスクリーン対応タブレット / モニター(Microsoft Surface Pro 3を推奨)が必要です。
● OpenGL 4.xおよびDirectX 12対応対応のGPU
2GBのGPUメモリ(4K以上のディスプレイの場合は4GBのGPUメモリ)
● 必要なソフトウェアのライセンス認証、サブスクリプションの検証、およびオンラインサービスの利用には、インターネット接続および登録が必要です。

macOS

● Intel マルチコアプロセッサー(64-bit 対応必須)
● macOS バージョン 11.0(Big Sur)、10.15(Catalina)、10.14(Mojave)
● 8GB以上のRAM(16GB以上を推奨)
● 4GB以上の空き容量のあるハードディスク(インストール時には追加の空き容量が必要)、SSDを推奨
● 1,280x800 以上の画面解像度をサポートするディスプレイ(1,920x1,080 以上を推奨)
● MetalおよびOpenGL 4.xをサポートしているGPU
2GBのGPUメモリ(4K以上のディスプレイの場合は4GBのGPUメモリ)
● 必要なソフトウェアのライセンス認証、サブスクリプションの検証、およびオンラインサービスの利用には、インターネット接続および登録が必要です。

はじめに

本書はAdobe IllustratorおよびPhotoshopを初めて使う方を主な対象に作成されています。操作画像はそれぞれ2021で作成しましたが、旧バージョンでも理解できる内容になっています。

どちらのアプリも頻繁にアップデートされ、操作方法がよりシンプルに、直感的に、さらに可逆的になってきています。本書でも積極的に新機能を取り入れ、より簡単で効果的な操作方法を優先して紹介しています。

まずは使ってみましょう。
最初は説明が多く見えて大変そうでも、操作してみると意外に簡単なことがわかるでしょう。
そして、作例で繰り返し使うツールやコマンドの位置をだいたい覚えてしまえば、もう馴染んできたといえます。
基本的な操作に慣れてくれば、やがて、ほとんどの機能を推測しながら使えるようになるはずです。また、「こういう機能はこのあたりにまとまっているだろう」と、さっと探して使えるようになってきます。

多くの機能を有するIllustratorとPhotoshopなので、目的は同じでもやり方は複数あります。しかし、慣れていくうちに、どれが自分に合っているかわかってきます。
そうやって、自分の「ああしたい、こうしたい」が、アプリ上でのスムースな操作に結びつき、その数がひとつずつ増えていけば、やがて、確かな「自分の」デザインツールになることでしょう。
さらに作成した画像をWeb上に置いたり印刷したりしてみて、問題点を解決していくうちに、次第に作業手順や制作方法を工夫できるようになってきます。

アプリと対話しながら、かつアプリに制限されないよう、自分の「こうしたい」を大切にしつつ、アプリを使いこなしていきましょう。

本書が、これから制作を始める皆様の役に立つことを願って。

2021年1月　ピクセルハウス

本書の使い方

Lessonパート

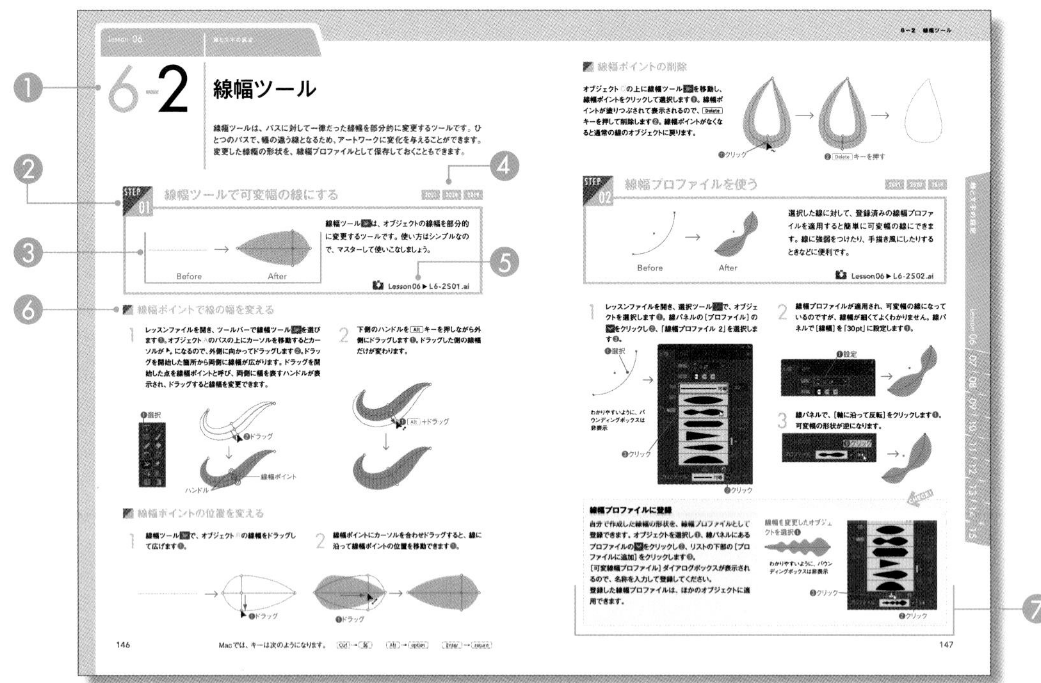

❶ 節

Lessonはいくつかの節に分けられています。機能紹介や解説を行うものと、操作手順を段階的にSTEPで区切っているものがあります。

❷ STEP / 見出し

STEPはその節の作業を細かく分けたもので、より小さな単位で学習が進められるようになっています。STEPによっては練習用ファイルが用意されていますので、開いて学習を進めてください。機能解説の節は見出しだけでSTEP番号はありません。

❸ Before / After

学習する作例のスタート地点のイメージと、ゴールとなる完成イメージを確認できます。作例によっては、これから描く図形や説明対象（パネルなど）の場合もあります。どのような作例を作成するかイメージしてから学習しましょう。

❹ 対応バージョン

学習する機能の対応バージョンが表記されています。

❺ レッスンファイル

そのSTEPで使用する練習用ファイルの名前を記しています。該当のファイルを開いて、実際に操作を行ってください（ファイルの利用方法については、P.006を参照してください）。

❻ 小見出し

STEP内で、具体的な操作を表す見出しが表示されています。

❼ コラム

解説を補うための２種類のコラムがあります。

Lessonの操作手順の中で
注意すべきポイントを紹介しています。

COLUMN

Lessonの内容に関連して、知っておきたい
テクニックや知識を紹介しています。

説明用の図版について

- Illustratorの説明用画像は、[オブジェクト] メニュー→ [CPUでプレビュー] を選択した状態のものです。[オブジェクト] メニュー→ [GPUでプレビュー] を選択して表示している場合、画像と表示が異なる場合があります。
- 説明用画像内の移動などを表す表示単位は、使用環境によって異なる場合があります。

本書は、クリエイターを目指す初学者のためにIllustratorの基本操作の習得を目的とした書籍です。レッスンファイル(専用サイトからダウンロード)の作成手順をステップアップ形式で学習し、章末の練習問題で学習内容を復習する、という流れをひとつの章にまとめてあります。なお、本書では画面をWindowsで紹介していますが、macOSでもお使いいただけます。

練習問題パート

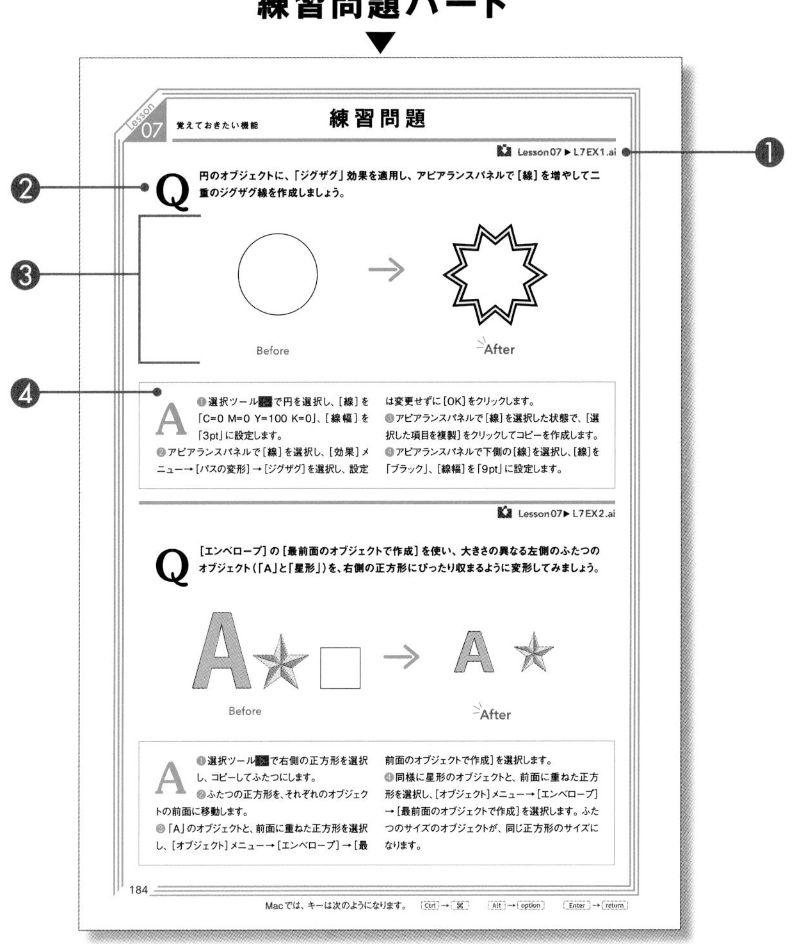

❶ 練習問題ファイル

練習問題で使用するファイル名を記しています。該当のファイルを開いて、操作を行いましょう(ファイルについては、P.006を参照してください)。

❷ Q (Question)

練習問題です。おおまかな手順が書いてあるので、Before / Afterを見ながら作成しましょう。

❸ Before / After

練習問題のスタート地点と完成地点のイメージを確認できます。Lessonで学んだテクニックを復習しながら作成してみましょう。

❹ A (Answer)

練習問題を解くための手順を記しています。問題を読んだだけでは手順がわからない場合は、この手順や完成見本ファイルを確認してから再度チャレンジしてみてください。

レッスンファイルのダウンロード

1 Webブラウザーを起動し、右記の本書Webサイトにアクセスします。

https://gihyo.jp/book/2021/978-4-297-11890-7

2 Webサイトが表示されたら、写真右の［本書のサポートページ］のリンクをクリックしてください。

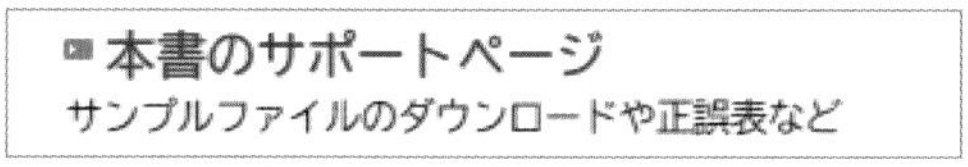

本書のサポートページ
サンプルファイルのダウンロードや正誤表など

3 レッスンファイルのダウンロード用ページが表示されます。
すべてのレッスンファイルを一括でダウンロードするか❶、レッスンごとにダウンロードするか❷を選択できます。
ダウンロードするファイルの［ID］欄に「AIPSSW3」、［パスワード］欄に「easytouw3」と入力して、［ダウンロード］ボタンをクリックします。

※文字はすべて半角で入力してください。
※大文字小文字を正確に入力してください。

ID—AIPSSW3　パスワード—easytouw3

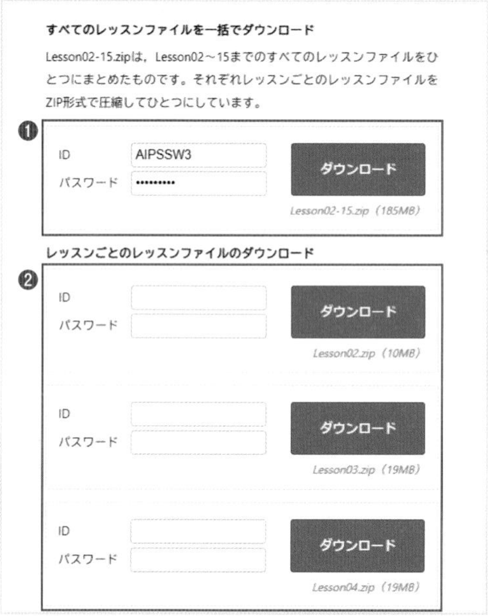

すべてのレッスンファイルを一括でダウンロード
Lesson02-15.zipは，Lesson02～15までのすべてのレッスンファイルをひとつにまとめたものです。それぞれレッスンごとのレッスンファイルをZIP形式で圧縮してひとつにしています。

❶
ID AIPSSW3
パスワード •••••••••
ダウンロード
Lesson02-15.zip（185MB）

レッスンごとのレッスンファイルのダウンロード

❷
ID
パスワード
ダウンロード
Lesson02.zip（10MB）

ID
パスワード
ダウンロード
Lesson03.zip（19MB）

ID
パスワード
ダウンロード
Lesson04.zip（19MB）

4 Windowsでは、ファイルが「ダウンロード」フォルダーに保存されます。［ファイルを開く］をクリックして、「ダウンロード」フォルダーを開き、解凍してからご利用ください。Macでは、ダウンロードされたファイルは、自動解凍されて「ダウンロード」フォルダーに保存されます。

Lesson02-15.zip
ファイルを開く　…　すべて表示　×

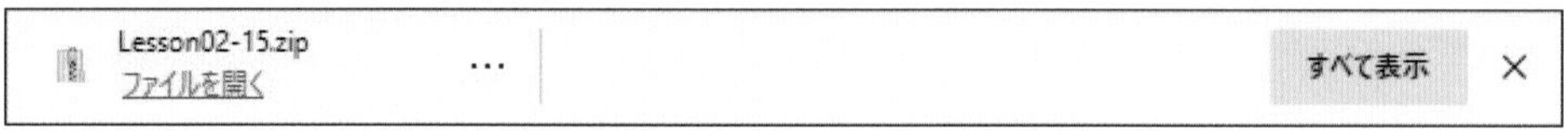

ダウンロードの注意点

- 上記手順はWindows10でMicrosoft Edgeを使った場合の説明です。Macについては、macOS11.0のSafariを使った場合です。
- ご使用になるOSやWebブラウザーによっては、自動解凍がされない場合や、保存場所を指定するダイアログボックスなどが表示される場合があります。
- 画面の表示に従ってファイルを保存し、ダウンロードしたファイルを解凍してからお使いください。

本書で使用しているレッスンファイルは、小社 Web サイトの本書専用ページより ダウンロードできます。ダウンロードの際は、記載のIDとパスワードを入力してください。 IDとパスワードは半角の小文字で正確に入力してください。

ダウンロードファイルの内容

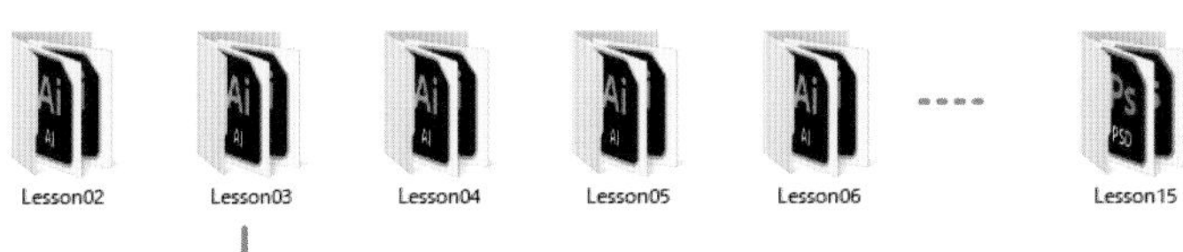

練習問題&完成見本ファイル

L3-1S01.ai

L3-1S02.ai

Lesson03の1、STEP02のレッスンファイルを意味します

L3EX1.ai

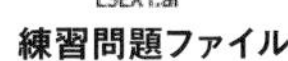

L3EX1_f.ai

完成見本ファイル

ファイル名の末尾に「f」がつきます

- Lesson01 には、レッスンファイルはありません。
- ダウンロードファイルは、各Lessonごとに分かれています。
- ダウンロードしたファイルを展開すると、各STEPごとに使用するレッスンファイルと、章末の練習問題用のファイルが入っています。フォルダーをデスクトップなどに移動して、必要に応じて利用してください。
- 内容によっては、レッスンファイルや練習問題ファイルがないものもあります。
- レッスンファイルによっては、複数のオブジェクトが保存されている場合があります。その場合、オブジェクトにはABCのように記号が表示されているので、本文内に表記された記号のオブジェクトを使用して練習してください。

レッスンファイル利用についての注意点

- レッスンファイルの著作権は各制作者（著者）に帰属します。これらのファイルは本書を使っての学習目的に限り、個人・法人を問わずに使用することができますが、転載や再配布などの二次利用は禁止いたします。
- レッスンファイルの提供は、あくまで本書での学習を助けるための無償サービスであり、本書の対価に含まれるものではありません。レッスンファイルのダウンロードや解凍、ご利用についてはお客様自身の責任と判断で行ってください。万一、ご利用の結果いかなる損害が生じたとしても、著者および技術評論社では一切の責任を負いかねます。

CONTENTS

［目　次］

Lesson 01

An easy-to-understand guide to Illustrator and Photoshop

Illustrator & Photoshopの基本

はじめに、IllustratorやPhotoshopがどんなソフトで、どのような目的で使用されるかということを学びます。また、ファイルの作成や開き方、保存方法、パネルの表示方法など基本的な操作方法についても学びます。

1-1 IllustratorとPhotoshopとは

IllustratorとPhotoshopは、商業印刷、Web制作、映像制作などクリエイティブな現場でプロが使うデザインツールとして必須のソフトウェアとなっています。はじめに、IllustratorとPhotoshopがどんなソフトか、概要をつかんでおきましょう。

Adobe IllustratorとAdobe Photoshop 2021 2020 2019

IllustratorもPhotoshopも、アドビ社が販売しているグラフィックソフトウェアで、出版や広告などの印刷物の作成から、Web用のパーツなどの作成まで、幅広い用途で利用されています。

アドビ社は、このほかにもInDesign、Dreamweaver、Premiere Pro、Lightroom Classicなどの、グラフィックやデザイン、動画などのクリエイター向けソフトウェアをたくさん用意しています。その中でもIllustratorはもっとも歴史の長いソフトで、1987年にバージョン1がリリースされました。その後も進化を続け最新バージョンであるIllustrator 2021（2020年10月リリース）は、トータルのバージョン数でいうと25になります。Photoshopは、1990年にバージョン1がリリースされ、最新バージョンのPhotoshop 2021（2020年10月リリース）はトータルバージョン数でいうと22となります。IllustratorもPhotoshopも、多くのユーザーに愛用され、プロのデザイナーやイラストレーターなどクリエイターの定番ソフトとなっています。

IllustratorとPhotoshopの違い 2021 2020 2019

両ソフトの違いをひと言で書くと、

・Illustratorはベクトル系ソフト

・Photoshopはラスター系ソフト

ということです。

グラフィックソフトは、ベクトル系（ドロー系）とラスター系（ペイント系）に大別されます。

Illustratorのようなベクトル系ソフトでは、円や長方形などの図形はひとつのかたまり（オブジェクト）として描画されます。オブジェクトは、数式で記憶されているため、拡大したり変形しても劣化しないのが大きな特徴です。また、オブジェクトごとに選択して重ねたり、移動できます。

Photoshopのようなラスター系ソフトでは、画像を小さな点（ピクセル）で描画します。そのため、拡大や変形すると画像が粗くなる場合があります。また、ベクトル系と異なり、画像内にある一部の円や長方形だけを移動したり削除することは簡単にはできません。

ちなみに、デジタルカメラで撮影した写真の画像も、ラスター系ソフトで作成した画像と同じようにピクセルが集まってできています。

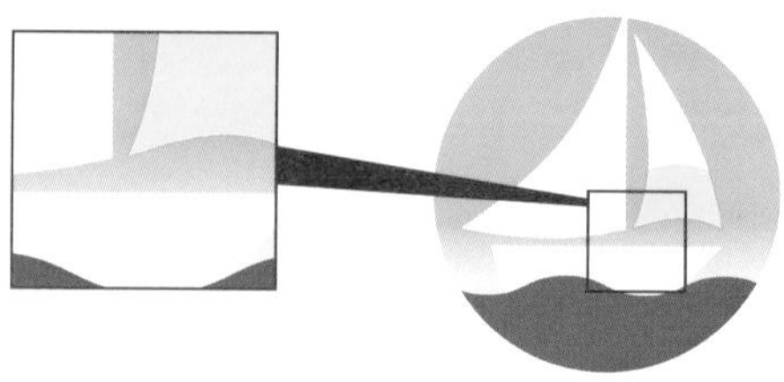

Illustratorの図形は、拡大してもなめらか

Photoshopで扱うデジタルカメラの画像などは拡大すると画像が粗くなる

Macでは、キーは次のようになります。 Ctrl → ⌘ Alt → option Enter → return

Illustratorのパスの構造

2021 2020 2019

Illustratorで作成する円や長方形などの図形を「パス」といい、パスは「アンカーポイント」と「セグメント」でできています。
アンカーポイントとは、図形の形状を決めるための点で、セグメントはアンカーポイント同士を結ぶ線です。曲線部分のアンカーポイントからはセグメントの形状を決める方向線（ハンドル）が出ており、「方向線（ハンドル）」をコントロールすることで、自由に曲線を作成できます。
オブジェクトの形状は、基本的にはパスの形状となります。オブジェクトの色は、パスの内部（[塗り]）と、パスそのもの（[線]）にそれぞれ設定できます。パスが閉じたものは「クローズパス」、開いているものは「オープンパス」といいます。
オブジェクトの形状は、アンカーポイントや方向線を調節することで、自由に変形できます。

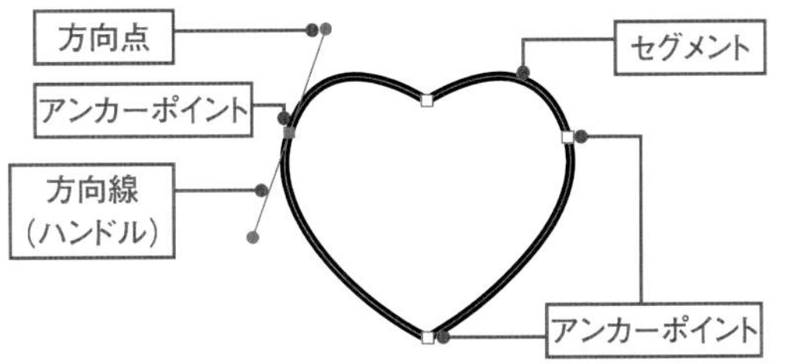

Illustratorで作成した図形（パス）は、アンカーポイントとセグメントで構成される

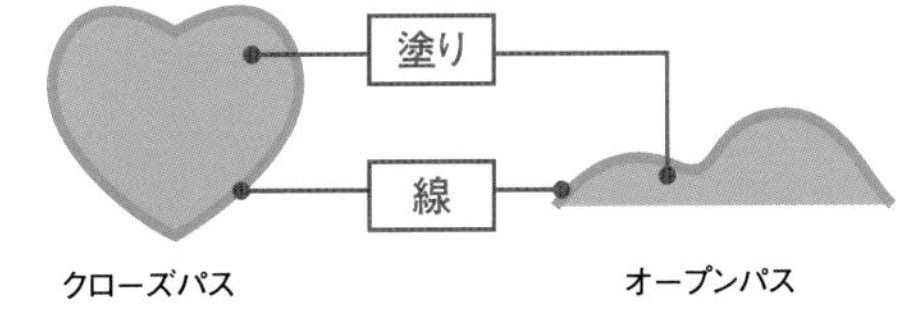

線が閉じた図形はクローズパス、開いている図形はオープンパス

IllustratorとPhotoshopの使い分け

2021 2020 2019

ふたつのソフトをどのように使い分けたらよいでしょうか？はっきりした線や境界を持つ図形を描いたり、拡大・縮小しながらデザインを考えるにはIllustratorが向いています。文字の入力はどちらのソフトでも可能ですが、Illustratorのほうが向いているといえます。一方、写真のような画像そのものを編集する場合には、Photoshopでしか扱えないと思って差し支えありません。
実際に作業を繰り返すうちに、自然と使い分けができるようになるでしょう。

通常はIllustrator上で写真や図形などのオブジェクトを組み合わせて最終仕上げとすることが多い

COLUMN

最新バージョンは「2021」（2020年10月リリース）

IllustratorとPhotoshopともに、AdobeのWebサイトからダウンロードして、パソコンにインストールして利用します。また、毎月の使用権を購入するサブスクリプション形式が採用され、Adobe IDでサインインしないと利用できません。
「Illustrator」「Photoshop」ともに、1年おきに最新バージョンがリリースされており、名称は「Illustrator 2021」「Photoshop 2021」のようにバージョン番号がついています（ただし、2019バージョンは「CC 2019」です）。
現時点（2020年12月）の最新バージョンは、2021（2020年10月リリース）で、本書では「2021」と表記します。なお、本書の説明用画像は、Windows 10環境で2021を使用しています。
Creative Cloudユーザーは、直近の「2021」と「2020」の2バージョン（最新版はリリース時期によるさらに細かなバージョン）をダウンロードして利用できます。

1-2 Illustratorのファイルの作成・保存

Illustratorのファイル（ドキュメント）のファイルの新規作成、既存のファイルの開き方、保存方法について学びます。Illustratorのもっとも基本となる操作なのでしっかり学びましょう。

ホーム画面

2021 2020 2019

Illustratorの起動直後は、ホーム画面が表示されます（画面は2021）。この画面から、新規ファイルを作成、既存ファイルを開きます。最近使用したファイルはサムネールで表示され、クリックするだけで開けるので、直近の仕事をすぐに再開できます。ホーム画面は、ドキュメントが開いていない状態では起動時でなくても表示されます。

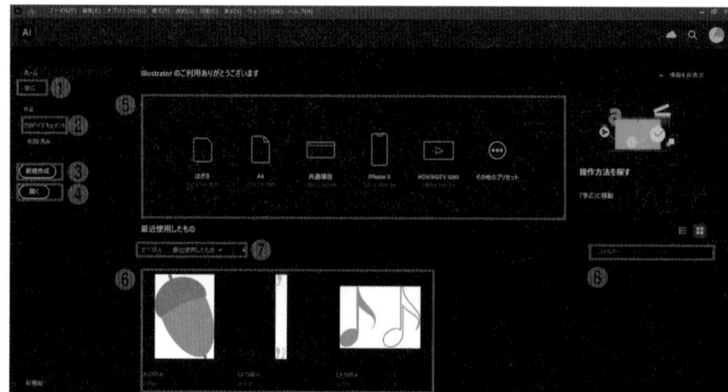

❶チュートリアルWebページの選択画面に切り替える
❷クラウドドキュメントに保存したファイルを表示
❸新規ドキュメントを作成する
❹既存のファイルを開く
❺プリセットを選択して新規ファイルを開く
❻最近使用したファイルのサムネール。クリックして開く
❼ファイルの並べ替え方法を選択する
❽指定した文字を含むファイルだけを表示する

CHECK!

ホーム画面を表示しない

ホーム画面を表示しないようにするには、[編集] メニュー→[環境設定]→[一般]（Macでは[Illustrator] メニュー→[環境設定]→[一般]）で、[ドキュメントを開いていないときにホーム画面を表示] をオフにします。

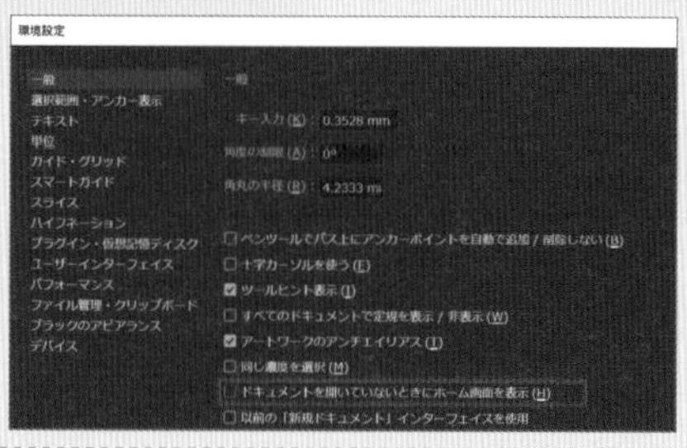

新規ファイルの作成

新規ファイルを作成する

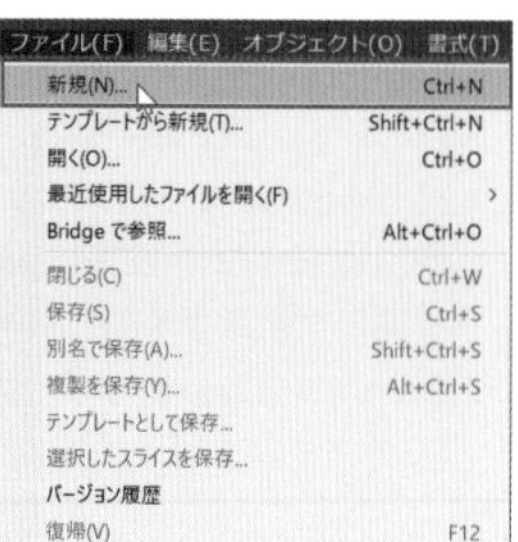

新規ファイルを作成するには、[ファイル] メニューの [新規] を選択するか、ホーム画面で[新規作成]をクリックします（ショートカットキーは Ctrl ＋ N キー）。[新規ドキュメント] ダイアログボックスが表示されるので、画面上部で新規ドキュメントの用途を選択し、[空のドキュメントプリセット]で、ドキュメントのサイズを選択します。右側に[プリセットの詳細] が表示されるので、ファイル名を入力し、必要に応じて [アートボードの数] [サイズ] [方向] を選択してください。[詳細設定] をクリックすると、CC2015.3以前の [新規ドキュメント] ダイアログボックスを表示できます。

Macでは、キーは次のようになります。 Ctrl → ⌘ Alt → option Enter → return

CHECK!

プリセットとは

作成目的に応じて最適な状態の新規ファイルを作成する設定です。これを選択すれば、後はアートボードの数やサイズ、向きを設定するだけです。

❶新規フィルの用途を選択
❷プリセット（サイズ）を選択
❸プリセットの詳細を設定
❹以前の［新規ドキュメント］ダイアログボックスを表示する
❺テンプレートから新規ファイルを作成

カラーモード

新規ファイルを作成する際に注意が必要なのが、カラーモードで、CMYKモードとRGBモードのふたつがあります。

CMYKモードは主に印刷物の制作用で、CMYKとは印刷に利用する4色のインクである、シアン（C）、マゼンタ（M）、イエロー（Y）、ブラック（K）のことです。RGBモードのRGBは光の三原色であるレッド（R）、グリーン（G）、ブルー（B）のことで、Webなどモニタ表示を目的とした制作物の場合に使います。

CHECK!

タッチワークスペース

Windows 10のタッチ対応デバイスでは、［タッチ］ワークスペースが利用できます。本書では、［タッチ］ワークスペースは使用せず、従来のワークスペースを使用して解説しています。

アートボードの管理

2021 2020 2019

アートボードと裁ち落としライン

図形や画像を配置する領域をアートボードといい、通常は印刷する用紙サイズを指定します。裁ち落としラインは、アートボードの外側に赤いラインで表示されます。商業印刷物の作成において、用紙の端いっぱいまで画像やオブジェクトを印刷する場合、紙を裁断する際の余白としてアートボードよりも若干はみ出した状態でレイアウトします。このはみ出し幅が裁ち落としです。通常は裁ち落とし幅は3mmです。裁ち落とし幅を変更するには、［ファイル］メニューの［ドキュメント設定］を選択し、［ドキュメント設定］ダイアログボックスで設定します。

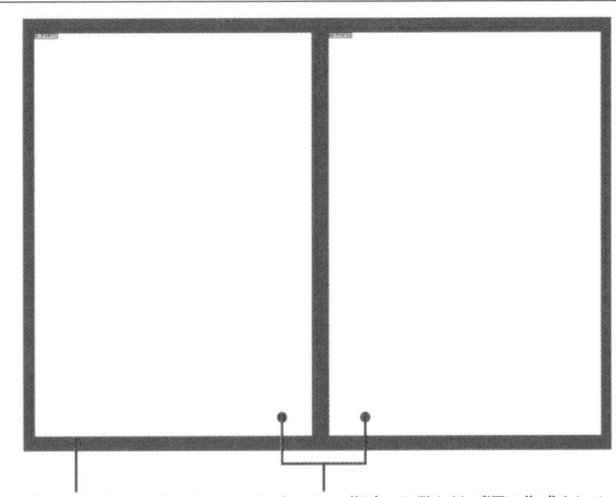

裁ち落としラインはアートボードの外側の赤い線

アートボードは、指定した数と並び順で作成される。アートボード内に図形等を作成する

アートボードパネル

新規ドキュメントを作成後にアートボードを追加、削除するには、アートボードパネルを使います。

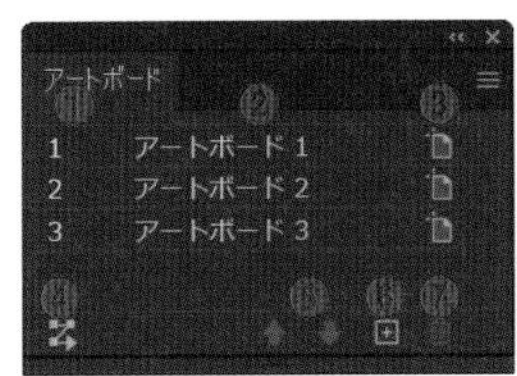

❶アートボードの番号
❷アートボードの名前。名前は、［アートボードオプション］ダイアログボックスで変更できる
❸クリックして、選択しているアートボードの［アートボードオプション］ダイアログボックスを表示する
❹アートボードを再配置する
❺選択したアートボードの順番を上下に移動する
❻選択中のアートボードの下に新規アートボードを作成する
❼選択したアートボードを削除する。アートボードを削除しても、そのアートボードに含まれていたオブジェクトは削除されずに残る

アートボードツール

アートボードツールを選択すると、ドラッグして新しいアートボードを作成できます。アートボードを移動したり、サイズを変更したりもできます。また、プロパティパネルで、新しいアートボードを追加したり削除することもできます。

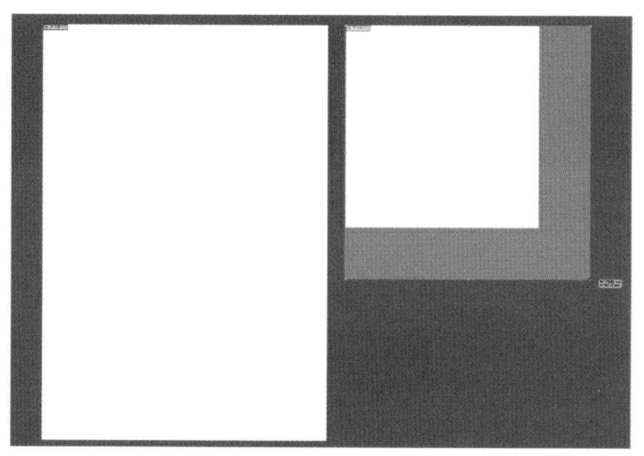

アートボードツールで、アートボードをドラッグして移動したり、サイズを変更できる

既存ファイルを開く

2021 2020 2019

すでに保存済みのファイルを開くには［ファイル］メニューの［開く］を選択し、ダイアログボックスで開くファイルを選択します。ショートカットキーの Ctrl ＋ O キーを覚えておくとよいでしょう。Illustratorファイルのアイコンを直接ダブルクリックしてもかまいません。また［ファイル］メニューの［最近使用したファイルを開く］からは、直近に使用したファイルが表示され、選択するだけで開くことができます。

ホーム画面から開く

ホーム画面が表示されている場合、最近使用したファイルのサムネールをクリックして、ファイルを開けます。また［開く］をクリックしてファイルを指定して開けます。

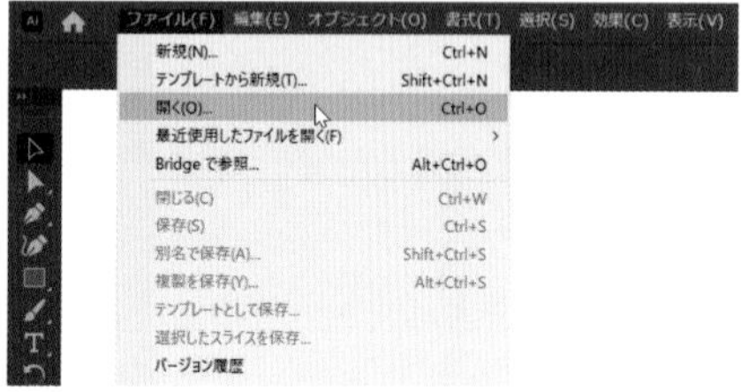

既存ファイルを開くには、［ファイル］メニューの［開く］を選択する

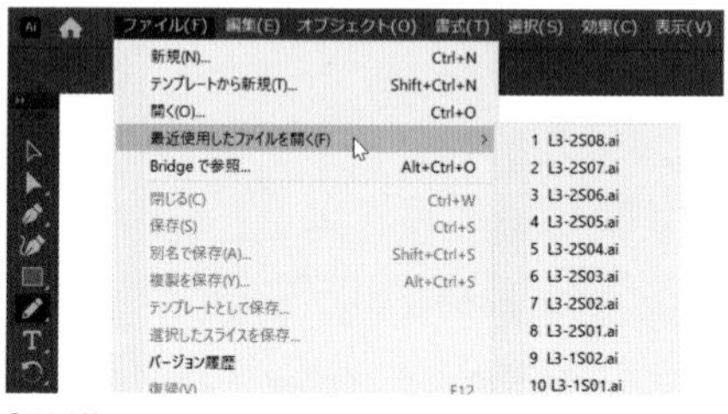

［最近使用したファイルを開く］からは、直近に開いたファイルを選択して開くことができる

フォントがない場合の警告

開いたIllustratorファイルに使われているフォントが、自分のパソコンにないときに表示されます。フォントがない状態でもIllustratorで開いて作業することも可能ですが、代替フォントが使われるため、元のレイアウトと若干異なることを理解してください。最適な対処方法は、表示されたフォントをインストールすることです。Adobe Fontsで入手できるフォントは、［アクティベート］にチェックして［フォントをアクティベート］をクリックすればインストールできます。

また、代替フォントが適用された箇所は、背景がピンクの強調表示となります。

ファイルを開いた際、フォントがない場合に表示されるダイアログボックスの例

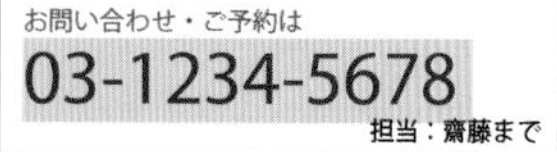

強調表示された代替フォントの適用箇所。本来のフォントとは別の代替フォントで表示されていることがわかる

カラープロファイルの違い

[カラー設定]ダイアログボックスでの設定内容によっては、ファイルを開いた際に警告ダイアログボックスが表示されることがあります。これは、開いたファイルに埋め込まれているカラープロファイルと、自分の作業環境のカラープロファイルが異なる場合です。IllustratorとPhotoshop、どちらも同じです。
[カラー設定]で、初期設定の[一般用-日本2]が選択されていれば表示されません。
[プロファイルなし]ダイアログボックスが開いた場合、そのファイルにはカラープロファイルが埋め込まれていません。通常は[そのままにする]を選択しておくとよいでしょう。[現在の作業用スペースを割り当て]を選択すると、色が変わる可能性があります。
[埋め込まれたプロファイルの不一致]ダイアログボックスが表示された場合は、ファイルのカラープロファイルと、作業環境のカラープロファイルのどちらに合わせるか、カラープロファイルを破棄してしまうかを選択します。通常は[作業用スペースの代わりに埋め込みプロファイルを使用する]を選択しておくとよいでしょう。

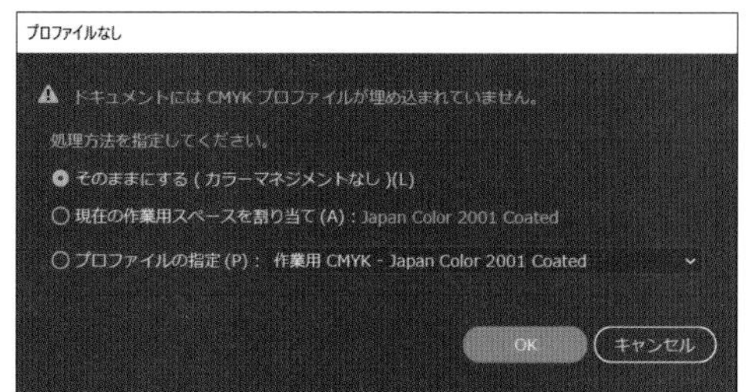

プロファイルのないファイルを開いた際に表示される

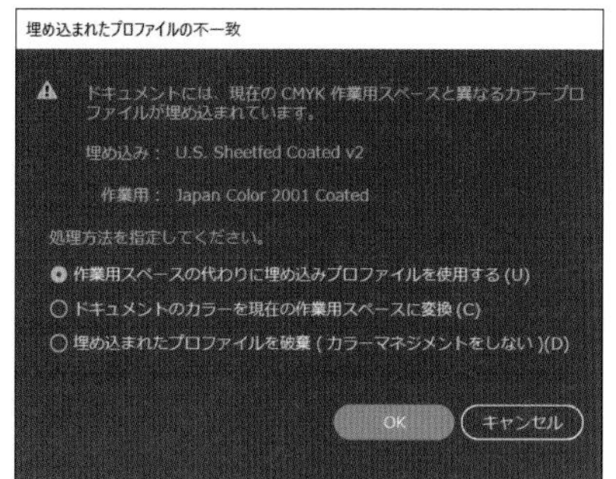

異なるプロファイルのファイルを開いた際に表示される

COLUMN

カラー設定とカラープロファイル

写真をモニタで見ると、同じ写真がモニタによって色が変わって見えることがあります。これは、同じ色でも、モニタによって発色が異なるからです。このような色の異なりを最小限に抑えるために、色の数値が実際にどの色を表すかを決めているのが「カラープロファイル」です。Illustrator / Photoshopともに、[編集]メニュー(Macでは[Illustrator]メニュー/[Photoshop]メニュー)の[カラー設定]の、[作業用スペース]で設定されています。
カラープロファイルを使って色を管理することを「カラーマネジメント」といいます。
本書は初期設定である[一般用-日本2]を前提に書かれています。

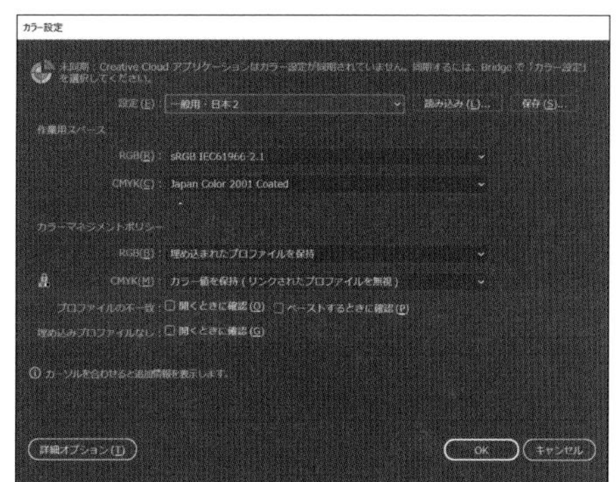

Illustratorの[カラー設定]ダイアログボックス。[作業用スペース]でカラープロファイルを選択する。[カラーマネジメントポリシー]では、異なったカラープロファイルのファイルを開いた際の対応方法を設定する

COLUMN

フォントとAdobe Fonts

フォントとは、文字の形状を決める書体データのことです。Windows / Macともに、はじめからフォントが入っていますが、書体にこだわったアートワークを作成するには、自分でフォントを追加する必要があります。フォントは無償のものもありますが、印刷用途のフォントは、モリサワやフォントワークスなどの製品のように有償のものがほとんどです。
「Adobe Fonts」(旧名「Typekit」)は、フォントをWebで提供するAdobeのサービスです。IllustratorやPhotoshopのユーザー(Creative Cloudユーザー)は、Adobe Fontsのフォントを、自由にダウンロードして利用できます。
日本語書体も数多く用意されており、ダウンロードしたフォントは、IllustratorとPhotoshopだけではなく、InDesignなどのほかのAdobeアプリケーションで利用できます。

ファイルの保存

2021 2020 2019

ファイルを保存するには、[ファイル]メニューの[保存]を選択します。キーボードショートカットは Ctrl ＋ S キーです。「コンピュータまたはクラウドドキュメントに保存してください」と表示されたら、[コンピュータに保存]をクリックしてください([クラウドドキュメントに保存]は次ページ参照)。[別名で保存]ダイアログボックスが開くので、[ファイル名]、[保存場所]、[ファイルの種類](Macでは[ファイル形式])を選択して[保存]をクリックします。[ファイルの種類](Macでは[ファイル形式])は、ファイル形式のことで、通常は[Adobe Illustrator (*.AI)]を選択します。
[Illustratorオプション]ダイアログボックスが表示されるので、バージョンやオプションを設定して[OK]をクリックします。

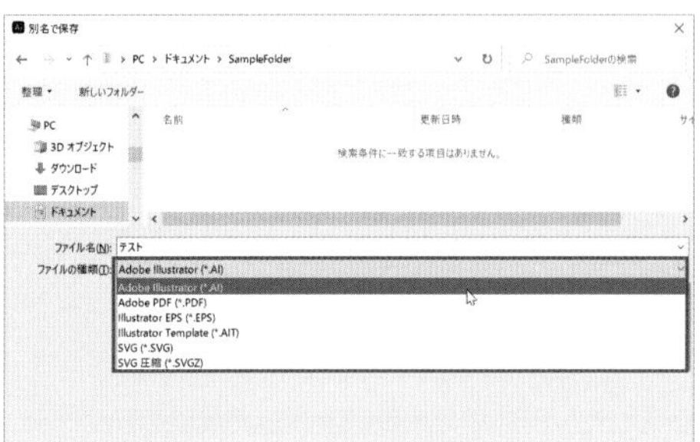

通常は[Adobe Illustrator (*.AI)]を選択する

COLUMN

旧バージョンでの保存注意点

旧バージョンで保存すると、新しいバージョンで追加された機能を使った部分は分割されることがあります。旧バージョンのデータが必要な場合、最新バージョンで保存しておき、旧バージョンのデータは[ファイル]メニューの[別名で保存]で名前を変えて保存してください。

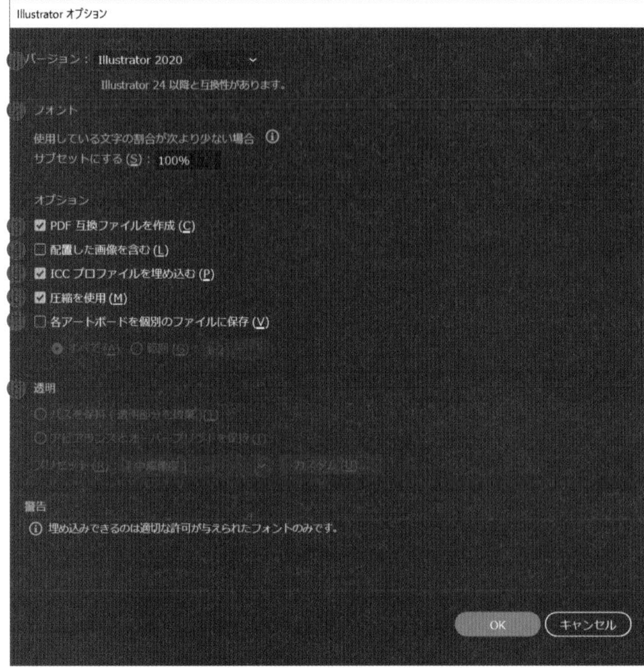

❶バージョンを選択する。[Illustrator CCレガシー]は、Illustrator CCから2019までのバージョン
❷ファイルで使用しているフォントを埋め込む際のサブセットにする割合を設定する(通常は変更しない)
❸チェックするとPDF互換ファイルが作成され、IllustratorファイルをAdobe Acrobat Readerで表示できる
❹配置画像を埋め込んで保存する場合はチェックする
❺カラープロファイルを埋め込んで保存する場合にはチェックする
❻ファイルを圧縮する(通常はチェック)
❼アートボードを個別のファイルに保存する際にチェックする
❽不透明度を適用したオブジェクトを含むファイルをIllustrator 8以前のバージョンで保存する際に、サポートされていない透明部分をどうするかを設定する。[パスを保持]では透明情報がなくなりパスの形状が保持され、[アピアランスとオーバープリントを保持]では透明な見た目が保持されるがパスは分割される

そのほかのファイル形式

[Adobe PDF (*.PDF)]は、Adobe Acrobat Readerで表示できるPDFで保存する場合に選択します。PDFは作成したデータをIllustratorを持たないユーザーに見てもらう場合や、印刷データとして使用します。
[Illustrator EPS (*.EPS)]は、AIファイルをレイアウトできない古いDTPソフトでIllustratorファイルを配置する際に使用します。
[Illustrator Template (*.AIT)]は、テンプレートファイルとして保存します。テンプレートファイルは[ファイル]メニューの[テンプレートから新規]で選択すると、保存した内容が入った新規ファイルを作成できます。
[SVG (*.SVG)][SVG圧縮 (*.SVGZ)]は、「W3C」(World Wide Web Consortium：インターネットで使用される各種技術の標準化を推進するために設立された標準化団体)がオープン標準として勧告しているベクターデータの画像形式で保存します。

Macでは、キーは次のようになります。 Ctrl → ⌘　Alt → option　Enter → return

クラウドドキュメントに保存

2021　2020　2019

ファイルを保存する際に、[クラウドドキュメントに保存] を選択すると、インターネットを通してAdobeのクラウド環境に保存されます（前ページの [別名で保存] ダイアログボックスでも [クラウドドキュメントを保存] をクリックしても大丈夫です）。
クラウドドキュメントとして保存すると、同じAdobe IDでサインインすれば、ほかのコンピュータやiPadからも同じファイルを利用できます。
[クラウドドキュメントに保存] では、ファイル名は付けられますが、[コンピュータに保存] とは異なりバージョンの選択などのオプションはありません。拡張子は自動で「*.aic」となり、タブにはが表示されます。

[クラウドドキュメントに保存] を選択すると、クラウドに保存される

CHECK!

Photoshopもクラウドドキュメント対応

Photoshopも、2020から [クラウドドキュメントに保存] に対応しています。拡張子は [*.psdc] となります。
なお、2020では、[バージョン履歴] パネルには対応していません。

拡張子は自動で「*.aic」となり、タブにはが表示される

クラウドドキュメントの管理

ホーム画面の [クラウドドキュメント] を選択すると、[クラウドドキュメントに保存] で保存したクラウドドキュメントが表示されます。ファイルをクリックすれば、クラウドドキュメントを開けます。また、ファイル名を変更したり、削除したりできます。フォルダーを作って管理することもできます。
また、Webブラウザーで、Creative Cloudのサイト (https://creativecloud.adobe.com/) にサインインし、[作品] → [ファイル] → [クラウドドキュメント] を選択すると、すべてのクラウドドキュメントを表示できます。

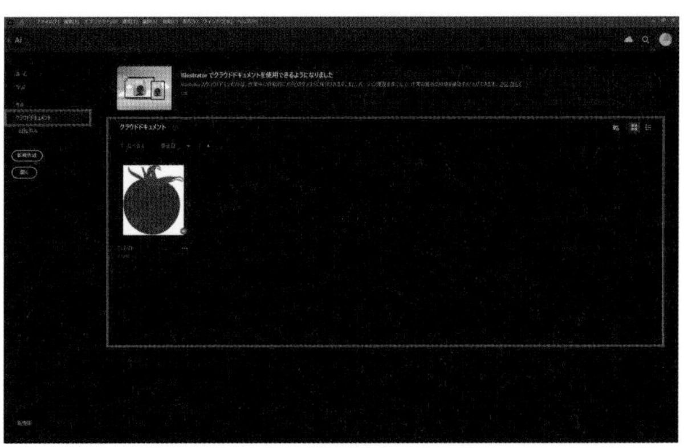

ホーム画面の [クラウドドキュメント] で、クラウドドキュメントを管理できる

バージョン履歴

クラウドドキュメントは、上書き保存するごとに、日付と時刻のわかるバージョンが作成されます。[バージョン履歴] パネルを表示すると、過去のバージョンがリスト表示され、クリックすると過去の状態をプレビューできます。また、をクリックすると、過去のバージョンに戻したり、わかりやすい名前を付けたりできます。
過去バージョンは30日を過ぎると削除されますが、をクリックして保護すると、削除対象から除外されます。

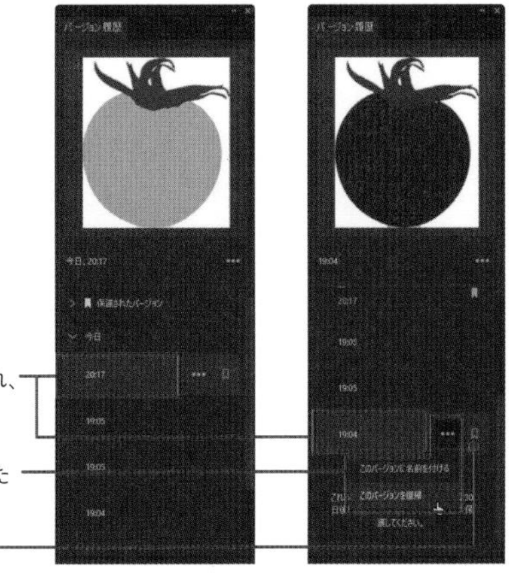

上書き保存するごとにバージョンが作成され、過去の状態を確認できる

過去バージョンへ復元したり、名前を付けたりできる

過去バージョンを保護できる

1-3 Photoshopのファイルの作成・保存

Photoshopのファイルの新規作成、既存のファイルの開き方、保存方法について学びます。Photoshopでのもっとも基本となる操作なのでしっかり学びましょう。

ホーム画面

2021 2020 2019

Photoshopの起動直後は、ホーム画面が表示されます（画面は2021）。この画面から、新規ファイルを作成、既存ファイルを開きます。最近使用したファイルはサムネールで表示され、クリックするだけで開けるので、直近の仕事をすぐに再開できます。ホーム画面は、ドキュメントが開いていない状態では起動時でなくても表示されます。

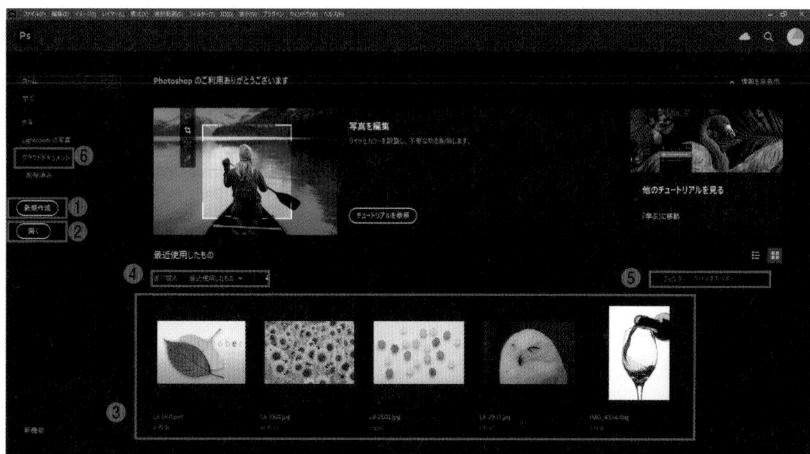

❶新規ドキュメントを作成する
❷既存のファイルを開く
❸最近使用したファイルのサムネール。クリックして開く
❹ファイルの並べ替え方法を選択
❺指定した文字を含むファイルだけを表示する
❻クラウドドキュメントに保存したファイルを表示する

ホーム画面を表示しない

ホーム画面を表示しないようにするには、[編集]メニュー→[環境設定]→[一般]（Macでは[Photoshop]メニュー→[環境設定]→[一般]）で、[ホーム画面を自動表示]をオフにします。再起動後に変更は有効になります。

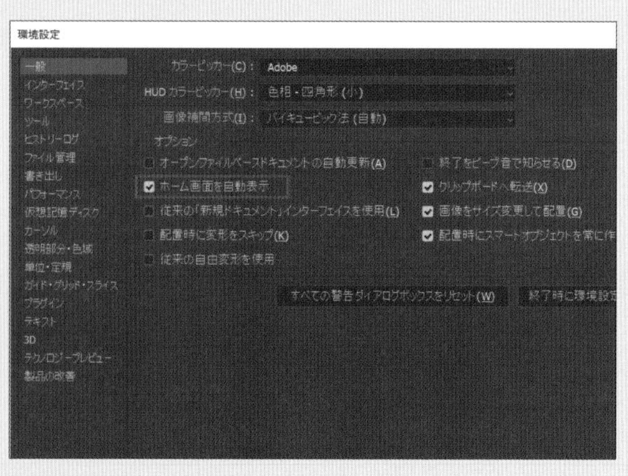

Macでは、キーは次のようになります。 Ctrl → ⌘ Alt → option Enter → return

新規ファイルの作成

2021 2020 2019

新規ファイルを作成する

新規ファイルを作成するには、[ファイル] メニューの [新規] を選択するか、ホーム画面で[新規作成]をクリックします(ショートカットキーは Ctrl ＋ N キー)。[新規ドキュメント] ダイアログボックスが表示されるので、画面上部で新規ドキュメントの用途を選択し、[空のドキュメントプリセット]で、ドキュメントのサイズを選択します。右側に[プリセットの詳細]が表示されるので、ファイル名を入力し、必要に応じて[サイズ][方向][アートボード][解像度] [カラーモード] [カンバスカラー] 等を選択・設定してください。

ファイル(F) 編集(E) イメージ(I) レイヤー(L)
新規(N)... Ctrl+N
開く(O)... Ctrl+O
Bridge で参照(B)... Alt+Ctrl+O
指定形式で開く... Alt+Shift+Ctrl+O
スマートオブジェクトとして開く...
最近使用したファイルを開く(T)
閉じる(C) Ctrl+W
すべてを閉じる Alt+Ctrl+W
その他を閉じる Alt+Ctrl+P

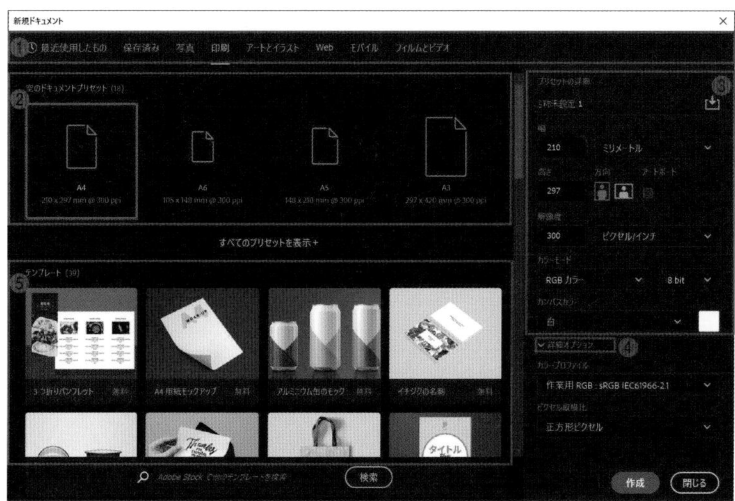

❶新規フィルの用途を選択する
❷プリセット(サイズ)を選択する
❸プリセットの詳細を設定する
❹詳細オプションを表示する
❺テンプレートから新規ファイルを作成する

プリセットとは

作成目的に応じて最適な状態の新規ファイルを作成する設定です。これを選択すれば、後は向きやカラーモードを設定するだけです。

アートボード

アートボードにチェックを入れると、ひとつのドキュメント内に複数の異なったサイズのカンバスを作成できます。モバイルアプリのデザインなど、ひとつのファイル内に複数のバリエーションを作成したいときに便利です。

アートボードは、レイヤーパネルのパネルオプションメニューから[アートボードを新規作成]で追加作成できます。

ふたつのアートボードを作成した画面

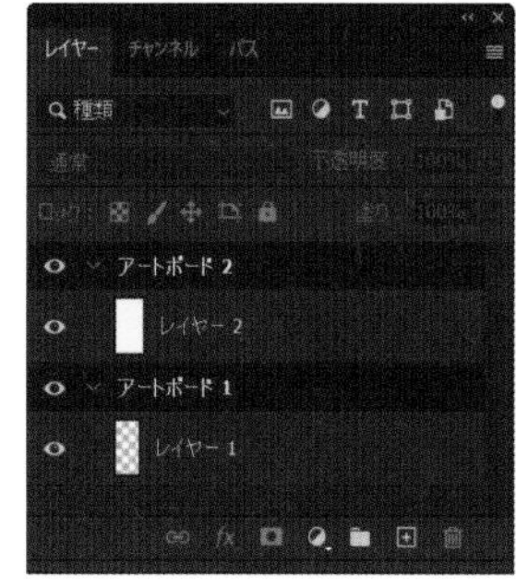

ふたつのアートボードを作成したドキュメントのレイヤーパネル

解像度とは

Photoshopのようなラスター系のソフトで重要な知識が「解像度」です。Photoshopで扱う写真画像のデータは、小さなピクセル（画素）が集まってできていますが、ピクセルには1ピクセル＝XXmmのように決まった大きさがありません。ピクセルのサイズは、1インチにピクセルがどれぐらい入るかで表現します。これが解像度です。単位は「ppi」（pixel per inch）です。解像度は、数値が大きいほどピクセルサイズが小さくなります。
商業印刷で使用する画像は、通常300～350ppiで作成します。
Webなどモニタで表示する画像では、解像度よりも実際の縦横のピクセル数が重要となります。プリセットで[Web]や[モバイル]を選択した後に、[幅][高さ]で作成する画像のピクセル数を指定するとよいでしょう。

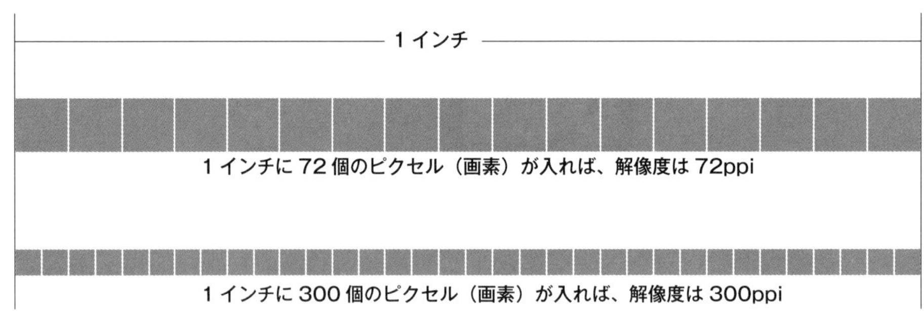

カラーモードとビット数

Photoshopでは、新規ファイルを作成する際には一般的にRGBでファイルを作成します。最初はRGBで作業をすすめて、印刷物の制作用にはCMYKに変換します。Web用の素材などモニタ表示を目的とした制作物にはRGBのままとします。
ビット数とは、画像のピクセル（画素）の色情報で使用する数です。1ピクセルあたりのビット数は多いほど、使用できる色の数が増えます。RGB 8bitの画像は、「R」「G」「B」のそれぞれが2^8=256階調で表現できます。色の組み合わせは、256×256×256＝16,777,216で、16,777,216通りの色が使えます。ビット数が多ければ色は正確に表現できますが、その分ファイルサイズは大きくなります。
カラー画像の場合、通常はRGB、CMYKともに8bitに設定しておけば大丈夫です。

CHECK!

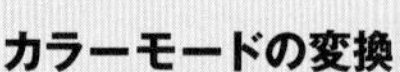

カラーモードの変換

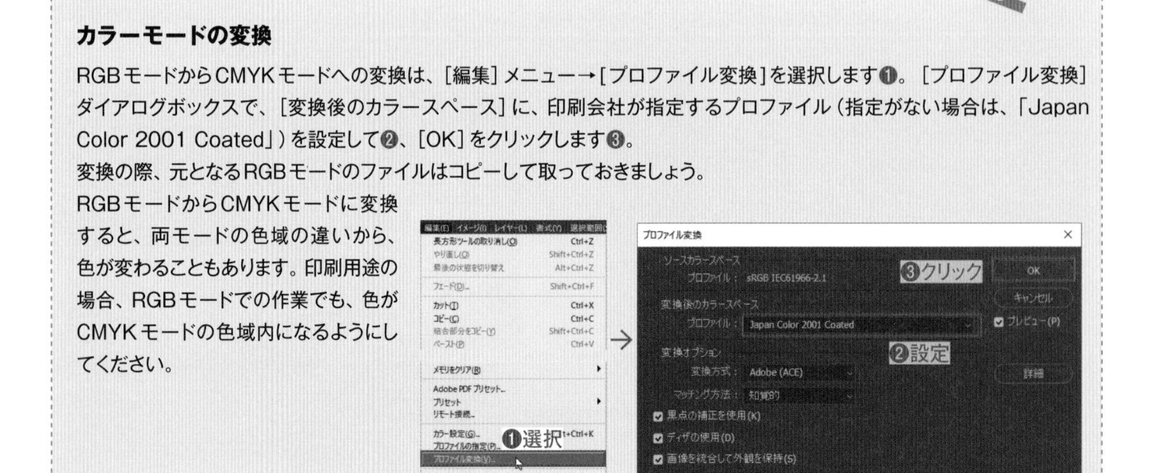

RGBモードからCMYKモードへの変換は、[編集]メニュー→[プロファイル変換]を選択します❶。[プロファイル変換]ダイアログボックスで、[変換後のカラースペース]に、印刷会社が指定するプロファイル（指定がない場合は、「Japan Color 2001 Coated」）を設定して❷、[OK]をクリックします❸。
変換の際、元となるRGBモードのファイルはコピーして取っておきましょう。
RGBモードからCMYKモードに変換すると、両モードの色域の違いから、色が変わることもあります。印刷用途の場合、RGBモードでの作業でも、色がCMYKモードの色域内になるようにしてください。

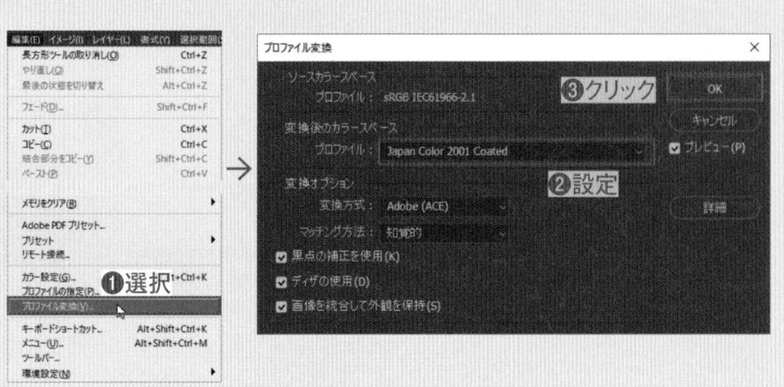

Macでは、キーは次のようになります。 Ctrl → ⌘　Alt → option　Enter → return

既存ファイルを開く

2021　2020　2019

すでに保存済みのファイルを開くには［ファイル］メニューの［開く］を選択し、ダイアログボックスで開くファイルを選択します。ショートカットキーのCtrl＋Oキーを覚えておくとよいでしょう。また［ファイル］メニューの［最近使用したファイルを開く］からは、直近に使用したファイルが表示され、選択するだけで開くことができます。

CHECK!

ホーム画面から開く

ホーム画面が表示されている場合、最近使用したファイルのサムネールをクリックして、ファイルを開けます。また［開く］をクリックしてファイルを指定して開けます。

既存ファイルを開くには、［ファイル］メニューの［開く］を選択する

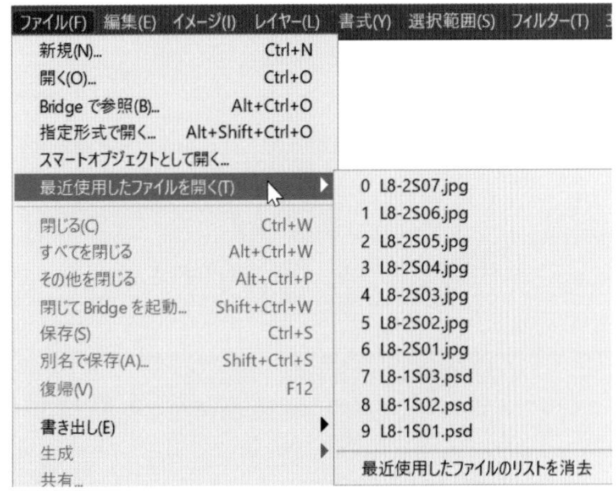

［最近使用したファイルを開く］からは、直近に開いたファイルを選択して開くことができる

フォントがない場合の動作

開いたPhotoshopファイルに使われているフォントが、自分のパソコンにない場合、PhotoshopではAdobe Fontsからダウンロード可能なフォントであれば自動的にダウンロードして使用可能になります。ダウンロードできないフォントの場合にはフォントのないテキストレイヤーに警告アイコンが表示され、文字の修正を行うには、ほかのフォントに置き換える必要があります。最適な対処方法は、表示されたフォントをインストールすることです。

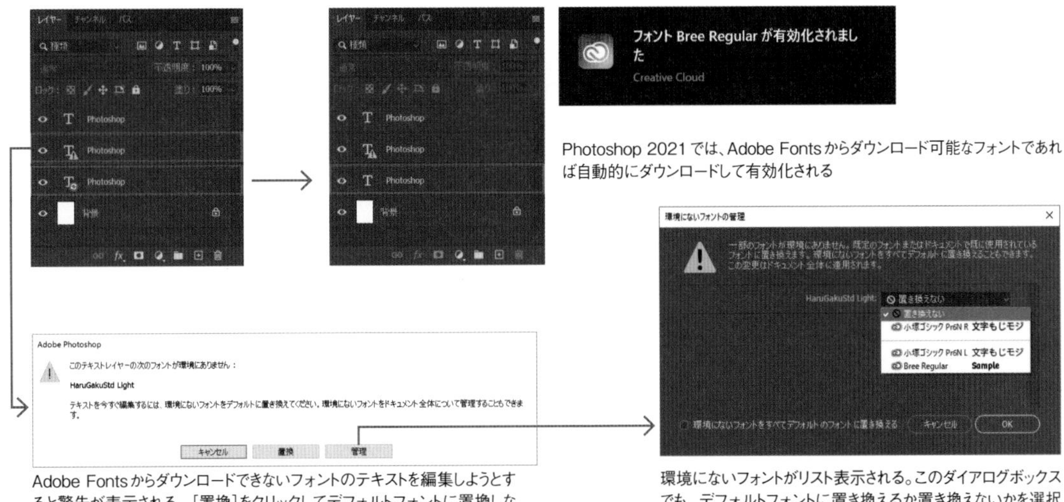

Photoshop 2021では、Adobe Fontsからダウンロード可能なフォントであれば自動的にダウンロードして有効化される

Adobe Fontsからダウンロードできないフォントのテキストを編集しようとすると警告が表示される。［置換］をクリックしてデフォルトフォントに置換しないと編集できない

環境にないフォントがリスト表示される。このダイアログボックスでも、デフォルトフォントに置き換えるか置き換えないかを選択できる

ファイルの保存

2021 2020 2019

ファイルを保存するには、[ファイル] メニューの [保存] を選択します。キーボードショートカットは Ctrl + S キーです。「コンピュータまたはクラウドドキュメントに保存してください」と表示されたら、[コンピュータに保存] をクリックしてください([クラウドドキュメントに保存] はP.019の「クラウドドキュメントに保存」参照)。[名前を付けて保存] ダイアログボックス(または[別名で保存]ダイアログボックス)が開くので、[ファイル名]、[保存場所]、[ファイルの種類](Macでは[フォーマット])を選択して [保存] をクリックします。[ファイルの種類](Macでは [フォーマット]) は、ファイル形式のことで、通常は [Photoshop (*.PSD;*.PDD;*.PSDT)] を選択します。必要に応じて、保存オプションを設定して [OK] をクリックします。

[Photoshop形式オプション] ダイアログボックスが表示されたら、[互換性を優先] にチェックして [OK] をクリックします。

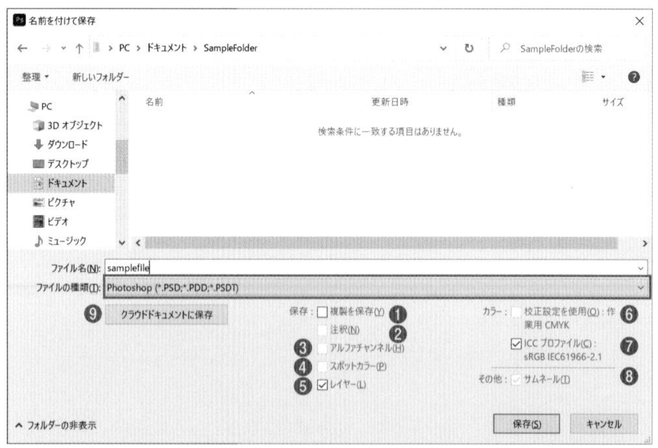

通常は [Photoshop (*.PSD;*.PDD;*.PSDT)] を選択する

❶現在の内容のファイルの複製を作成する
❷注釈ツールで挿入した注釈を保存する
❸アルファチャンネルを保存する
❹スポットカラーを保存する
❺レイヤーを保存する
❻[表示] メニューの [校正設定] で選択した校正設定のカラーで保存する
❼ICCプロファイル (カラープロファイル) を保存する
❽ファイルのサムネールデータを保存する
❾クラウドドキュメントに保存する

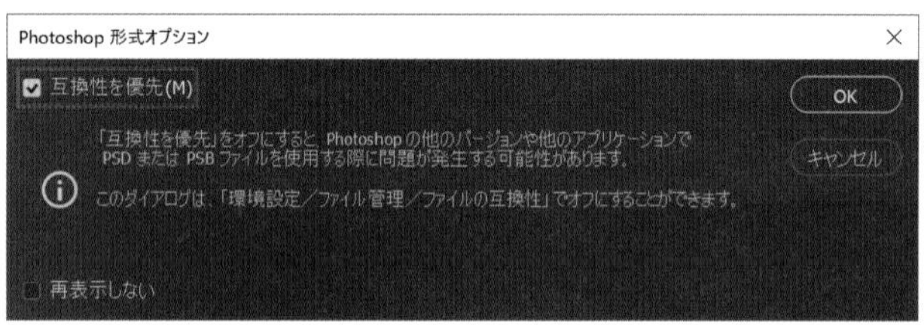

[互換性を優先] にチェックして [OK] をクリック

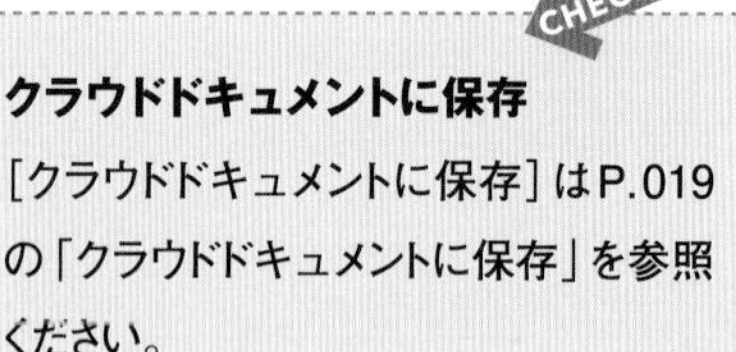

CHECK!

クラウドドキュメントに保存

[クラウドドキュメントに保存] はP.019の「クラウドドキュメントに保存」を参照ください。

ほかの画像形式で保存

[ファイルの種類] (Macでは [フォーマット]) をクリックすると、リストが表示されPhotoshop形式以外の画像形式を選択して保存できます。

Photoshop形式以外の画像形式では、レイヤーなどサポートされていない機能は統合されることがあります。

JPEGやPNG形式が必要な場合は、Photoshop形式で保存した後に、[ファイル] メニューの [別名で保存] を選択して保存し、元のPhotoshopファイルは残すようにするとよいでしょう。

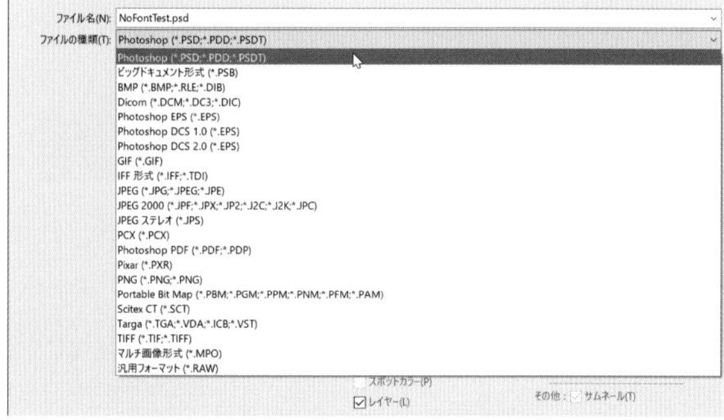

[ファイルの種類] で、ほかの画像形式を選択して保存できる

Macでは、キーは次のようになります。 Ctrl → ⌘　Alt → option　Enter → return

1-4 画面の基本操作

IllustratorやPhotoshopを起動した後の画面や、パネルの表示に関する基本操作を覚えましょう。制作のためのはじめの一歩です。

Illustrator 2021の画面

2021 2020 2019

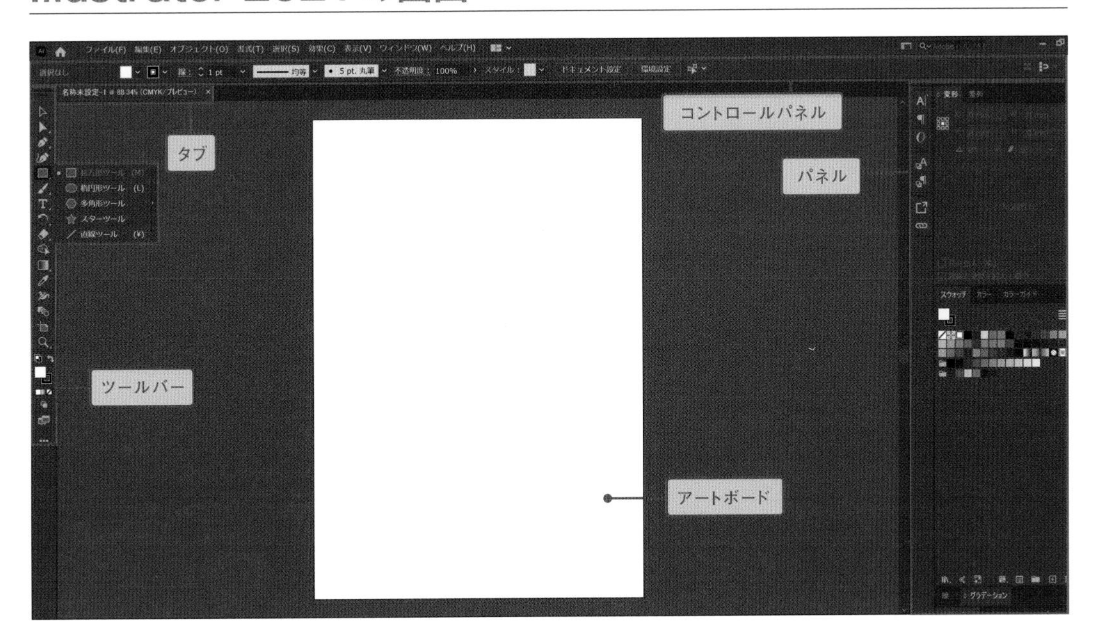

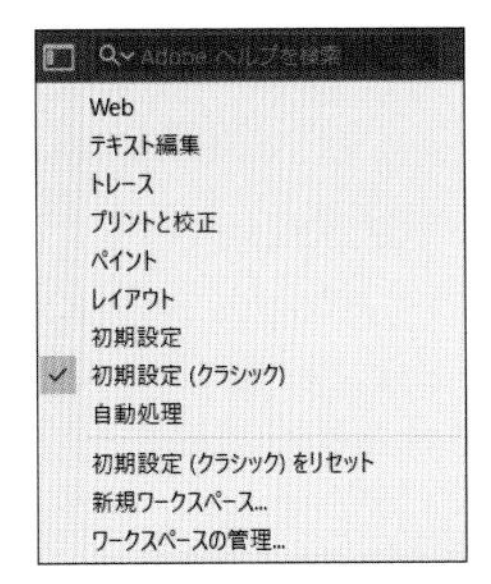

ツールバー

画面左側に、ツールバーが表示され、図形を描画するツールや、変形するツールを選択します。系統の似ているツールはまとまっており、代表ツール以外は隠れています。

パネル

画面右側に各種設定パネルが表示され、選択したオブジェクトの詳細な属性を設定します。表示されないパネルは［ウィンドウ］メニューから選択して表示できます。

ワークスペース

ツールバーやパネルは使いやすい位置に自由に配置でき、どのパネルをどのような状態で表示するかを保存できます。その状態を「ワークスペース」といいます。はじめは［初期設定］ワークスペースが選択されています。メニューバー（Macではアプリケーションバー）の右側の をクリックするとワークスペースを切り替えられます（2019ではワークスペース名の右側のVをクリック）。［新規ワークスペース］を選択して現在の状態を保存でき、［（ワークスペース名）をリセット］を選択すると、ワークスペースの初期状態に戻せます。
本書では、［初期設定（クラシック）］ワークスペースを使用して説明しています。

Web
テキスト編集
トレース
プリントと校正
ペイント
レイアウト
初期設定
初期設定（クラシック）
自動処理
初期設定（クラシック）をリセット
新規ワークスペース...
ワークスペースの管理...

Photoshop 2021の画面

2021 2020 2019

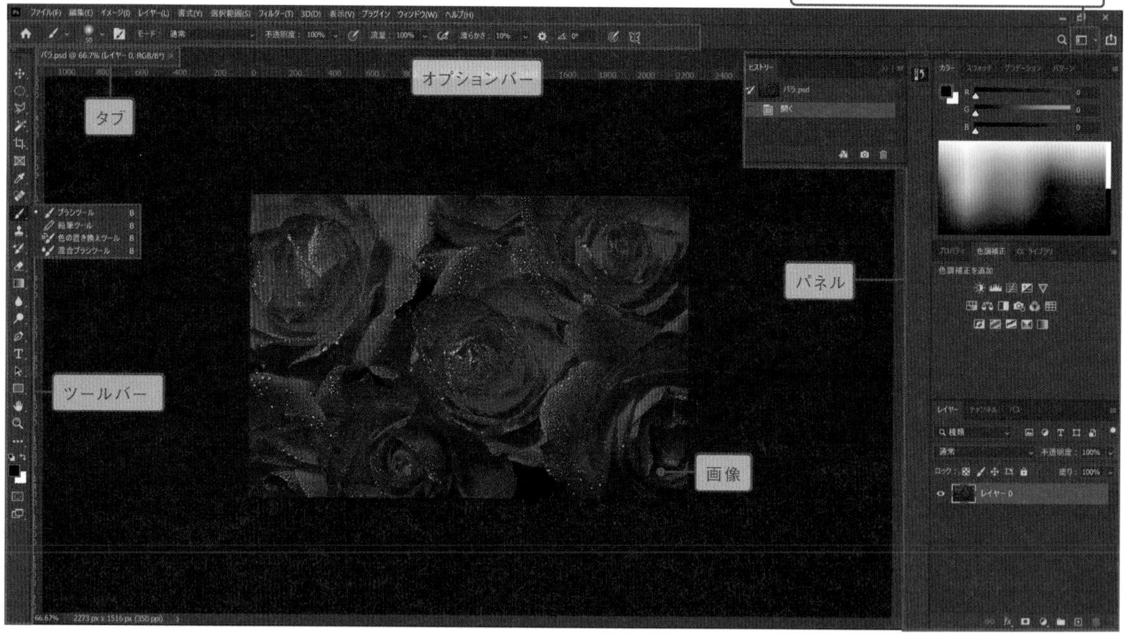

タブ

複数のファイルを開いて作業している場合には、ファイル名を表示したタブが表示されます。ここをクリックして、作業対象となるファイルを切り替えます。並べて表示したい場合は、[ウィンドウ]メニュー→[アレンジ]の下にある[すべてを左右に並べる]や「すべてを上下に並べる]などを選択してください。

ツールバー

画面左側には、ツールバーが表示されます。ここから、画像を選択するツールや、修正するツールを選択します。ツールは数が多いため、系統の似ているツールはまとまっており、代表ツール以外は隠れています。ツールバーは初期状態では画面左端にドッキングされていますが、ドラッグして移動できます。ドッキングを解除するとバー上部に×印が表示され、これをクリックするとバーが消えます。また、初期状態では1列表示ですが、2列表示にすることができます。

オプションバー

画面上部に表示されるのがオプションバーです。Photoshopでは、オプションバーに代表的な設定項目が表示され、基本的な属性は素早く設定できるようになっています。
選択したツールによって表示が変わります。

パネル

画面右側に代表的なパネルが表示されています。アイコンをクリックするとポップアップ表示されます。初期状態で表示されていないパネルは、[ウィンドウ]メニューから選択して表示します。

ワークスペース切り替えコントロール

[3D]や[モーション]など、あらかじめ用意されたワークスペース(パネルなどの組み合わせ)をワンタッチで切り替えられます。また、自分で設定したワークスペースを登録しておくことができます。本書では、[初期設定]ワークスペースを使用して説明しています。

Macでは、キーは次のようになります。 Ctrl → ⌘　Alt → option　Enter → return

パネルの操作を覚えよう

2021 2020 2019

ここではIllustratorの画面を使って説明していますが、Photoshopでも同様です。

ツールバーの表示

ツールアイコンの右下に◢が表示されるツールは、マウスボタンを押し続けると、隠れているツールがポップアップ表示され選択できます。また、Illustratorでは、ポップアップ表示の右側の▶部分をクリックすると、切り離して独立したパネルとして表示できます。

パネル上部の»をクリックすると、ツールバーを2列表示にでき、再度クリックすると1列に戻せます。大きなモニタを使用している場合は、2列表示しているほうが使い勝手がよくなります。なお、本書では、2列表示を基本として解説しています。

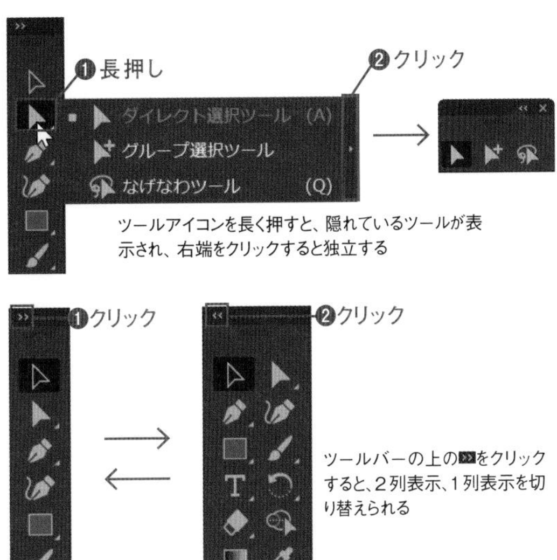

ツールアイコンを長く押すと、隠れているツールが表示され、右端をクリックすると独立する

ツールバーの上の»をクリックすると、2列表示、1列表示を切り替えられる

CHECK!

ツールバーのカスタマイズ

Illustratorでは、ツールバーは表示ツールが少ない「基本」と、すべてのツールを表示する「詳細」の2種類があり、初期状態では「基本」に設定されています。［ウィンドウ］メニュー→［ツールバー］→［詳細］で切り替えられます。

また、ツールバーの内容をカスタマイズすることができます。［ウィンドウ］メニュー→［ツールバー］→［新しいツールバー］を選択します。名称を入力すると、空のツールバーが表示されるので、…をクリックして表示されるツールからよく使うツールをドラッグしてください。作成したカスタムツールバーは、［ウィンドウ］メニュー→［ツールバー］で、表示・非表示を選択できます。

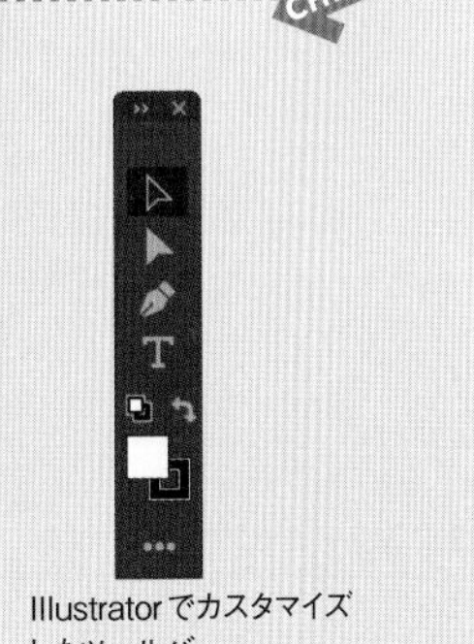

Illustratorでカスタマイズしたツールバー

パネルのアイコン化と展開表示

画面右側には、各種設定パネルが格納されています。パネルが格納されている部分をドックといいます。

ドックの上部にある»をクリックすると、すべてのパネルがアイコン表示のアイコンパネルになります。«をクリックすると展開された状態で表示されます。アイコンパネルの状態では、アイコンをクリックすると、パネルが表示されます。

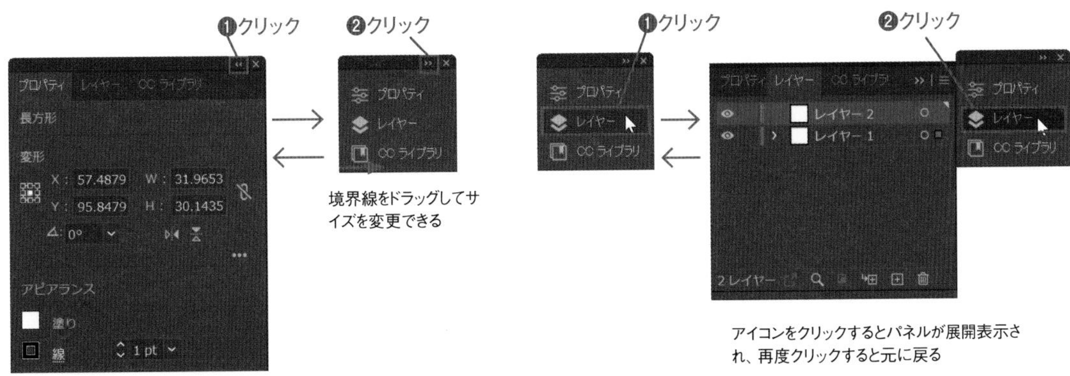

ドックの上部をクリックすると、パネルの展開表示とアイコンパネルを切り替えできる

境界線をドラッグしてサイズを変更できる

アイコンをクリックするとパネルが展開表示され、再度クリックすると元に戻る

タブ式パネルの選択とサイズの変更

パネルはタブ式になっていて、いくつかのパネルがまとまって表示されます。タブをクリックして、表示するパネルを切り替えられます。
パネルの内容が表示しきれない場合、パネルの境界部分をドラッグしてサイズを広げたり狭めたりできます。

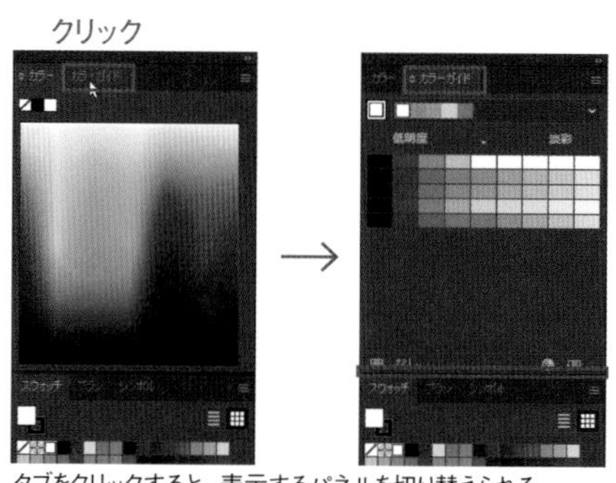

境界部分をドラッグしてサイズを変更できる

タブをクリックすると、表示するパネルを切り替えられる

パネルのドッキング解除

ドックに格納されているパネルは、アイコンまたは展開して表示したタブ部分をドラッグして、ドックから切り離して独立して表示できます。アイコンの状態でドラッグすると、アイコンの状態で独立します。また、タブの横のグレーの部分をドラッグすると、いくつかのタブをまとめて切り離すことができます。

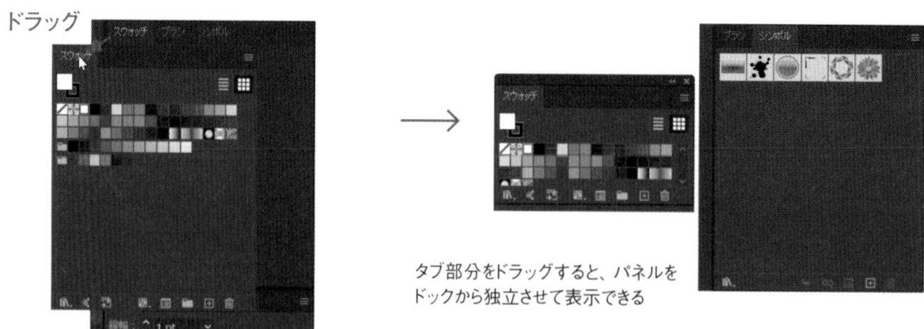

タブ部分をドラッグすると、パネルをドックから独立させて表示できる

パネルのドッキング

ドックから独立させたパネルは、ドックにドラッグして再度ドッキングさせることができます。ドックの上にパネルをドラッグすると、青く表示されるのでそこでマウスボタンを放してください。その部分にドッキングします。

パネルメニューの表示

パネルの右上に表示される☰をクリックすると、パネルメニューが表示され、選択して実行できます。

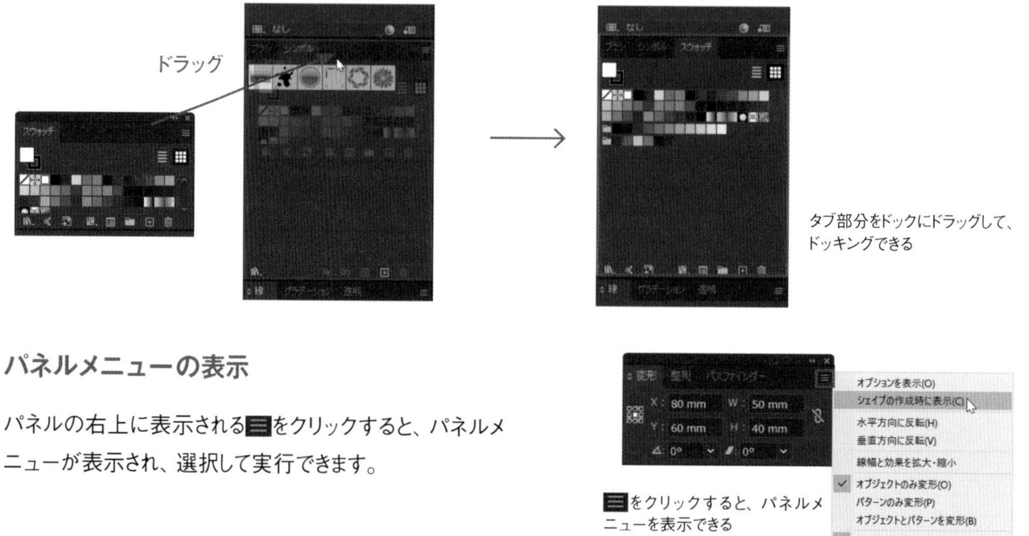

タブ部分をドックにドラッグして、ドッキングできる

☰をクリックすると、パネルメニューを表示できる

パネルのオプション表示

Illustratorでは、パネルのタブ名の左に◇が表示されるパネルには、オプションがあります。◇をクリックすると、オプションを含めて表示状態を順番に切り替えられます。
パネルメニューの［オプションを表示］を選択しても、オプションを表示できます。

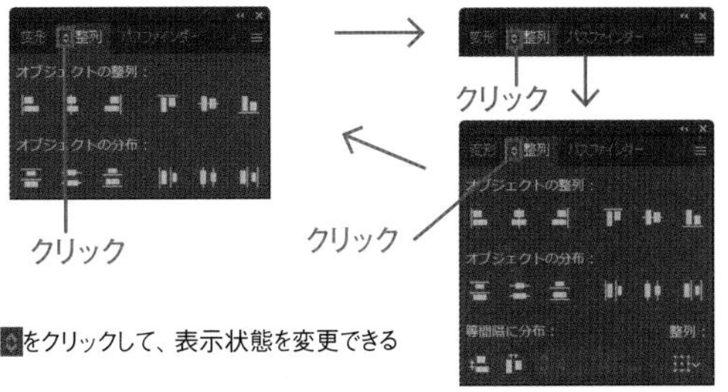

◇をクリックして、表示状態を変更できる

Illustratorのプロパティパネル

2021 2020 2019

Illustratorは、初期設定でプロパティパネルが表示されます。コントロールパネル（P.030参照）と同様に、選択しているオブジェクトの色や線の太さ、テキストのフォントやサイズなどの各種属性を設定できます。
通常は独立した個別のパネルを操作する設定のうち、よく使われる設定項目はプロパティパネルでできるようになっています。また、オブジェクト非選択の状態で単位やグリッドの設定もできるのが特徴です。•••をクリックするとポップアップパネルや個別のパネルが表示され詳細な設定が可能です。パネル下部の［クリック操作］で、選択しているオブジェクトを対象とする操作が選択できます。
本書では、基本をしっかり習得できるように個別のパネルにて説明しています。

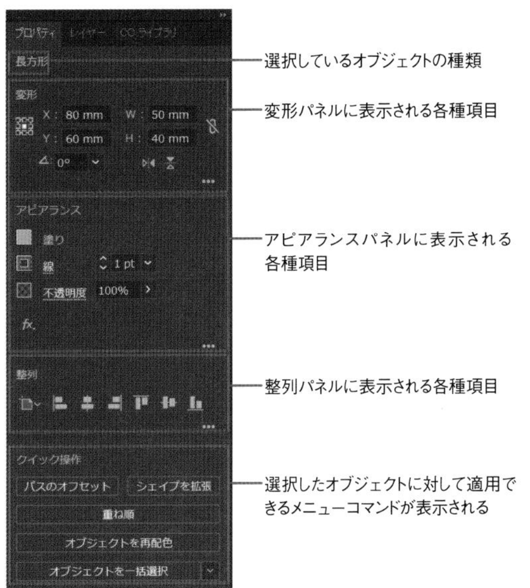

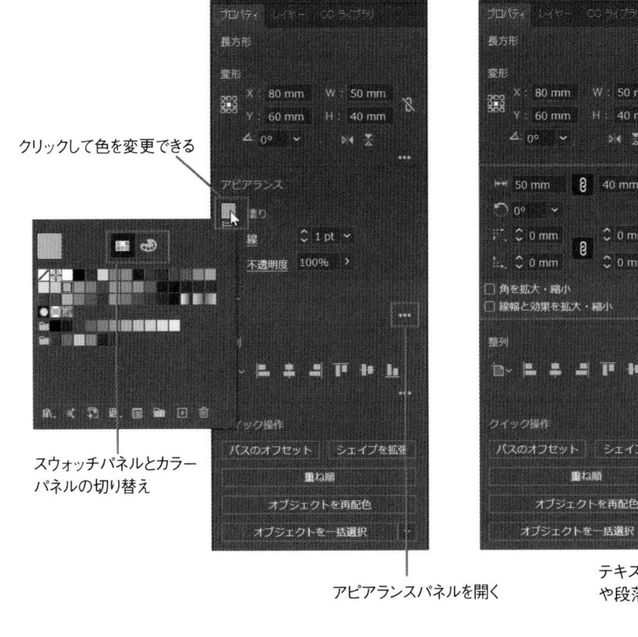

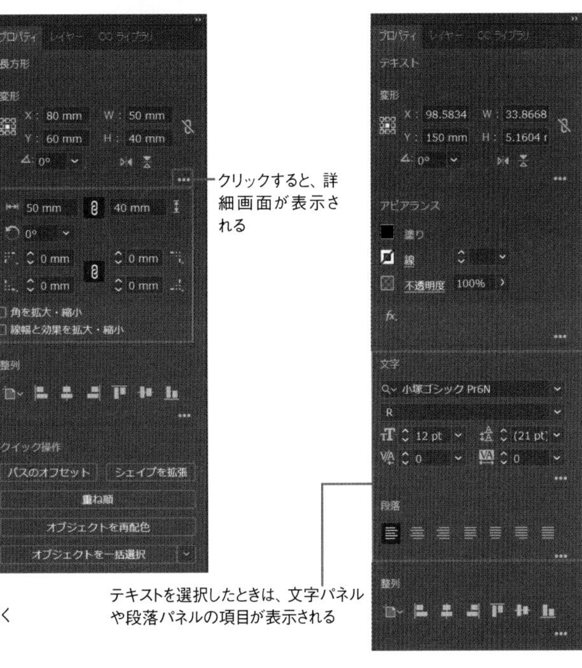

Illustratorのコントロールパネル

2021 2020 2019

Illustratorでは、[ウィンドウ] メニューの [コントロール] を選択すると、画面上部にコントロールパネルを表示できます。プロパティパネル（P.029参照）と同様に、選択しているオブジェクトの色や線の太さ、テキストのフォントやサイズなどの属性を設定できます。コントロールパネルに表示される項目は、選択しているオブジェクトの状態によって変わります。コントロールパネルの下に点線の表示されている文字部分は、クリックするとその名称のパネルが表示されコントロールパネルでは設定できない詳細な項目も設定できます。また、表示させたパネルの☰をクリックするとパネルメニューを表示できます。

線や図形などのオブジェクトを選択したときのコントロールパネル

文字を選択したときのコントロールパネル

配置した画像を選択したときのコントロールパネル

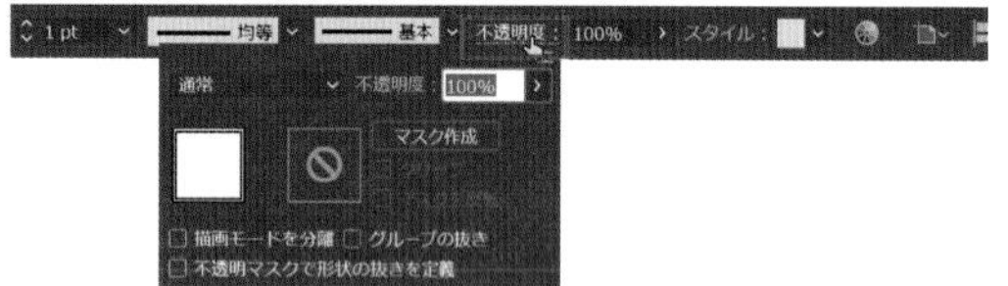

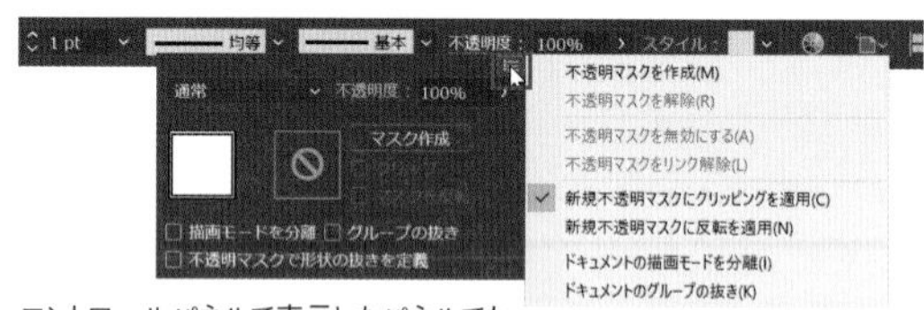

コントロールパネルで表示したパネルでも、
パネルメニューを表示して選択できる

Photoshopのツールオプションバー

2021 2020 2019

Photoshopでは、ツールバーでツールを選択すると、画面上部のオプションバーに選択したツールのオプションが表示されます。オプションバーで、ツールの細かな設定やオプションの設定が可能です。

自動選択ツールの選択時に表示されるオプションバー

切り抜きツール選択時に表示されるオプションバー

長方形ツール選択時に表示されるオプションバー

横書き文字ツールの選択時に表示されるオプションバー

ブラシツール選択時に表示されるオプションバー

COLUMN

一時的にパネルを非表示にするキーボードショートカット

ツールバーやコントロールパネル、オプションバー、そのほかのパネルは、たくさん表示すると作業領域が狭くなってしまいます。そんなときに Tab キーを押すと、一時的にパネルを非表示にすることができます。再度、Tab キーを押すと元に戻ります。また、Tab キーと Shift キーを同時に押すとツールバーとコントロールパネル／オプションバー以外のパネルを一時的に非表示にできます。このショートカットは便利なので覚えておきましょう。
どちらのキーボードショートカットも、テキスト編集時は使えないのでご注意ください。

画面の拡大・縮小

2021 2020 2019

ズームツールで拡大・縮小

IllustratorとPhotoshopともに、ズームツールで画面上をクリックすると、拡大表示されます。クリックするごとに拡大され、Illustratorでは64,000%、Photoshopでは3,200%まで拡大されます。また、ドラッグして囲むと、囲んだ範囲が拡大表示されます。
ズームツールで Alt キーを押しながらクリックすると、縮小表示されます。

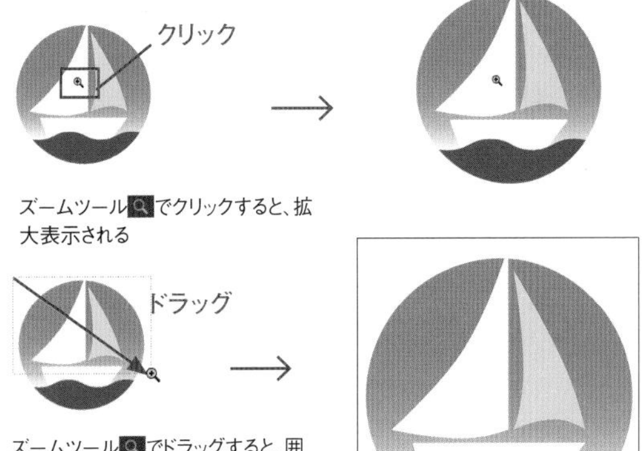

ズームツールでクリックすると、拡大表示される

ズームツールでドラッグすると、囲んだ範囲が拡大表示される

アニメーションズーム ／ スクラブズーム

Illustratorでは、「GPUパフォーマンス」が有効で、さらに「アニメーションズーム」が有効になっていると、ズームツールで右側にドラッグすると拡大表示、左側にドラッグすると縮小表示となります。また、マウスボタンを押し続けると拡大表示、Alt キーを押しながらマウスボタンを押し続けると縮小表示されます。GPUパフォーマンスは、[編集]メニュー→[環境設定]→[パフォーマンス]（Macでは[Illustrator]メニュー→[環境設定]→[パフォーマンス]）で設定できます。

Photoshopでは、ズームツール選択時に、オプションバーの[スクラブズーム]がオンになっていると、右側にドラッグすると拡大表示、左側にドラッグすると縮小表示となります。[スクラブズーム]は、[編集]メニュー→[環境設定]→[パフォーマンス]（Macでは[Photoshop]メニュー→[環境設定]→[パフォーマンス]）で設定し、[グラフィックプロセッサーを使用]が有効である必要があります。

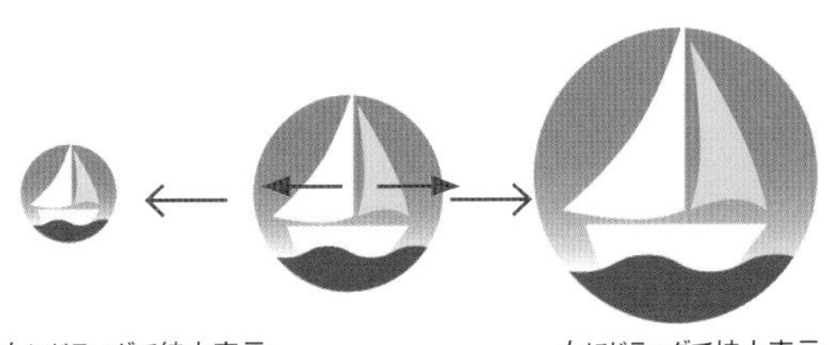

左にドラッグで縮小表示　　右にドラッグで拡大表示

100%表示とアートボード全体表示

ツールバーのズームツールをダブルクリックするか、Ctrl キーと 1 キーを同時に押すと100%表示になります。
手のひらツールをダブルクリックするか、Ctrl キーと 0 キーを同時に押すと、Illustratorではアートボードの全体表示、Photoshopでは画像の全体表示になります。

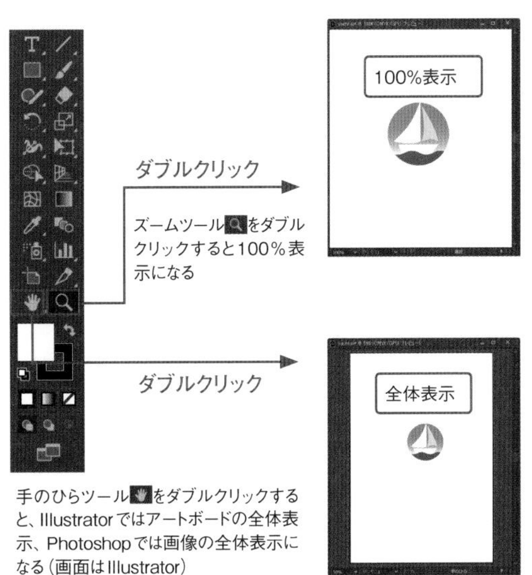

ズームツールをダブルクリックすると100%表示になる

手のひらツールをダブルクリックすると、Illustratorではアートボードの全体表示、Photoshopでは画像の全体表示になる（画面はIllustrator）

画面のスクロール

手のひらツールでアートボードをドラッグすると、画面をスクロールして表示位置を変更できます。MacやWindows標準の、ウィンドウの右と下に表示されるスクロールバーを使って移動させてもかまいません。

操作の取り消し

2021 2020 2019

Illustratorの場合

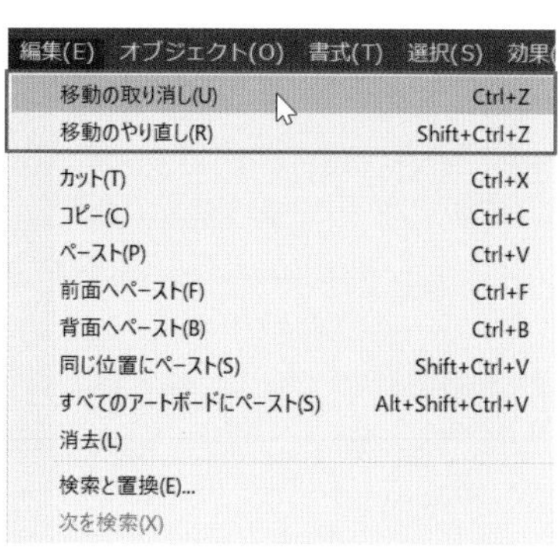

［編集］メニューの［○○の取り消し］を選択すると、直前に行った操作を取り消すことができます。複数の操作をさかのぼって取り消しできます。また、［編集］メニューの［○○のやり直し］を選択すると、操作の取り消しを取り消します。

［○○の取り消し］［○○のやり直し］を繰り返すことで、作業の前後の状態を見比べることができます。

［○○の取り消し］のショートカットキーは Ctrl ＋ Z キー、［○○のやり直し］は Ctrl ＋ Shift ＋ Z キーです。よく使うので覚えておきましょう。

Photoshopの場合

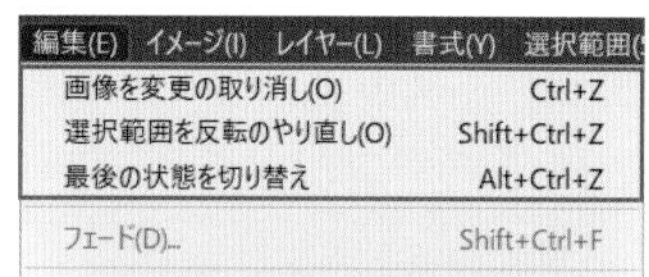

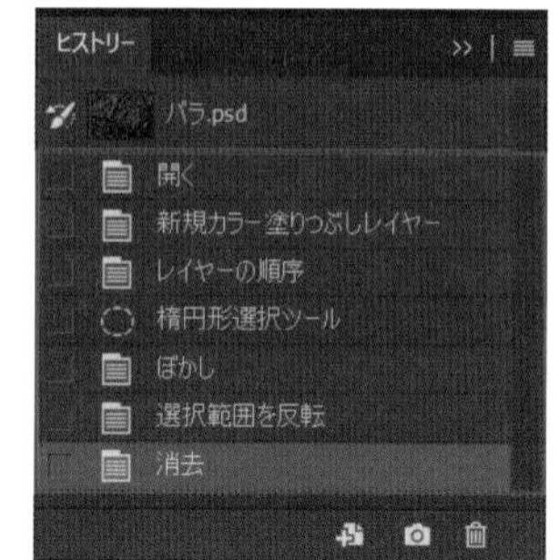

［編集］メニューの［○○の取り消し］を選択すると、直前に行った操作を取り消すことができます。複数の操作をさかのぼって取り消しできます。［編集］メニューの［○○のやり直し］を選択すると、操作の取り消しを取り消します。［編集］メニューの［最後の状態を切り替え］を選択すると、直前の状態に戻せます。

［○○の取り消し］のショートカットキーは Ctrl ＋ Z キー、［○○のやり直し］は Shift ＋ Ctrl ＋ Z キー、［最後の状態を切り替え］は Alt ＋ Ctrl ＋ Z キーです。よく使うので覚えておきましょう。

また、ヒストリーパネルには、操作の履歴が順番に表示されます。クリックすると、その操作をした後の状態に戻せます。

タブ式表示とレイアウトの変更

2021 2020 2019

IllustratorとPhotoshopのどちらも、複数のファイルを同時に開いて作業できます。それぞれのファイルはタブとして表示され、タブ部分をクリックして作業ファイルを切り替えます。ファイルを並べて見るには、ドキュメントレイアウトアイコンをクリックして❶、表示方式を選択します❷。なお、Photoshopの場合、ドキュメントレイアウトアイコンがないので、［ウィンドウ］メニューの［アレンジ］から選択してください。ファイルのタブ部分をドラッグすると、パネルと同様に独立して表示させることができます。元に戻す場合も、ドラッグして青く表示されたファイルとドッキングします。

Macでは、キーは次のようになります。 Ctrl → ⌘ Alt → option Enter → return

Lesson

02

An easy-to-understand guide to Illustrator and Photoshop

図形や線を描く

Ai

Illustratorで、線や図形を描く練習を行います。基本図形をしっかりと覚えれば、さまざまな応用が可能になります。また、Illustratorの肝というべきペンツールによる曲線の描画やフリーハンド系のツール、グラフの描画もここで学びます。さらに写真画像からIllustratorデータに変換する画像トレースも覚えましょう。

2-1 四角形、楕円、多角形

基本図形の描き方を練習しましょう。四角形の描き方だけでも、目的に応じてさまざまな方法があります。ほかの方法を知っているだけでも、作業が楽になる場面がでてきます。四角形の描き方をマスターすれば、楕円や多角形にも応用できます。

STEP 01 新規ドキュメントを作成する

2021 2020 2019

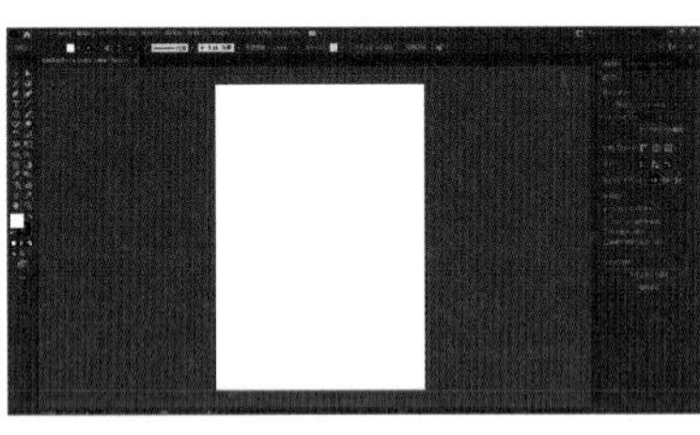

Illustratorを起動して、新規ドキュメントを作成してみましょう。Illustratorの作業の第一歩です。制作するアートワークの目的に応じたプロファイルを選択してください。

1 [ファイル] メニューから [新規] を選択します❶。

2 [新規ドキュメント] ダイアログボックスで、[印刷] をクリックし❶、サイズに [A4] を選択して❷、[作成] をクリックします❸。

3 ツールバーの [初期設定の塗りと線] をクリックします❶。[塗り] が [ホワイト] ❷、[線] が [ブラック] になります❸。

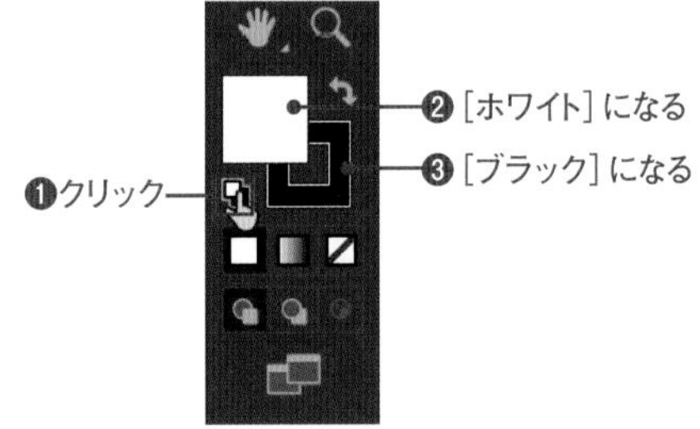

[塗り] と [線] を確認する

ツールバー下部や、プロパティパネル、コントロールパネルには [塗り] と [線] の現在の状態が表示されています。ツールバーの [初期設定の塗りと線] をクリックすると、[塗り] が [ホワイト] に、[線] が [ブラック] に設定されます。これから描く図形は、この [塗り] と [線] の設定に従って作成されます。[塗り] と [線] にあらかじめ色を設定しておくことによって最初から目的の色で図形を作成することができます。

Macでは、キーは次のようになります。 Ctrl → ⌘ Alt → option Enter → return

STEP 02 ドラッグして図形を描く

2021 2020 2019

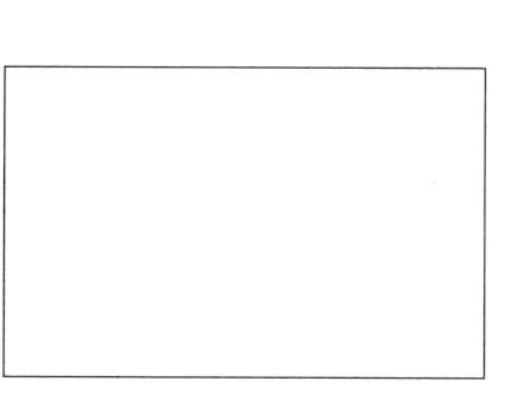

長方形ツールでドラッグすると、長方形を描くことができます。Shiftキーを押しながらドラッグすると、縦横比が同じになり、正方形を描くことができます。Altキーを押すと、中心から長方形を描くことができます。同時にShiftキーを押すことにより、正方形にすることもできます。

1 ツールバーで長方形ツールをクリックして選択し❶、アートボード上でマウスをドラッグします❷。ドラッグの距離に応じた大きさの長方形ができます。

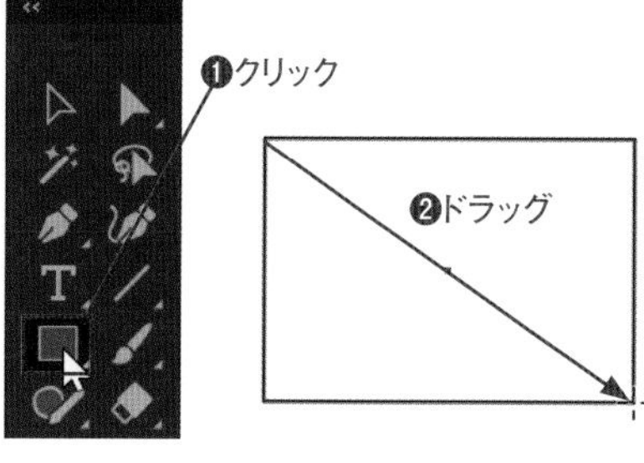

2 別の場所で、長方形ツールを選択した状態で、Shiftキーを押しながらマウスでドラッグします❶。縦横比が同じになり、正方形となります。

❶ Shift +ドラッグ

パス上

W: 35.92 mm
H: 35.92 mm

3 別の場所で、長方形ツールを選択した状態で、Altキーを押しながらマウスをドラッグします❶。中央から長方形を描画できます。

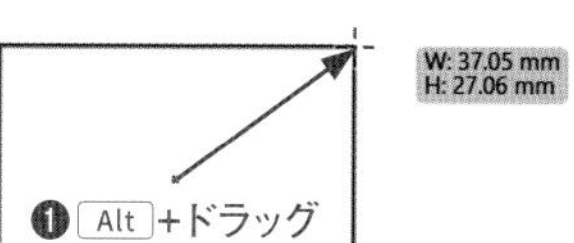

COLUMN スマートガイドと数値表示

Illustratorは初期状態ではスマートガイドが有効になっており、この状態では、図形描画などを行った際に、カーソルの右下の位置に、現在の図形のサイズ（マウスの移動距離）が表示され、おおよその図形のサイズを決定できます。ここまでの説明では、この数値表示が見えるようにしていますが、この後の説明では省略して表示します。

4 同じように、角丸長方形ツール、楕円形ツール、多角形ツールもドラッグして描いてみましょう❶❷❸。これらのツールは、ツールバーの長方形ツールを長く押すと選択できます。Shiftキーや Altキーも使ってみてください。

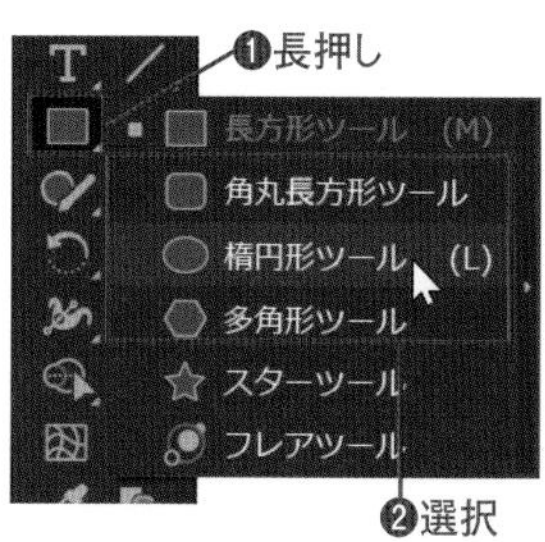

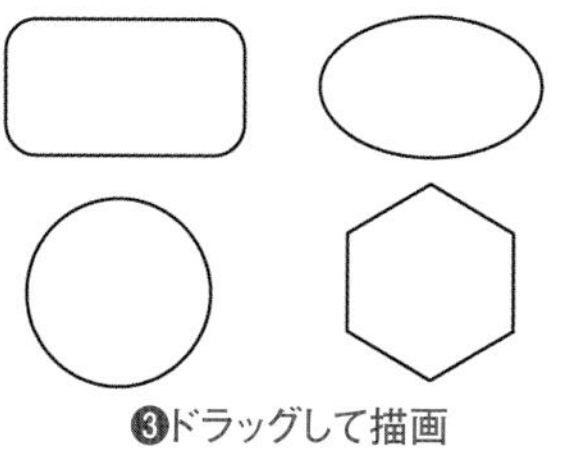

❸ドラッグして描画

COLUMN 描画中に角丸の大きさや、多角形の角数を変更する

角丸長方形ツールでドラッグして描画中に↑キーまたは↓キーを押すと、角丸の大きさを変更できます。また、多角形ツールでドラッグして描画中に↑キーまたは↓キーを押すと、辺の数を変更できます。

STEP 03

数値指定で描く

2021 2020 2019

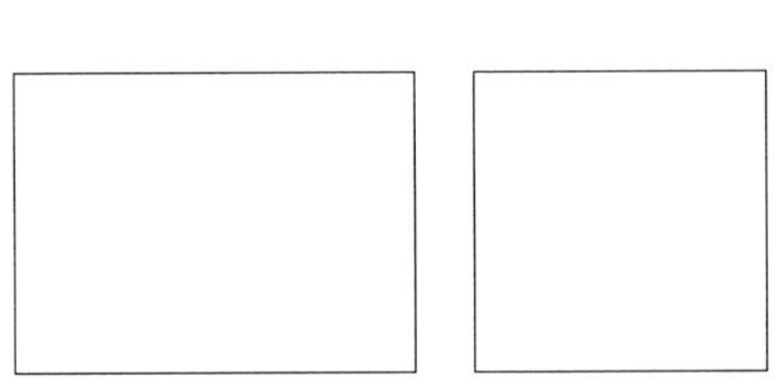

長方形ツールを選択し、アートボード上をクリックすると、サイズを指定するダイアログボックスが表示され、数値を指定して描画できます。角丸長方形ツール、楕円形ツール、多角形ツールも同様に数値指定で描画できます。

1 長方形ツールを選択し、アートボード上でマウスボタンをクリックします❶。

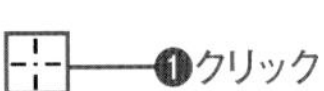

2 [長方形] ダイアログボックスが開くので、[幅] ❶と [高さ] ❷に数値を入力して [OK] をクリックします❸。

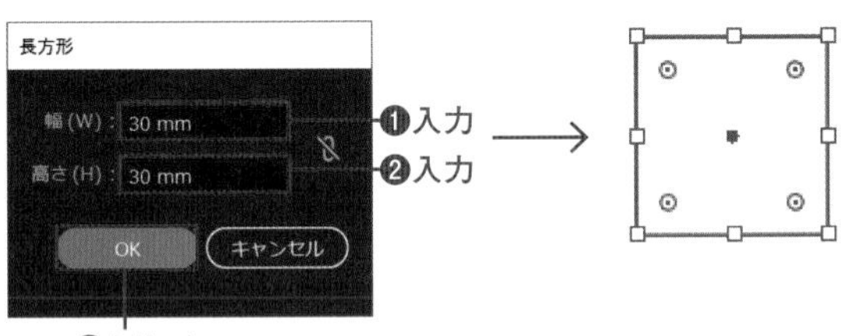

CHECK!

コーナーウィジェット

長方形、角丸長方形、多角形を描画すると角の内側に⊙が表示されます。⊙はコーナーウィジェットといい、ドラッグして角を丸められます (P.038の「角の形状を変える」参照)。

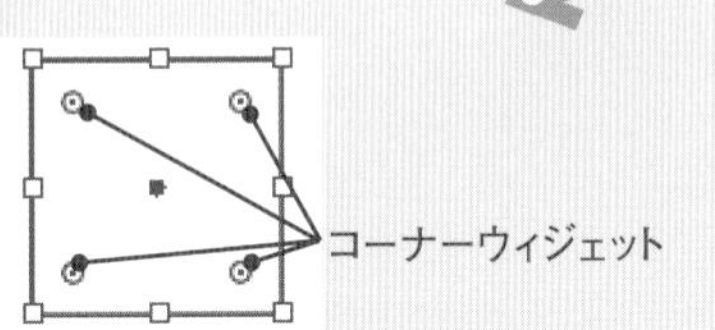

COLUMN

ほかのツールでの数値指定

角丸長方形ツール、楕円形ツール、多角形ツールも、同様にアートボード上をクリックすると、ダイアログボックスが表示され数値指定で描画できます。

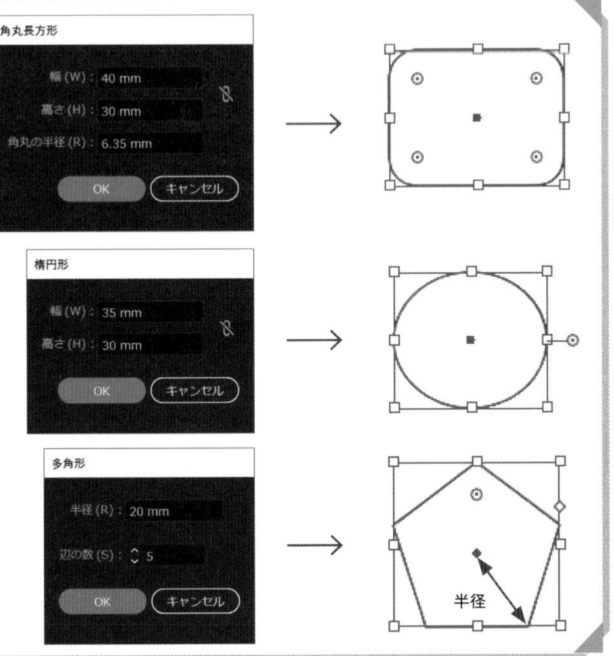

Macでは、キーは次のようになります。 Ctrl → ⌘ Alt → option Enter → return

STEP 04

塗りと線の色、線幅を指定する

2021 2020 2019

描画した図形に色をつけてみましょう。ここでは、プロパティパネルを使って色を指定します。また、好みの太さの線幅に設定してみましょう。

1　ツールバーで選択ツールを選択します❶。描画した図形をどれでもいいので、クリックして選択します❷。選択した図形は、周囲にバウンディングボックスが表示されます。

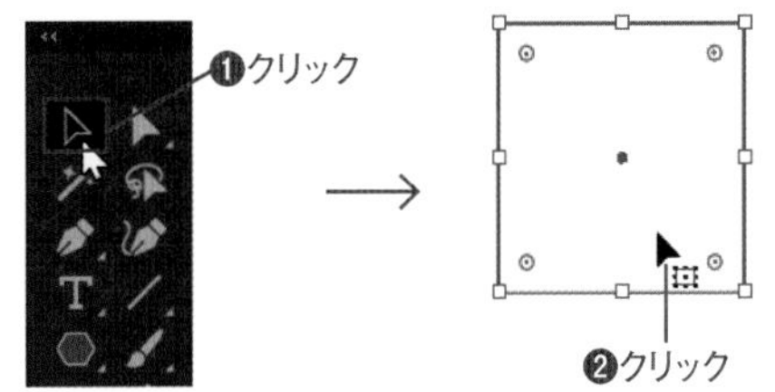

2　プロパティパネルのアピアランスの［塗り］のアイコンをクリックし❶、スウォッチパネルを表示します。スウォッチパネルから好みの色（ここでは［CMYKグリーン］）を選択してクリックします❷。

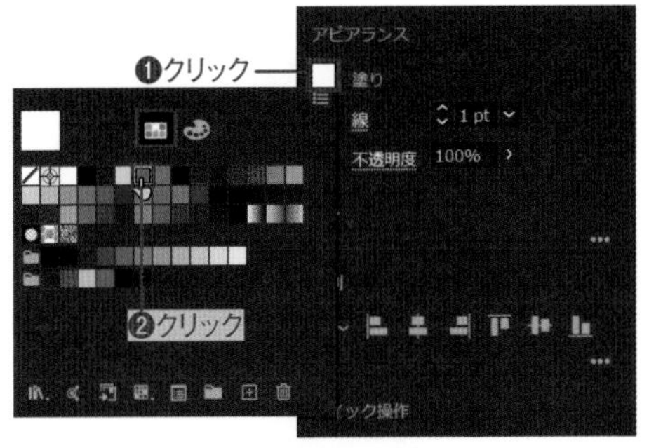

プロパティパネル

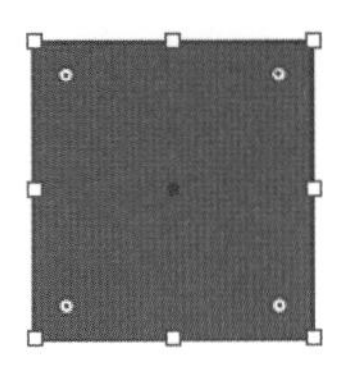

3　プロパティパネルのアピアランスの［線］のアイコンをクリックし❶、スウォッチパネルを表示します。好みの色（ここでは［C=15 M=100 Y=90 K=10］）を選択してクリックします❷。

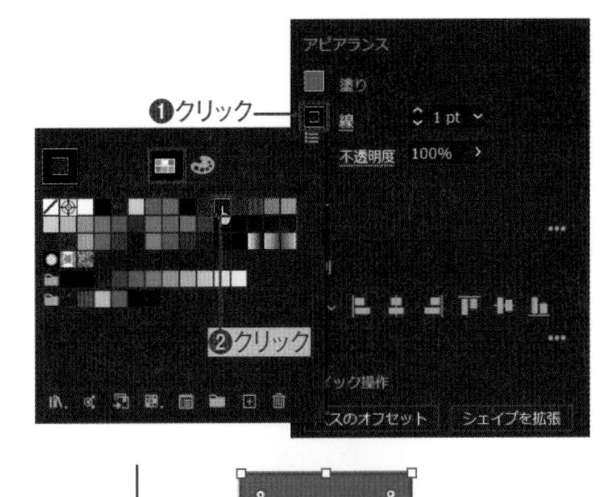

❶クリック
❷クリック

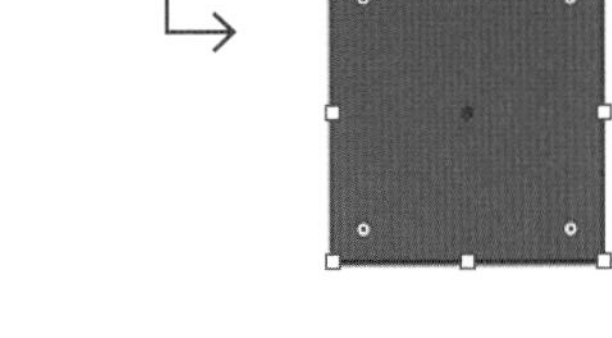

4　図形が選択された状態で、プロパティパネルのアピアランスの［線］のプルダウンメニューを開きます❶。好みの太さ（ここでは「5pt」）を選択します❷。

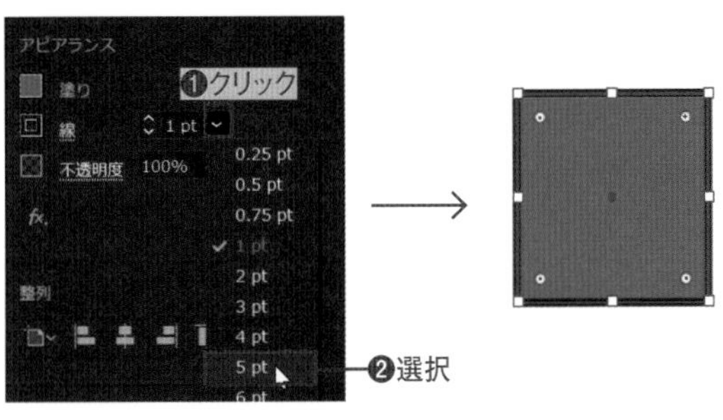

図形や線を描く　Lesson 02 03 04 05 06 07 08 09 10 11 12 13 14 15

STEP 05 角の形状を変える

2021 2020 2019

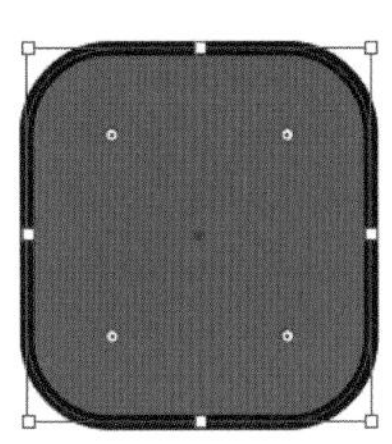

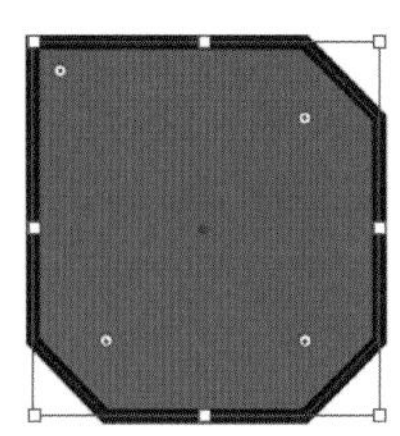

長方形(角丸長方形)の角の形状を、コーナーウィジェットを操作するか、変形パネルで変更できます。基本的な操作方法を覚えておきましょう。

1 選択ツール をクリックして選択します❶。STEP04で描いた四角形が選択された状態で、角の内側に表示されたコーナーウィジェット(どれでもかまいません)を内側にドラッグします❷。4つの角が連動して丸まります❸。外側にドラッグすると角丸を解除して元に戻せます。

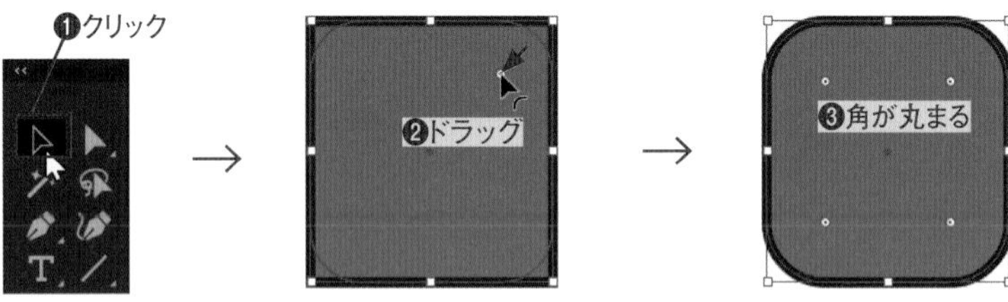

2 コーナーウィジェットを Alt キーを押しながらクリックします❶。角の形状が順番に変わります❷。角の形状は3種類あるので、確認してください。

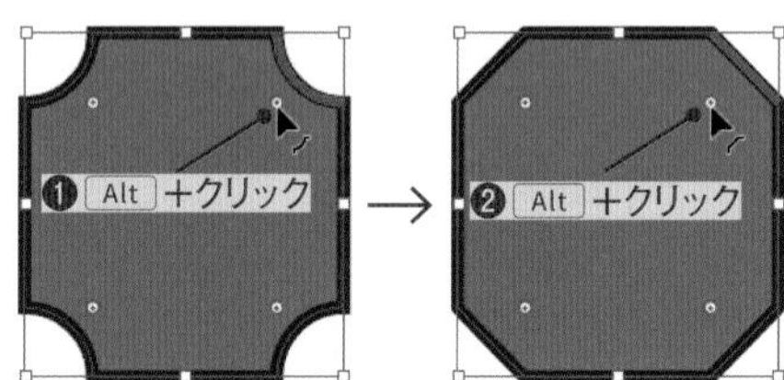

CHECK!

コントロールパネルで設定

長方形の角丸のサイズや形状は、コントロールパネルでも設定できます。ただし、4つの角が連動します。

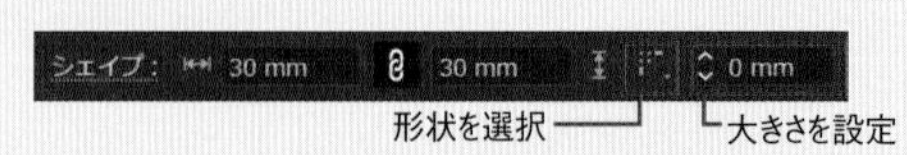

形状を選択　大きさを設定

COLUMN

カラー設定ができる箇所

作例で使用しているワークスペース[初期設定(クラシック)]では、プロパティパネルでカラーを設定すると、コントロールパネル、ツールバーで同じカラーが表示されるのがわかります。さらに、アイコンをクリックすると表示されるカラーパネル、スウォッチパネル、アピアランスパネルでも同じ色が表示されます。これらは連動しており、プロパティパネル以外でも、色を設定できます。色の設定はP.092の「色の設定」を参照ください。

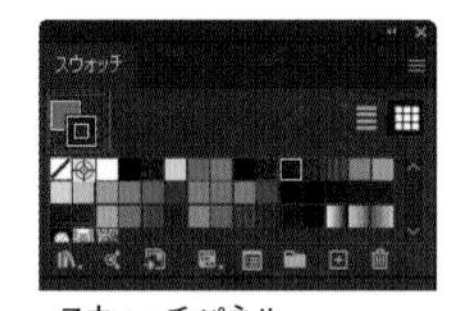

コントロールパネル

スウォッチパネル

ツールバー

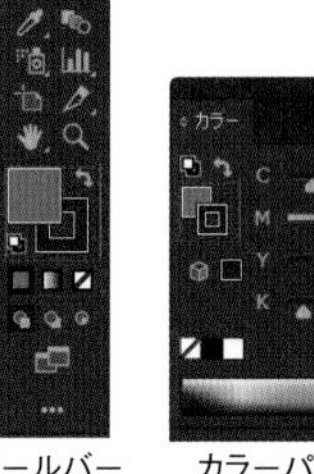

カラーパネル

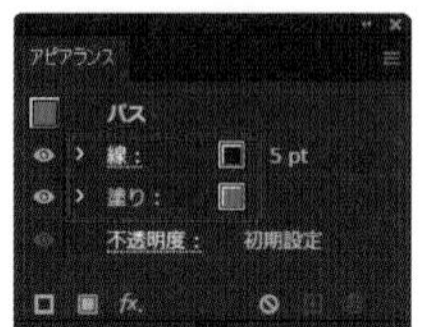

アピアランスパネル

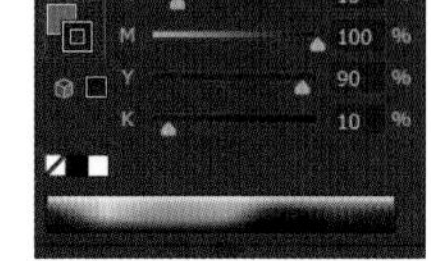

Macでは、キーは次のようになります。 Ctrl → ⌘　Alt → option　Enter → return

3 変形パネルを表示し、［角丸の半径値をリンク］をクリックしてオフにします❶。左上の角の角丸の値を「0」に設定します❷。長方形の左上の角丸だけが解除されました❸。このように、変形パネルを使うと、角を個別に変形できます。

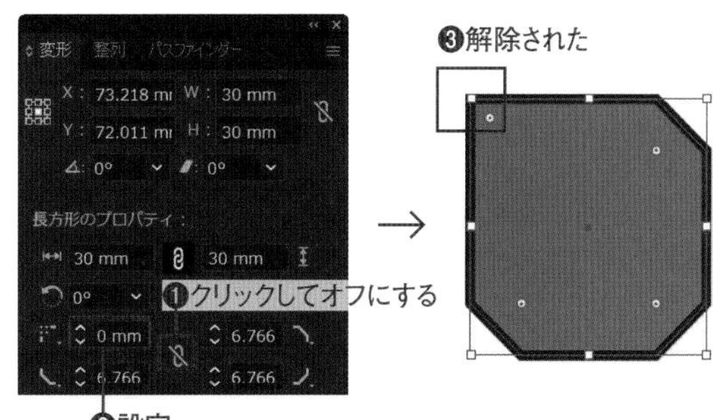

ライブシェイプ

長方形のように、変形パネルの属性によって全体のサイズや角の形状を変えられるオブジェクトをライブシェイプと呼びます。ダイレクト選択ツール でオブジェクトのアンカーポイントを操作すると、ライブシェイプは解除され通常のオブジェクトとなります。

コーナーウィジェットの非表示

［表示］メニューの［コーナーウィジェットを隠す］を選択すると、コーナーウィジェットは非表示となり、角丸のドラッグによる操作はできなくなります。［表示］メニューの［コーナーウィジェットを表示］で、再表示できます。

COLUMN

ライブシェイプとしての楕円形と多角形

楕円形のオブジェクトもライブシェイプオブジェクトです。バウンディングボックスの外側に表示されたハンドルをドラッグして、扇形に変形できます。
また、変形パネルで、扇形の角度を変更したり、塗りの部分を逆にしたりできます。

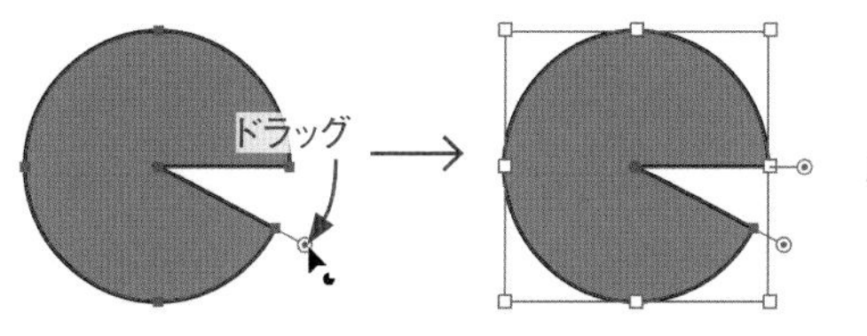

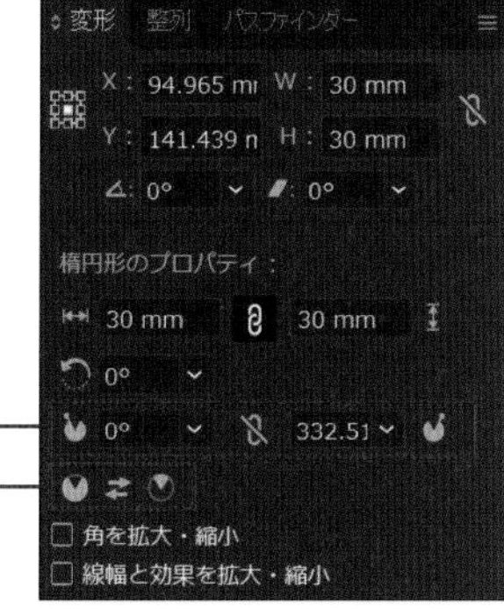

また、多角形のオブジェクトも、ライブシェイプオブジェクトです。長方形と同様に、図形内のウィジェットをドラッグして角の形状を変形できます。
また、変形パネルで、角の数、角の形状と大きさ、中心からの距離、辺の長さを設定できます。

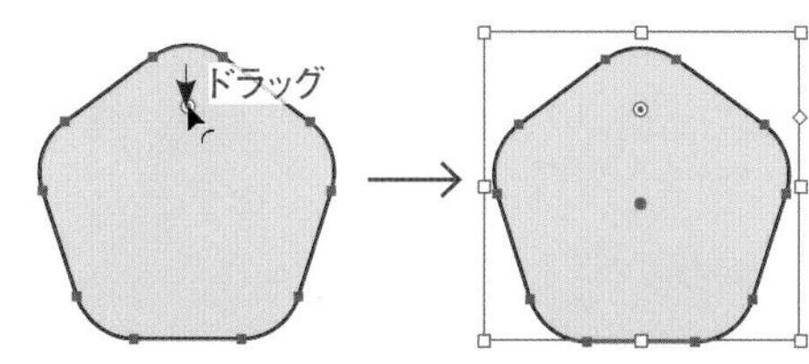

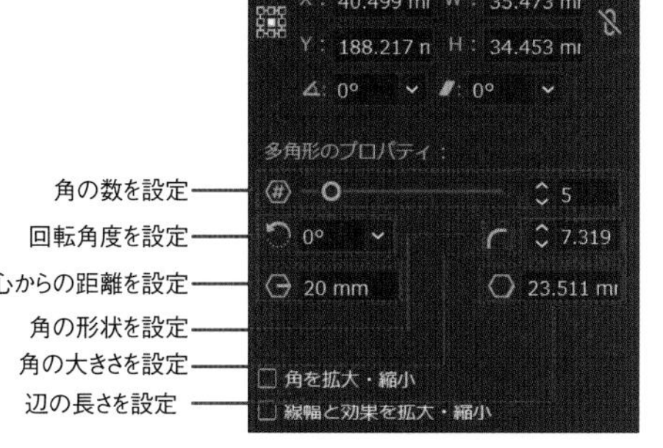

2-2 そのほかの図形

星形を描くにはスターツール☆を使います。スターツール☆は多角形ツール⬡と似た使い方になりますが、第1半径と第2半径という概念を感覚で覚えることが肝要です。

STEP 01 ドラッグで星形を描く

2021 2020 2019

スターツール☆を選択して、マウスをドラッグすることで、星形を描くことができます。このとき、同時に Alt キーを押すと対向する辺を直線に揃えられます。また、頂点の数を増やすこともできます。

1 ツールバーでスターツール☆を選択し❶、ドラッグします❷。初期状態ではこのような星形が描画されます。

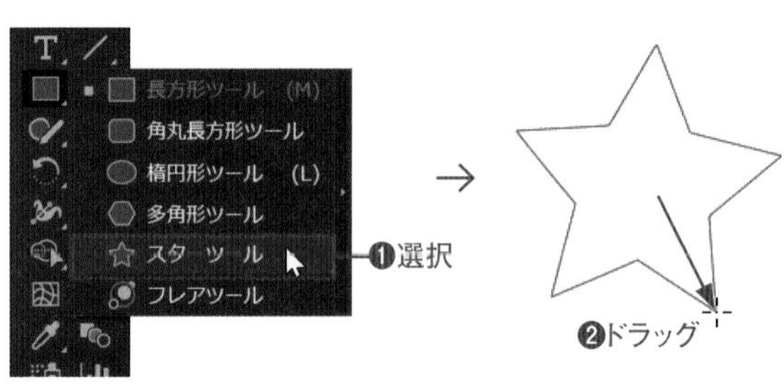

2 場所を変え、Alt キーを押しながらドラッグします❶。対向する辺が直線になり、形状がシャープになります。

3 場所を変えて、マウスのドラッグを開始します❶。マウスのボタンを放さないようにしながら、Ctrl キーを押してドラッグを続けます❷。内側の角の位置が固定されて、ドラッグした分だけ角が伸びます。

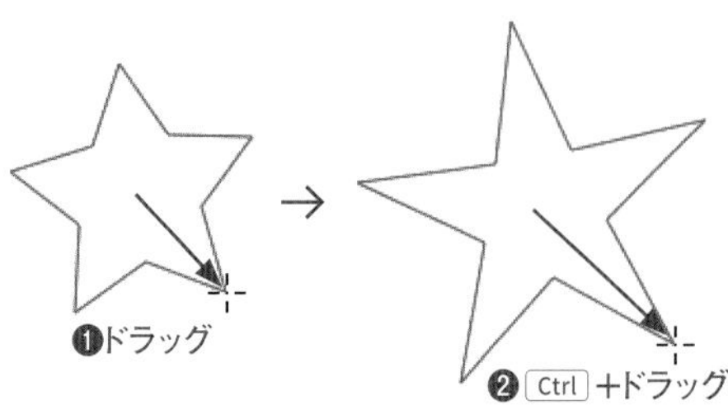

4 別の場所で、マウスをドラッグします❶。マウスのボタンを放さないように気をつけながら、↑キーを押して頂点を増やします（↓キーを押すと、頂点を減らせます）❷。好みの形状になったところでマウスのボタンを放します。

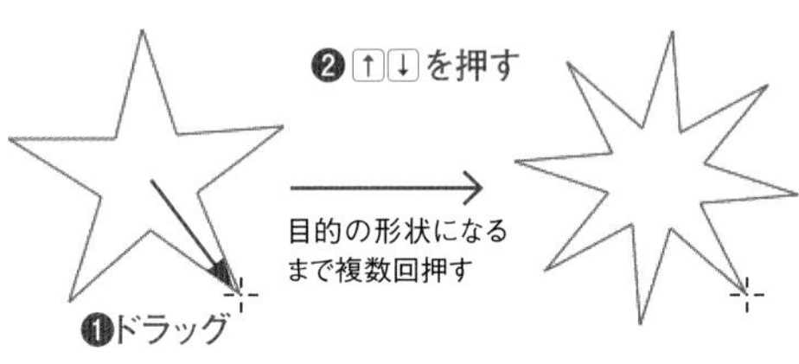

Macでは、キーは次のようになります。 Ctrl → ⌘ Alt → option Enter → return

CHECK!

数値指定で描く

スターツール でアートボード上をクリックすると、ダイアログボックスが表示され、数値を指定して星形を描画できます。星形の外側の角を結ぶ円の半径を「第１半径」、内側の角を結ぶ円の半径を「第２半径」と呼びます。

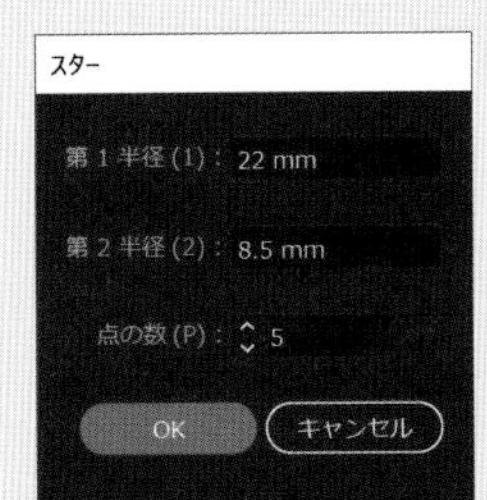

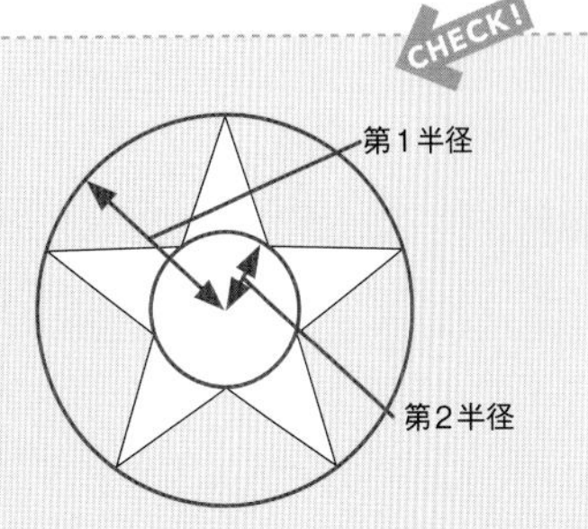

COLUMN

そのほかの図形描画ツール

円弧ツール

ドラッグした始点と終点を結ぶ円弧を描画するツールです。
アートボード上をクリックし、[円弧ツールオプション] ダイアログボックスを表示し、形状を詳細に設定して描画できます。

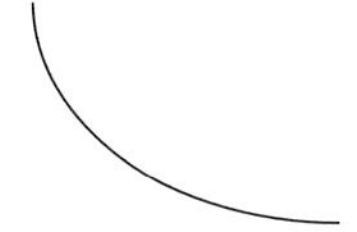

スパイラルツール

渦巻き模様を描画するツールです。ドラッグの始点が渦巻きの中心となります。
アートボード上をクリックし、[スパイラル] ダイアログボックスを表示し、形状を詳細に設定して描画できます。

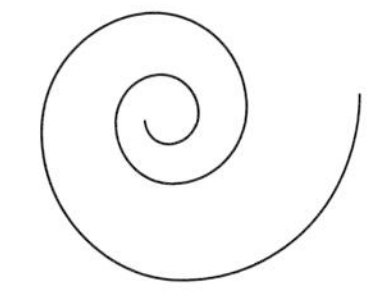

長方形グリッドツール

ドラッグした大きさの長方形グリッドを描画するツールです。ドラッグ時に、
キーを押してグリッドの数を変更できます。
アートボード上をクリックし、[長方形グリッドツールオプション] ダイアログボックスを表示し、形状を詳細に設定して描画できます。

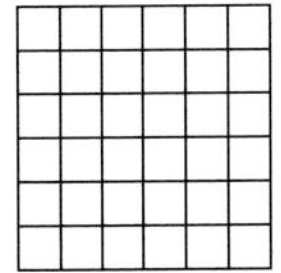

同心円グリッドツール

ドラッグした大きさの同心円グリッドを描画するツールです。ドラッグ時に、
キーを押してグリッドの数を変更できます。
アートボード上をクリックし、[同心円グリッドツールオプション] ダイアログボックスを表示し、形状を詳細に設定して描画できます。

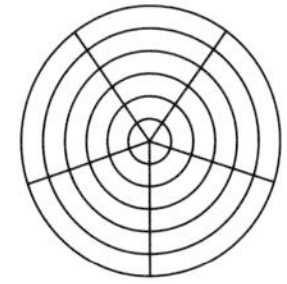

フレアツール

太陽光のフレアを描画するツールです。背景色があるとわかりやすくなります。
はじめのドラッグで光輪を描画し、二度目のドラッグで光輪から発する光線やリングを描画します。
アートボード上をクリックし、[フレアツールオプション] ダイアログボックスを表示し、形状を詳細に設定して描画できます。

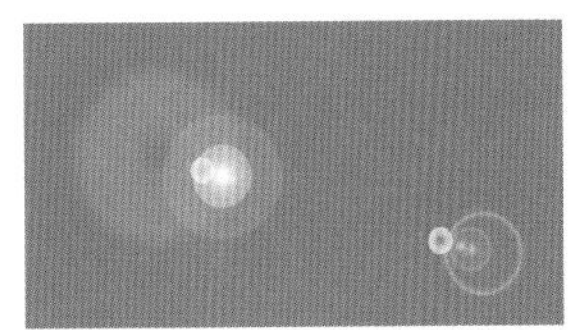

2-3 直線

直線を描くには、直線ツールとペンツールを使用します。実際に線を描くシチュエーションによって、好みのツールを使えばよいのですが、ひと通り使い方を学んでみましょう。

STEP 01 ドラッグで多角形を描く

2021 2020 2019

直線ツールを選択し、マウスをドラッグすることで、直線を描くことができます。このとき、同時に Shift キーを押すと、直線を45°刻みの固定角度で描くことができます。

1 ツールバーで直線ツールをクリックして選択し❶、アートボード上でマウスをドラッグします❷。ドラッグの距離と角度に応じた直線が描かれます。

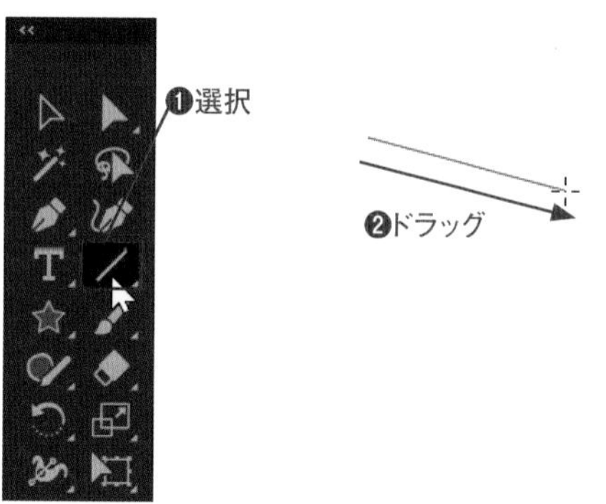

2 場所を変え、Shift キーを押しながらドラッグします。水平❶、垂直❷、斜め45°の直線❸を簡単に描くことができます。

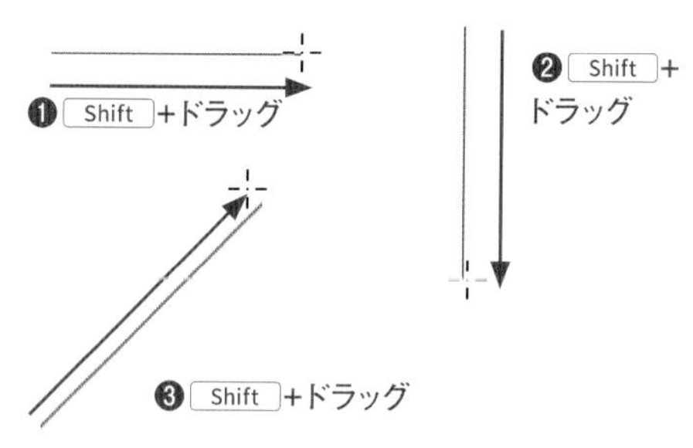

3 別の場所で、直線ツールを選択した状態で、Alt キーを押しながらドラッグします❶。ドラッグの開始位置から対称に直線が伸びます。

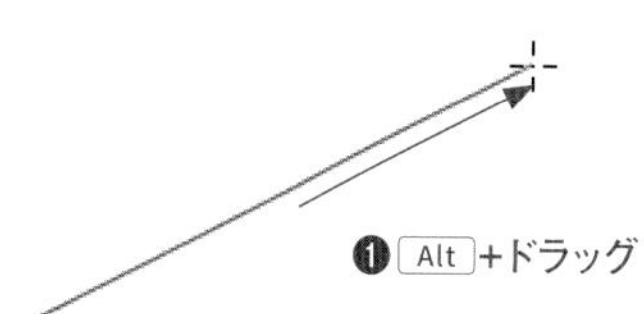

CHECK!

数値指定で描く

直線ツールでアートボード上をクリックすると、[直線ツールオプション] ダイアログボックスが表示され、[長さ] と [角度] を数値指定して直線を描くことができます。

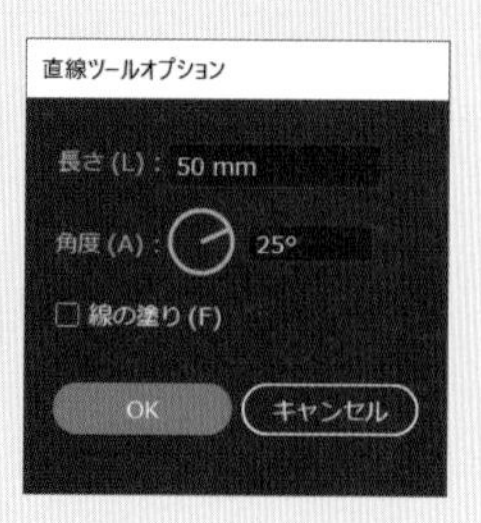

Macでは、キーは次のようになります。 Ctrl → ⌘ Alt → option Enter → return

STEP 02 ペンツールのクリックで多角形を描く

2021　2020　2019

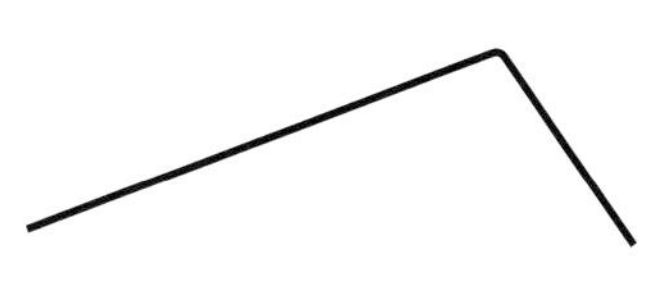

直線を描くには、ペンツールを使うこともできます。ペンツールを使うと、単なる直線ではなく、直線を角で接続した図形を描くことができます。

1 ツールバーでペンツールをクリックして選択し❶、アートボード上で直線の始点をクリックします❷。次に、直線の終点をクリックします❸。クリックした2点間が直線で結ばれます。描画を終了するには、Ctrl キーを押しながら何もない場所をクリックします❹。Enter キーを押してもかまいません。

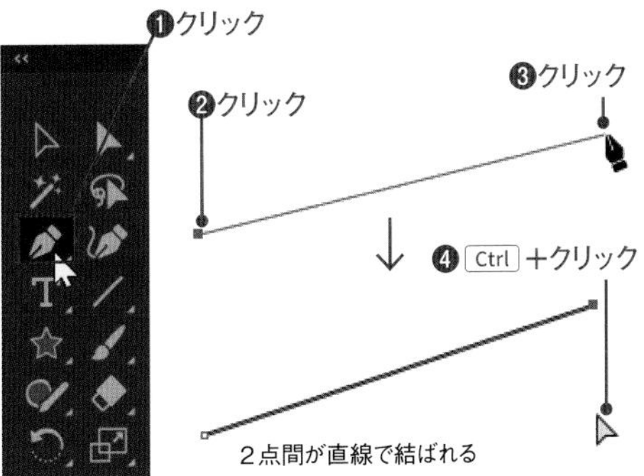

2点間が直線で結ばれる

2 ペンツールは、クリックを続けると❶❷❸、クリックした位置を角にして、無限に直線を描き続けられます。描画を終了するには、Ctrl キーを押しながら何もない場所をクリックします❹。

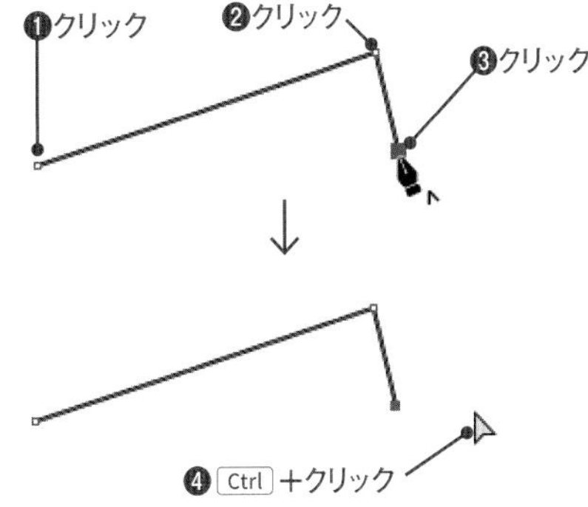

3 連続してクリックを行うことで、複雑な線を描くこともできます。Shift キーを押しながら次の点をクリックすると❶❷❸❹、前のクリックした点から垂直、水平、45°の固定角度の直線となります。

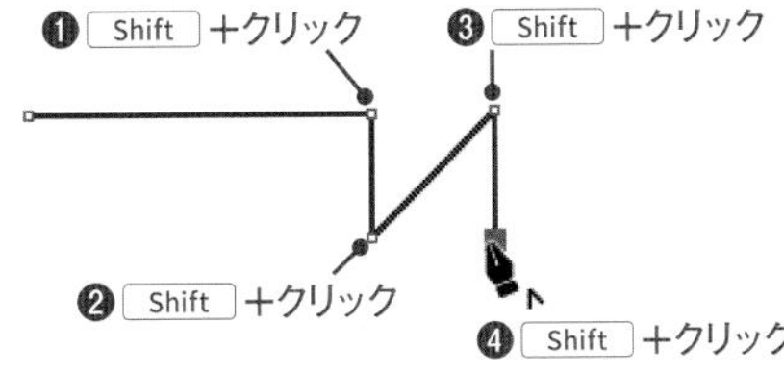

COLUMN

ラバーバンドによるプレビュー表示

ペンツールで描画される線はラバーバンドでプレビュー表示されます。［環境設定］ダイアログボックスの［選択範囲・アンカー表示］で、［ペンと曲線のラバーバンドを有効にする］オプションをオフにすると、ラバーバンドは非表示になります。

CHECK!

図形を閉じる

始点に戻ってカーソルを重ねると、マウスカーソルがに変化するので、そこでクリックします。これにより、閉じた図形になります。

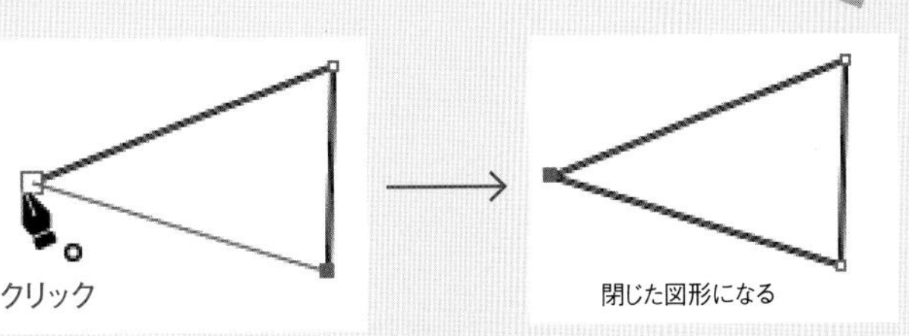

2-4 曲線

曲線を描くには、ペンツールを使用します。ペンツールで曲線を描くのは、最初は取っつきにくく、難しいかもしれませんが、慣れればたいへん便利なツールです。Illustratorの一番の肝になる機能といっても過言ではありませんので、ぜひマスターしてください。

Illustratorのオブジェクトの構造

2021 2020 2019

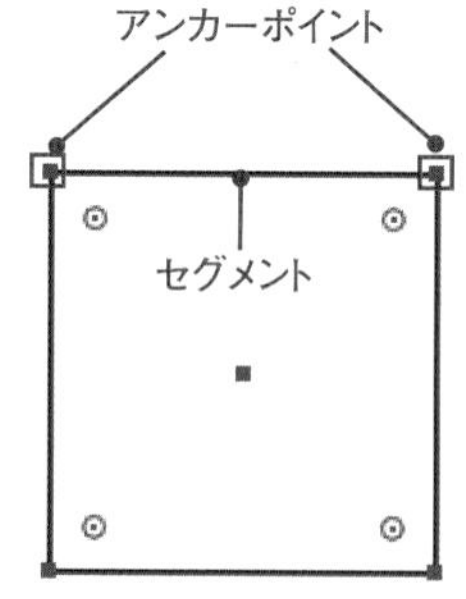

オブジェクトは、アンカーポイントとその間のセグメントからできている

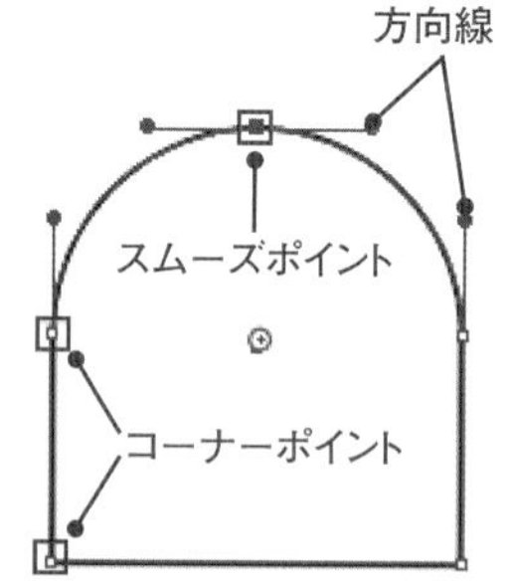

曲線を含むオブジェクトのアンカーポイントには、曲線の方向や大きさを制御する方向線がある

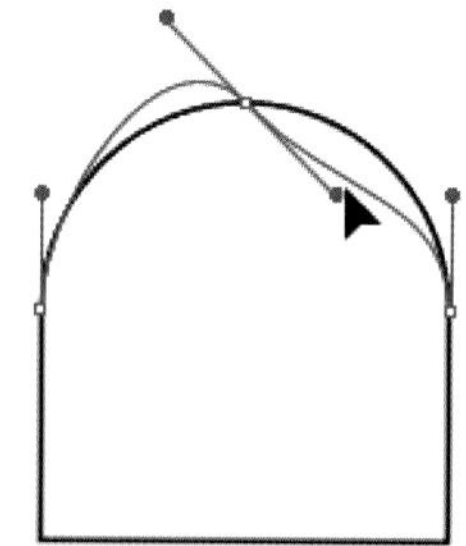

方向線を操作することで、曲線の曲がり具合を調節できる

アンカーポイントと方向線

Illustratorで作成するオブジェクト（図形）は、アンカーポイントとその間をつなぐセグメントの集合体です。方向線は曲線のないオブジェクトにはありませんが、曲線を描くと、アンカーポイントから方向線が発生します。直線が接続された角には、長さが「0」の方向線があると考えるとわかりやすいかもしれません。
この方向線の角度と長さにより、曲線を制御します。

スムーズポイントとコーナーポイント

方向線がアンカーポイントから一直線に伸びるアンカーポイントをスムーズポイントといいます。そのほかのアンカーポイント（「方向線がない」「方向線が一本しかない」「一直線でない」）はコーナーポイントといいます。

方向線の表示

方向線は、通常は表示されていませんが、曲線には必ず存在しています。ペンツールで描画中の現在と直前のアンカーポイントや、アンカーポイントやセグメントを選択すると、選択部分に関わる部分の方向線が表示され、ほかの方向線は非表示になります。

方向線と曲線

方向線を操作することで、曲線の調節を行うことができます。角度と長さを調節しますが、角度によって曲線の向きを、長さによって曲率を制御します。ただし、方向線の角度の調節により結果的に曲率が変化したり、長さの調節で結果的に向きが変わったりということがありますので、曲線の調節には慣れが必要です。
ペンツールでの描画時には直接方向線を操作しますが、ダイレクト選択ツールを使えば描画済みのオブジェクトを後から修正することもできます。また、通常は方向線は一対の２本が連動して動きますが、これを別々に操作して複雑な曲線や、尖った形を作ることもできます。
方向線の調節の詳細は、Lesson03を参照してください。

Macでは、キーは次のようになります。 Ctrl → ⌘　Alt → option　Enter → return

STEP 01 ペンツールのドラッグで曲線を描く-1

2021 2020 2019

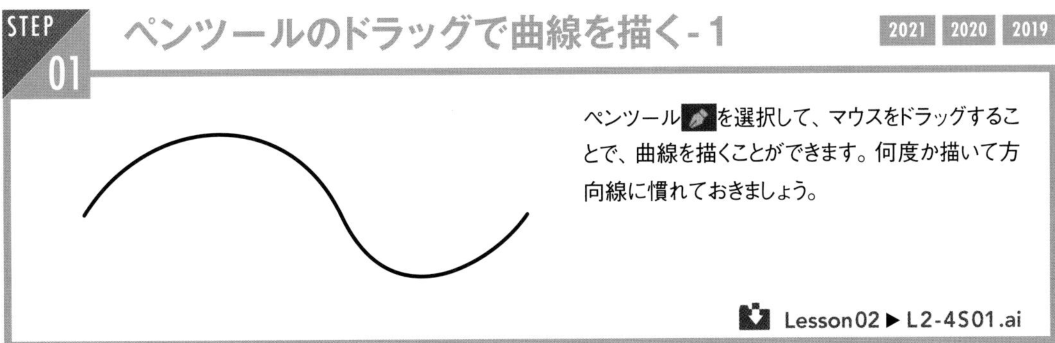

ペンツールを選択して、マウスをドラッグすることで、曲線を描くことができます。何度か描いて方向線に慣れておきましょう。

Lesson02 ▶ L2-4S01.ai

1 レッスンファイルを開きます。このファイルには、ペンツールで曲線を描く練習をするための下絵が描かれています。プロパティパネルのアピアランスの［塗り］をクリックし❶、［なし］をクリックして選択します❷。

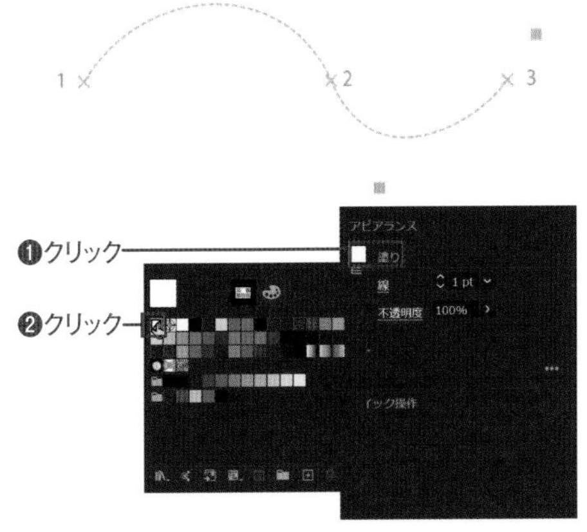

2 ツールバーでペンツールをクリックして選択し❶、曲線の始点（下絵の「1」）からマウスでドラッグして、青い小さな円を下絵に合わせます❷。

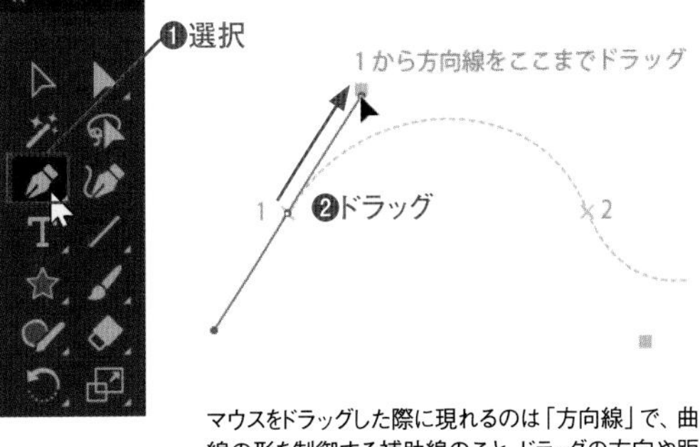

マウスをドラッグした際に現れるのは「方向線」で、曲線の形を制御する補助線のこと。ドラッグの方向や距離に応じて曲線が変化する

3 続いて、下絵の「2」からマウスをドラッグして、同じように下絵に合わせます❶。同様にして終点（下絵の「3」）からドラッグします❷。これでひとつの曲線ができました。

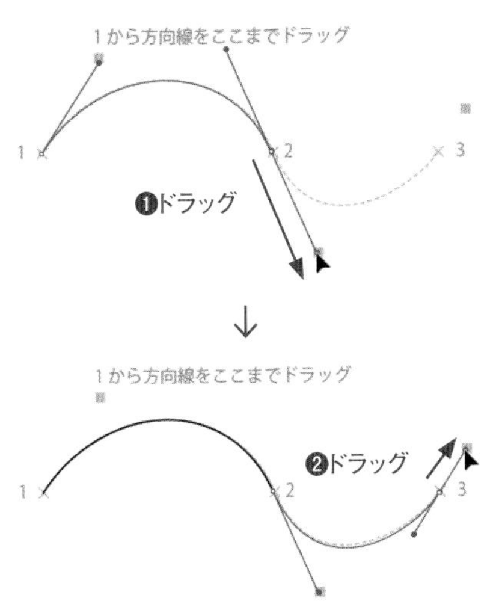

4 最後にCtrlキーを押しながら何もない場所をクリックして描画を終了します❶。

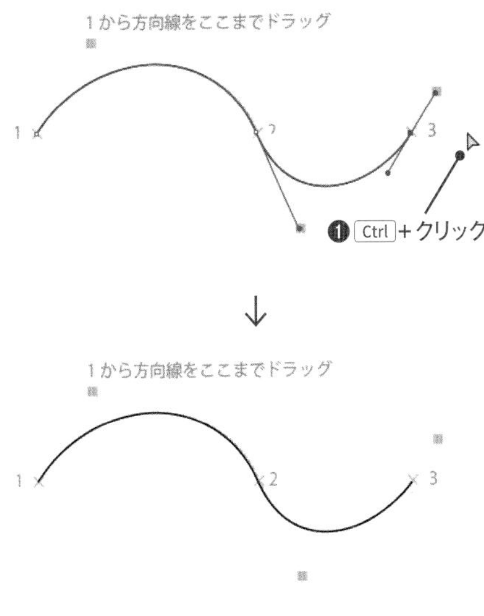

STEP 02 ペンツールのドラッグで曲線を描く-2

2021 2020 2019

曲線を描いている途中で、直前に作成したポイントをもう一度クリックしてから曲線を描くと、尖った角を作ることができます。

Lesson02 ▶ L2-4S02.ai

1 レッスンファイルの下絵を使います。プロパティパネルのアピアランスで、[塗り]を[なし]に設定してください❶。

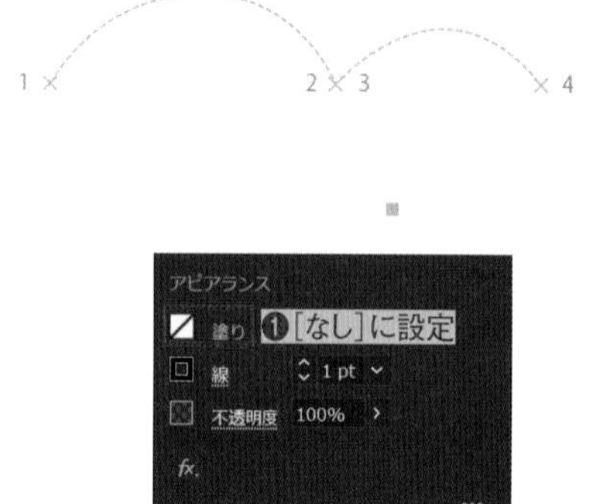

2 ペンツール で、下絵の「1」❶と「2」❷のアンカーポイントをSTEP01と同じように作成しましょう。

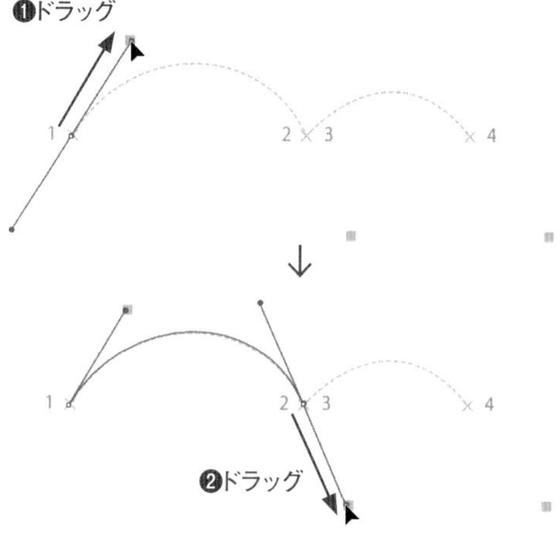

3 2番目のアンカーポイントを作成したら、もう一度そのアンカーポイントにカーソルを合わせ❶、クリックして❷、下絵の「4」からドラッグします❸。

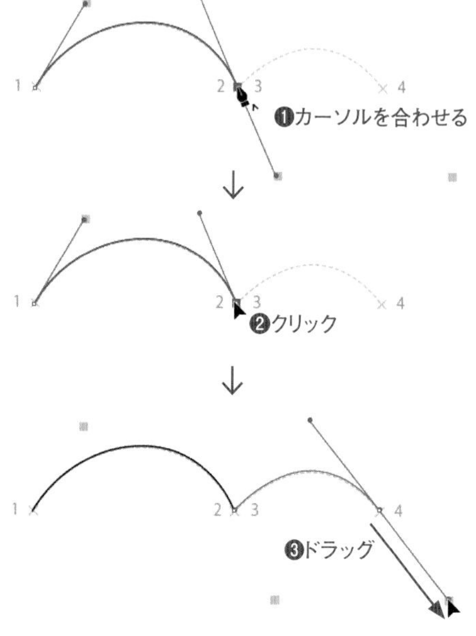

4 最後にCtrlキーを押しながら何もない場所をクリックして描画を終了します❶。
アンカーポイントの位置や方向線は、後からでも自由に調節できます(詳細はP.084の「アンカーポイントとハンドルの操作」参照)。最初は少しずれてしまっても、気にせず作業してみましょう。

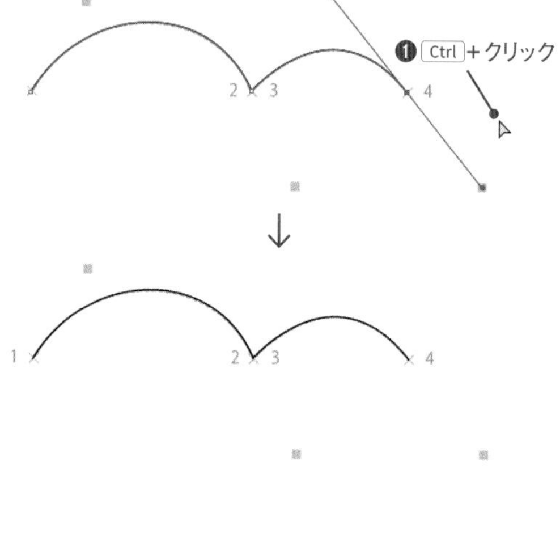

Macでは、キーは次のようになります。 Ctrl → ⌘ Alt → option Enter → return

STEP 03 Shift キーを使って曲線を描く

2021 2020 2019

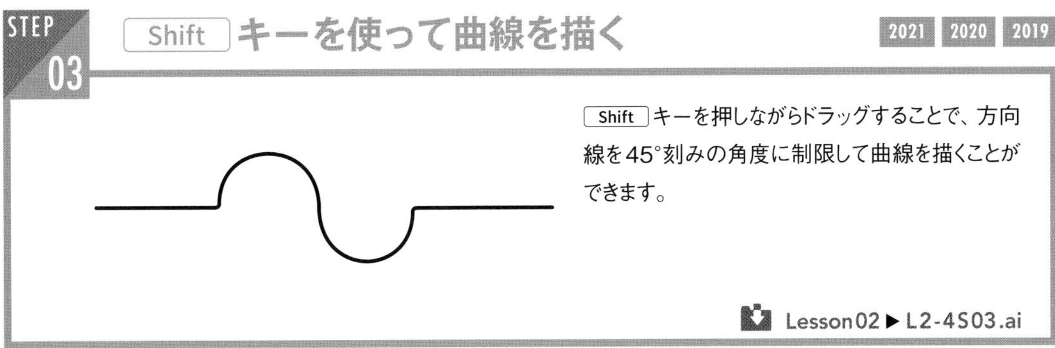

Shift キーを押しながらドラッグすることで、方向線を45°刻みの角度に制限して曲線を描くことができます。

Lesson02 ▶ L2-4S03.ai

1 レッスンファイルを開きます❶。直線と曲線が一本になった下絵が描かれています。プロパティパネルのアピアランスで、[塗り]を[なし]に設定してください。

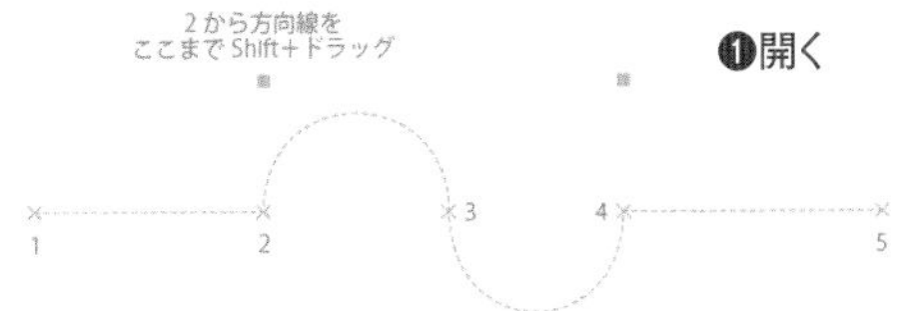

2 ペンツールで、下絵の「1」❶をクリック、下絵の「2」を Shift キーを押しながらクリックして❷水平の直線を描きます。

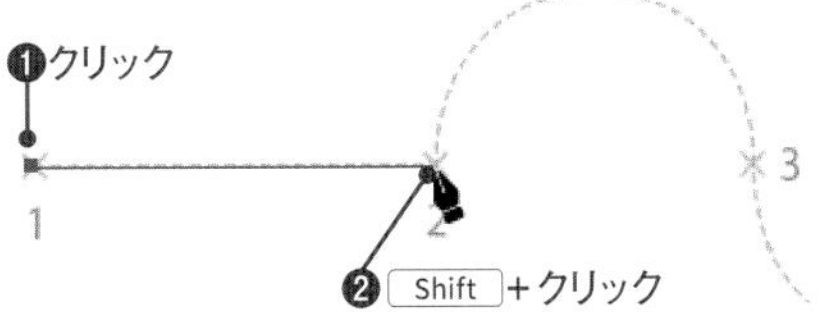

3 直線の終点から、Shift キーを押しながら上へドラッグし❶、方向線を下絵に合わせます。

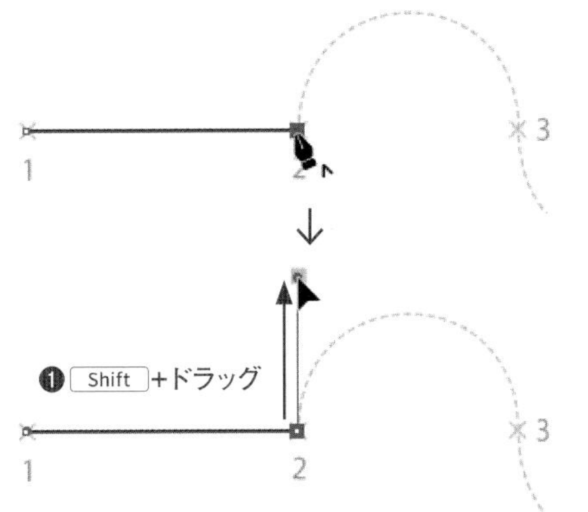

4 下絵の「3」❶と「4」❷で、それぞれ Shift キーを押しながらドラッグして、方向線を下絵に合わせます。

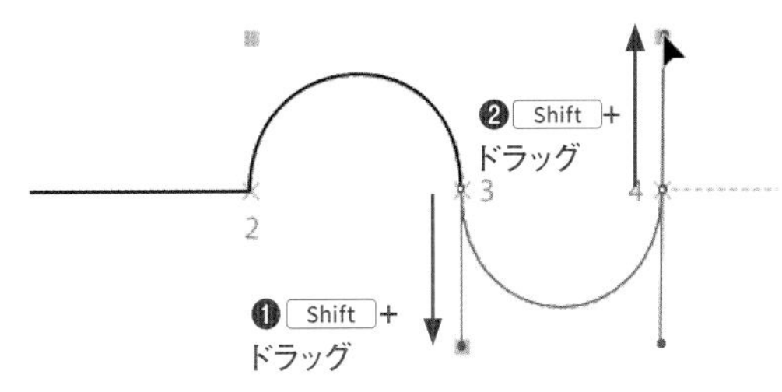

5 曲線の終点をクリック❶して上向きの方向線を消し、続いて下絵の「5」を Shift キーを押しながらクリック❷します。

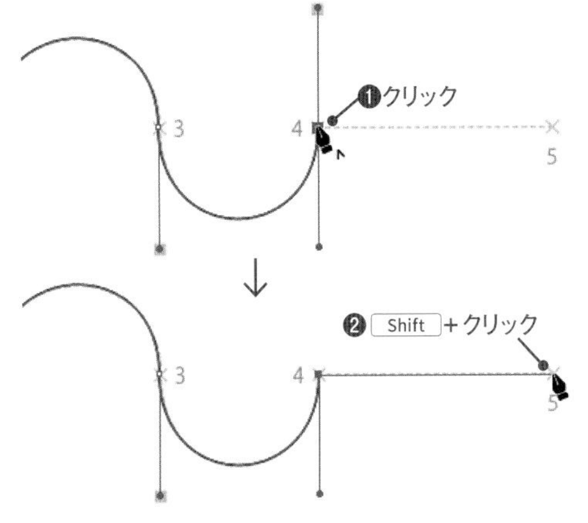

6 最後に Ctrl キーを押しながら何もない場所をクリックして描画を終了します❶。

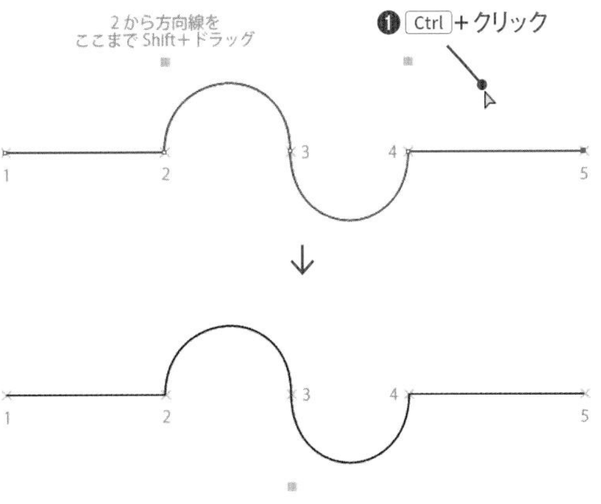

STEP 04 ふたつの線をつなぐ-2

2021 2020 2019

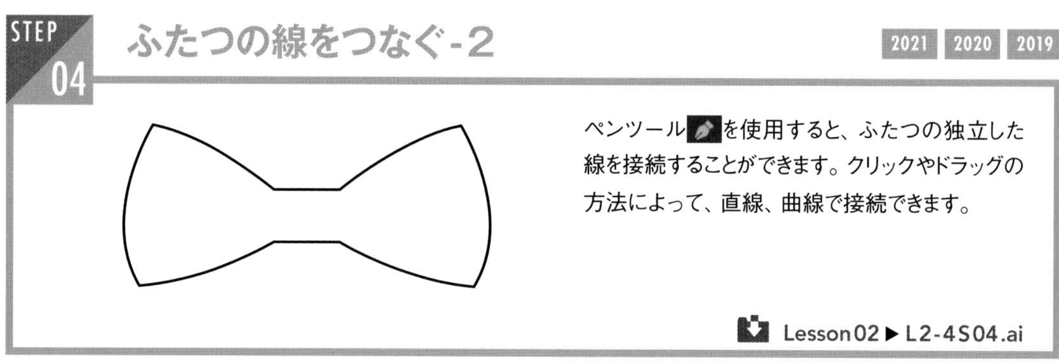

ペンツールを使用すると、ふたつの独立した線を接続することができます。クリックやドラッグの方法によって、直線、曲線で接続できます。

Lesson02 ▶ L2-4S04.ai

1 レッスンファイルを開きます。このファイルには、未完成のリボンが3つ描かれています。ここではAのリボンを使います。ペンツールで、「1」❶と「2」❷のアンカーポイントをクリックします。直線でアンカーポイントが接続されました。同様に「3」❸と「4」❹のアンカーポイントをクリックして直線で接続して図形を閉じます。

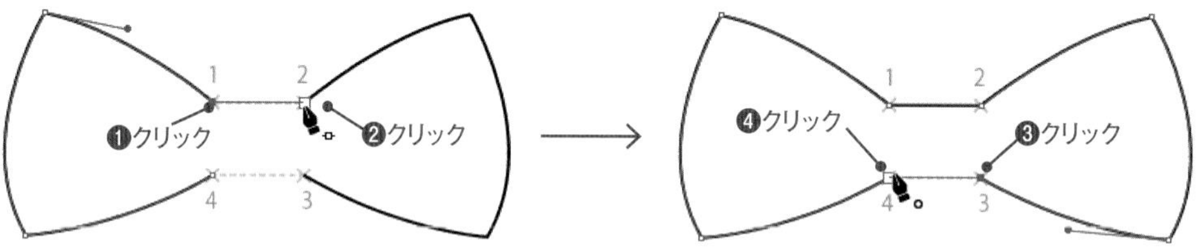

2 次にBのリボンの線を曲線で接続します。「1」のアンカーポイントで右下へドラッグして❶方向線を下絵に合わせ、「2」のアンカーポイントで右上へドラッグして❷方向線を下絵に合わせます。「2」のアンカーポイントではドラッグする方向と方向線の向きが逆なので注意してください。同様に「3」❸と「4」❹のアンカーポイントでドラッグして図形を閉じます。

3 続いて、Cのリボンの線を接続します。ふたつ目のリボンとは曲線が逆方向に接続します。「1」のアンカーポイントで右上へドラッグして❶方向線を下絵に合わせ、「2」のアンカーポイントで右下へドラッグして❷方向線を下絵に合わせます。同様に「3」❸と「4」❹のアンカーポイントでドラッグして図形を閉じます。

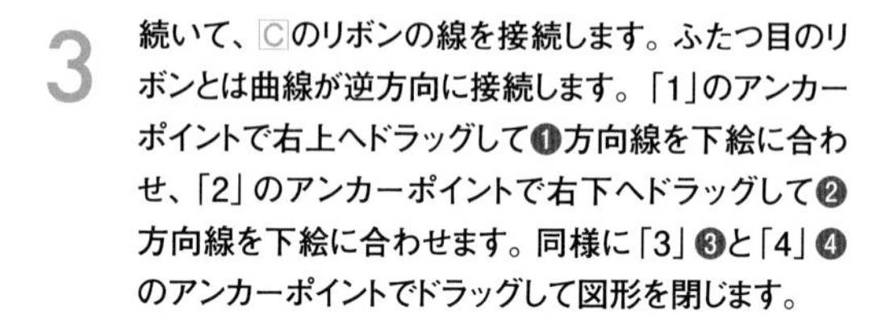

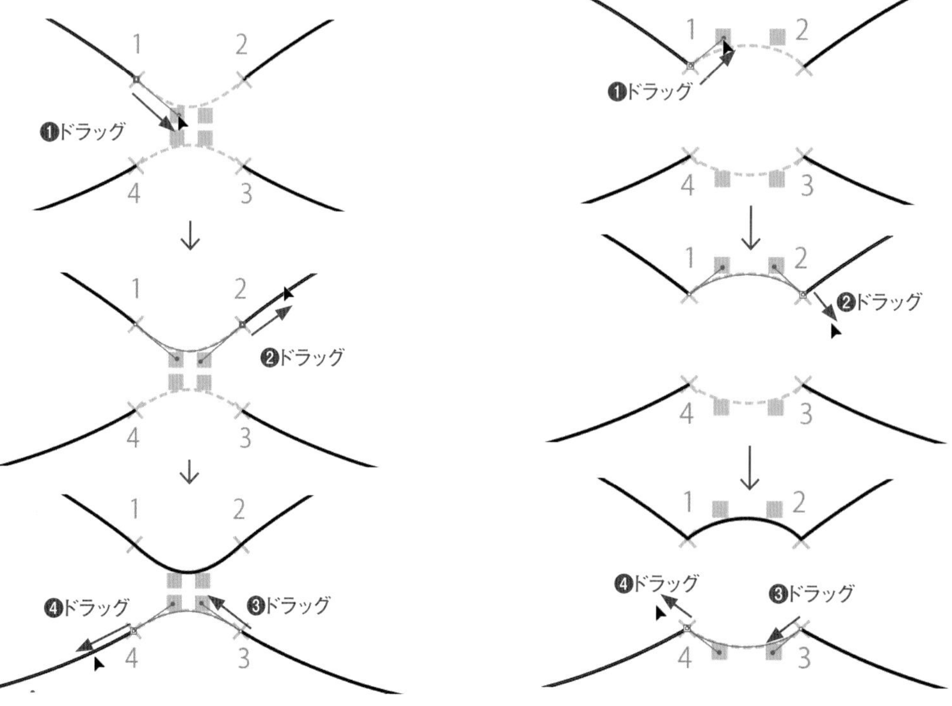

Macでは、キーは次のようになります。 Ctrl → ⌘ Alt → option Enter → return

STEP 05 曲線ツールで描画する

2021 2020 2019

曲線ツールは、タッチモードでの使用をメインとするツールですが、曲線と直線のどちらも描画できるツールです。基本的な使い方を覚えておきましょう。

1 新規ドキュメントを作成し、ツールバーで曲線ツールを選択します❶。葉の元となる図形を描きましょう。アートボード上で始点をクリックします❷。次に、アンカーポイントを作成したい位置を順番にクリックします❸❹。クリックした箇所を結ぶ曲線が描画されます。同様にアンカーポイントを作成したい箇所をクリックして❺、始点にマウスカーソルを合わせてになったらクリックします❻。クローズパスが描画できました。

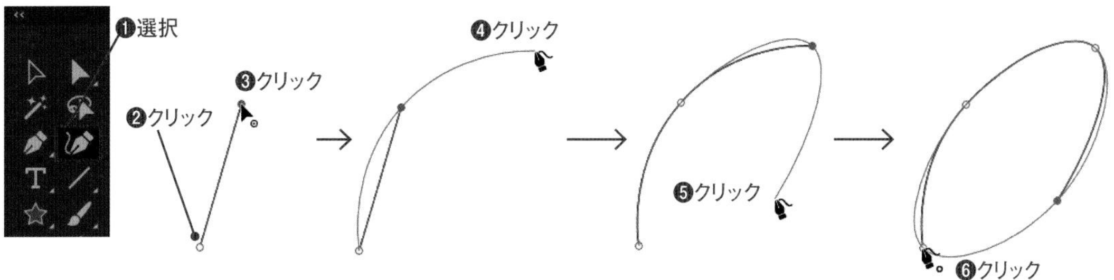

2 直線を追加しましょう。図形の内部で始点をダブルクリックして❶、終点もダブルクリックします❷。曲線ツールでは、ダブルクリックした場所はコーナーポイントとなります。描画を終了するには、Ctrlキーを押しながら何もない場所をクリックします❸。

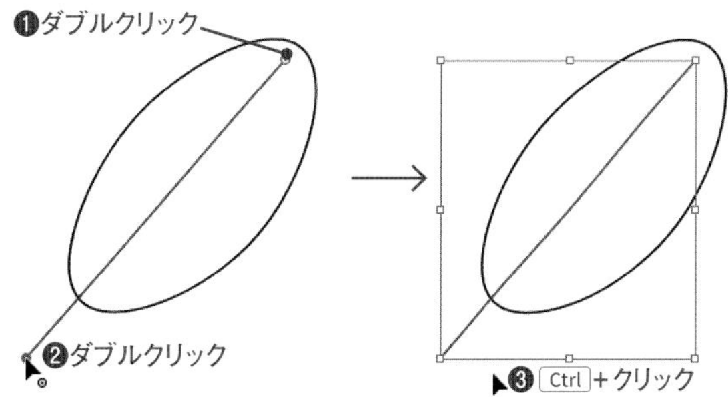

3 Ctrlキーを押しながら一時的に選択ツールにして、曲線で作成した図形を選択します❶。図形の右上のアンカーポイントをドラッグして直線の端点まで移動します❷。移動したアンカーポイントをダブルクリックします❸。アンカーポイントが、曲線を作るスムーズポイントからコーナーポイントに変わりました❹。

ダブルクリックでの変換

コーナーポイントをダブルクリックするとスムーズポイントに、スムーズポイントをダブルクリックするとコーナーポイントに変わります。

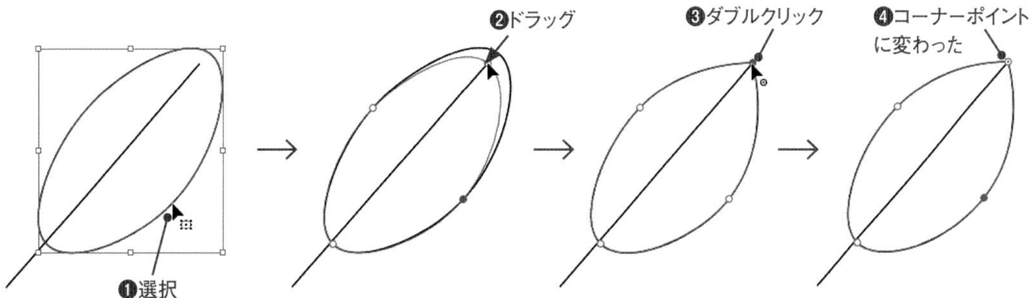

2-5 フリーハンド系ツール

精密な作業ができる図形ツールやペンツールとは違い、マウスをドラッグした軌跡をそのまま利用するのがフリーハンド系のツールです。複雑な形をすばやく描きたいときや、手描きの雰囲気を出したいときに便利です。

フリーハンド系ツール

2021 2020 2019

Illustratorには、ドラッグした軌跡で図形を描画するフリーハンド系ツールも用意されています。代表的な3つのツールの違いを把握しておきましょう。

鉛筆ツール

鉛筆ツールは、マウスをドラッグすると通常のパスが作成されます。

ブラシツール

ブラシツールは、マウスをドラッグしてパスを作成しますが、ブラシパネルで選択したブラシの形状（ブラシストローク）が適用されます。

塗りブラシツール

塗りブラシツールも、マウスをドラッグして描画しますが、ドラッグの軌跡のアウトライン形状のパスができます。

そのほかのツール

フリーハンド系ツールとしては、そのほかに以下のツールがあります。

- **消しゴムツール**
  ドラッグした部分を消去します。塗りブラシツールと組み合わせて使うと効果的です。
- **スムーズツール**
  ドラッグして、パスをなめらかにするツールです。描画したオブジェクトのアンカーポイントが多いときなどに利用します。
- **パス消しゴムツール**
  ドラッグして、選択したオブジェクトの一部のパスを削除するツールです。

鉛筆ツール

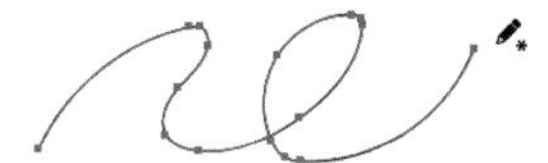

マウスをドラッグすると通常のパスが作成される

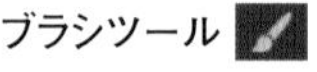

マウスをドラッグするとブラシパネルで選択したブラシの形状となる

塗りブラシツール

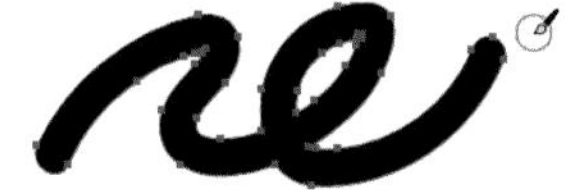

マウスをドラッグするとドラッグの軌跡のアウトライン形状のパスができる

COLUMN

Shaperツール

フリーハンドで描いた形状から、図形を描画するツールです。タッチモードでの使用を前提とされたツールですが、マウスでの利用も可能です。描画できるのは、直線、円、楕円、正三角形、長方形、正方形、正六角形です。
描画した図形を合成する機能もあります。

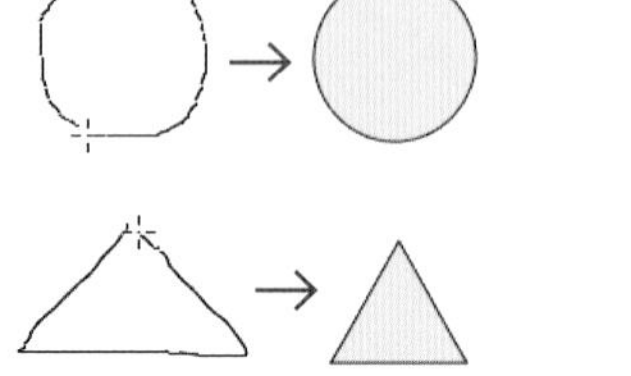

鉛筆ツールオプション／ブラシツールオプション

ツールバーの鉛筆ツール や ブラシツール のアイコンをダブルクリックすると、各ツールのオプションダイアログボックスが表示され、オプションを調節して使用することができます。

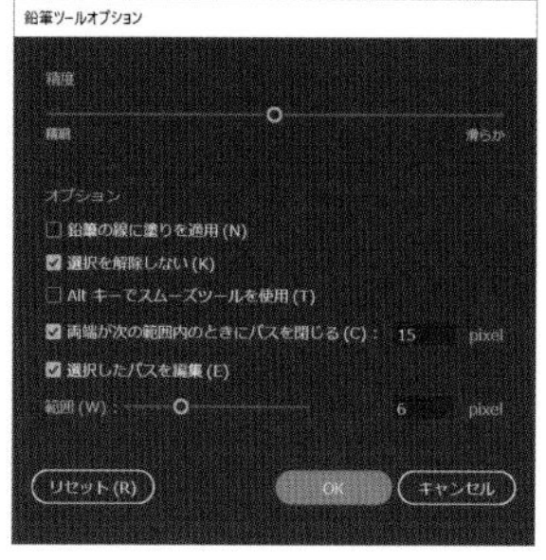

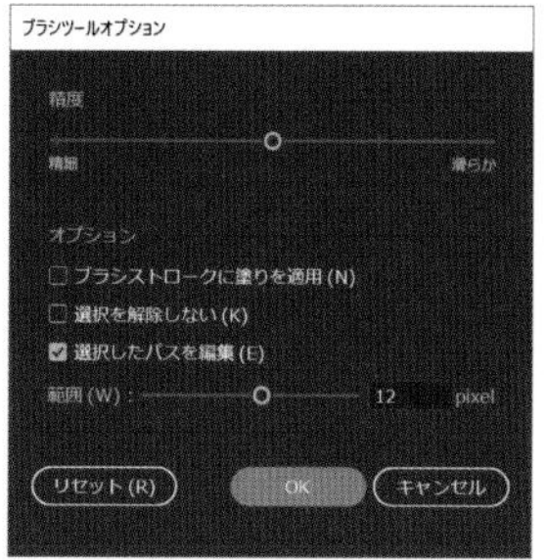

精度

作成する線の滑らかさとアンカーポイントの数を設定する。[詳細] に近いほど軌跡に近い線になるがアンカーポイントが多くなる。[滑らか] に近いほど、アンカーポイントの数は少なくなり線は単純で滑らかになる

鉛筆の線に塗りを適用／ブラシストロークに塗りを適用

クローズパスを描画した際に、[塗り] の色を適用するかどうかを設定する

選択を解除しない

チェックすると、描画した直後にオブジェクトが選択された状態になる

Altキーでスムーズツールを使用

チェックすると、Alt キーを押すと一時的にスムーズツールとなる

両端が次の範囲内のときにパスを閉じる

チェックすると、開始点と終了点が指定した範囲内のときはクローズパスとなる

選択したパスを編集

チェックすると、選択したオブジェクトをなぞるようにドラッグして形状を修正できる

ブラシの選択

ブラシツール のブラシは、ブラシパネルで選択します。初期状態のブラシパネルには、限られたブラシしか表示されませんが、ライブラリからたくさんのブラシを選択できます。

ブラシには、5つの種類があります。

ブラシについては、P.148の「ブラシの適用」も参照してください。

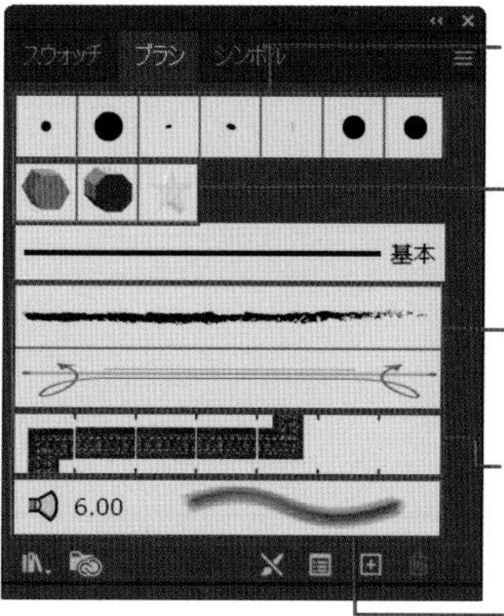

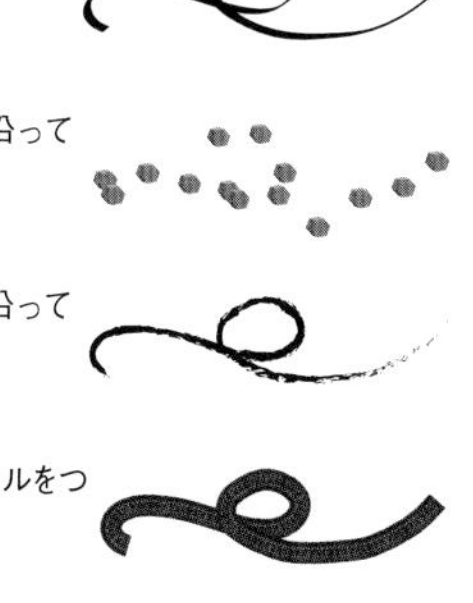

カリグラフィブラシ
カリグラフィペンで描いたような線になる

散布ブラシ
オブジェクトをパスに沿って散布させた線になる

アートブラシ
オブジェクトをパスに沿って伸縮させた線になる

パターンブラシ
登録したパターンタイルをつなげた線になる

絵筆ブラシ
絵筆で描いたような線になる

筆圧の設定

ブラシツール や、塗りブラシツール では、筆圧感知タブレットを利用すると、筆圧を利用してブラシ形状を変化させられます。タブレットを使える環境の場合は、オプションで筆圧を設定してみましょう。例は、塗りブラシツール のサイズに筆圧を使用した状態です。

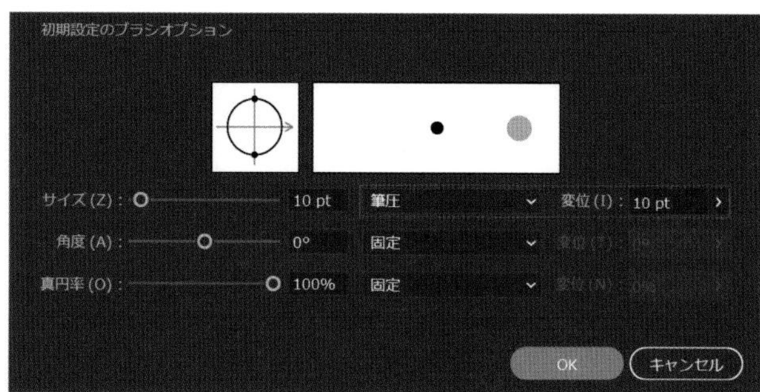

[塗りブラシツール] のオプションは、ツールバーの塗りブラシツールアイコンをダブルクリックして表示できる

マウス（筆圧感知なし）で描いた状態

タブレットを使い、ブラシサイズを筆圧で変化するように設定した状態

STEP 01 鉛筆ツールのドラッグで自由に線を描く

2021 2020 2019

鉛筆ツールは、マウスをドラッグすることで、自由な線を描くことができます。タブレットペンとの相性がよいので、機会があれば試してみてください。

1 新規ドキュメントを開き、ツールバーで鉛筆ツールをクリックして選択します❶。アートボード上でマウスをドラッグして単純な形を描いてみましょう❷。

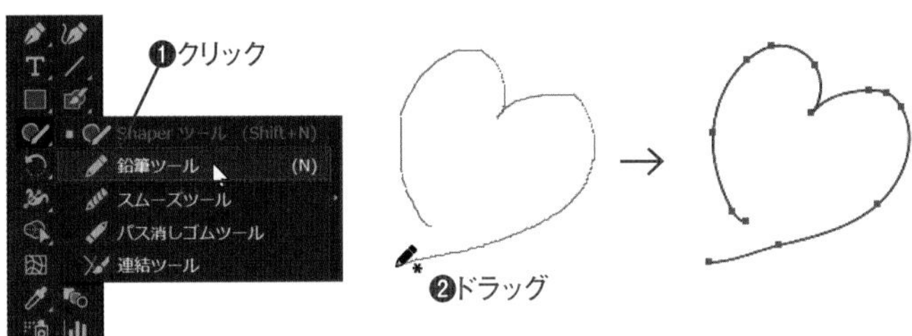

2 カーソルが始点に近づくとに変わり❶、マウスボタンを放すと、自動で始点と結ばれます❷。

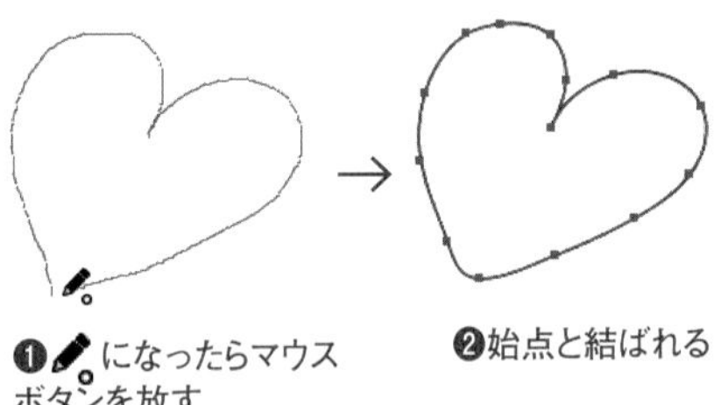

始点と結ばれる距離

始点と終点が結ばれる距離は、[鉛筆ツールオプション] の [両端が次の範囲内のときにパスを閉じる] オプションの設定によります。

3 選択を解除せずに、描いた線を修正してみましょう。すでに描いた線の外側に、少し形を膨らませるような線を描きます❶。後から描いた線に修正されます❷。描く位置によっていろいろな結果になるため、Ctrl+Zキーでやり直しながら感覚をつかみます（元の線からあまり離れると新しい線の描画になります）。

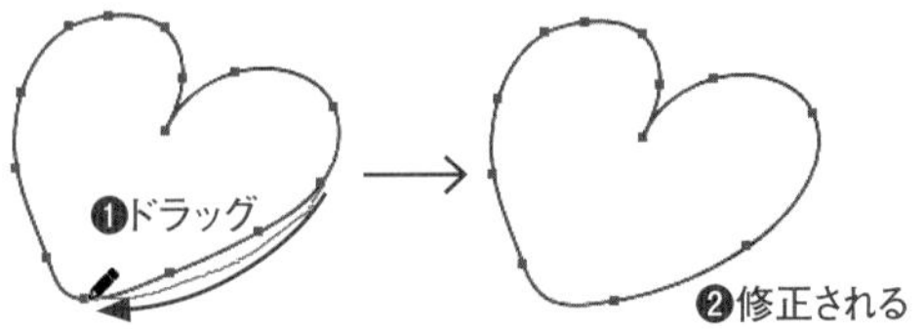

もっと細かく修正したい場合には、アンカーポイントや方向線を操作する（Lesson03を参照）

COLUMN

鉛筆ツールで直線を描く

鉛筆ツールの使用中にAltキーを押すと、直線の描画となります。以前のようにAltキーを押して曲線を滑らかにするスムーズツールとして利用するには、ツールバーのアイコンをダブルクリックして [鉛筆ツールオプション] ダイアログボックスを開き、[Alt (Option) キーでスムーズツールを使用] オプションをオンにしてください。

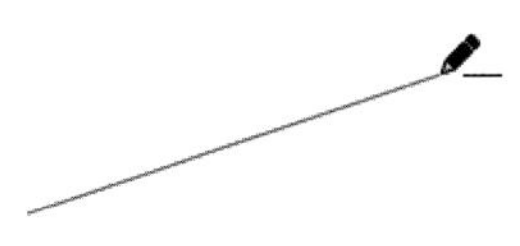

STEP 02

ブラシツールのドラッグで線を描く

2021 2020 2019

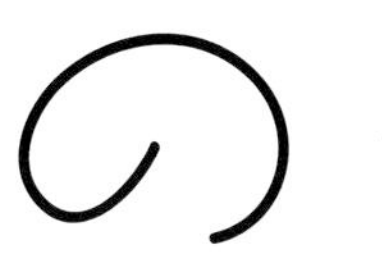

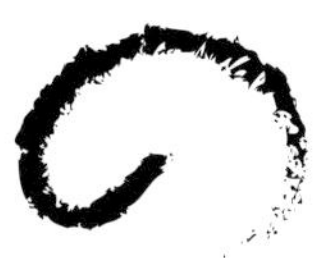

ブラシツールの使い方は、鉛筆ツールとほぼ同じで、ドラッグした形状のオブジェクトを描画します。描画したパスは、ブラシパネルで選択したブラシの形状となります。

1　ブラシツールのアイコンをダブルクリックして、[ブラシツールオプション] ダイアログボックスを表示します❶。[選択を解除しない] にチェックをつけて❷、[OK] をクリックします❸。

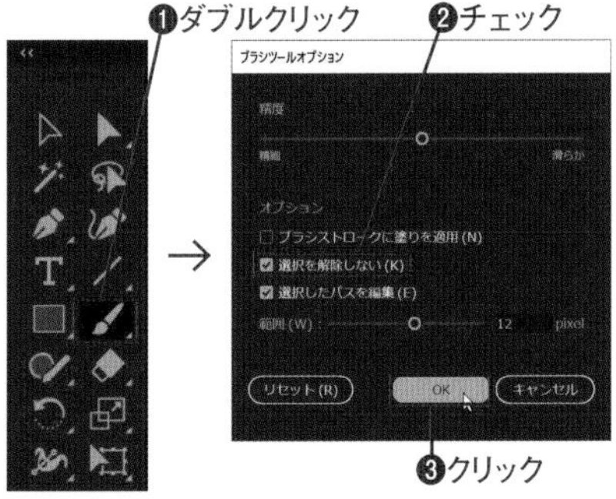

2　ブラシパネルで [5pt. 丸筆] をクリックして選択し❶、簡単な線をドラッグして描いてみましょう❷。鉛筆ツールで描いた線を太くしたような線が描けます。

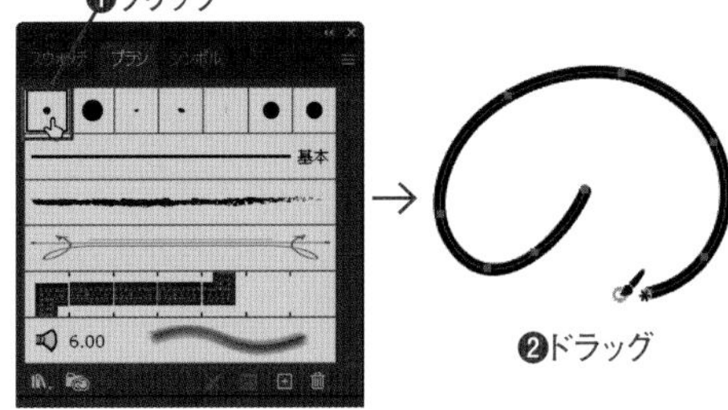

3　選択を解除せず、ブラシパネルで別のブラシを選択してみましょう❶。選択したブラシの形状に変わります❷。ブラシは、描画後のオブジェクトにも適用できます。

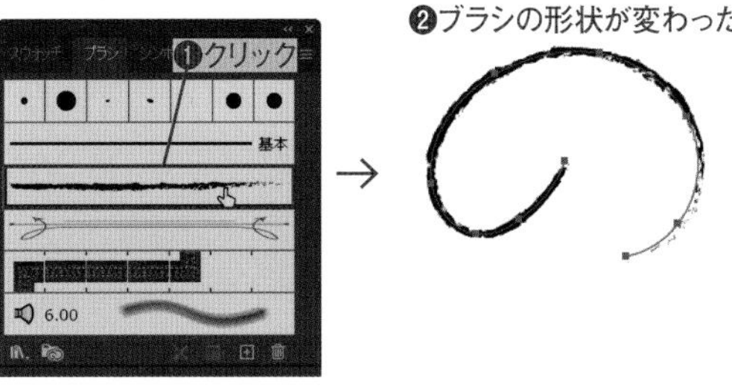

4　続けて、プロパティパネルのアピアランスで線幅を変えてみましょう❶。ブラシを適用したオブジェクトも、線幅を変更できます。

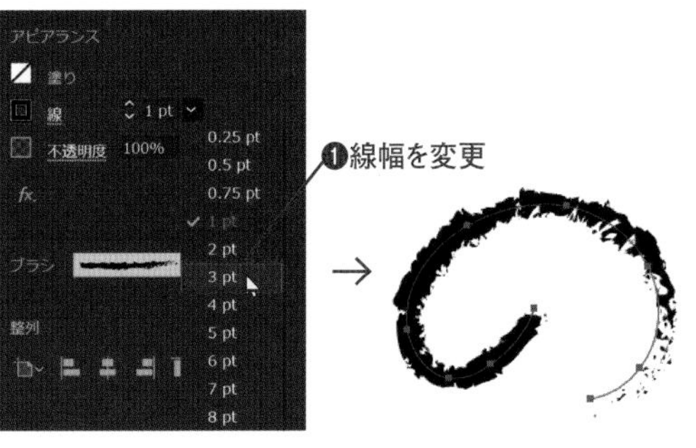

CHECK!

ブラシを解除する

オブジェクトを選択し、ブラシパネル下部の [ブラシストロークを解除] をクリックすると、ブラシが解除され通常のパスに戻ります。

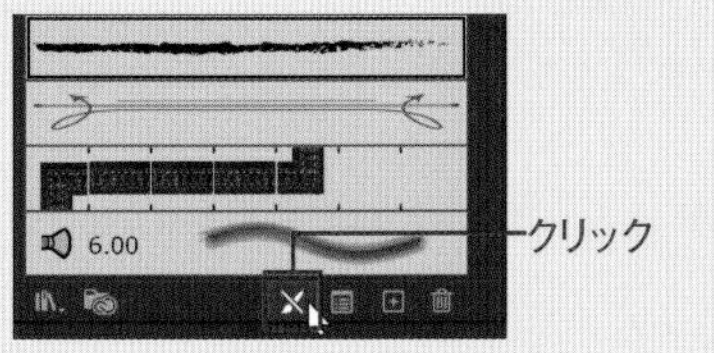

COLUMN

ブラシの色

カリグラフィブラシ、絵筆ブラシは、[線] の色が適用されます。それ以外のブラシは、それぞれのブラシに設定されている [彩色] によって決まります。

STEP 03 塗りブラシツールと消しゴムツールで描く

2021 2020 2019

Before → After

塗りブラシツールと消しゴムツールを使って、下絵を塗ってみましょう。塗りブラシツールは、選択されているオブジェクトと重なる部分はひとつのオブジェクトとなります。

Lesson02 ▶ L2-5S03.ai

1 レッスンファイルを開きます❶。このファイルには、葉のオブジェクトの下絵が描かれています。

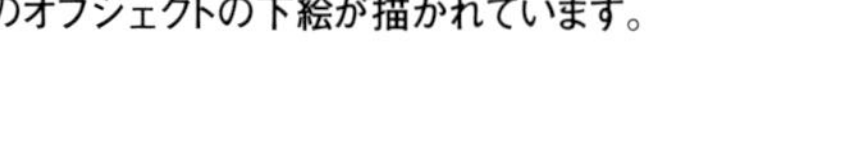

❶開く

2 ツールバーで塗りブラシツールを選択します❶。

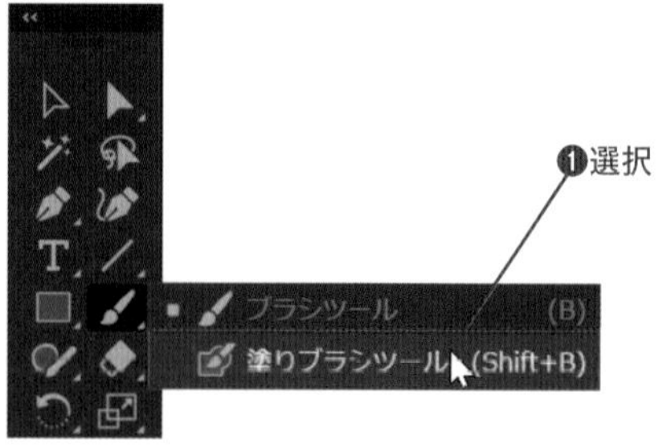

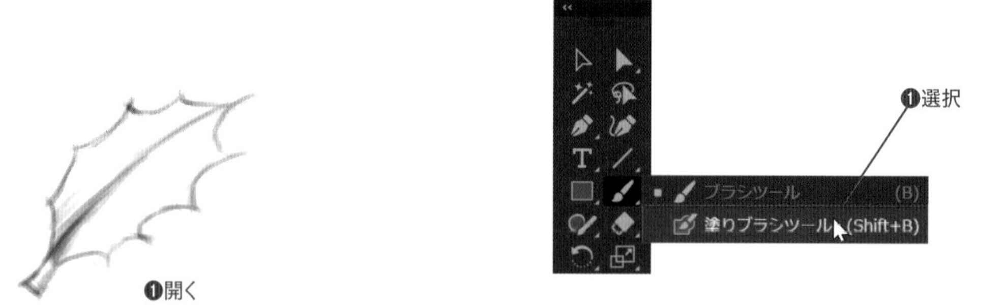

3 塗りブラシツールをダブルクリックします❶。［塗りブラシツールオプション］ダイアログボックスが表示されるので、［選択を解除しない］❷と［選択範囲のみ結合］❸にチェックをつけて、［OK］をクリックします❹。

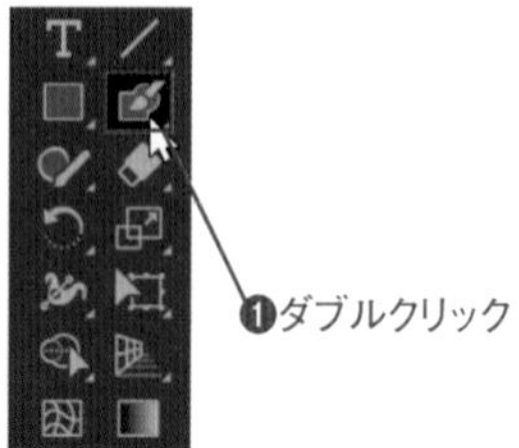

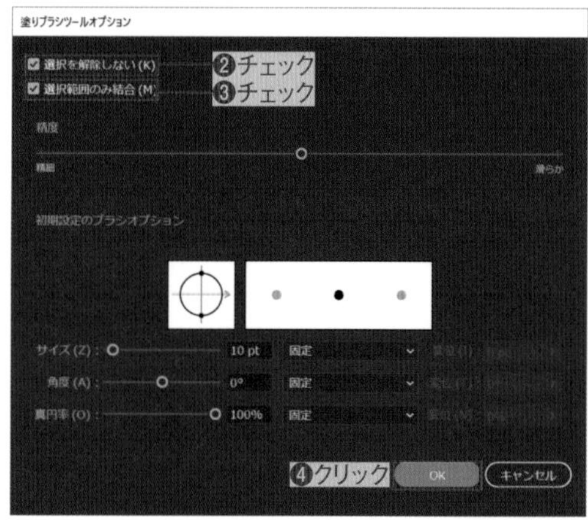

4 塗りブラシツールで、下絵を塗りつぶすようにドラッグします❶。下絵の線からはみ出してもかまいません。

CHECK!

塗りブラシツールによるオブジェクトの融合

オブジェクトが選択された状態で、塗りブラシツールでオブジェクトに重なるようにドラッグすると、重なった部分は融合してひとつのオブジェクトになります。オブジェクトが選択されていない状態では、重なるようにドラッグしても融合せずに、別のオブジェクトとなりますここでは、［塗りブラシツールオプション］ダイアログボックスの設定により、ドラッグ後のオブジェクトは選択された状態になるので、ひとつのオブジェクトになります。

Macでは、キーは次のようになります。 Ctrl → ⌘ Alt → option Enter → return

5 キーボードの[[]キー（小さくなる）と[]]キー（大きくなる）を押すと、ブラシのサイズを変えられるので、ブラシを小さくして細部を塗りつぶします❶。サイズが変わらない場合は、半角英数字入力モードにしてください。

ブラシサイズを変更した際にダイアログボックスが表示されたときは、[キャンセル]を押してダイアログボックスを閉じ、手順3の操作で[塗りブラシツールオプション]ダイアログボックスを開き[サイズ]で変更する。その後は、キーボードでブラシサイズを変更できる

6 塗りつぶしたオブジェクト全体が選択された状態で、プロパティパネルのアピアランスの[不透明度]を「30％」に設定し❶、下絵が透けて見える状態にします❷。

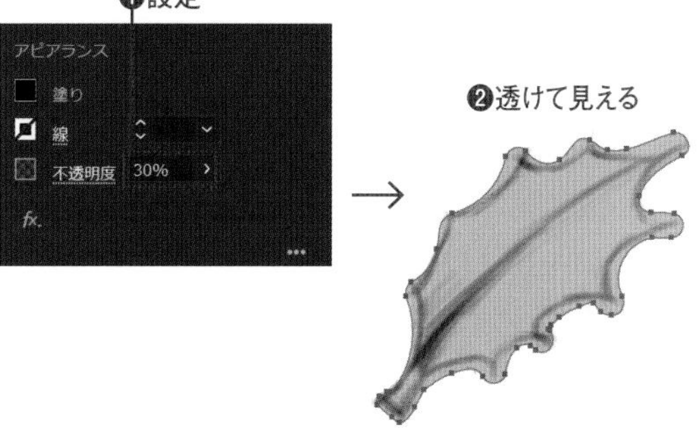

COLUMN 塗りブラシツールの色

塗りブラシツールで描画したオブジェクトの色は、[線]に設定された色となります。ただし、描画後にオブジェクトを選択すると、描画時の[線]の色は[塗り]の色となり、[線]の色は[なし]となります。

7 消しゴムツールを選択し❶、下絵からはみ出した部分をドラッグして消していきます❷。[[]キーと[]]キーを使ってブラシサイズを変更しながら作業すると消しやすくなります。下絵とまったく同じになる必要はありません。形が満足できる状態になったら、[不透明度]を100％に戻し、[塗り]の色を指定します。ここでは、スウォッチパネルで[C=90 M=30 Y=95 K=30]の緑色を選択しています❸。

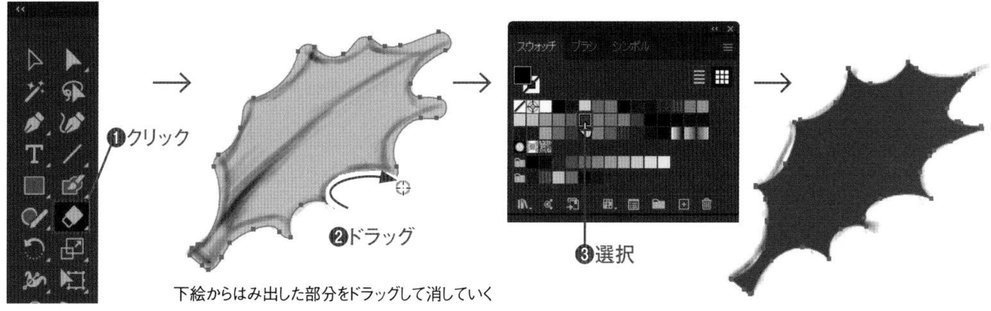

下絵からはみ出した部分をドラッグして消していく

COLUMN 塗りブラシツール／消しゴムツールオプション

ツールバーの塗りブラシツール、消しゴムツールのアイコンをダブルクリックすると、オプションダイアログボックスが表示され、ブラシサイズや形状を調節できます。

- サイズ：ブラシのサイズを設定します。
- 角度：ブラシの角度を設定します。
- 真円率：ブラシの形状を楕円にする際に設定します。

それぞれの項目で[固定][ランダム]が選択できます。[ランダム]では、[変位]で変動量を設定できます。筆圧感知タブレットを使用している場合、[筆圧][傾き]なども選択できます。

そのほかの項目は、P.051の「鉛筆ツールオプション／ブラシツールオプション」を参照ください。

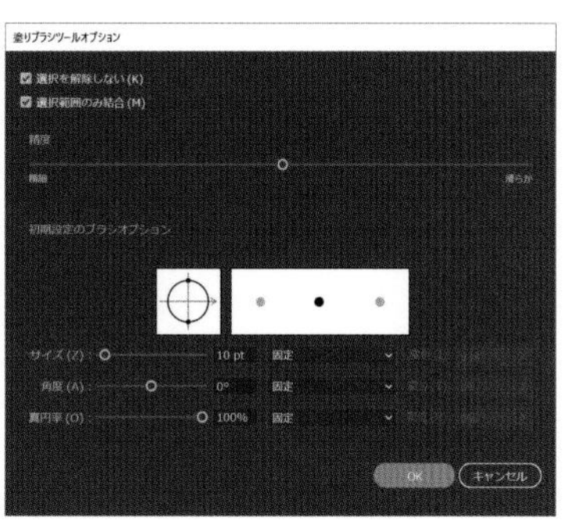

2-6 グラフ

Illustratorには、グラフ作成のための9種類のグラフツールが用意されています。表計算ソフトと同じようにデータを入力すれば、グラフは自動で作成されます。色を変更することも可能です。

グラフツール

2021 2020 2019

グラフの作成

Illustratorには、多くのグラフツールが用意されています。グラフの作成方法は、すべて同じなので、棒グラフツールを使ってグラフ用データを作成し、後からグラフの種類を変更すればよいでしょう。

グラフの作成は、棒グラフツールでグラフのサイズのエリアをドラッグで指定するか、クリックしてサイズを指定します。

[グラフデータ] ウィンドウが表示されるので、グラフの元になるデータを入力しましょう。をクリックするとグラフが作成されます。ウィンドウは開いたままなので、数値の修正や、ほかのグラフを作成できます。終了したら閉じてください。

[グラフ設定] ダイアログボックス

作成したグラフを選択し、[オブジェクト] メニュー→[グラフ]→[設定] を選択するか、ツールバーのグラフツールのアイコンをダブルクリックすると、[グラフ設定] ダイアログボックスが表示され、選択したグラフの種類を変更したり、[スタイル] の設定で影をつけたりできます。[オプション] は、グラフの種類ごとに設定項目が変わります。

また、左上のドロップダウンリストで、[数値の座標軸] や [項目の座標軸] を選択すると、グラフの軸の座標値や目盛りの表示などの設定をすることができます。

[グラフデータ] ウィンドウ

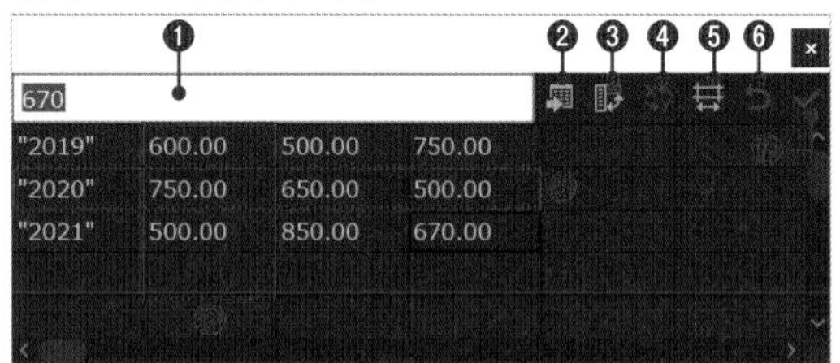

❶セルにデータを入力する
❷タブ区切りのテキストデータ
❸行と列を入れ替える
❹散布図でXYを入れ替える
❺セルの表示設定
❻元に戻す
❼グラフにデータを適用する
❽縦の並びが系列
❾横の並びが項目

[グラフ設定] ダイアログボックス

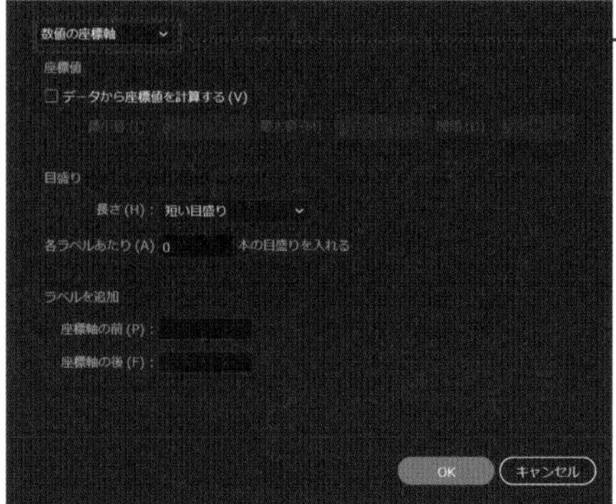

Macでは、キーは次のようになります。 Ctrl → ⌘ Alt → option Enter → return

グラフの種類

Illustratorでは、9種類のグラフが作成できます。ツールバーから各種グラフツールを選択して作成するか、グラフを作成後に［グラフ設定］ダイアログボックスでグラフの種類を変更します。

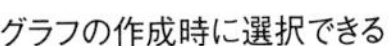
グラフの作成時に選択できる

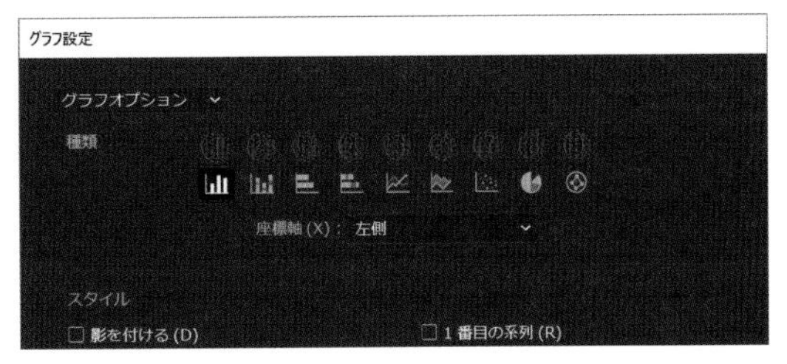

作成後に［グラフ設定］ダイアログボックスで変更できる

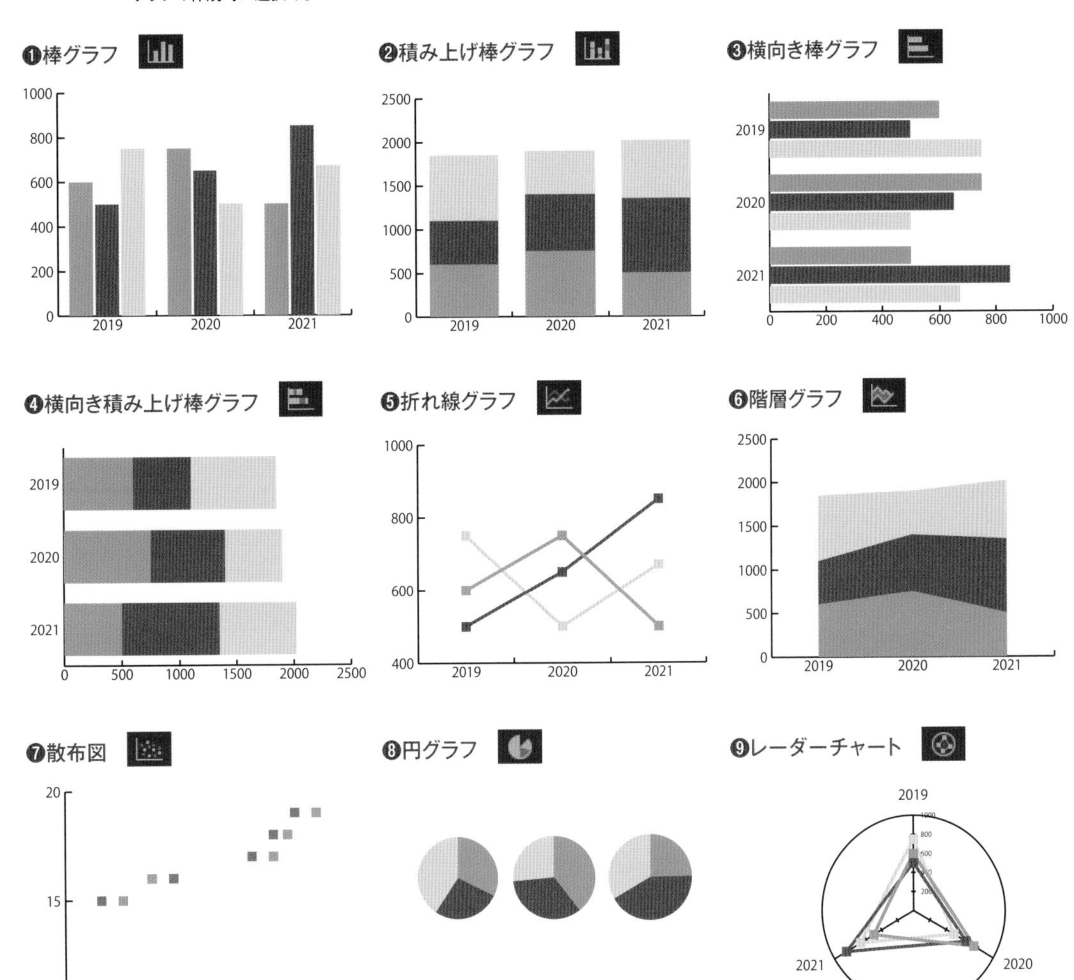

❶棒グラフ

❷積み上げ棒グラフ

❸横向き棒グラフ

❹横向き積み上げ棒グラフ

❺折れ線グラフ

❻階層グラフ

❼散布図

❽円グラフ

❾レーダーチャート

項目名が数字のみの場合は「"」で囲む

上のグラフの項目名に「2019」「2020」「2021」と数字を利用する場合、データの数字と区別するために、［グラフデータ］ウィンドウで「"2019"」のように「"」で囲んで、項目であることを明示します。

STEP 01 グラフを作成する

2021 2020 2019

Illustratorでのグラフ作成時のデータは、[グラフデータ] ウィンドウで入力するか、表計算ソフトから書き出したテキストファイルを読み込みます。

Lesson02 ▶ L2-6S01.ai

ドラッグでグラフを作成

1 レッスンファイルを開きます。ツールバーで棒グラフツール を選択します❶。レッスンファイルの上部の余白に、適当な大きさにドラッグします❷。

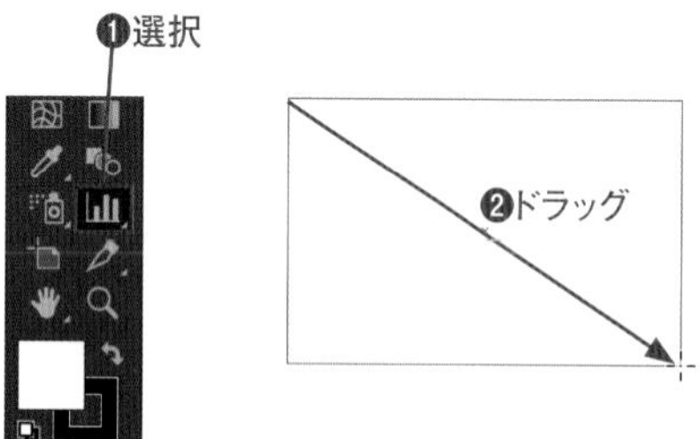

2 棒グラフが作成され、同時に [グラフデータ] ウィンドウが表示されます。ここでは、一度 [グラフデータ] ウィンドウの [×] をクリックして閉じます❶。

[グラフデータ] ウィンドウを閉じないと、グラフの種類の変更などはできない

データを直接入力

1 選択ツール を選びます❶。Aのグラフを選択し❷、マウスの右ボタンをクリックして❸、表示されたメニューから [データ] を選びます❹。

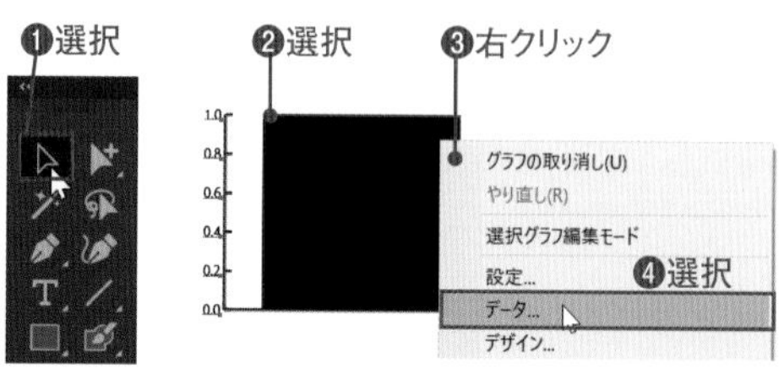

グラフオブジェクトを選択後、[オブジェクト] メニュー→[グラフ] →[データ] を選んでもかまわない

2 [グラフデータ] ウィンドウで、1行目の左からふたつ目のマス目をクリックして選び❶、上の入力スペースに「2」と入力します❷。入力したら、右上の [適用] をクリックします❸。グラフに反映されます。

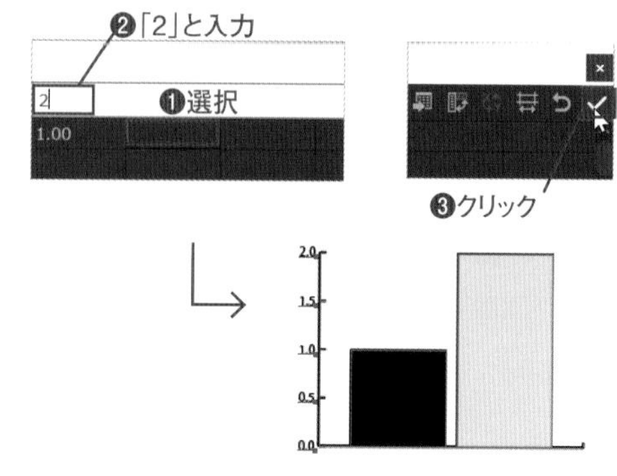

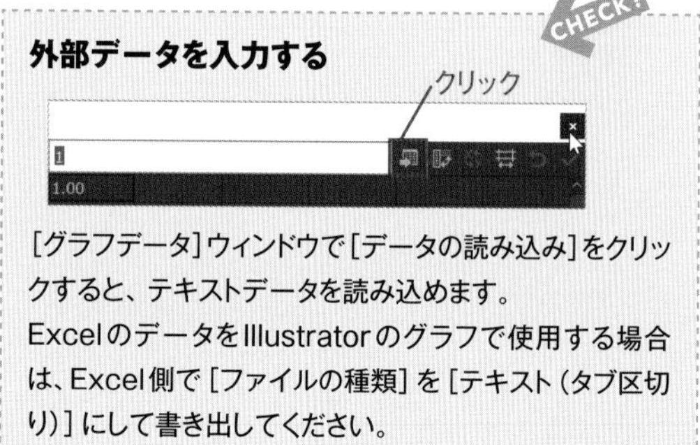

CHECK!

外部データを入力する

[グラフデータ] ウィンドウで [データの読み込み] をクリックすると、テキストデータを読み込めます。
Excelのデータを Illustratorのグラフで使用する場合は、Excel側で [ファイルの種類] を [テキスト (タブ区切り)] にして書き出してください。

CHECK!

グラフの色を変える

グラフは、グループ選択ツール で選択して色を設定できます。ダブルクリックすると、同じ系列を同時に選択できます。

Macでは、キーは次のようになります。 Ctrl → ⌘　Alt → option　Enter → return

2-7 画像トレース

写真などの画像データをIllustratorのデータに変換することを画像トレースといいます。高精度なトレースが可能です。

画像トレース

2021 2020 2019

画像トレースとは

[画像トレース]を実行すると、Illustratorデータに変換した状態の「トレースオブジェクト」が生成されます。

トレースオブジェクトは、完全なIllustratorのパスデータになっていないので、画像トレースパネルでプリセットや設定を変更して再トレースできます。また、[効果]メニューの各種効果を適用するなど、通常のIllustratorデータとして扱えます。

[オブジェクト]メニュー→[画像トレース]→[解除]を選択すれば、トレース前の元の画像に戻すこともできます。

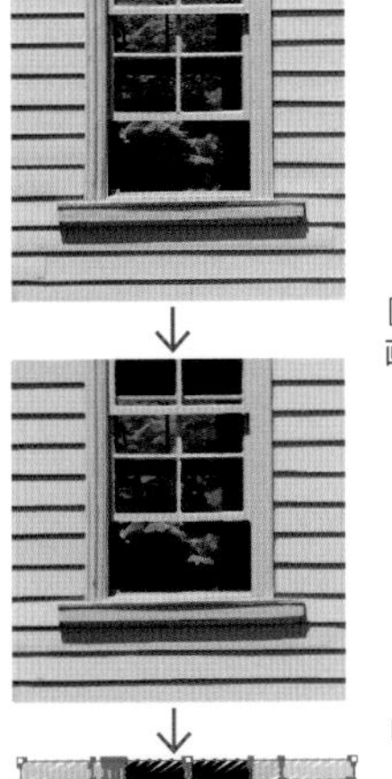

元の写真

[写真(低精度)]を使用して画像トレースを実行

トレースオブジェクト

Illustratorデータに拡張

パスデータに変換された

拡張

プロパティまたはコントロールパネルの[拡張]をクリックすると、トレースオブジェクトは、完全なIllustratorのパスで生成されたデータに変換されます。パスデータに変換すると、トレースをやり直したり、元画像に戻すことはできません。

画像トレースパネル

画像トレースパネルでは、トレースオブジェクトのトレースを詳細に設定できます。思ったような結果にならないときは、プリセットを変更したり、設定を変えてトレースしてみるとよいでしょう。

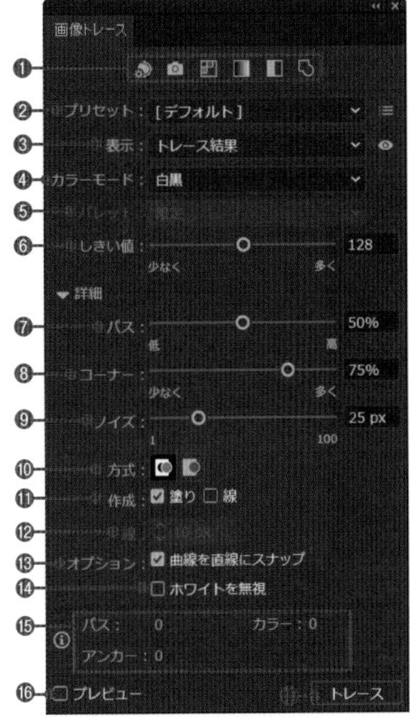

❶使用頻度の高いプリセットが表示される
❷プリセットを選択する
❸トレース結果の表示方法を選択する
❹カラーモードを選択する
❺カラーパレットを選択する
❻色数を設定する
❼トレースして生成するパスの精度を設定する
❽生成するパスのコーナーの割合を設定する
❾トレースしない範囲を指定する。小さいほうが忠実にトレースされる
❿パスの生成方式を選択する。(左)切り抜かれたパス、(右)重なったパスを生成する
⓫チェックしたパスを作成する
⓬パスの幅を設定する
⓭曲がりの少ない線は直線に変換する
⓮白い領域を塗りつぶしなしの領域にする
⓯生成してできたパスや色、アンカーポイントの数が表示される
⓰設定をプレビュー表示する
⓱変更した設定で再トレースする

STEP 01 写真のトレース

2021 2020 2019

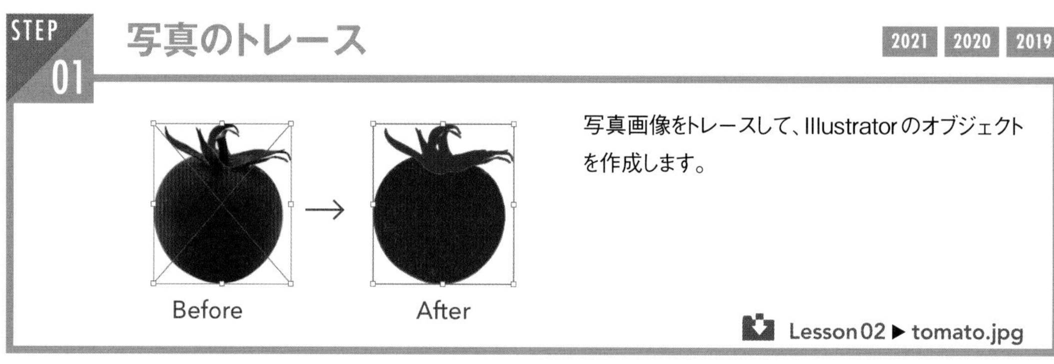

写真画像をトレースして、Illustratorのオブジェクトを作成します。

Lesson02 ▶ tomato.jpg

1 新規ファイルを開きます。続いて［ファイル］メニュー→［配置］を選択します❶。

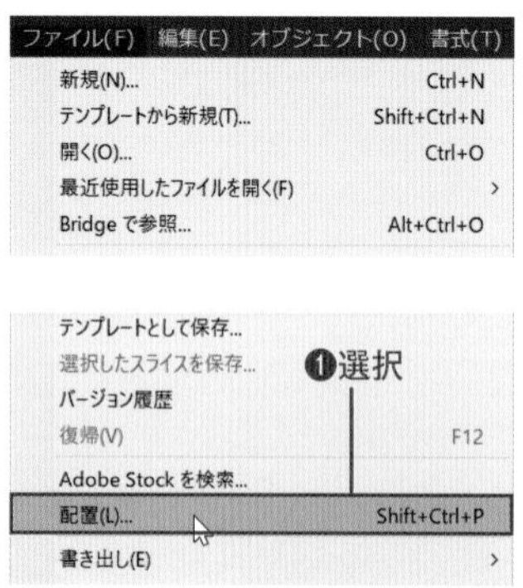

2 ［配置］ダイアログボックスが表示されるので、「tomato.jpg」を選択して❶、［配置］をクリックします❷。サムネールのついたカーソルが表示されるので、アートボードをクリックします❸。

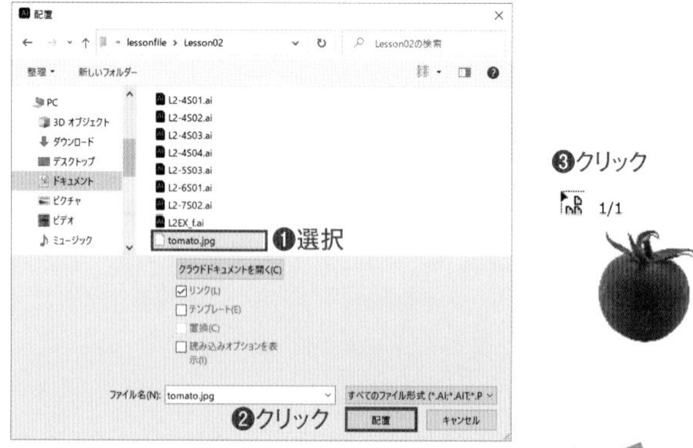

CHECK!

画像の配置

ドラッグして自由なサイズで配置できます。クリックすると、100％のサイズで配置されます。

3 トマトの画像が選択された状態で操作します❶。画像トレースパネルを表示し、［カラーモード］を「カラー」❷、［カラー］を「3」に設定して❸、［トレース］をクリックします❹。

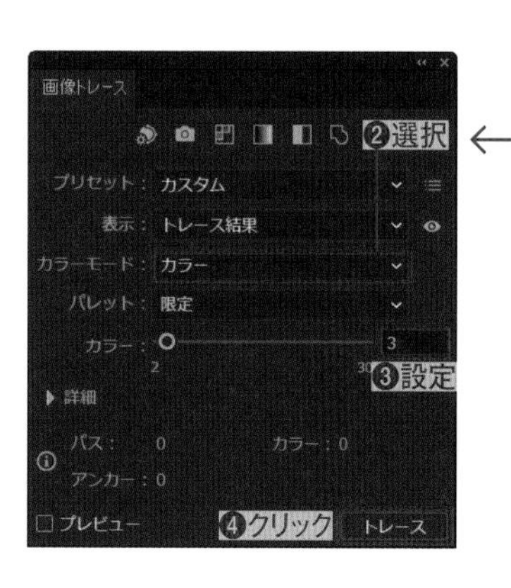

4 プロパティパネルのクイック操作で［拡張］をクリックし❶、パスオブジェクトに変換します❷。

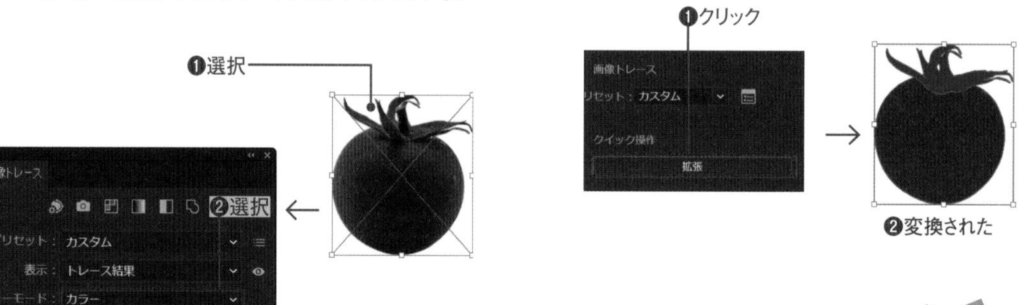

CHECK!

アンカーポイントの表示

環境設定パネルの［選択範囲・アンカー表示］の［選択ツールおよびシェイプツールでアンカーポイントを表示］にチェックをつけることで、選択したオブジェクトのアンカーポイントを表示できます。

Macでは、キーは次のようになります。 Ctrl → ⌘　Alt → option　Enter → return

STEP 02

パスの単純化

2021　2020　2019

Before → After

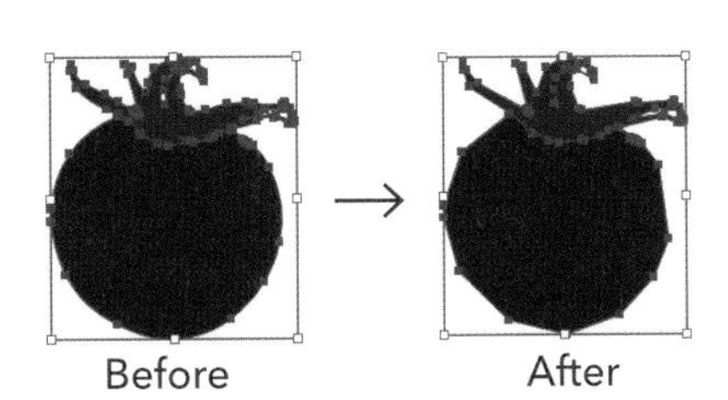

パスの単純化を使用すると、形状を維持したままアンカーポイントを減らしたり、角張った形状に変更したりすることができます。

Lesson02 ▶ L2-7S02.ai

1　STEP1のデータを使うかレッスンファイルを開きます。[オブジェクト] メニュー→ [パス] → [単純化] を選択します❶。単純化パネルが表示され❷、この時点で自動で線の単純化が行われています❸。

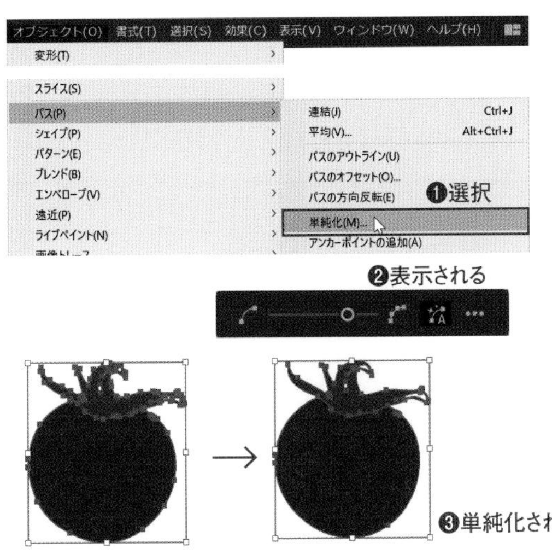

2　単純化パネルのスライダーを操作してみましょう。右へドラッグすると❶、元の形状がより正しく残されますが、アンカーポイントは多くなります❷。左へドラッグすると❸、アンカーポイントは減りますが、形状が正確でなくなります❹。実際の用途などによって妥協点を見つけます。複雑な形状ほど効果がありますが、妥協できない場合は単純化自体をあきらめます。

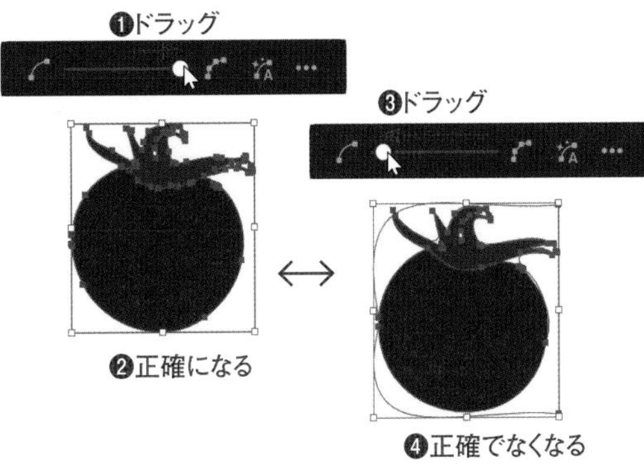

3　[自動単純化] をクリックし❶、[詳細オプション] をクリックします❷。詳細な単純化パネルが表示されるので [直線に変換] をチェックします❸。オブジェクトは意味不明な直線の集合になっています❹。次に [コーナーポイント角度のしきい値] スライダーを左へドラッグすると❺、値に応じてオブジェクトの形状が変わってきます。気に入った形状になったら、[OK] をクリックします❻。

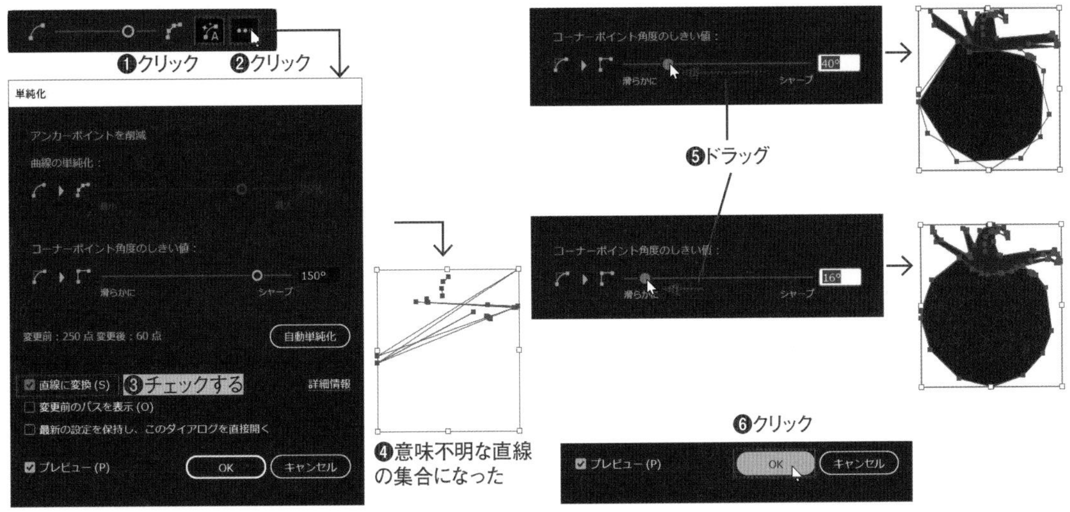

練習問題

**Q 基本図形のみを使って、簡単なイラストを作成してみましょう。
新規ドキュメントを開いて、四角形、円、星形を使用し、下図のようなイラストを作成します。作例とまったく同じになる必要はありません。各図形の配置等は、自分の好きなように行ってください。**

After

A ❶角丸長方形ツールを選択し、Shift キーを押しながらドラッグして大きな角丸正方形を作成します。角丸の大きさは、ドラッグ中に↑キーや↓キーを押して調節してください。
❷［塗り］を［CMYKブルー］に、［線］を［なし］に設定し、選択を解除します。
❸［塗り］を［ホワイト］に、［線］を［なし］に設定します。
❹楕円形ツールを選択し、Shift キーを押しながらドラッグして泡に見えるような位置に、サイズの異なる正円をいくつか描きます。
❺位置や大きさがうまくいかなかった場合は、Ctrl キーとZキーを同時に押してやり直します。
❻［塗り］と［線］を入れ替え、［塗り］を［なし］に、［線］を［ホワイト］に設定して、サイズの異なる正円をいくつか描きます。
❼［塗り］と［線］を入れ替え、［塗り］を［ホワイト］に、［線］を［なし］に設定します。
❽スターツールを選択し、ドラッグ中に↑キーや↓キーを押して頂点が４つの星を描きます。
❾星を、好きな場所に、好きな数だけ描きます。

Lesson

03

An easy-to-understand guide to
Illustrator and Photoshop

オブジェクトの選択と基本的な変形

Illustratorでイラストなどを制作する際には、いったん描画したオブジェクトを変形することはごく当たり前の作業です。ここではオブジェクトの選択方法や、変形するためのツールの使い方を学びましょう。

3-1 オブジェクトの選択

Illustratorでもっともよく使うのが選択機能です。作業によって選択すべき対象も多様なので、さまざまな選択方法が用意されています。

選択の基礎

2021 2020 2019

選択と編集

図形やパスなどのオブジェクトを編集するには、編集する対象を指定する必要があります。これを「選択」と呼んでいます。選択された対象は編集可能になり、移動やコピー、削除など、さまざまな作業ができます。選択されたオブジェクトは、アンカーポイントやパス（セグメント）が右図のように表示されます。

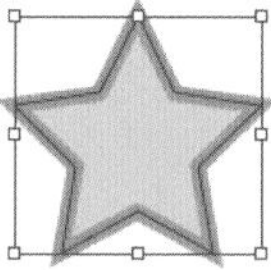

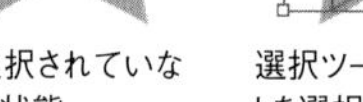

選択されていない状態

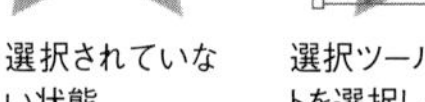

選択ツールでオブジェクトを選択した状態

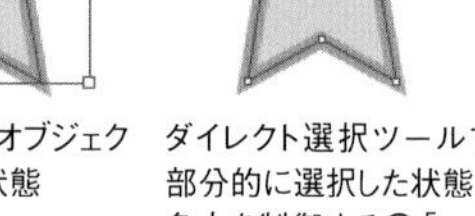

ダイレクト選択ツールで部分的に選択した状態。角丸を制御する⦿「コーナーウィジェット」が表示される

ツールを使った選択

選択を行うための基本的なツールには、「選択ツール」「ダイレクト選択ツール」「なげなわツール」の3つがあります。どれも、ツールを選び、アートボード上でクリックやドラッグをして使います。

選択を解除するには、アートボード上の何もない場所をクリックするか、［選択］メニュー→［選択を解除］を選びます。

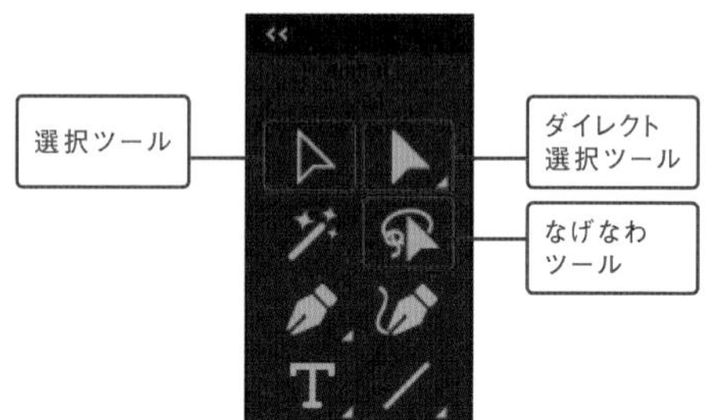

選択ツール

選択の基本ツールです。このツールでオブジェクトをクリックすると、オブジェクト全体が選択されます。周囲にバウンディングボックスが表示され、ドラッグして拡大・縮小・回転ができます。バウンディングボックスが邪魔な場合は、［表示］メニュー→［バウンディングボックスを隠す］を選ぶと非表示にすることができます。

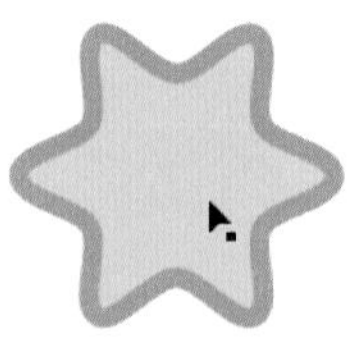

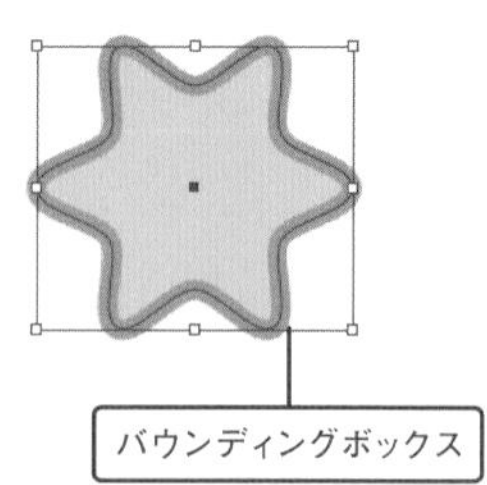

ダイレクト選択ツール

オブジェクトを部分的に選択し、パスのアンカーポイントや方向線を編集できます。Ctrl キーを押すと一時的に「選択ツール」に、Alt キーを押すと一時的に「グループ選択ツール」に切り替わります。なお、ダイレクト選択ツールでもオブジェクト全体を選べますが、バウンディングボックスは表示されません。

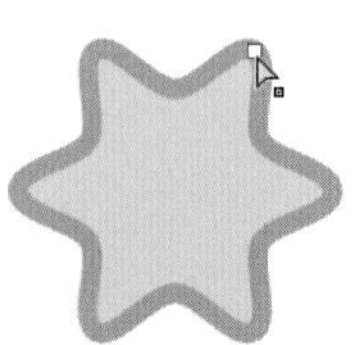

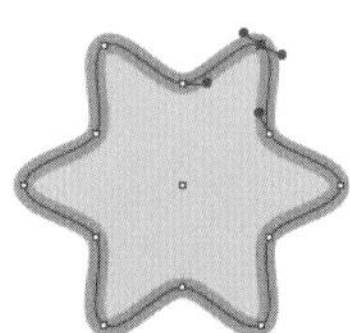

Macでは、キーは次のようになります。 Ctrl → ⌘ Alt → option Enter → return

なげなわツール

不定型な形でオブジェクトを囲み、その内側にあるアンカーポイントを選択できるツールです。Shift キーを押しながらドラッグすることで選択ポイントを追加し、Alt キーを押しながらドラッグすることで部分的に選択を解除することができます。
ダイレクト選択ツールは矩形でしか選択できないため、それを補うようなツールだと考えてよいでしょう。

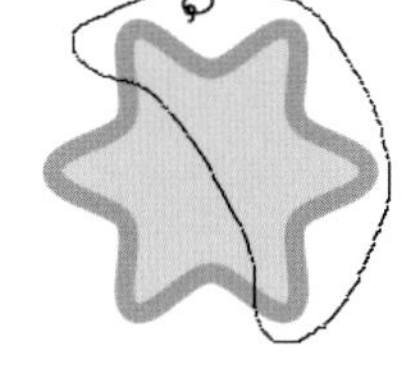

そのほかの選択ツール

・グループ選択ツール
グループ化したオブジェクトの中から、一部のオブジェクトを選択する際に使います。

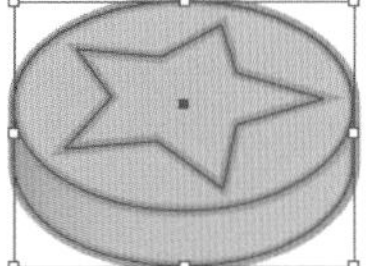
選択ツールでグループ化オブジェクト全体を選択

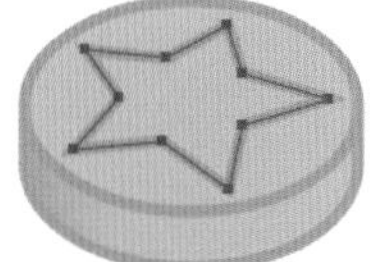
グループ選択ツールでグループ化オブジェクト内の一部を選択

・自動選択ツール
クリックしたオブジェクトと同じ［塗り］や［線］の属性のオブジェクトを選択するツールです。ツールバーのアイコンをダブルクリックすると、設定を変更できます。

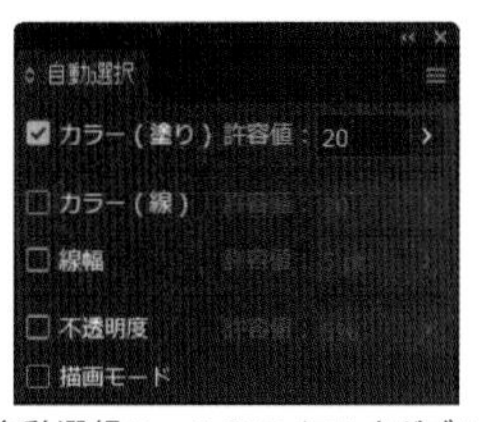

自動選択ツールのアイコンをダブルクリックして表示させたパネル

［選択］メニューのコマンド

［選択］メニューのコマンドは、複数のオブジェクトの選択に使います。種類が多いので、どんなものがあるのか最初にざっと見ておくとよいでしょう。［すべてを選択］（Ctrl＋A キー）はもちろんですが、文字だけをすべて選びたい場合や、不要なテキストポイントが残っている可能性があるときなど、よく使うコマンドがあります。

選択(S)　効果(C)　表示(V)　ウィンドウ(W)　ヘル

	コマンド	ショートカット
❶	すべてを選択(A)	Ctrl+A
❷	作業アートボードのすべてを選択(L)	Alt+Ctrl+A
❸	選択を解除(D)	Shift+Ctrl+A
❹	再選択(R)	Ctrl+6
❺	選択範囲を反転(I)	
❻	前面のオブジェクト(V)	Alt+Ctrl+]
❼	背面のオブジェクト(B)	Alt+Ctrl+[
❽	共通(M)	›
❾	オブジェクト(O)	›
❿	オブジェクトを一括選択	
⓫	選択範囲を保存(S)...	
⓬	選択範囲を編集(E)...	

❶すべてのオブジェクトを選択する。テキスト編集中は、オブジェクト内のすべての文字を選択する
❷現在選択しているアートボード上のすべてのオブジェクトを選択する
❸すべてのオブジェクトの選択を解除する
❹最後に使用した［選択］メニュー→［共通］または［オブジェクト］を再度実行する
❺選択していないオブジェクトを選択し、選択中のオブジェクトを選択解除する
❻選択したオブジェクトの前面のオブジェクトを選択する
❼選択したオブジェクトの背面のオブジェクトを選択する
❽共通の属性を持つオブジェクトを選択する（P.069を参照）
❾特定のオブジェクトを選択する（P.069を参照）
❿サイズや外観等が一致するオブジェクトをまとめて選択する
⓫選択範囲を保存する。保存すると［選択］メニューに保存名が表示され、保存した選択範囲を再使用できる
⓬［選択範囲を保存］で作成した選択範囲の名前を変更したり、削除する

COLUMN

一時的に選択ツールに変更する

すべてのツールは、使用中に Ctrl キーを押したままにすると、一時的に選択ツールまたはダイレクト選択ツールになります。ツールバーで最後に選んだほうに切り替わるので、必要に応じて選び直してください。

STEP 01 選択ツールでオブジェクトを選択する

2021 2020 2019

選択ツールの使い方はクリックまたはドラッグです。いくつか注意しておいたほうがよい点がありますので、ざっと見ておきましょう。

Lesson03 ▶ L3-1S01.ai

1 レッスンファイルを開きます。選択ツールを選んで❶、左側のオブジェクトの内側をクリックするか❷、オブジェクトの一部にかかるようにドラッグします❸。

2 オブジェクトが選択され、バウンディングボックスが表示されたことを確認します❶。何もない部分をクリックすると選択を解除できます❷。

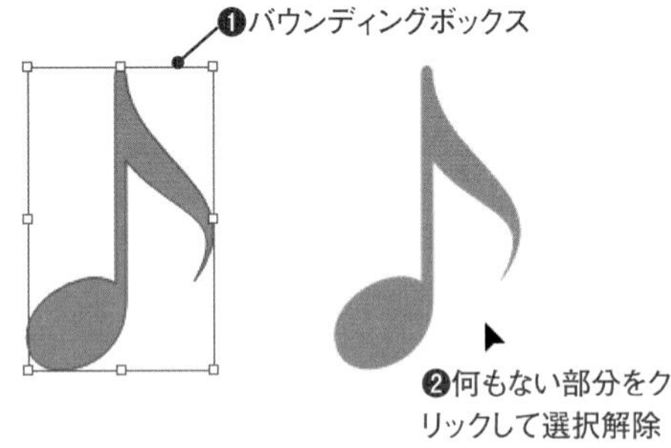

バウンディングボックスが表示されない場合は、[表示] メニュー→[バウンディングボックスを表示] を選択

3 右側のオブジェクトは [塗り] がないため、オブジェクトの内側をクリックしても選択できないことを確認しておきましょう❶。

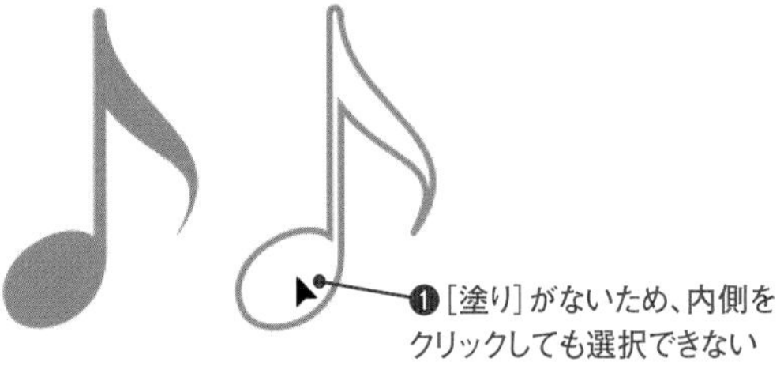

4 選択するためには、線の上をクリックするか❶、線を含めるようにドラッグします❷。選択したら、何もない部分をクリックして選択を解除します。

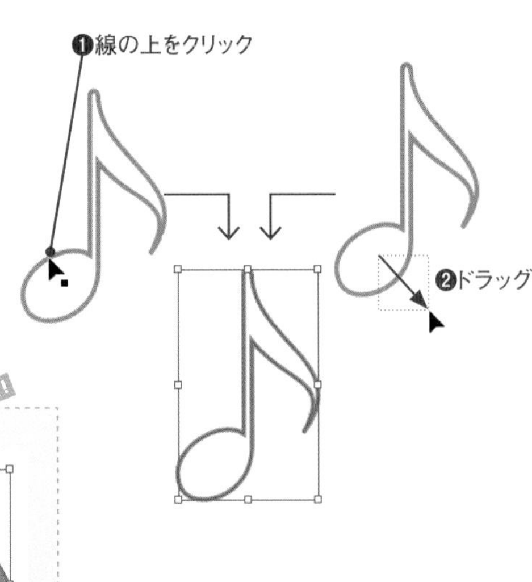

CHECK!

ドラッグで選択

選択ツールでオブジェクトの一部にかかるようにドラッグしても選択できます。

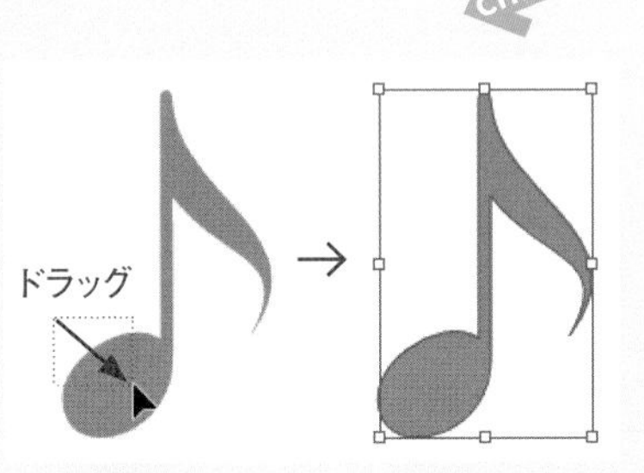

Macでは、キーは次のようになります。 Ctrl → ⌘　Alt → option　Enter → return

5 アートボードの何もない部分から、ふたつのオブジェクトに破線がかかるようにドラッグします❶。全体を完全に囲む必要がないことを確認しておきましょう。

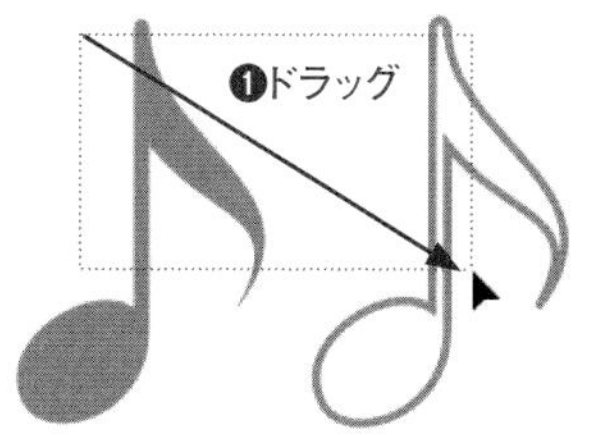

6 ふたつのオブジェクトの周囲にバウンディングボックスが表示されます❶。

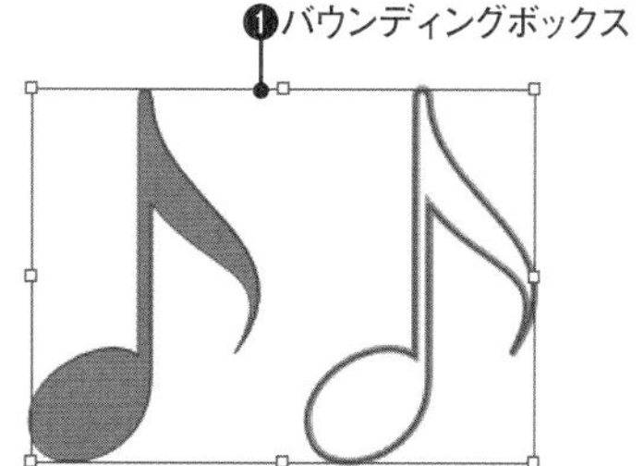

7 何もない部分をクリックして選択を解除してから、左側のオブジェクトをクリックして選択します❶。Shift キーを押しながら右側のオブジェクトの線をクリックして❷、オブジェクトをふたつとも選択します。

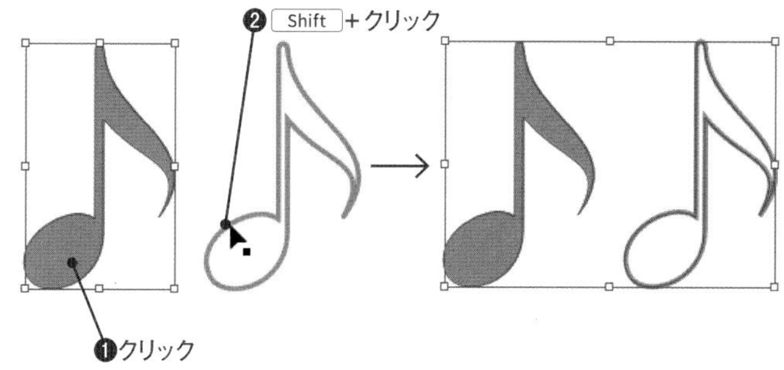

8 再び、Shift キーを押しながら右側のオブジェクトをクリックすると❶、右側のオブジェクトの選択が解除されます。

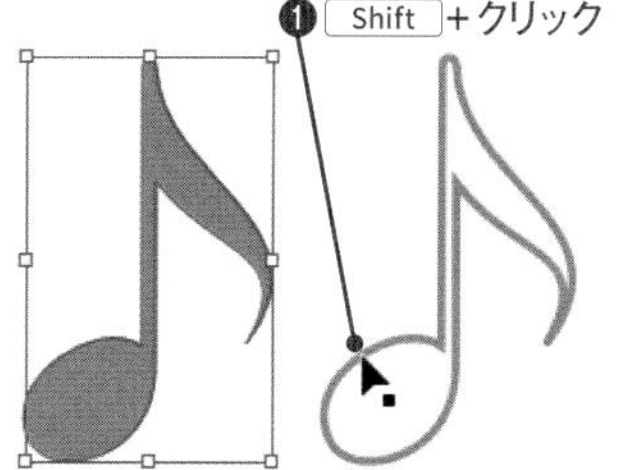

CHECK!

意図しない編集モードの解除

オブジェクトをダブルクリックすると、編集モードに入り、ダブルクリックしたオブジェクト以外の表示が薄くなり、選択できなくなります。
このような場合、ウィンドウ上部のグレー部分をクリックすると編集モードが終了し、通常表示に戻ります。

STEP 02 ダイレクト選択ツールでオブジェクトを選択する

2021 2020 2019

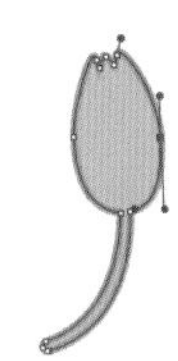

ダイレクト選択ツール は、オブジェクトのアンカーポイントやセグメントを選択するツールです。選択ツール との違いを見ておきましょう。

Lesson03 ▶ L3-1S02.ai

1 レッスンファイルを開きます。ダイレクト選択ツール を選び❶、オブジェクトをクリックします❷。アンカーポイントが表示されるので、右側のアンカーポイントをクリックして選択します❸。選択されたアンカーポイントは塗りつぶされて表示され、選択されていないアンカーポイントは白抜きで表示されます。選択を解除するには、何もない部分をクリックします。

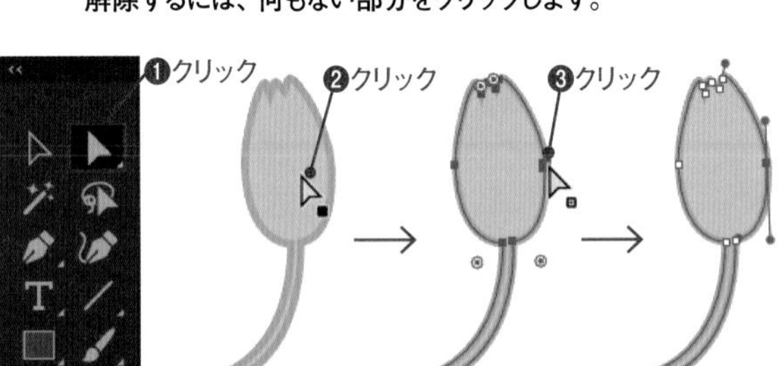

2 オブジェクトの一部を囲むようにドラッグすると❶、囲んだ範囲内のアンカーポイントやセグメントが選択されます。

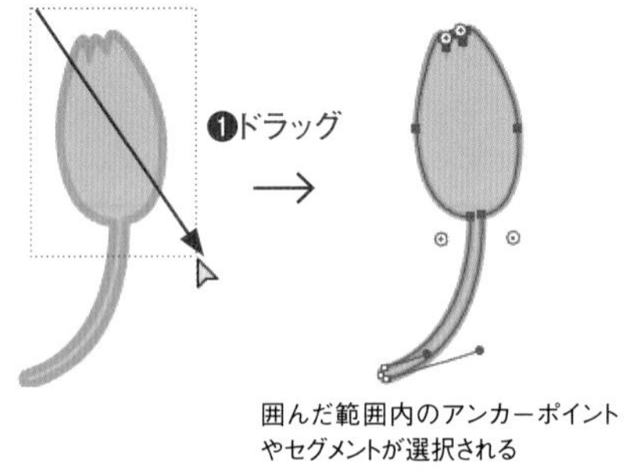

囲んだ範囲内のアンカーポイントやセグメントが選択される

CHECK!

ダイレクト選択ツール のカーソルの形状

アンカーポイントの上ではカーソルが  になります。
セグメントの上やオブジェクトの内部では になります。

COLUMN

スムーズポイントとコーナーポイント

方向線のあるアンカーポイントをスムーズポイント、方向線のないアンカーポイントをコーナーポイントと呼びます。

CHECK!

コーナーウィジェット

ダイレクト選択ツール でアンカーポイントを選択した際、アンカーポイントの両端の線が角を作っている場合、角を丸める「コーナーウィジェット」⊙が表示されます。

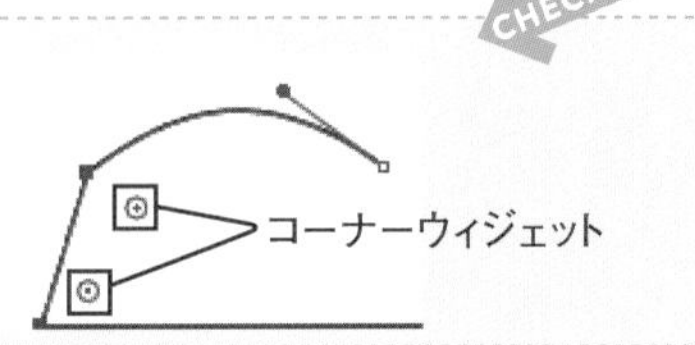

3 選択を解除してからオブジェクトの内側をクリックします❶。全体が選択されますが、ダイレクト選択ツール では、バウンディングボックスは表示されないことを確認しておきましょう。
いったん選択を解除してからオブジェクト全体を囲むようにドラッグします❷。これでも全体が選択されます。

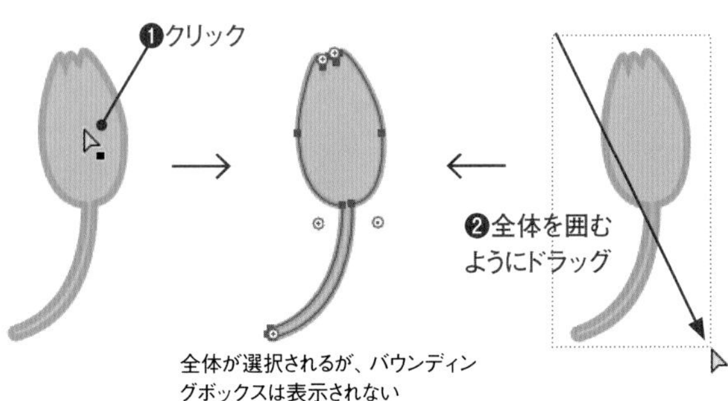

全体が選択されるが、バウンディングボックスは表示されない

4　選択を解除してからアンカーポイントをクリックして、ひとつだけ選択します❶。続けて、Shift キーを押しながら、ほかのアンカーポイントをクリックすると❷、選択が追加されます。

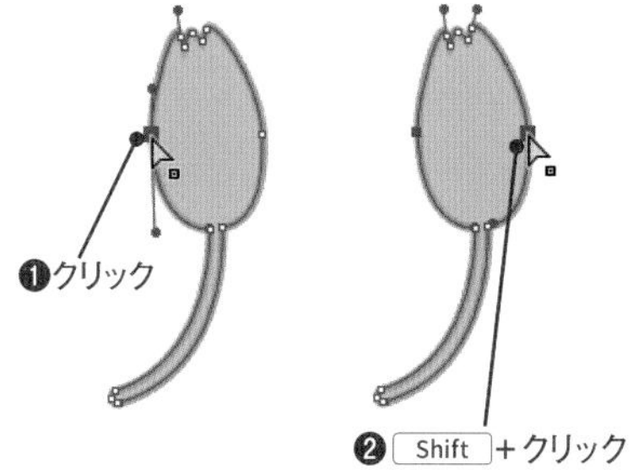

5　同様に、Shift キーを押しながら未選択の部分をドラッグして選択し❶、追加することができます。

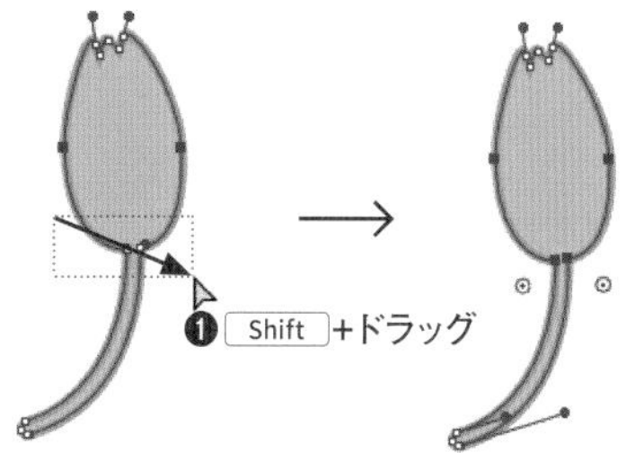

6　全体を選択します❶。次に Shift キーを押しながら一部のアンカーポイントをドラッグして選択すると❷、その部分の選択が解除されます。

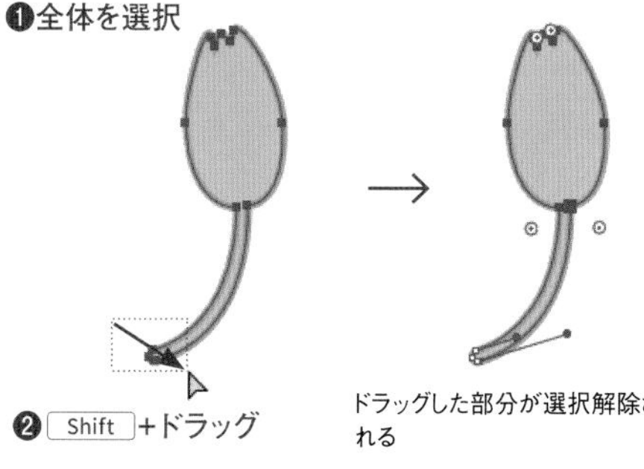

ドラッグした部分が選択解除される

7　クリックでも試してみましょう。全体を選択し❶、選択されたアンカーポイントを Shift キーを押しながらクリックすると❷、その部分の選択が解除されます。

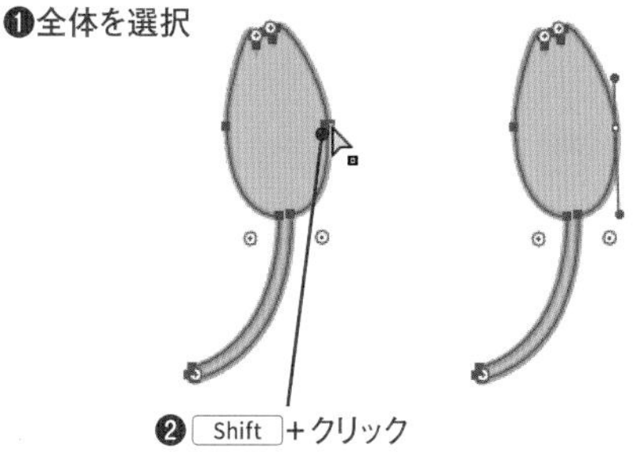

COLUMN

[選択] メニューの [共通] と [オブジェクト]

[選択] メニューの [共通] は、選択しているオブジェクトと同じ [線] や [色] を持つオブジェクトをすべて選択するメニューコマンドです。
同じ色のオブジェクトをすべて選択したい場合などに使います。
[選択] メニューの [オブジェクト] は、選択したオブジェクトと同じレイヤーのオブジェクトや、同じ種類のオブジェクトをすべて選択するメニューコマンドです。

アピアランス(A)
アピアランス属性(B)
描画モード(B)
塗りと線(R)
カラー (塗り)(F)
不透明度(O)
カラー (線)(S)
線幅(W)
グラフィックスタイル(T)
シェイプ(P)
シンボルインスタンス(I)
一連のリンクブロック(L)

[選択] メニューの [共通]

同一レイヤー上のすべて(A)
セグメント(D)
絵筆ブラシストローク
ブラシストローク(B)
クリッピングマスク(C)
孤立点(S)
すべてのテキストオブジェクト(A)
ポイント文字オブジェクト(P)
エリア内文字オブジェクト(A)

[選択] メニューの [オブジェクト]

3-2 オブジェクトの変形

いったん描画したオブジェクトを後から自由に変形できることは、Illustratorを使ってイラストを描く大きなメリットです。基本的な変形である移動・拡大縮小・回転・リフレクト（反転）・シアーについて学びましょう。

変形の基礎

2021 2020 2019

基本的な変形機能

Illustratorの変形機能にはいろいろなものがありますが、もっとも基本的な、「移動」「拡大・縮小」「回転」「リフレクト（反転）」「シアー」は、非常によく使う機能です。選択系のツールと同様に、同じ結果を何通りもの方法で出せるようになっています。自分に合ったやり方をつかんでいくとよいでしょう。

パペットワープツールを使用すると、複雑な変形も可能です。

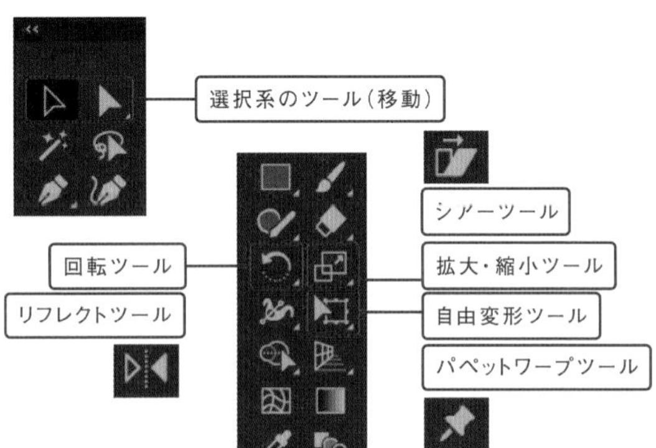

変形ツールのオプションダイアログボックス

オブジェクトを選び、変形に関連するツールアイコンをダブルクリックすると、オプションダイアログボックスが表示されます。

※パペットワープツールと自由変形ツールにはオプションがありません。

例として、選択系のツールアイコンをダブルクリックして表示される［移動］ダイアログボックスを見てみましょう（右図）。上の［位置］でツール固有の設定をしますが、その下の部分は変形コマンドに共通のオプションです。

- ［塗り］や［線］にパターンを使用している場合、［パターンの変形］がアクティブになります。チェックがついていると、パターンも一緒に変形します。
- ［プレビュー］にチェックをつけると、変形が適用された状態を確認できます。
- 最後に［OK］を押すと変形が適用されます。［OK］ではなく［コピー］を押すと、元のオブジェクトは変形せず、変形したコピーが作成されます。

Macでは、キーは次のようになります。 Ctrl → ⌘ Alt → option Enter → return

変形パネル（プロパティパネル、コントロールパネル）

オブジェクトを選択し、基準点を指定して、サイズや位置を数値入力して変形したり移動できます。変形パネルでは回転やシアーの角度も数値入力できます。簡単な演算もできるので、覚えておくと便利です。

変形パネル

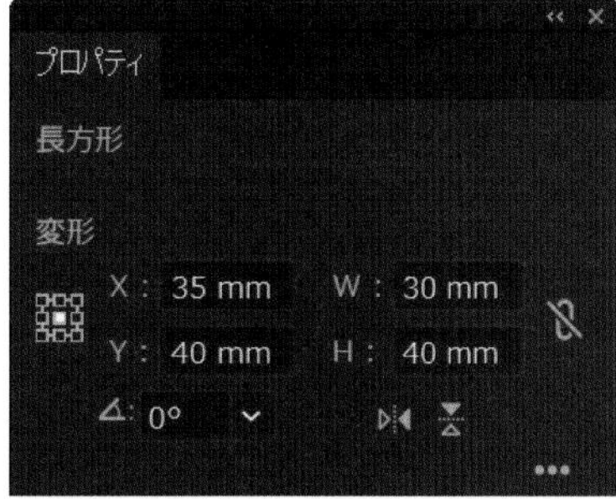

プロパティパネル

X : 90 mm Y : 165 mm W : 30 mm H : 30 mm

コントロールパネル

メニューコマンド

［オブジェクト］メニュー→［変形］の［移動］［回転］［リフレクト］［拡大・縮小］［シアー］の各コマンドは、変形ツールのオプションダイアログボックスと同じダイアログボックスを表示して変形できます。
また、［変形の繰り返し］［個別に変形］など、覚えていると便利なコマンドがあります。

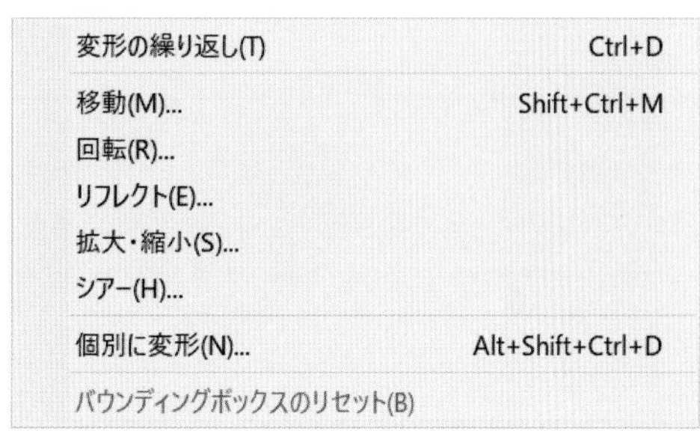

そのほかの変形ツール

・**リシェイプツール**
パスの形状を保持したまま、ドラッグしてアンカーポイントを調整します。

・**線幅ツール**
ドラッグして、可変線幅の線を作成します。

・**ワープツール**
選択したオブジェクトをドラッグして、引っ張るように変形します。

・**うねりツール**
選択したオブジェクトをドラッグして、渦を巻くように変形します。

・**収縮ツール**
選択したオブジェクトをドラッグして、カーソルに向かって収縮します。

・**膨張ツール**
選択したオブジェクトをドラッグして、カーソルを基点に膨張します。

・**ひだツール**
ドラッグして、オブジェクトのアウトラインに滑らかな山の形を作ります。

・**クラウンツール**
ドラッグして、オブジェクトのアウトラインに鋭い山の形を作ります。

・**リンクルツール**
ドラッグして、オブジェクトのアウトラインに皺のような効果を作成します。

・**パペットワープツール**
選択したオブジェクトをパペット人形を操作するように変形します。

STEP 01 移動

2021 2020 2019

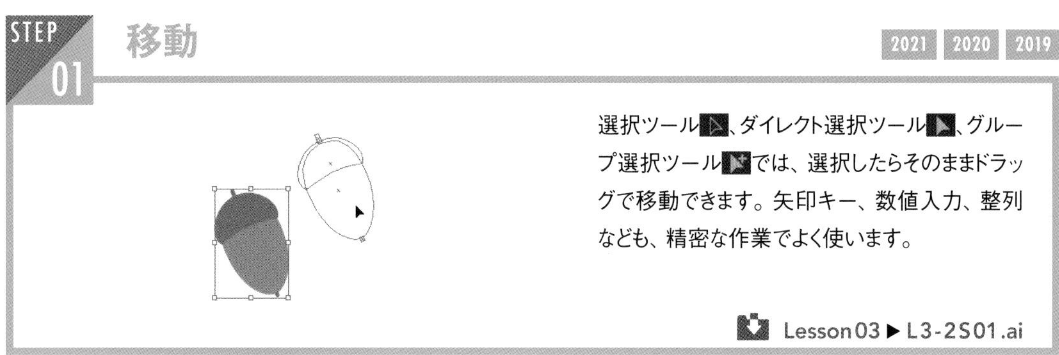

選択ツール、ダイレクト選択ツール、グループ選択ツールでは、選択したらそのままドラッグで移動できます。矢印キー、数値入力、整列なども、精密な作業でよく使います。

Lesson03 ▶ L3-2S01.ai

ドラッグによる移動

1 レッスンファイルを開きます。ツールバーで選択ツールを選び❶、オブジェクトを選択します❷。オブジェクトをドラッグして移動させます❸。

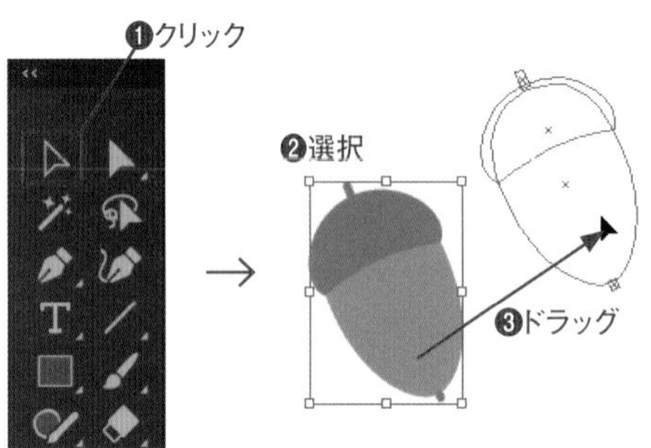

2 次に、Shift キーを押しながらドラッグします❶。移動方向が45°単位で制限されます。

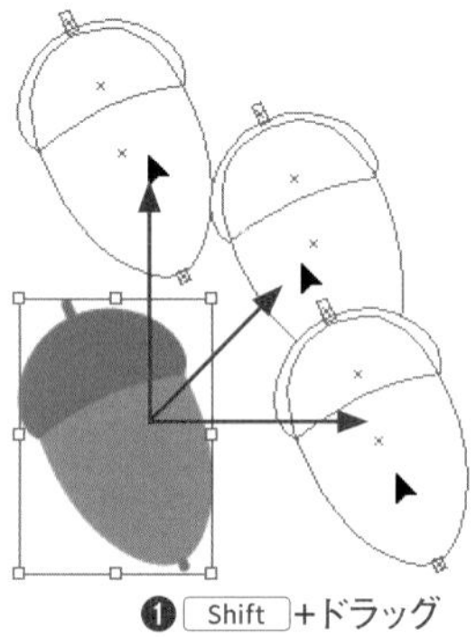

ツールオプションによる移動

選択ツールでオブジェクトを選択し❶❷、Enter キーを押すか、ツールアイコンをダブルクリックします❸。

［移動］ダイアログボックスが表示されるので、水平方向・垂直方向に数値を入力して❹、［OK］をクリックすると❺、現在の位置から入力した距離だけ移動します。マイナス値も入力できます。

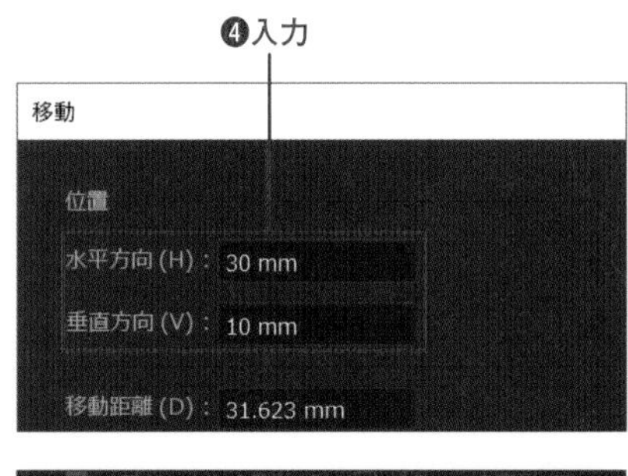

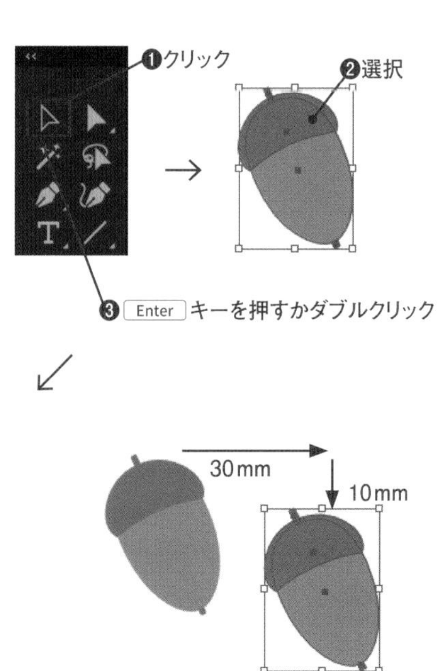

Macでは、キーは次のようになります。 Ctrl → ⌘ Alt → option Enter → return

キー入力による移動

1 選択ツール でオブジェクトを選択し、キーボードの矢印キーを押して移動させます❶。

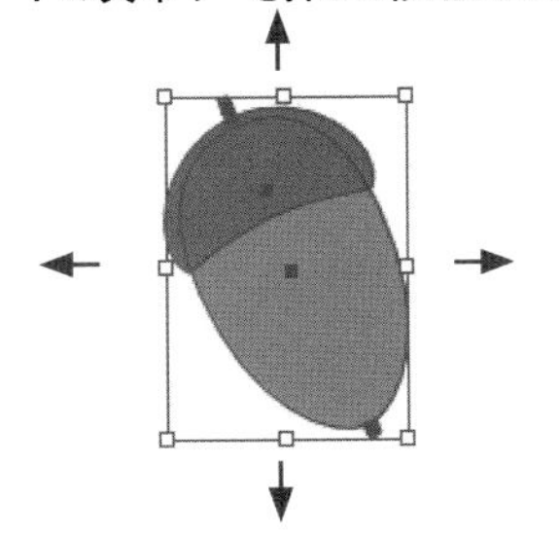

❶キーボードの矢印キーを押して移動

2 [編集] メニュー(Macでは [Illustrator] メニュー) → [環境設定] → [一般] を選択し、[環境設定] ダイアログボックスの [キー入力] の値を変えて❶、再び矢印キーを使って移動してみましょう。

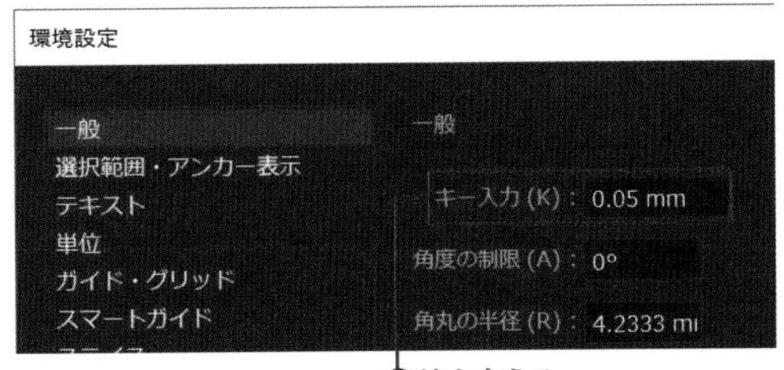

❶値を変える
自分で作業しやすい数値を探しておこう

座標値を入力して移動

1 選択ツール でオブジェクトを選択し❶、変形パネルの [基準点] に左上の角を選び❷、[X座標値] [Y座標値] ともに「20」と入力します❸ (「mm」は自動で入ります)。基準点が指定した座標値に移動します❹。

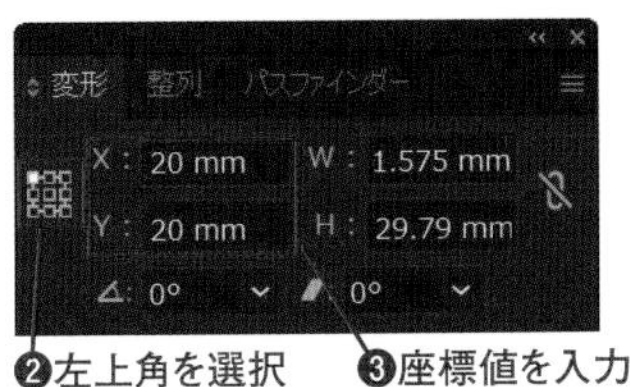

❷左上角を選択 ❸座標値を入力

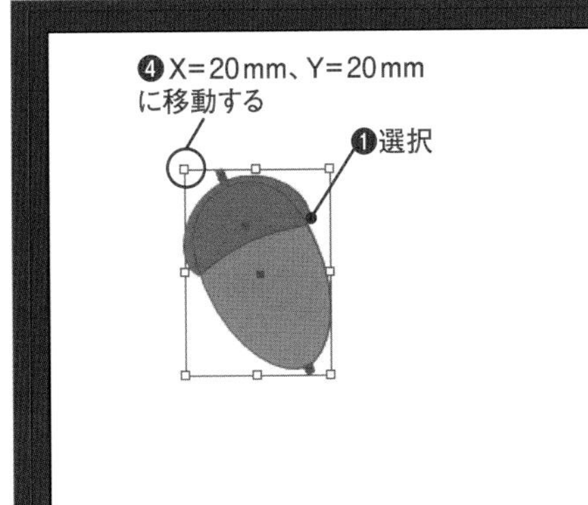

2 次に、[X座標値] の最後に半角英数で「+20」と追加入力して Enter キーを押します❶。X座標が40の位置に移動します❷。このように座標値でも、四則演算ができます。

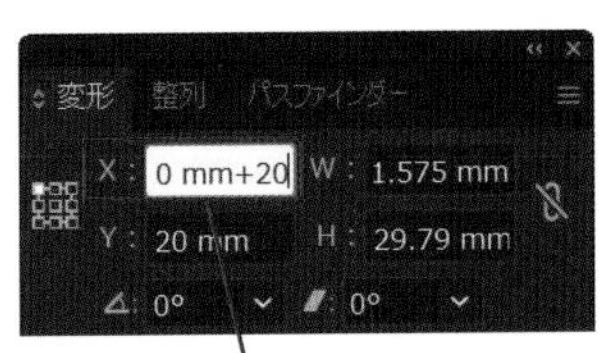

❶「+20」と入力して Enter キーを押す

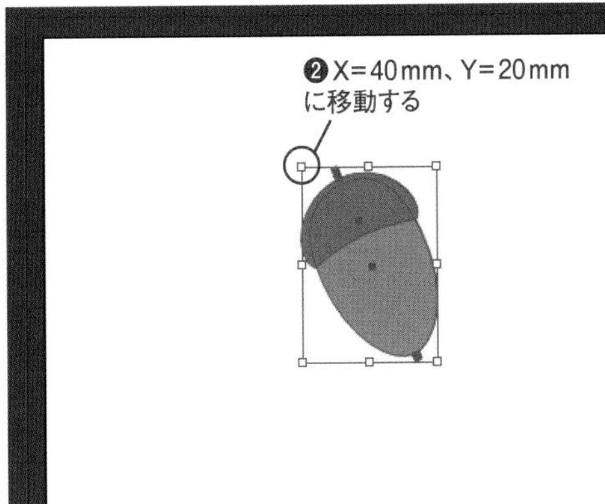

CHECK!

垂直方向の移動とアートボードの座標

アートボードの左上がデフォルトの原点となり、下方向・右方向が「+」、上方向・左方向が「−」となります。

回転

2021 2020 2019

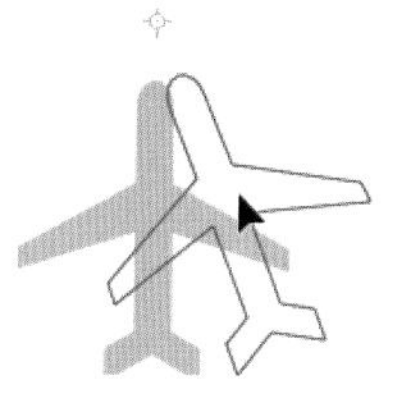

オブジェクトをドラッグで回転させるだけではなく、回転の中心位置や回転する角度を設定することができます。

Lesson03 ▶ L3-2S02.ai

バウンディングボックスで回転

1 レッスンファイルを開きます。選択ツールを選び❶、オブジェクトAを選択します。カーソルを角のポイントから少し離して、カーソルの形状が変わったところから❷ドラッグして回転させます❸。

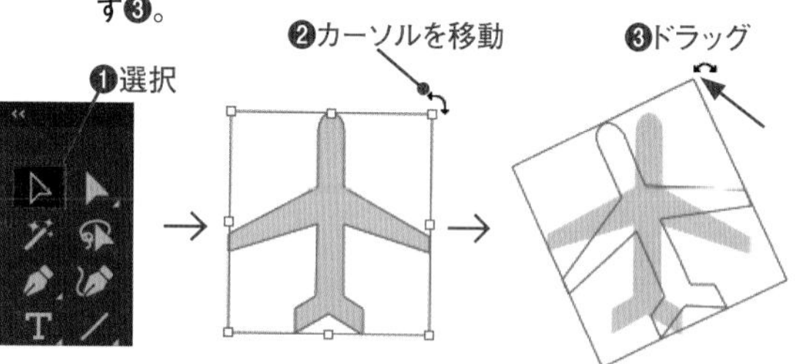

2 Shift キーを押しながらドラッグすると❶、回転が45°単位に制限されます。

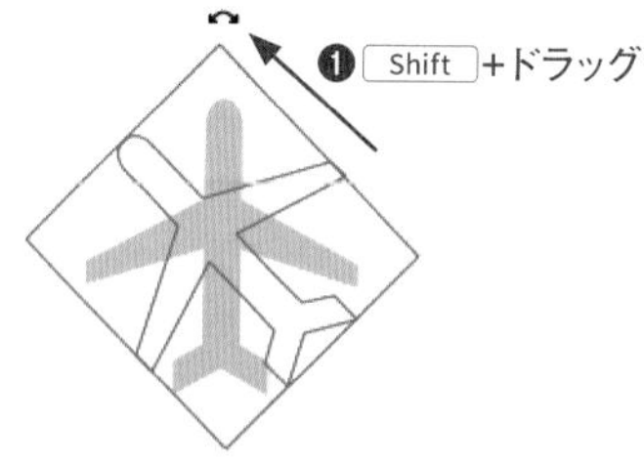

基準点を変更して回転

1 回転ツールを選びます❶。Ctrl キーを押しながら一時的に選択ツールにしてオブジェクトBをクリックして選択します❷。中央に表示される明るい水色の印が基準点です。ドラッグしてオブジェクトを回転させます❸。

❶選択　❷選択　基準点　❸ドラッグ

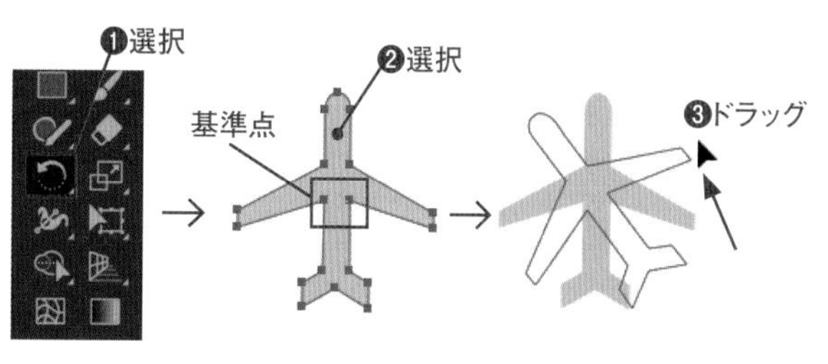

2 Ctrl キーを押しながらオブジェクトCを選択し、回転ツールで少し離れた場所でクリックして❶、基準点を変更します。ドラッグしてオブジェクトを回転させ❷、基準点を中心に回転していることを確認します。

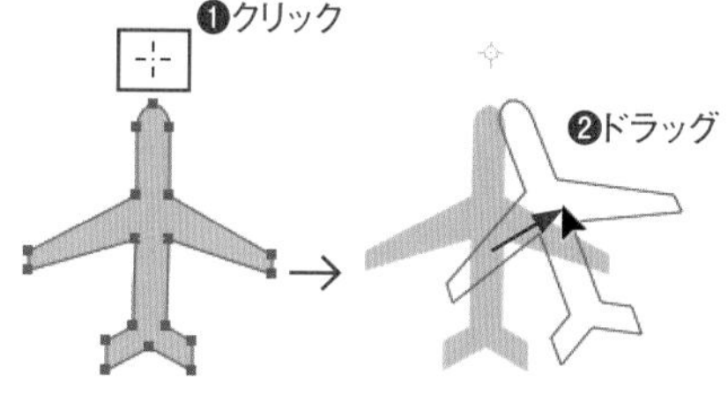

COLUMN

自由変形ツールによる回転

自由変形ツールでも、オブジェクトを回転できます。先に選択ツールで選択してから自由変形ツールを使ってください。
基準点は、ドラッグして変更できます。

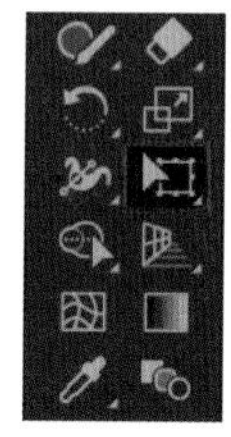

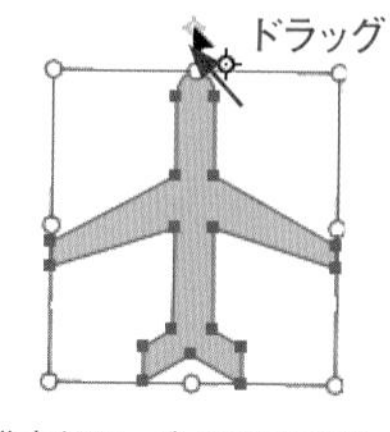

基準点をドラッグして変更できる

Macでは、キーは次のようになります。 Ctrl → ⌘　Alt → option　Enter → return

回転ダイアログボックスで角度を入力して回転

回転ツールを選びます❶。Ctrl キーを押しながら一時的に選択ツールにしてオブジェクトDをクリックして選択します❷。Enter キーを押すか、ツールアイコンをダブルクリックして［回転］ダイアログボックスを表示します❸。［角度］に、直前に回転させた値が残っている場合は消してから「60」と入力します❹（「°」は自動で入ります）。プレビューをチェックして❺、結果を確認し［OK］をクリックします❻。

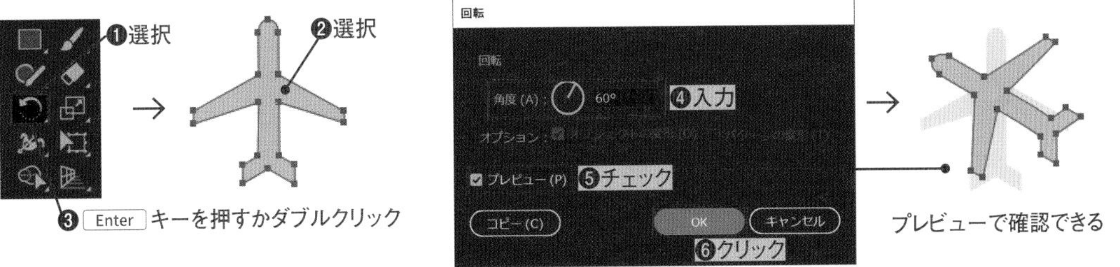

基準点を決めて角度入力で回転

回転ツールを選びます❶。Ctrl キーを押しながら一時的に選択ツールにしてオブジェクトEをクリックして選択します❷。Alt キーを押しながら、基準点にしたい位置をクリックします❸。このとき、カーソルが に変わります。［回転］ダイアログボックスが開いたら角度に「60」と入力し❹、プレビューで結果を確認して［OK］をクリックします❺。

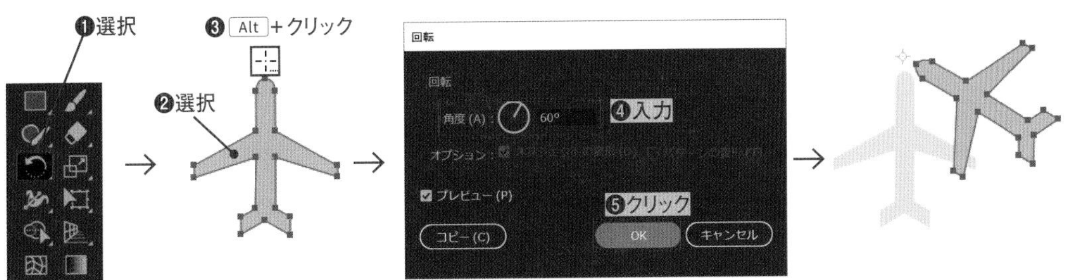

変形パネルで回転

選択ツールでオブジェクトFを選択し❶❷、変形パネル（プロパティパネルまたはコントロールパネル）の基準点で上中央を選びます❸。［回転］に「-60」と入力し❹、回転させます❺。

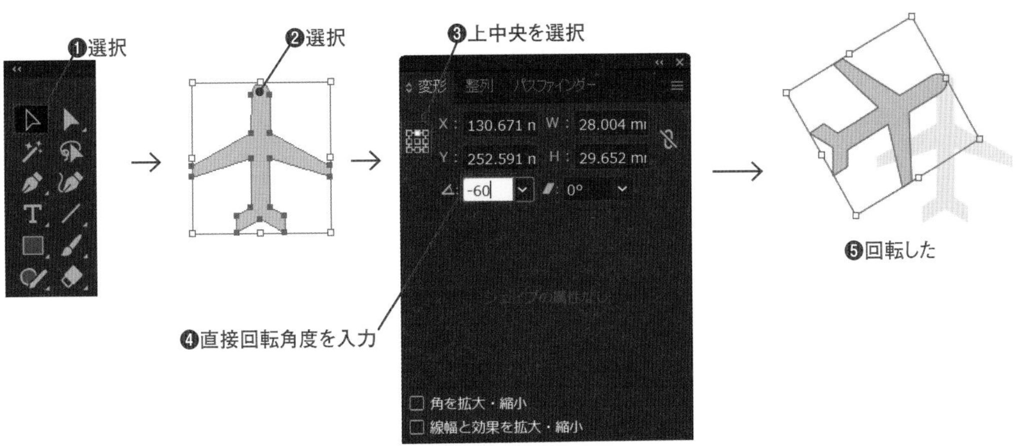

STEP 03 拡大・縮小

2021 2020 2019

選択ツールで選択した際に表示されるバウンディングボックスで拡大または縮小できます。拡大・縮小ツールでは基準点を設定したり、数値指定できます。

Lesson03 ▶ L3-2S03.ai

バウンディングボックスで拡大・縮小

1 レッスンファイルを開きます。選択ツールを選び❶、オブジェクトAを選択します。バウンディングボックスの角のハンドルをいろいろな方向に動かして動作を確認しましょう❷❸。

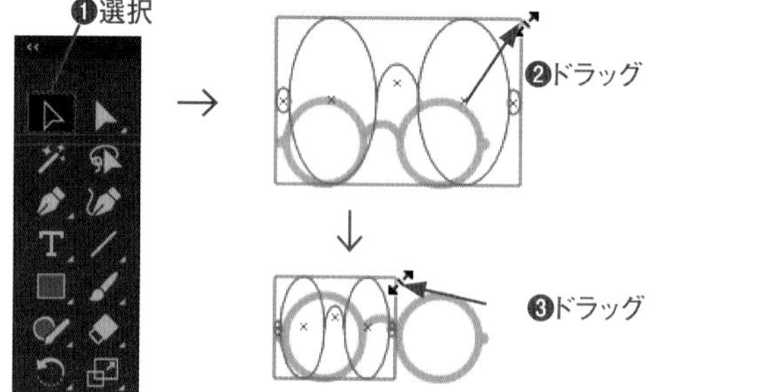

2 オブジェクトBを選び、Shiftキーを押しながら同様にドラッグします❶❷。縦横比固定で拡大・縮小することができます。

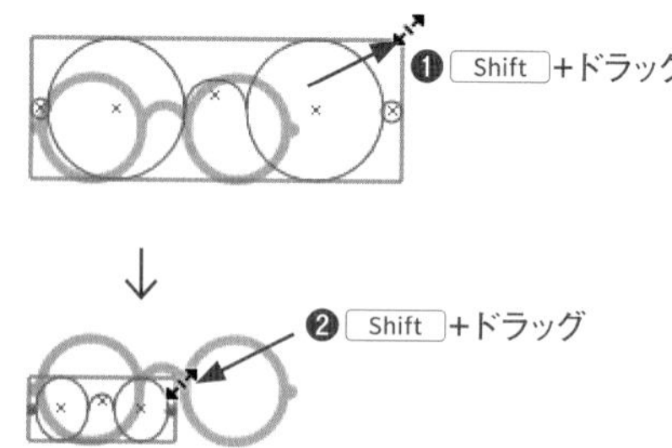

3 オブジェクトCを選び、Altキーを押しながら、ハンドルをドラッグすると❶、基準点をバウンディングボックスの中心にして拡大・縮小することができます。Shiftキーと Altキーを同時に押しながらドラッグすると❷、基準点を中心にして、かつ縦横比固定で拡大・縮小することができます。

拡大・縮小ツールで拡大・縮小

1 拡大・縮小ツールを選んでから❶、Ctrlキーを押して一時的に選択ツールにしてオブジェクトDを選択します。ドラッグするとオブジェクトが拡大・縮小します❷。
Shiftキーを押しながら斜めにドラッグすると、縦横比が固定、上下にドラッグで幅を固定、左右にドラッグで高さを固定できることを確認します。

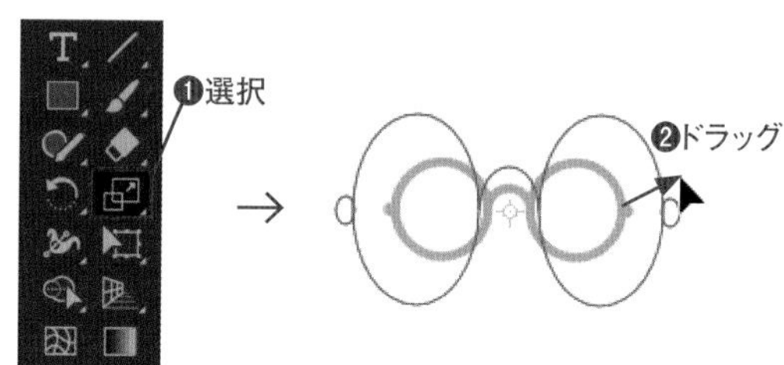

Macでは、キーは次のようになります。 Ctrl → ⌘ Alt → option Enter → return

2 オブジェクトEを選びます。拡大・縮小ツールでは、クリックして基準点を移動できます❶。
基準点を移動したら、再びドラッグして拡大縮小してみてください❷。

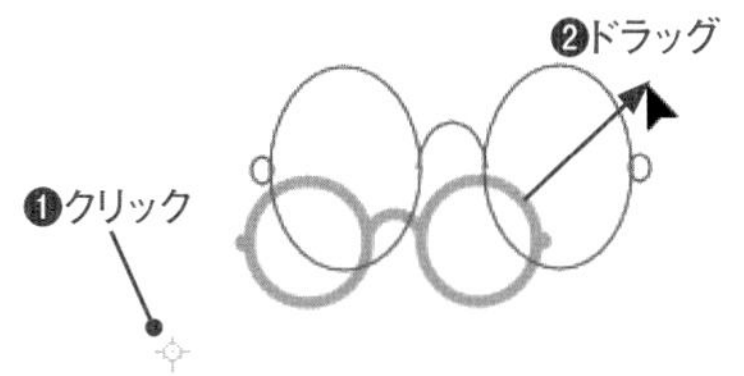

拡大・縮小ツールのオプションで変形

拡大・縮小ツールを選んでから❶、Ctrlキーを押し一時的に選択ツールにしてオブジェクトFを選択します❷。Enterキーを押すか、ツールアイコンをダブルクリックして［拡大・縮小］ダイアログボックスを表示させます❸。［縦横比を固定］にチェックをつけ❹、適当な数値（ここでは「150％」）を入力します❺。［線幅と効果も拡大・縮小］のチェックをはずした状態❻で［OK］をクリックします❼。オブジェクトGでも同様に操作し、今度は［線幅と効果も拡大・縮小］にチェックを入れて❽、同じ倍率で拡大します❾。オブジェクト全体は同じ倍率で拡大しますが、後のオブジェクトは、線幅も拡大していることがわかります。

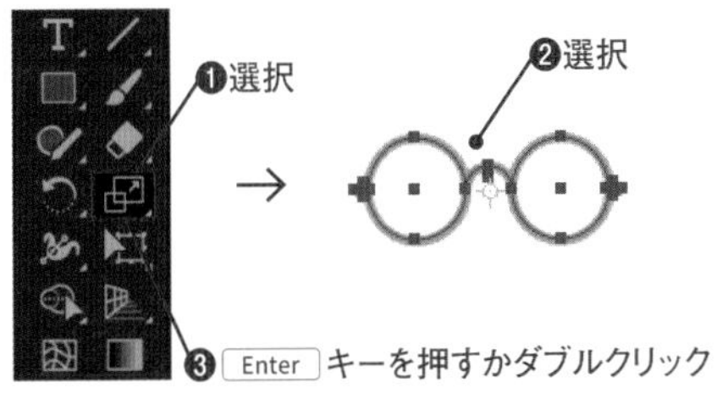

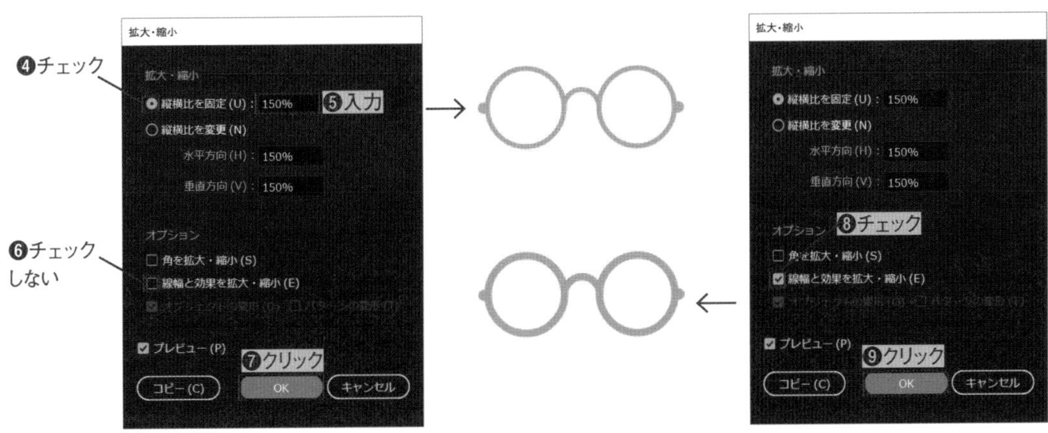

［線幅と効果も拡大・縮小］オプションをよく使う作業が続く場合には、［編集］メニュー（Macでは［Illustrator］メニュー）→［環境設定］で［一般］を選び、［線幅と効果も拡大・縮小］にチェックをつける

変形パネルでサイズを入力

選択ツールでオブジェクトHを選択します❶。
変形パネルの基準点で左上を選び❷、［縦横比を固定］をオン（つながった状態のアイコン）にして❸、［幅］のサイズを半角英数で「40mm」と入力してEnterキーを押します❹。オブジェクトが縦横比が固定された状態で、幅が40mmになります❺。

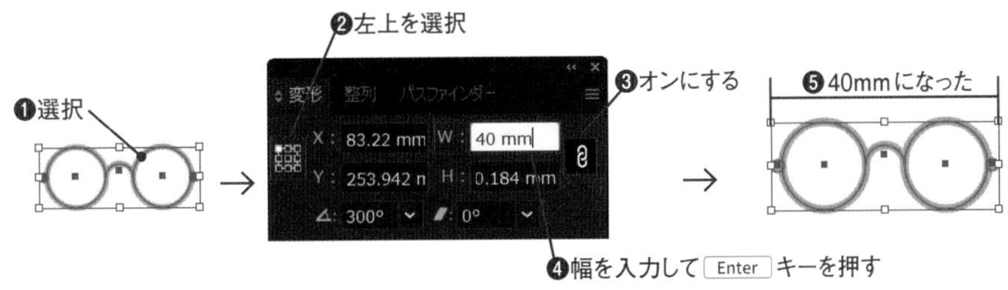

STEP 04 反転（リフレクト）

2021 2020 2019

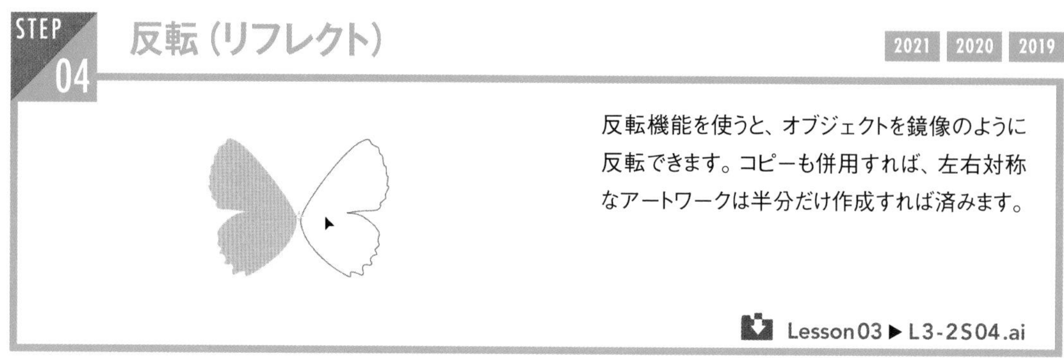

反転機能を使うと、オブジェクトを鏡像のように反転できます。コピーも併用すれば、左右対称なアートワークは半分だけ作成すれば済みます。

Lesson03 ▶ L3-2S04.ai

リフレクトツールで反転

レッスンファイルを開きます。選択ツール[A]でオブジェクトを選択します❶。ツールバーでリフレクトツールを選びます❷。基準点にしたい箇所をクリックし❸、ドラッグします❹。基準点を中心に反転したオブジェクトが回転します。

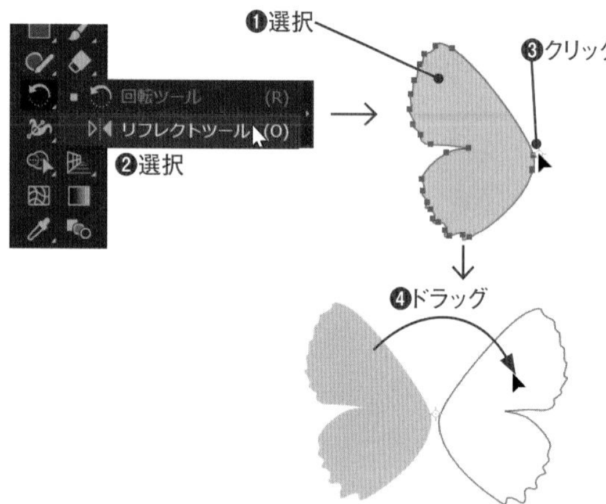

CHECK! 角度の制限とコピー

Shift キーを押しながらドラッグすると角度が45°に制限されます。
また、ドラッグの最後に Alt キーを押すと、反転先にコピーを作成できます。

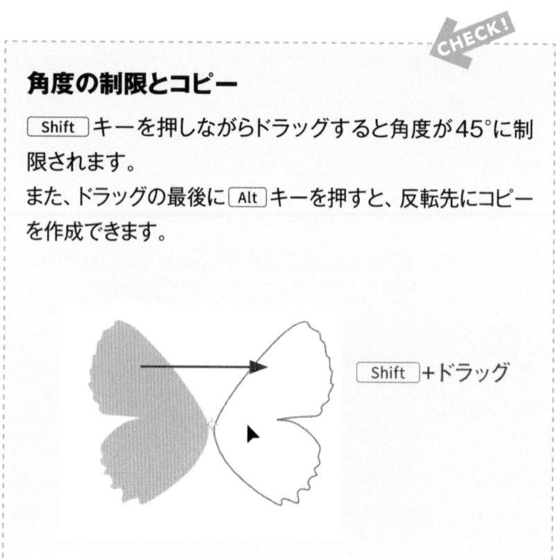

リフレクトダイアログボックスで反転

選択ツール[B]でオブジェクトを選択し❶、リフレクトツールを選びます❷。Alt キーを押しながら基準点にしたい箇所をクリックし❸、[リフレクト] ダイアログボックスを表示します。[リフレクトの軸] に [垂直] を選択して❹、[コピー] をクリックします❺。基準点を通る垂直線が軸となり、オブジェクトが反転した状態でコピーされます❻。

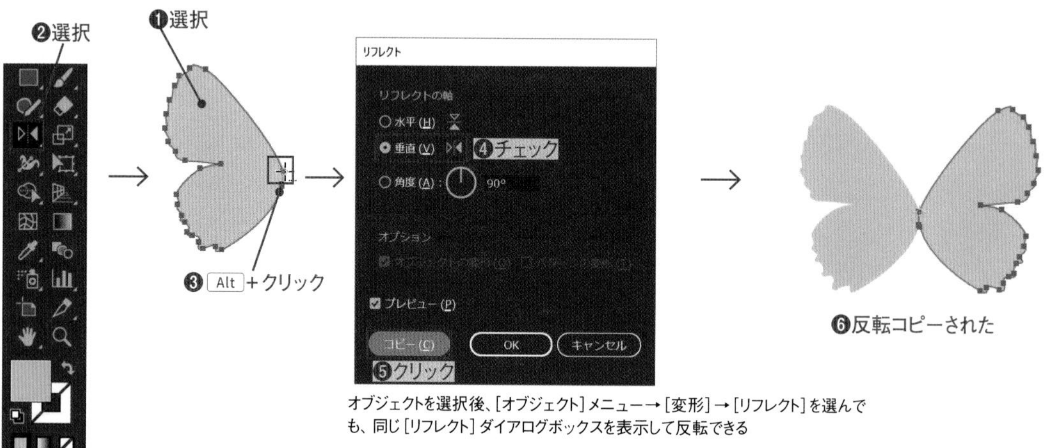

オブジェクトを選択後、[オブジェクト] メニュー→ [変形] → [リフレクト] を選んでも、同じ [リフレクト] ダイアログボックスを表示して反転できる

Macでは、キーは次のようになります。 Ctrl → ⌘　Alt → option　Enter → return

STEP 05 シアー（傾ける）

2021 2020 2019

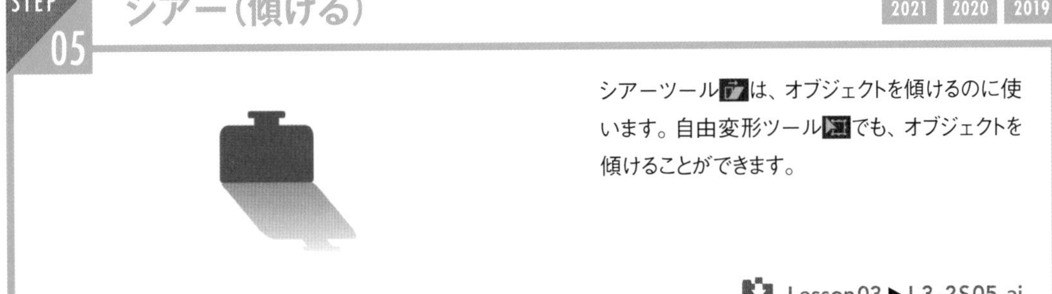

シアーツールは、オブジェクトを傾けるのに使います。自由変形ツールでも、オブジェクトを傾けることができます。

Lesson03 ▶ L3-2S05.ai

シアーツールでシアー

レッスンファイルを開きます。選択ツールでオブジェクトAの影のオブジェクトを選択して❶、シアーツールを選びます❷。選択したオブジェクトの左上をクリックして基準点を設定し❸、下側をドラッグして変形します❹。
Shift キーを押しながらドラッグすると、シアーの角度が45°刻みに固定されます❺。

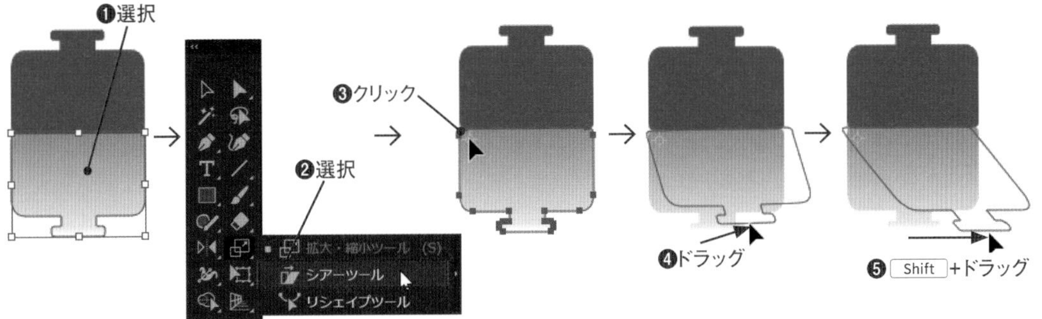

自由変形ツールでシアー

1 選択ツールでオブジェクトBの影のオブジェクトを選択し❶、自由変形ツールを選びます❷。バウンディングボックスの下中央のハンドルをドラッグして変形します❸。

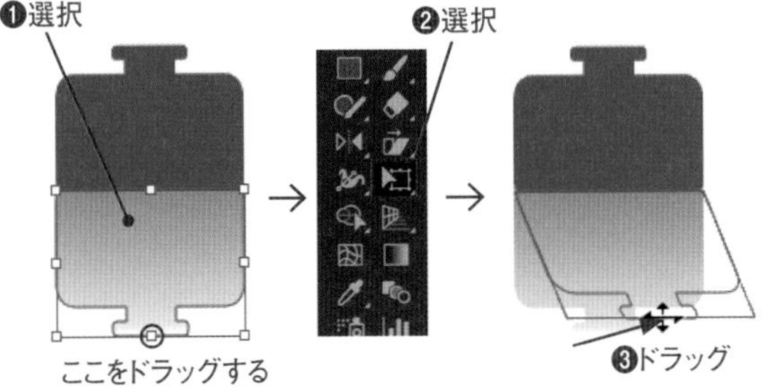

2 ウィジェットで［縦横比を固定］をクリックしてオンにしてから❶ドラッグすると❷、幅または高さが固定されます。

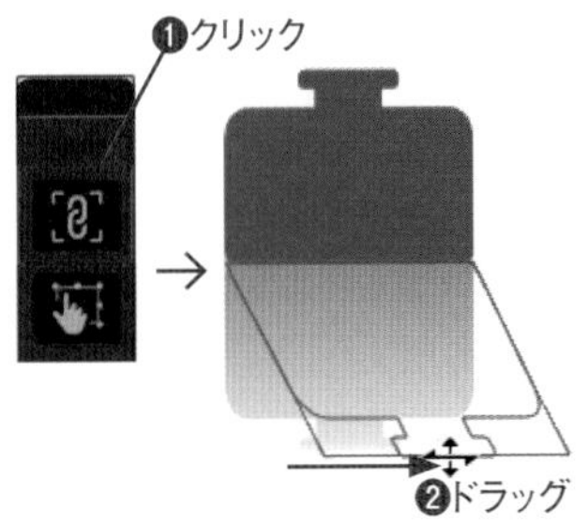

COLUMN

変形パネルでシアー

変形パネルで基準点を設定して、傾ける角度を数値指定できます。

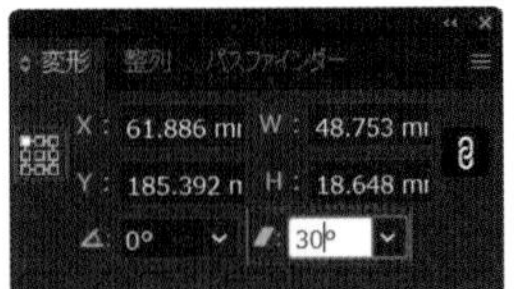

STEP 06

遠近変形・自由変形

2021 2020 2019

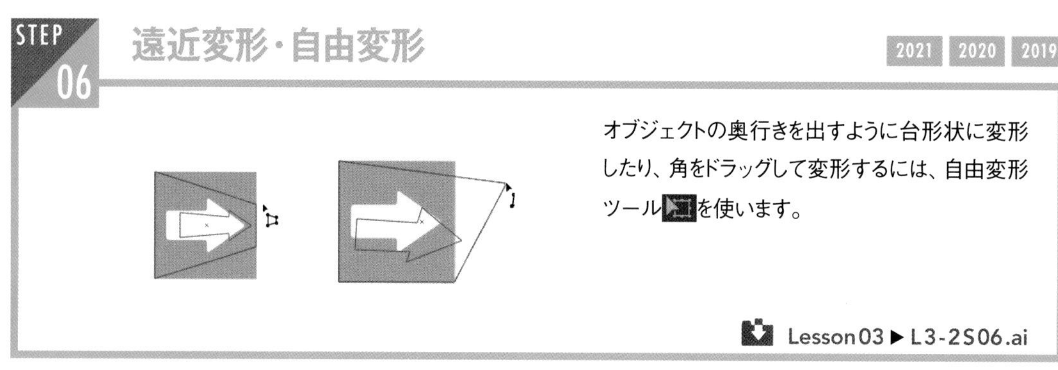

オブジェクトの奥行きを出すように台形状に変形したり、角をドラッグして変形するには、自由変形ツールを使います。

Lesson03 ▶ L3-2S06.ai

遠近変形

レッスンファイルを開き、選択ツールでオブジェクトAを選択します❶。自由変形ツールを選び❷、ウィジェットで[遠近変形]を選びます❸。コーナーハンドルをドラッグすると❹、台形状に遠近感が出るように変形します。

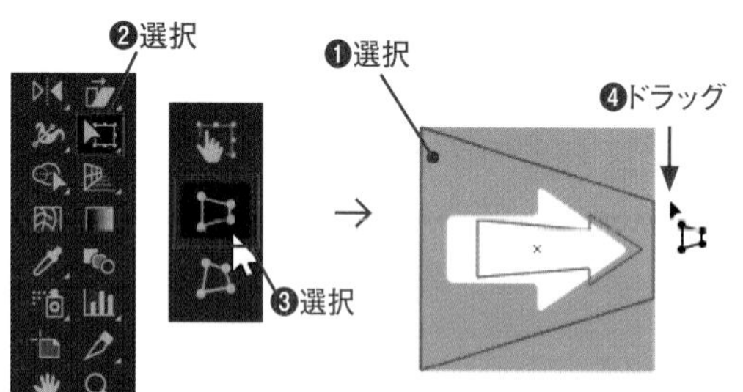

CHECK!

自由変形ツールの注意

自由変形ツールで変形する対象は、選択ツールで選択します。Ctrlキーを押しながら一時的に選択ツールにして選択することをマスターしましょう。

自由変形

1 選択ツールでオブジェクトBを選択します❶。自由変形ツールを選び❷、ウィジェットで[パスの自由変形]を選びます❸。コーナーハンドルをドラッグすると❹、ドラッグしたハンドルに従って変形します。

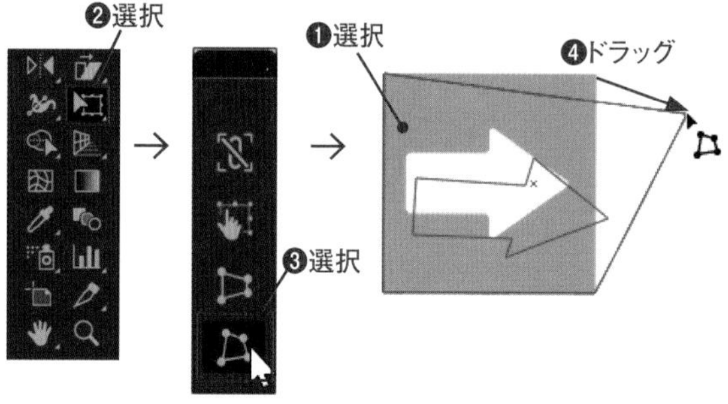

2 [縦横比を固定]もオンにして❶ドラッグすると❷、コーナーハンドルを水平・垂直に移動できます。

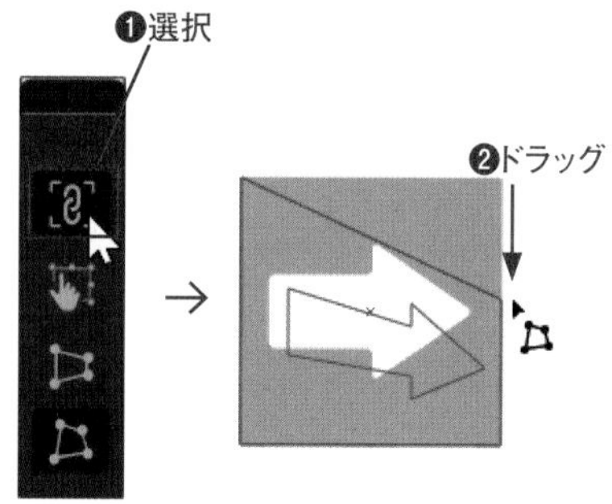

Macでは、キーは次のようになります。 Ctrl → ⌘ Alt → option Enter → return

STEP 07

個別に変形

2021 2020 2019

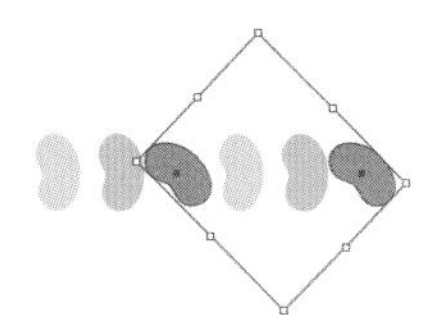

[オブジェクト] メニューにある機能です。拡大・縮小、移動、回転、リフレクトをまとめて実行できます。複数のオブジェクトがあれば、それぞれの基準点に基づいて変形します。

Lesson03 ▶ L3-2S07.ai

複数のオブジェクトを個別に変形する

1 レッスンファイルを開き、選択ツール で Aのオブジェクトからピンク色のオブジェクトふたつを選択します❶。続いて [オブジェクト] メニュー→ [変形] → [個別に変形] を選びます❷。

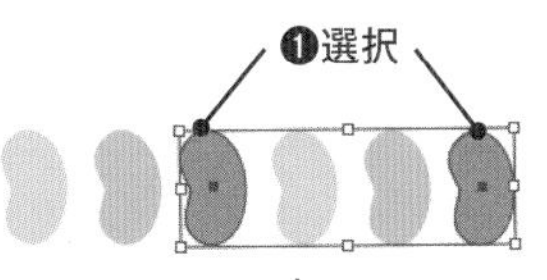

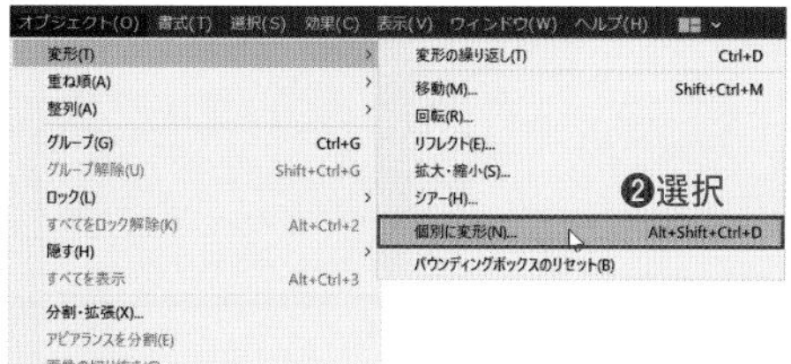

2 [個別に変形] ダイアログボックスが表示されるので、[回転] の [角度] に「45°」と入力し❶、[OK] をクリックします❷。選択したオブジェクトが、それぞれ個別に回転します❸。

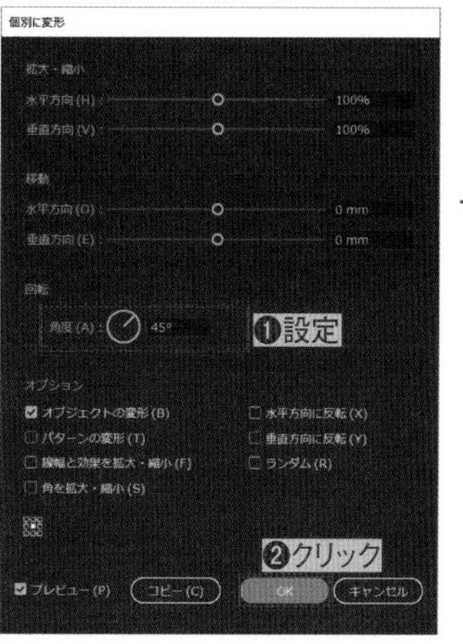

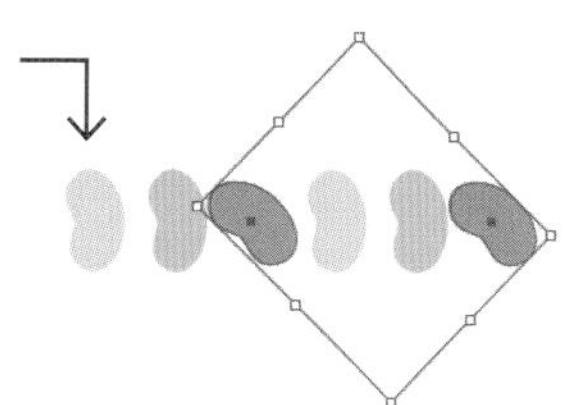

❸選択したオブジェクトが個別に回転する

CHECK!

回転ツールとの違い

回転ツール でも、複数のオブジェクトを選択して回転させられますが、選択した複数のオブジェクトは、ひとつのオブジェクトとして回転するため、[個別に変形] コマンドのように変形できません。

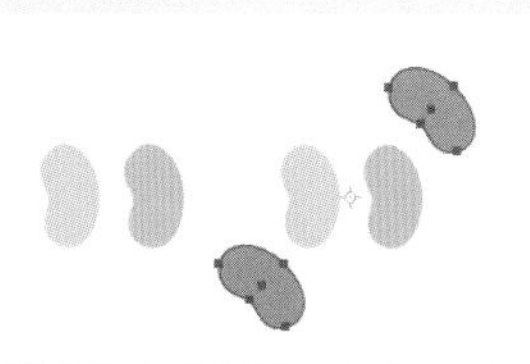

複数の変形を同時に適用

[個別に変形] では、複数の変形を同時に適用できます。選択ツール で Bのオブジェクトから水色のオブジェクトをひとつ選択します❶。[オブジェクト] メニュー→ [変形] → [個別に変形] を選んで [個別に変形] ダイアログボックスを表示し、[拡大・縮小] の [水平方向] [垂直方向] にそれぞれ「120%」❷、[移動] の [垂直方向] に「-15mm」❸、[回転] の [角度] に「45°」❹と設定して、[OK] をクリックします❺。選択したオブジェクトは、[拡大] [移動] [回転] のすべての変形が適用されます❻。

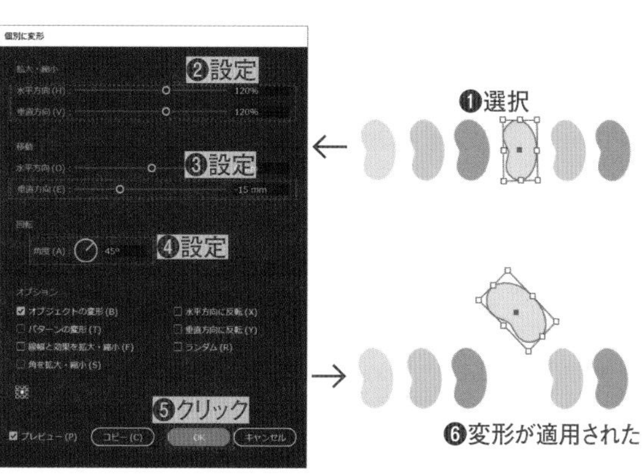

STEP 08 ライブコーナーで角を丸める

2021 2020 2019

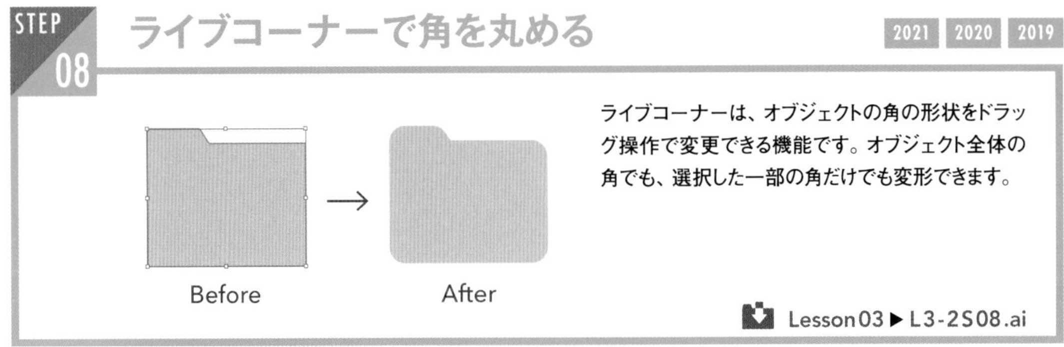

ライブコーナーは、オブジェクトの角の形状をドラッグ操作で変更できる機能です。オブジェクト全体の角でも、選択した一部の角だけでも変形できます。

Lesson03 ▶ L3-2S08.ai

1 レッスンファイルを開きます。選択ツール でオブジェクトを選択してから❶、ダイレクト選択ツール を選択します❷。オブジェクトのすべてのアンカーポイントが選択された状態になり、すべての角にコーナーウィジェットが表示されます❸。

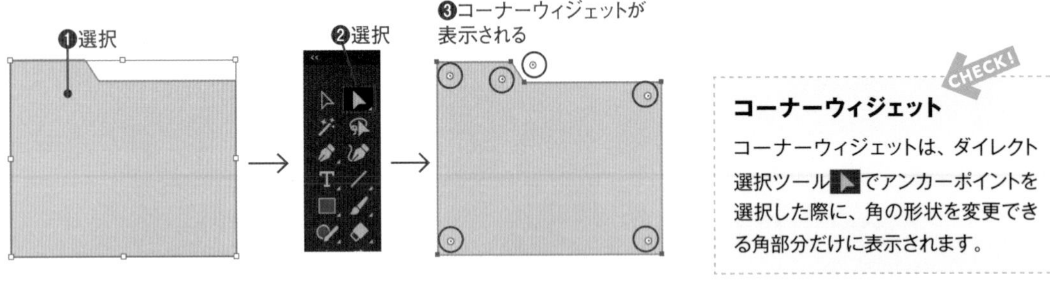

CHECK!

コーナーウィジェット

コーナーウィジェットは、ダイレクト選択ツール でアンカーポイントを選択した際に、角の形状を変更できる角部分だけに表示されます。

2 任意のウィジェット（ここでは左上）をドラッグすると、ドラッグ量に応じてすべての角が丸まります❶。角丸がもっとも大きくなるまでドラッグしてください。すべての角が丸められます❷。

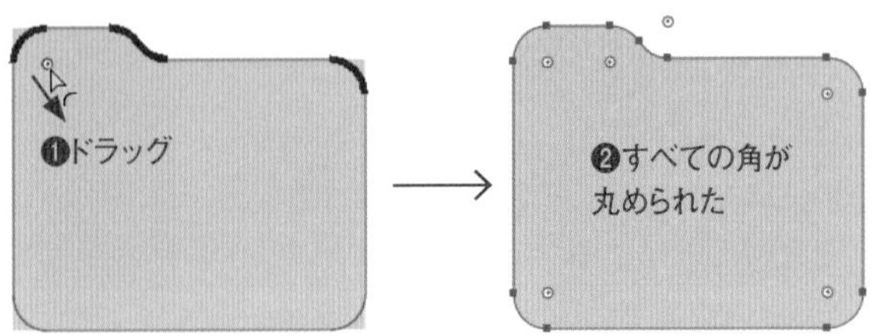

3 一度選択を解除してから任意のアンカーポイント（ここでは図を参照）をクリックして選択します❶。選択したアンカーポイントのコーナーウィジェットだけが表示されます❷。表示されたコーナーウィジェットを、角丸がなくなるようにドラッグします❸❹。このように、個別にコーナーウィジェットを操作して角の形状を変更できます。

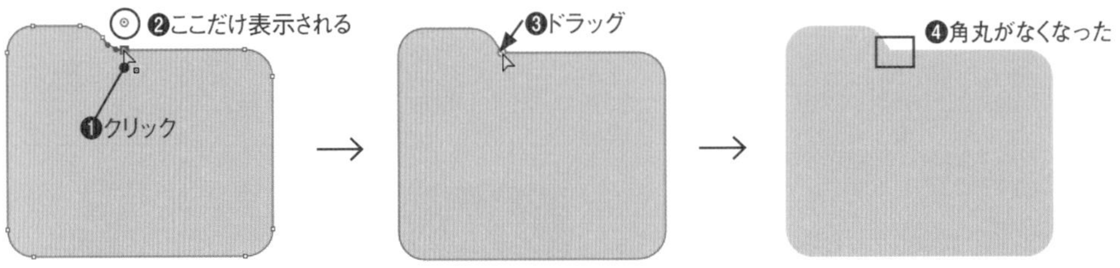

CHECK!

オプション設定

コーナーウィジェットが表示された状態では、コントロールパネルにコーナーのサイズが表示され、数値指定で変更できます。また、「コーナー」部分をクリックすると、オプションが表示され、角の形状を選択できます。オプションダイアログボックスは、コーナーウィジェットをダブルクリックしても表示できます。

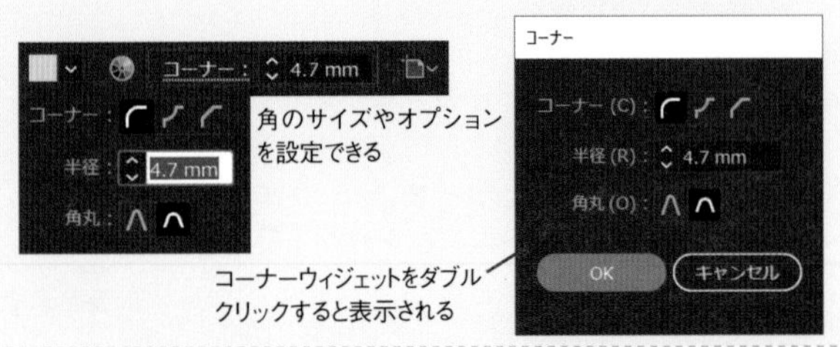

Macでは、キーは次のようになります。 Ctrl → ⌘ Alt → option Enter → return

STEP 09

パペットワープツールで変形する

2021 2020 2019

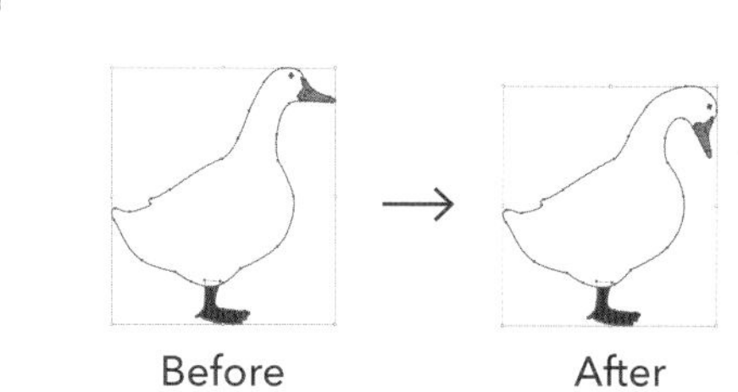

パペットワープツールは、オブジェクトを自然な形状を保持したまま変形します。慣れないと、ピンを指定する位置がわかりづらいと思いますが、繰り返して練習して習得すると便利なツールです。

Lesson03 ▶ L3-2S09.ai

1　レッスンファイルを開きます。選択ツールで変形前のオブジェクトを選択してから❶、パペットワープツールを選択すると❷、オブジェクトにメッシュが表示されます❸。初期表示され選択されている胸元のピンを Delete キーを押して削除し❹、次にくちばしにあるピンをクリックして選択して❺、Delete キーを押して削除します❻。

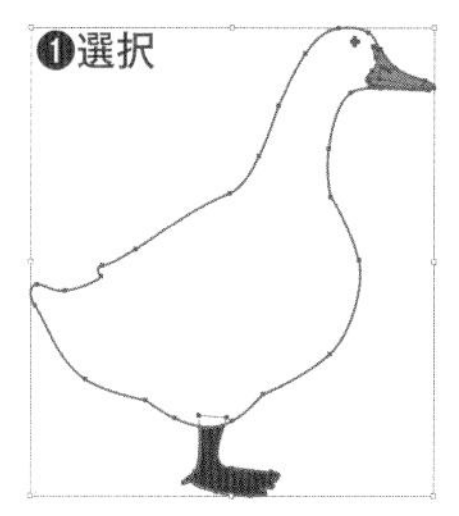

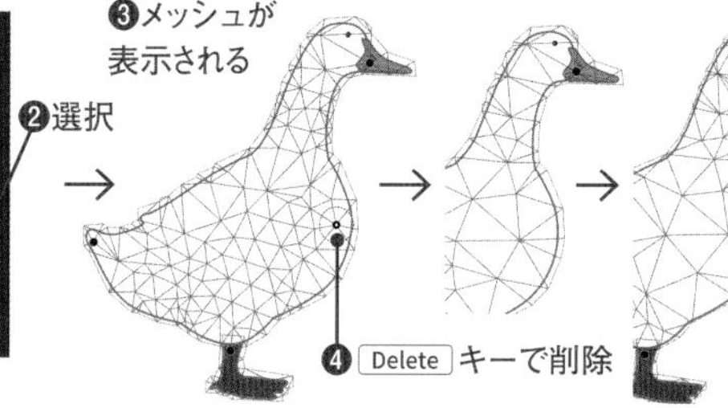

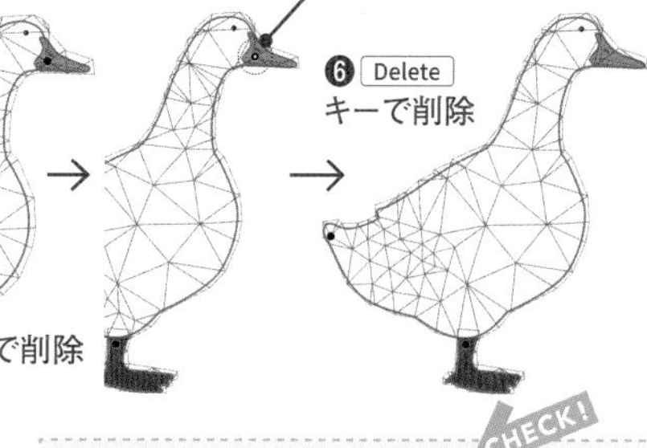

2　変形時に固定する領域、または変形する領域の中央をクリックしてピンを追加します。右図のように首元、首の中央、くちばしの左にピンを追加します❶。完全に一致しなくてもかまいません。足と尾に最初からあるピンはそのまま使用します。

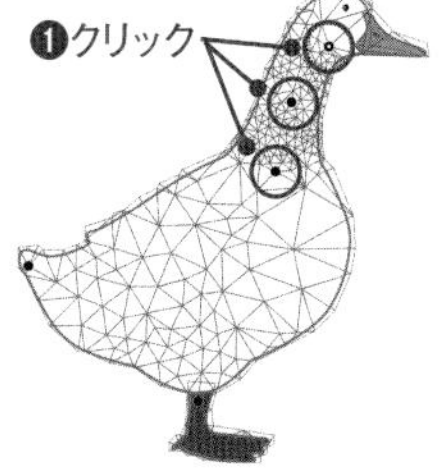

3　くちばしのピンをクリックして選択し❶、右下方向に少しドラッグします❷。選択していないほかのピン（黒丸で表示）の位置は固定された状態で、オブジェクトの形状を保持したまま変形されます。

CHECK!

うまく行かないときはやり直す

うまく変形できないときは、Ctrl＋Z キーで取り消してからやり直してしてください。パペットワープツールのピンは、位置を修正できません。ピンをクリックして選択（白抜きの円で表示）して Delete キーを押して削除してから再度追加してください。プロパティパネルやコントロールパネルの［すべてのピンを選択］をクリックするとすべてのピンを選択できます。

変形後も追加したピンは残っています。オブジェクトを選択後、パペットワープツールを選択すると表示されます。

4　ドラッグしたピンの外側に表示された破線の円上にカーソルを移動すると になるので❶、そのままドラッグしてピンを中心に回転させます❷。Ctrl キーを押すと❸、選択ツールで選択された状態になり、メッシュが非表示になるので変形結果を確認できます。OKならそのままオブジェクトの外側をクリックして選択を解除して変形を終了し、修正する場合は、同じ手順で変形してください。

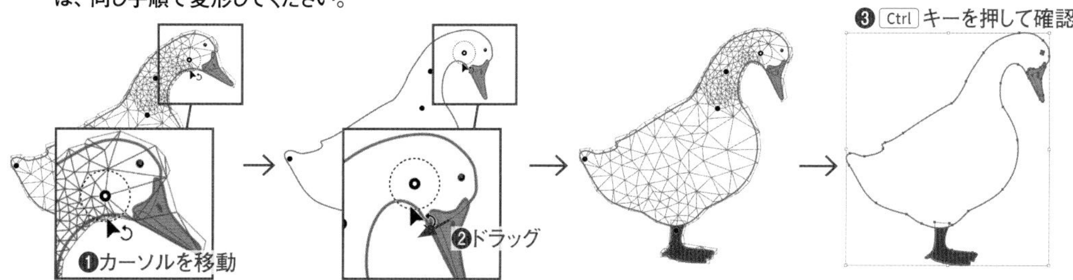

3-3 アンカーポイントとハンドルの操作

ダイレクト選択ツールを使用して、描画済みのオブジェクトを変形することができます。曲線の場合には、方向線のハンドルを操作して曲線の調節を行います。

STEP 01 アンカーポイントを使った変形

2021 2020 2019

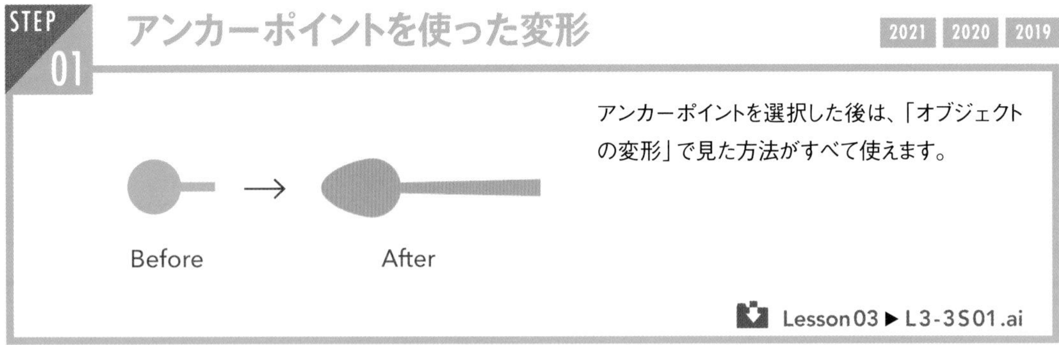

アンカーポイントを選択した後は、「オブジェクトの変形」で見た方法がすべて使えます。

Lesson03 ▶ L3-3S01.ai

1 レッスンファイルを開き、ダイレクト選択ツールを選びます❶。オブジェクトの左側のアンカーポイントを選択します❷。選択したアンカーポイントにカーソルを合わせて、Shift キーを押しながら左側にドラッグします❸。Shift キーを押しながらドラッグすると、水平・垂直に移動することができます。

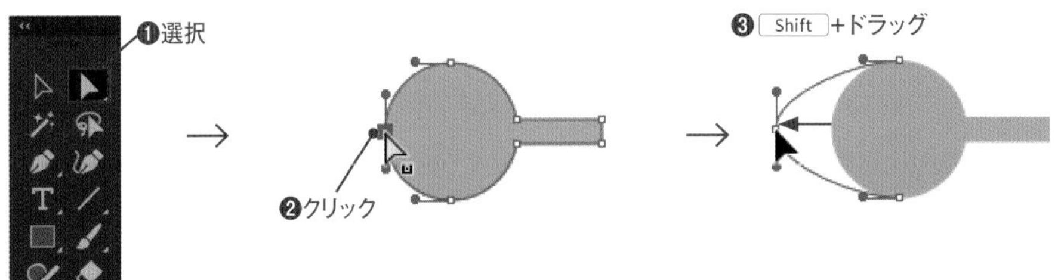

2 ダイレクト選択ツールで、オブジェクトの右側のふたつのアンカーポイントをドラッグして選択し❶、Shift キーを押しながらドラッグして水平に移動させます❷。

❶ドラッグ

❷ Shift +ドラッグ

3 アンカーポイントが選択された状態で、拡大・縮小ツールを選び❶、ドラッグします❷。アンカーポイントだけが基準点から拡大し、右側が広がりました❸。

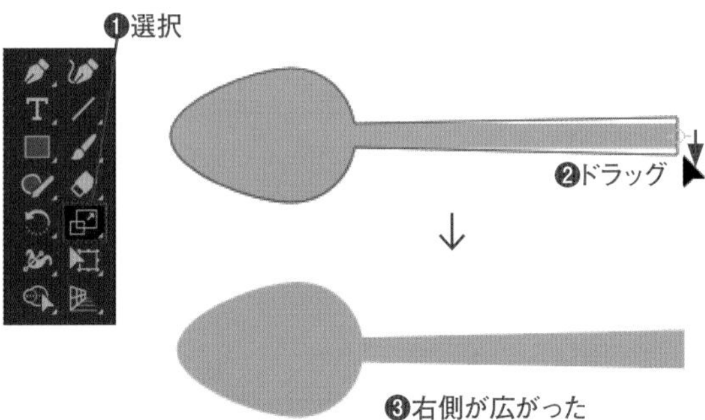

Macでは、キーは次のようになります。 Ctrl → ⌘ Alt → option Enter → return

STEP 02 アンカーポイントの追加・削除・整列

2021 2020 2019

ペンツールを使って、アンカーポイントの追加と削除を行うことができます。

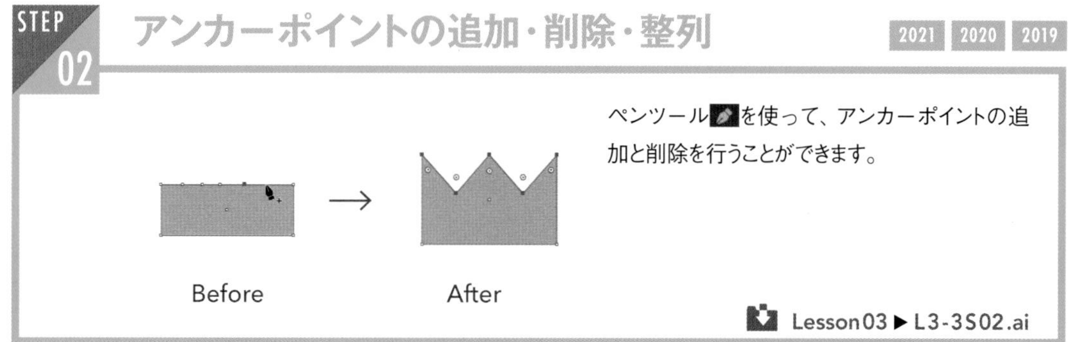

1 レッスンファイルを開きます。ダイレクト選択ツールでオブジェクトを選択してから❶、ペンツールを選びます❷。カーソルをパス上に近付けてに変化したらクリックして、アンカーポイントを追加します❸。5つ追加してください。

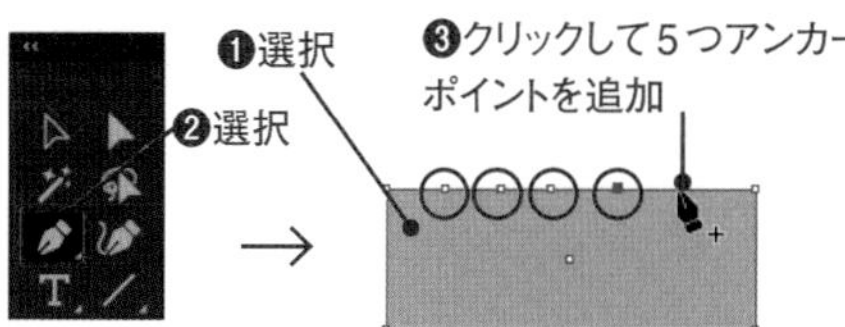

2 ダイレクト選択ツールを選び❶、アンカーポイントを Shift キーを押しながらクリックしてひとつおきに選択し❷、Shift キーを押しながら上にドラッグして移動させます❸。

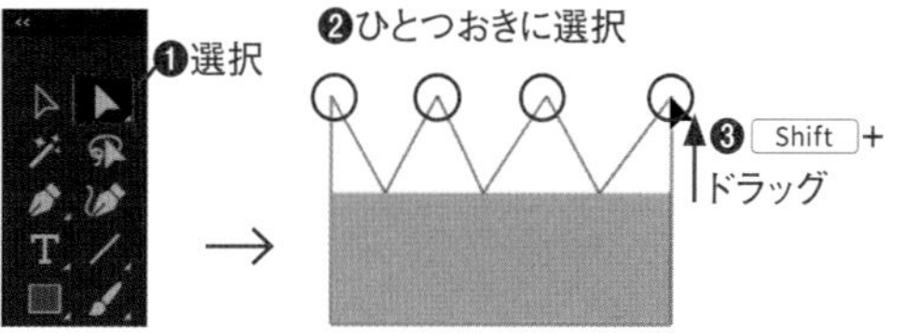

3 ダイレクト選択ツールで、不要なアンカーポイントを選びます❶。プロパティパネルの［選択したアンカーポイントを削除］をクリックします❷。選択したアンカーポイントが削除されます❸。

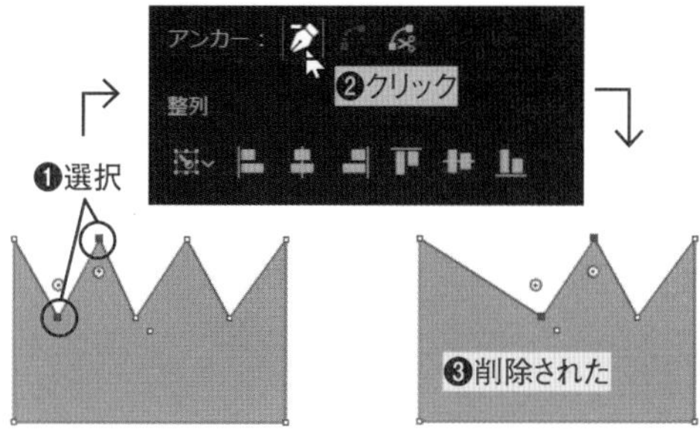

COLUMN

ペンツールで削除

オブジェクトを選択した状態で、ペンツールでアンカーポイントをクリックしても削除できます。

4 ダイレクト選択ツールで上のアンカーポイントをドラッグしてまとめて選択し❶、整列パネルで［選択範囲に整列］を選んでから❷、［水平方向等間隔に分布］をクリックすると❸、水平方向に等間隔に並びます。アンカーポイントも、整列や分布の対象となります。

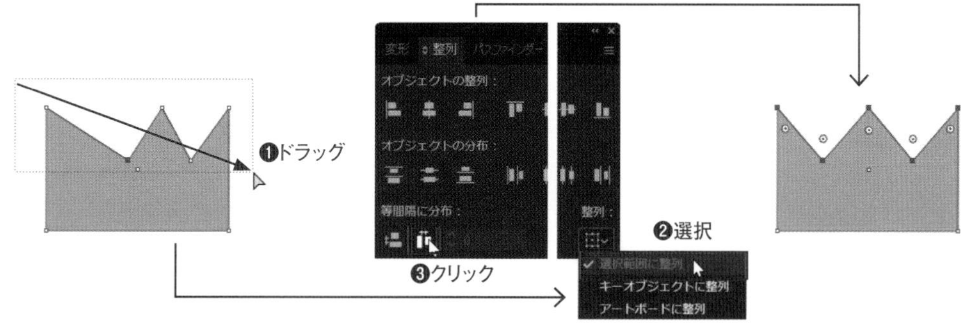

STEP 03 パスの切断と連結

2021 2020 2019

パスを切ったりつなげたりできると、作成できるアートワークの幅が広がってきます。

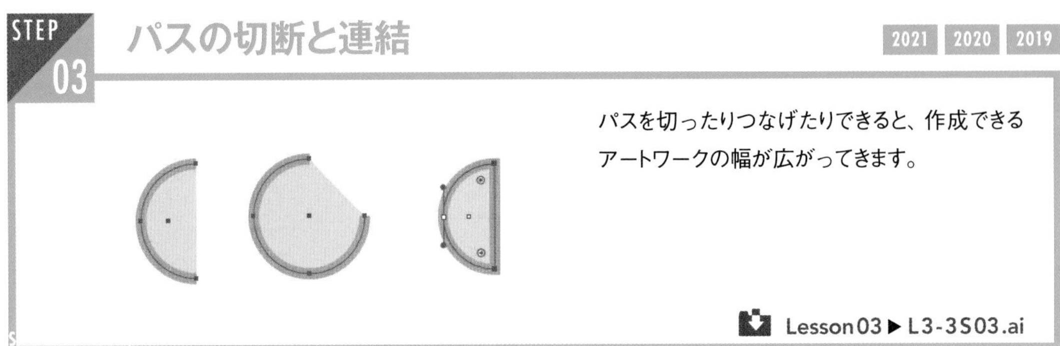

パスの一部を消去して切断

1 レッスンファイルを開き、ダイレクト選択ツールを選びます❶。オブジェクトAをクリックしてアンカーポイントを表示し❷、右側のアンカーポイントをドラッグして選択し❸、Deleteキーを押して消去します❹。

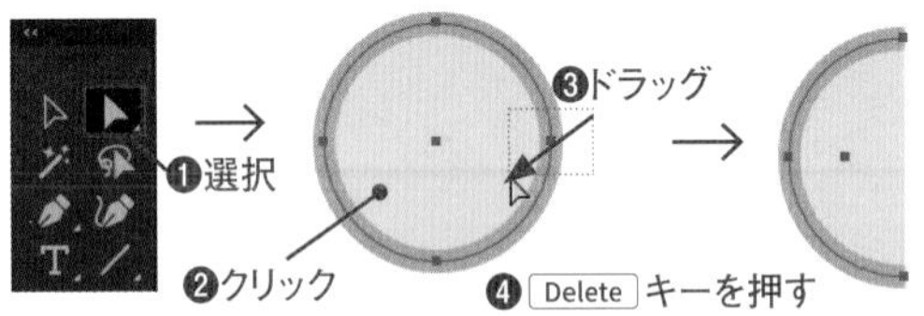

2 オブジェクトBを使います。ダイレクト選択ツールでオブジェクトをクリックしてアンカーポイントを表示し❶、右上の線の部分をドラッグしてセグメントを選択します❷。同じくDeleteキーを押して消去します❸。

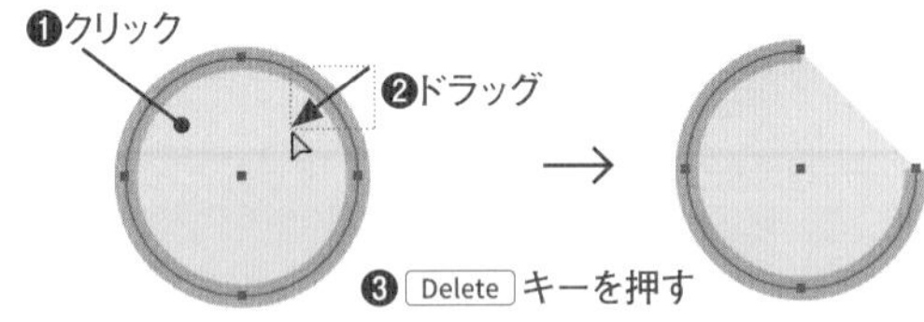

アンカーポイントで切断

1 オブジェクトCを使います。ダイレクト選択ツールでオブジェクトをクリックしてアンカーポイントを表示し❶、上と下のアンカーポイントをドラッグして選択します❷。プロパティパネルの［選択したアンカーポイントでパスをカット］をクリックします❸。

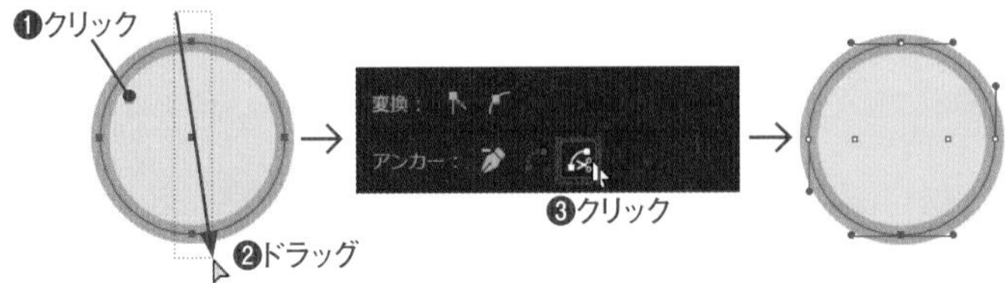

2 いったん選択を解除してから、ダイレクト選択ツールで片側のオブジェクトをドラッグして移動すると❶、選択したアンカーポイントでオブジェクトが切断されているのがわかります。

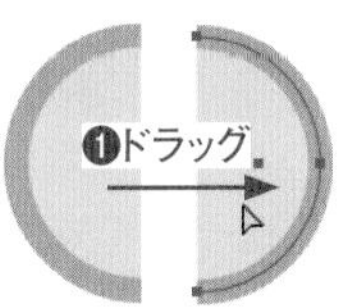

アンカーポイントを連結

オブジェクトCの半分に切断した左側のオブジェクトを使います。ダイレクト選択ツールを選択して❶、オープンパスの端点を両方とも選択します❷。プロパティパネルの［選択した終点を連結］をクリックします❸。選択した端点が連結されます。

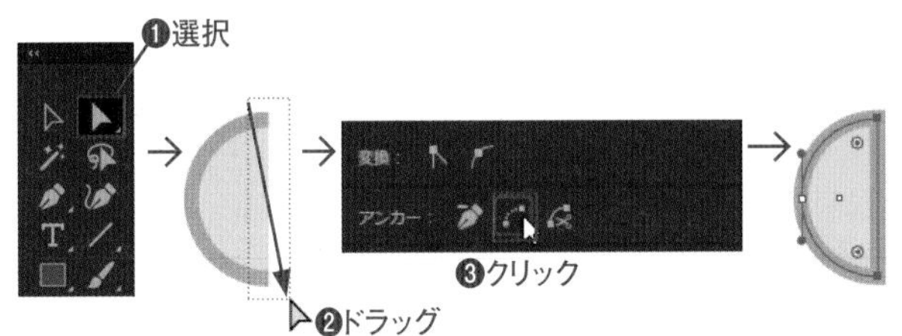

COLUMN

ペンツールで連結

オブジェクトを選択した状態で、ペンツールで端点を順にクリックしても連結できます。

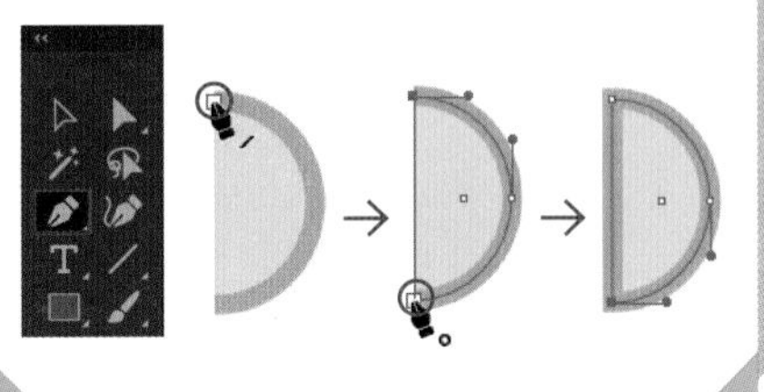

Macでは、キーは次のようになります。 Ctrl → ⌘　Alt → option　Enter → return

STEP 04 連結ツールで連結する

2021 2020 2019

連結ツールを使うと、離れているふたつのアンカーポイントを自然な形状で連結できます。

Lesson03 ▶ L3-3S04.ai

重なったパスを削除して連結

レッスンファイルを開き、ツールバーで、連結ツールを選択します❶。オブジェクトAの線の重なって飛び出している部分をドラッグします❷。飛び出している不要な部分が削除され、オブジェクトが連結されます❸。

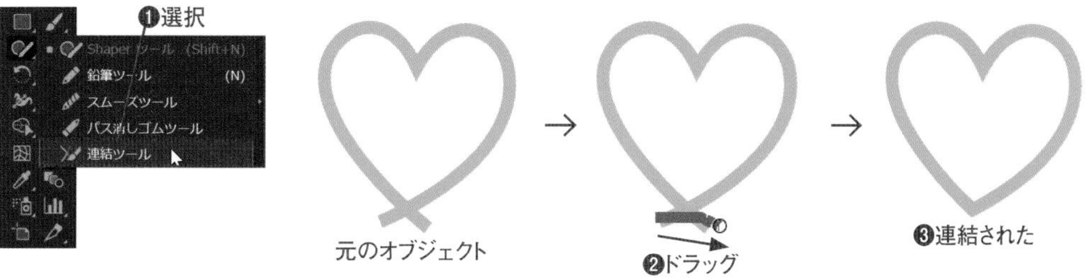

パスを伸ばして連結

1 オブジェクトBを使います。連結ツールが選択された状態で❶、連結したいパスを伸ばすようにドラッグします❷。短いパスが伸びた位置で長いパスは削除され、自然な形状を保持して連結します❸。

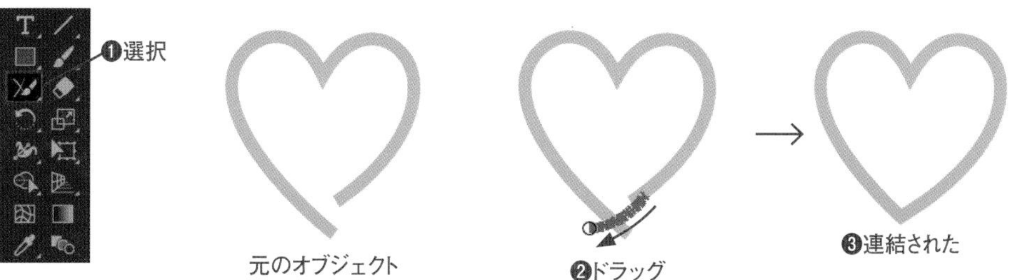

2 オブジェクトCを使います。連結ツールで、連結したいパスを伸ばすようにドラッグします❶。どちらのパスも伸びた位置で、自然な形状で連結します❷。

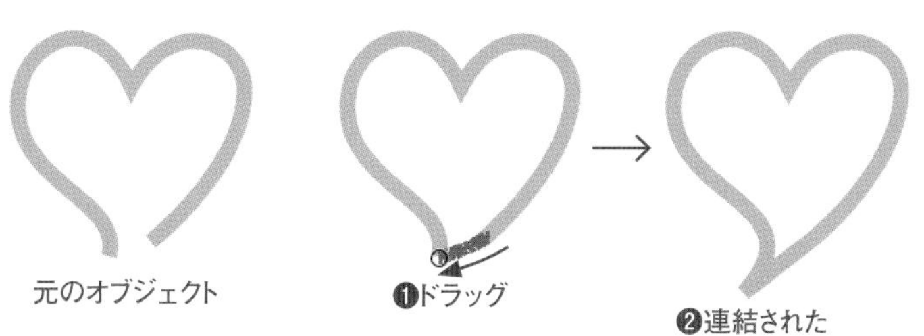

COLUMN

連結ツールで連結

連結ツールで連結したアンカーポイントは、常にコーナーポイントとなります。

STEP 05 方向線の操作

2021 2020 2019

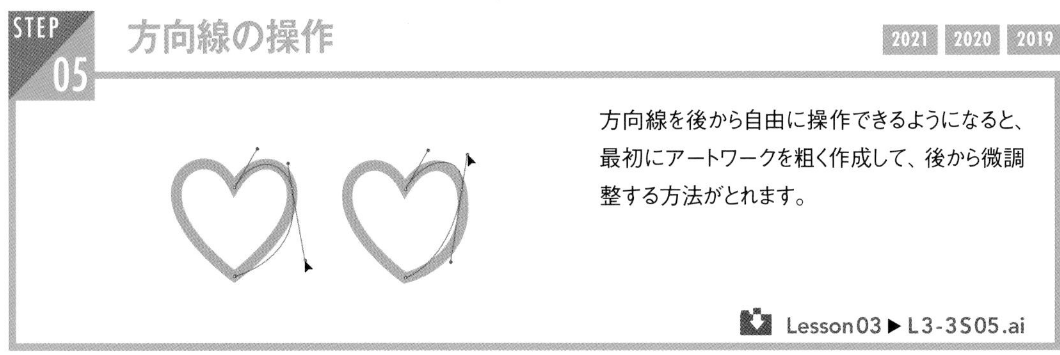

方向線を後から自由に操作できるようになると、最初にアートワークを粗く作成して、後から微調整する方法がとれます。

Lesson03 ▶ L3-3S05.ai

方向線を動かす

1 レッスンファイルを開き、オブジェクトAを使います。ダイレクト選択ツールで右上のアンカーポイントを選択します❶❷。方向線が表示されるのでそのハンドルをドラッグして長さを変えたり、角度を変えて変形してみましょう❸❹。アンカーポイントを動かしてみてもよいでしょう。

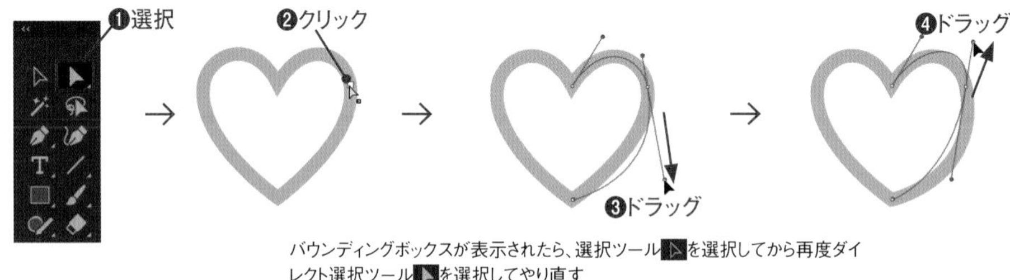

バウンディングボックスが表示されたら、選択ツールを選択してから再度ダイレクト選択ツールを選択してやり直す

2 パスを直接ドラッグしても❶方向線が動いて変形できますが、あまり微調整には向いていませんので注意しましょう。

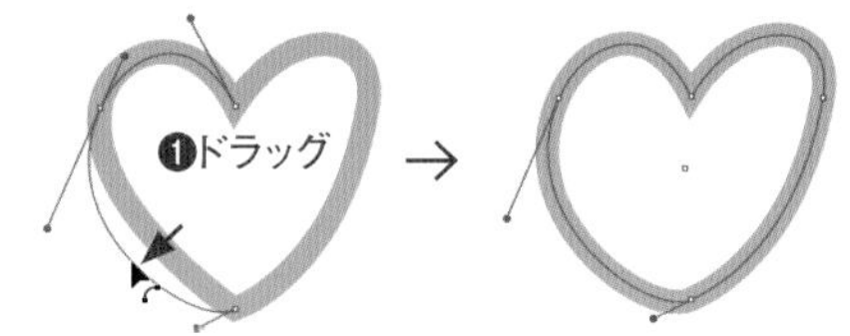

アンカーポイントの種類を切り替える

オブジェクトBを使います。ダイレクト選択ツールを選択します❶。オブジェクトの下のアンカーポイントをドラッグで囲んで選択し❷、プロパティパネル（またはコントロールパネル）の［選択したアンカーをコーナーポイントに切り換え］をクリックします❸。スムーズポイントがコーナーポイントに変わります。そのままアンカーポイントが選択された状態で［選択したアンカーをスムーズポイントに切り換え］をクリックすると❹、スムーズポイントに変わり方向線が出ます。

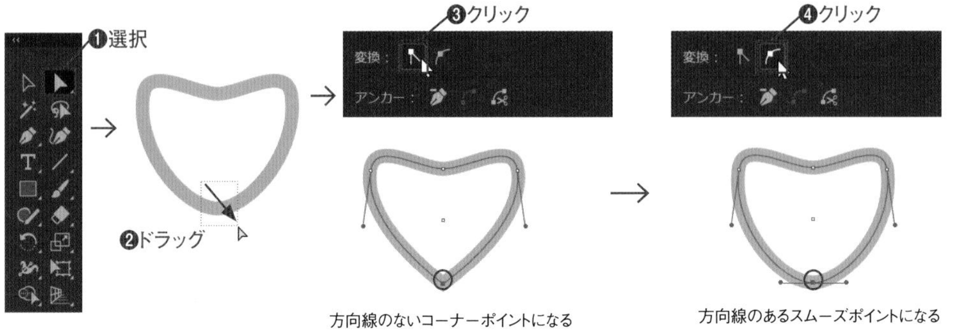

方向線のないコーナーポイントになる

方向線のあるスムーズポイントになる

Macでは、キーは次のようになります。 Ctrl → ⌘　Alt → option　Enter → return

CHECK!

ほかのツールでの、アンカーポイントの種類の切り替え

アンカーポイントツールで、アンカーポイントをダブルクリックしても種類を切り替えられます。

曲線ツールでダブルクリックしても切り替えられますが、隣のパスの形状も変わるので注意が必要です。

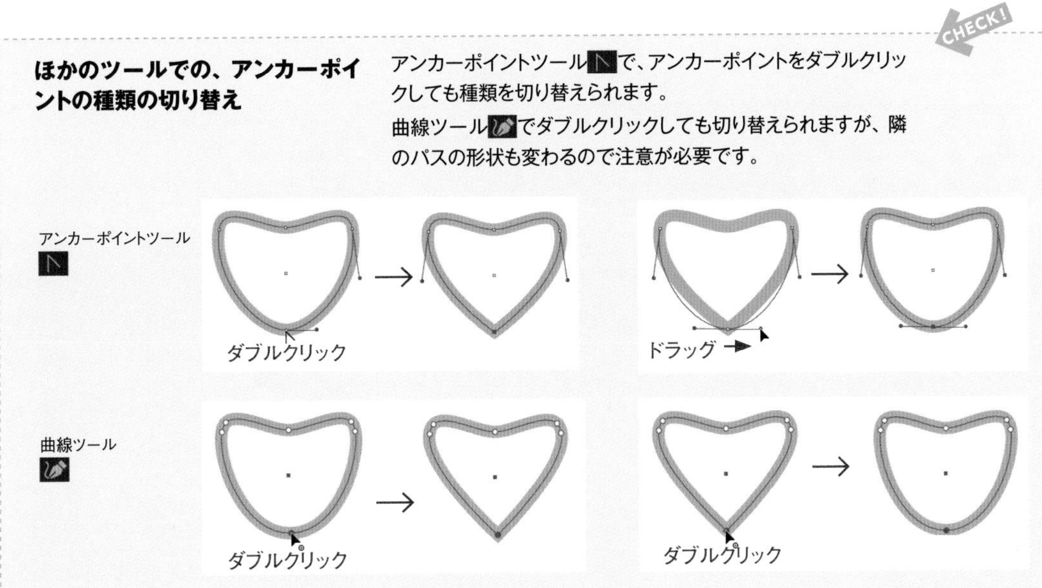

アンカーポイントツールで方向線を操作

オブジェクトCを使います。ダイレクト選択ツールでオブジェクトの上中央のアンカーポイントをクリックして選択します❶。ツールバーでアンカーポイントツールを選びます❷。右側の方向線のハンドルをドラッグしてカーブを調節します❸。アンカーポイントツールでは、連動する方向線を切り離し、片側の方向線のみを調節できます。このままアンカーポイントツールで、反対側の方向線も操作できますが、連動していないことを確認するためにダイレクト選択ツールで操作しましょう。ダイレクト選択ツールを選択して❹、アンカーポイントを選択し❺、ダイレクト選択ツールのまま反対側の方向線をドラッグします❻。このように方向線を別々に操作できます。

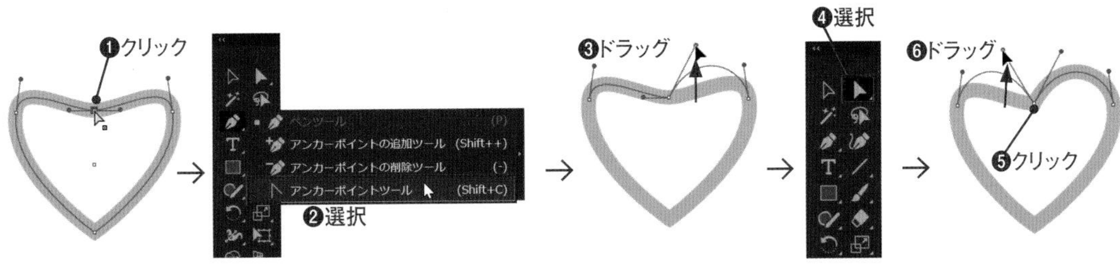

COLUMN

連動する方向線に戻す

アンカーポイントツールで、連動してない方向線のハンドルを Alt +クリックすると、連動する方向線に変換できます。

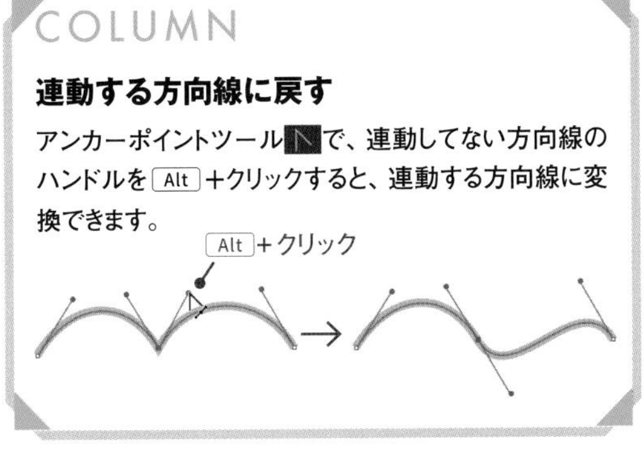

COLUMN

アンカーポイントツールで直線を曲線にする

アンカーポイントツールで、パスの直線部分をドラッグすると曲線に変更できます。ペンツール使用時に、 Alt キーを押すと一時的にアンカーポイントツールにできるので覚えておきましょう。

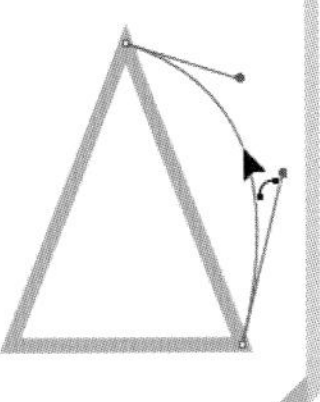

練習問題

Lesson03 ▶ L3EX1.ai

Q オブジェクトを変形して鍵を作りましょう。

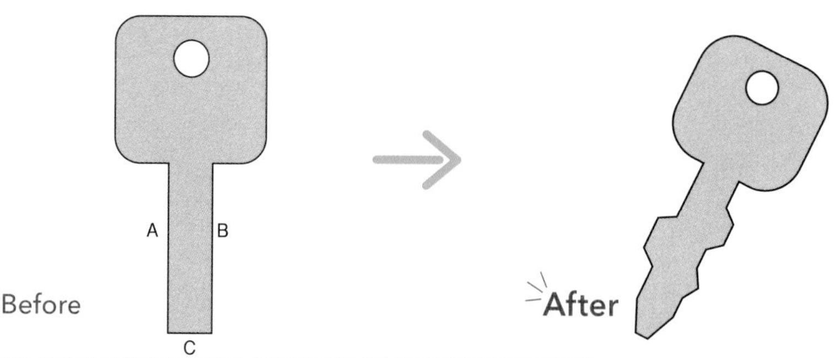

A

❶選択ツールでオブジェクトを選択します。

❷ペンツールで下に突き出た長方形の辺の左側（A）を4か所クリックしてアンカーポイントを追加します。

❸ダイレクト選択ツールで、追加したアンカーポイントの中央にできたセグメントを Shift キーを押しながらドラッグして凹凸を作成します。

❹右側（B）に7つアンカーポイントを追加して同様に凹凸を作成します。

❺下辺（C）にもアンカーポイントを2つ追加し、鍵先を作成します。

❻選択ツールで選択し、Shift キーを押しながらドラッグして縮小し、最後に少し回転させます。

Lesson03 ▶ L3EX2.ai

Q 円のオブジェクトのアンカーポイントを調節してハートの形状に変形しましょう。左右のアンカーポイントは、何も調節しないようにしてください。

A

❶ダイレクト選択ツールで、上のアンカーポイントを Shift キーを押しながら下側にドラッグします（半径の半分より少し上側にする）。

❷アンカーポイントツールで、移動したアンカーポイントの右側のハンドルをドラッグして形を調節します。

❸ダイレクト選択ツールで、左側のハンドルもドラッグして調節します。左右のバランスも調節してください。

❹下のアンカーポイントを選択し、プロパティパネルでコーナーポイントに切り替えます。

❺切り替えたアンカーポイントを Shift キーを押しながら少し下にドラッグして位置を調節します。

Macでは、キーは次のようになります。 Ctrl → ⌘　Alt → option　Enter → return

Lesson
04

An easy-to-understand guide to Illustrator and photoshop

色と透明度の設定

Illustratorのオブジェクトには、内部の［塗り］の色と境界部の［線］の色を設定できます。色は、単色だけでなく、グラデーションやパターンも使えます。また、不透明度を設定することで、重なったオブジェクトを透過させることもできます。オブジェクトの色の設定は、見た目を決める大切なものなのでしっかり身につけましょう。

4-1 色の設定

オブジェクトの色は、パスの内部の［塗り］と、［線］のそれぞれに設定できます。色の指定は、カラーパネル、スウォッチパネル、プロパティパネル、カラーガイドパネルのパネルを使うのが一般的です。スポイトツールを使うと、ほかのオブジェクトの色をコピーできます。

色の設定対象を選択する

2021 2020 2019

ツールバーで選択する

色は、オブジェクトを選択してから設定します。オブジェクトを選択すると、ツールバーに現在の［塗り］と［線］の色が表示されます。左上が［塗り］で右下が［線］です。
前面に出ているほうが、色の設定対象となります。クリックして対象を選択できます。対象を選択することを「アクティブにする」といいます。
［塗りと線を入れ替え］をクリックすると、［塗り］と［線］の色を入れ替えられます。［初期設定の塗りと線］をクリックすると、初期設定の［塗り］が［ホワイト］、［線］が［ブラック］に変わります。

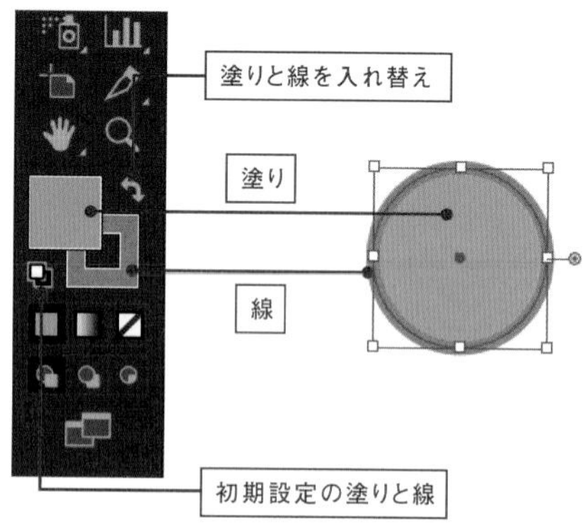

色を設定する

2021 2020 2019

カラーパネル

オブジェクトの色を設定する基本的なパネルがカラーパネルです。ツールバーと同様に、［塗り］や［線］の対象を選択してから、色を指定します。色の指定は、CMYKやRGBの各色をスライダーまたは、数値で指定します。パネルの下部に下に表示されるスペクトルバーをクリックしても設定できます。カラーパネルは、［ウィンドウ］メニュー→［カラー］で表示します。

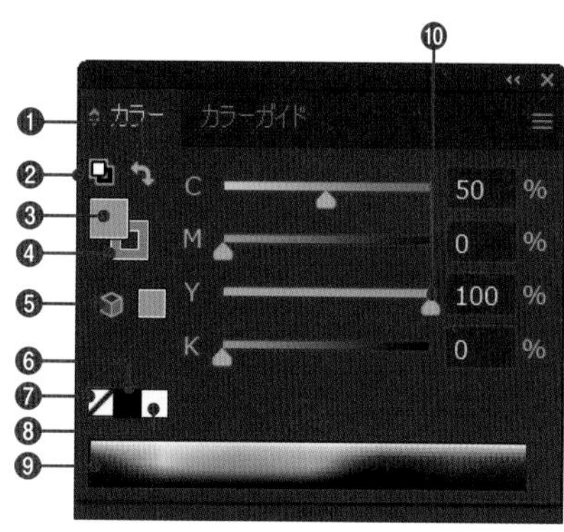

❶クリックして［塗り］と［線］の色を入れ替える
❷クリックして［塗り］を［ホワイト］、［線］を［ブラック］に設定する
❸クリックして前面に出し、［塗り］の色を設定する
❹クリックして前面に出し、［線］の色を設定する
❺設定した色が「Webセーフカラー（MacとWindowsで共通した標準の216色）」以外の色であるとき、このアイコンと「Webセーフカラー」内の近似色のアイコンが表示される。このアイコンをクリックすると、表示された近似色に設定される
❻クリックして色の設定を［ブラック］にする
❼クリックして色の設定を［なし］にする
❽クリックして色の設定を［ホワイト］にする
❾クリックして色を設定する
❿バーをクリックするか、△マークをドラッグして色の数値を変更する。数値欄に直接数字を入力することもできる

Macでは、キーは次のようになります。 Ctrl → ⌘ Alt → option Enter → return

スウォッチパネル

スウォッチパネルは、[塗り]や[線]の対象を選択してから、表示されたカラーをクリックしてオブジェクトに色を設定できます。作業中にカラーパネルで指定した色を登録すれば、何度でも繰り返して同じ色を使えます。グラデーションやパターンも登録できます。
スウォッチパネルは、[ウィンドウ]メニュー→[スウォッチ]で表示します。

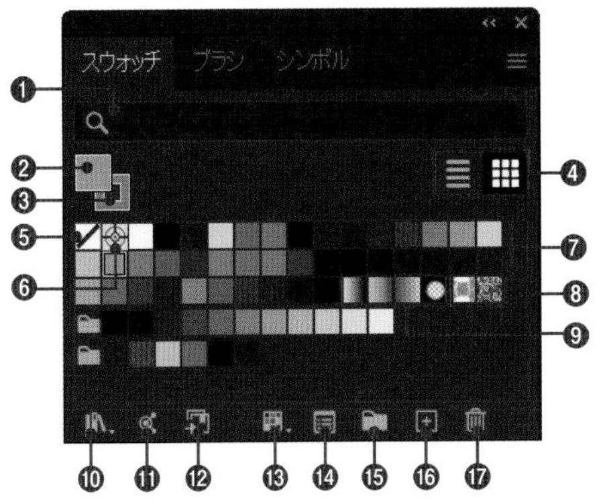

❶スウォッチの名称で、色を絞り込んで表示できる
❷クリックして前面に出し、[塗り]の色を設定する
❸クリックして前面に出し、[線]の色を設定する
❹表示方法を変更する
❺クリックして色の設定を[なし]にする
❻色の設定を[レジストレーション](使用している全色)にする。トンボなど、分版時にすべての版で出力するオブジェクトなどに使用する
❼クリックして色を設定する
❽パターンのスウォッチ。クリックしてパターンを適用する
❾グラデーションのスウォッチ。クリックしてグラデーションを適用する
❿ほかのスウォッチパネルを表示する
⓫Colorテーマパネルを表示する
⓬ライブラリパネルを表示する
⓭表示するスウォッチの種類を選択する
⓮[スウォッチオプション]ダイアログボックスを開き、選択したスウォッチの名前や色の設定を変更する
⓯スウォッチパネル内にフォルダーを作る
⓰現在のカラーパネルの色やグラデーションパネルのグラデーションをスウォッチに新規登録する
⓱選択したスウォッチを削除する

プロパティパネル

プロパティパネルのアピアランスには、[塗り]と[線]のボックスがあり、クリックでスウォッチパネルまたはカラーパネルを表示して色を適用できます。

❶[塗り]の色を設定する
❷[線]の色を設定する
❸スウォッチパネルを表示する
❹カラーパネルを表示する

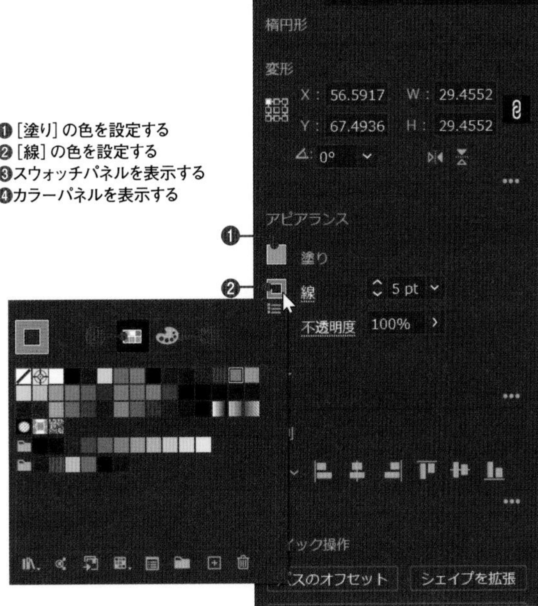

アピアランスパネルとコントロールパネル

アピアランスパネルとコントロールパネルには、[塗り]と[線]の設定ボックスがあり、クリックするとスウォッチパネルを表示して色を適用できます。どちらのパネルも Shift キーを押しながらクリックするとカラーパネルを表示して色を適用できます。
コントロールパネルは初期設定では表示されませんが、[ウィンドウ]メニューの[コントロール]で表示できます。

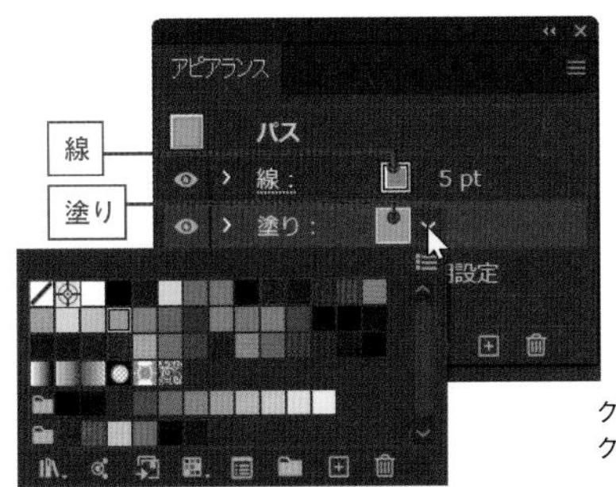

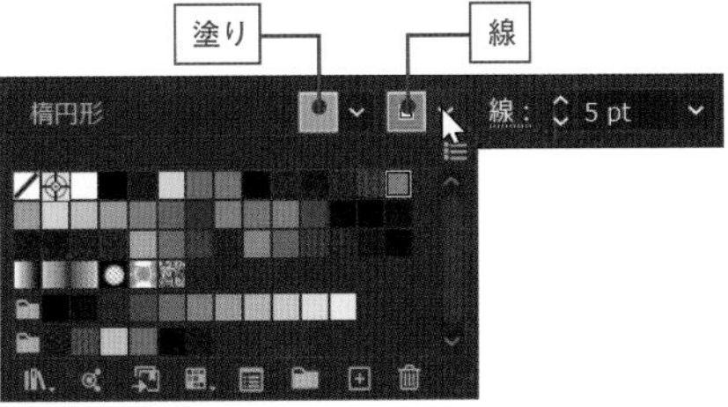

クリックでスウォッチパネル、Shift ＋クリックでカラーパネルが表示される

カラーガイドパネル

カラーガイドパネルは、カラーパネルやスウォッチパネルで選択した色と相性のよい色や、そのバリエーションが表示されるパネルです。似たような色を設定したいときに便利なパネルです。
カラーガイドパネルは、[ウィンドウ] メニュー→ [カラーガイド] で表示します。

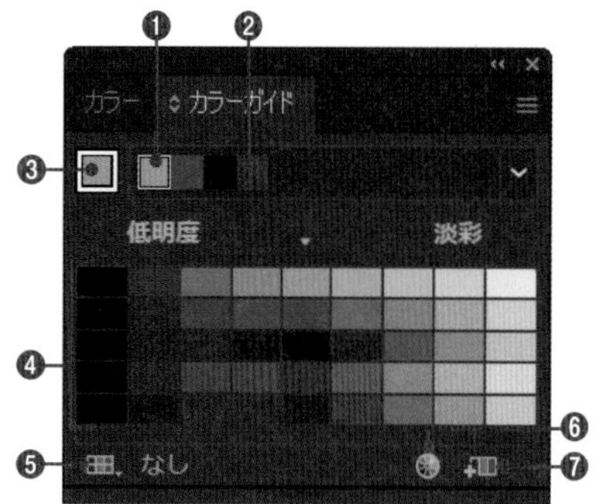

❶カラーバリエーションのベースカラー(配色の基準色) が表示される
❷ベースカラーと相性のよい色が表示される。右端の▽をクリックしてハーモニールールを選択すると、色の組み合わせが変わる
❸現在選択しているオブジェクトの色が表示され、クリックするとベースカラーに設定できる。カラーガイドパネル内の色をベースカラーとして設定したいときは、カラーガイドパネル内で色を選択してからクリックする
❹カラーグループの色が縦方向に表示され、横方向に各色のバリエーション色が表示される
❺カラーバリエーションの色を、指定したスウォッチライブラリ内の色に制限する
❻ [オブジェクトを再配色] ダイアログボックスを表示して、カラーグループの色を編集できる
❼カラーグループの色をスウォッチパネルに登録する

カラーピッカー

カラーパネルやツールパネルの[塗り][線]をダブルクリックすると[カラーピッカー]ダイアログボックスが表示されます。[カラースペクトル]をクリックするか[カラースライダー]を動かして表示色域を変え、[カラーフィールド]でクリックして、カラーを選択します。
[カラーピッカー] ダイアログボックスで、鮮やかな右上部分の色をクリックすると、右上にが表示されます。これは、選択した色がCMYKの色域外であることを表します。をクリックすると、自動的に印刷に近い印象になるよう色が調節されます。また、その下のは、Webセーフカラーの色域外を表します。Webセーフカラーは、OSやパソコンに依存せずにWeb表現できる216色のことです。をクリックすると、Webセーフカラーに調節されます。

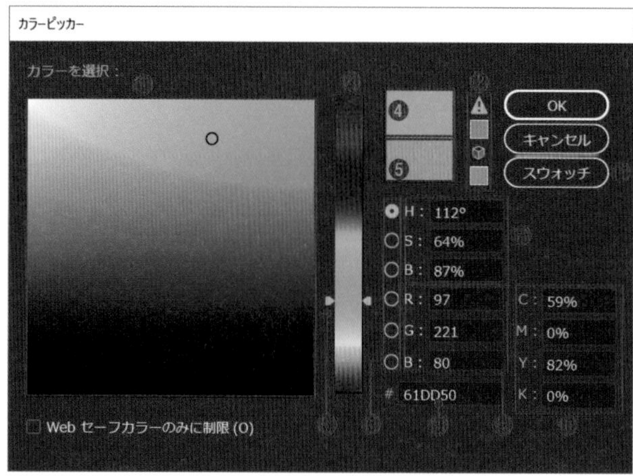

❶カラーフィールド:HSB、RGBのうち[カラースペクトル]に選択されていない要素の色が表示される。クリックしてカラーを選択できる
❷カラースペクトル:HSBまたはRGBのクリックした要素が表示される
❸カラースライダー:カラースペクトルの色を変更する
❹現在選択している色
❺元の色
❻カラースペクトルに表示する要素を選択する
❼HSBカラー値
❽RGBカラー値
❾16 進カラー値
❿CMYKカラー値
⓫スウォッチを表示する
⓬色域外の警告

COLUMN

見え方の違い

本書のカラーピッカーの印刷と、実際のモニタでの表示を見比べると、かなり違うことがわかります。特に蛍光色は、非常に印象が変わります。Illustrator上で調整されても、慣れるまでは、アートワークで重要なカラーを選んだ後は印刷された色見本を確認したほうがよいでしょう。

Macでは、キーは次のようになります。 Ctrl → ⌘ Alt → option Enter → return

STEP 01

カラーパネル

2021 2020 2019

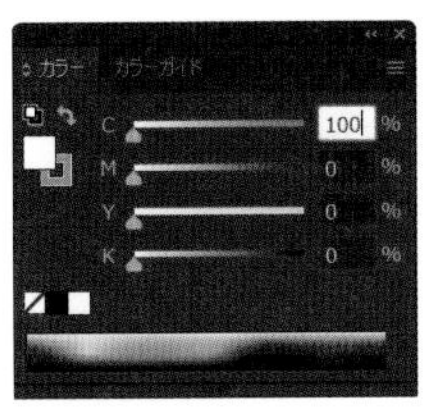

カラー設定の基本になるのがカラーパネルです。イメージした通りの色をきちんと作れるようになっておきましょう。

Lesson04 ▶ L4-1S01.ai

カラーのオン／オフ、塗りと線の入れ替え

1　レッスンファイルを開きます。選択ツール で A の六角形のオブジェクトを選択します❶。カラーパネルで［塗り］をクリックし❷、続けて［なし］をクリックします❸。オブジェクトの［塗り］がなくなり、背面が見えるようになりました❹。

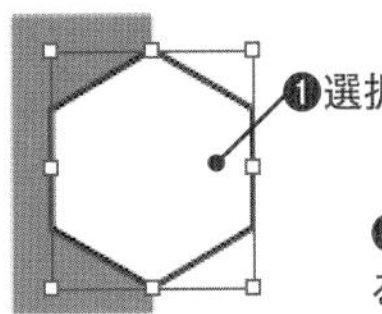

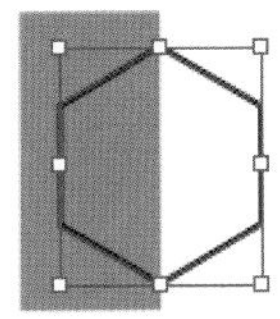

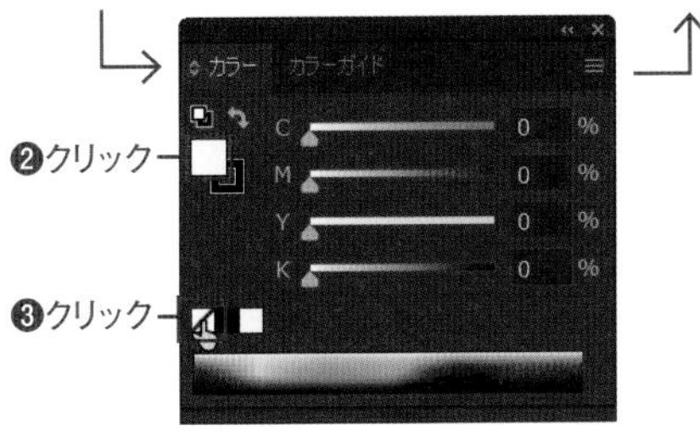

2　［塗りと線を入れ替え］をクリックします❶。［塗り］と［線］の色が入れ替わりました❷。［塗り］と［線］を間違って設定してしまうことが結構あります。この機能を覚えておくと便利です。

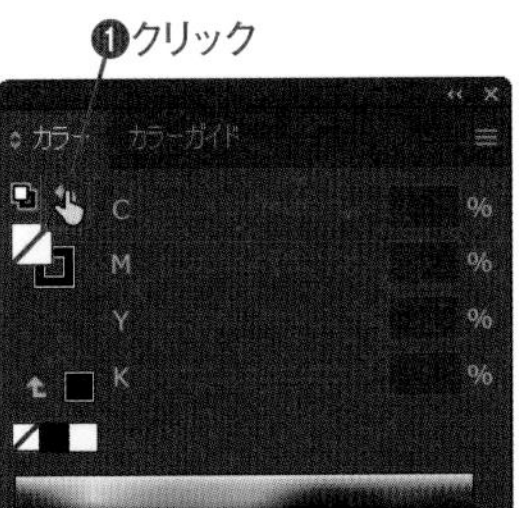

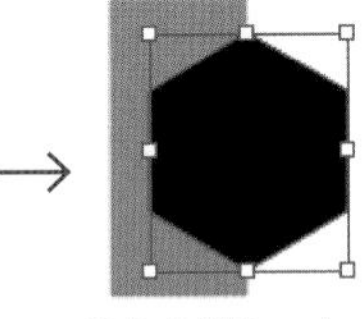

CHECK!

スペクトルから色を設定する

カラーパネル下部のカラースペクトルをクリックしてもカラーを設定できます❶。

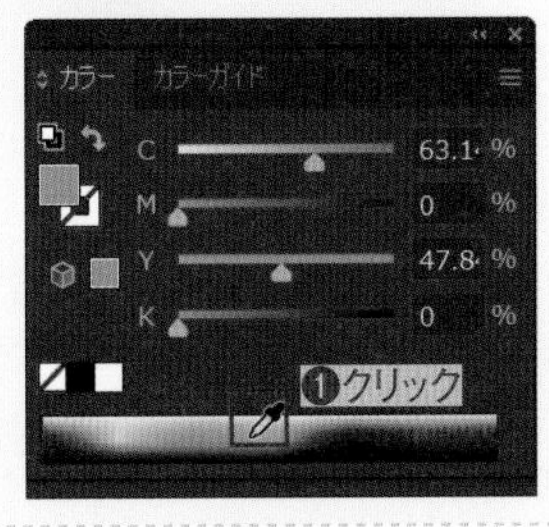

カラースライダーのドラッグと数値入力

1　星形のオブジェクト B を選択します❶。カラーパネルで［線］をクリックします❷。［M］のスライダーを「50」❸、Kのスライダーを「0」までドラッグします❹。オブジェクトの［線］の色が変わりました❺。

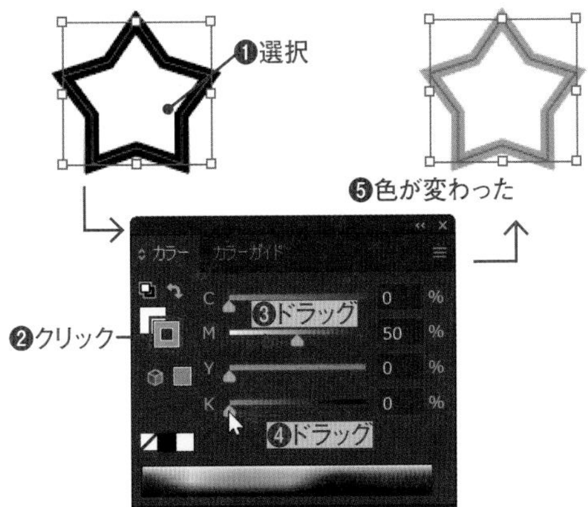

2　続けて［塗り］をクリックして❶、［C］のボックスに「100」と入力し、Enter キーを押します❷。全角数字で入力しても大丈夫です。［塗り］の色が変わります❸。

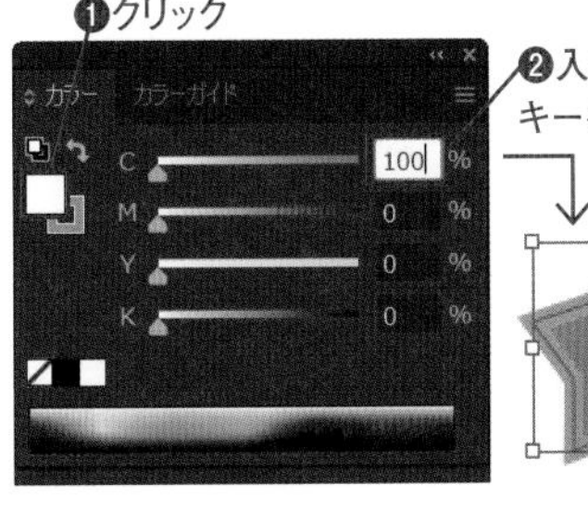

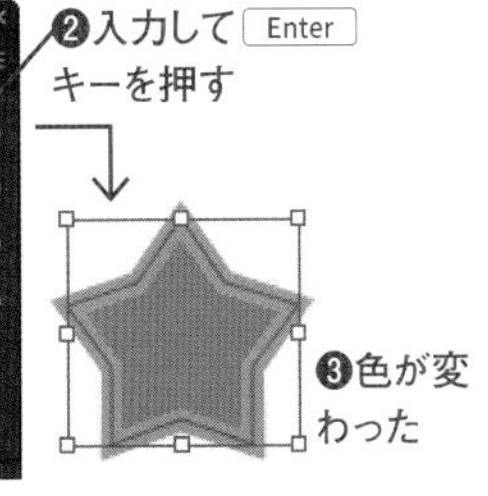

STEP 02 スウォッチパネル

2021 2020 2019

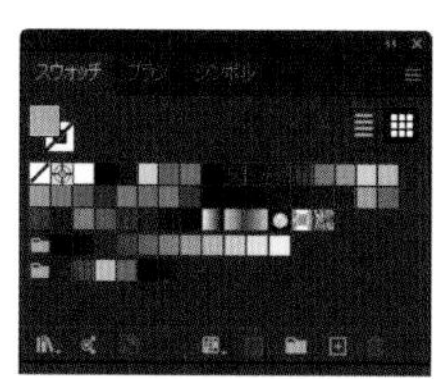

スウォッチパネルにカラーを登録しておくと、ワンクリックで使用できます。パターンやグラデーションも登録できます。

Lesson04 ▶ L4-1S02.ai

新規スウォッチの作成

1 レッスンファイルを開きます。選択ツール でオブジェクトを選択し❶、カラーパネルを開き、[塗り] を選択します❷。スウォッチパネルを開き、カラーパネルの [塗り] のボックスをスウォッチパネルにドラッグします❸。

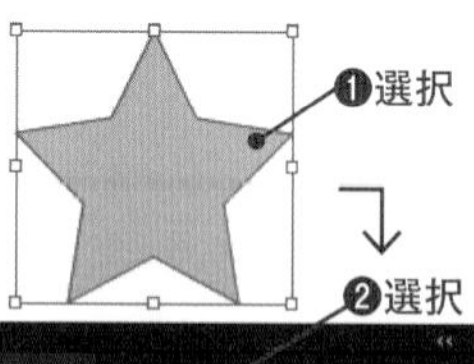

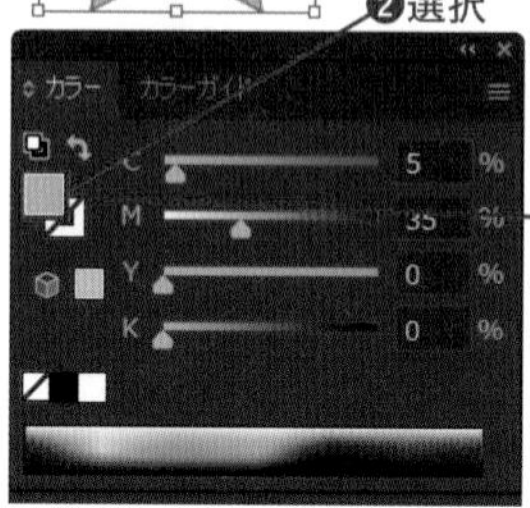

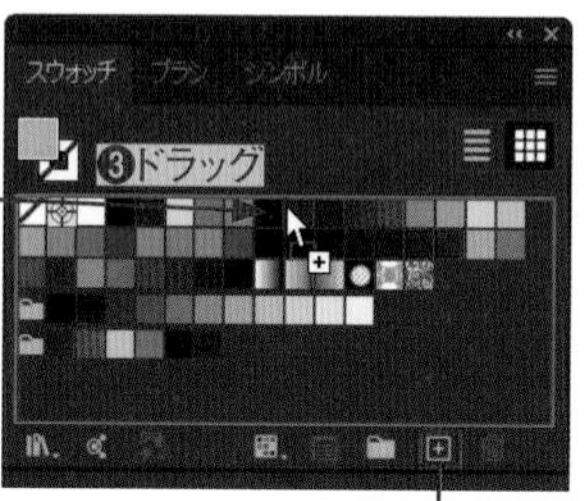

ここをクリックすると、カラーパネルの [塗り] [線] の前面になっている色やグラデーションを登録できる

2 [塗り] の色がスウォッチパネルに登録されます❶。スウォッチは、ドラッグで位置が変えられることを確認しましょう❷。

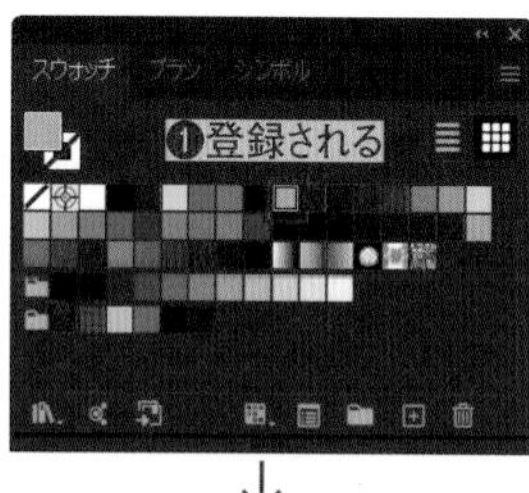

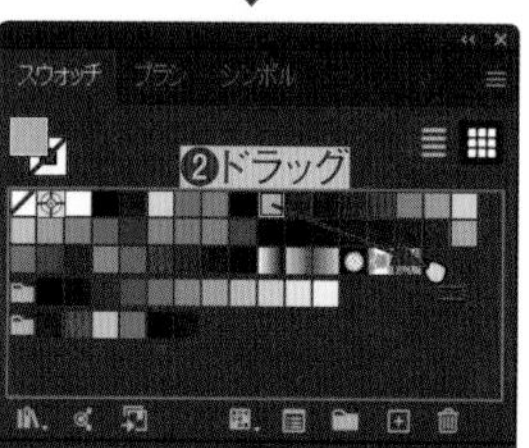

スウォッチの削除

登録したスウォッチをクリックして選び❶、[スウォッチを削除] をクリックします❷。確認ダイアログボックスが表示されるので [はい] をクリックします❸。スウォッチを削除しても、オブジェクトのカラーには影響ありません❹。

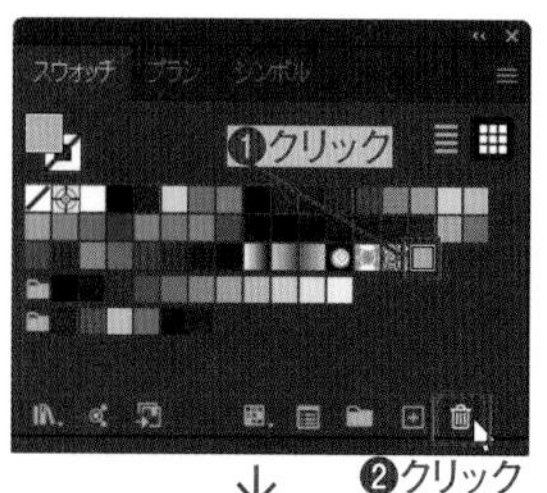

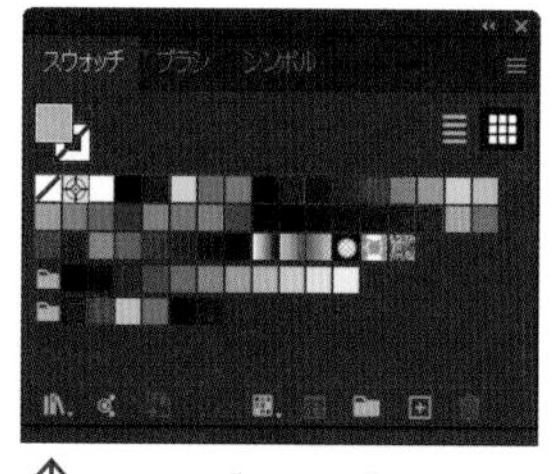

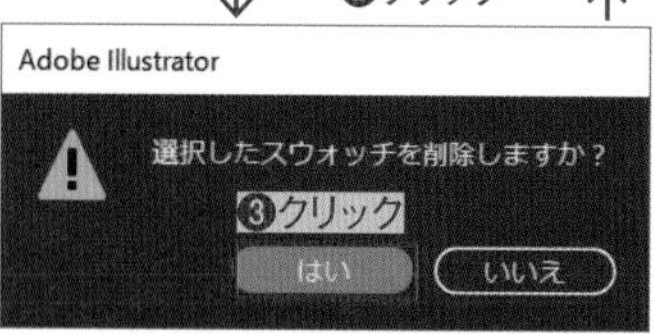

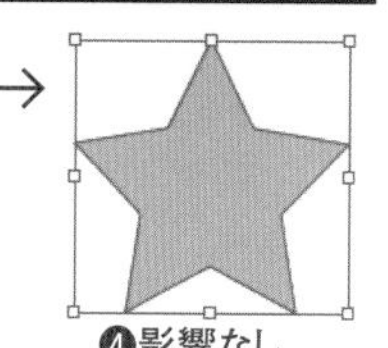

COLUMN

スウォッチの検索

スウォッチパネルの上部に表示される「検索」フィールドで、スウォッチ名による絞り込み検索が可能です。多くのスウォッチは、CMYKやRGBのカラーで登録されているので、「C=50」で検索すれば、Cが50のスウォッチだけを表示できます。なお、「検索」フィールドは、パネルメニューで表示・非表示を設定できます。

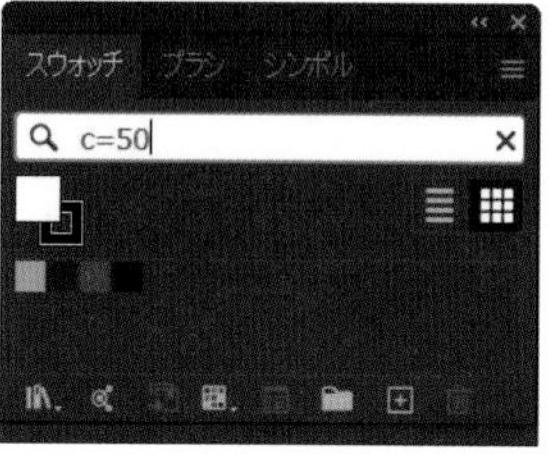

Macでは、キーは次のようになります。 Ctrl → ⌘ Alt → option Enter → return

グローバルカラーを使う

1 オブジェクトを選択し❶、スウォッチパネルで［塗り］をアクティブにして❷、［新規スウォッチ］をクリックします❸。

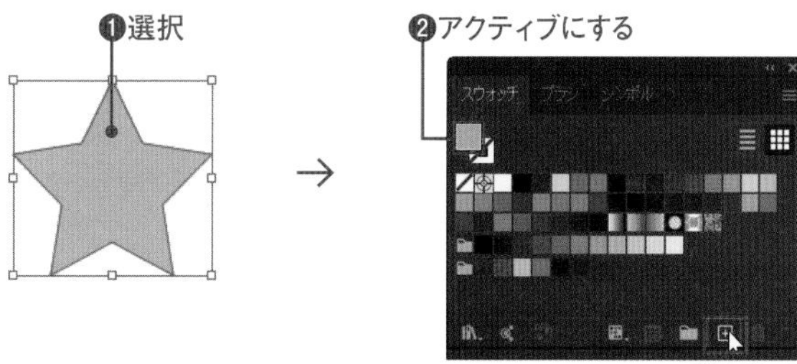

2 ［新規スウォッチ］ダイアログボックスが表示されるので、［グローバル］をチェックして❶、［OK］をクリックします❷。スウォッチパネルにスウォッチが登録されます❸。［グローバル］をチェックしたので、右下に◢の切り欠きマークが表示されます。また、選択したオブジェクトには、登録したスウォッチが適用されています。

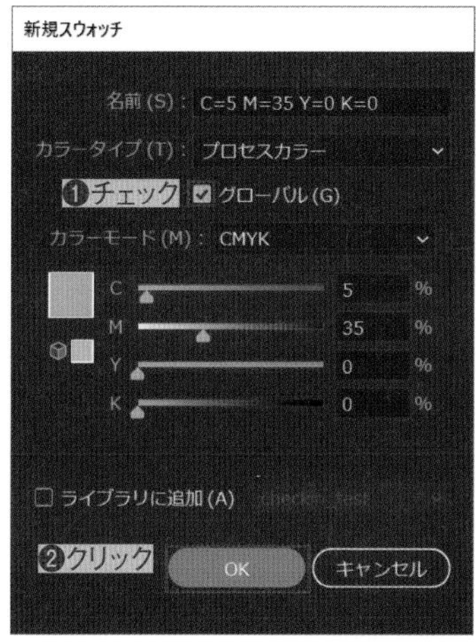

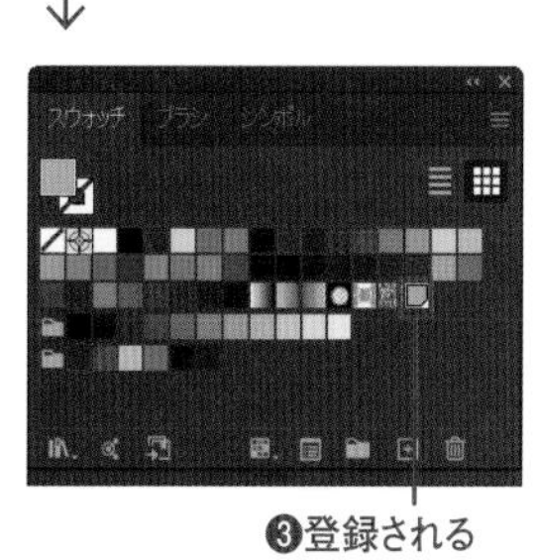

3 オブジェクトの選択を解除します❶。スウォッチパネルで、登録したスウォッチをダブルクリックします❷。

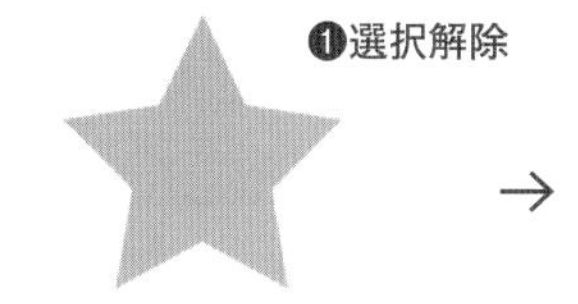

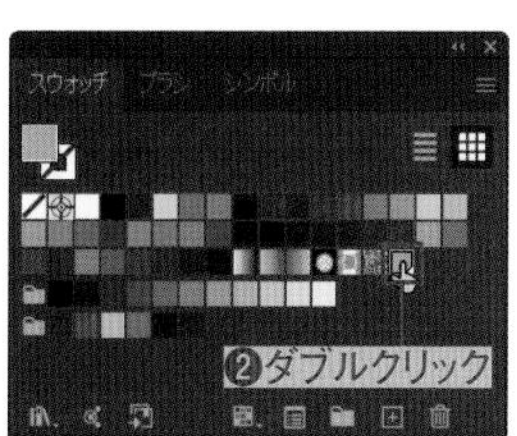

4 ［スウォッチオプション］ダイアログボックスが表示されます。カラースライダーで色を変更します❶。ここでは、「C=0 M=25 Y=50 K=0」に変更しました。変更したら［OK］をクリックします❷。スウォッチパネルのスウォッチの色が変わり❸、オブジェクトの色も変更したスウォッチの色に変わります❹。このように、［グローバル］をチェックしたスウォッチは、オブジェクトに適用された色とリンクしており、［スウォッチオプション］ダイアログボックスで色を変更すると、オブジェクトの色にも反映されます。

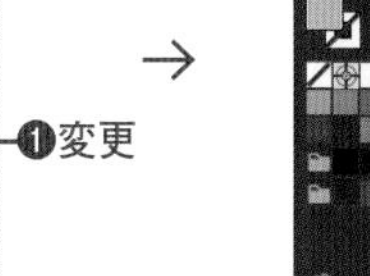

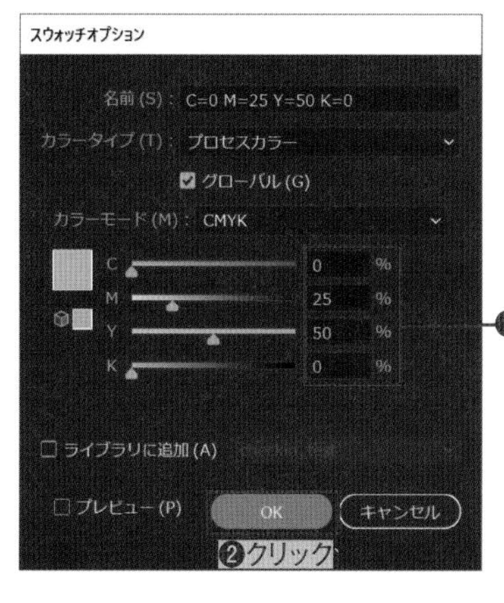

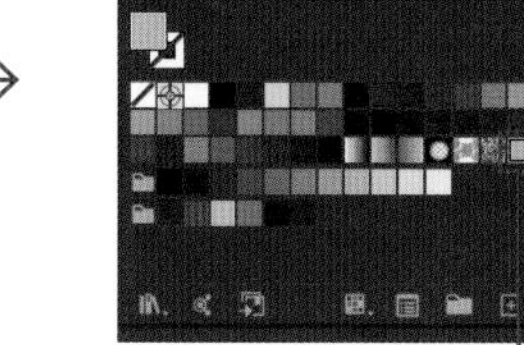

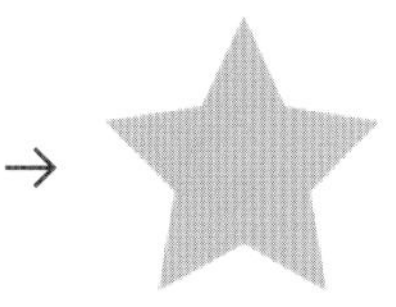

STEP 03 スポイトツール

2021 2020 2019

スポイトツールは、ほかのオブジェクトの色などの属性を取り込む便利なツールです。初期設定のままではさまざまな属性を取り込んでしまうので注意しましょう。

Lesson04 ▶ L4-1S03.ai

1 レッスンファイルを開きます。ツールバーのスポイトツールをダブルクリックして［スポイトツールオプション］ダイアログボックスを表示します❶。［スポイトの抽出］［スポイトの適用］ともに［塗り］と［線］の［カラー］のみにチェックをつけ❷、［OK］をクリックします❸。

❶ダブルクリック

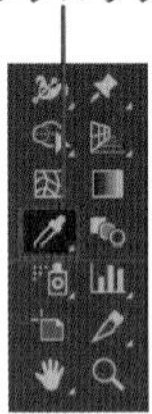

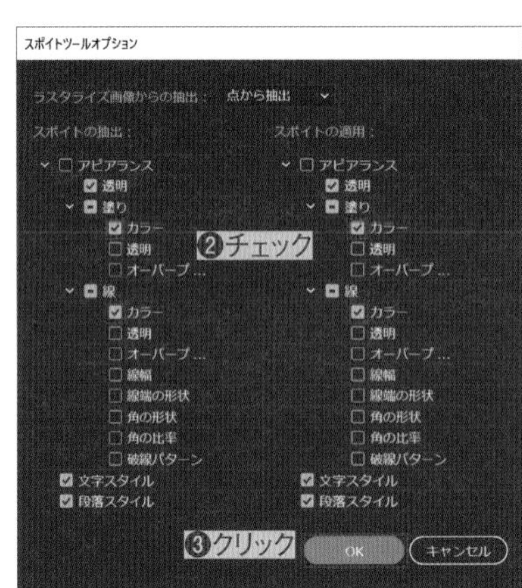

2 選択ツールで色を設定対象となる長方形を選択します❶。スポイトツールで円をクリックすると❷、円の［塗り］と［線］のカラーだけ（ここでは［塗り］がパターン）が反映されます❸。

❶選択

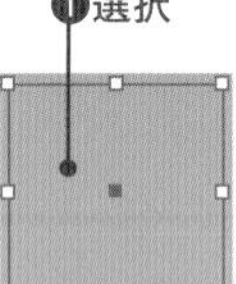

❸［塗り］と［線］が反映された

❷クリック

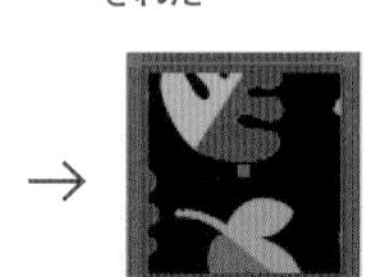

CHECK!

カラーガイドパネル

カラーガイドパネルは、ベースカラーと相性のよいカラーを表示するパネルで、配色を検討する時間が少ないときに便利な機能です。オブジェクトを選択すると、左上に選択したオブジェクトの色が表示されるので、クリックしてベースカラーに設定します。相性のよいカラーハーモニーが表示されるので、スウォッチと同様にクリックして色を設定できます。
カラーハーモニーは、ハーモニールールを選択して変更できます。

選択したオブジェクトのカラー

ベースカラー（一番左の色）と相性のよいカラーハーモニーが表示される

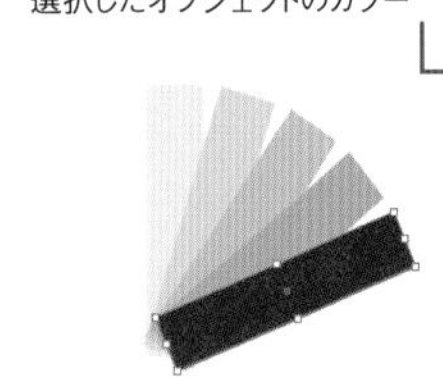

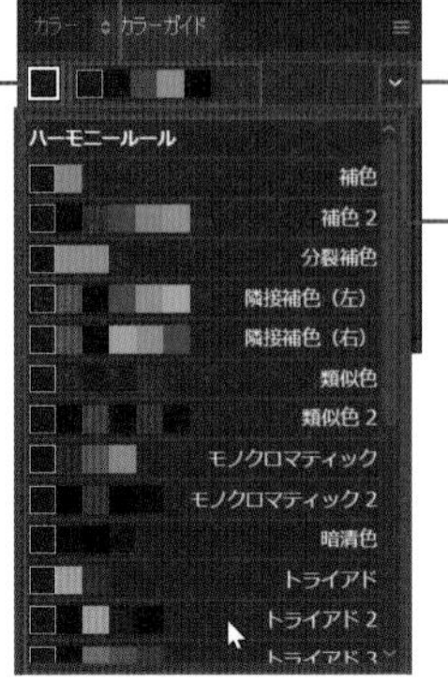

クリックしてハーモニールールを選択できる

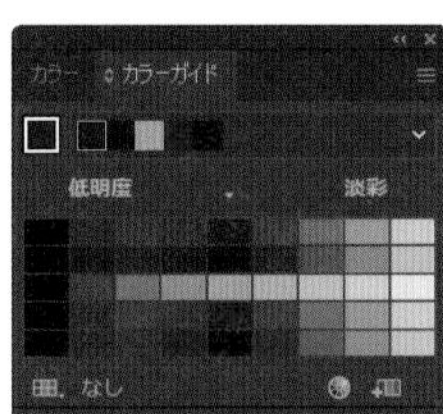

カラーハーモニーから色を設定

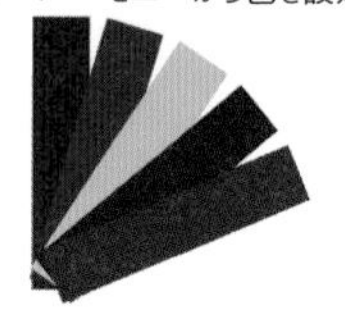

COLUMN

オブジェクトを再配色

［編集］メニュー→［カラーを編集］→［オブジェクトを再配色］を選択すると、［オブジェクトを再配色］ダイアログボックスが表示され、選択したオブジェクトの色を一括して変更できます。
2021では、簡易パネルが最初に表示され、カラーホイール状のカラーをドラッグして色を変更したり、色数を指定して減色したりできます。パネル下部の［詳細オプション］をクリックすると、2020以前の画面表示となり、細かな項目で変更できます。
［指定］画面では、それぞれの色を選択して、カラー値を調整できます。［塗り］と［線］に同じ色が利用されているときに、［塗り］［線］の色を同時に変更でき便利です。プリセットを使用して、指定した色数に減色することもできます。
［編集］画面では、オブジェクト内で使われているカラーがカラーホイール上に表示され、ドラッグして直感的に色を変更できます。
そのほか、カラーハーモニーを使った色の変更など、さまざまな方法でオブジェクト全体の色を変更できます。

簡易パネル

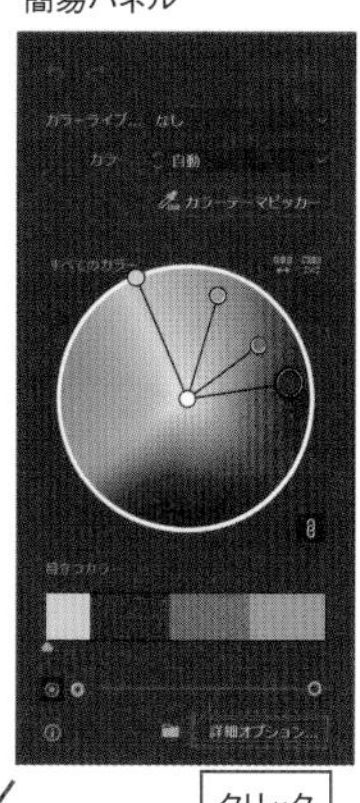

クリック

元のオブジェクト

［指定］画面

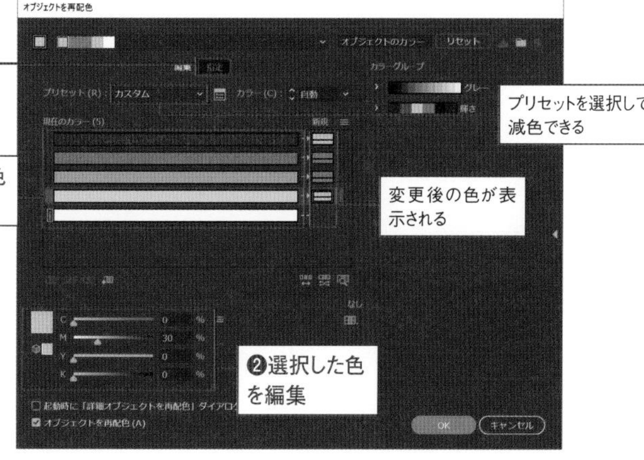

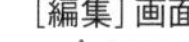

変更後のオブジェクト

［編集］画面

元のオブジェクト

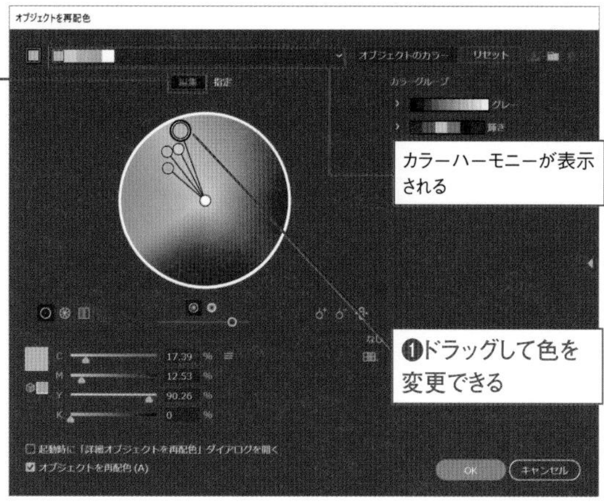

変更後のオブジェクト

4-2 グラデーション

オブジェクトには、単一の色だけでなく、グラデーションを設定することもできます。グラデーションは自由に設定でき、複数の色を使ったグラデーションや、円形/線形などグラデーションのかかり方も設定できます。立体感を表現する基本なのでしっかり学びましょう。

グラデーションの概要

2021 2020 2019

グラデーションパネル

グラデーションパネルは、オブジェクトに設定するグラデーションを作成したり、編集します。グラデーションの色には不透明度の設定も可能です。作成したグラデーションは、スウォッチパネルに登録しておくと、そのドキュメント内では何度でも利用できます。

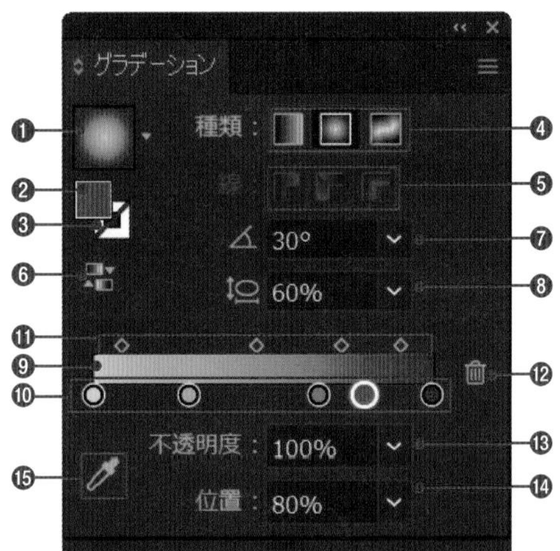

❶クリックで、選択したオブジェクトにグラデーションが適用される
❷クリックで、グラデーションの適用対象を［塗り］に設定する
❸クリックで、グラデーションの適用対象を［線］に設定する
❹グラデーションの種類（［線形］［円形］［フリー］）を選択する
❺線のグラデーションのかけ方を選択する。［線にグラデーションを適用］［パスに沿ってグラデーションを適用］［パスに交差してグラデーションを適用］の3つがある
❻グラデーションの方向を反転する
❼グラデーションの角度を設定する
❽［円形］グラデーションを楕円で適用する際に、縦横比を設定する
❾現在のグラデーションの状態を表示する
❿［カラー分岐点］。グラデーションのカラーと、その位置を示す。ドラッグで位置を移動、ダブルクリックでパネルを開いてカラーを設定できる。［カラー分岐点］の間や横をクリックすると［カラー分岐点］が追加され、複数色のグラデーションにできる
⓫［中間点］。隣り合うふたつの［カラー分岐点］の色が50%ずつ混ぜ合わさる位置を表し、ドラッグして移動できる
⓬［カラー分岐点］が3つ以上あるときに、クリックして選択した［分岐点］を削除できる
⓭クリックして選択した［カラー分岐点］の不透明度を設定する。隣り合う［カラー分岐点］から徐々に透明度が変わる
⓮選択した［カラー分岐点］や［中間点］の位置を表示／設定する。［分岐点］はカラースライダー全体の位置、［中間点］は隣り合う［分岐点］の間を100とした位置となる
⓯［カラー分岐点］を選択し、［カラーピッカー］をクリックしてから他のオブジェクトなどをクリックすると、カラーを変更できる

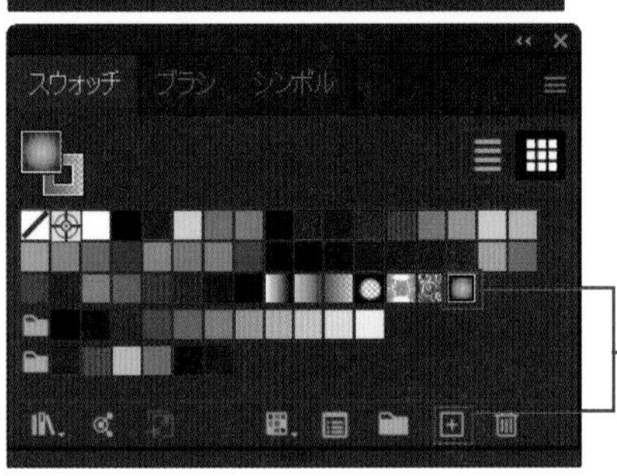

作成したグラデーションは、スウォッチパネルに登録しておくと何度でも利用できる

グラデーションツール

グラデーションツールを使うと、選択したオブジェクト上でグラデーションの長さや角度、色の編集が可能です。

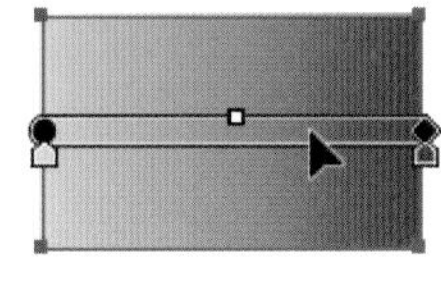

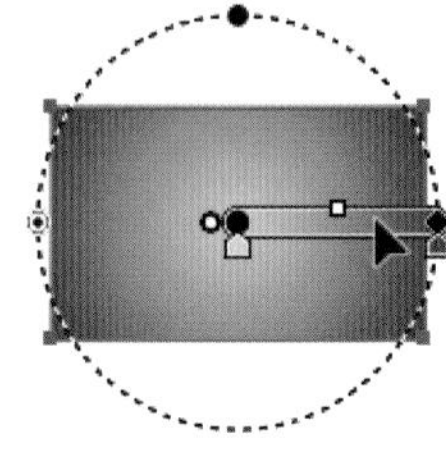

グラデーションメッシュ

2021 2020 2019

グラデーションメッシュは、オブジェクトの内部にメッシュ状のパスを作成し、詳細なグラデーションを実現する機能です。メッシュツール でオブジェクトの内部をクリックするか、[オブジェクト] メニュー→ [グラデーションメッシュを作成] を選択して作成します。オブジェクト内部にできたポイントをメッシュポイント、パスをメッシュライン、メッシュポイントで囲まれた部分をメッシュパッチといいます。

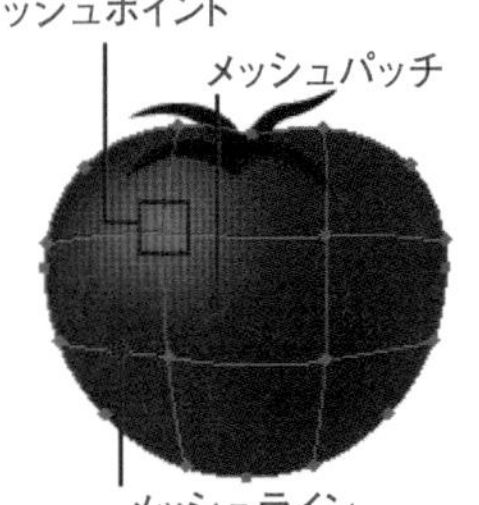

グラデーションメッシュを使ったオブジェクトは、オブジェクトの内部に色を設定するためのメッシュポイントが作られている

メッシュポイントは、アンカーポイントと同じようにダイレクト選択ツール で選択し、ドラッグして移動できます。方向線を使って変形もできます。メッシュパッチやメッシュラインをドラッグして移動することもできます。

メッシュツール でも、メッシュポイントや方向線を使って編集できます。Shift キーを押しながらドラッグすると、メッシュラインに沿ってメッシュポイントを移動できます。

ダイレクト選択ツール かメッシュツール で、メッシュポイントを選択して、色を設定してください。ダイレクト選択ツール では、メッシュパッチを選択しても色を設定できます。

ダイレクト選択ツール やメッシュツール でドラッグして、メッシュポイントを移動できる

STEP 01 グラデーションパネル

2021 2020 2019

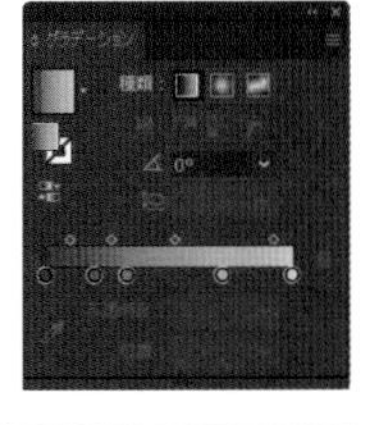

グラデーションの形状や、色の追加、不透明度の設定など、基本的なグラデーションの操作を覚えましょう。

Lesson04 ▶ L4-2S01.ai

[塗り] のグラデーションの適用と種類の変更

1 レッスンファイルを開きます。選択ツール で A の グレーの四角形を選択します❶。[塗り] をアクティブにして❷、スウォッチパネルで [ホワイト、ブラック] のグラデーションをクリックします❸。オブジェクトがグラデーションで塗られました❹。

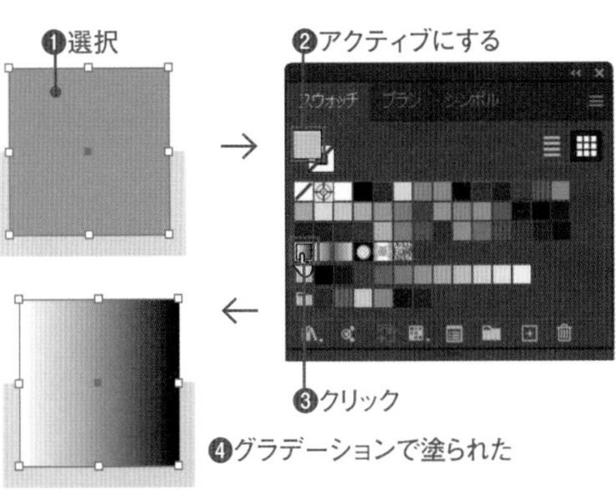

2 グラデーションパネルを表示し、[種類] で [円形グラデーション] を選びます❶。グラデーションの形状が [線形] から [円形] に変わりました❷。[塗り] のグラデーションは [線形グラデーション] [円形グラデーション] [フリーグラデーション] の3種類です。

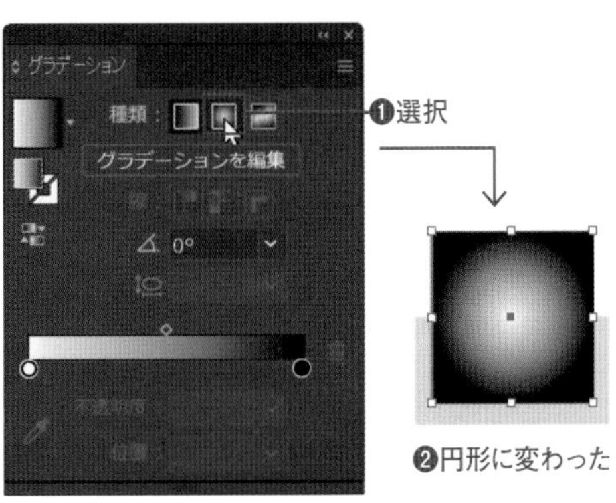

カラーを変更する

1　Bの四角形を選択します❶。グラデーションパネルで右側のグラデーションスライダーのカラー分岐点をダブルクリックします❷。

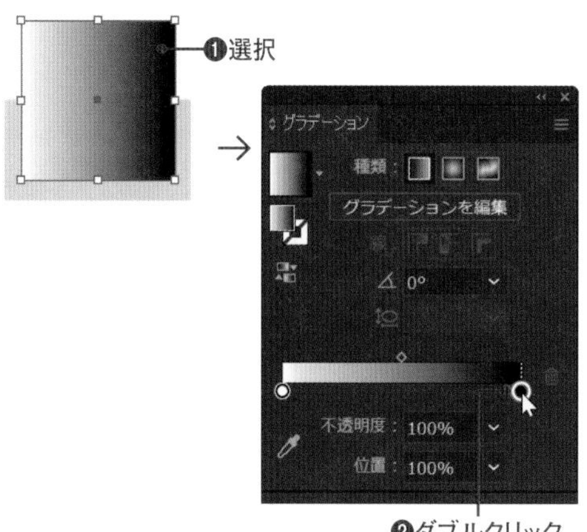

2　パネルが表示されます。左側のアイコンで［スウォッチ］を選び❶、［CMYKレッド］をクリックします❷。グラデーションの右側の色が変わりました❸。

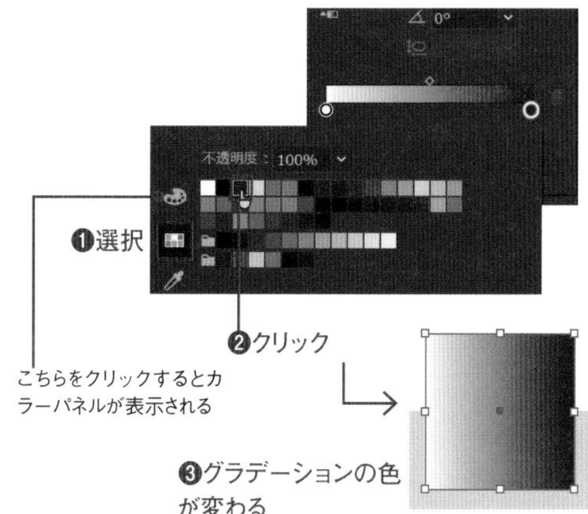

開始位置を変更する

1　Cの四角形を選択します❶。グラデーションパネルの左側のカラー分岐点をグラデーションスライダーの中央までドラッグします❷。きりのよい位置にするために、［位置］のプルダウンメニューで位置を「50%」にします❸。

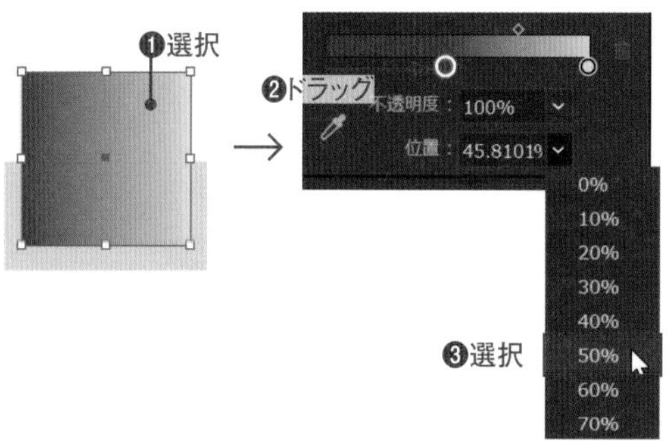

2　右側のカラー分岐点を、ドラッグします❶。ここでもきりのよい位置にするために、［位置］のプルダウンメニューから「60%」を選択します❷。オブジェクトの「50%」の位置から「60%」の位置にグラデーションが適用されます❸。

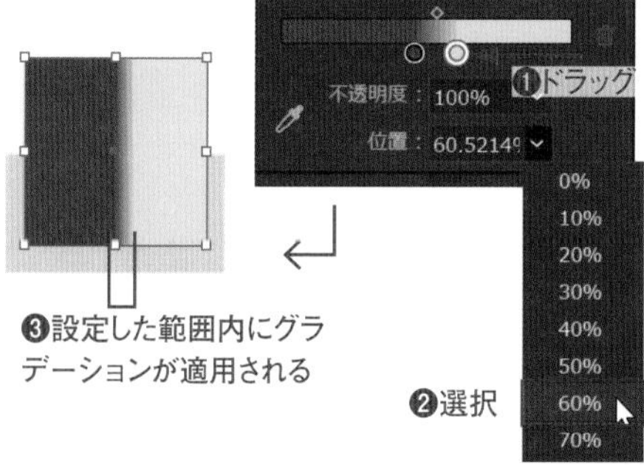

色を追加／削除する

1　Dの四角形を選択します❶。グラデーションパネルのグラデーションスライダーの下の部分をクリックすると、カラー分岐点が追加されます❷。追加したカラー分岐点もドラッグして位置を変更したり、色を変更できます。

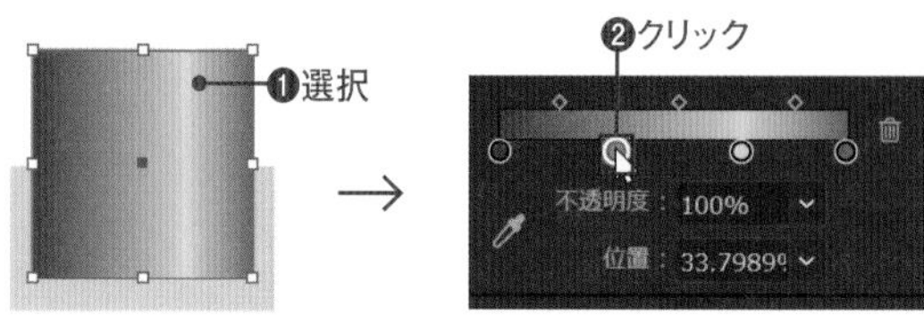

2　グラデーションスライダーに表示されているカラー分岐点は、下にドラッグすると削除できます❶。また、カラー分岐点を選択し、🗑をクリックしても削除できます。

カラー分岐点を選択し、ここをクリックしても削除できる

Macでは、キーは次のようになります。 Ctrl → ⌘　Alt → option　Enter → return

不透明度を変更する

1 E の四角形を選択します❶。グラデーションパネルで、左側のカラー分岐点をクリックして選択します❷。

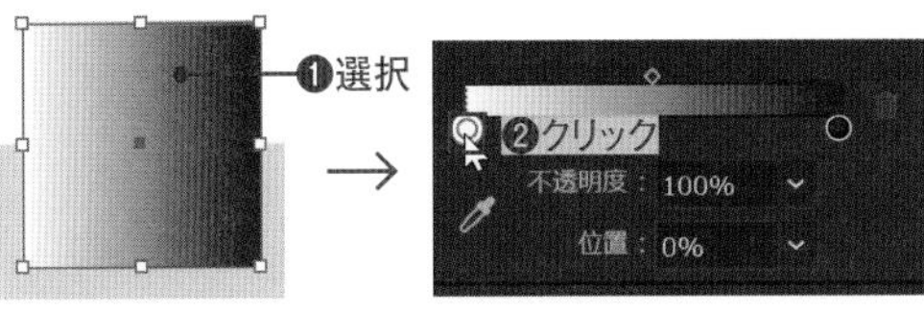

2 グラデーションパネルの［不透明度］で「0%」を選びます❶。左側のカラー分岐点が透明になるので、右側の赤が徐々に見えるグラデーションになりました❷。

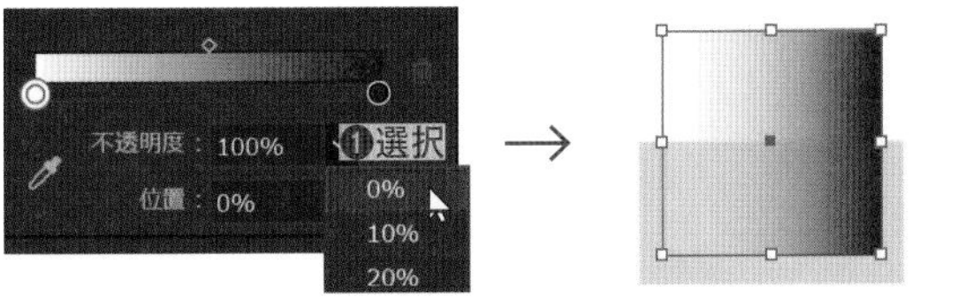

❷不透明のあるグラデーションになった

COLUMN

中間点を移動する

グラデーションスライダーの上に表示される中間点の位置をドラッグして変更すると❶、不透明部分を変更できます❷。

❶ドラッグ

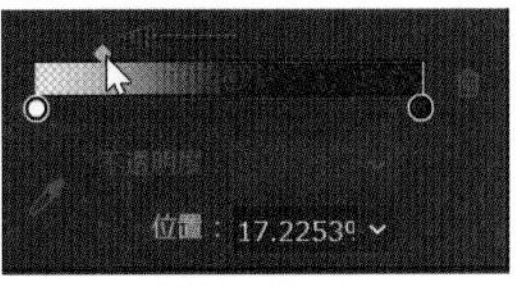

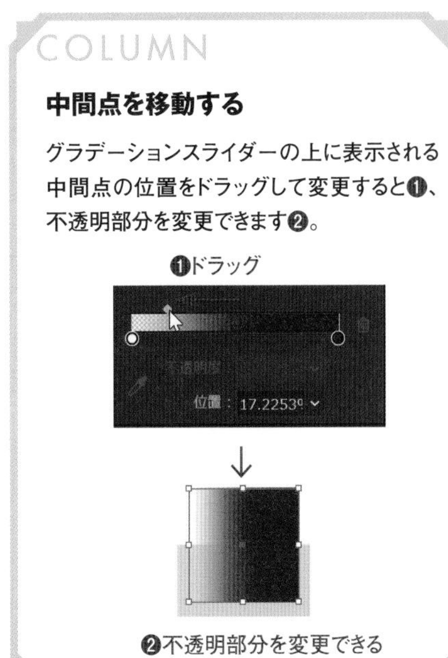

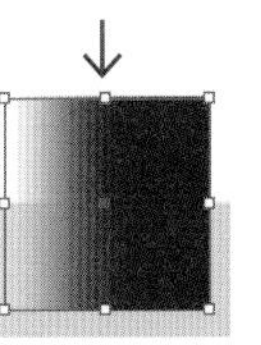
❷不透明部分を変更できる

STEP 02 線のグラデーション

2021 2020 2019

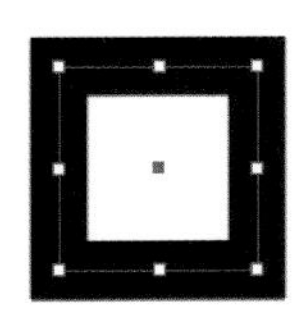
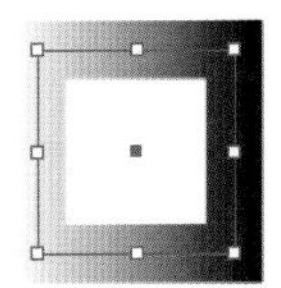
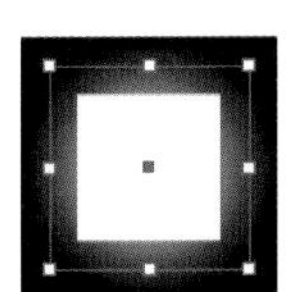

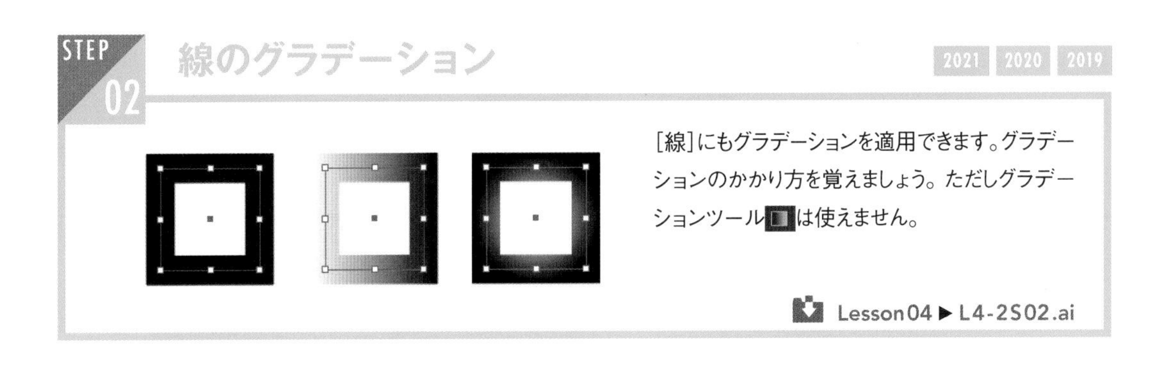

［線］にもグラデーションを適用できます。グラデーションのかかり方を覚えましょう。ただしグラデーションツール は使えません。

Lesson04 ▶ L4-2S02.ai

1 レッスンファイルを開き、選択ツール で黒い線の四角形を選択します❶。スウォッチパネルで［線］をアクティブにして❷、［ホワイト、ブラック］をクリックします❸。線にグラデーションが適用されました❹。

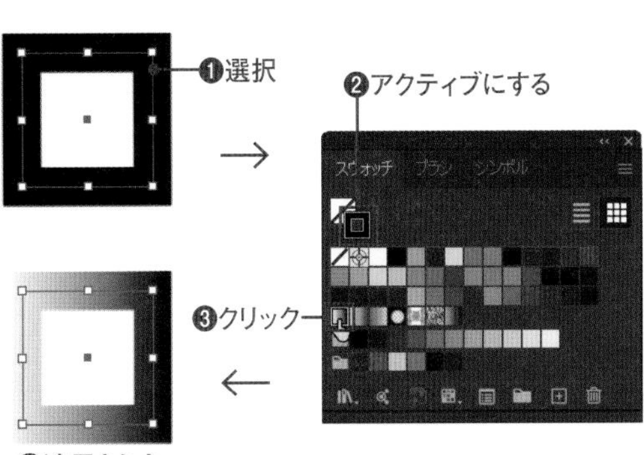

❹適用された

2 四角形が選択された状態で❶、グラデーションパネルの［種類］で［円形グラデーション］を選びます❷。グラデーションの形状が「線形」から「円形」に変わりました❸。

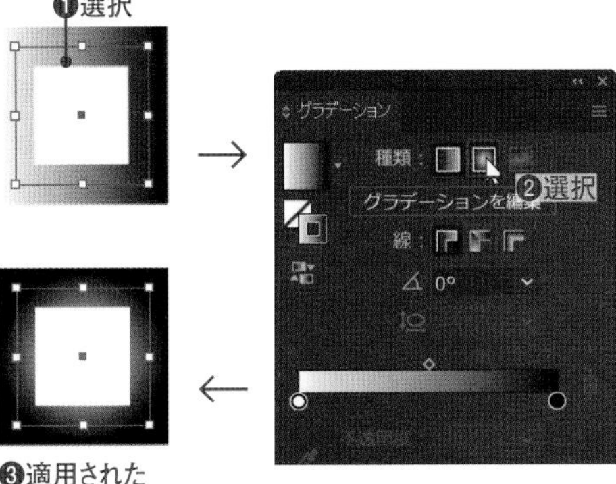

❸適用された

COLUMN **線のグラデーションの種類を変える**

線のグラデーションは、グラデーションパネルで種類を変更できます。それぞれ［線形］［円形］で、グラデーションのかかり方が変わるので覚えておきましょう。

パスに沿ってグラデーションを適用

グラデーションがパスに沿って時計回りに適用される

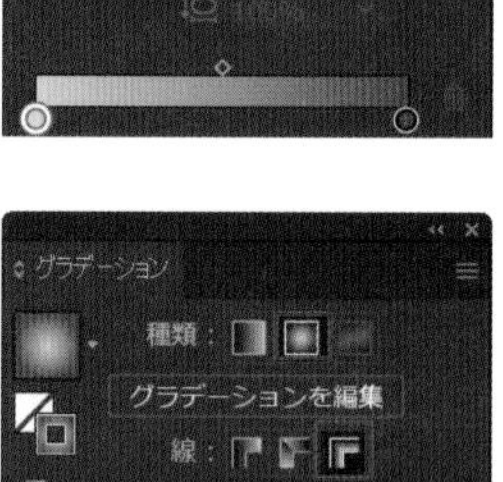

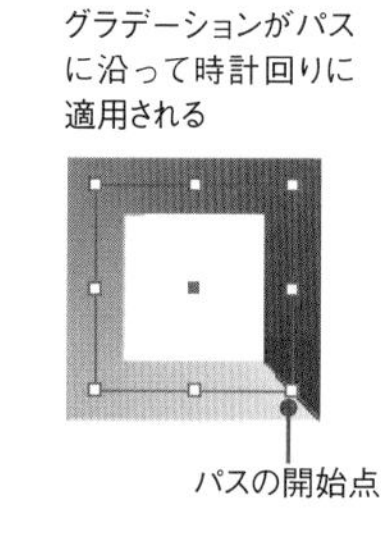

パスの中間点が円形グラデーションの中心となり、パスの開始点・終了点に向かうグラデーションとなる

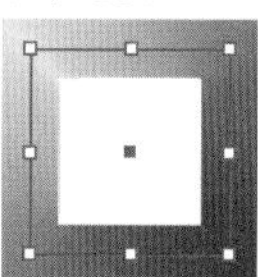

パスに交差してグラデーションを適用

パスに垂直に交差するようにグラデーションがかかる

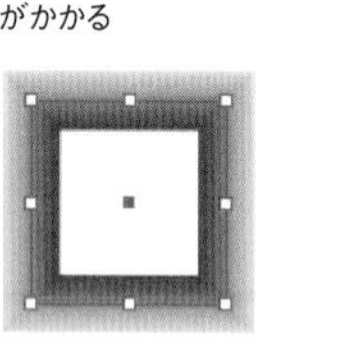

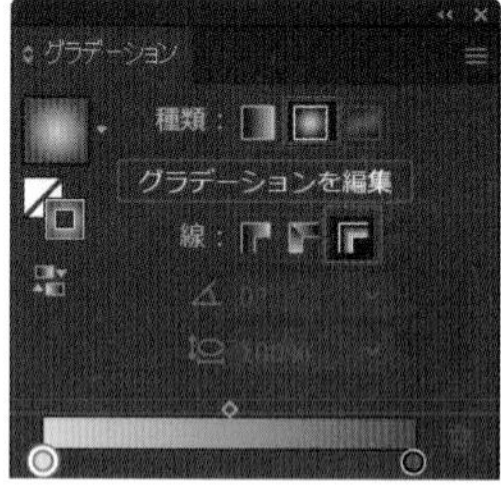

パスが円の中心となるグラデーションになる

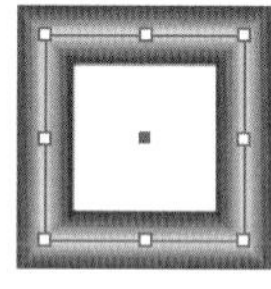

STEP 03 グラデーションツール

2021 2020 2019

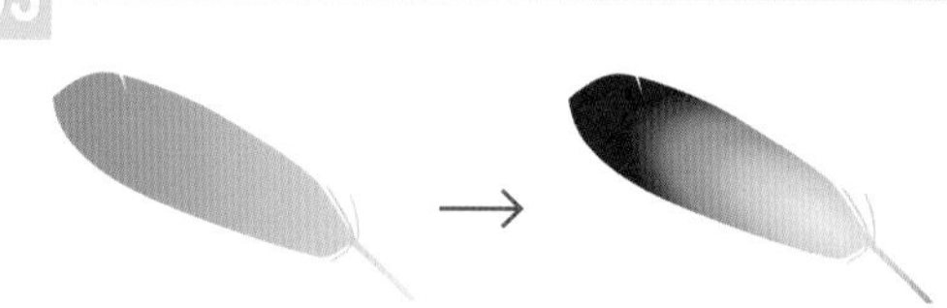

グラデーションツール はグラデーションを直感的に使用できるツールです。オブジェクトをクリックして塗りにグラデーションを適用し、カラー・位置・角度などを自由に設定できます。

Lesson04 ▶ L4-2S03.ai

線形グラデーションに適用

1 レッスンファイルを開きます。選択ツール で A のオブジェクトを選択し❶、ツールバーで［塗り］をアクティブにして❷、グラデーションツール を選びます❸。選択したオブジェクト上にバーが表示されます。●が始点、■が終点、ふたつのカラーの円がカラー分岐点、◇がカラーの中間点です。

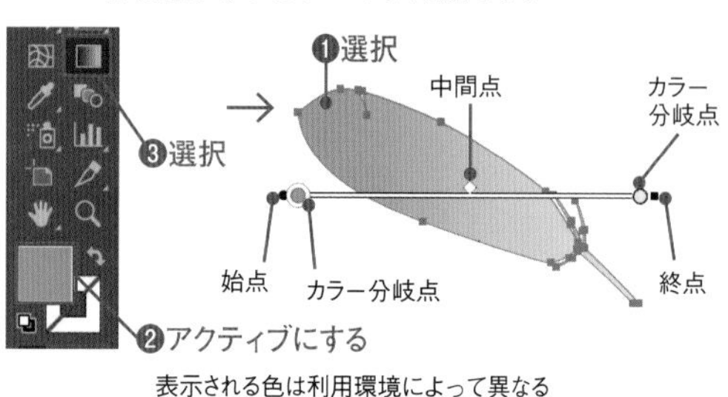

表示される色は利用環境によって異なる

2 バーの始点●を左側にドラッグすると❶、バー自体が移動してグラデーションの開始位置がオブジェクトの外側になり、グラデーションのかかり方も連動して変わります。終点■を右側にドラッグすると❷、バーの長さを変更できます。

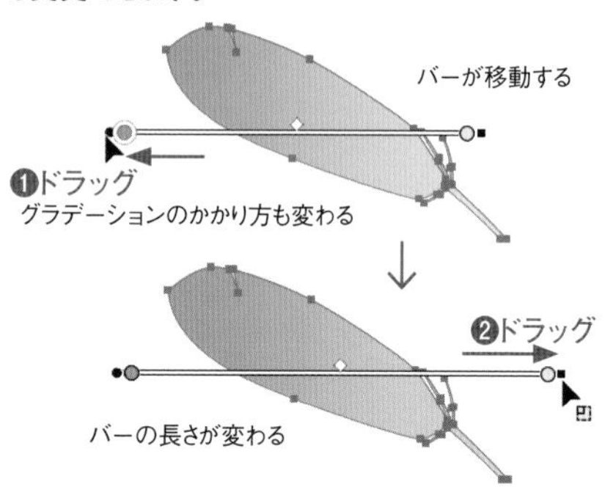

Macでは、キーは次のようになります。 Ctrl → ⌘ Alt → option Enter → return

3 左側のカラー分岐点を少し内側にドラッグします❶。中間点も一緒に動くので、左にドラッグして戻します❷。

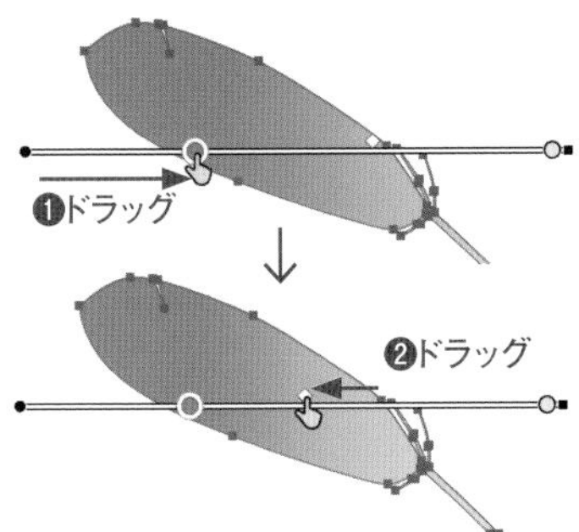

4 左側のカラー分岐点の外側にカーソルを合わせ、になった状態でクリックし❶、カラー分岐点を追加します。追加したカラー分岐点をダブルクリックし❷、表示されたスウォッチパネルのアイコンをクリックし❸、スウォッチを表示させ、紫色（C=75 M=100 Y=0 K=0）をクリックして選択します❹。再度カラー分岐点をクリックし❺、スウォッチパネルを閉じます。

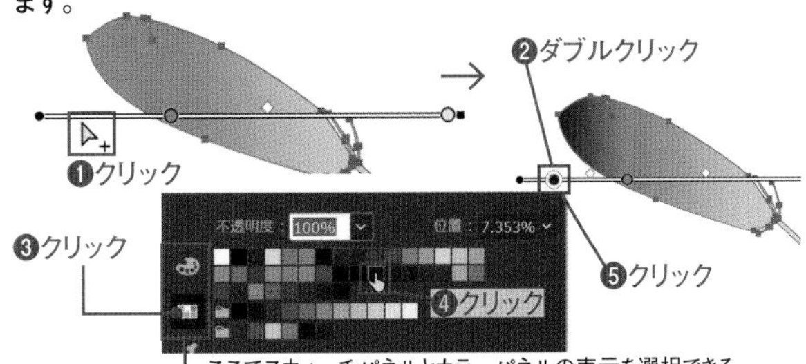

5 グラデーションツールでボックスの外から右下に向かってドラッグします❶（はじめに表示されているバーは無視してかまいません）。ドラッグした方向と長さのグラデーションがかかります。

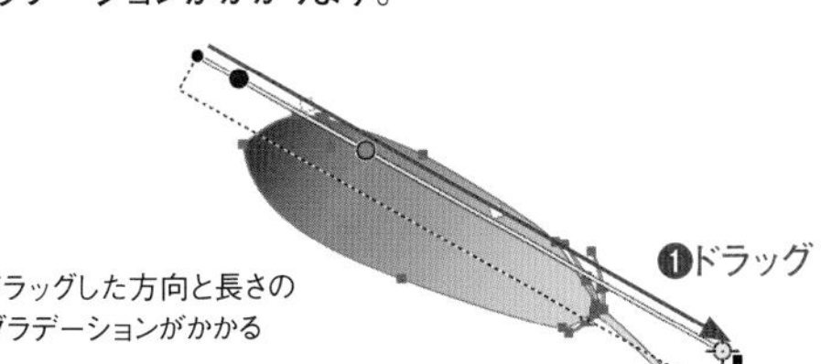

6 カーソルをバーの終了点に近付けて、カーソルがになったところでドラッグして回転させ微調整します❶。回転できるのは、■が表示される終了点側です。

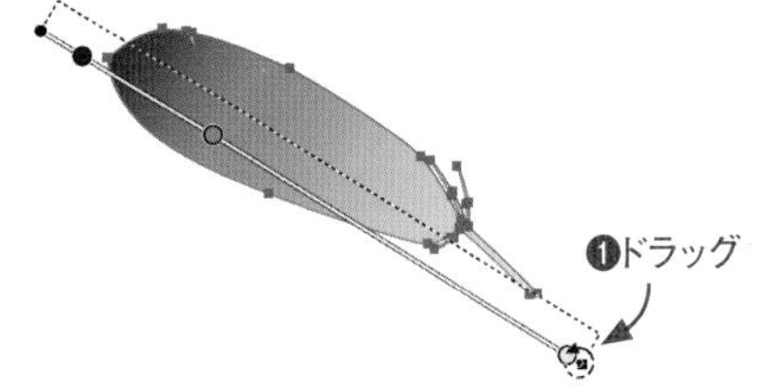

円形グラデーションに適用

1 選択ツールでBのオブジェクトを選択します❶。ツールバーで［塗り］をアクティブにして❷、グラデーションツールを選びます❸。グラデーションパネルで［円形グラデーション］をクリックします❹。続けて［反転グラデーション］をクリックして❺、グラデーションの向きを反転させます❻。

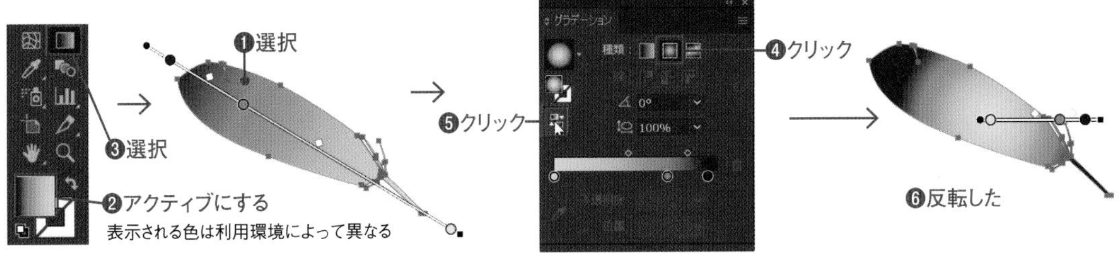

2 羽の付け根付近から羽先に向かってドラッグします❶。グラデーションの大きさの点線の円とバーが表示されます❷。カーソルをバーの始点の●付近に合わせてになったらドラッグし❸、位置を調整します。動かしすぎると回転するので注意してください。

3 円上の●にカーソルを合わせ、になったところで円の内側にドラッグします❶。グラデーションが楕円になるので、調節して羽の幅に合わせます❷。

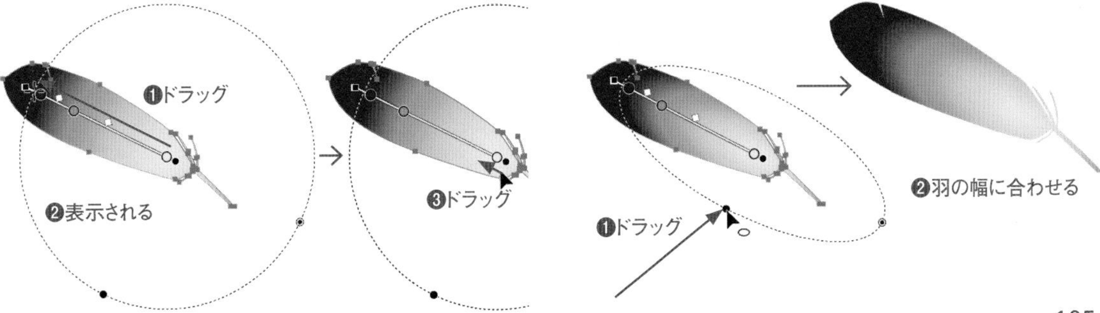

STEP 04 フリーグラデーション

2021 2020 2019

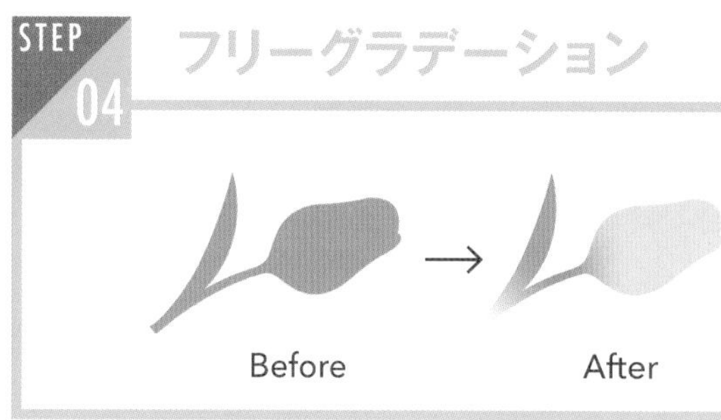

オブジェクトを選択してからフリーグラデーションを設定すると、自動でカラーのポイントが作成されます。ここでは、先にツールを設定してからオブジェクトを選択してみましょう。

Lesson04 ▶ L4-2S04.ai

ポイントモード

1 レッスンファイルを開きます。何も選択せずにツールバーで[塗り]をアクティブにし❶、グラデーションツールを選びます❷。続けて、グラデーションパネルで[フリーグラデーション]をクリックし❸、[ポイント]が選択されていることを確認します❹。

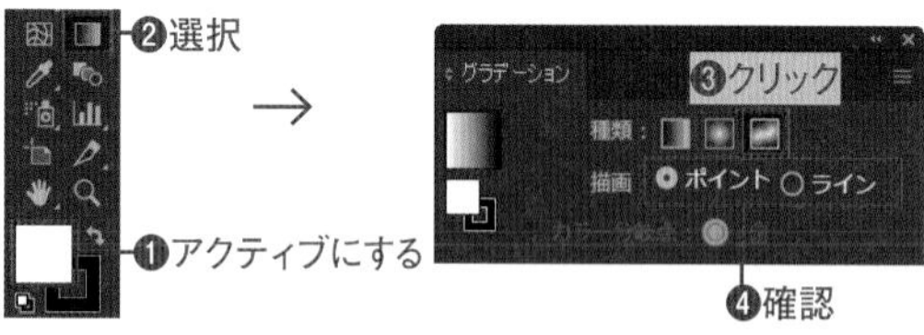

2 グラデーションツールでAのオブジェクトの花の部分をクリックしてポイントを作成します❶。ポイントのカラーは、オブジェクトと同じになります。続けて茎に2カ所、葉に2カ所のポイントを作成し❷、すべて同じカラーで作成されることを確認しておきます。

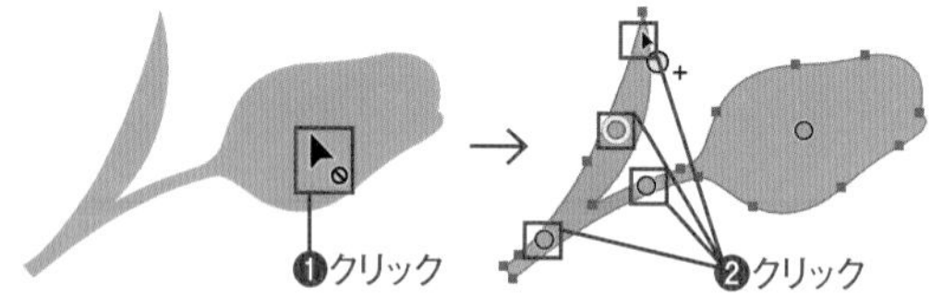

3 花のポイントをダブルクリックし❶、スウォッチパネルで、[CMYKイエロー]を選択します❷。もう一度ポイントをクリックしてパレットを閉じます❸。続けて、ポイントの円上のハンドルを外側にドラッグし❹、色の範囲を広げます。

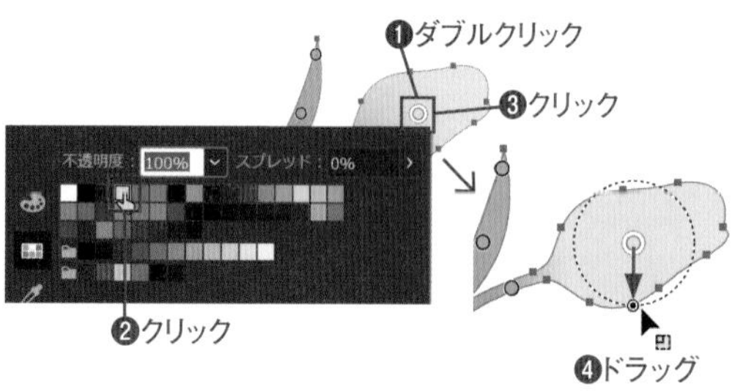

4 花のポイントと茎のポイントをそれぞれドラッグして❶❷、グラデーションのかかり方を調整します。次に根元のポイントを端までドラッグし❸、ダブルクリックして❹、不透明度を「0%」に設定します❺。

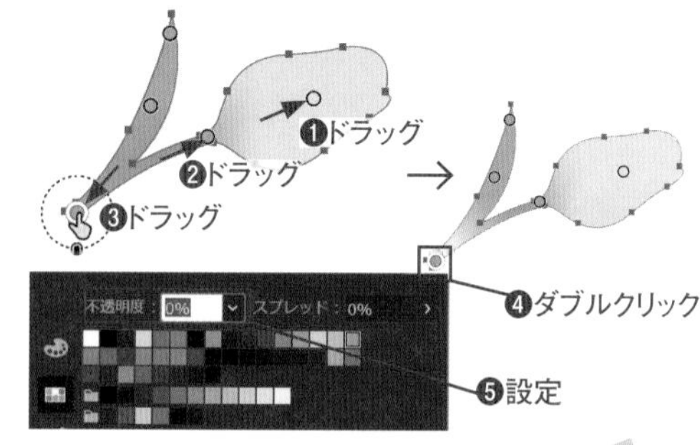

CHECK!

不要なポイントの削除

ポイントを選択して Delete キーを押すか、ポイントをサークルの外側に向かってドラッグします。

ラインモード

1 選択ツールを選択し❶、Bのオブジェクトを選択します❷。グラデーションパネルで[グラデーションを編集]をクリックし❸、[ライン]を選択して❹、左上・右上・右下・左上の順でポイントをクリックして❺❻❼❽つなげます。

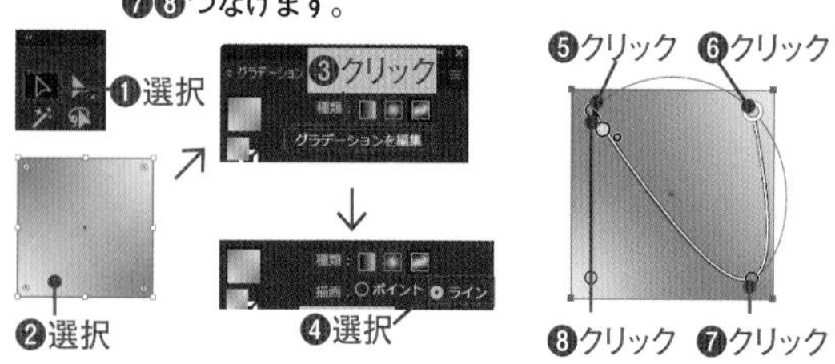

2 左上のポイントをクリックします❶。描画色がポイントの色に変わるので、左下のラインの中央付近をクリックしてポイントを追加します❷。追加したポイントを右上にドラッグすると❸、グラデーションのかかり方が変わります。

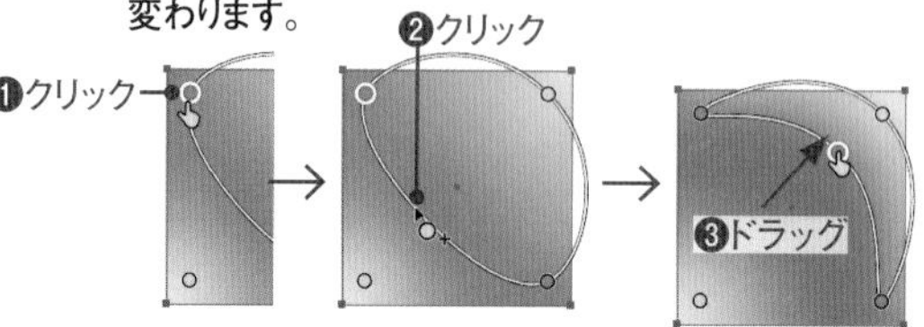

Macでは、キーは次のようになります。 Ctrl → ⌘　Alt → option　Enter → return

STEP 05 メッシュツールでメッシュを作る

2021 2020 2019

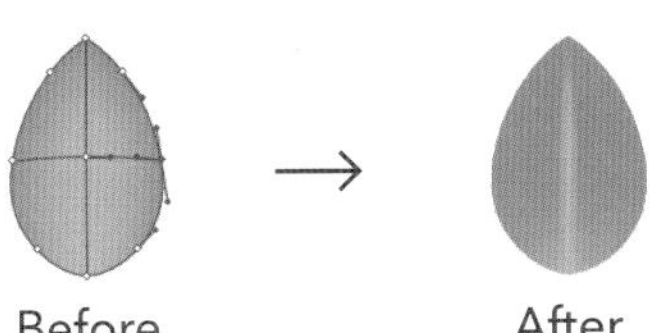

メッシュツールでは、どこにつながるメッシュが作成されるかは、完全にはコントロールできません。なるべくシンプルなオブジェクトから作成しましょう。

Lesson04 ▶ L4-2S05.ai

メッシュポイントの作成／削除

1 レッスンファイルを開き、選択ツールでオブジェクトAを選択します❶。メッシュツールを選択し❷、適当な場所をクリックして❸、メッシュポイントを作成します❹。メッシュポイントが選択されている状態で、スウォッチパネルで［塗り］を［ホワイト］に設定します❺。

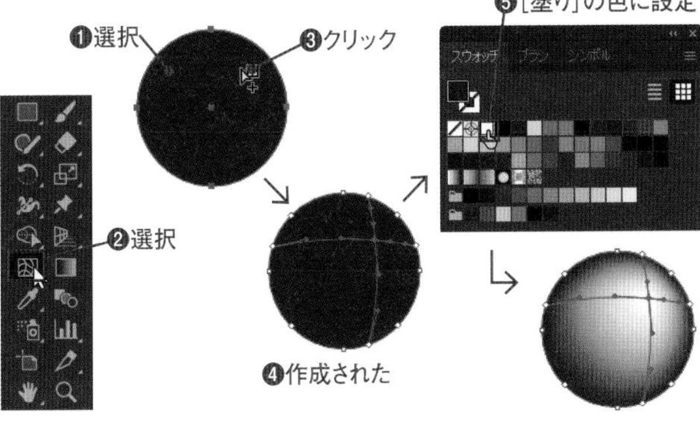

2 Altキーを押しながら作成したメッシュポイントをクリックすると❶、メッシュポイントを削除できます。

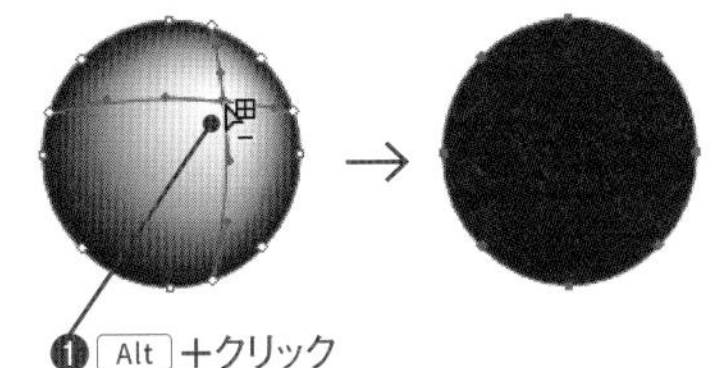

カラーのコントロール

1 ダイレクト選択ツールを選び❶、オブジェクトBをクリックします❷。アンカーポイントやメッシュポイントが表示されるので、葉の縁の右側のアンカーポイントをクリックして選択します❸。［塗り］の色が選択したアンカーポイントの色になります❹。

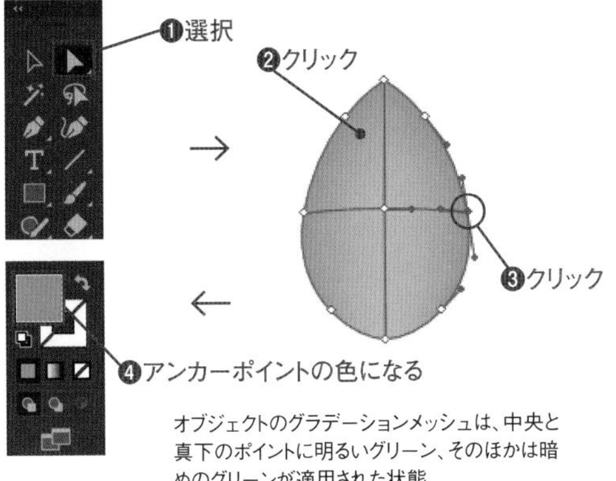

オブジェクトのグラデーションメッシュは、中央と真下のポイントに明るいグリーン、そのほかは暗めのグリーンが適用された状態

2 メッシュツールを選びます❶。中央のメッシュポイントの少し左をクリックし❷、続いて少し右もクリックして❸、メッシュポイントを追加します。追加したメッシュポイントの色は、手順1で設定した色になります。

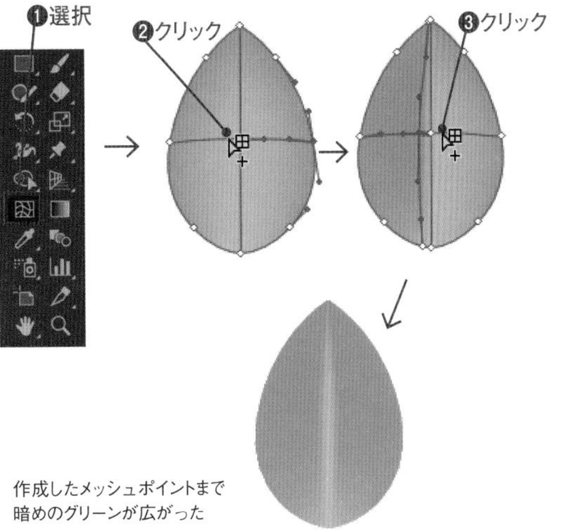

作成したメッシュポイントまで暗めのグリーンが広がった

4-3 パターン

オブジェクトには、模様をタイル状に繰り返して配置して塗りつぶすパターンを設定できます。［塗り］だけでなく、［線］にも適用できます。パターン編集モードを使うと、パターンの編集が簡単に行えます。

パターンとは

2021 2020 2019

パターンは、オブジェクトをタイル状に繰り返して配置して塗りつぶす機能です。パターンライブラリを使うと手軽に利用できます。また、自分でオリジナルのパターンを登録できます。パターンは、スウォッチパネルに登録され、クリックしてオブジェクトに適用します。

パターンを適用したオブジェクト

STEP 01 パターンの作成と適用

2021 2020 2019

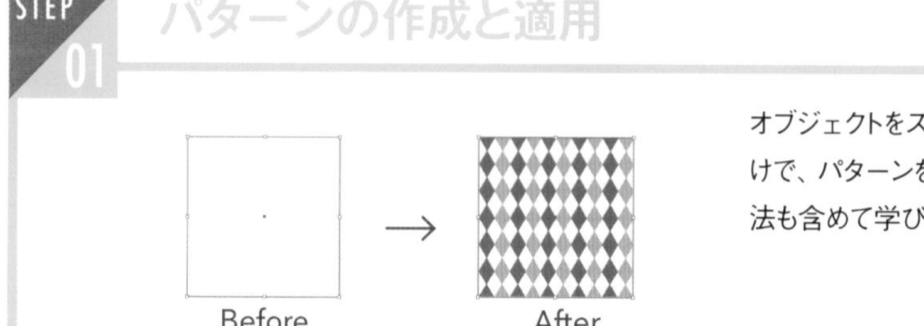

オブジェクトをスウォッチパネルにドラッグするだけで、パターンを作成できます。拡大・縮小の方法も含めて学びましょう。

Lesson04 ▶ L4-3S01.ai

1 レッスンファイルを開きます。選択ツール でふたつのダイヤ型のオブジェクトを選択し❶、スウォッチパネルにドラッグします❷。スウォッチパネルにパターンとして登録されました❸。

2 長方形のオブジェクトを選択し❶、ツールバーまたはカラーパネルで［塗り］を選択してから、登録したダイヤ型のスウォッチをクリックします❷。長方形がパターンで塗られました❸。

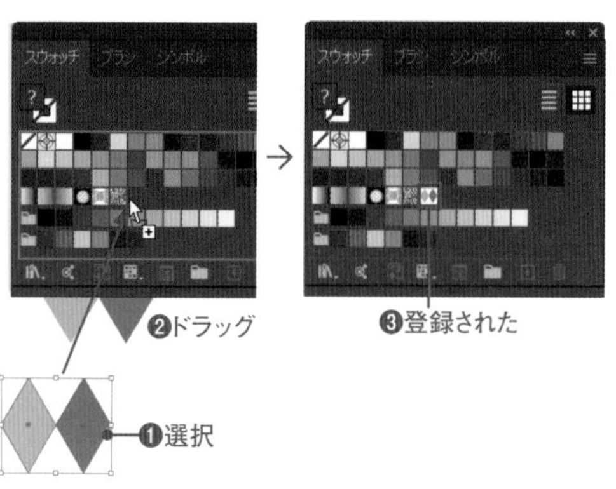

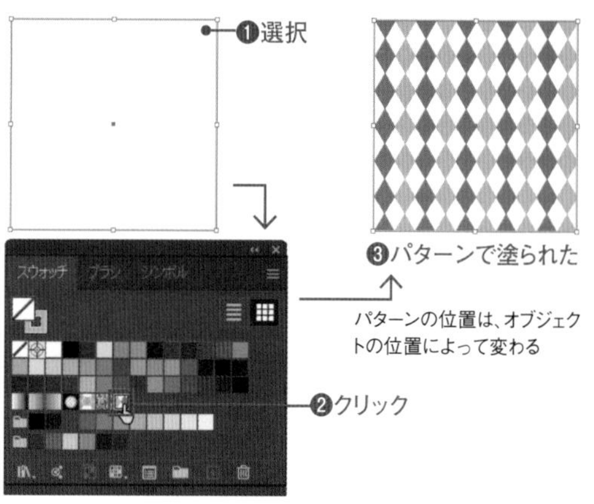

Macでは、キーは次のようになります。 Ctrl → ⌘ Alt → option Enter → return

パターンの編集

2021 2020 2019

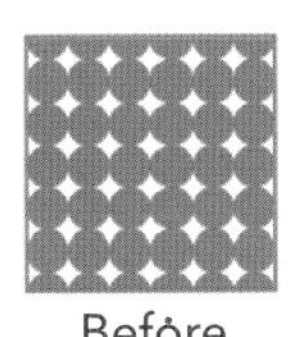

Before

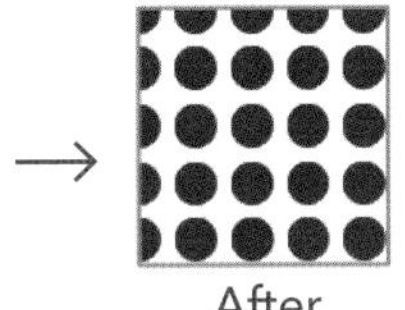

After

パターン編集モードでは、パターンの繰り返された結果を見ながらオブジェクトの編集や並べ方の調整ができます。

Lesson04 ▶ L4-3S02.ai

1 レッスンファイルを開きます。スウォッチパネルのシアンの円のパターンスウォッチをダブルクリックします❶。パターン編集モードに入ります。同時にパターンオプションパネルも表示されます。

❶ダブルクリック

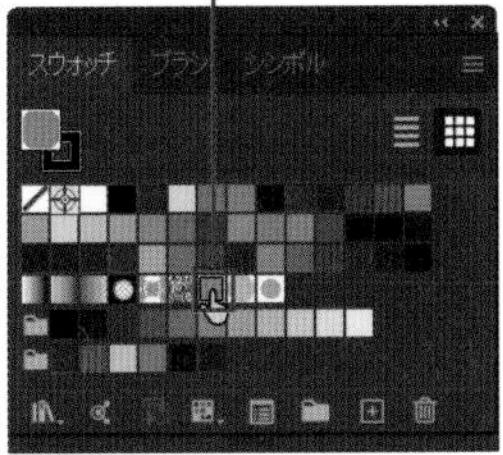

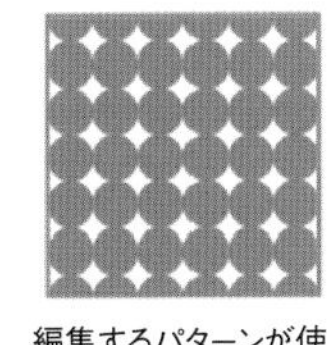

編集するパターンが使われている

2 パターンのプレビューが表示されるので、選択ツール で中央の円を選択し❶、スウォッチパネルの［CMYKマゼンタ］をクリックして色を変更します❷。パターンのプレビューの色が変わったことを確認します❸。

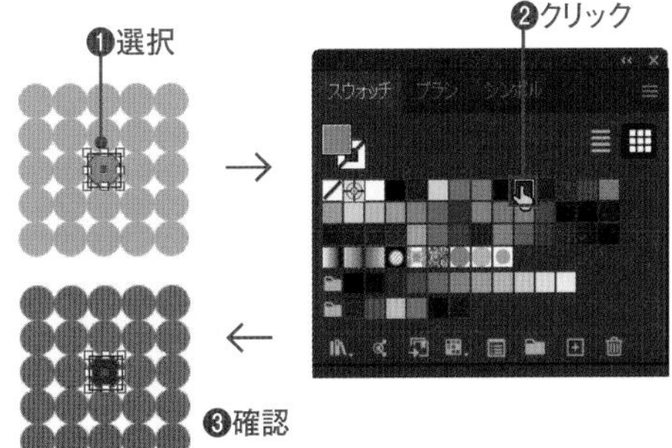

3 表示されたパターンオプションパネルのパターンタイルツール をクリックして❶、プレビューにバウンディングボックスを表示させます❷。

❶クリック

❷表示される

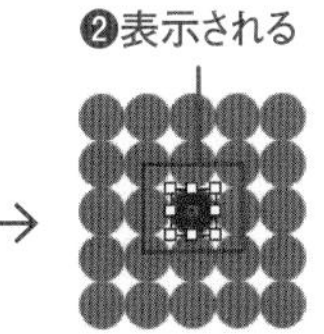

4 右下のハンドルを右下方向にドラッグします❶。このバウンディングボックスは、パターンオブジェクトをタイル状に並べるサイズを決めるタイルで、サイズを変えることでパターンの間隔を調節できます❷。

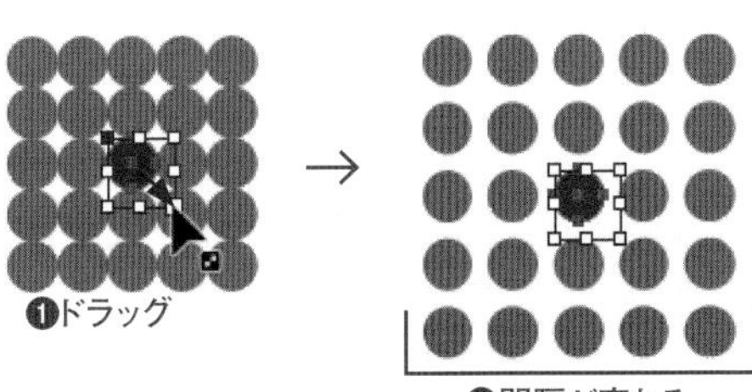

5 ウィンドウ上部の［完了］をクリックしてパターン編集モードを終了します❶。編集したパターンが使われている長方形のパターンにも反映されます❷。

＋複製を保存 ○完了 ×キャンセル

❶クリック

❷反映された

COLUMN

パターンの変形の設定

パターンを適用したオブジェクトを変形する際に、パターンも一緒に変形するには、［編集］メニュー（Macでは［Illustrator］メニュー）→［環境設定］→［一般］を選び、「パターンも変形する」にチェックをつけ、［OK］をクリックします。

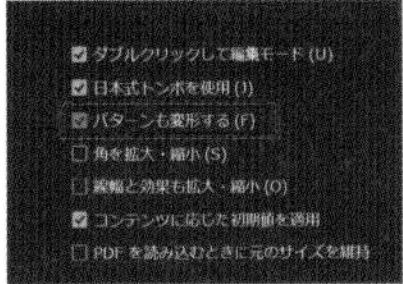

4-4 アピアランスパネル

アピアランスパネルは、オブジェクトに適用されている［塗り］や［線］の属性、各種効果をレイヤーのように表示するパネルです。いろいろな機能で使いますが、ここではシンプルに［塗り］を追加してみましょう。

アピアランスパネル

2021 2020 2019

オブジェクトを選択してアピアランスパネルを確認すると、［線］［塗り］［不透明度］の３つの属性が表示されます。プロパティパネルと同じように［線］［塗り］のカラーをスウォッチで選択したり、［線幅］を設定することができます。また、［線］［塗り］はレイヤーのように表示をオン／オフしたり、重ね順を変更、コピー、複数の属性を作成／削除することができます。

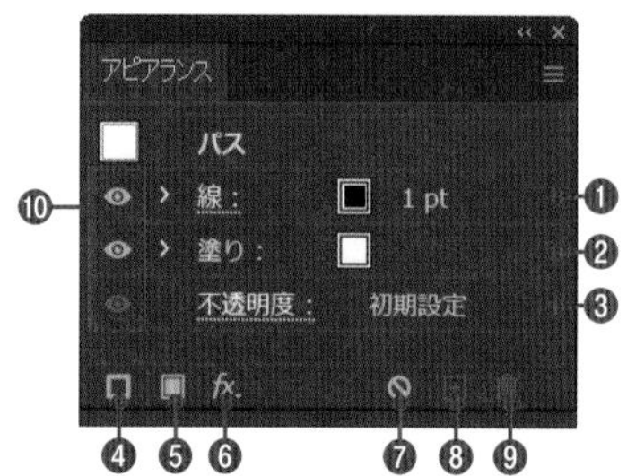

❶オブジェクトの［線］の色、線幅、適用されている効果が表示される
❷オブジェクトの［塗り］の色、適用されている効果が表示される
❸オブジェクトの不透明度や描画モードが表示される
❹選択したオブジェクトの［線］を追加する
❺選択したオブジェクトの［塗り］を追加する
❻選択したオブジェクトに新しい［効果］を適用する
❼選択したオブジェクトに適用している効果や追加した［塗り］と［線］を削除して、［線］と［塗り］がひとつずつの状態に戻す。［線］と［塗り］はそれぞれ［なし］の状態になる
❽アピアランスパネルで選択した項目を複製する
❾アピアランスパネルで選択した項目を削除する
❿クリックした項目の表示・非表示を切り替える

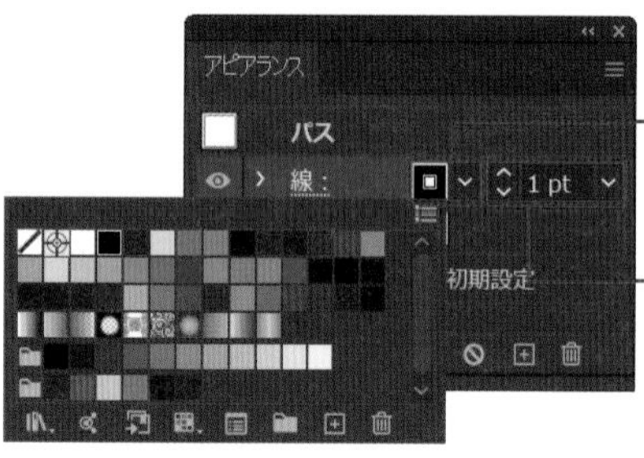

クリックするとスウォッチパネルが表示され、色を変更できる。Shift キーを押しながらクリックするとカラーパネルを表示できる

［線］のアピアランスでは、線幅を変更できる

グループオブジェクトに対しても、通常のオブジェクトと同じように新しい［塗り］や［線］を追加でき、カラーや効果を適用できます。グループオブジェクトで追加した［塗り］や［線］設定は個々のオブジェクトの設定を無視して表示されます。グループを解除すると、それぞれ元のアピアランスが再び表示されます。

グループ化したオブジェクト

［塗り］や［線］を追加して色を設定

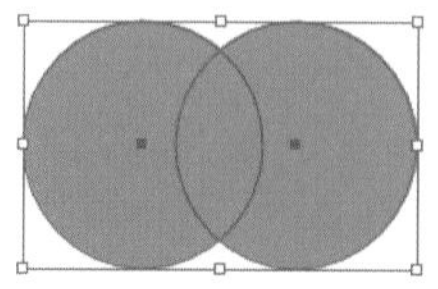

個々のオブジェクトの設定を無視して表示される

Macでは、キーは次のようになります。 Ctrl → ⌘ Alt → option Enter → return

STEP 01 アピアランスパネルの基本操作

2021 2020 2019

Before

After

アピアランスパネルで［塗り］を追加したり、重ね順を変更などの基本的な操作を行い、アピアランスの概要をつかみましょう。

Lesson04 ▶ L4-4S01.ai

塗りの追加

1　レッスンファイルを開きます。選択ツールでオブジェクトAを選択します❶。オブジェクトAの［塗り］には、パターンが設定されています。アピアランスパネルで［塗り］を選択してから❷、［新規塗りを追加］をクリックします❸。

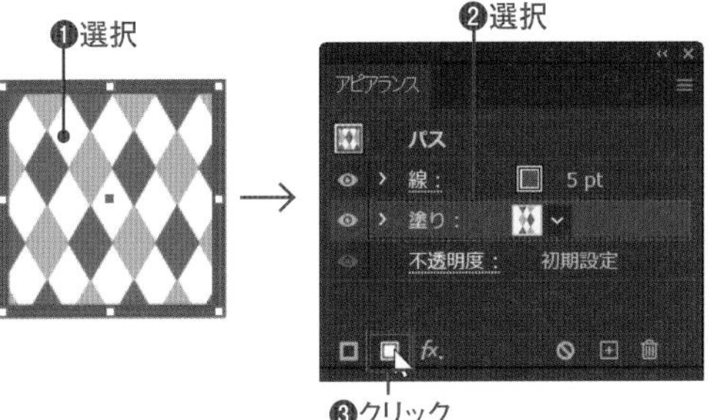

2　同じ設定の［塗り］が追加されたので、下の［塗り］を選び❶、をクリックして❷、スウォッチパネルを表示させ［ブラック］のスウォッチをクリックします❸。下の［塗り］が黒で塗られるので、前面のパターンの隙間部分は、下の［塗り］が表示されます❹。

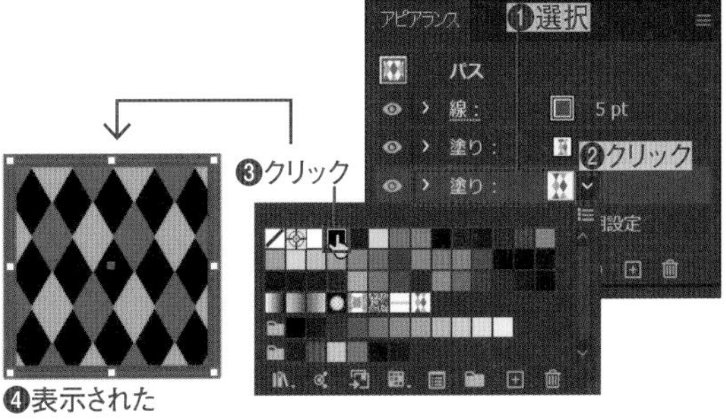

表示のオン／オフと重ね順の操作

1　オブジェクトBを選択します❶。オブジェクトBは3つの［塗り］が設定されています。アピアランスパネルで［クリックで表示の切り替え］をクリックして❷、表示のオン／オフを確認します。確認したら、すべて表示してください❸。

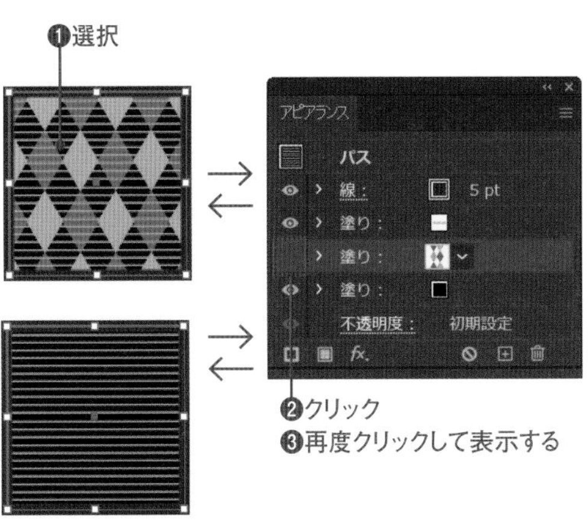

2　1番上の［塗り］をドラッグして2番目にします❶。［塗り］の重ね順が変わり、横のストライプがひし形のパターンの背面に変わりました❷。

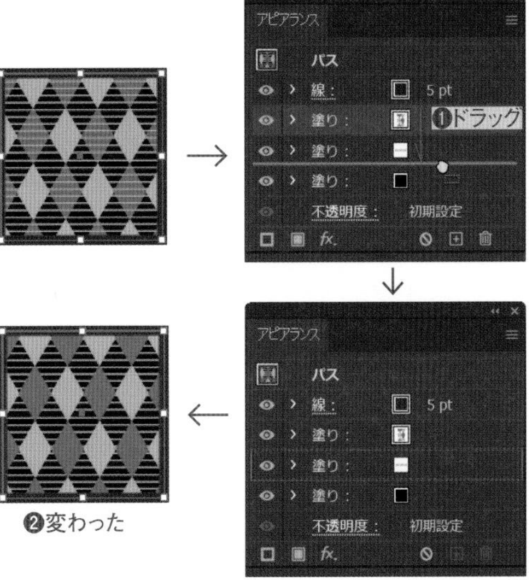

4-5 オブジェクトの不透明度

Illustratorでは、オブジェクトに不透明度を設定できます。不透明度は、透明パネルまたはコントロールパネルで設定します。アピアランスパネルを使うと、オブジェクトの[塗り]と[線]に対して個別に不透明度を設定できます。

透明パネルで不透明度を設定

2021 2020 2019

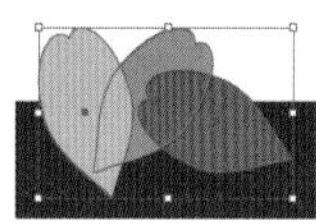

Before

→

After

シンプルに不透明度を設定してみましょう。オブジェクトが透けて見えるだけで、アートワークの見栄えが変わります。

 Lesson04 ▶ L4-5S01.ai

不透明度を設定

レッスンファイルを開きます。選択ツール で花びら形のオブジェクト3つを選択します❶。透明パネルの[不透明度]を「70%」に設定します❷(プロパティパネルのアピアランス、またはコントロールパネルの[不透明度]でも設定できます)。3つのオブジェクトが互いに透明になり、重なり合って表示されます❸。

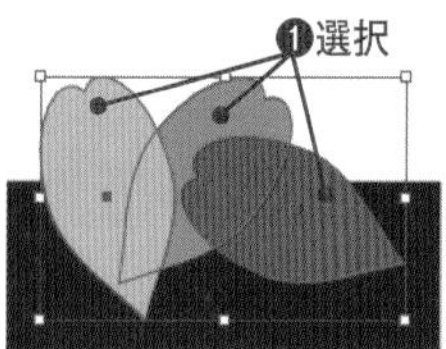

→

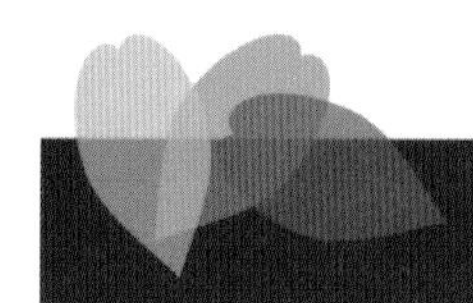

❸透明になった

グループの抜き

1 選択ツール で、不透明度を設定した花びら形のオブジェクト3つを選択します❶。[オブジェクト]メニュー→[グループ]を選択してグループ化します❷。

グループ化すると、複数のオブジェクトをひとつに扱える。詳細は、P.129の「複数オブジェクトの扱い」を参照

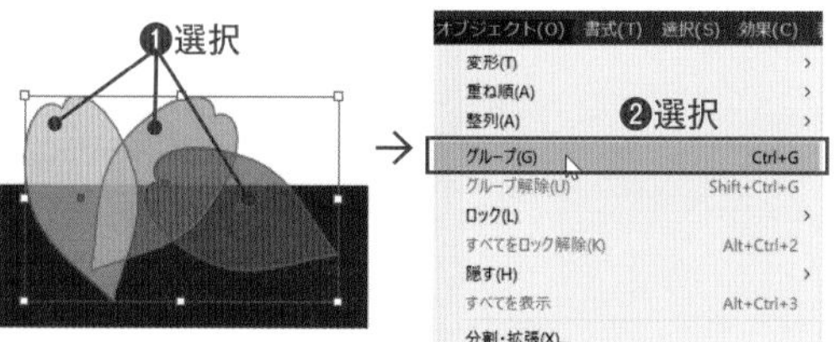

2 オブジェクトが選択された状態で、透明パネルの[グループの抜き]にチェックをつけます❶。全体は透けていますが、オブジェクトが重なり合った部分は透けなくなります。再度選択し、[グループの抜き]のチェックをはずします❷。重なり合った部分も透明になり合成されます。

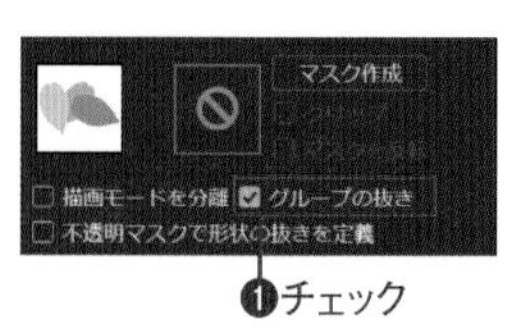

❶チェック

→

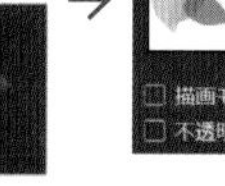

わかりやすいように選択解除してある

→

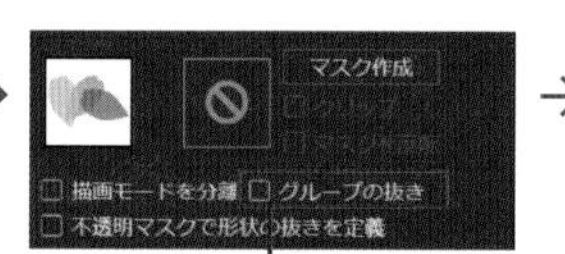

❷チェックをはずす

→

グループ化してから不透明度を設定すると、[グループの抜き]は使えない

Macでは、キーは次のようになります。 Ctrl → ⌘ Alt → option Enter → return

STEP 02 アピアランスパネルで設定

2021 2020 2019

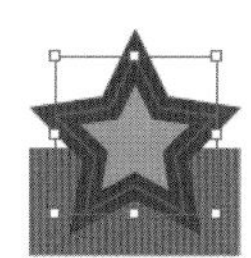

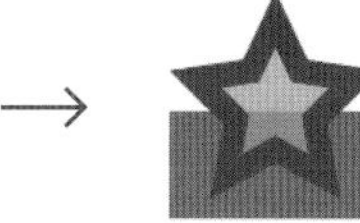

Before　　After

アピアランスパネルでは、オブジェクト全体だけでなく、[塗り]、[線] のそれぞれに不透明度を設定できます。

Lesson04 ▶ L4-5S02.ai

全体に不透明度を設定

1 レッスンファイルを開きます。選択ツールでAの星型のオブジェクトを選択します❶。アピアランスパネルで[線]と[塗り]のをそれぞれクリックして[不透明度]を表示させます❷。

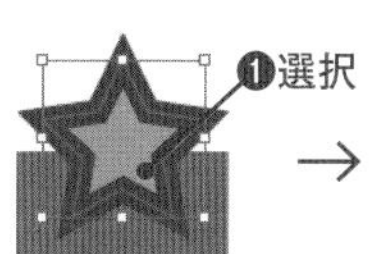

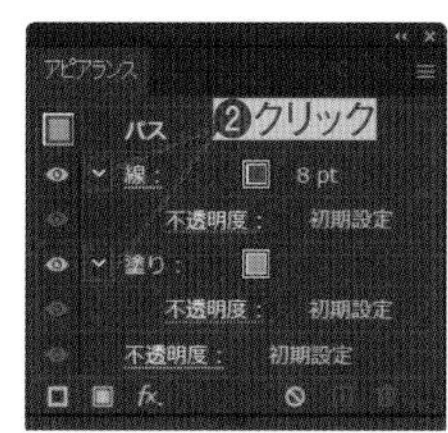

2 アピアランスパネルの1番下の[不透明度]をクリックし❶、表示された透明パネルで[不透明度]を「70%」に設定します❷。オブジェクト全体に不透明度が適用されます❸。

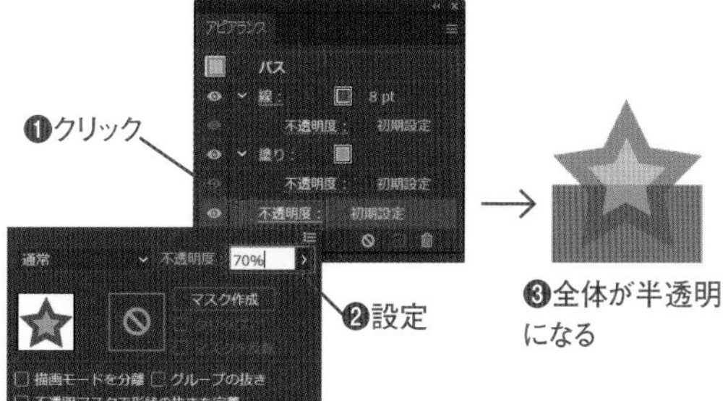

塗りに不透明度を設定

Bの星型のオブジェクトを選択します❶。アピアランスパネルで[塗り]の[不透明度]をクリックし❷、表示された透明パネルで[不透明度]を「70%」に設定します❸。[塗り]だけに不透明度が適用されたことを確認します❹。

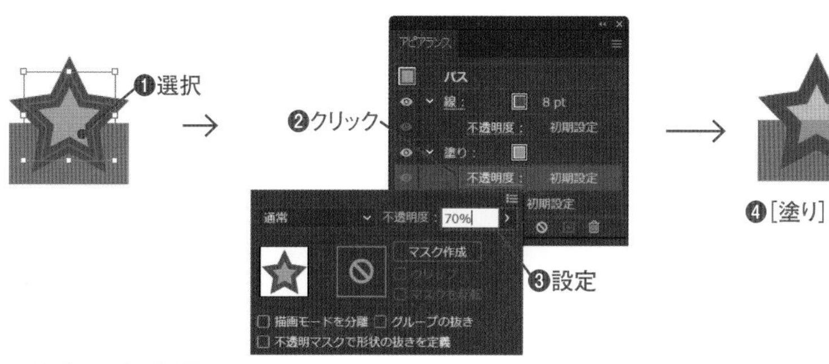

❹[塗り]だけが半透明になる

線に不透明度を設定

Cの星型のオブジェクトを選択します❶。アピアランスパネルで[線]の[不透明度]をクリックし❷、表示された透明パネルで[不透明度]を「70%」に設定します❸。[線]だけに不透明度が適用されたことを確認します❹。

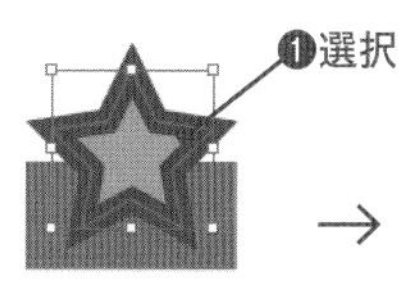

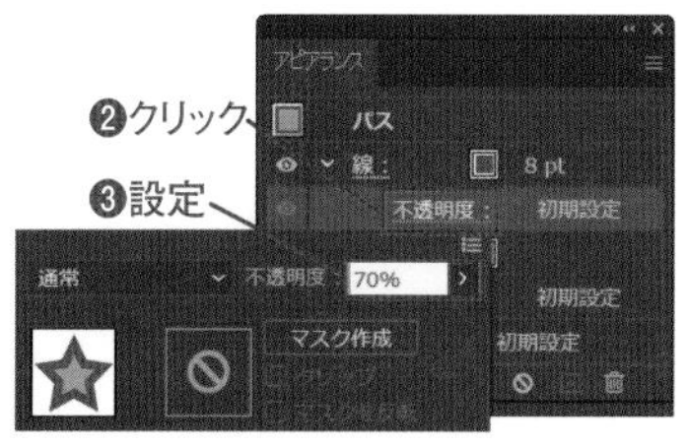

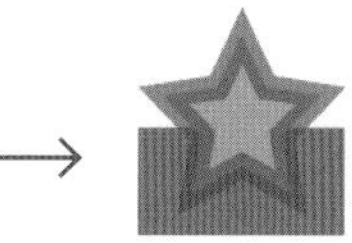

❹[線]だけが半透明になる

STEP 03

不透明マスクを使う

2021 2020 2019

不透明マスクは、オブジェクトの「白」を不透明、「黒」を透明でマスクする機能で、前面に配置したマスクオブジェクトの形状と色で、背面のオブジェクトを不透明にできます。

Lesson04 ▶ L4-5S03.ai

1 レッスンファイルを開きます。選択ツール で、画像 A の上に、グラデーションの適用された四角形 B をドラッグして重ねます❶。右図のように画像の枠線内に収まるように配置してください。

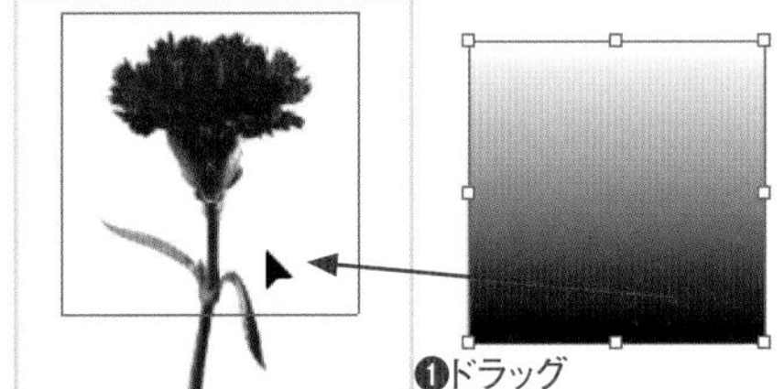

画像オブジェクトには、境界がわかりやすいようにクリッピングマスクでマスクして枠線がついている

2 画像と四角形の両方を選択します❶。透明パネルで[マスク作成]をクリックします❷。前面に配置したオブジェクトの「白」(=不透明)と「黒」(=透明)のグラデーションに従って背面の画像が徐々に透明になります。

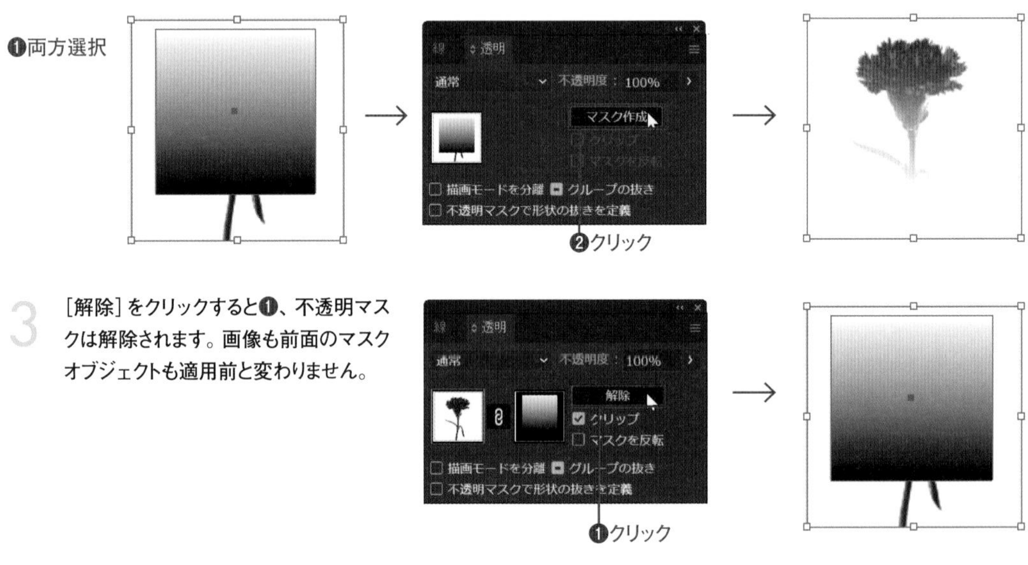

3 [解除]をクリックすると❶、不透明マスクは解除されます。画像も前面のマスクオブジェクトも適用前と変わりません。

透明パネルの[不透明マスク]の設定

- クリックしてマスクされたオブジェクトを選択する
- 鍵がかかった状態では、背面のオブジェクトとマスクに使ったオブジェクトは連動して動く
- クリックしてマスクに使ったオブジェクトを選択し編集できる
- 不透明度マスクを作成／解除する
- 不透明マスクを作成時に、最前面のオブジェクトでマスクするか否かを設定する
- 不透明マスクを反転する

Macでは、キーは次のようになります。 Ctrl → ⌘ Alt → option Enter → return

COLUMN

描画モード

描画モードは、重なったオブジェクト同士の色を合成する機能です。前面のオブジェクトを選択し、透明パネルで描画モードを選択するだけで、背面のオブジェクトに前面のオブジェクトを合成できます。

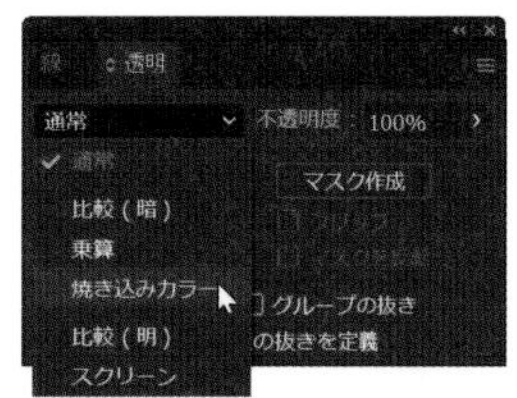

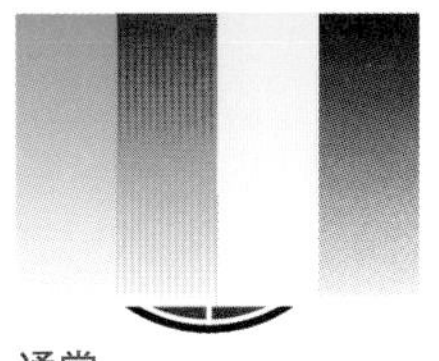

通常
通常のモード

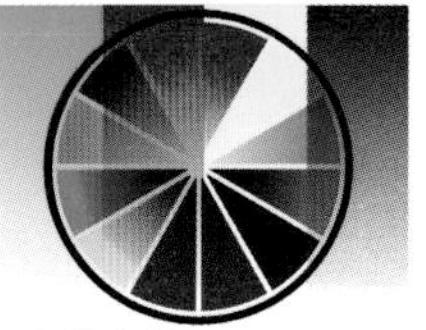

比較（暗）
背面と前面の色を比較して暗い色が生成される

乗算
背面の色に前面の色がかけ合わされた色が生成される。全体が暗くなる

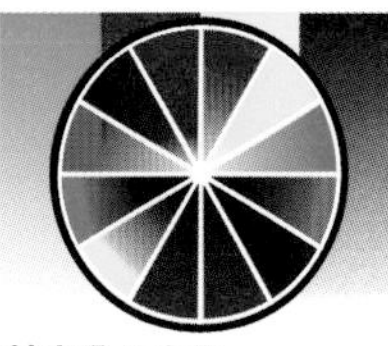

焼き込みカラー
背面の色を暗くして、前面の色に反映する

比較（明）
背面と前面の色を比較して明るい色が生成される

スクリーン
背面と前面の色を反転した色をかけ合わされた色が生成される。全体が明るくなる

覆い焼きカラー
背面の色を明るくして、前面の色に反映する

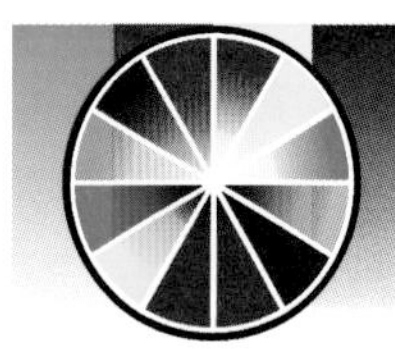

オーバーレイ
背面の色のによって、乗算にするかスクリーンにするかが決まる

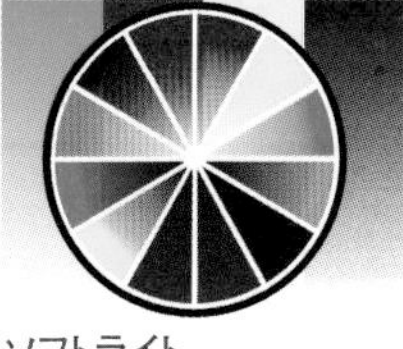

ソフトライト
前面の色が 50%のグレーより明るい場合「覆い焼き」、50%グレーより暗い場合、「焼き込み」の色となる

ハードライト
前面の色が 50%のグレーより明るい場合「スクリーン」、50%グレーより暗い場合「乗算」の色となる

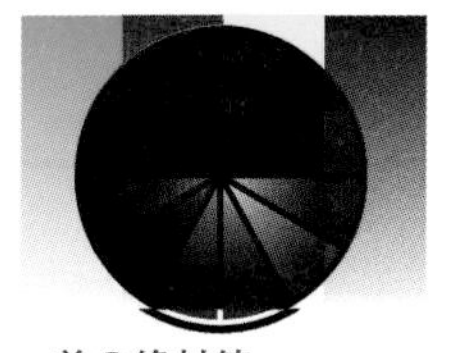

差の絶対値
背面と前面の色を比較し、明度の高いほうから明度の低いほうを引いた色が生成される

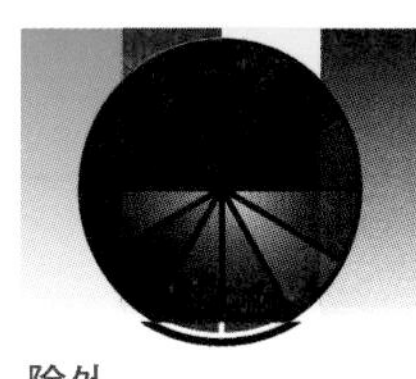

除外
「差の絶対値」と同じだが、コントラストが低くなる

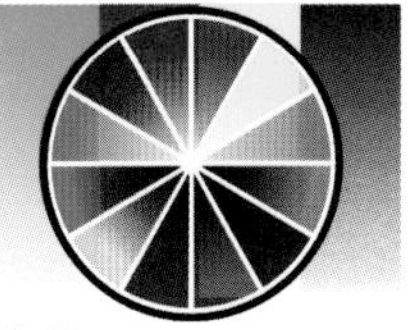

色相
背面の色の輝度と彩度、前面の色の色相を持つ色が生成される

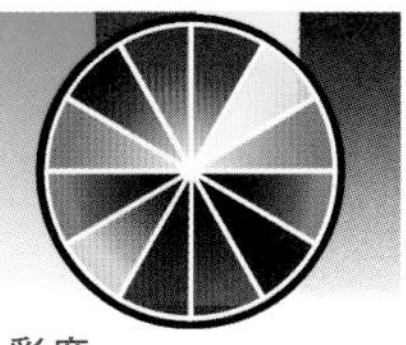

彩度
背面の色の輝度と色相、前面の色の彩度を持つ色が生成される

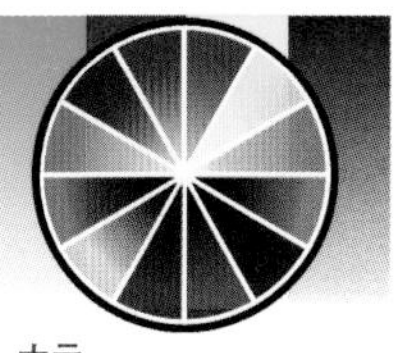

カラー
背面の色の輝度、前面の色の色相と彩度を持つ色が生成される

輝度
背面の色の色相と彩度、前面の色の輝度を持つ色が生成される

描画モードを分離

描画モードを適用したオブジェクトをグループ化したとき、透明パネルの［描画モードを分離］にチェックをつけると、グループ内のオブジェクトにだけ描画モードを適用させることができます。

右のオブジェクトに［比較（暗）］を適用

［描画モードを分離］オフ

［描画モードを分離］オン

練習問題

Lesson04 ▶ L4EX1.ai

Q オブジェクトの花の部分にグラデーションを適用しましょう。

Before

After

A

❶選択ツールで、花びらのオブジェクトを Shift キーを押しながらクリックしてすべて選択します。
❷[線]を[ホワイト]に設定します。
❸グラデーションパネルで[塗り]を選択して、[線形グラデーション]を適用します。
❹グラデーションパネルで、左側のカラー分岐点の色を[ホワイト][不透明度]を「80%」に設定します。右側のカラー分岐点の色を「C=0 M=0 Y=100 K=0」、[不透明度]を「100%」に設定します。
❺選択を解除し、一番上の花びらを選択します。グラデーションツールで、花びらの先端から根元までドラッグしてグラデーションの角度を調節します。
❻同じ手順で、ほかの花びらも1枚ずつグラデーションの角度を調節します。

Lesson04 ▶ L4EX2.ai

Q 文字のオブジェクトに不透明度を設定してグループ化します。[グループの抜き]を使って、グループ内のオブジェクトが重なり合った部分は透けなくなるようにします。

Before

After

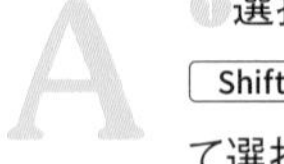

❶選択ツールで、文字のオブジェクトを Shift キーを押しながらクリックしてすべて選択します。
❷選択したオブジェクトの[不透明度]を「70%」に設定します。重なっている部分の色が濃くなります。
❸そのまま選択したオブジェクトを[オブジェクト]メニュー→[グループ]を選択して、グループ化します。
❹透明パネルの[グループの抜き]オプションをチェックします。

Lesson
05

An easy-to-understand guide to
Illustrator and Photoshop

オブジェクトの
編集と合成

オブジェクトを効率的に編集するには、レイヤーを使って管理したり、複数のオブジェクトをグループにしてひとつのものとして扱えるようにしたりする必要があります。それらの使い方を覚えましょう。また、いくつかの図形を組み合わせて新しい図形を作成したり、オブジェクトに穴を開けたりする方法をマスターしましょう。

5-1 レイヤー

Illustratorはオブジェクトを組み合わせてアートワークを制作していきます。レイヤーを使うと、たくさんのオブジェクトの管理がしやすくなります。よく使う機能なので、操作方法をしっかり学んでおきましょう。

レイヤーの概要

2021 2020 2019

レイヤーとは

作業台の上に透明なフィルムが数枚乗っていて、それぞれのフィルムの上にオブジェクトが描いてある、とイメージしてみてください。「レイヤー」はそういうイメージで扱えるように作られたインターフェイスです。

レイヤーひとつが透明なフィルム1枚に相当し、重ねる順番を変えたり、編集できないようにロックするなど、さまざまな機能があります。新規ファイルを作成すると、自動的に「レイヤー1」レイヤーが作成されます。特に意識しなくとも、常にひとつはレイヤーを使っている状態です。

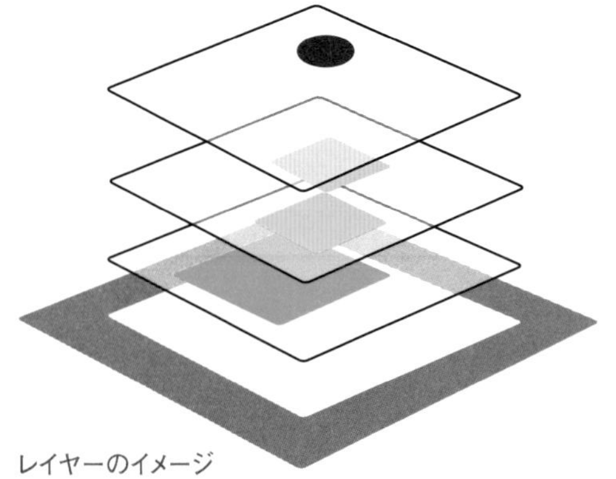

レイヤーのイメージ

レイヤーパネル

レイヤーの操作はレイヤーパネルで行います。まず、よく使われる部分をざっと確認しておきましょう。下の図は、3つのレイヤーがあり、「レイヤー2」レイヤーが選択されている状態です。レイヤーパネルが表示されていない場合は、[ウィンドウ] メニュー→ [レイヤー] を選びます。

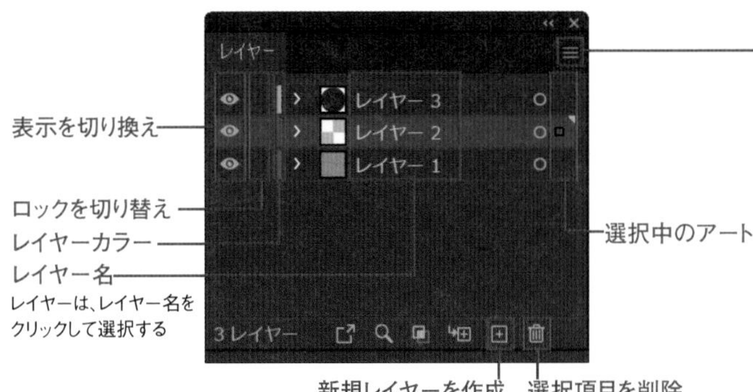

また、パネル右上の☰をクリックすると、パネルニューが表示されます。それほど多用する機能はありませんが、項目名からわかる機能が多いのでこれもざっと目を通しておきましょう。

パネルメニュー

- 新規レイヤー(N)...
- 新規サブレイヤー(B)...
- 「レイヤー 2」を複製(C)
- 「レイヤー 2」を削除(D)
- 「レイヤー 2」のオプション(O)...
- クリッピングマスクを作成(S)
- 編集モードを開始(I)
- 編集モードを終了(X)
- 選択したオブジェクトを探す(E)
- 選択レイヤーを結合(M)
- すべてのレイヤーを結合(F)
- 新規サブレイヤーに集める
- サブレイヤーに分配 (シーケンス)(Q)
- サブレイヤーに分配 (ビルド)(Y)
- 順序を反転(V)
- テンプレート(T)
- 他を隠す(H)
- その他をアウトライン表示(U)
- 他をロック(L)
- コピー元のレイヤーにペースト(R)
- パネルオプション(P)...

レイヤーの展開とオブジェクトの選択

レイヤー名の左側に表示された〉をクリックすると∨となり、レイヤー内に配置されているオブジェクトがすべてリスト表示されます。オブジェクトの名称は、「長方形」「<パス>」のように自動でつきますが、レイヤー名と同様に変更することも可能です。

選択ツール▷などでオブジェクトを選択すると、オブジェクトが属しているレイヤーのレイヤーカラーでパスやバウンディングボックスが表示されます。また、レイヤーパネルの右端に小さな■が表示されます。レイヤーカラーは、レイヤーごとに個別の色が自動で割り振られますが、後で変更することもできます。

レイヤーパネルでオブジェクトを選択することもできます。右端の空欄部分（選択したときに■が表示される部分）をクリックすれば、そのオブジェクトを選択できます。この選択方法は、重なり合っているオブジェクトの数が多くて選択ツール▷では選択できないときに便利です。

レイヤーと同様に、ドラッグしてレイヤー間を移動したり、前後関係を変更することも可能です。

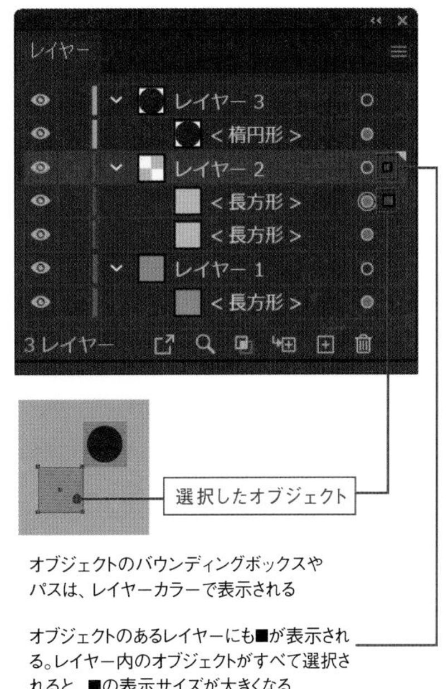

オブジェクトのバウンディングボックスやパスは、レイヤーカラーで表示される

オブジェクトのあるレイヤーにも■が表示される。レイヤー内のオブジェクトがすべて選択されると、■の表示サイズが大きくなる

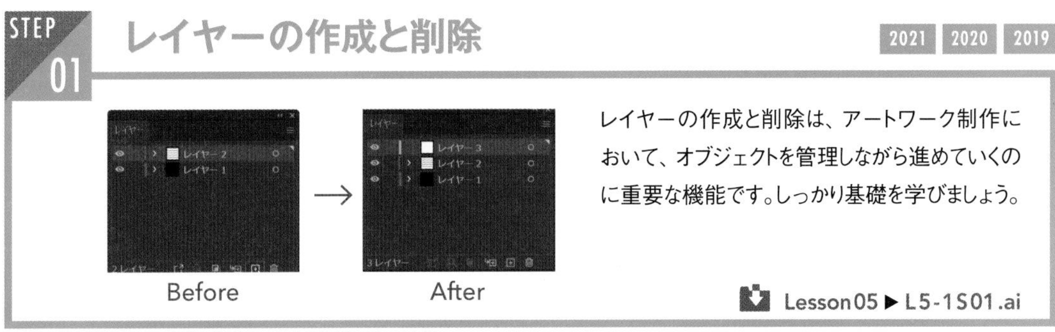

レイヤーの作成と削除

レイヤーの作成と削除は、アートワーク制作において、オブジェクトを管理しながら進めていくのに重要な機能です。しっかり基礎を学びましょう。

Lesson05 ▶ L5-1S01.ai

レイヤーの作成

1 レッスンファイルを開きます。レイヤーパネルで「レイヤー 2」レイヤーを選択し❶、[新規レイヤーを作成] をクリックして❷、「レイヤー 3」レイヤーを作成します❸。

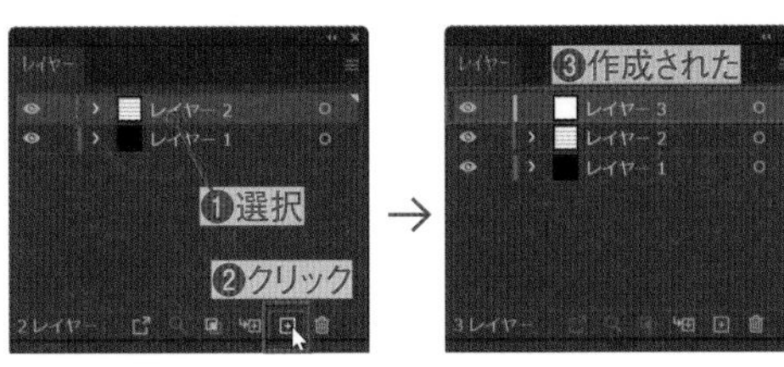

選択していたレイヤーの上に新規レイヤーが作成される

2 新しい「レイヤー3」レイヤーが選択されている状態で、適当な大きさの円をオブジェクトに重なるように描きます❶（色は任意）。オブジェクト選択時のバウンディングボックスやパスの表示色は、レイヤーカラーの色となります。レイヤーパネルには、図形のサムネールが表示されます❷。

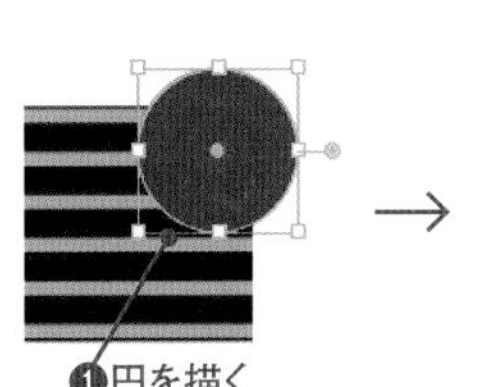

図形のバウンディングボックスやパスの色はレイヤーカラーで表示される

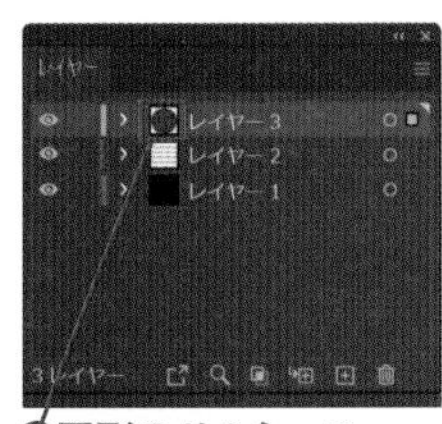

レイヤーの削除

1 オブジェクトの選択を解除してから、レイヤーパネルで「レイヤー 1」レイヤーを選び❶、[選択項目を削除] をクリックします❷。警告ダイアログボックスが表示されるので [はい] をクリックします❸。

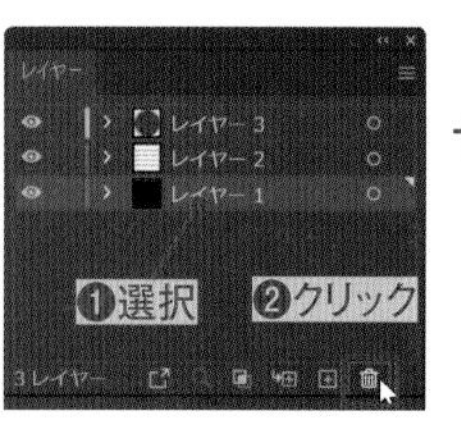

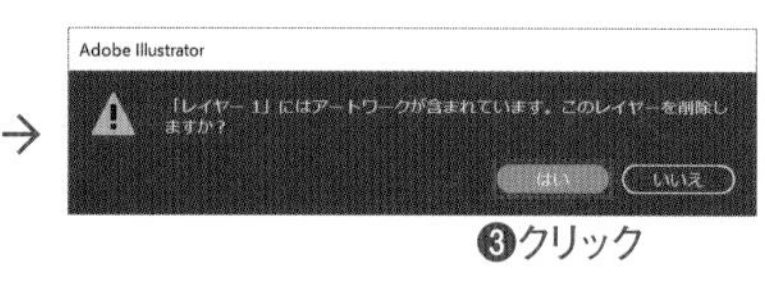

削除するレイヤーにオブジェクトがあると、警告ダイアログボックスが表示される

2 レイヤーが削除され❶、「レイヤー1」レイヤーにあったオブジェクトは、レイヤーと一緒に削除されます❷。

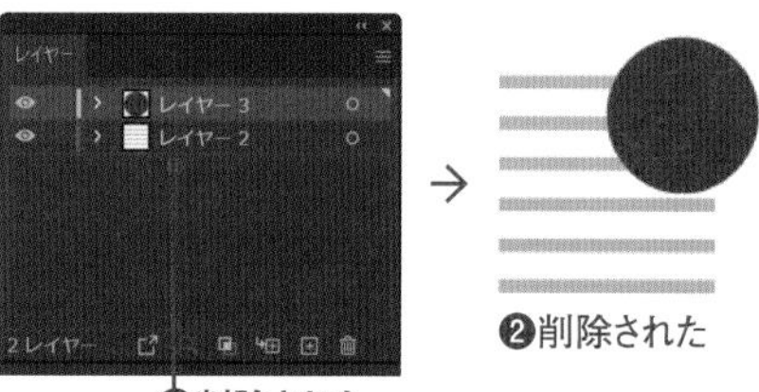

レイヤー名の変更とカラーの変更

レイヤーパネルで「レイヤー 3」の文字の上をダブルクリックします❶。名称の変更ができるので「円」と入力して Enter キーを押します。同様に「レイヤー 2」を「線」に変更します❷。「円」レイヤーの文字がない部分をダブルクリックして [レイヤーオプション] ダイアログボックスを表示し、カラーを別の色に変えて❸、[OK] をクリックします❹。レイヤーカラーが変わり、レイヤー内の図形を選択したときの色が変わります❺。

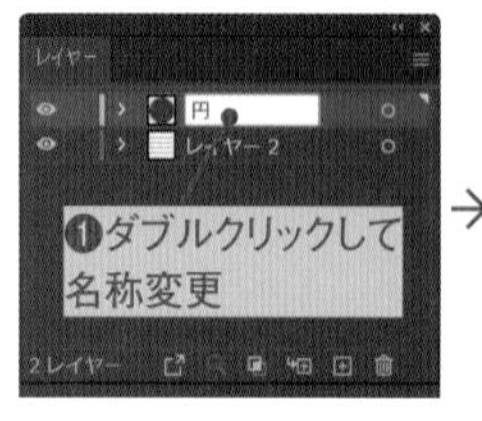

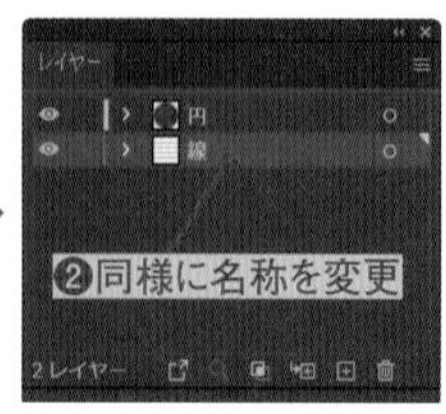

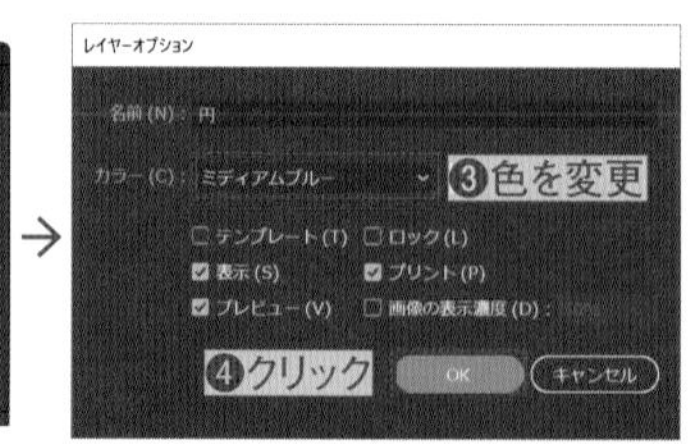

STEP 02 レイヤーの表示とロック

2021 2020 2019

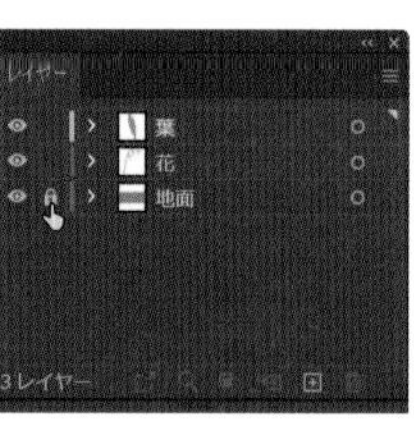

レイヤーのロック、表示の切り替えを上手に使うと、不要なオブジェクトを選択せずに作業を進めることができます。

 Lesson05 ▶ L5-1S02.ai

表示のオン／オフ

1 レッスンファイルを開きます。レイヤーパネルで「地面」レイヤーの👁アイコンをクリックして、表示をオフにします❶。レイヤーにあるオブジェクトも非表示になります❷。

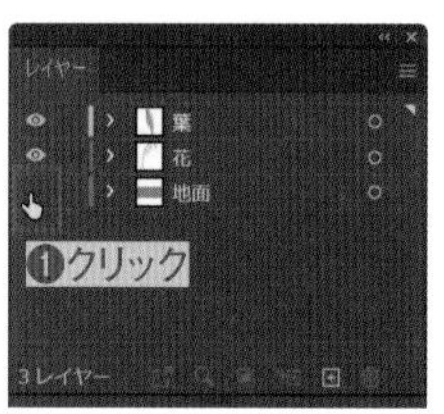

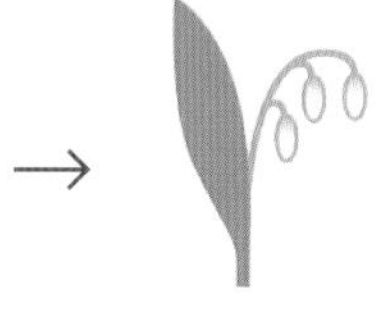

❷非表示になった

2 再びクリックして表示をオンにします❶。再度、オブジェクトが表示されました❷。ほかのレイヤーでも順に試してみましょう。

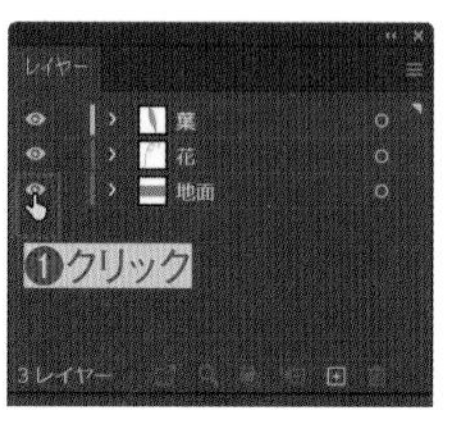

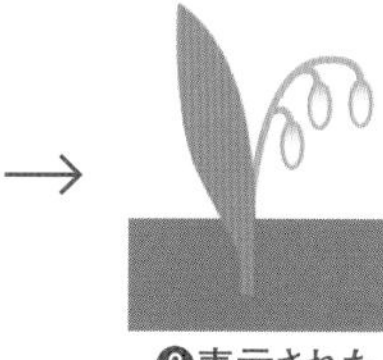

❷表示された

Macでは、キーは次のようになります。 Ctrl → ⌘　Alt → option　Enter → return

3　Alt キーを押しながら表示アイコンをクリックすると❶、クリックしたレイヤー以外のレイヤーの表示をすべてオン／オフできます❷。

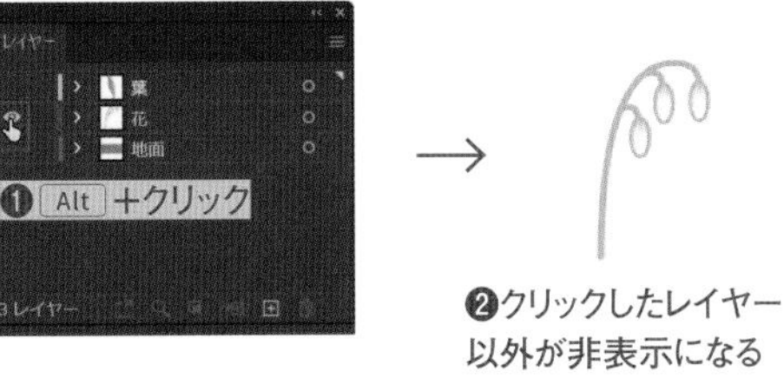

4　Ctrl キーを押しながら表示アイコンをクリックすると❶、クリックしたレイヤーのオブジェクトの表示モードのプレビューとアウトラインを切り替えられます。

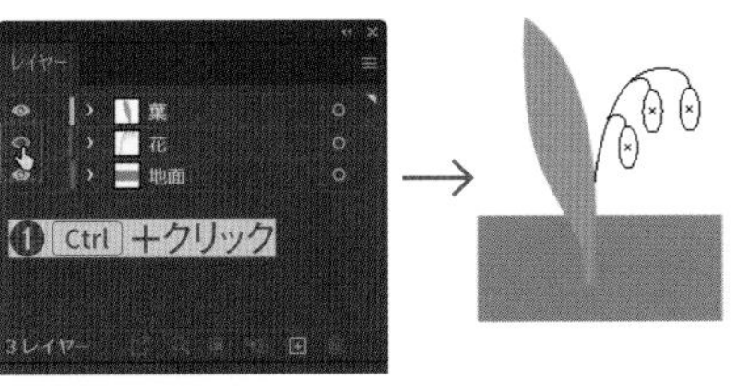

アウトラインモードは、パスだけが表示されるので、パスを微調整したい場合に便利

ロックとアンロック

1　「地面」レイヤーの「ロックを切り替え」をクリックして鍵のアイコンを表示させます❶。これでオブジェクトを選択できないロックの状態になります。

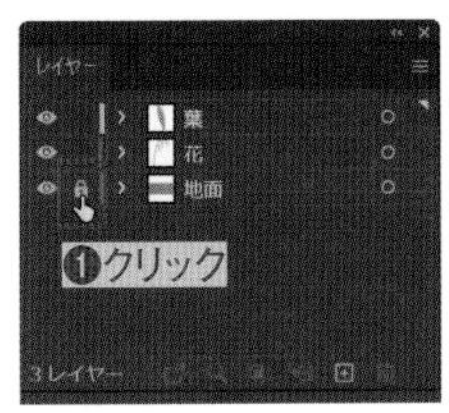

2　選択ツールで全体を選択して❶、ドラッグして移動します❷。「地面」レイヤーのオブジェクトは選択されず、移動しないことを確認します。をクリックするとロックは解除されます。

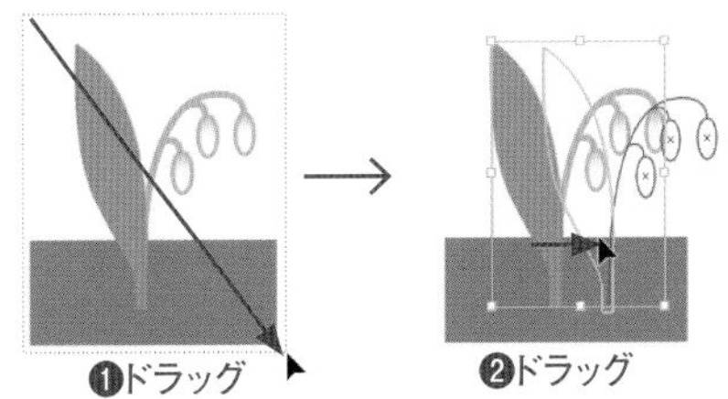

STEP 03 レイヤーの移動と結合

2021　2020　2019

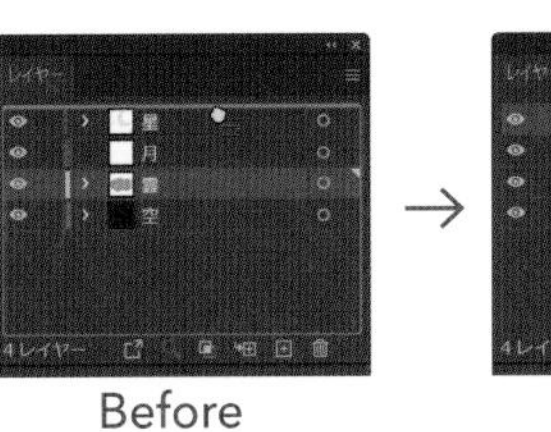

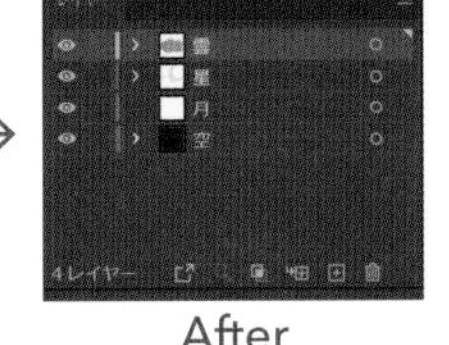

レイヤーでオブジェクトを分けて制作しておけば、後からレイヤーごとに重ね順を変更できます。オブジェクトのレイヤー間の移動も行えます。

Lesson05 ▶ L5-1S03.ai

レイヤーの順番を入れ替える

1　レッスンファイルを開きます。レイヤーパネルで「雲」レイヤーを選択します❶。雲は月の背面にあります。

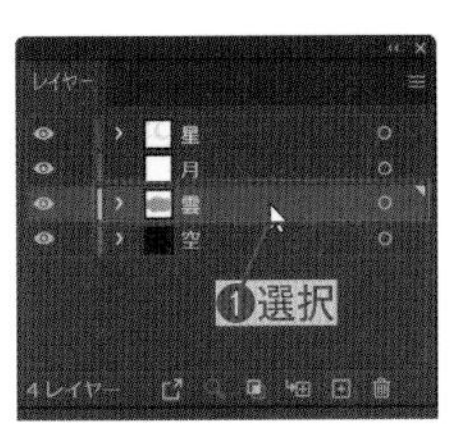

バージョンによってレイヤーカラーが異なる

2　「雲」レイヤーをドラッグして「星」レイヤーの上に移動させます❶。雲が星や月よりも前面に移動します。

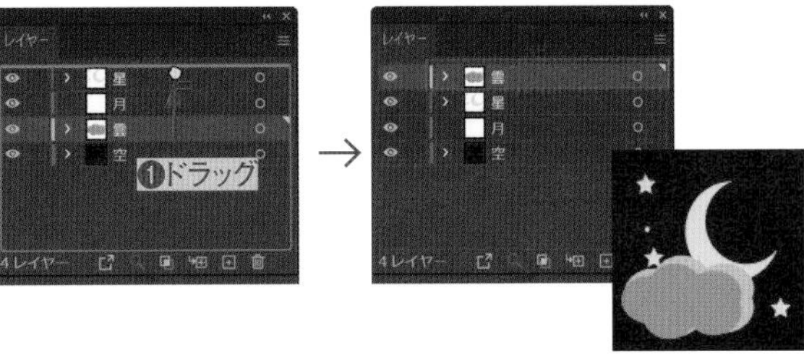

オブジェクトの編集と合成

Lesson 05　06　07　08　09　10　11　12　13　14　15

オブジェクトを別のレイヤーに移動

1 選択ツール で月のオブジェクトを選択します❶。「星」レイヤーの右端にレイヤーカラーの■が表示され、オブジェクトは「星」レイヤーにあることがわかります❷。

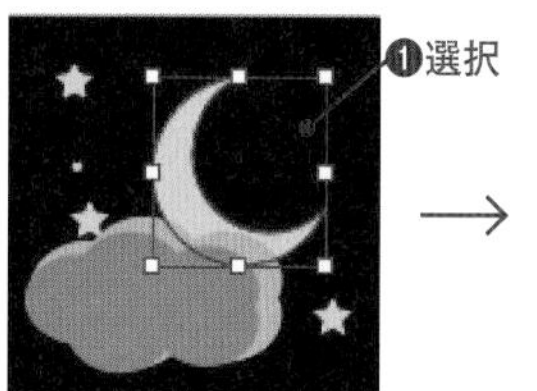

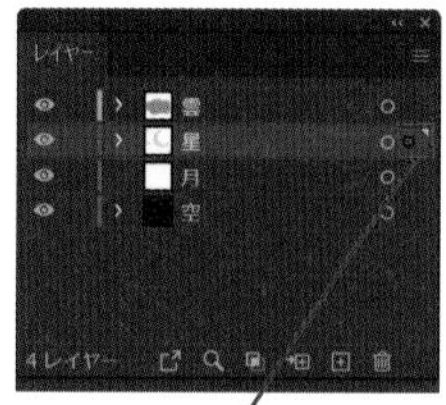

2 ［選択中のアート］の■をドラッグして、「月」レイヤーに重ねてマウスボタンを放します❶。選択したオブジェクトが「月」レイヤーに移動します❷。

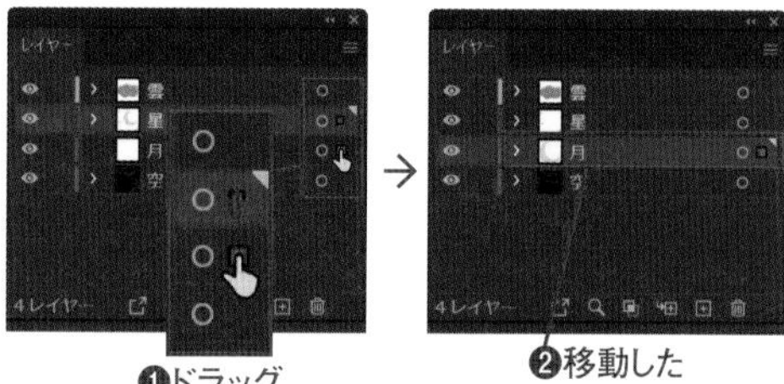

レイヤーの結合

レイヤーパネルで Ctrl キーを押しながら「雲」、「星」、「月」の3つのレイヤーを順番にクリックして選択します❶。パネル右上の をクリックしてパネルメニューを表示し❷、［選択レイヤーを結合］を選びます❸。選択したレイヤーは、最後に選択したレイヤーに結合されます❹。

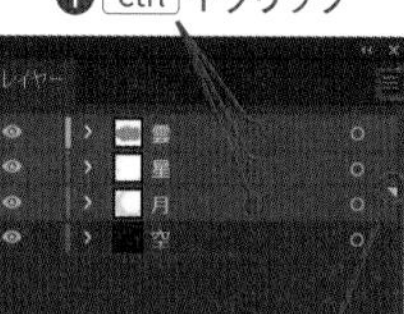

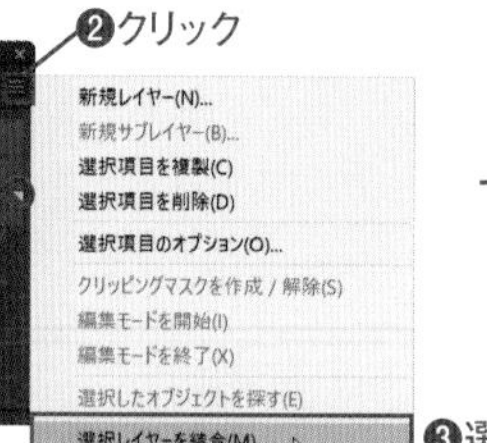

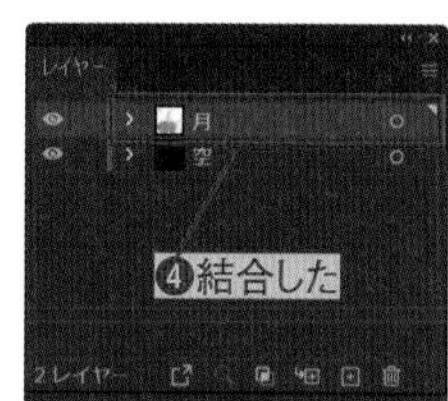

CHECK!

レイヤーのコピー

レイヤーパネルでレイヤーを［新規レイヤーを作成］までドラッグすると、レイヤーをコピーできます。レイヤーのオブジェクトも、一緒にコピーされます。

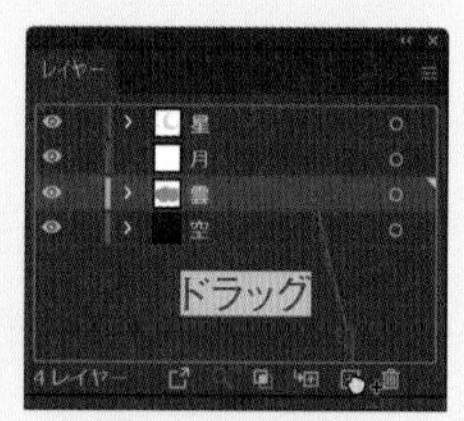

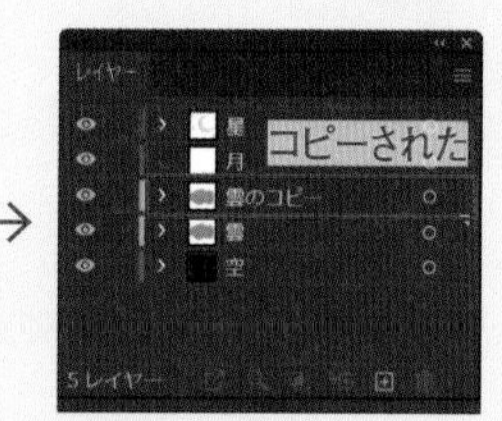

COLUMN

レイヤーを展開してオブジェクトの移動、コピー

レイヤーパネルでは、レイヤーを展開表示してレイヤー内のオブジェクトを表示できます。レイヤー内のオブジェクトも、レイヤーと同様にドラッグしてほかのレイヤーに移動することができます。

また、移動するときに Alt キーを押しながらドラッグすると、移動先にオブジェクトをコピーできます。

レイヤーも Alt キーを押しながらのドラッグでコピーできます。

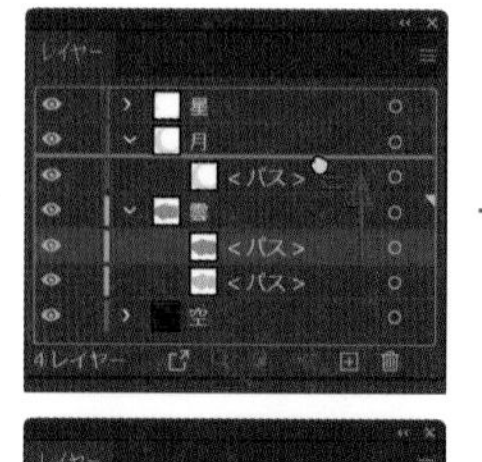

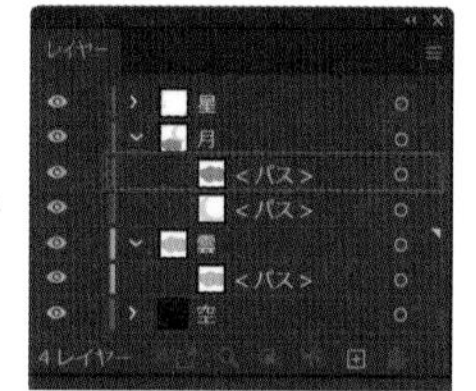

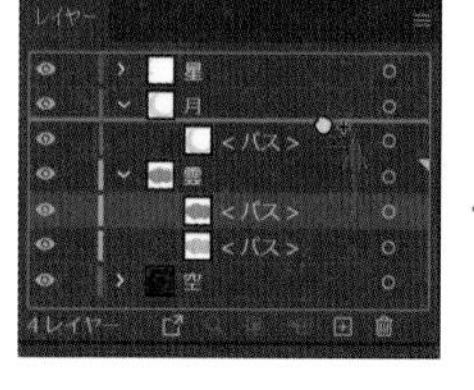

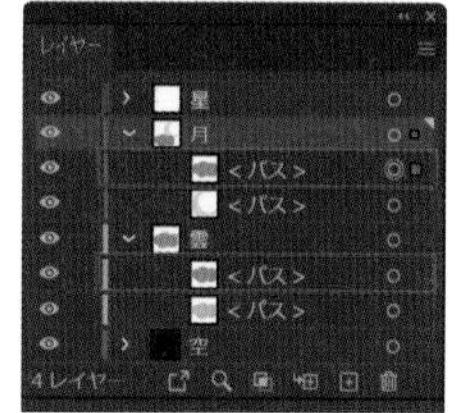

Macでは、キーは次のようになります。 Ctrl → ⌘　Alt → option　Enter → return

5-2 オブジェクトの複製

Illustratorでのアートワーク制作では、オブジェクトの複製は欠かせない作業となります。単純な同じオブジェクトの複製と、変形しながらの複製があるので、しっかり覚えておきましょう。

STEP 01 コピーとペースト

2021 2020 2019

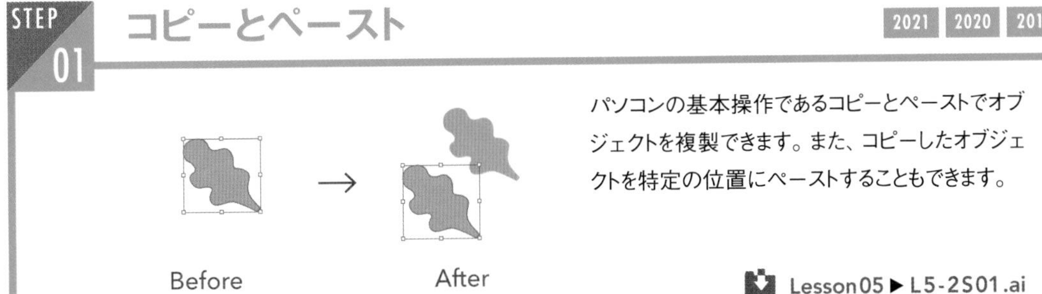

パソコンの基本操作であるコピーとペーストでオブジェクトを複製できます。また、コピーしたオブジェクトを特定の位置にペーストすることもできます。

Lesson05 ▶ L5-2S01.ai

1 レッスンファイルを開きます。選択ツール でオブジェクトを選択し❶、Ctrlキーを押しながらCキーを押します❷。これは［編集］メニュー→［コピー］のショートカットです。よく使うので覚えておきましょう。

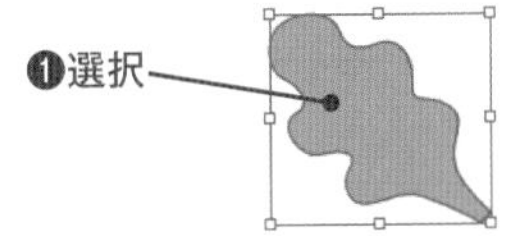

2 Ctrlキーを押しながらVキーを押してペーストします❶。これは［編集］メニュー→［ペースト］のショートカットです。アートボードには関係なく、画面の中央にペーストされます❷。

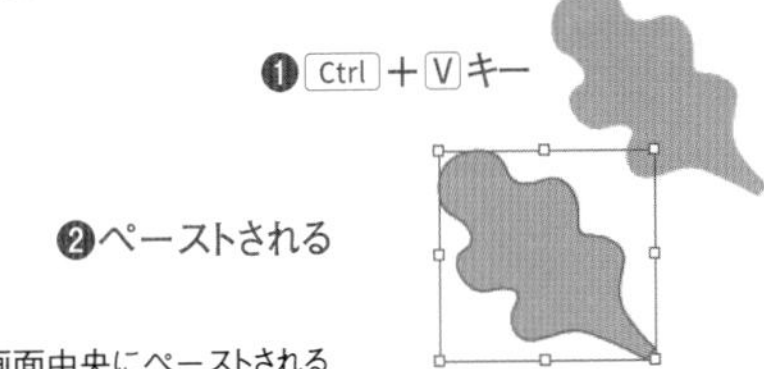

3 ペーストされたオブジェクトをCtrlキーを押しながらCキーを押してコピーしてから❶、ドラッグして少し離れた場所に移動します❷。［編集］メニュー→［同じ位置にペースト］を選びます❸。コピーした位置と同じ位置にペーストされます❹。

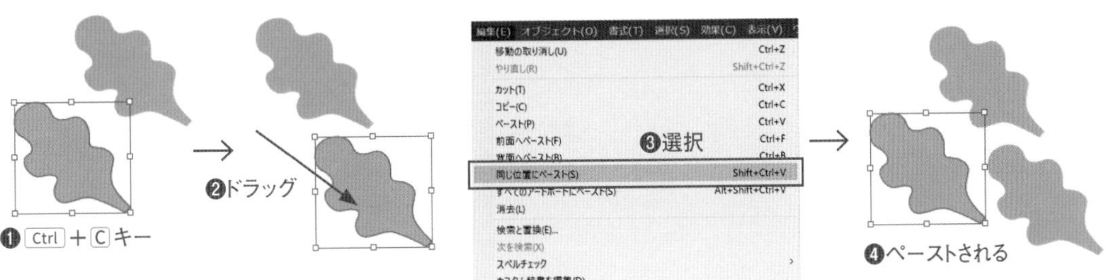

COLUMN そのほかのペースト

［前面へペースト］（または［背面へペースト］）は、コピーしたオブジェクトと同じ位置で、前面（または背面）へペーストします。［すべてのアートボードにペースト］は、複数のアートボードがあるときに、すべてのアートボードに対しコピーした位置と同じ位置にペーストします。

STEP 02 変形しながら複製する

2021　2020　2019

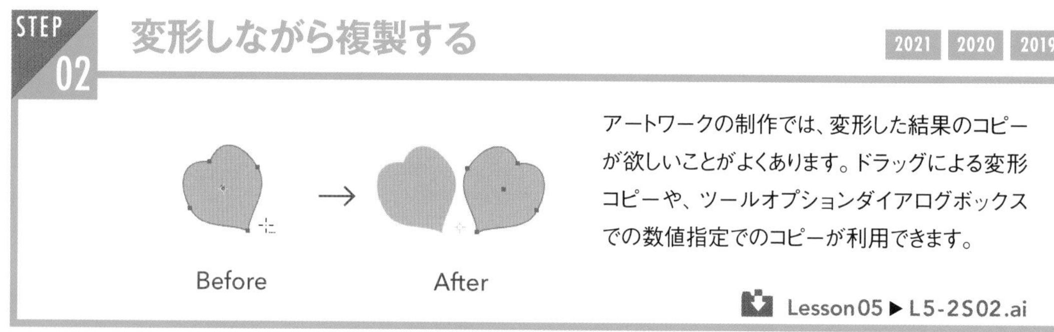

アートワークの制作では、変形した結果のコピーが欲しいことがよくあります。ドラッグによる変形コピーや、ツールオプションダイアログボックスでの数値指定でのコピーが利用できます。

Lesson05 ▶ L5-2S02.ai

ドラッグしながらコピー

レッスンファイルを開きます。選択ツールでオブジェクトAを選択し、Altキーを押しながらマウスをドラッグします❶。カーソルがの状態でマウスボタンを放すと移動先にコピーされます❷。

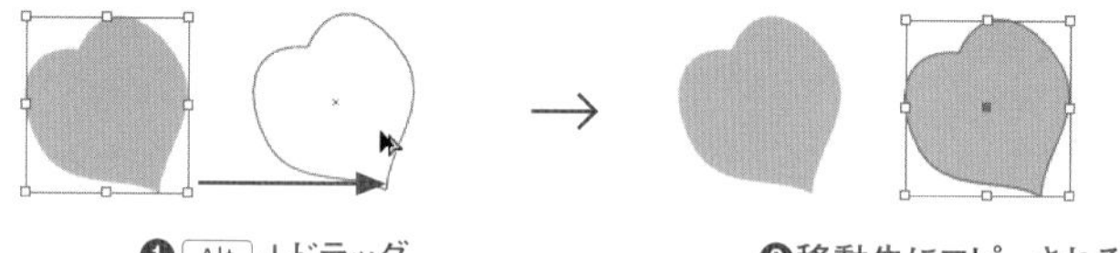

❶ Alt +ドラッグ　❷移動先にコピーされる

> COLUMN
>
> **ほかの変形ツールでもOK**
>
> Altキーを押しながらのドラッグでのコピーは、回転ツールなどのほかの変形ツールでも利用できます。試してみてください。

ツールオプションダイアログボックスでコピー

オブジェクトBを選択ツールで選択します❶。ツールバーでリフレクトツールを選び❷、Altキーを押しながら基準点をクリックします❸。［リフレクト］ダイアログボックスが表示されるので、［リフレクトの軸］を［垂直］に設定し（［角度］が「90°」に変わります）❹、［コピー］をクリックします❺。基準点を通る垂直軸に対して反転したオブジェクトがコピーされます❻。ツールオプションダイアログボックスの［コピー］は、回転ツールなどのほかのツールでも利用できます。

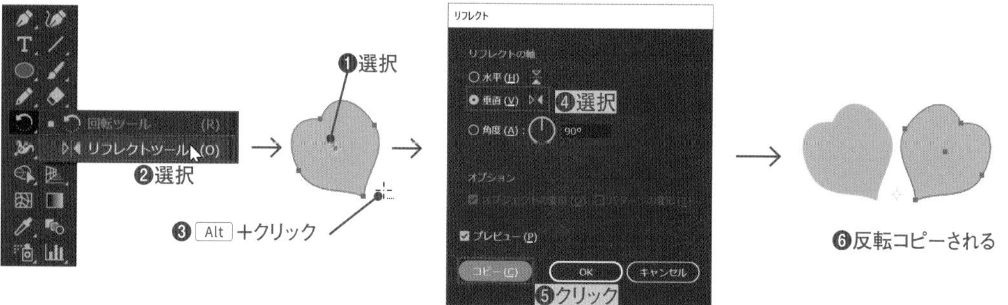

変形+コピーを繰り返す

オブジェクトCを選択ツールで選択します❶。回転ツールを選び❷、Altキーを押しながらオブジェクトの下を基準点としてクリックします❸。［回転］ダイアログボックスで［角度］を「40°」に設定し❹、［コピー］をクリックします❺。回転コピーができたら、［オブジェクト］メニュー→［変形］→［変形の繰り返し］のショートカットであるCtrl＋Dキーを数回押すと、円形状にコピーできます❻。［変形の繰り返し］は、直前に行った変形を繰り返す機能です。ショートカットを覚えておくとたいへん便利です。

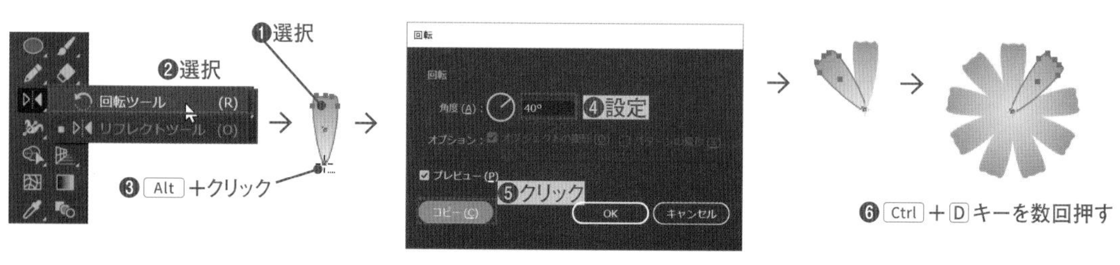

Macでは、キーは次のようになります。　Ctrl → ⌘　Alt → option　Enter → return

5-3 きれいな整列

複数のオブジェクトを上下で揃えたり、均等に並べる作業は、整列パネルやガイドを使うと簡単で正確に行えます。

STEP 01 整列パネル

2021 2020 2019

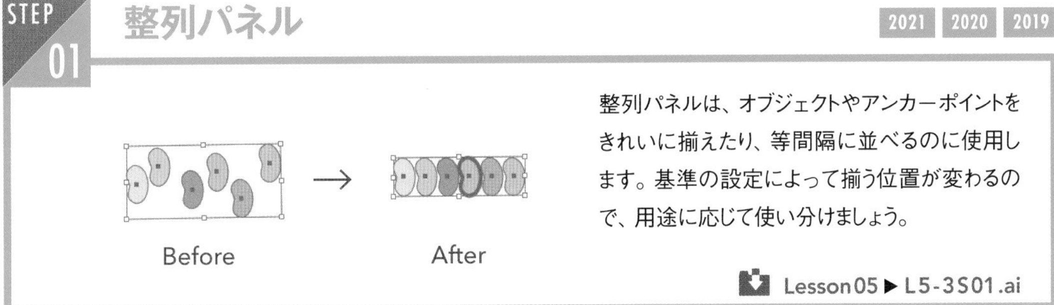

整列パネルは、オブジェクトやアンカーポイントをきれいに揃えたり、等間隔に並べるのに使用します。基準の設定によって揃う位置が変わるので、用途に応じて使い分けましょう。

Lesson05 ▶ L5-3S01.ai

選択範囲に整列

1 レッスンファイルを開きます。選択ツール を選択し❶、オブジェクトAをドラッグしてまとめて選択します❷。

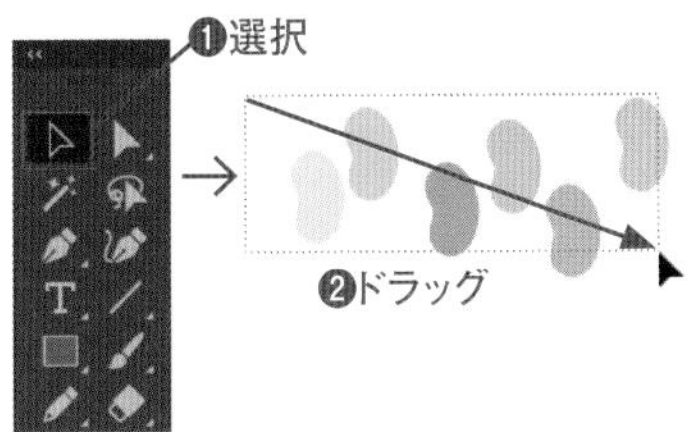

2 整列パネルの［整列］で［選択範囲に整列］を選びます❶。［垂直方向中央に整列］をクリックすると❷、選択したオブジェクトの垂直方向に中央で整列します❸。

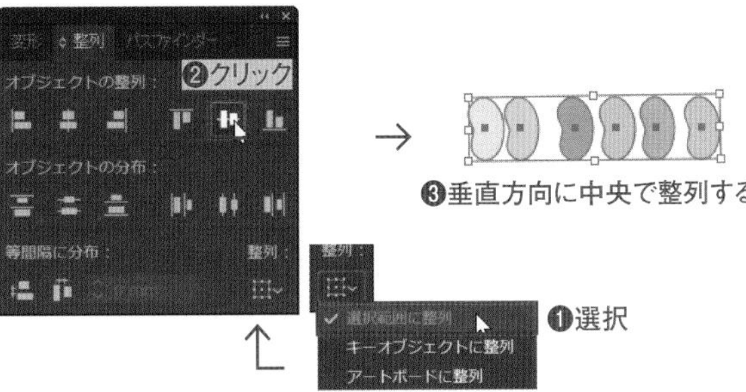

キーオブジェクトに整列

選択ツール で、オブジェクトBをまとめて選択します❶。基準にするオブジェクトをもう一度クリックし、輪郭線の表示が太く変わることを確認します❷。整列パネルの［垂直方向上に整列］をクリックして❸、選択したオブジェクトの垂直方向上で整列させます。続けて［水平方向等間隔に分布］をクリックし❹、水平方向に等間隔に並べます。

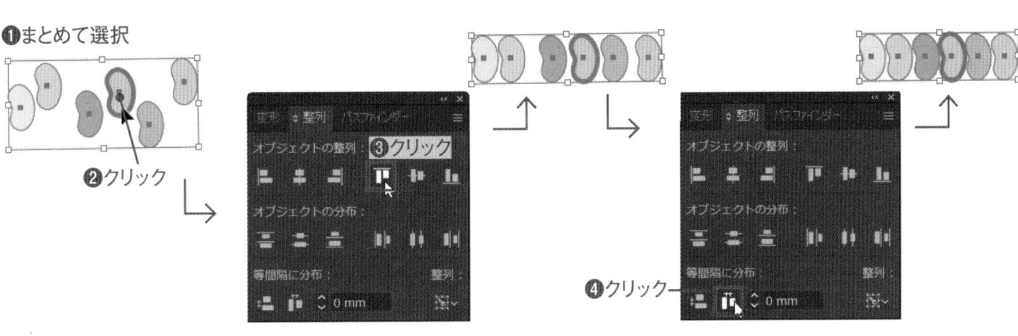

アートボードに整列

1 選択ツール▶で、オブジェクト C をまとめて選択します❶。整列パネルの［整列］で［アートボードに整列］を選びます❷。

❶まとめて選択

→

❷選択

2 ［水平方向右に整列］をクリックします❶。水平方向にオブジェクトが移動し、アートボードの右端にオブジェクトの右側が揃うように整列します❷。

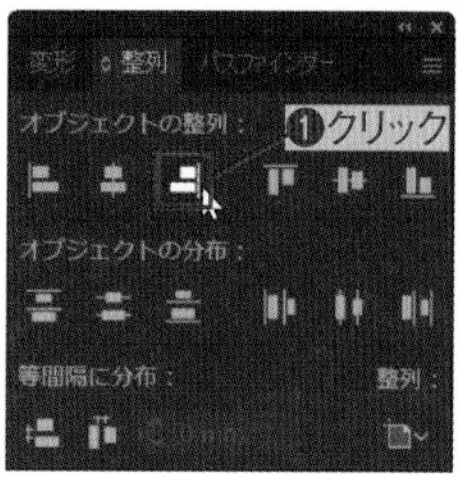

→

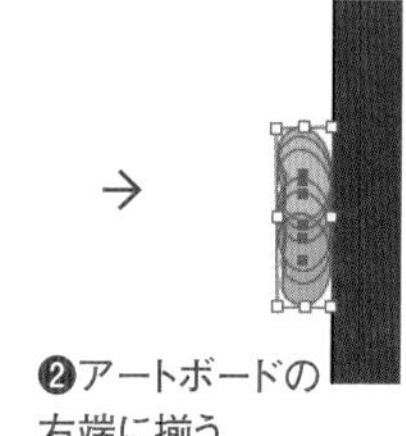

❷アートボードの右端に揃う

アンカーポイントの整列

1 オブジェクト D を使います。ダイレクト選択ツール▶を選択します❶。ドラッグしてパスの両端以外のアンカーポイントを選択します❷。

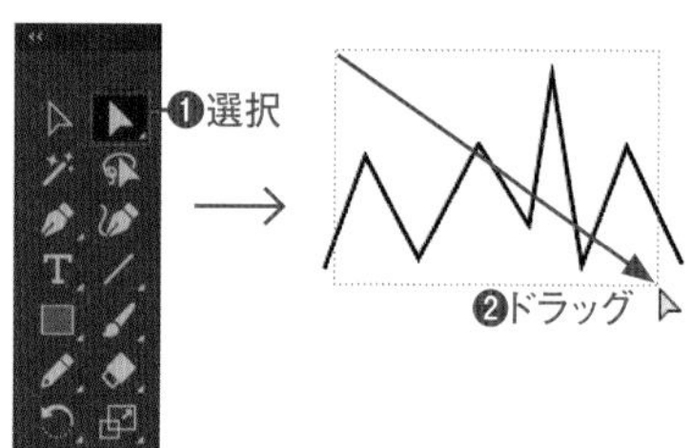

2 整列パネルの［整列］で［選択範囲に整列］を選びます❶。［水平方向等間隔に分布］をクリックします❷。選択したアンカーポイントが、等間隔に並びます❸。

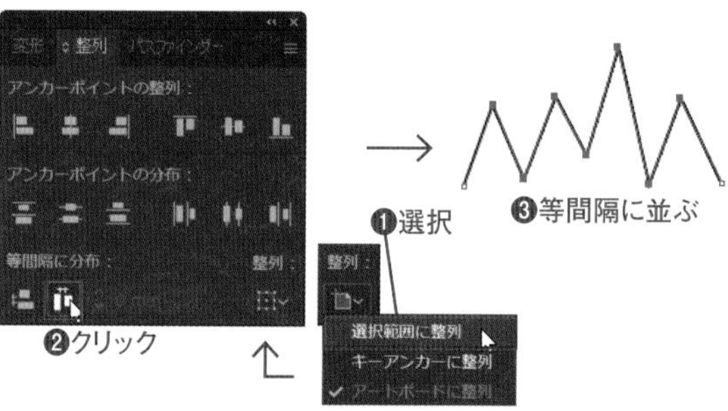

3 ダイレクト選択ツール▶でパスの下側のアンカーポイントを Shift キーを押しながら選択します❶。最後に右下のアンカーポイントを選択してください❷。

❷最後に選択

❶ Shift ＋クリックで選択

4 ［垂直方向下に整列］を選びます❶。最後に選択したアンカーポイントがキーアンカーになり、そのアンカーポイントにほかのアンカーポイントが揃います❷。

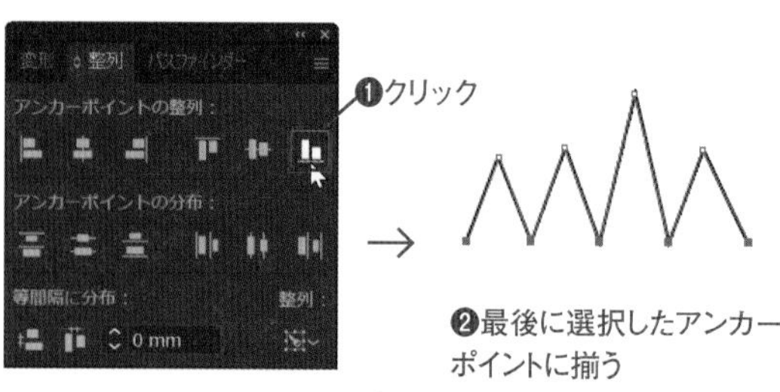

> COLUMN
>
> **アンカーポイントの整列の注意**
>
> 整列パネルは、ダイレクト選択ツール▶で選択したアンカーポイントも整列・分布の対象となりますが、すべてのアンカーポイントが選択されていると動作しません。ご注意ください。

Macでは、キーは次のようになります。 Ctrl → ⌘ Alt → option Enter → return

STEP 02 ガイドの使用

2021 2020 2019

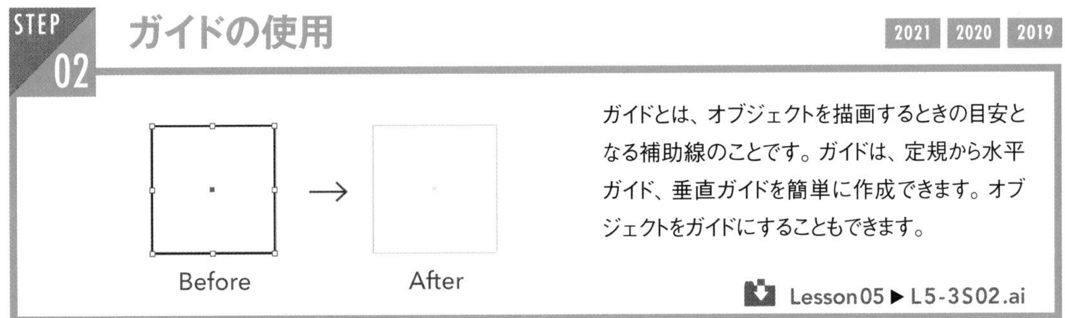

ガイドとは、オブジェクトを描画するときの目安となる補助線のことです。ガイドは、定規から水平ガイド、垂直ガイドを簡単に作成できます。オブジェクトをガイドにすることもできます。

Lesson05 ▶ L5-3S02.ai

定規からガイドを作成

1　レッスンファイルを開きます。[表示]メニュー→[定規]→[定規を表示]を選びます❶。画面に定規が表示されます。

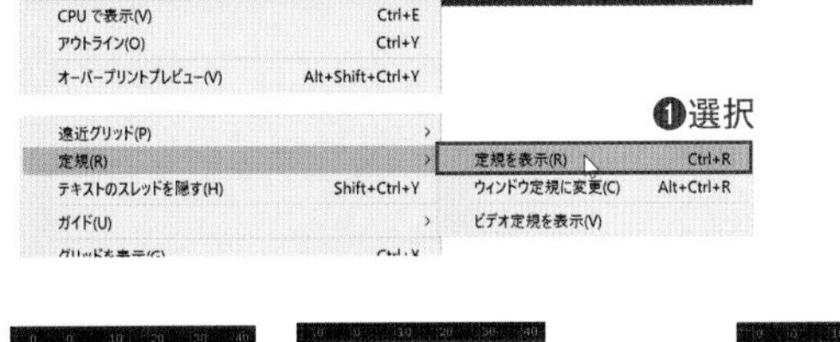

2　定規の上にカーソルを移動し、定規からアートボード上にドラッグすると❶、ガイドが作成されます❷（ガイドが表示されないときは、[表示]メニュー→[ガイド]→[ガイドを表示]を選択してください）。ガイドが選択された状態で、変形パネルでX座標に「20mm」と入力して Enter キーを押します❸。ガイドの位置が移動します❹。ガイドもオブジェクトと同様に移動できるので、正確な位置にガイドを作成できます。

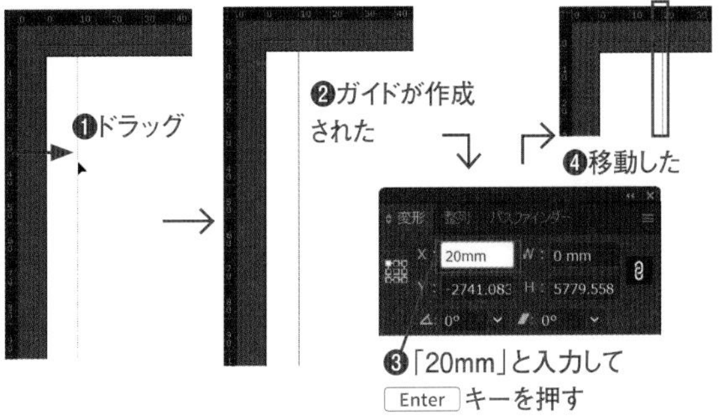

オブジェクトからガイドを作成

1　選択ツール で長方形のオブジェクトを選択し❶、[表示]メニュー→[ガイド]→[ガイドを作成]を選びます❷。オブジェクトがガイドに変換されます❸。作成後はガイドが選択されているので選択を解除してください。

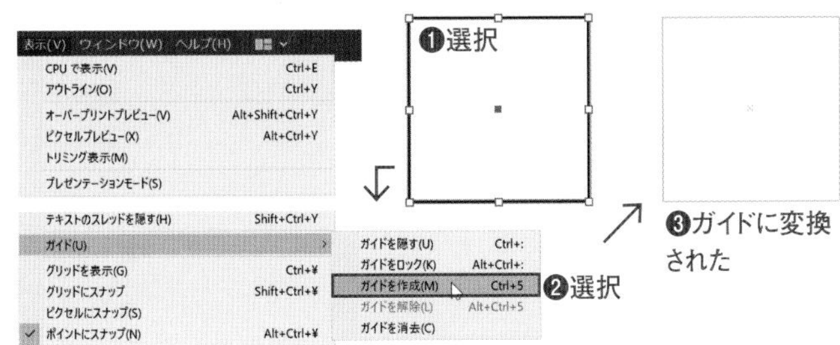

2　選択ツール で、作成したガイドの左の辺の部分を、定規から作成したガイドまでドラッグします❶。カーソルが に変わったところでマウスボタンを放します。スナップ（吸着）されたので、完全に重なっています。

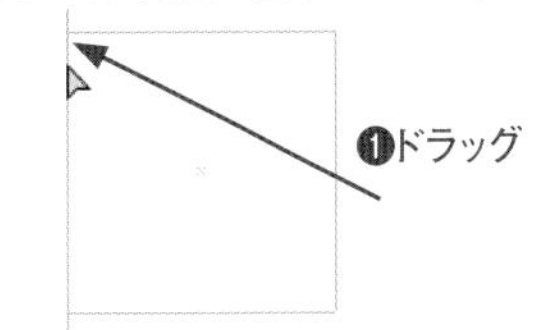

カーソルが に変化しない場合は、[表示]メニュー→[ポイントにスナップ]をオンにする

ガイドにオブジェクトをスナップ

選択ツール で六角形のオブジェクトを選択します❶。ダイレクト選択ツール に切り替えて❷、アンカーポイントにカーソルを合わせて❸、ガイドまでドラッグします。カーソルが に変わったところでマウスボタンを放すと❹、ガイドにスナップされてアンカーポイントとガイドが完全に重なります。

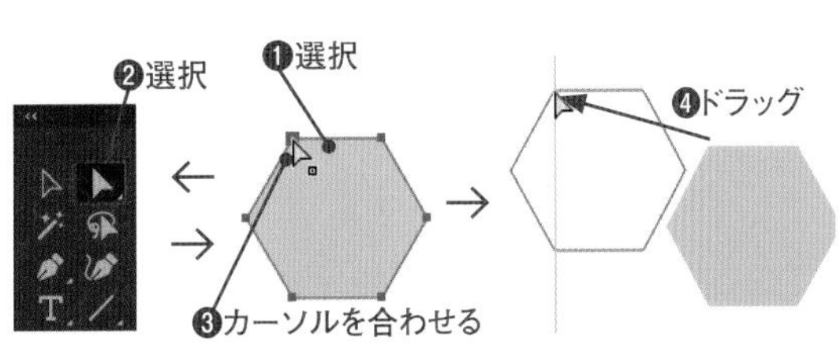

ガイドのロック・ロック解除

［表示］メニュー→［ガイド］→［ガイドをロック］を選ぶと、ガイドがロックされて選択できなくなります❶。選択ツール を選び、ドラッグしてもガイドが選択できないことを確認します❷。再び、［表示］メニュー→［ガイド］→［ガイドをロック解除］を選んで、選択できるように戻します❸。

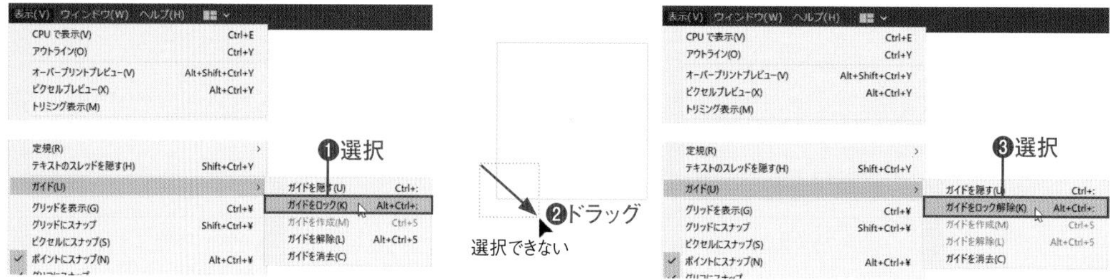

ガイドの解除・非表示

［表示］メニュー→［ガイド］では、そのほかに、［ガイドを隠す］［ガイドを解除］［ガイドを消去］を選択できます。

［ガイドを隠す］❶は、一時的にガイドを非表示にします。再度選択して表示できます。

［ガイドを解除］❷は、選択したガイドを通常のオブジェクトに戻します。

［ガイドを消去］❸は、すべてのガイドを消去します。

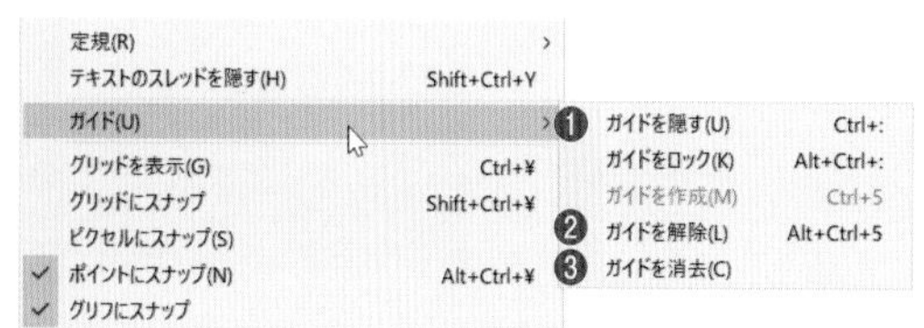

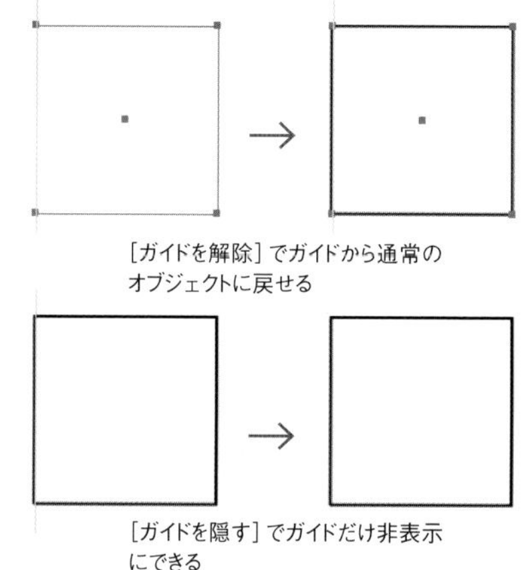

［ガイドを解除］でガイドから通常のオブジェクトに戻せる

［ガイドを隠す］でガイドだけ非表示にできる

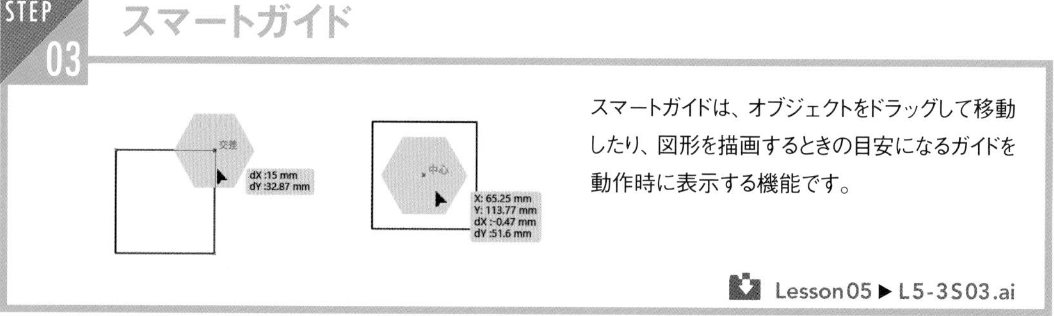

STEP 03 スマートガイド

スマートガイドは、オブジェクトをドラッグして移動したり、図形を描画するときの目安になるガイドを動作時に表示する機能です。

Lesson05 ▶ L5-3S03.ai

レッスンファイルを開きます。スマートガイドがオンになっていない場合は、［表示］メニュー→［スマートガイド］を選んでチェックをつけます❶。六角形のオブジェクトをドラッグすると、長方形のオブジェクトのアンカーポイントとの交差を示すガイドラインや、座標や距離を示す文字が表示されるので、試してみてください❷❸❹。常時オンにしておくと作業しにくいこともあるので、ショートカット Ctrl + U キーを使ってオンオフを切り替えるようにするとよいでしょう。

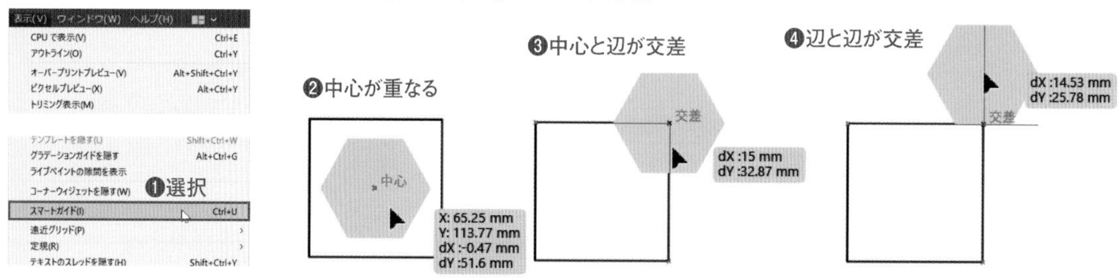

Macでは、キーは次のようになります。 Ctrl → ⌘　Alt → option　Enter → return

5-4 複数オブジェクトの扱い

オブジェクトの数が多くなってくると、さまざまな機能が必要になってきます。レイヤー以外でよく使う機能を見ていきましょう。

STEP 01 グループ化

2021 2020 2019

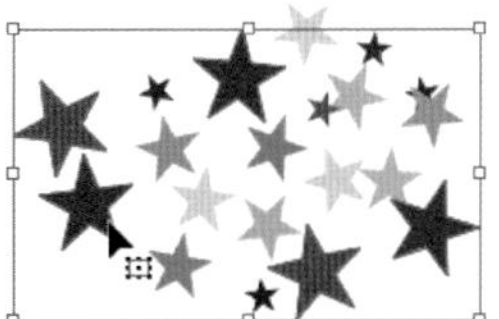

同時に設定を変えたり、ひとまとめにしておくと扱いやすいオブジェクトがある場合は、グループにしておくと管理しやすくなります。

 Lesson05 ▶ L5-4S01.ai

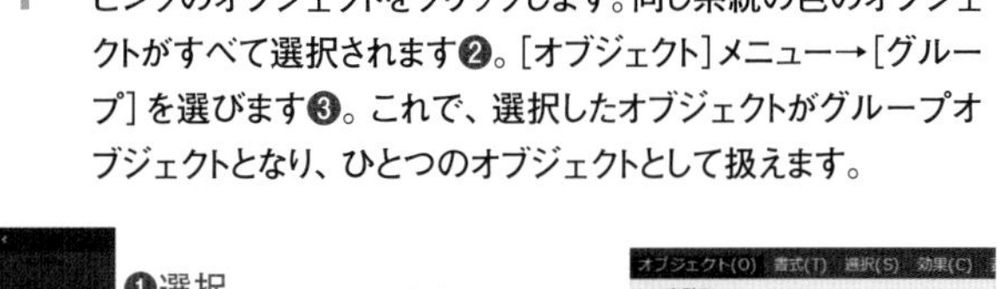

1 レッスンファイルを開き、自動選択ツール を選択します❶。ピンクのオブジェクトをクリックします。同じ系統の色のオブジェクトがすべて選択されます❷。[オブジェクト] メニュー→ [グループ] を選びます❸。これで、選択したオブジェクトがグループオブジェクトとなり、ひとつのオブジェクトとして扱えます。

2 選択ツール を選択します❶。いったん選択を解除してから❷、ピンクの星形のオブジェクトをクリックして選択し❸、グループ化されていることを確認します。

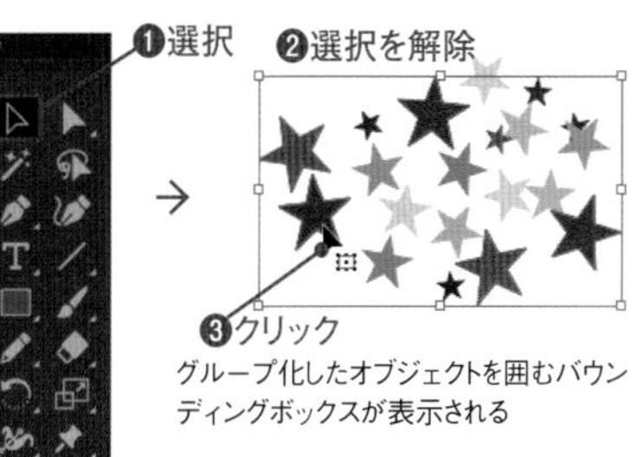

グループ化したオブジェクトを囲むバウンディングボックスが表示される

3 グループにしたオブジェクトを選択したまま❶、[オブジェクト] メニュー→ [グループ解除] を選びます❷。いったん選択を解除してから❸、ピンクの星形のオブジェクトをクリックして選択し❹、グループ解除されたことを確認します。

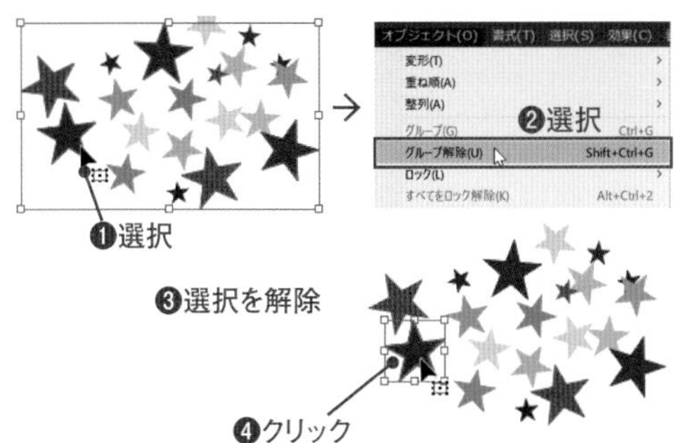

自動選択ツール

自動選択ツール は、クリックしたオブジェクトと同じ属性を持ったオブジェクトを選択できる便利なツールです。自動選択ツール を選んで Enter キーを押すと自動選択パネルが表示され、選択する範囲を設定できます。

自動選択パネルで設定された許容値が「20」なら、「M:80」を含むオブジェクトをクリックすると、「M:60」～「M:100」のオブジェクトが選択されます。

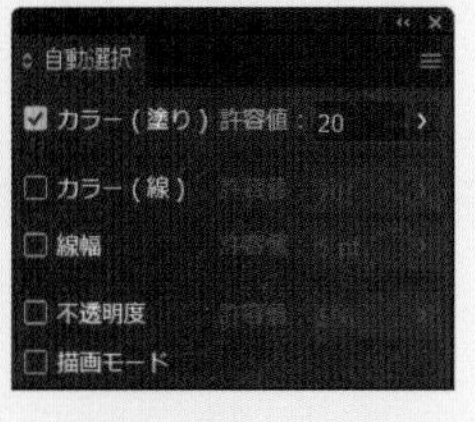

STEP 02 グループ編集モード

2021 2020 2019

グループ編集モードは、グループ化されているオブジェクトだけを、グループを解除せずに編集できる便利なモードです。

Lesson05 ▶ L5-4S02.ai

1 レッスンファイルを開きます。選択ツール で、床のオブジェクトをダブルクリックします❶。このオブジェクトはグループ化されているので、グループ編集モードに入り❷、ウィンドウ上部にグレーのバーが表示され、床と模様以外のオブジェクトの表示が薄くなります。

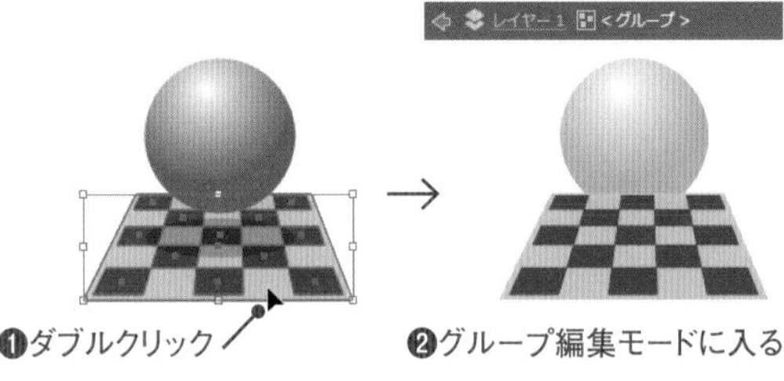

2 選択ツール のまま、床と模様がそれぞれ選択できることを確認します❶。確認したら、ウィンドウ上部のバーの文字のないグレー部分をクリックして、編集モードから抜けます❷。オブジェクトのない場所をダブルクリックしても抜けられます。

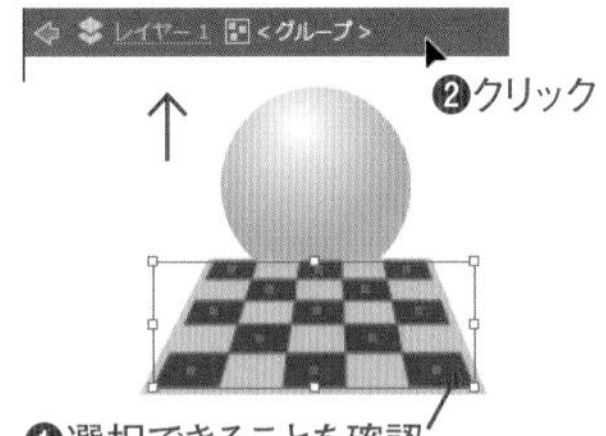

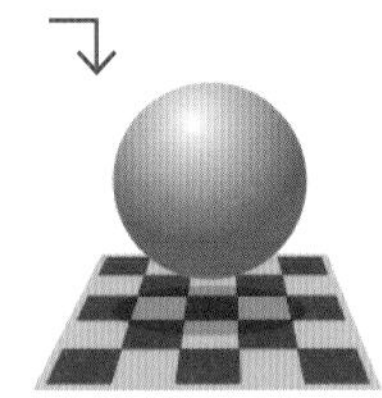

STEP 03 オブジェクトの前後関係を変更する

2021 2020 2019

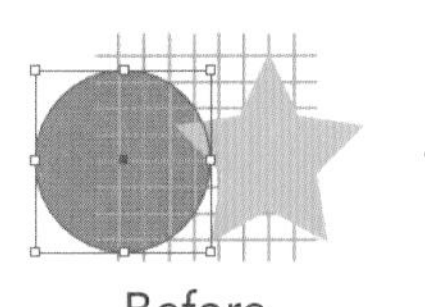

Before　→　After

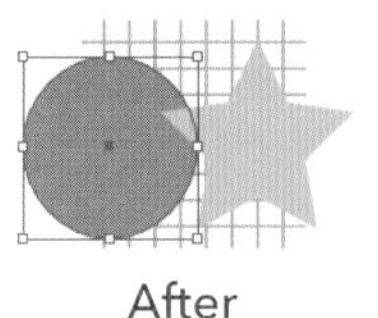

レイヤーを別にするほどの数や複雑さがない場合、オブジェクト同士の重なりを調節する方法です。ショートカットを覚えると便利です。

Lesson05 ▶ L5-4S03.ai

1 レッスンファイルを開きます。選択ツール で最背面のオレンジ色のオブジェクトを選択し❶、[オブジェクト] メニュー→[重ね順]→[前面へ] を選びます❷。選択したオブジェクトが1段階だけ前面に移動します❸。

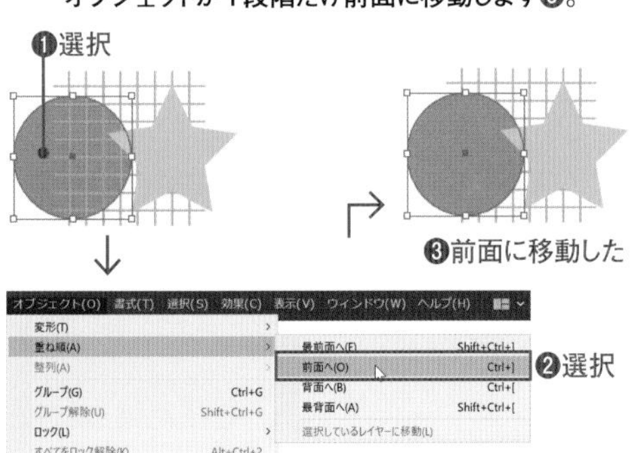

2 星型のオブジェクトを選択し❶、[オブジェクト] メニュー→[重ね順]→[最背面へ] を選びます❷。選択したオブジェクトが最背面に移動します❸。

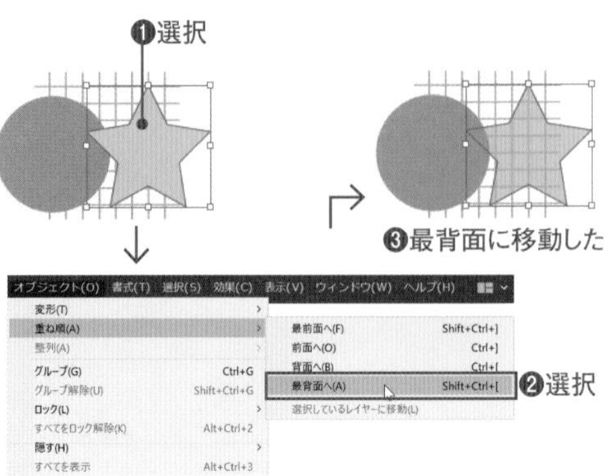

Macでは、キーは次のようになります。 Ctrl → ⌘　Alt → option　Enter → return

重ね順のショートカット

［オブジェクト］メニュー→［重ね順］の各コマンドは、よく使います。ショートカットキーを覚えておくと効率よく作業できます。

- ・最前面へ Ctrl＋Shift＋]
- ・前面へ Ctrl＋]
- ・背面へ Ctrl＋[
- ・最背面へ Ctrl＋Shift＋[

STEP 04 オブジェクトのロックと個別解除

2021 2020 2019

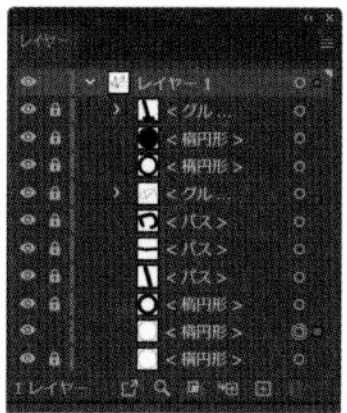

ロックとは、オブジェクトを一時的に選択できない状態にすることです。別レイヤーに分けられないオブジェクトが邪魔で、目的のポイントが選択しにくいようなときに便利な機能です。2020からはロックの解除が個別にできるようになりました。

Lesson05 ▶ L5-4S04.ai

1 レッスンファイルを開きます。選択ツール でオブジェクトをすべて囲むようにドラッグして選択し❶、［オブジェクト］メニュー→［ロック］→［選択］を選びます❷。

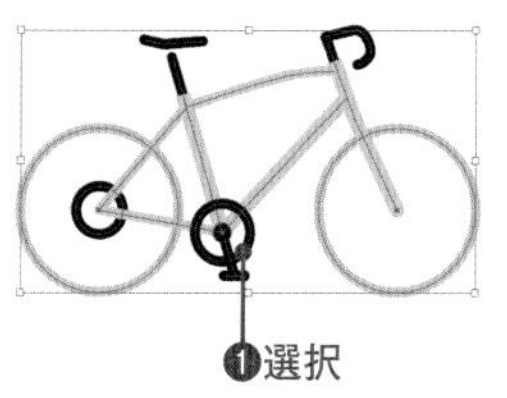

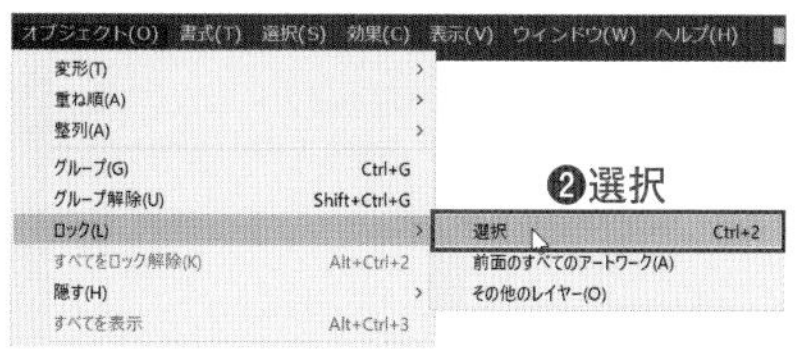

2 選択ツール でオブジェクトをドラッグして囲み❶、選択できなくなったことを確認します。

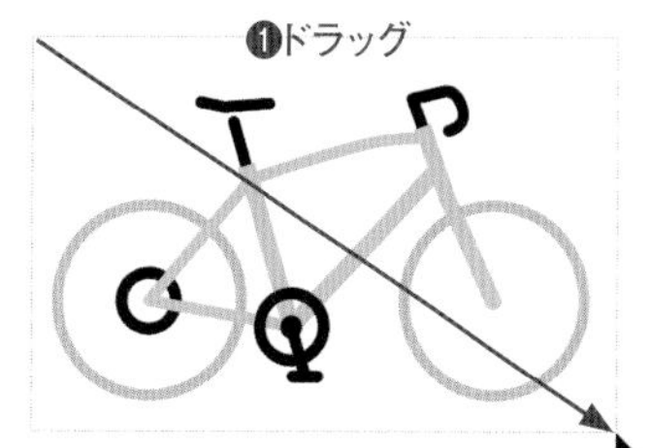

3 選択ツール で自転車の前輪を右クリックして❶、表示されたメニューの［ロック解除］から［<楕円形>］を選びます❷。［パス］がふたつ表示されてしまう場合は、クリックする場所を変えてみます。

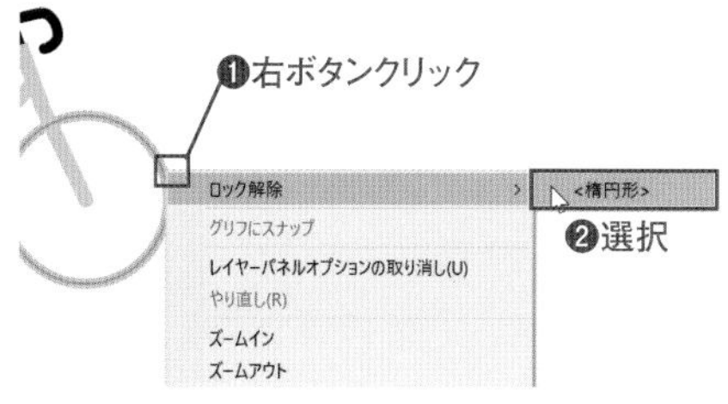

4 選択ツール で再び全体をドラッグして囲み❶、ロック解除した車輪のオブジェクトだけが選択できることを確認します❷。レイヤーパネルで「レイヤー1」レイヤーを開くと❸、下から2番目にある「<楕円形>」の鍵マークが消えているのがわかります❹。レイヤーパネルで鍵マークを操作することでロック／ロック解除を行うこともできます。

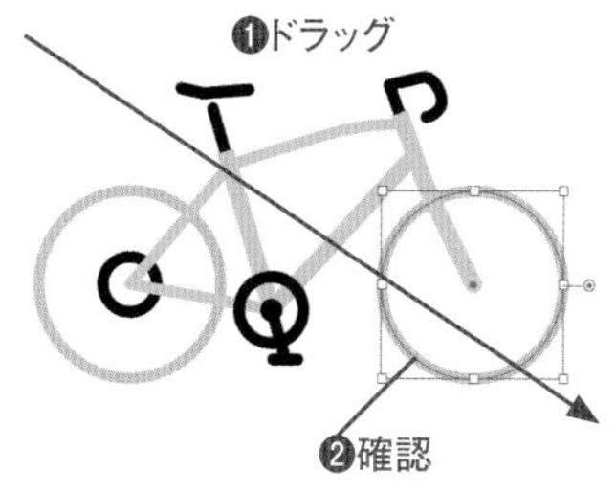

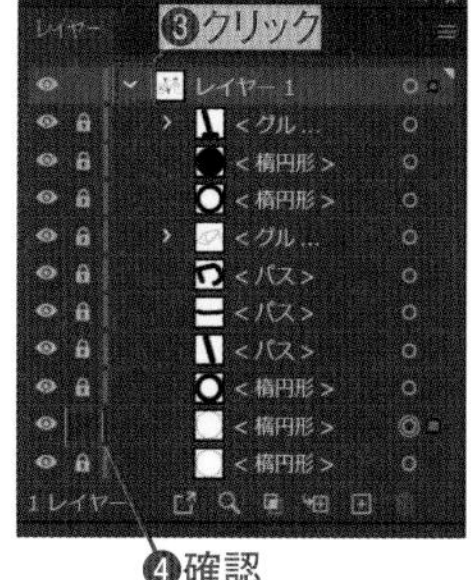

ロックのショートカット

［オブジェクト］メニュー→［ロック］もよく使います。ショートカットキーを覚えておくとよいでしょう。

- ・ロック Ctrl＋2
- ・すべてをロック解除 Alt＋Ctrl＋2

5-5 パスファインダーパネルによる合成

「オブジェクトの合成」とは、複数のオブジェクトを組み合わせるという意味です。基本的なパスファインダーパネルから見ていきましょう。

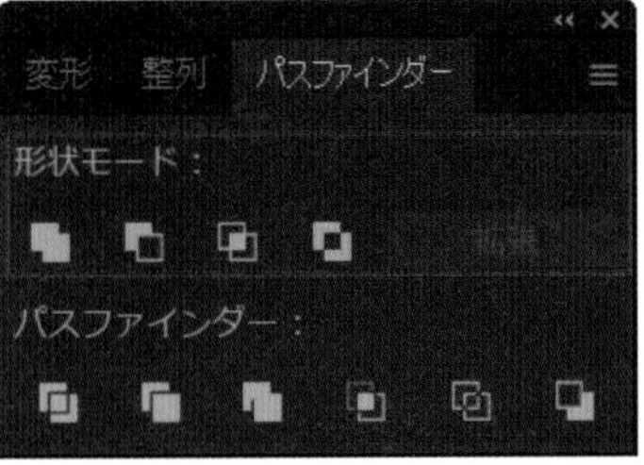

形状モード

2021 2020 2019

パスファインダーパネルの上半分は[形状モード]です。オブジェクトを選択してからアイコンをクリックすると、オブジェクトが合成されます。

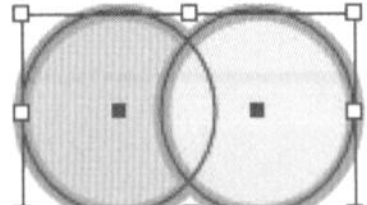
元のオブジェクト

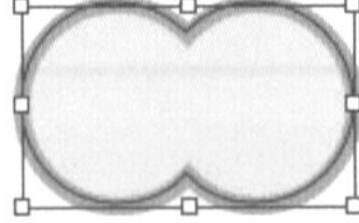
合体

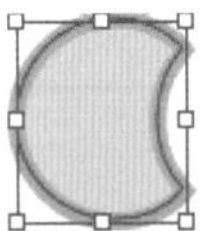
前面オブジェクトで型抜き

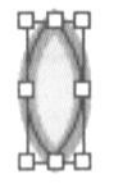

交差

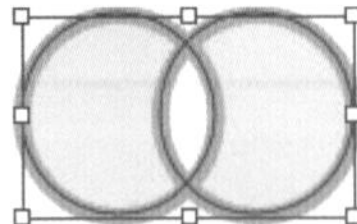
中マド

複合シェイプ

パスファインダーパネルの[形状モード]を Alt キーを押しながらクリックすると、「複合シェイプ」が作成されます。

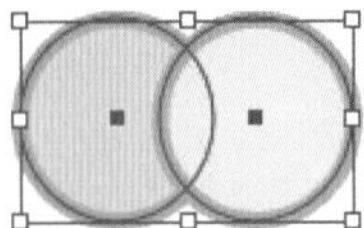
元のオブジェクト

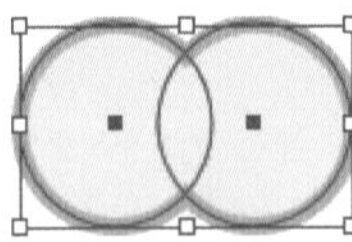
合体

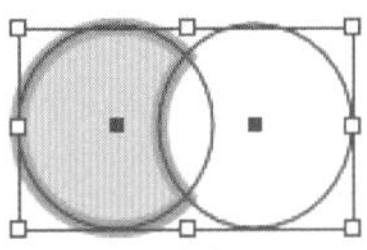
前面オブジェクトで型抜き

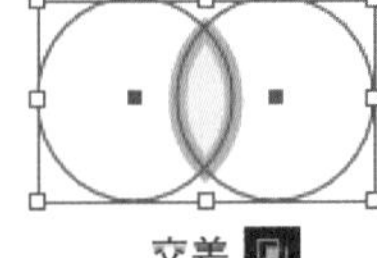
交差

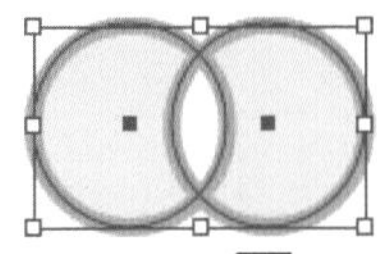
中マド

「複合シェイプ」は、オブジェクトの見た目は変化しますが、合成前のオブジェクトは保存されています。個別のオブジェクトを後から編集したい場合に便利です。複合シェイプを解除するには、パネルメニューから[複合シェイプを解除]を選びます。パネルメニューの[複合シェイプを拡張]を選ぶか、パスファインダーパネルの[拡張]ボタンを押すと、合成したひとつのオブジェクトに変換されます。

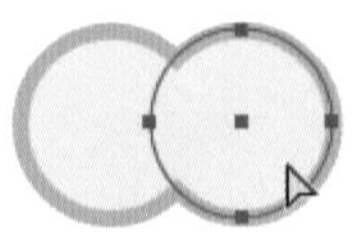
[合体]で作成した複合シェイプを編集

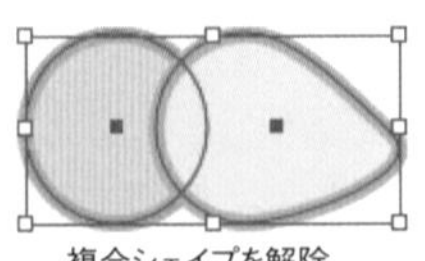
複合シェイプを解除

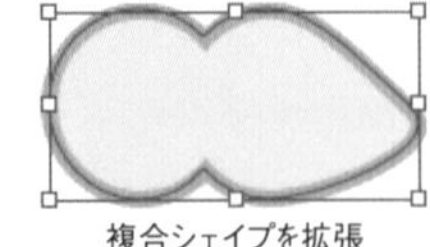
複合シェイプを拡張

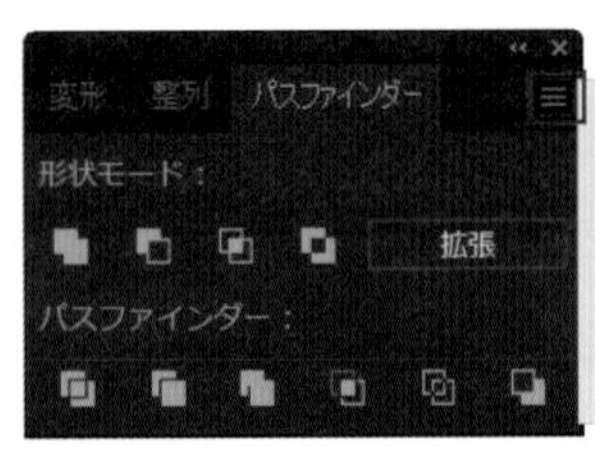

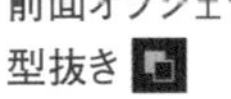

Macでは、キーは次のようになります。 Ctrl → ⌘ Alt → option Enter → return

パスファインダー　2021 2020 2019

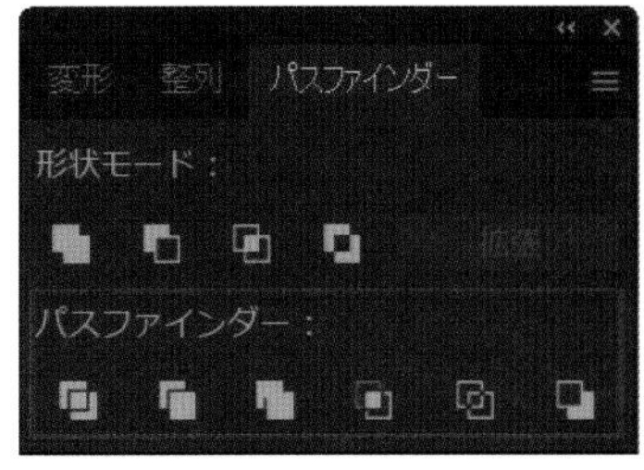

パスファインダーパネルの下半分は［パスファインダー］です。オブジェクトを選択してからアイコンをクリックすると、重なった部分で分割されます。オブジェクトはグループ化されていますが、グループ編集モードやダイレクト選択ツールを使うと、分割されていることがわかります。
［刈り込み］と［合流］はよく似ていますが、合成後に同じ色のオブジェクトが合体しないものが刈り込み、合体するものが合流です。

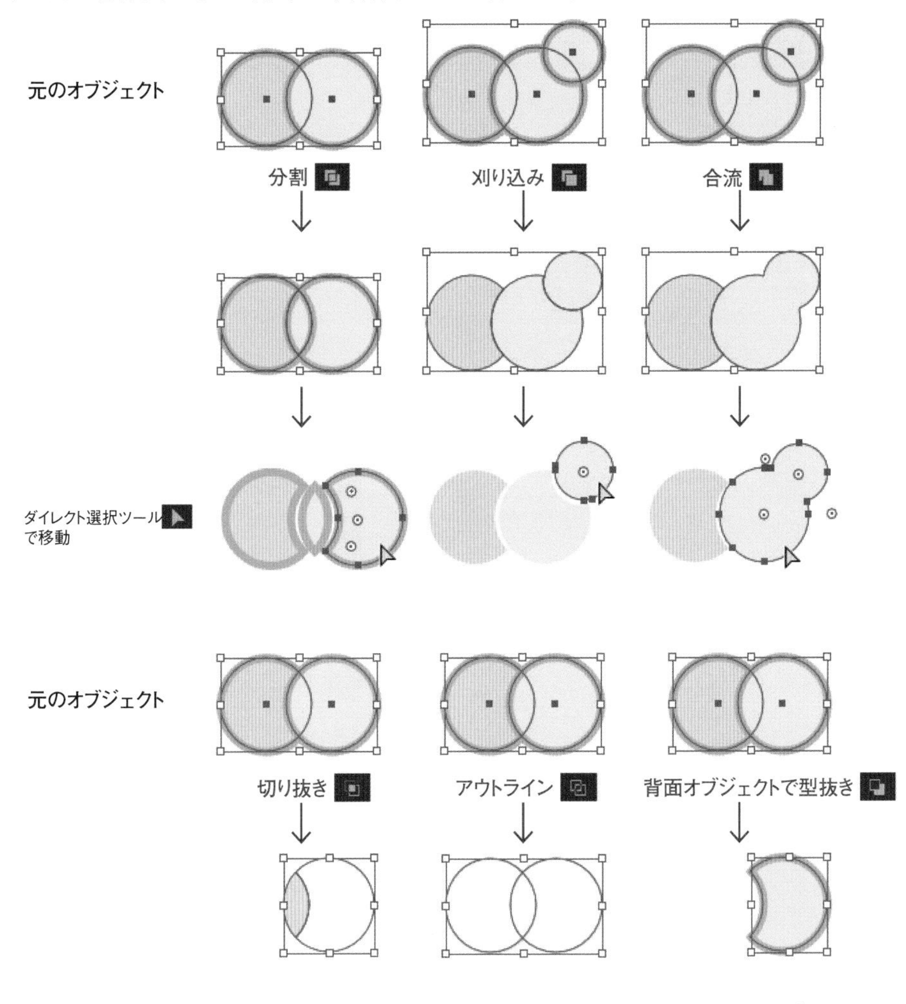

元のオブジェクト

分割　刈り込み　合流

ダイレクト選択ツールで移動

元のオブジェクト

切り抜き　アウトライン　背面オブジェクトで型抜き

CHECK!

［効果］メニューのパスファインダー

パスファインダーパネルの［パスファインダー］では、複合シェイプは作成できないため、合成後に元に戻す可能性がある場合はオブジェクトをグループ化してから［効果］メニュー→［パスファインダー］を使います。
元に戻したい場合はアピアランスパネルの［クリックで表示の切り替え］をクリックします。

5-6 シェイプ形成ツールによる合成

[シェイプ形成] ツールは、オブジェクトをクリックやドラッグすることで、合体や切り抜きができる便利なツールです。

シェイプ形成ツール

2021 2020 2019

シェイプ形成ツールの機能

パスファインダーパネルにある[合体][分割][型抜き]などの合成機能を、クリックやドラッグなどのマウス操作で簡単に使えるのが、シェイプ形成ツールです。
合成・削除するオブジェクトを選択してから利用します。

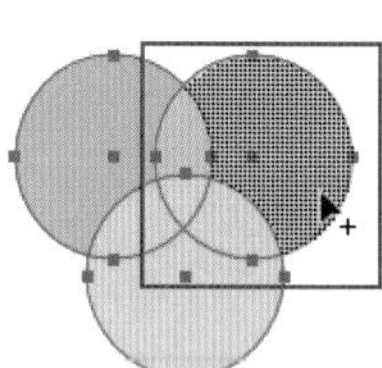

選択したオブジェクトの上にカーソルを移動すると、対象となる範囲がアミ点表示される

合成する範囲

シェイプ形成ツールには独特の表示があります。選択したオブジェクトの上にカーソルを移動すると、合体したり切り抜いたりする範囲がアミ点で表示されます。
ドラッグすると軌跡に線が表示され、その線がかかった部分が合成される範囲となり、内部はアミ点でパス部分は赤色のハイライトで表示されます。
Shift キーを押しながらドラッグすると、矩形で選択でき、選択対象を広げることができます。

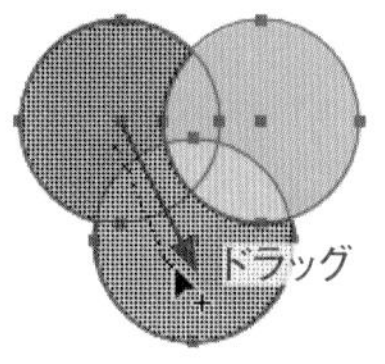

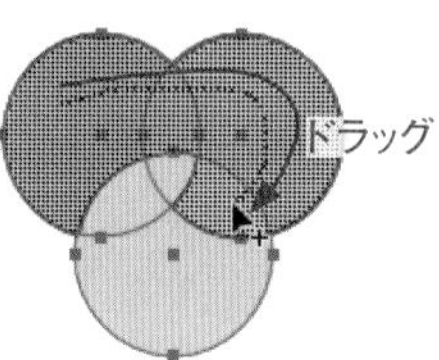

ドラッグすると軌跡に線が表示され、その線がかかった部分が合成される範囲となる。内部はアミ点、パス部分は赤色のハイライトで表示される

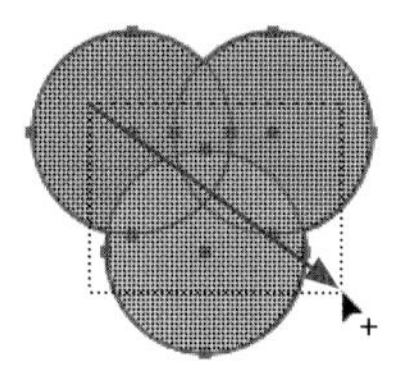

Shift キーを押しながらドラッグすると、矩形で選択できる

Shift +ドラッグ

削除

Alt キーを押しながらアミ点部分をクリックしたり、ドラッグして範囲指定すると、その部分が消去されます。範囲の指定方法は合成と同じです。
パスの部分だけを削除することもできます。パス部分は赤くハイライト表示されます。

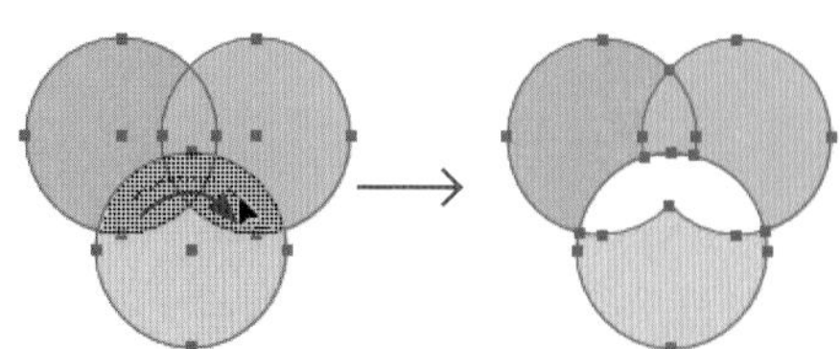

Alt +ドラッグ

Macでは、キーは次のようになります。 Ctrl → ⌘ Alt → option Enter → return

シェイプ形成ツールのオプション

ツールアイコン をダブルクリックすると［シェイプ形成ツールオプション］ダイアログボックスが表示され、オプションを設定できます。

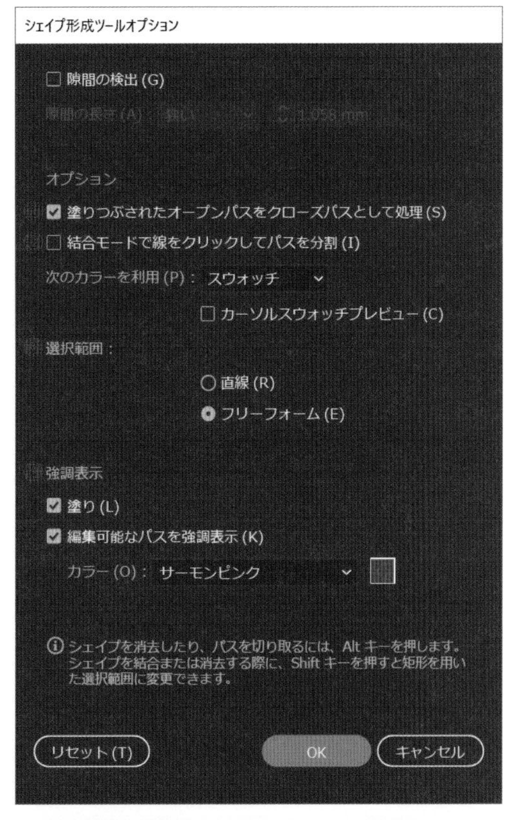

❶塗りつぶされたオープンパスをクローズパスとして処理

このチェックをオフにすると、オープンパスに塗りが設定されていても、パス部分しか扱えなくなります。

❷結合モードで線をクリックしてパスを分割

このチェックをオンにすると、面だけでなくパスを指定して切り離すことができます。

❸選択範囲

ドラッグで選択範囲を指定する際、フリーフォームにするか、直線にするかを選択します。

❹強調表示

アミ点や、選択パスのハイライト表示のオン／オフ、選択を示す色の指定ができます。

合成された部分の色

シェイプ形成ツール で合成された部分の色は、［シェイプ形成ツールオプション］ダイアログボックスの［次のカラーを利用］の設定によって決まります。

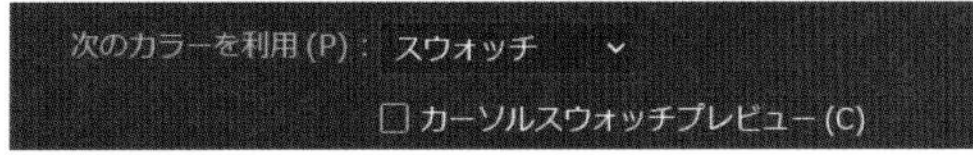

［スウォッチ］の場合

初期設定値である［スウォッチ］では、シェイプ形成ツール で合成する直前に選択されている［塗り］の色となります。通常は、シェイプ形成ツール を使用する前に選択していたオブジェクトの［塗り］の色となります。合成前であれば、スウォッチパネルやカラーパネルで合成後の色を指定できます。

［カーソルスウォッチプレビュー］オプションをチェックすると、カーソルの上に現在選択されているカラーが表示されます。スウォッチパネルから選択した色のときは、スウォッチパネルの両隣のスウォッチも表示され、矢印キーで色を変更できます。

［線］やアピアランスの設定は、［オブジェクト］を選択した場合と同じになります。

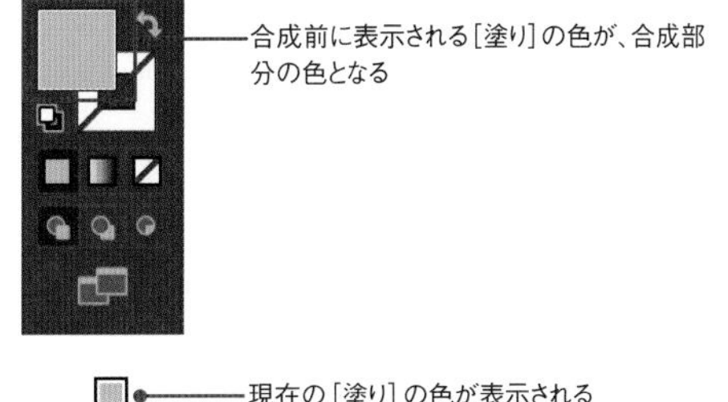

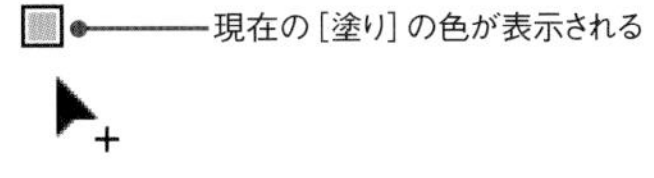

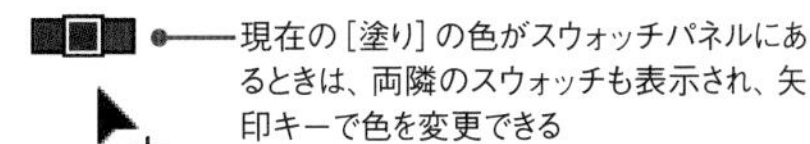

［オブジェクト］の場合

［オブジェクト］を選択した場合、以下のルールとなります。

- ドラッグをオブジェクトの内側から始めると、始めた箇所のオブジェクトの［線］やアピアランスが適用されます。
- オブジェクトの外側から内側にドラッグすると、ドラッグの最後に選択したオブジェクトの［線］やアピアランスが適用されます。
- オブジェクトの外側から外側にドラッグすると、最前面のオブジェクトの［線］やアピアランスが適用されます。

合成・分割・消去

2021　2020　2019

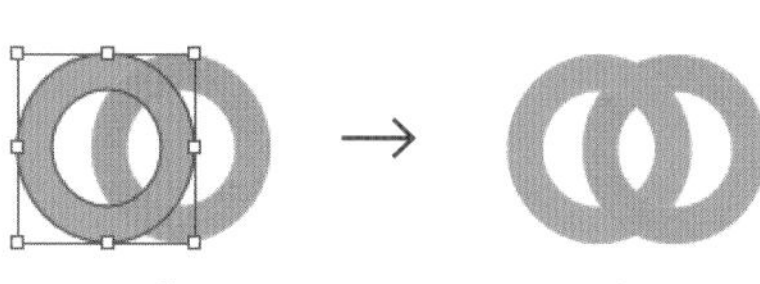

シェイプ形成ツールを使い、ドラッグ操作で選択したオブジェクトの重なっている部分を合成・分割・消去する方法を学びましょう。

Lesson05 ▶ L5-6S01.ai

カラーを設定して合体

1 レッスンファイルを開き、選択ツールでオブジェクトAのグリーンのオブジェクトを選択します❶。これで、合体後のカラーは、グリーンの［塗り］となります。次に両方のオブジェクトをドラッグして選択します❷。

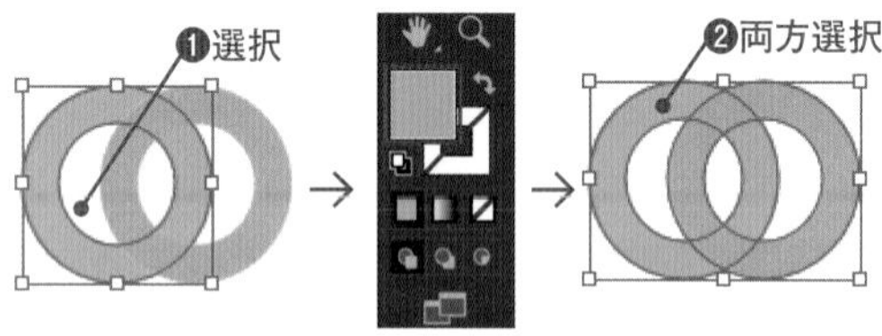

2 シェイプ形成ツールを選びます❶。図のようにドラッグすると❷、アミ点の部分が合体します❸。

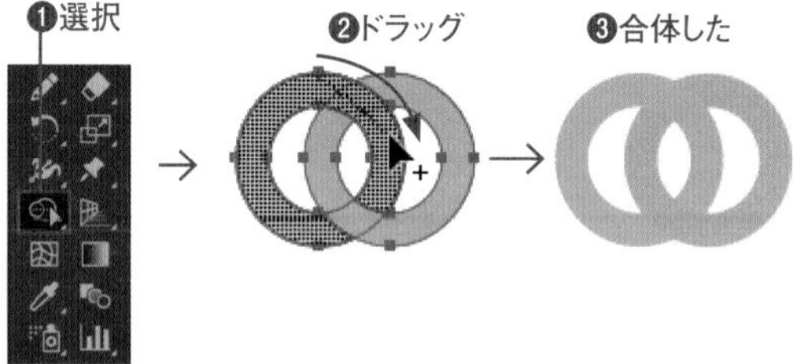

クリックで分割

1 選択ツールでオブジェクトBを両方選択します❶。シェイプ形成ツールを選び、交差部分の右側にカーソルを合わせてクリックします❷。

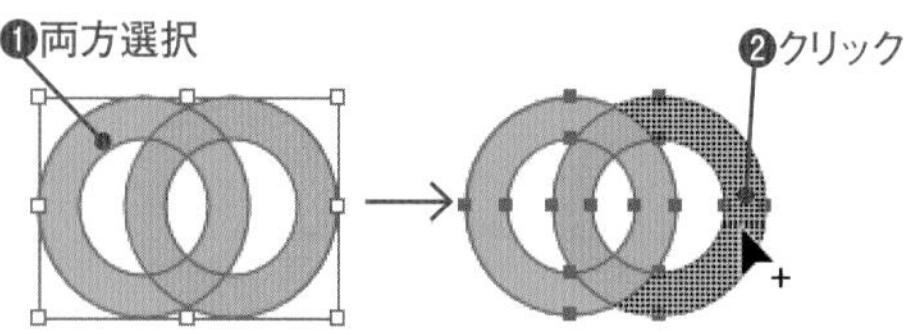

2 クリックした部分が独立したオブジェクトになります。選択ツールを選び❶、選択を解除してから右側部分をドラッグで移動して結果を確認します❷。

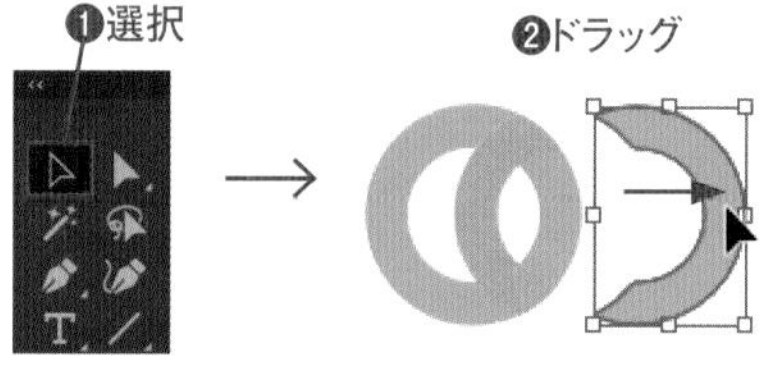

消去

1 オブジェクトC全体を選択ツールでドラッグして選択します❶。シェイプ形成ツールで、Altキーと Shiftキーを押しながら外側の長方形を選びます❷。網で表示された部分が消去されます。

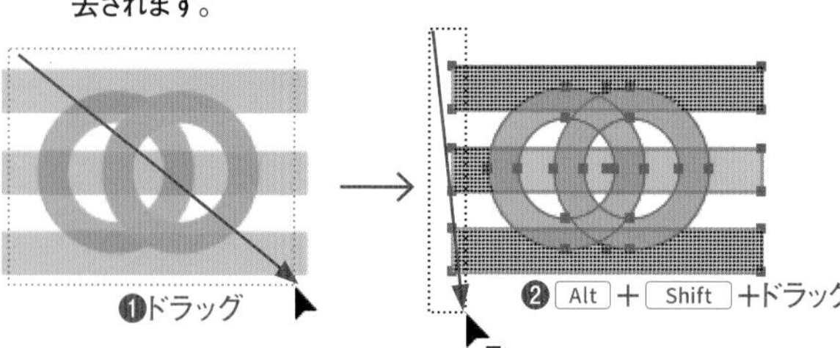

2 続けて、円と交差していない部分をAltキーを押しながら、クリックして削除します❶。

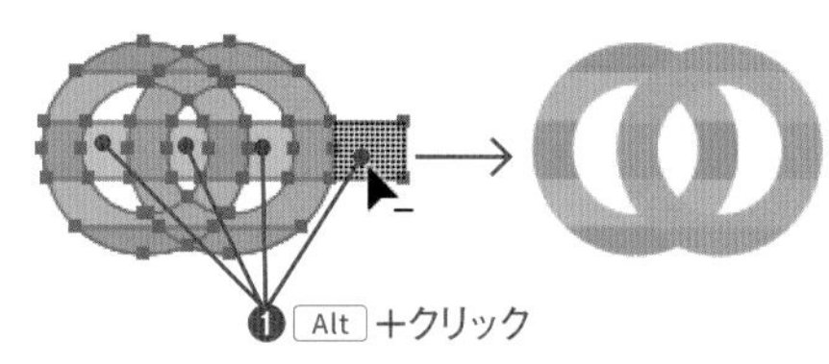

5-7 複合パス

パスファインダーの型抜きと違い、複合パスは最背面のオブジェクトのカラーや効果を保存したまま型抜きができます。

STEP 01 複合パスの作成／解除

2021 2020 2019

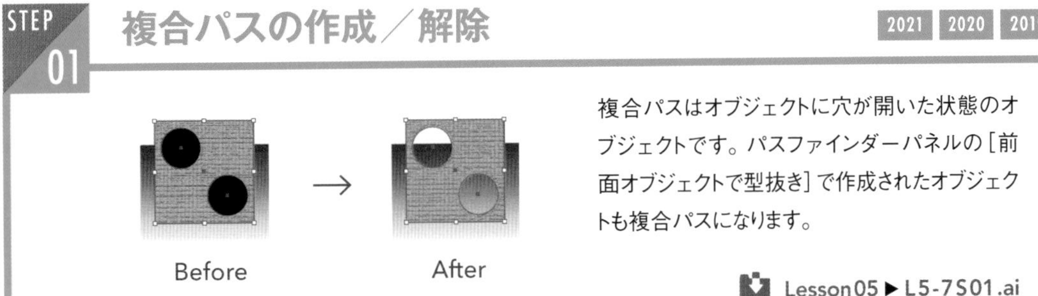

複合パスはオブジェクトに穴が開いた状態のオブジェクトです。パスファインダーパネルの［前面オブジェクトで型抜き］で作成されたオブジェクトも複合パスになります。

Lesson05 ▶ L5-7S01.ai

1 選択ツール で前面のオブジェクト3つを選択し❶、［オブジェクト］メニュー→［複合パス］→［作成］を選びます❷。前面のオブジェクトの形状で穴が空きます❸。

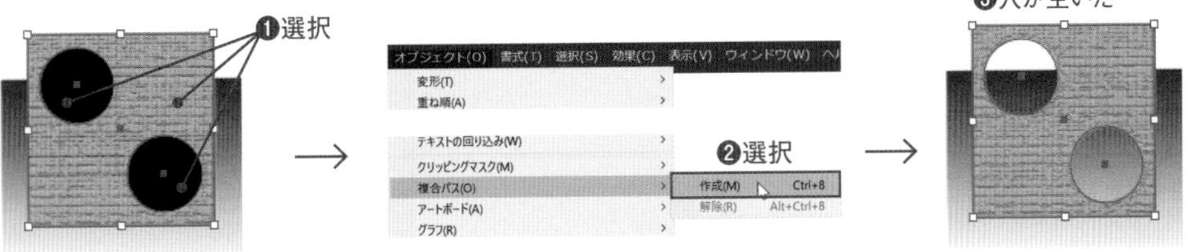

2 複合パスを選んだ状態で［オブジェクト］メニュー→［複合パス］→［解除］を選択します❶。複合パスが解除され、穴が閉じて前面にあったオブジェクトも元に戻ります。前面のオブジェクトは、穴の開いていたオブジェクトと同じアピアランスが適用されています❷。

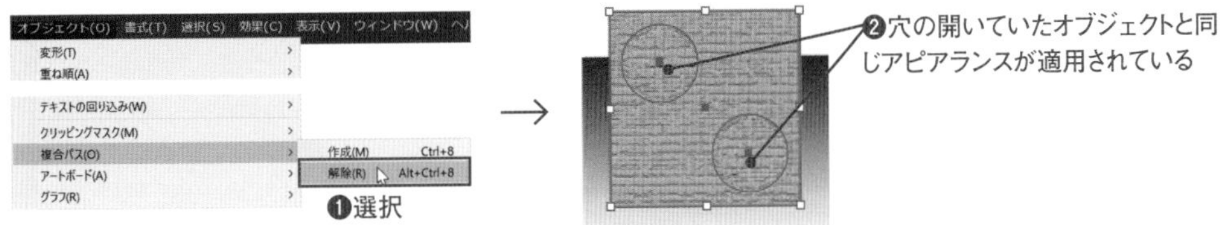

CHECK!

塗りの属性の変更

複合パスを作成して、重なった部分の穴がすべて開かなかったときは、属性パネルの［塗りに奇遇規則を使用］をクリックすると穴が開きます。

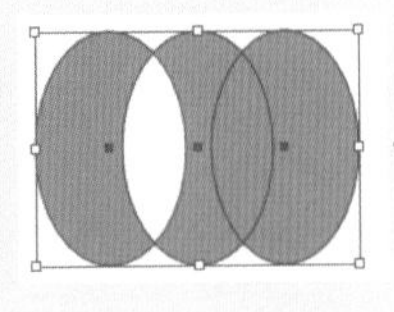

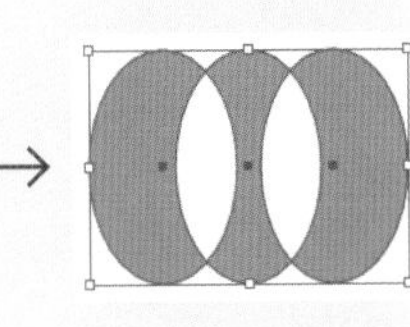

練習問題

Lesson05 ▶ L5EX1.ai

オブジェクトの変形や移動、コピーを使い、茎を持った複数の葉を作成しましょう。

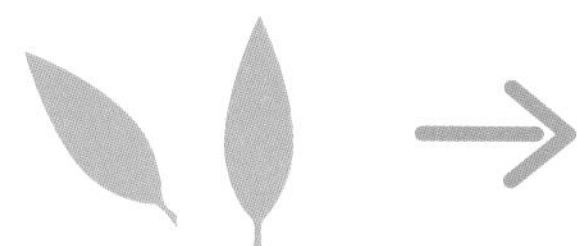

Before

After

A

❶ダイレクト選択ツールで右側の葉のオブジェクトを選択し、アンカーポイントの位置を確認します。

❷オブジェクトの下のふたつのアンカーポイントをドラッグして囲んで選択し、Shiftキーを押しながら下にドラッグして茎を伸ばします。

❸選択ツールで、左側の葉を、伸ばした茎に重ねるようにドラッグして移動します。

❹移動した葉をShiftキーとAltキーを押しながら下にドラッグしてコピーします。

❺コピーしたら、[オブジェクト] メニュー→ [変形] → [変形の繰り返し] で、もうひとつコピーします。

❻選択ツールで、左側の葉をすべて選びます。

❼リフレクトツールを選び、Altキーを押しながら伸ばした茎をクリックして、垂直軸を中心にコピーします。

❽コピーした葉を選択ツールで下にドラッグして移動します。

Lesson05 ▶ L5EX2.ai

Q

花びらのオブジェクトを回転させたコピーを作成し、グラデーションでペイントして花を完成させましょう

Before

After

A

❶選択ツールで、花びらのオブジェクトを選択します。

❷回転ツールで、下側の先端より少し上をAltキーを押しながらクリックし、45°回転したコピーを作成します。

❸コピーしたら、[オブジェクト] メニュー→ [変形] → [変形の繰り返し] で残りの花びらをコピーします。完成形のようにならないときは、回転の中心が上すぎるのでやり直してください。

❹選択ツールですべてを選択し、パスファインダーパネルの [合体] をクリックして、ひとつのオブジェクトにします。

❺ [線] を「C=0 M=35 Y=85 K=0」に設定します。

❻ [塗り] に円形グラデーションを適用します。

❼グラデーションパネルで、左側のカラー分岐点の色を「C=0 M=0 Y=100 K=0」、右側のカラー分岐点の色を「C=0 M=40 Y=0 K=0」に設定し、両方の分岐点の位置を「10%」付近にドラッグして近づけます。

Macでは、キーは次のようになります。 Ctrl → ⌘ Alt → option Enter → return

Lesson
06

An easy-to-understand guide to
Illustrator and Photoshop

線と文字の設定

オブジェクトの線は、線幅の設定だけでなく、線端部分の形状、角の形状を設定できます。また、破線の設定によりさまざまな点線を作成できます。ロゴやタイトルなどの目立つワンポイントの文字入力など、文字の入力も欠かせない機能です。ここでは、線と文字の設定を学びます。

6-1 線の設定

オブジェクトの線には、線幅の設定をはじめ、線端や角の形状などさまざまな設定が可能です。線の属性は、線パネルで設定します。

線パネル

2021 2020 2019

線のサイズや角の形状など、線に関する設定は線パネルで行います。線の太さである［線幅］だけでなく、線端の形状や角の形状なども設定できます。矢印の設定や、線幅プロファイルの設定も可能です。線パネルは、［ウィンドウ］メニュー→［線］で表示します。

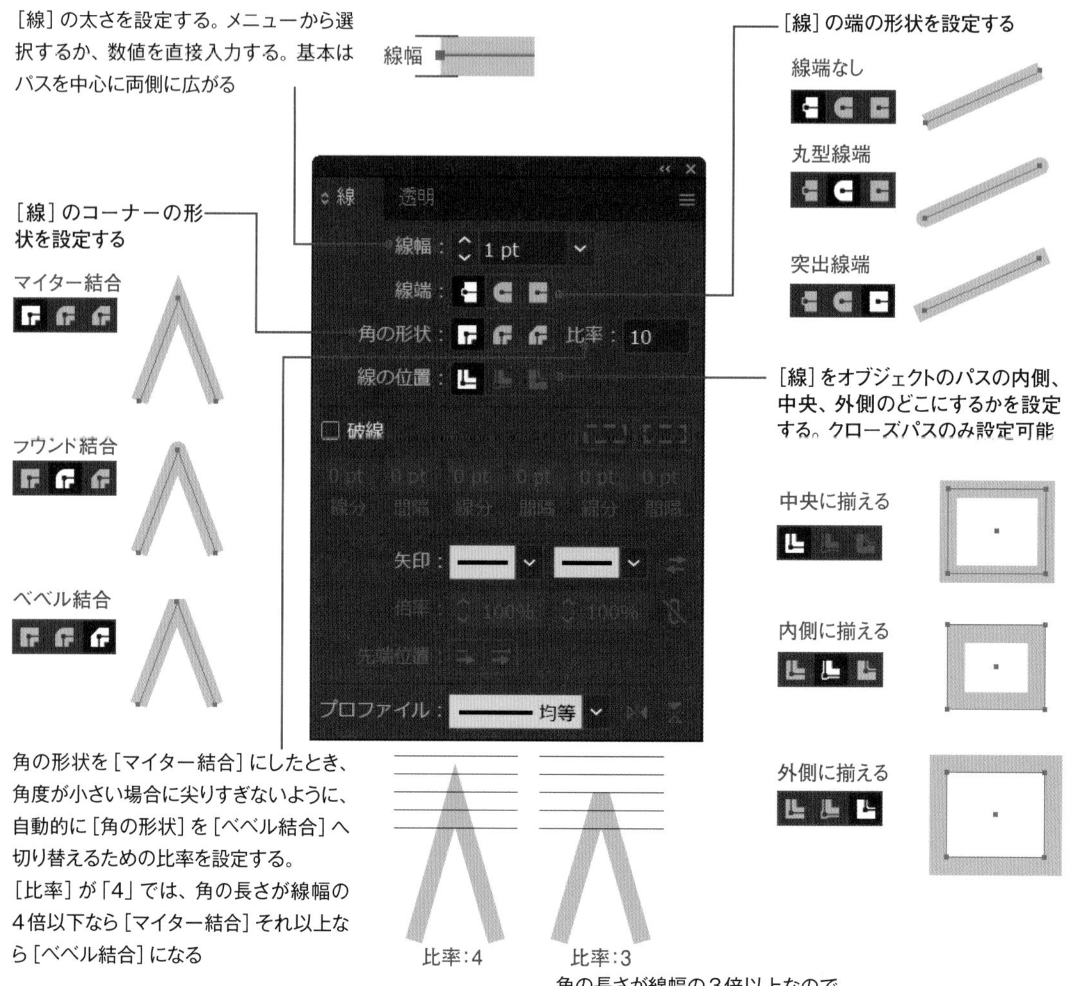

Macでは、キーは次のようになります。 Ctrl → ⌘ Alt → option Enter → return

チェックすると[線]が破線になる。[線分]と[間隔]で、破線と間隔の長さを入力する。設定により、1点鎖線や2点鎖線も作成できる

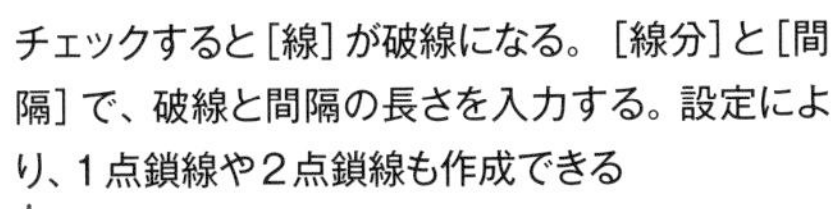

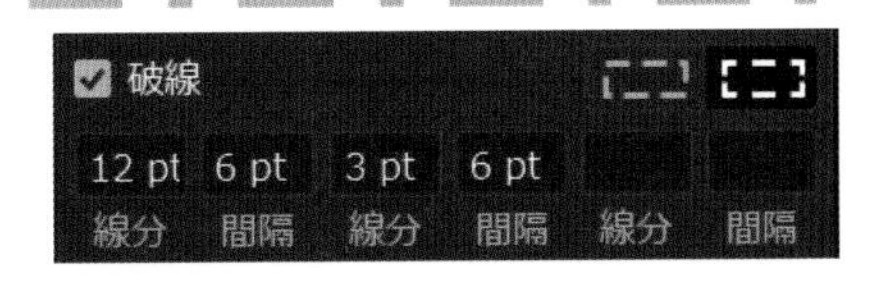

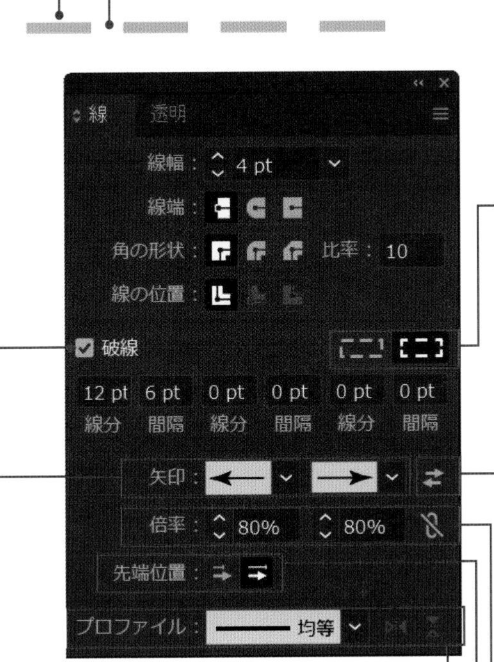

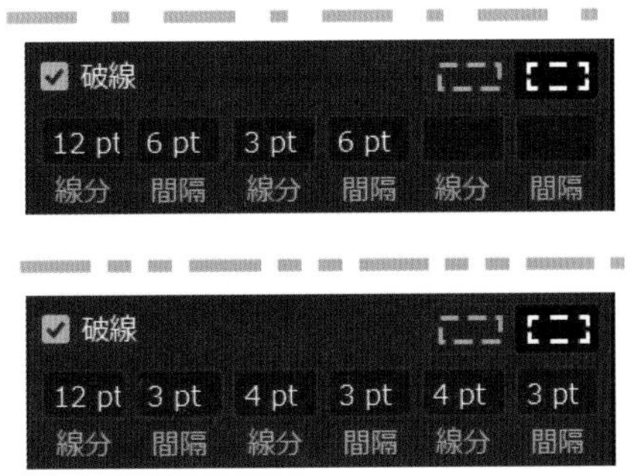

[破線]にチェックを入れたときに、オブジェクトの形状や線分の長さに応じて、角やパスの線端に必ず線分が来るように調整する

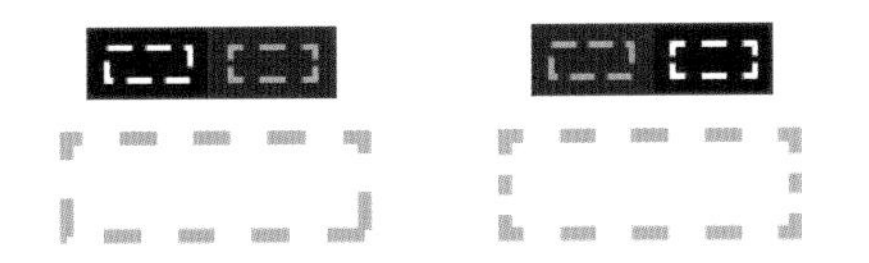

[矢印]の設定が始点と終点で異なるときに、両者を入れ替える

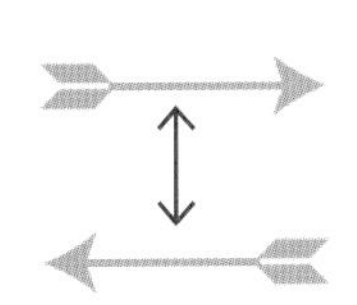

リストから形状を選択して、[線]の始点と終点にそれぞれ独立して矢印を設定できる

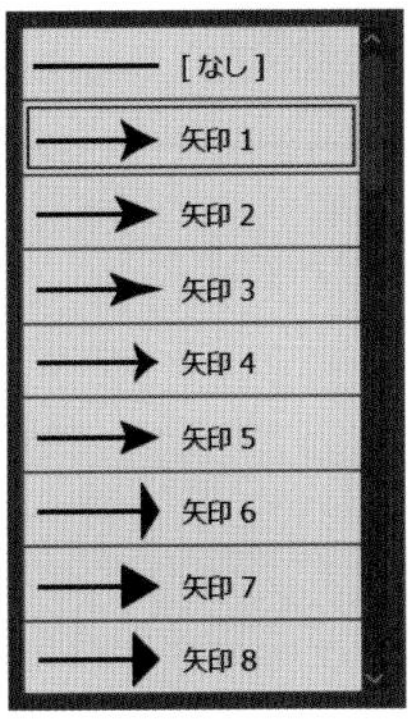

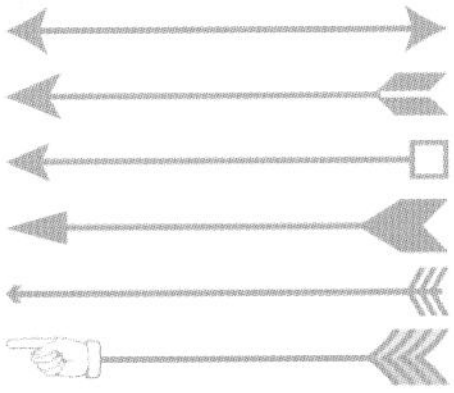

[矢印]を設定した際に、矢印の大きさを[線]の太さに対する倍率で設定する。右のアイコンをクリックして、つないだ状態にすると、[倍率の設定]を始点と終点でリンクする

[矢印]を設定した際に、矢印を[パスの線端から出す]にするか、[パスの線端]にするかを設定する

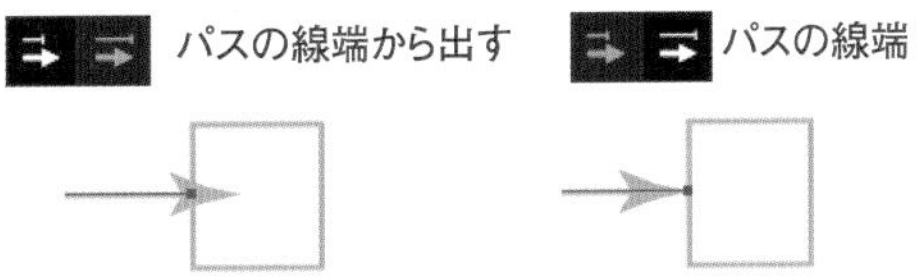

パスの線端から出す　パスの線端

リストから線幅プロファイルを選択して、線幅プロファイルを選択したオブジェクトに適用できる

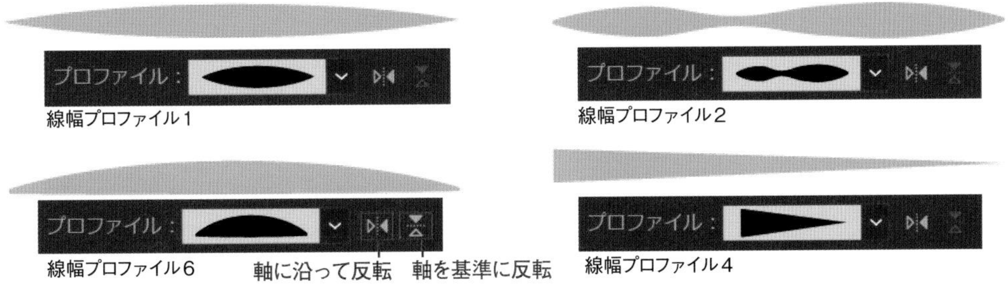

STEP 01 基本的な設定

2021 2020 2019

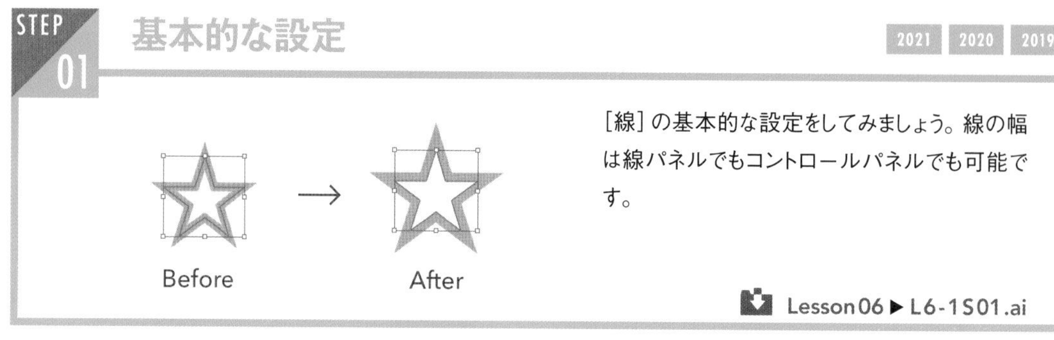

［線］の基本的な設定をしてみましょう。線の幅は線パネルでもコントロールパネルでも可能です。

Lesson06 ▶ L6-1S01.ai

線幅の設定

1 レッスンファイルを開きます。選択ツール でオブジェクトAを選択し❶、線パネルの［線幅］が「1pt」であることを確認します❷。

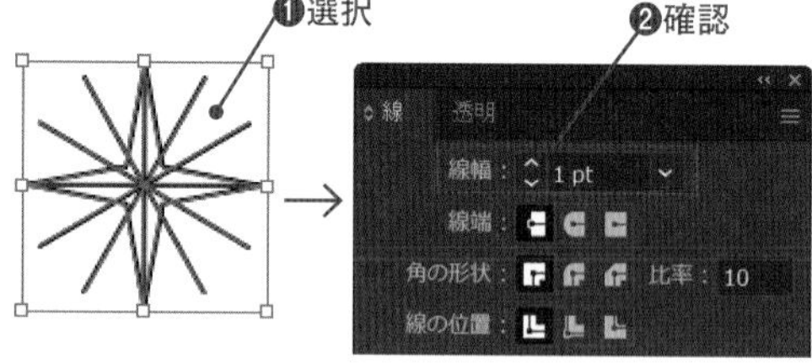

プロパティパネルのアピアランスやコントロールパネルの［線］にも線幅が表示される

2 線パネルの［線幅］に「0.1mm」と入力し Enter キーを押します❶。オブジェクトの線幅が変わります。数字だけ入力すると表示されている単位となります。ほかの単位で指定するには、数値と一緒に単位まで入力します。自動的に表示されている単位（通常はポイント）に変換されます。

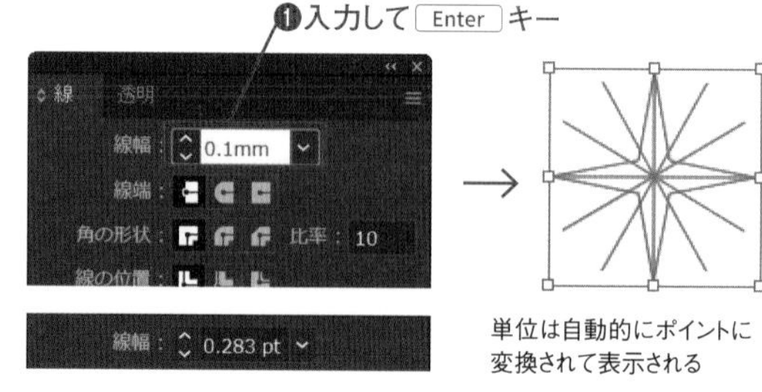

単位は自動的にポイントに変換されて表示される

線端の設定

1 オブジェクトBを選択し❶、線パネルの［線端］の形状が［線端なし］であることを確認します❷。

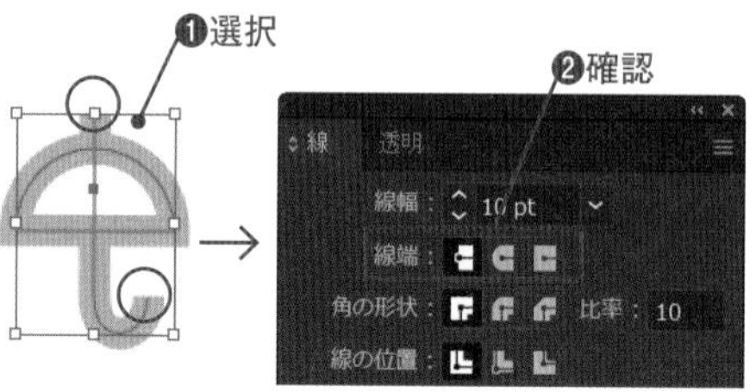

2 線パネルの［線端］で［丸型線端］を選択します❶。オープンパスの線端の形状が変わりました❷。

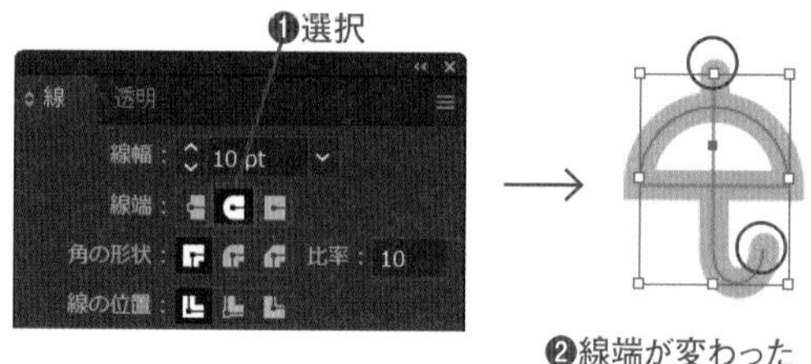

❷線端が変わった

3 線パネルの［線端］で［突出線端］を選択します❶。オープンパスの線端の形状が変わりました❷。

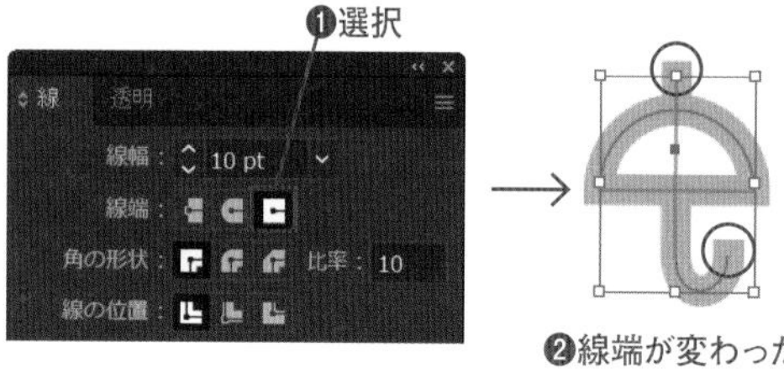

❷線端が変わった

クローズパスの線端

クローズパスの線端の形状を変更しても、線端がないため変化しません。パスを切断してオープンパスにすると、設定された形状の線端となります。

Macでは、キーは次のようになります。 Ctrl → ⌘ Alt → option Enter → return

角の形状

1 オブジェクトCを選択し❶、線パネルで［角の形状］が［マイター結合］であることを確認します❷。

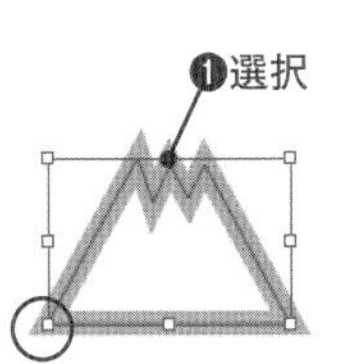

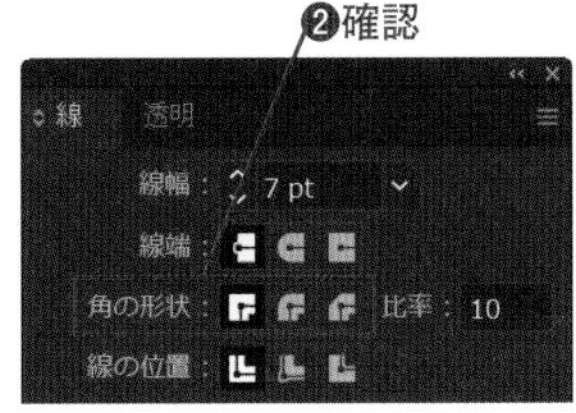

2 ［角の形状］で［ラウンド結合］を選択し❶、角の形状が変わったことを確認します❷。続いて、［角の形状］で［ベベル結合］を選択し❸、角の形状が変わったことを確認します❹。

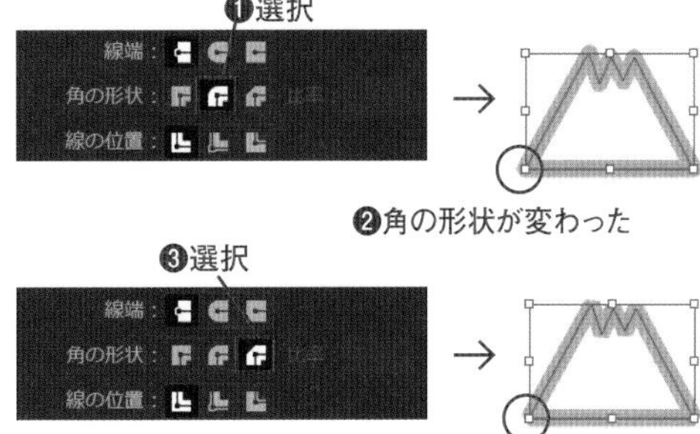

比率

オブジェクトDを選択し❶、［角の形状］が［マイター結合］で［比率］が「10」であることを確認します❷。［比率］の数値が大きいので、角が飛び出しています。オブジェクトを選択したままで、［比率］に「3」と入力し Enter キーを押します❸。数値が小さくなったので［ベベル結合］に変わりました❹。内側の角はマイター結合のままですが❺、比率を「2」と小さくすると、ベベル結合になります。

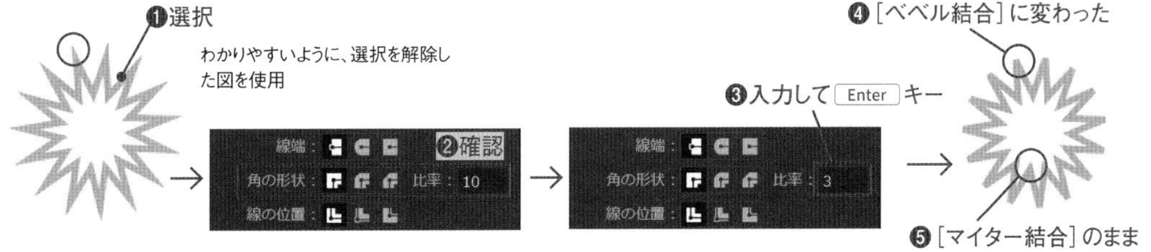

線の位置

1 オブジェクトEを選択し❶、線パネルの［線の位置］が［線を中央に揃える］であることを確認します❷。

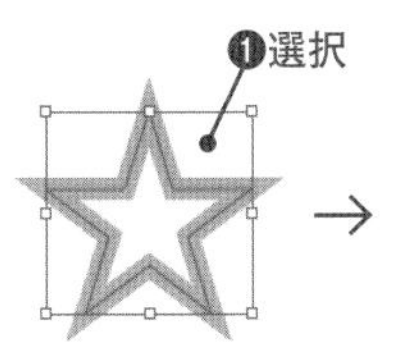

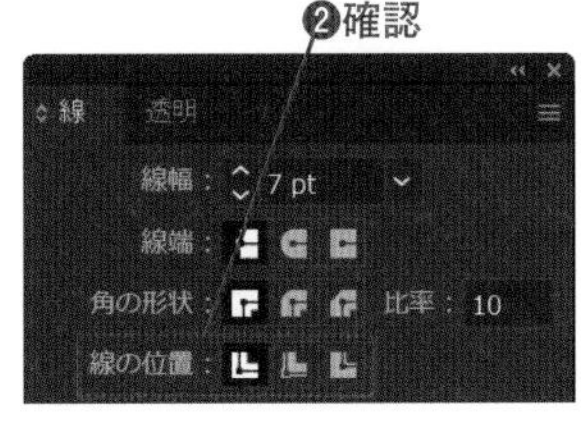

2 線パネルの［線の位置］で［線を内側に揃える］を選択します❶。線はパスの内側になります。

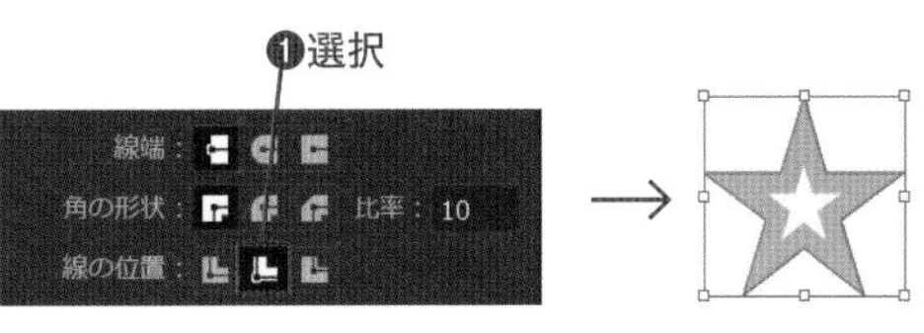

3 線パネルの［線の位置］で［線を外側に揃える］を選択します❶。線はパスの外側になります。

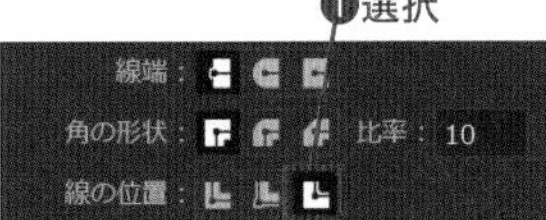

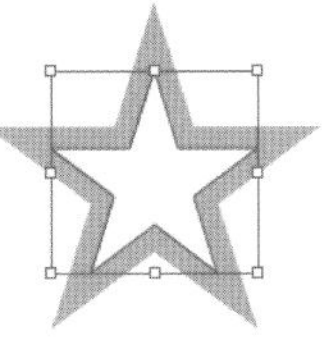

CHECK!

オープンパスは

オープンパスになると［線の位置］は［線を中央に揃える］以外に選べなくなります。

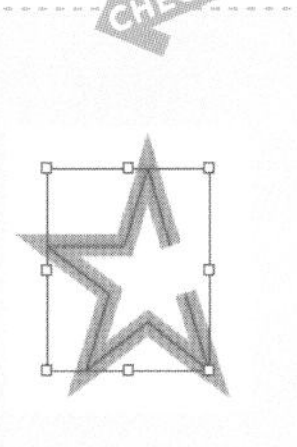

線と文字の設定

Lesson 06 / 07 / 08 / 09 / 10 / 11 / 12 / 13 / 14 / 15

STEP 02 破線の設定

2021 2020 2019

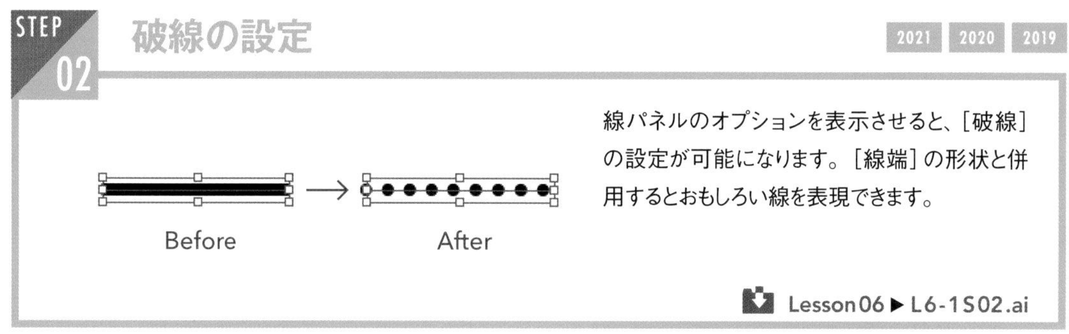

線パネルのオプションを表示させると、[破線]の設定が可能になります。[線端]の形状と併用するとおもしろい線を表現できます。

Lesson06 ▶ L6-1S02.ai

線分と間隔の設定

1 レッスンファイルを開き、選択ツール で直線のオブジェクトAを選択します❶。線パネルの[破線]にチェックをつけ❷、[線分と間隔の正確な長さを保持]をクリックします❸。初期設定では[線分]に「12pt」と表示されます。オブジェクトは、線分も間隔も「12pt」の破線になります。

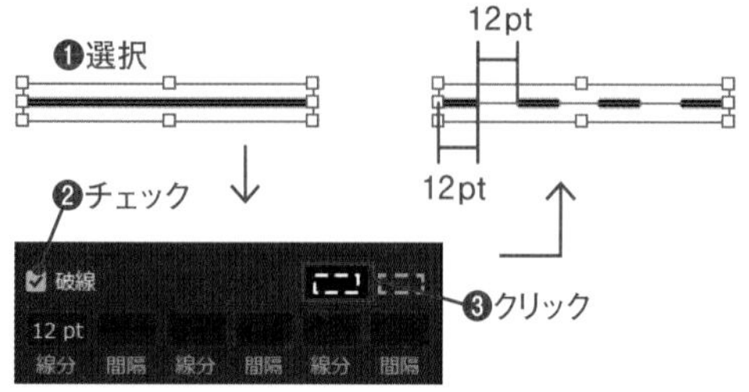

Illustratorを起動してからすでに破線を作成している場合は、最後に作成した破線と同じ設定となる

2 左端の[線分]に「15」、[間隔]に「5」と入力し Enter キーを押します❶。[線分]が「15pt」、[間隔]が「5pt」の破線になります。[線分]と[間隔]を違う幅にするには、このようにそれぞれ個別に設定します。

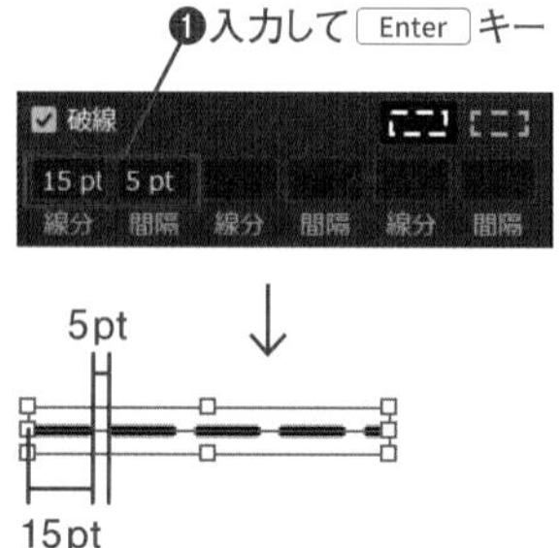

線分と間隔を複数設定

1 破線のオブジェクトBを選択します❶。線パネルの[破線]の2番目の[線分]に「5」、2番目の[間隔]に「10」と入力し Enter キーを押します❷。[線分]の長さが交互に変わる1点鎖線になります。

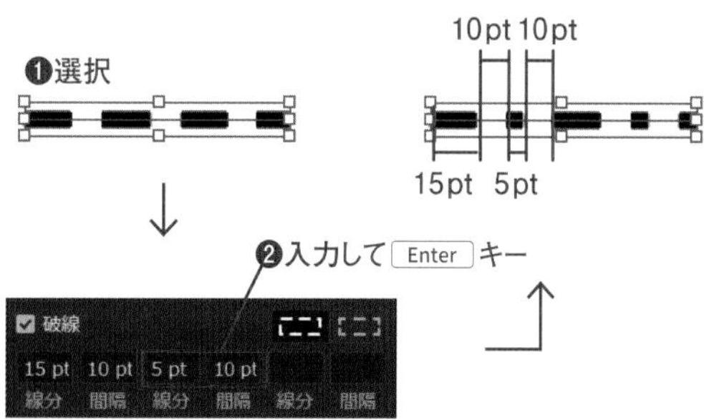

2 線パネルの[線端]の形状を[丸型線端]に変更します❶。破線の[線分]の線端が丸くなります❷。

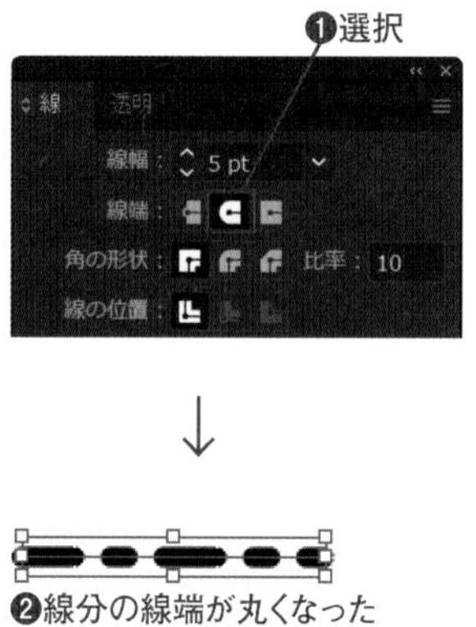

Macでは、キーは次のようになります。 Ctrl → ⌘ Alt → option Enter → return

線分が円に見える破線

直線のオブジェクトCを選択します❶。線パネルの［破線］にチェックをつけます❷。［線分］に「0」、［間隔］に「10」と入力し（単位は自動で入ります）Enterキーを押します❸（前の設定が残っている場合はDeleteキーで削除してください）。［線端］の形状を［丸型線端］に変更します❹。線分は「0pt」ですが、［線端の形状］が丸型線端のため飛び出した半円部分がつながって円に見える破線になりました。

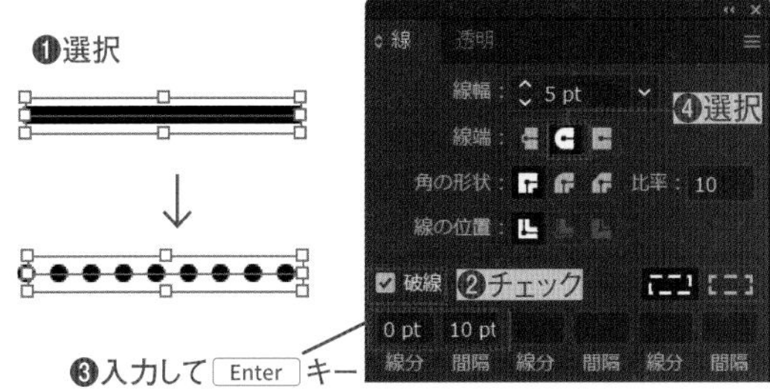

STEP 03 矢印の設定

2021　2020　2019

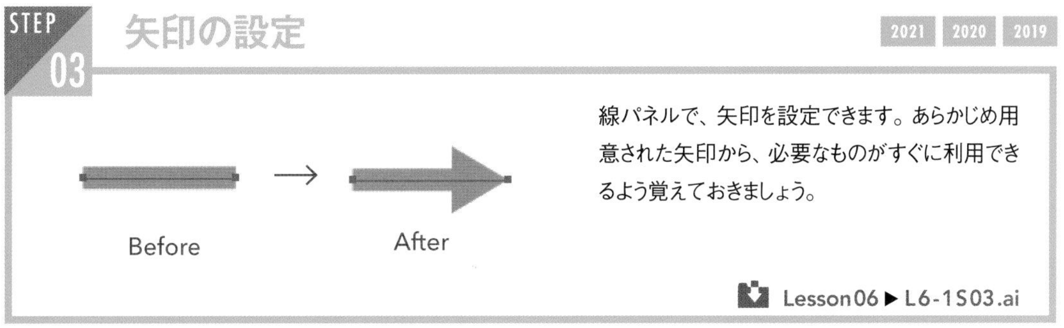

線パネルで、矢印を設定できます。あらかじめ用意された矢印から、必要なものがすぐに利用できるよう覚えておきましょう。

Lesson06 ▶ L6-1S03.ai

線を矢印に設定／設定解除

レッスンファイルを開き、選択ツールでオブジェクトAを選択します❶。線パネルの［矢印］の右側（終点）のをクリックし❷、メニューから「矢印1」を選びます❸。パスの右側に矢印がつきました❹。設定を解除するときは、［なし］を選択します。

わかりやすいように、バウンディングボックスは非表示

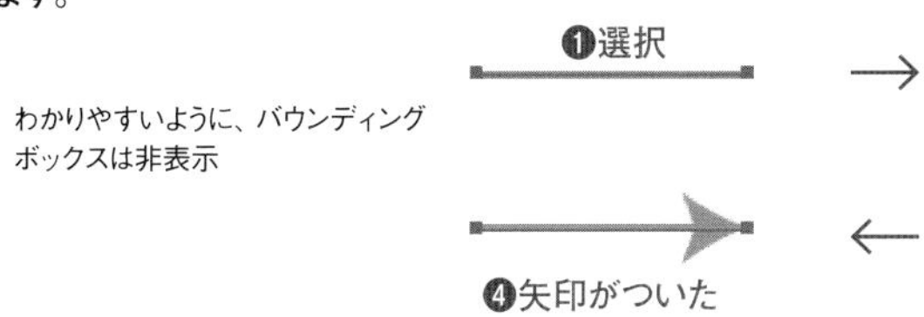

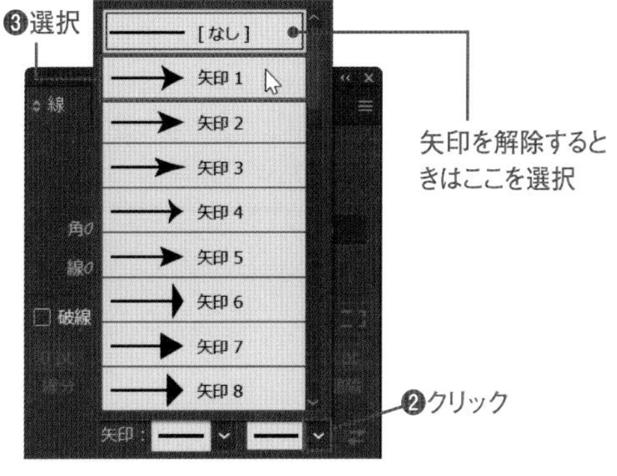

倍率

1　オブジェクトBを選択します❶。線パネルの［矢印］の右側（終点）のをクリックし❷、メニューから「矢印7」を選びます❸。［線幅］が太いので、矢印が非常に大きくなります。

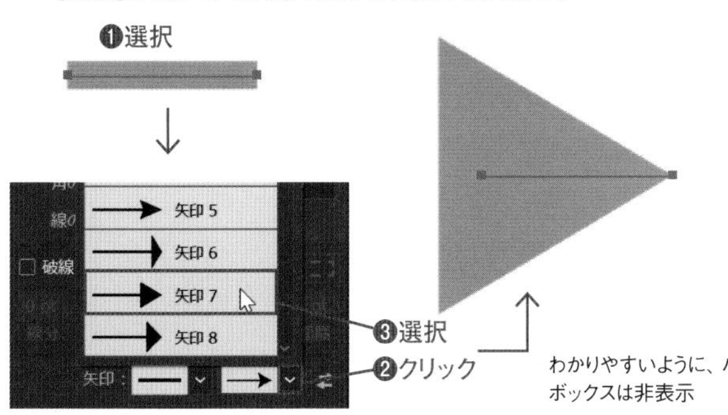

わかりやすいように、バウンディングボックスは非表示

2　線パネルの［倍率］の右側（終点側）に「30」と入力し、Enterキーを押します❶。矢印が30％のサイズに小さくなりました❷。

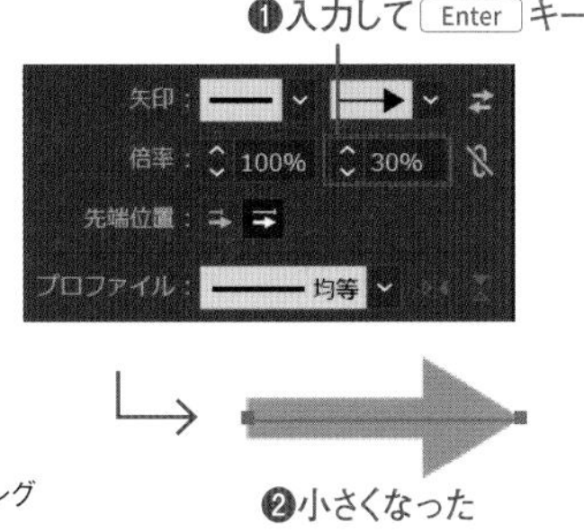

6-2 線幅ツール

線幅ツールは、パスに対して一律だった線幅を部分的に変更するツールです。ひとつのパスで、幅の違う線となるため、アートワークに変化を与えることができます。変更した線幅の形状を、線幅プロファイルとして保存しておくこともできます。

STEP 01 線幅ツールで可変幅の線にする

2021 2020 2019

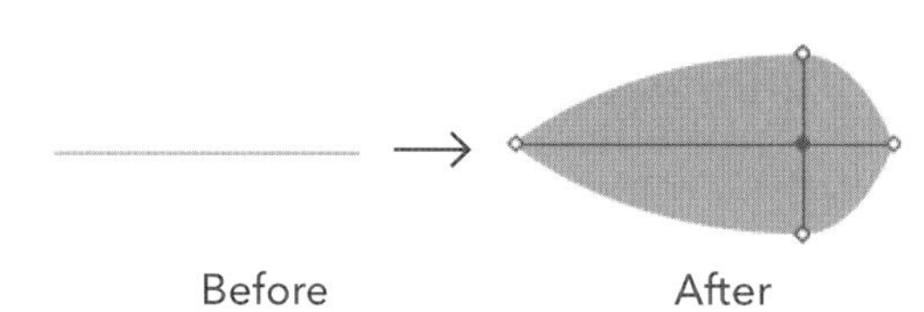

線幅ツールは、オブジェクトの線幅を部分的に変更するツールです。使い方はシンプルなので、マスターして使いこなしましょう。

Lesson06 ▶ L6-2S01.ai

線幅ポイントで線の幅を変える

1 レッスンファイルを開き、ツールバーで線幅ツールを選びます❶。オブジェクトAのパスの上にカーソルを移動するとカーソルが ▸+ になるので、外側に向かってドラッグします❷。ドラッグを開始した箇所から両側に線幅が広がります。ドラッグを開始した点を線幅ポイントと呼び、両側に幅を表すハンドルが表示され、ドラッグすると線幅を変更できます。

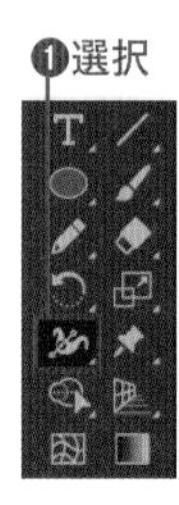

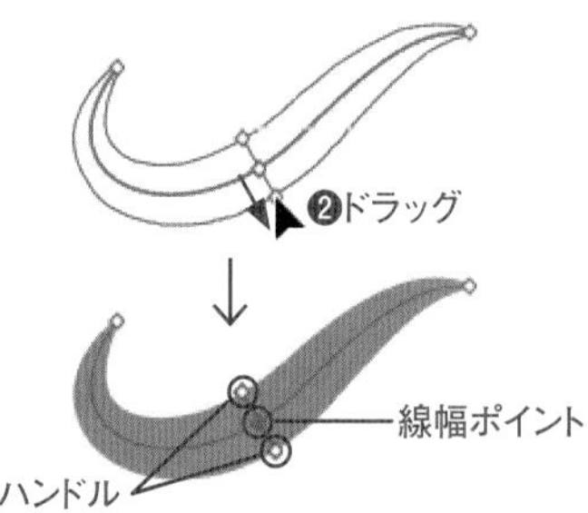

2 下側のハンドルを Alt キーを押しながら外側にドラッグします❶。ドラッグした側の線幅だけが変わります。

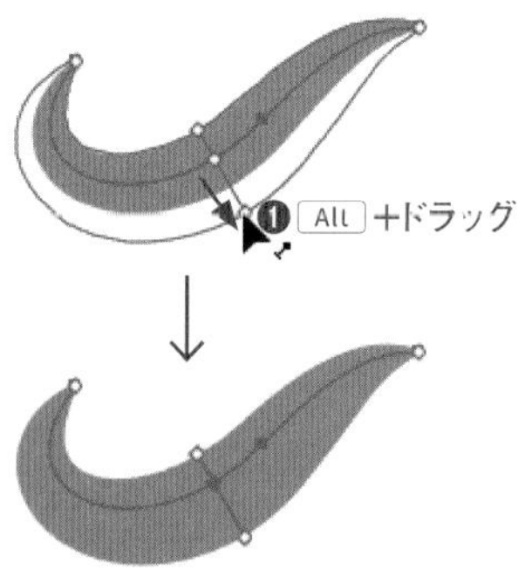

線幅ポイントの位置を変える

1 線幅ツールで、オブジェクトBの線幅をドラッグして広げます❶。

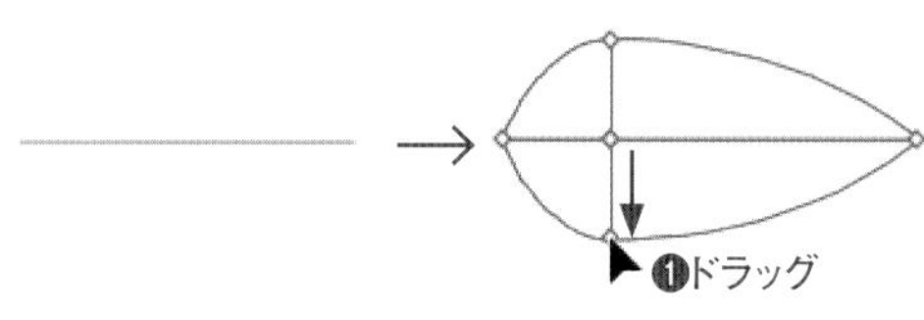

2 線幅ポイントにカーソルを合わせドラッグすると、線に沿って線幅ポイントの位置を移動できます❶。

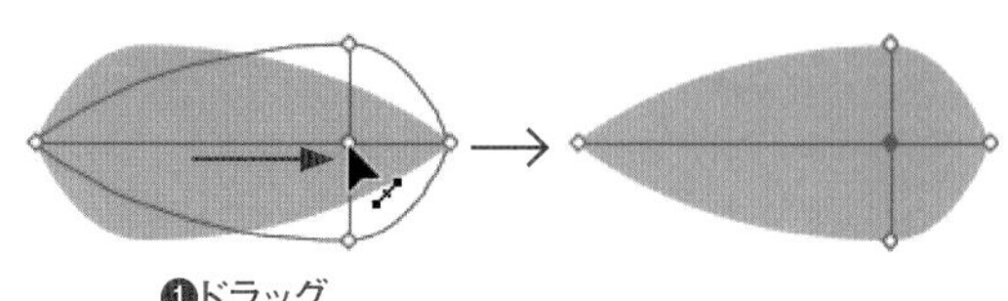

Macでは、キーは次のようになります。 Ctrl → ⌘ Alt → option Enter → return

線幅ポイントの削除

オブジェクトⒸの上に線幅ツールを移動し、線幅ポイントをクリックして選択します❶。線幅ポイントが塗りつぶされて表示されるので、Deleteキーを押して削除します❷。線幅ポイントがなくなると通常の線のオブジェクトに戻ります。

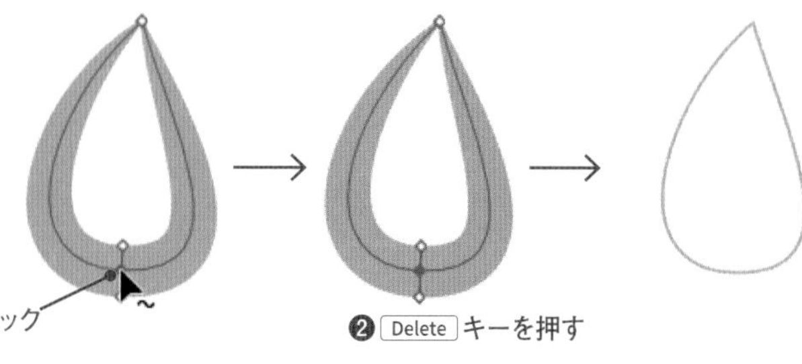

線幅プロファイルを使う

2021 2020 2019

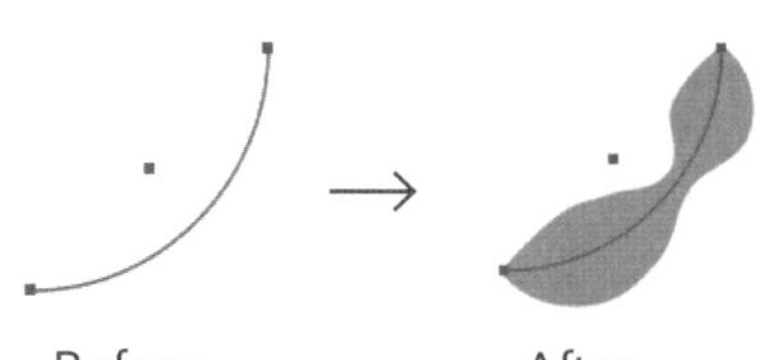

選択した線に対して、登録済みの線幅プロファイルを適用すると簡単に可変幅の線にできます。線に強弱をつけたり、手描き風にしたりするときなどに便利です。

Lesson06 ▶ L6-2S02.ai

1 レッスンファイルを開き、選択ツールで、オブジェクトを選択します❶。線パネルの［プロファイル］のをクリックし❷、「線幅プロファイル 2」を選択します❸。

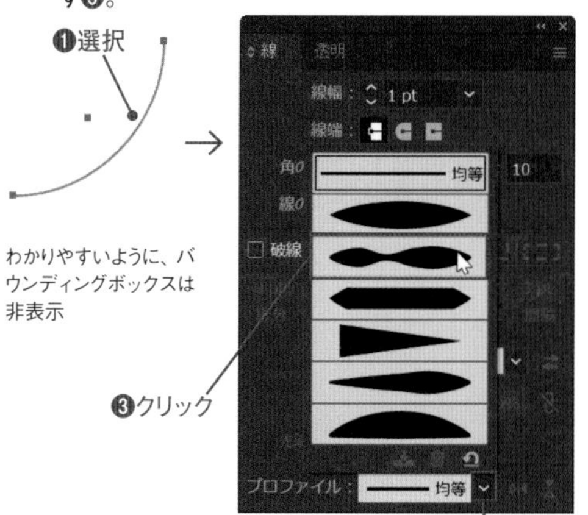

2 線幅プロファイルが適用され、可変幅の線になっているのですが、線幅が細くてよくわかりません。線パネルで［線幅］を「30pt」に設定します❶。

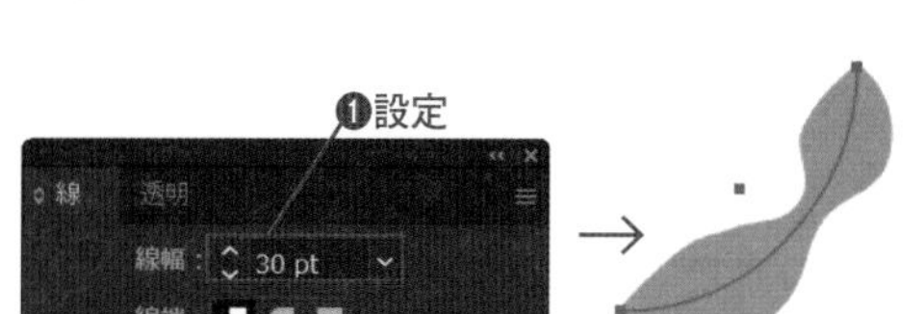

3 線パネルで、［軸に沿って反転］をクリックします❶。可変幅の形状が逆になります。

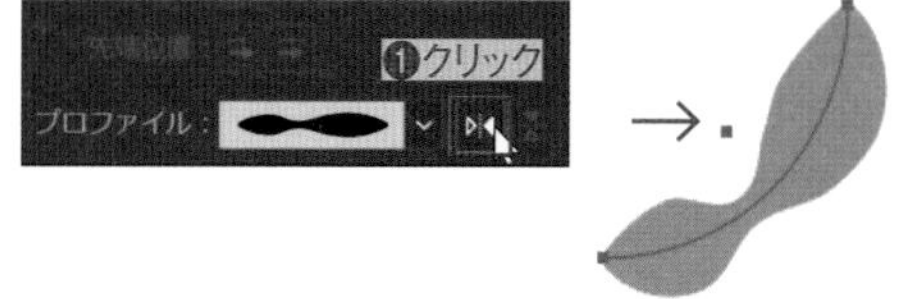

CHECK!

線幅プロファイルに登録

自分で作成した線幅の形状を、線幅プロファイルとして登録できます。オブジェクトを選択し❶、線パネルにあるプロファイルのをクリックし❷、リストの下部の［プロファイルに追加］をクリックします❸。
［可変線幅プロファイル］ダイアログボックスが表示されるので、名称を入力して登録してください。
登録した線幅プロファイルは、ほかのオブジェクトに適用できます。

線幅を変更したオブジェクトを選択❶

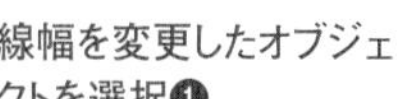

わかりやすいように、バウンディングボックスは非表示

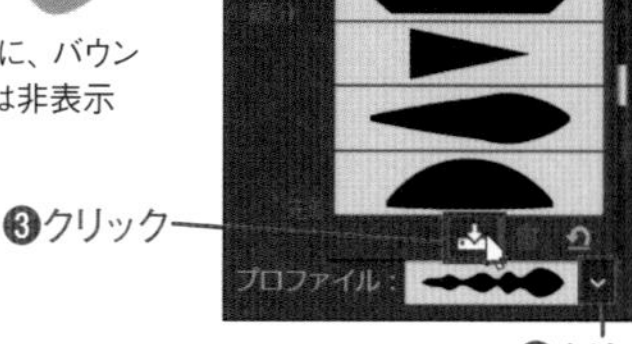

6-3 ブラシの適用

オブジェクトのパスには、ブラシを適用して、線の形状に変化をつけることができます。ブラシツールを使う必要はありません。適用したブラシは、後からほかのブラシに変更できます。また、ブラシオプションで、ブラシの形状を変更することもできます。

ブラシについて

2021 2020 2019

ブラシパネルのブラシは、図形ツールやペンツールで描画したオブジェクトにも適用できます。5つの種類のブラシが用意されており、クリックするだけでパスの形状を変えることができます。

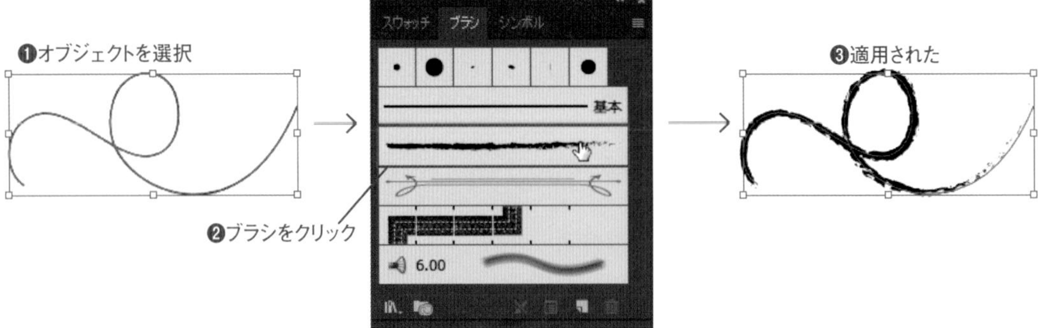

ブラシパネルとブラシの種類

Illustratorには、5種類のブラシが用意されています。ブラシライブラリを表示したり、新しいブラシを登録することもできます。

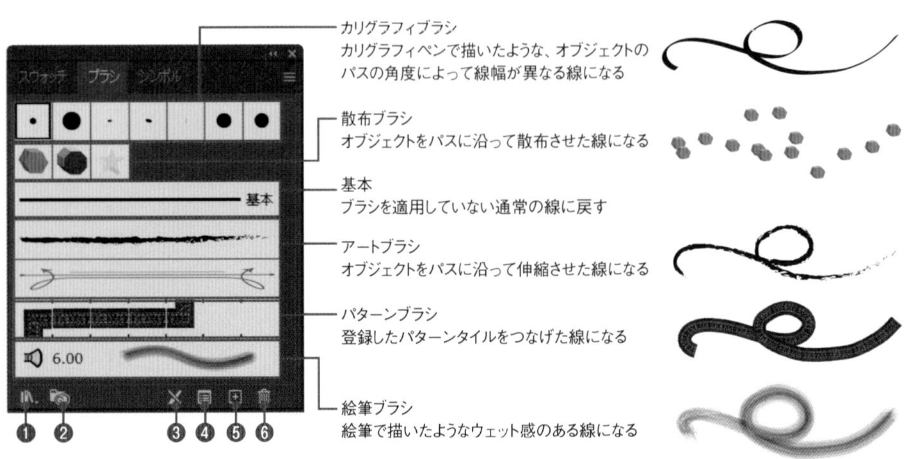

ブラシパネルの初期状態では散布ブラシは表示されない。ブラシライブラリから選択したり、新しく散布ブラシを登録すると表示される

❶ブラシライブラリを選択して、初期設定以外のブラシを選択できる
❷ライブラリパネルを表示する
❸ブラシを適用していない通常の線に戻す
❹選択したオブジェクトに適用されているブラシの設定を変更する
❺新しいブラシを作成する
❻ブラシパネルからブラシを削除する。削除するブラシがオブジェクトに適用されている場合は、ブラシの形状のアウトラインパスに拡張するか、通常の線に戻すかを選択できる

Macでは、キーは次のようになります。 Ctrl → ⌘ Alt → option Enter → return

ブラシオプション

ブラシパネルのブラシをダブルクリックすると、それぞれのブラシオプションのダイアログボックスが表示され、ブラシの形状等を変更できます。ダイアログボックスで変更したブラシがオブジェクトに適用されているときは、変更後の設定を反映するかしないかを選択できます。

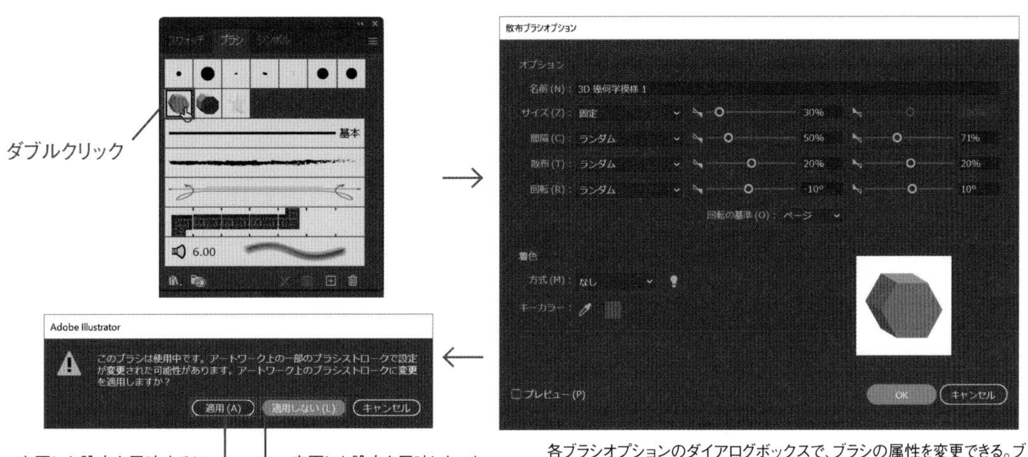

変更した設定を反映するにはこちらをクリック

変更した設定を反映しないときはこちらをクリック

各ブラシオプションのダイアログボックスで、ブラシの属性を変更できる。ブラシの種類によって、表示されるダイアログボックスの内容は異なる

カリグラフィブラシオプション

［カリグラフィブラシオプション］ダイアログボックスではブラシの角度や真円率、直径などを設定できます。

❶ブラシの角度を設定する
❷ブラシの真円率を設定する
❸ブラシのサイズを設定する
❹［固定］を［ランダム］に変更すると［変位］で設定した範囲内でランダムに数値が変わる。［筆圧］以下は、タブレットと筆圧感知ブラシを使う際に選択可能

散布ブラシオプション

［散布ブラシオプション］ダイアログボックスでは、散布ブラシのオブジェクトの配置サイズや間隔を設定できます。

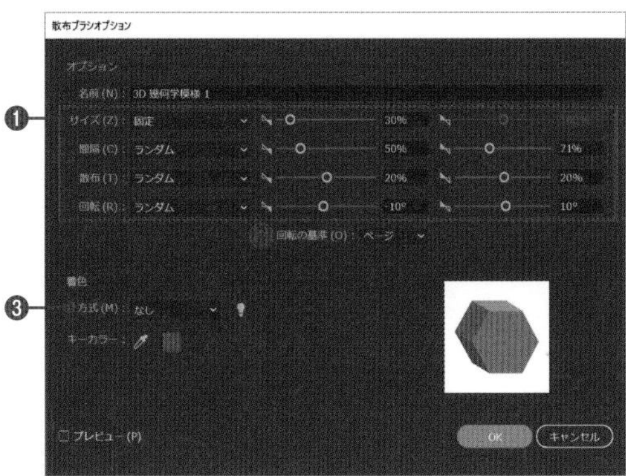

❶［サイズ］でブラシのサイズ、［間隔］でブラシとブラシの間隔、［散布］でブラシとパスの間隔、［回転］でブラシの回転角度を設定する。［固定］を［ランダム］に変更すると、右側の数値で設定した上限と下限の間でランダムに数値が変わる。［筆圧］以下はタブレットと筆圧感知ブラシを使う際に選択可能
❷回転の基準として［ページ］または［パス］を選択する
❸ブラシの色を設定する。［なし］ではブラシオブジェクトの色となる。［淡彩］では［線］の色となる。［淡彩と低明度］では［線］の色となり［淡彩］よりも色が濃くなり陰影がつく。［色相のシフト］は［キーカラー］の色になる（［キーカラー］はスポイトを選択し、ダイアログボックス内のプレビューから色をクリック）

アートブラシオプション

［アートブラシオプション］ダイアログボックスでは、アートブラシのオブジェクトの幅や、伸縮方向などを設定できます。

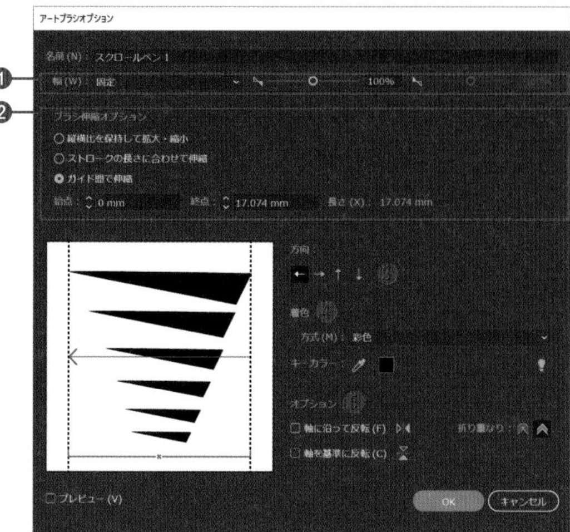

❶ブラシの幅を設定する。［固定］を［ランダム］に変更すると右側の数値で設定した範囲内でランダムに数値が変わる
❷ブラシの伸縮方法を選択する。［ガイド間で伸縮］は、プレビューに表示される点線のガイドラインをドラッグして設定できる
❸ブラシの方向を設定する
❹ブラシの色を設定する（P.149の「散布ブラシオプション」を参照）
❺［軸に沿って反転］［軸を基準に反転］で、オブジェクトに対してブラシの向きを設定できる。［折り返し］では、角部分の折り返しの形状を選択できる

パターンブラシオプション

［パターンブラシオプション］ダイアログボックスでは、パターンブラシのパターンタイルや、タイルのつなぎ方などを設定できます。

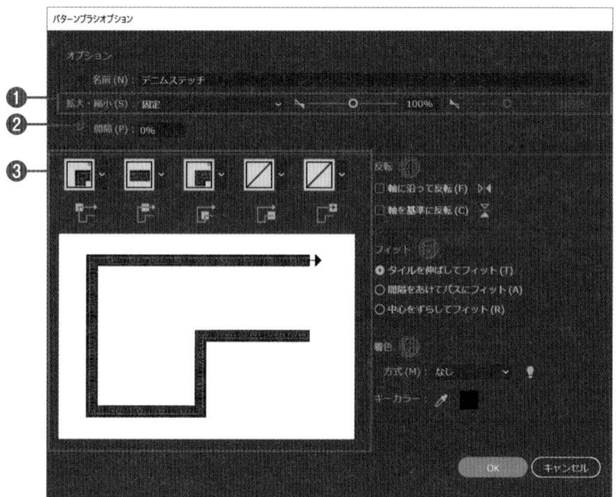

❶ブラシのサイズを設定する。［固定］を［ランダム］に変更すると右側の数値で設定した範囲内でランダムに数値が変わる
❷［間隔］で、パターンタイルの間隔を設定する
❸オブジェクトの線、角、線端に配置するタイルを選択する。下に、プレビューが表示される。パターンタイルはスウォッチパネルに登録が必要
❹［軸に沿って反転］［軸を基準に反転］で、オブジェクトに対してブラシの向きを設定する
❺オブジェクトに対してパターンをどのようにフィットさせるかを設定する
❻ブラシの色を設定する（P.149の「散布ブラシオプション」を参照）

絵筆ブラシオプション

［絵筆ブラシオプション］ダイアログボックスでは、絵筆の筆先の形状や毛の長さ、密度などを設定できます。

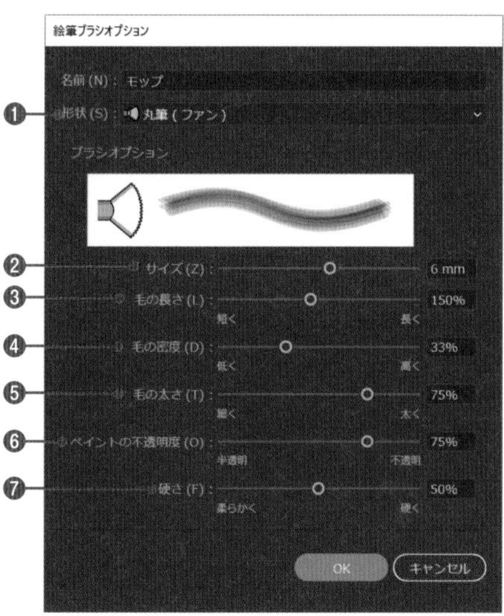

❶ブラシの形状を選択する
❷ブラシのサイズ（線幅）を設定する
❸毛の長さを設定する。長いほうが色が濃くなる
❹毛の密度を設定する。密度が低いほうがかすれなくなる
❺毛の太さを設定する
❻透明度を設定する
❼毛の硬さを設定する

Macでは、キーは次のようになります。 Ctrl → ⌘ Alt → option Enter → return

STEP 01

ブラシの適用と設定

2021 2020 2019

ここでは、オブジェクトに散布ブラシを適用してみます。ライブラリに入っているブラシを上手に利用しましょう。

Lesson06 ▶ L6-3S01.ai

1 レッスンファイルを開きます。選択ツール でオブジェクトを選択します❶。ブラシパネルの［ブラシライブラリメニュー］をクリックし❷、［装飾］→［装飾＿散布］を選びます❸。

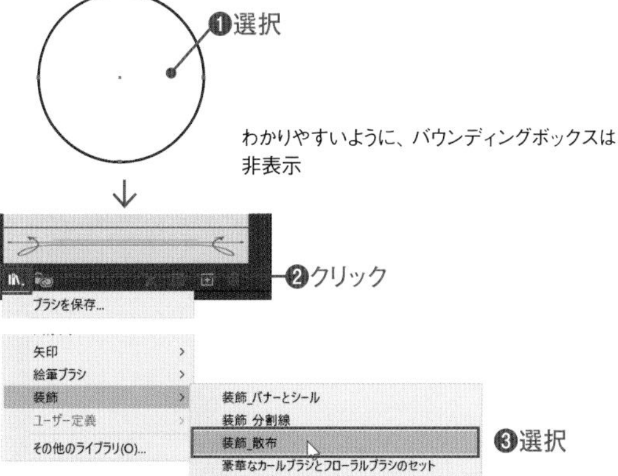

2 装飾＿散布パネルが表示されるので［3D幾何学模様 6］をクリックします❶。オブジェクトにブラシが適用されました❷。使ったブラシは、ブラシパネルに追加されます。

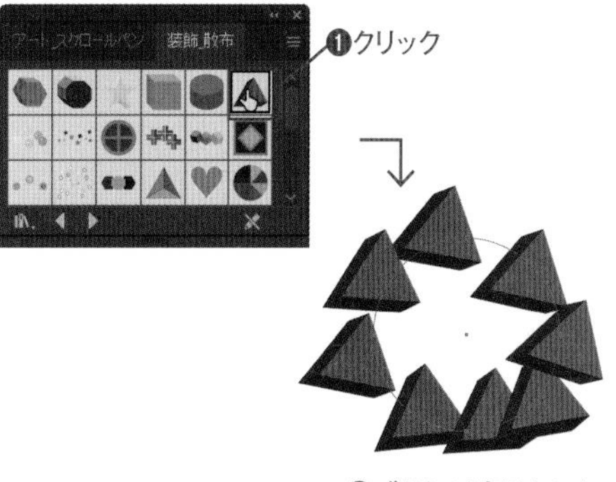

3 ブラシパネルに表示された［3D幾何学模様 6］をダブルクリックすると❶、［散布ブラシオプション］ダイアログボックスが表示されます。［プレビュー］をチェックし❷、プレビューを見ながら数値や設定を変更してみましょう。ここでは、［サイズ］を［ランダム］、最小値を「20％」に変更します❸。変更後［OK］をクリックします❹。適用を選択するダイアログボックスが表示されるので［適用］をクリックします❺。変更したブラシが、オブジェクトに反映されました❻。

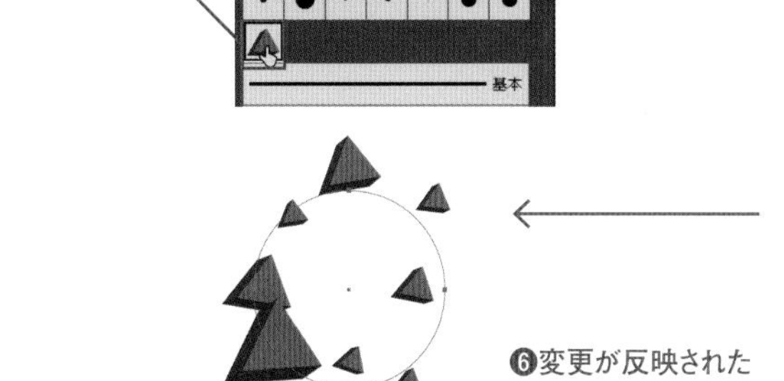

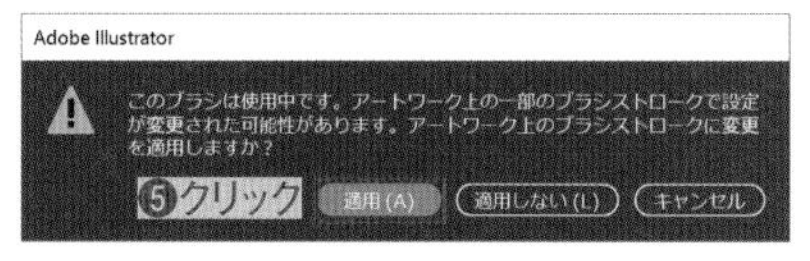

STEP 02 ブラシの登録

2021 2020 2019

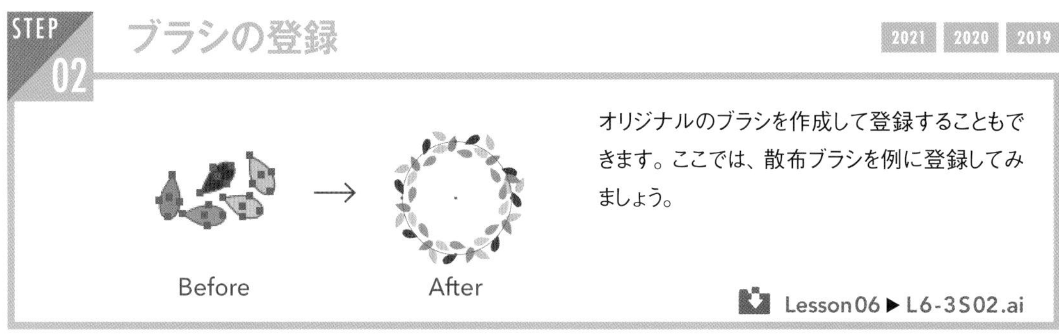

オリジナルのブラシを作成して登録することもできます。ここでは、散布ブラシを例に登録してみましょう。

1 レッスンファイルを開き、グループオブジェクトAを選択ツールで選択します❶。このオブジェクトを散布ブラシに登録します。ブラシパネルの[新規ブラシ]をクリックします❷。

アートブラシ、パターンブラシも同様に登録できる。カリグラフィブラシ、絵筆ブラシを登録するときはオブジェクトを選択せずにブラシパネルの[新規ブラシ]をクリックする

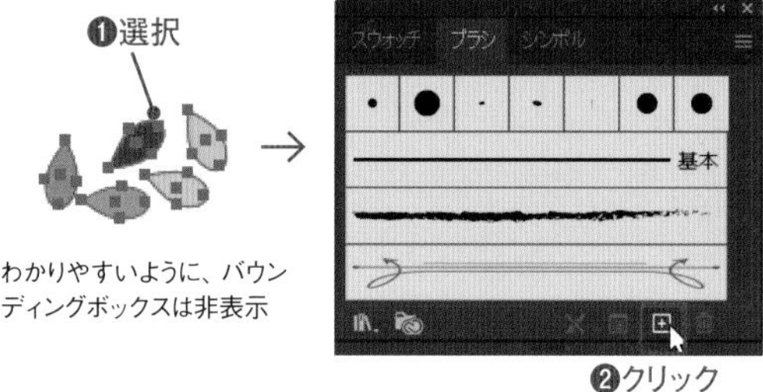

わかりやすいように、バウンディングボックスは非表示

2 [新規ブラシ]ダイアログボックスが表示されるので[散布ブラシ]を選び❶、[OK]をクリックします❷。[散布ブラシオプション]ダイアログボックスが表示されるので、オプションを設定します。設定内容については、P.149の「散布ブラシオプション」を参照ください。ここでは名前に「花びら」と入力し❸、[回転の基準]を[パス]に設定し❹、[OK]をクリックします❺。

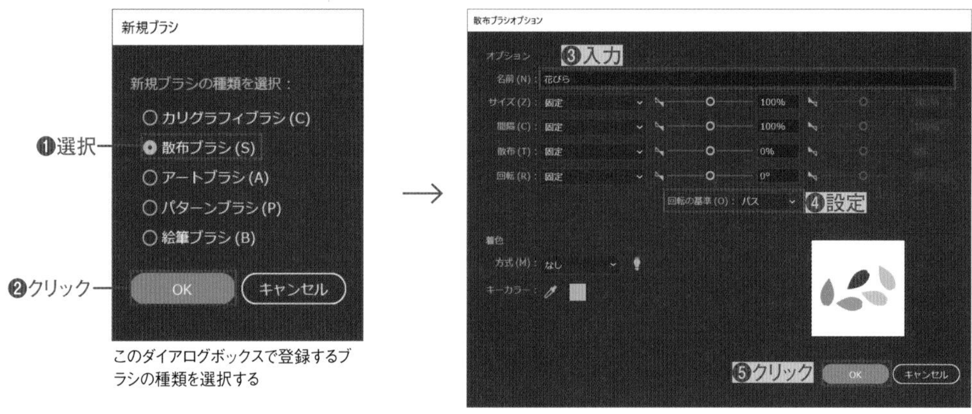

このダイアログボックスで登録するブラシの種類を選択する

3 ブラシパネルに新しいブラシが登録されるので、実際に使ってみましょう。選択ツールで、円のオブジェクトBを選択し❶、ブラシパネルで登録されたブラシをクリックします❷。オブジェクトに登録したブラシが適用されました❸。

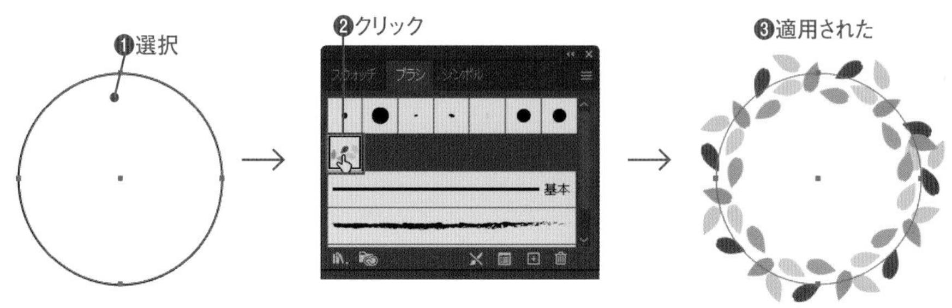

Macでは、キーは次のようになります。 Ctrl → ⌘ Alt → option Enter → return

6-4 文字の入力

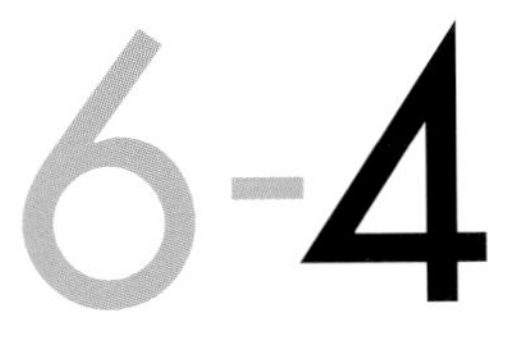

Illustratorでは、文字の入力方法に3つの種類があります。それぞれ、用途によって使い分けられます。文字入力の基本なので、しっかり学びましょう。

STEP 01 ポイント文字とエリア内文字の入力

2021 2020 2019

Before → After 文字ツール

ポイント文字は、文字を図形オブジェクトのように拡大縮小できます。エリア内文字では、テキストエリア内に文字を入力します。

1 新規ファイルを作成し、文字ツール を選びます❶。アートボードをクリックし❷、文字を入力します❸。これがポイント文字です。自動的に[塗り]が[ブラック]、[線]が[なし]のカラーになります。

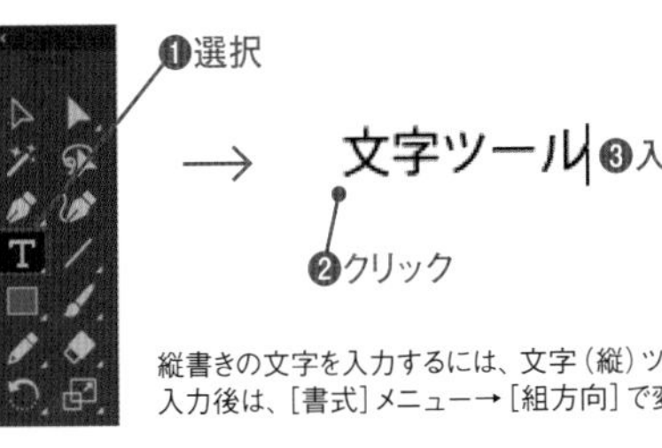

2 選択ツール を選びます❶。バウンディングボックスのハンドルをドラッグして拡大・縮小❷や回転をしてみます❸。図形のオブジェクトと同じように文字が変形されます。

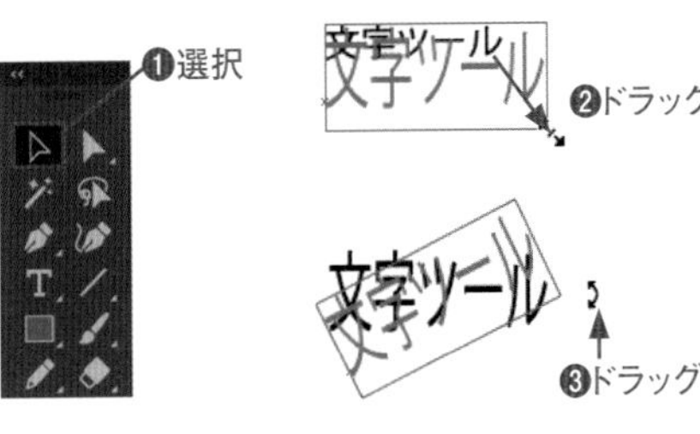

3 文字ツール を選びます❶。ドラッグして四角形のテキストエリアを描いてから❷、内部に文字を入力します❸。これが、エリア内文字です。

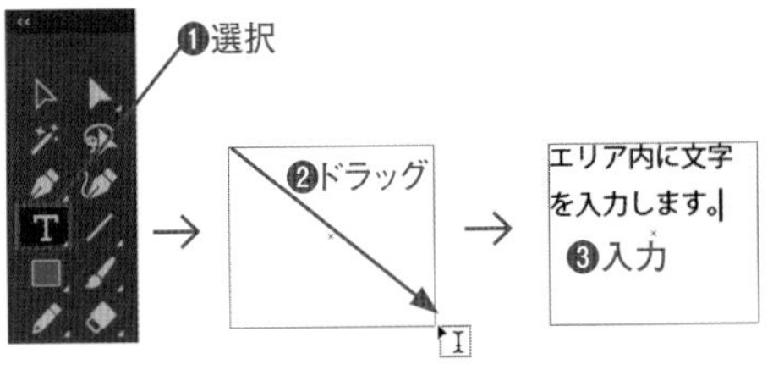

4 選択ツール を選びます❶。バウンディングボックスのハンドルをドラッグすると❷、テキストエリアだけが変形します。ハンドルの外側をドラッグして回転もできます❸。文字が入りきらないと赤い+マークがつきます。

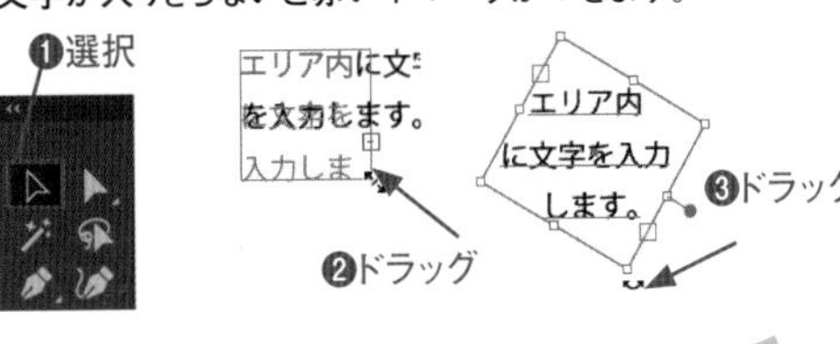

CHECK!

サンプルテキストの自動入力

各文字ツールを使ってテキストエリアを作成、または文字を入力しようとすると、サンプルテキストが自動入力されます。そのため、サンプルテキストを削除してから、文字を入力してください(サンプル文字は選択状態になるので、文字を入力すれば削除されます)。自動入力をやめるには、[編集]メニュー→[環境設定]→[テキスト](Macでは[Illustrator]メニュー→[環境設定]→[テキスト])の、[新規テキストオブジェクトにサンプルテキストを割り付け]をオフにしてください。

ポイント文字とエリア内文字の変換

ポイント文字またはエリア内文字を選択すると、バウンディングボックスの右側に○または●が表示されます。○はポイント文字、●はエリア内文字を表しています。○をダブルクリックすると、ポイント文字からエリア内文字に変換されます。●をダブルクリックすると、エリア内文字からポイント文字に変換されます。

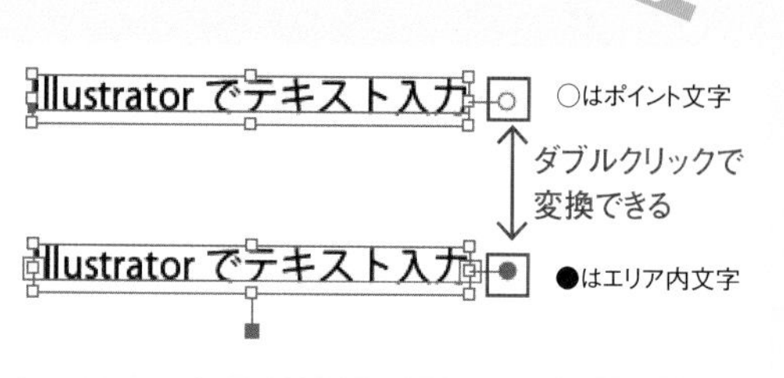

テキストエリアの自動調整

長方形のテキストエリアを選択すると、下側に■アイコンが表示され、ダブルクリックするとテキスト量に応じてサイズが自動調整されるテキストエリアに変わります。自動調整エリアのアイコンをダブルクリックすると、元に戻ります。

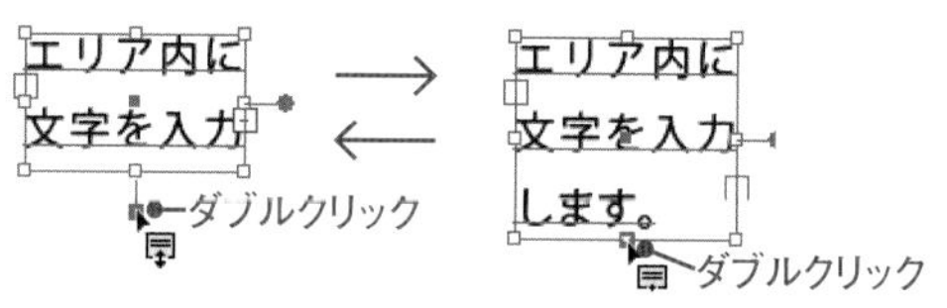

テキストエリア内の文字ごと変形する

テキストエリア内の文字ごと拡大・縮小や回転するには、拡大・縮小ツールや回転ツールを使うか、[オブジェクト]メニュー→[変形]の各種コマンドを使います。

STEP 02 パス上文字

2021 2020 2019

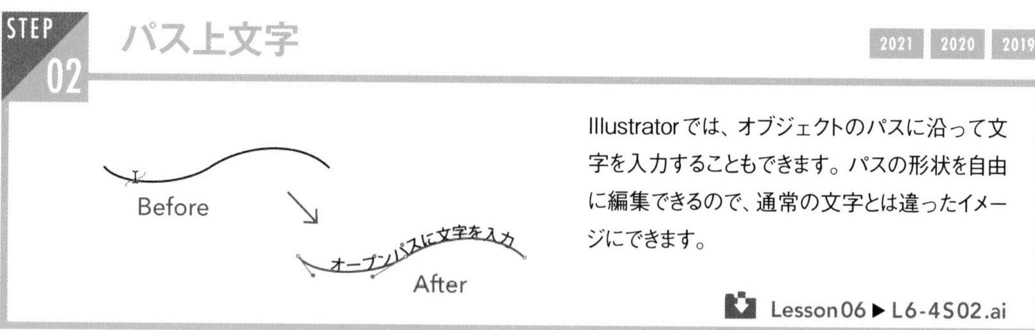

Illustratorでは、オブジェクトのパスに沿って文字を入力することもできます。パスの形状を自由に編集できるので、通常の文字とは違ったイメージにできます。

Lesson06 ▶ L6-4S02.ai

オープンパス上に文字を入力する

1 レッスンファイルを開き、文字ツールを選びます❶。オブジェクトAのパスの上でクリックすると❷文字入力できるカーソルが表示されるので、適当な文字を入力します❸。

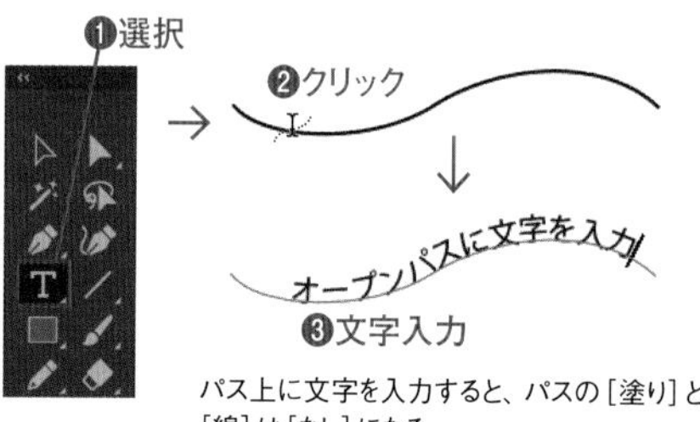

パス上に文字を入力すると、パスの［塗り］と［線］は［なし］になる

2 ダイレクト選択ツールを選びます❶。一度選択を解除してから、パスだけをクリックして選択します❷。スウォッチパネルで［線］のカラーを［ブラック］に設定します❸。パスに色がつきました。

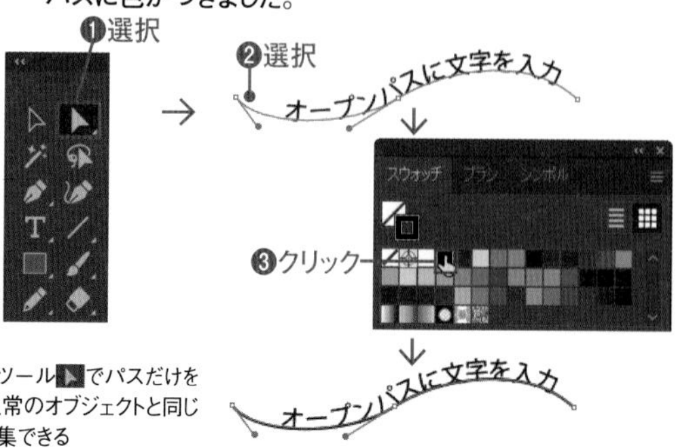

ダイレクト選択ツールでパスだけを選択すれば、通常のオブジェクトと同じようにパスを編集できる

Macでは、キーは次のようになります。　Ctrl → ⌘　Alt → option　Enter → return

クローズパス上に文字を入力する

1 パス上文字ツールを選びます❶。円Bのパスの上でクリックすると❷文字入力できるカーソルが表示されるので、適当な文字を入力します❸。

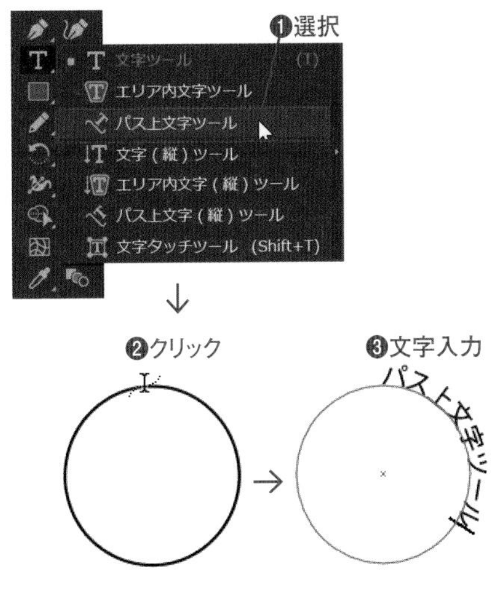

オープンパスでは、文字ツールとパス上文字ツールの両方でパス上に文字が入力できる。クローズパスではパス上文字ツールを使う

2 ダイレクト選択ツールを選びます❶。一度選択を解除してから、パスの右側のアンカーポイントを選択してドラッグします❷。パスの形状に沿って文字の位置も変わります。

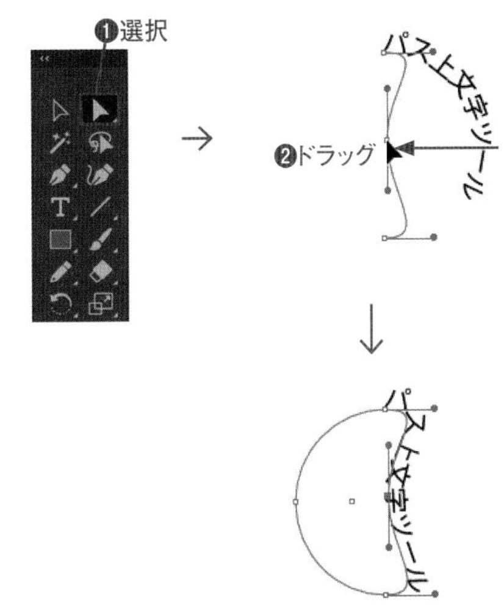

パス上文字の移動

1 選択ツールを選びます❶。パス上文字オブジェクトCをクリックして選びます❷。文字の先頭の｜にカーソルを合わせ❸、左右にドラッグします❹。ドラッグした方向にパス上文字が移動します。

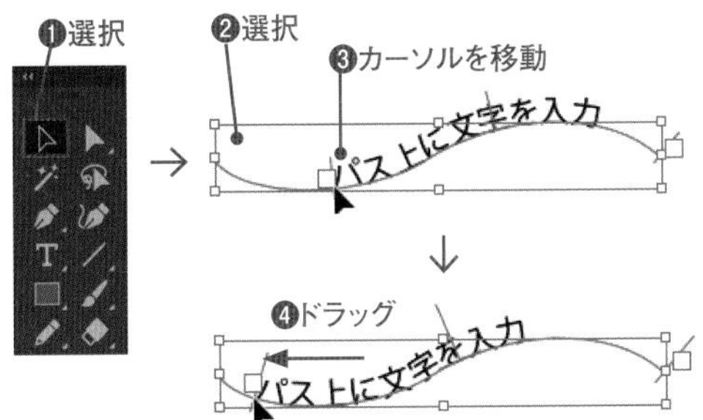

2 選択ツールでパスの右端の｜にカーソルを合わせ❶、左側にドラッグして文字が表示される範囲を狭くします❷。確認したら、右にドラッグして元に戻します。

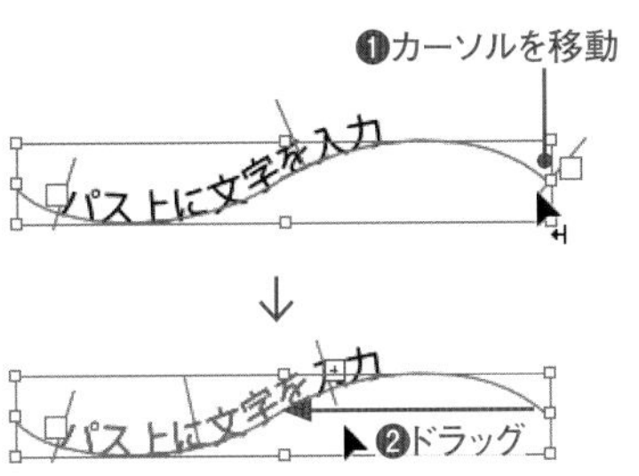

3 選択ツールでパスの中央の｜にカーソルを合わせ❶、パスの反対側にドラッグします❷。文字がパスの反対側に移動します。

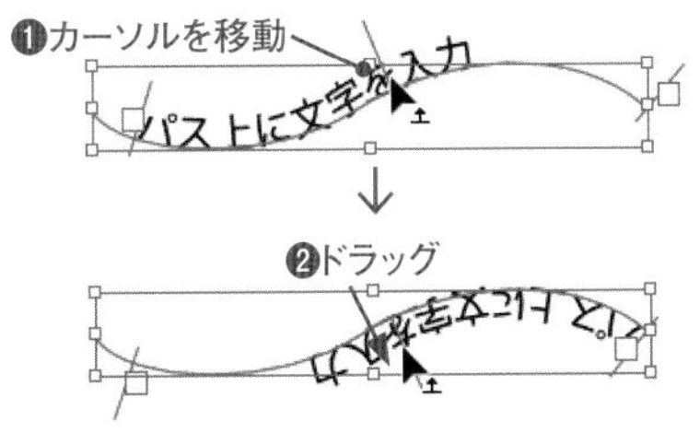

6-5 文字の編集

Illustratorでは、選択した文字のフォントやサイズなどの属性を設定できます。また、多くの文字を入力したオブジェクトには、段落の設定も可能です。文字の属性は文字パネル、段落の属性は段落パネルで設定します。

文字パネル

2021 2020 2019

文字パネルでは、選択した文字に対して、フォントや文字サイズなどの各種属性を設定できます。文字の選択は、各種文字ツール(どれでもかまいません)でドラッグします。選択された文字は反転表示になります。フォントやサイズなど文字パネルの一部の属性はプロパティパネルやコントロールパネルでも設定できます。選択ツール で文字をオブジェクトとして選択すると、オブジェクト内のすべての文字が設定対象となります。

Illustratorでテキスト入力

各種文字ツールでドラッグして選択できる

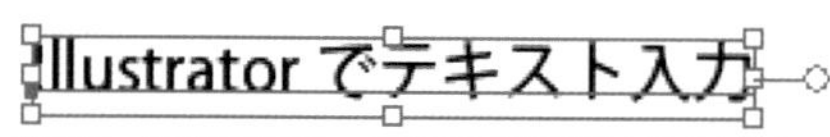

選択ツールで選択すると、すべての文字が設定対象となる

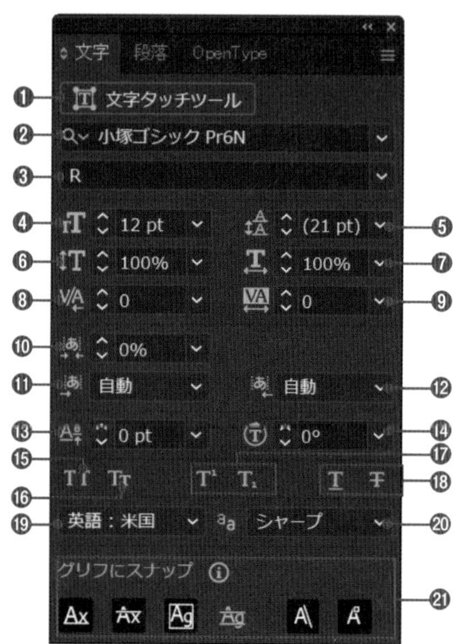

❶文字タッチツールを起動する
❷フォントを選択する
❸フォントのスタイルを選択する(フォントによっては選択不可)
❹文字サイズを設定する
❺行送りのサイズを設定する
❻文字の垂直比率を設定する
❼文字の水平比率を設定する
❽文字と文字の間にカーソルを置いて、文字の間隔を設定する
❾選択した文字の、文字の間隔を設定する
❿文字の間隔を詰める
⓫選択した文字の左側に空きを入れる
⓬選択した文字の右側に空きを入れる
⓭選択した文字のベースラインを移動する
横書きでは上下に、縦書きでは左右に移動する
⓮文字を指定した角度で回転させる
⓯選択した文字をすべて大文字にする
⓰選択した文字をすべて大文字で、2文字目から小さくする
⓱選択した文字を上付き文字、下付き文字にする
⓲選択した文字に下線、打ち消し線をつける
⓳スペルチェックやハイフネーションの言語辞書を選択する
⓴画像で書き出すときのエイリアス処理方法を選択する
㉑ほかのオブジェクトを移動するとき、文字のグリフにスナップする位置を指定する

フォントの検索

コントロールパネルや文字パネルの[フォントファミリを設定]で、フォント名を入力して該当する名称のフォントだけを表示できます。空白文字で区切って、複数の条件を指定することも可能です。×をクリックすると、条件をクリアできます。また、フィルタリング機能を使うと、Adobe Fontsで入手したフォント、セリフ・サンセリフなどのフォント形状による分類、お気に入りに設定したフォント、現在のフォントと類似しているフォントを絞り込んで表示できます。

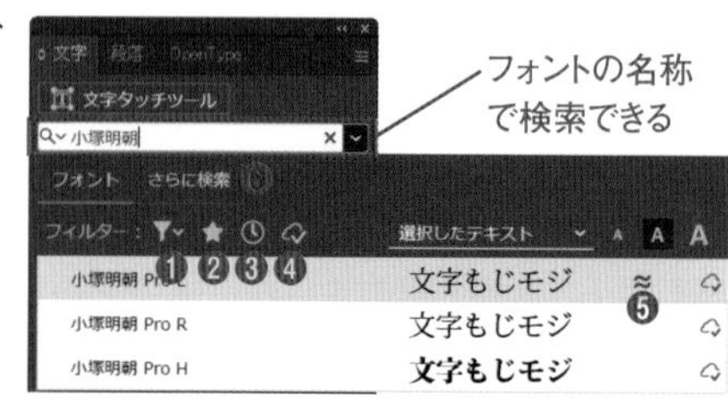

❶セリフ・サンセリフなどの選択した形状のフォントを表示する
❷お気に入りに登録したフォントを表示する。お気に入りは、フィルターなしで表示した状態で、フォント名の右側の☆をクリックして★にすると登録できる
❸最近追加したフォントを表示する
❹Adobe Fontsフォントのみ表示する
❺現在のフォントと似たフォントを表示する
❻Adobe Fontsサイト内を含めて検索する

Macでは、キーは次のようになります。 Ctrl → ⌘ Alt → option Enter → return

Adobe Fonts

Adobe Fontsは、フォントをWebで提供するAdobeのサービスです。IllustratorやPhotoshopのユーザー（Creative Cloudユーザー）は、フォントをダウンロードして利用できます。日本語書体も数多く用意されており、ダウンロードしたフォントは、IllustratorやPhotoshopなどのほかのAdobeアプリケーションでも利用できます。Webフォントの利用も可能です。

Adobe FontsのWebサイト

CHECK!

バリアブルフォントとSVGフォントのサポート

バリアブルフォント（アイコンは）は、文字パネルで線の太さなどをカスタマイズできるフォントです。SVGフォント（アイコンは）は、「EmojiOne」のような絵文字フォントで、字形パネルから入力します。Ⓖの後にⒷのように国の略称を指定するとが入力できるように、複数の字形を使用して特定の合成字形を作成できるのが特長です。

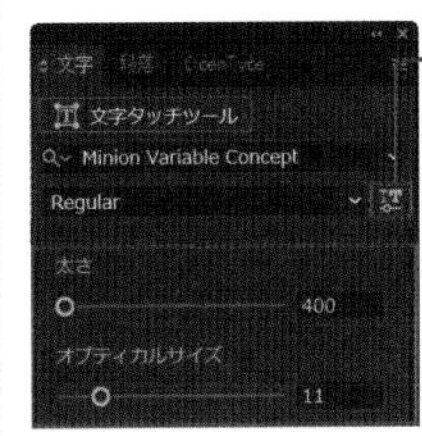

バリアブルフォントはここをクリックして表示されるポップアップで属性を変更できる

SVGフォントは字形パネルでⒼとⒷを連続して入力するとが入力できる

Ⓖ Ⓑ →

段落パネル

2021　2020　2019

段落パネルでは、カーソルのある段落や、選択した文字のある段落に対して、文字揃えや段落前後のアキなどを設定できます。また、日本語組版で使用する禁則処理の設定や、文字組み方式の選択、ハイフネーション処理のオン / オフを設定します。行揃えなど段落パネルの一部の属性はプロパティパネルやコントロールパネルでも設定できます。

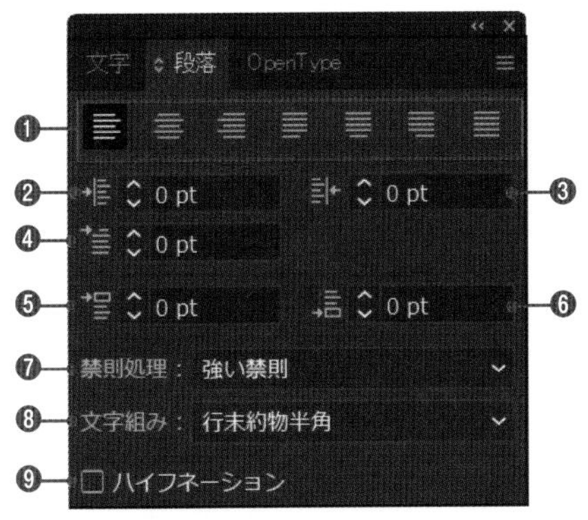

文字パネルでは、選択した文字に対して、フォントや文字サイズなどの各種属性を設定できます。

段落パネルでは、カーソルのある段落や、選択した文字のある段落に対して、文字揃えや段落前後のアキなどを設定できます。

❶段落の文字揃えを選択する。ポイント文字は、クリックした位置を基準に揃う。エリア内文字は、テキストエリアに対して揃う
❷左側のインデント量を設定する
❸右側のインデント量を設定する
❹1行目だけのインデント量を設定する。マイナスを入力すると、1行目だけをぶら下げることができる
❺段落前に指定した量の空きを挿入する
❻段落後に指定した量の空きを挿入する
❼禁則処理の処理方法を選択する
❽文字組みを選択する
❾チェックすると、欧文言語のテキストに対してハイフネーションが処理される

文字の色

2021　2020　2019

文字の色は、[塗り] の色が適用されます。文字の [塗り] は、単色またはパターンを適用できます。[線] に色を設定すると、文字の輪郭に色がつきます。線幅を変更できるので、線を太くすると文字も太ります。
選択ツールで文字をオブジェクトとして選択してから色を設定すると、すべての文字が同じ色になります。一部の文字を選択すると、選択した文字だけ色を設定できます。

Illustrator
文字の色は、[塗り] の色となる

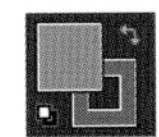
Illustrator
[線] の色を設定すると、文字の輪郭に色がつく。線幅の指定も可能

[塗り]、[線] には、パターンも設定できる

線と文字の設定　Lesson 06 07 08 09 10 11 12 13 14 15

STEP 01 文字の設定

2021 2020 2019

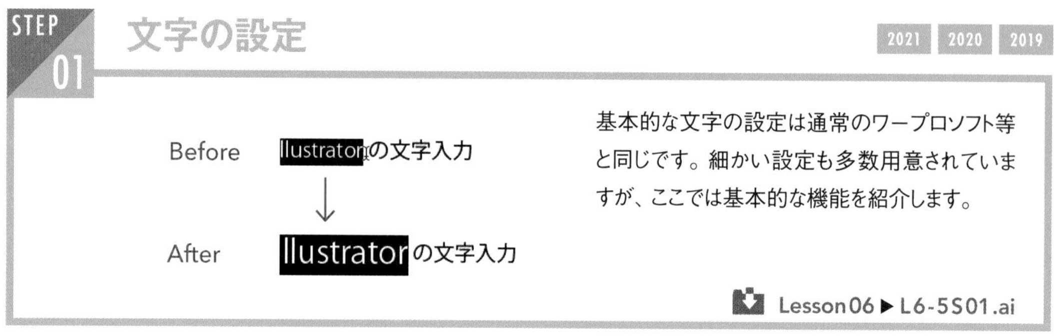

基本的な文字の設定は通常のワープロソフト等と同じです。細かい設定も多数用意されていますが、ここでは基本的な機能を紹介します。

フォントファミリを設定

1 レッスンファイルを開き、選択ツールを選びます❶。テキストオブジェクトAを選択します❷。

2 文字パネルの［フォントファミリを設定］のをクリックし❶、リストから「小塚明朝Pr6N」を選びます❷。

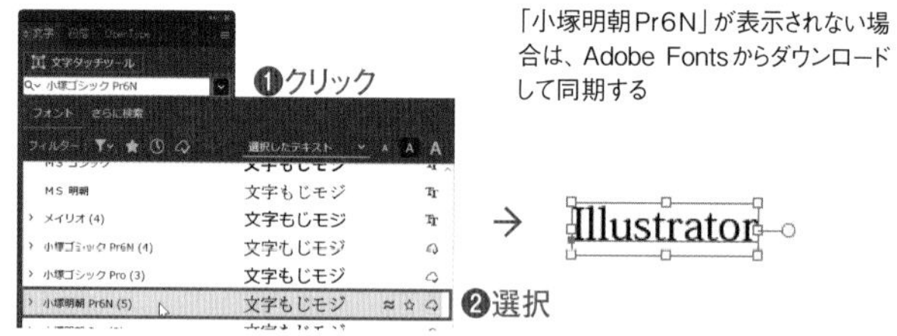

「小塚明朝Pr6N」が表示されない場合は、Adobe Fontsからダウンロードして同期する

フォントスタイルとサイズの設定

1 選択ツールでテキストオブジェクトBを選択し❶、文字パネルの［フォントスタイルを設定］のをクリックし❷、リストから「H」を選びます❸。

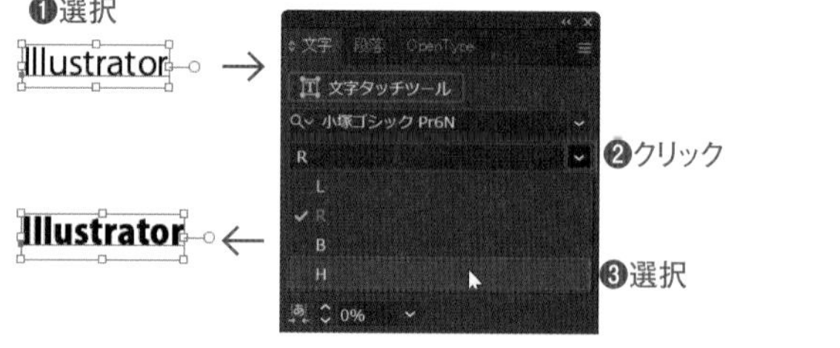

2 文字ツールでテキストオブジェクトCの「Illustrator」の文字を選択し❶、文字パネルの［フォントサイズを設定］のをクリックし❷、リストから「18pt」を選びます❸。

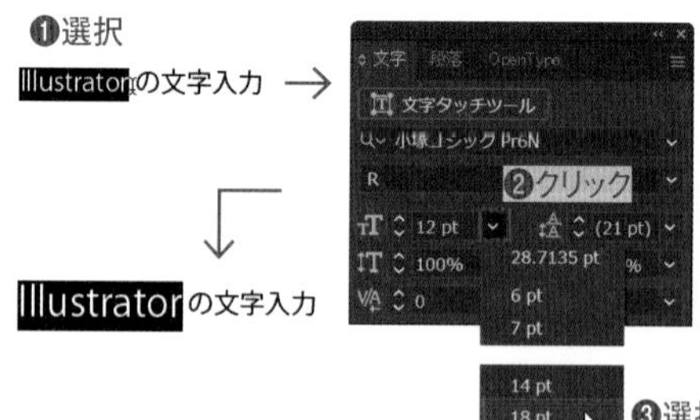

縦中横

縦中横とは、縦組み文字の中の英数字を回転させて横書きにすることです。文字ツールでエリア内文字オブジェクトDの「10」の文字を選択します❶。文字パネルのをクリックし❷、パネルメニューから［縦中横］を選びます❸。選択した文字が横書きになります。

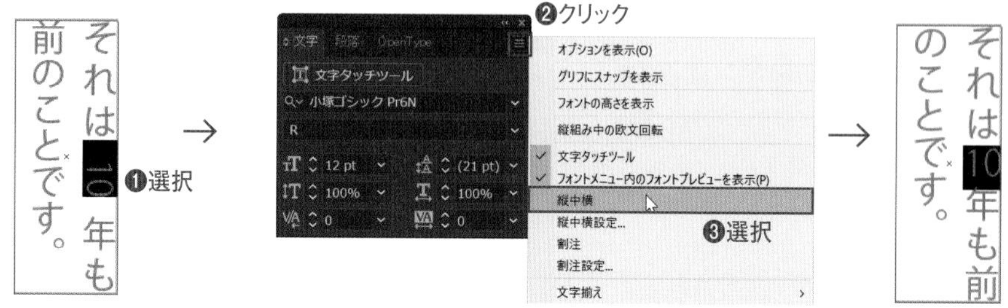

Macでは、キーは次のようになります。 Ctrl → ⌘ Alt → option Enter → return

STEP 02

文字間隔の設定

2021 2020 2019

Before プロポーショナルメトリクス

↓

After プロポーショナルメトリクス

文字の間隔を調節する方法はいくつもありますが、ここではよく使われている方法を紹介します。

Lesson06 ▶ L6-5S02.ai

プロポーショナルメトリクス

1 レッスンファイルを開き、選択ツール でテキストオブジェクトA を選択します❶。OpenTypeパネルを開き、[プロポーショナルメトリクス]にチェックをつけます❷。OpenTypeフォントの持っている「文字詰め」の情報に基づいて文字間隔が自動で調節されます。

プロポーショナルメトリクス

❶選択 プロポーショナルメトリクス

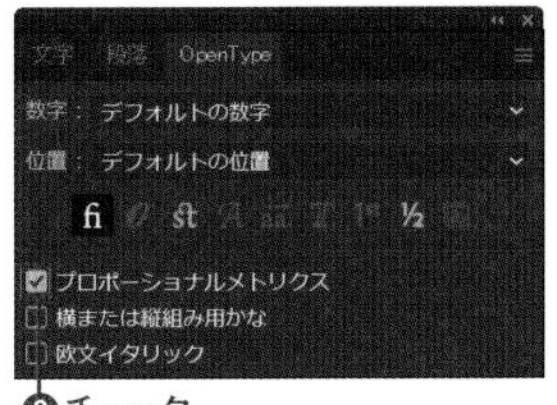

❷チェック

プロポーショナルメトリクス

プロポーショナルメトリクス

すぐ下にある[横または縦組み用かな]にもチェックをつけると、かなが横組み用にわずかに変化し、全体の長さが変わることが確認できる

2 続けて文字パネルの[文字間のカーニングを設定]の をクリックし❶、リストから[メイトリクス]を選びます❷。さらに若干文字が詰まります。[メイトリクス]では、特定の文字の組み合わせの間隔情報である「ペアカーニング」に基づいて調節されます。

❶クリック

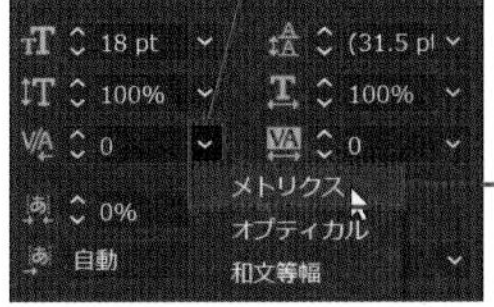

❷選択

プロポーショナルメトリクス

プロポーショナルメトリクス

文字のアキを利用して記号を詰める

1 選択ツール でテキストオブジェクトB の文字を選択します❶。文字パネルの[アキを挿入(左／上)][アキを挿入(右／下)]がそれぞれ[自動]になっていることを確認します❷。

文字の「アキ」を調節

文字の「アキ」を調節

❶選択

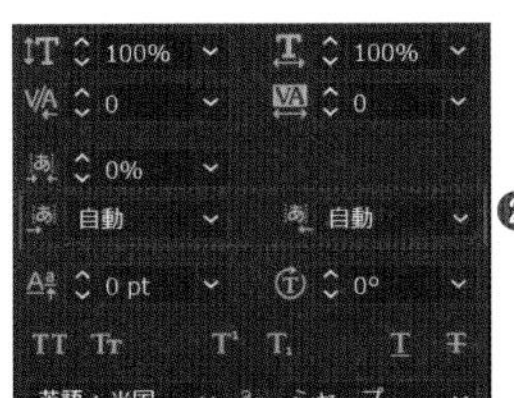

❷確認

2 文字パネルの[アキを挿入(左／上)][アキを挿入(右／下)]をそれぞれ「アキなし」に変更して❶、上と比較します。記号の前の空きがなくなります。

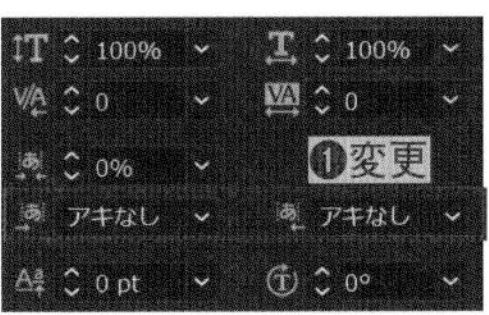

文字の「アキ」を調節

文字の「アキ」を調節

[アキを挿入]の設定単位

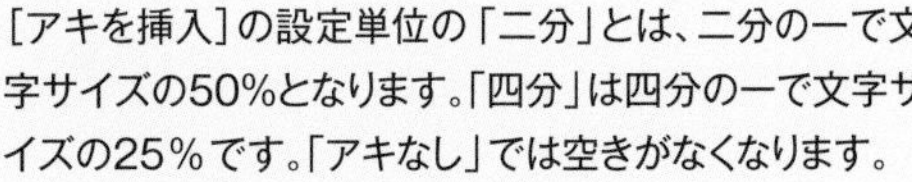

[アキを挿入]の設定単位の「二分」とは、二分の一で文字サイズの50%となります。「四分」は四分の一で文字サイズの25%です。「アキなし」では空きがなくなります。

STEP 03 段落の設定

2021 2020 2019

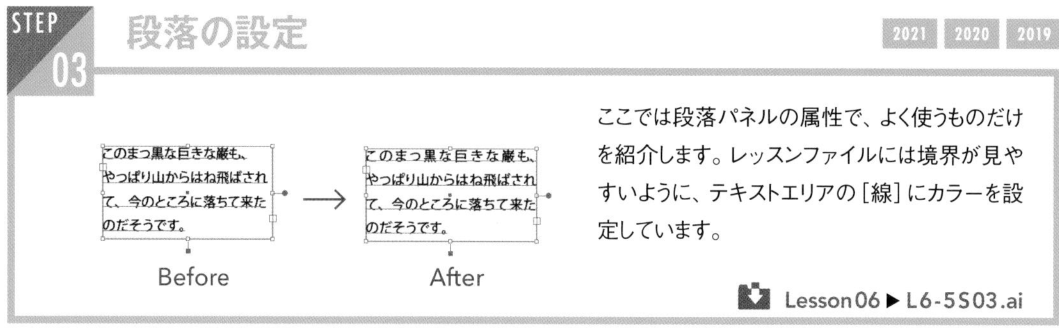

ここでは段落パネルの属性で、よく使うものだけを紹介します。レッスンファイルには境界が見やすいように、テキストエリアの［線］にカラーを設定しています。

Lesson06 ▶ L6-5S03.ai

行揃え

1 レッスンファイルを開き、選択ツールでエリア内文字オブジェクトAを選択します❶。段落パネルの［均等配置（最終行左揃え）］をクリックします❷。

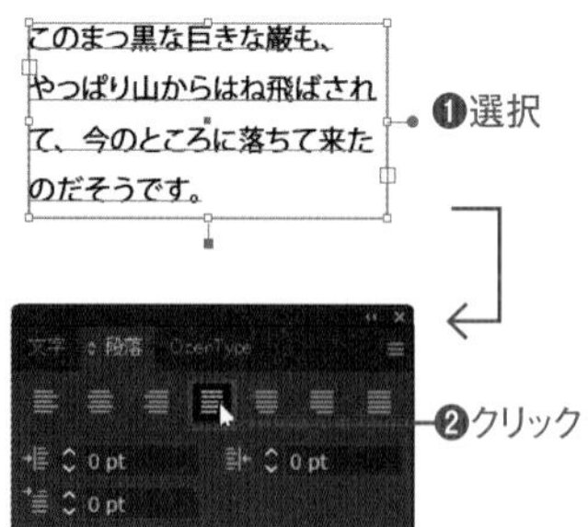

2 1行目から3行目の行末が、テキストエリアの右端まで配置されたことを確認します❶。テキストエリアのバウンディングボックスのハンドルをドラッグして❷、左右の幅を調節しても、文字が均等に配置されることを確認します❸。

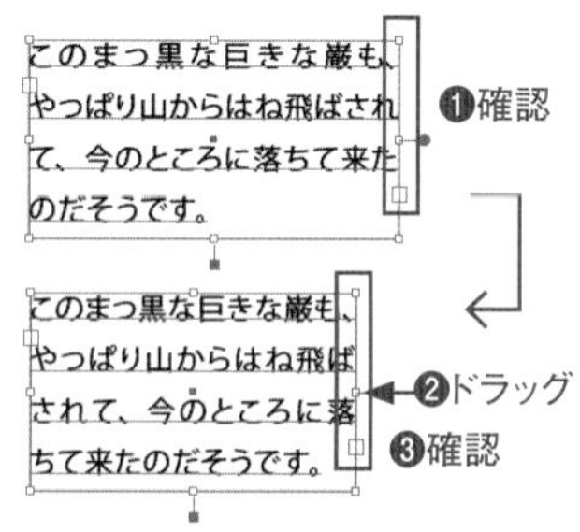

縦組みと横組みの切り替え

1 選択ツールでエリア内文字オブジェクトBを選択します❶。［書式］メニュー→［組み方向］→［縦組み］を選びます❷。

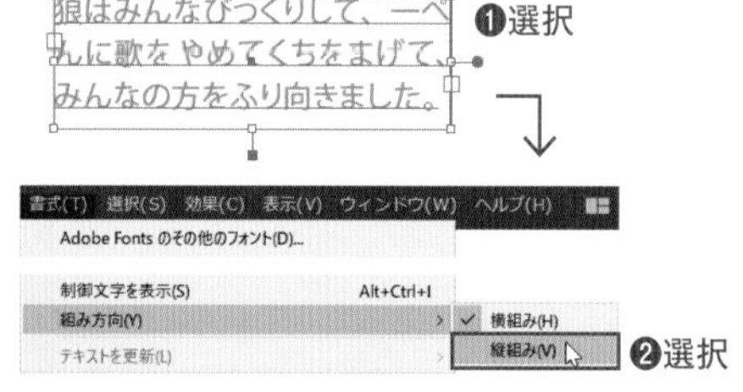

2 文字の組み方向が変わりました❶。バウンディングボックスでテキストエリアの大きさを調節します❷。

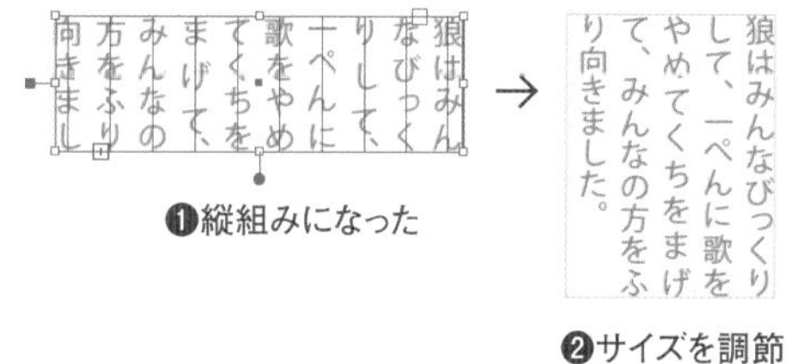

行間

選択ツールでエリア内文字オブジェクトCを選択します❶。文字パネルの［行送りを設定］で「14pt」に設定します❷。文字の行間が少し詰まりました。

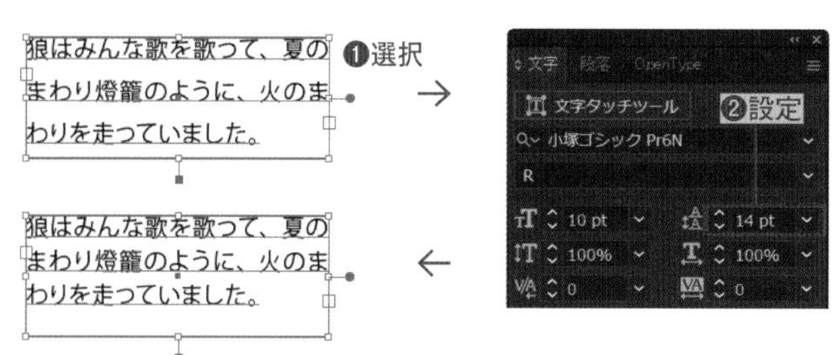

> **COLUMN**
>
> **デフォルトの行間値**
>
> Illustratorの行間値のデフォルトは「自動」で、文字サイズの「175%」です。「自動」に設定されていると、行間値は（17.5pt）のように（ ）付きで表示されます。

STEP 04 文字タッチツール

2021 2020 2019

文字タッチツールは、文字をアウトライン化せずに、テキストオブジェクト内に文字のある状態で直感的に編集できるツールです。

 Lesson06 ▶ L6-5S04.ai

移動

1 ツールバーの文字タッチツールを選択します❶。テキストオブジェクトAの「B」をクリックして選択します❷。文字の周囲にハンドルが表示されます。

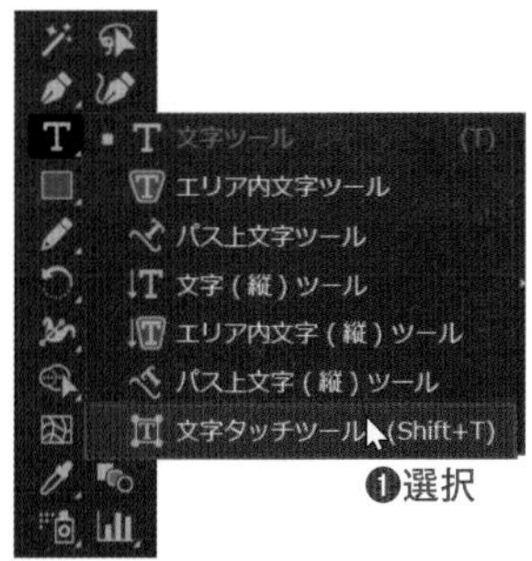

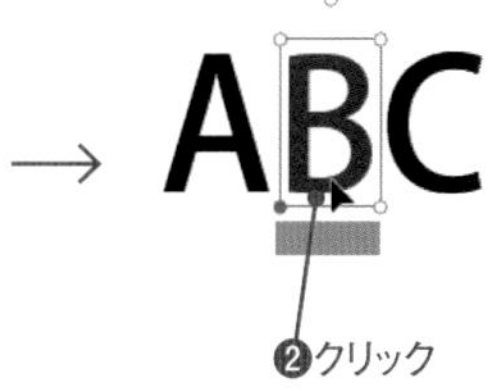

右下に異体字がリスト表示されるが無視する

2 左下のハンドルをドラッグすると❶、文字を移動できます。「B」の文字は、「A」「C」とは位置が離れましたが、ABCの順に並んだテキストオブジェクトのままです。「B」が「A」より左や「C」より右に移動することはありません。

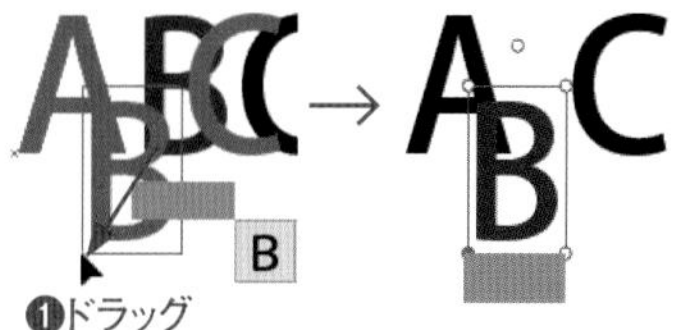

CHECK!

文字パネルの文字タッチツール

文字パネルメニューから［文字タッチツール］を選択すると、文字パネルに［文字タッチツール］が表示され、クリックして文字タッチツールを選択できます。

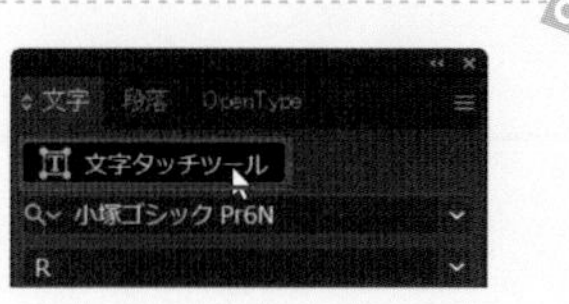

拡大・縮小と回転

1 文字タッチツールで、テキストオブジェクトBの「B」をクリックします❶。右上のハンドルをドラッグします❷。右上のハンドルをドラッグすると、文字の比率を変えずに拡大・縮小できます。

2 文字タッチツールで、テキストオブジェクトCの「B」をクリックします❶。右下のハンドルをドラッグします❷。右下のハンドルをドラッグすると、文字が水平に拡大・縮小します。

3　文字タッチツール で、テキストオブジェクト の「B」をクリックします❶。左上のハンドルをドラッグします❷。左上のハンドルをドラッグすると、文字が垂直に拡大・縮小します。

4　文字タッチツール で、テキストオブジェクト の「B」をクリックします❶。真上にあるハンドルにカーソルを合わせ、ドラッグして回転させます❷。

文字タッチツールの設定

文字タッチツール は、文字パネルの［垂直比率］［水平比率］［文字回転］などの項目を、ドラッグ操作しながら設定できるツールです。文字を選択して、文字パネルで設定することもできます。

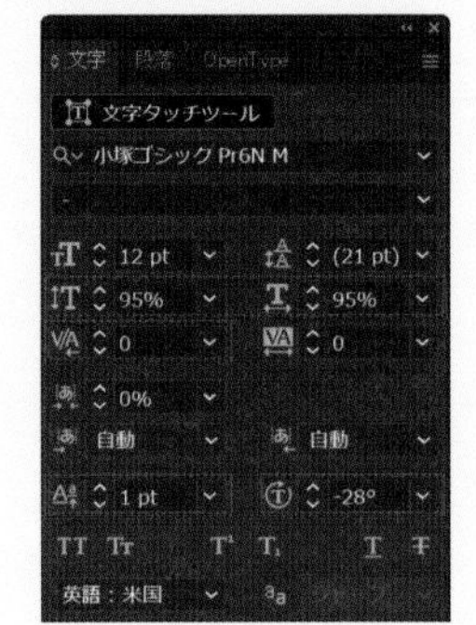

STEP 05 文字のアウトライン

2021　2020　2019

Before → After

文字をアウトライン化すると、通常の複合パスと同じように扱えます。元のテキストデータには戻せないため注意しましょう。

 Lesson06 ▶ L6-5S05.ai

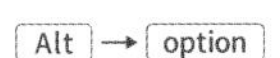

1　選択ツール でテキストオブジェクトを選択します❶。［書式］メニュー→［アウトラインを作成］を選びます❷。文字がアウトライン化され、通常の図形のオブジェクトとして扱えるようになります❸。

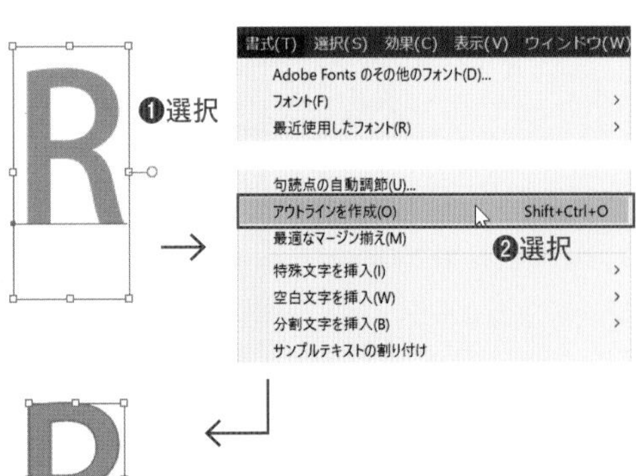

2　ダイレクト選択ツール を選択し❶、左下のアンカーポイントをふたつ選択して Shift キーを押しながらドラッグして動かしてみます❷。図形のオブジェクトになっていることがわかります❸。

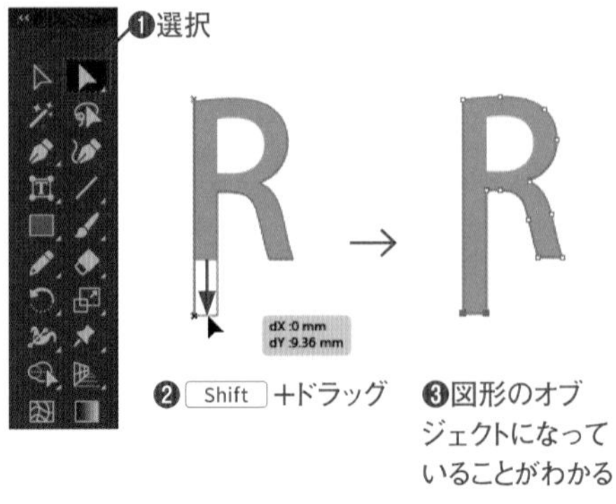

Macでは、キーは次のようになります。 Ctrl → ⌘　Alt → option　Enter → return

STEP 06 異体字の入力

2021 2020 2019

Before → After

字形パネルを使うと、選択した文字の異体字を入力できます。文字変換では入力できない記号や丸数字などの特殊文字の入力も可能です。

Lesson06 ▶ L6-5S06.ai

1 レッスンファイルを開きます。［書式］メニュー→［字形］を選択し、字形パネルを表示します❶。表示された文字を文字ツール[T]で選択すると❷、字形パネルで選択された文字が強調表示されます❸。

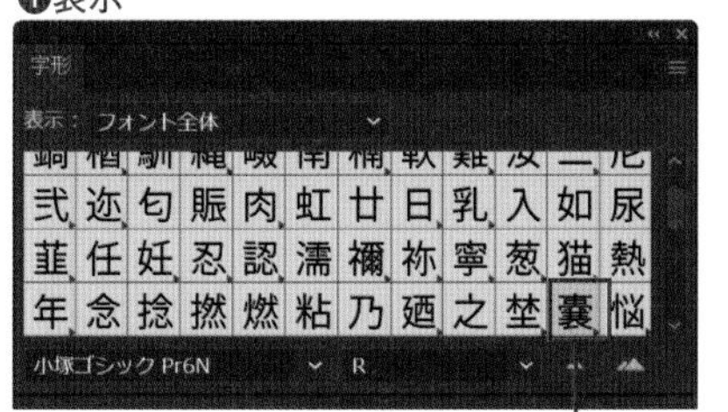

❷選択

CHECK! 記号なども入力できる

字形パネルでは、記号や修飾文字をダブルクリックして入力できます。

2 字形パネルで、強調表示された文字上でマウスボタンを押したままにすると異体字が表示されます❶。そのままカーソルを移動し入力したい文字上でマウスボタンを放します❷。選択した異体字が置換されて入力されます❸。

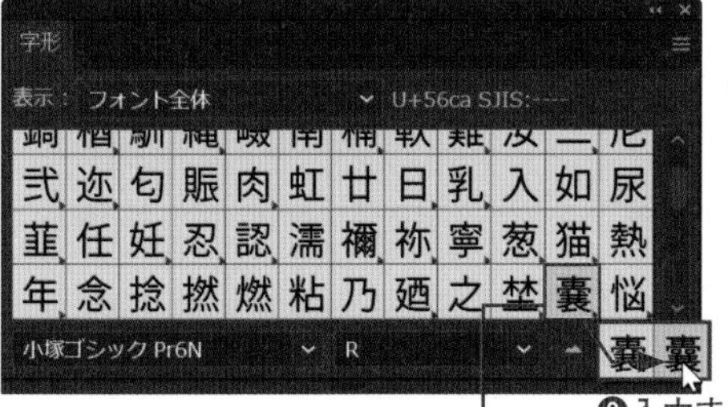

❶マウスボタンを押す

❷入力する文字の上でマウスボタンを放す

❸置換されて入力された

CHECK! フォントによって異なる異体字

フォントによっては異体字が少なく、目的の文字がない場合もあります。また、新しいOpenTypeの文字にはさまざまな修飾字形や記号があります。

CHECK! 便利になった異体字入力

文字ツール[T]で一文字だけ選択すると、選択した文字に異体字がある場合は文字下に青い下線が表示され、右下に異体字が5文字表示されます。字形パネルと同様に、選択すると異体字を入力できます。
表示された5文字に、入力したい異体字がない場合、>をクリックすると選択した文字の異体字だけが字形パネルに表示されます。

選択すると異体字が表示され、入力できる

クリックすると字形パネルですべての異体字が表示される

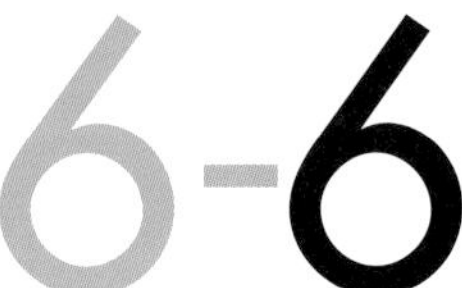

6-6 文字のレイアウト

エリア内文字は、オプションを設定してパスからのマージンを設定できます。また、オブジェクトに対してテキストの回り込みを設定できます。複数のエリア内文字を連結して、ページレイアウトソフトのように文字をレイアウトすることもできます。

STEP 01 エリア内文字の利用

2021 2020 2019

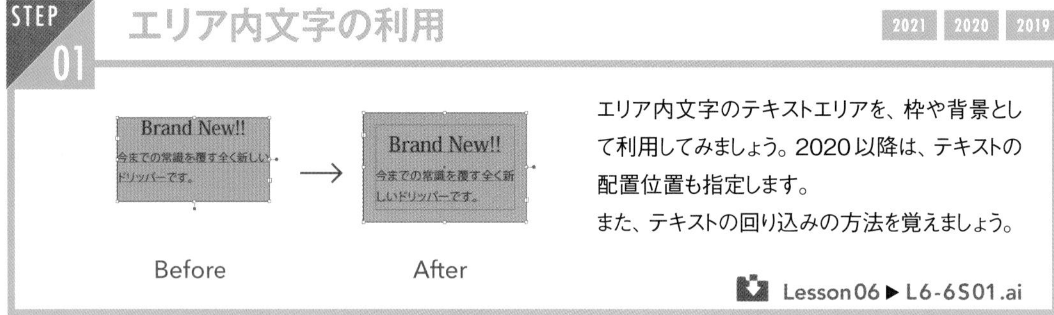

エリア内文字のテキストエリアを、枠や背景として利用してみましょう。2020以降は、テキストの配置位置も指定します。
また、テキストの回り込みの方法を覚えましょう。

Lesson06 ▶ L6-6S01.ai

外枠からのオフセットと配置位置

1 レッスンファイルを開き、選択ツール でエリア内文字オブジェクト を選択します❶。[書式]メニュー→[エリア内文字オプション]を選びます❷。

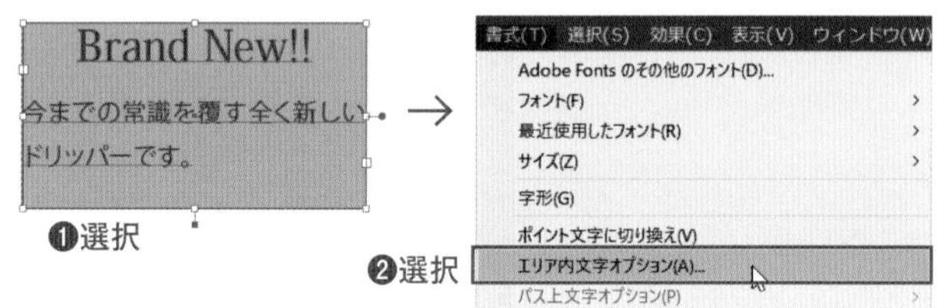

2 [エリア内文字オプション]ダイアログボックスが表示されます。[外枠からの間隔]を「3mm」に設定し❶、[テキストの配置]を[中央揃え]に設定して(2019は設定できないのでそのまま)❷、[OK]をクリックします❸。指定した値だけ、テキストエリアから文字までオフセットされます❹。オフセットされた分、文字が入りきらずにオーバーフローしているので、バウンディングボックスで大きさを調節します❺。[テキストの配置]を[中央揃え]に設定したため、テキストエリアのサイズを変更しても文字はテキストエリアの中央にあります❻。

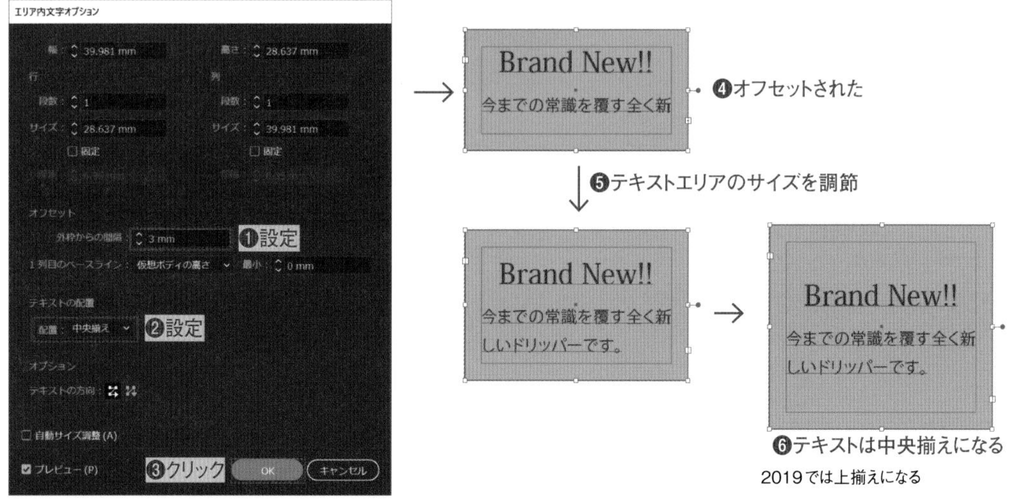

Macでは、キーは次のようになります。 Ctrl → ⌘ Alt → option Enter → return

テキストの回り込み

1 選択ツール を選びます❶。B の上の「!」のオブジェクトを選択します❷。

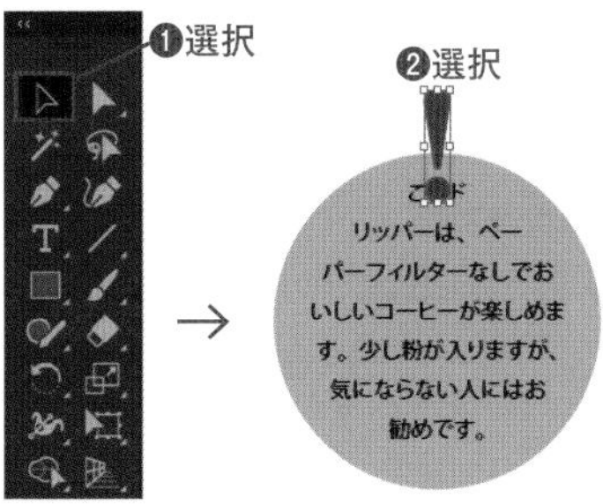

2 ［オブジェクト］メニュー→［テキストの回り込み］→［作成］を選びます❶。選択したオブジェクトをテキストが回り込みます。回り込みを解除するには、［オブジェクト］メニュー→［テキストの回り込み］→［解除］を選択します。

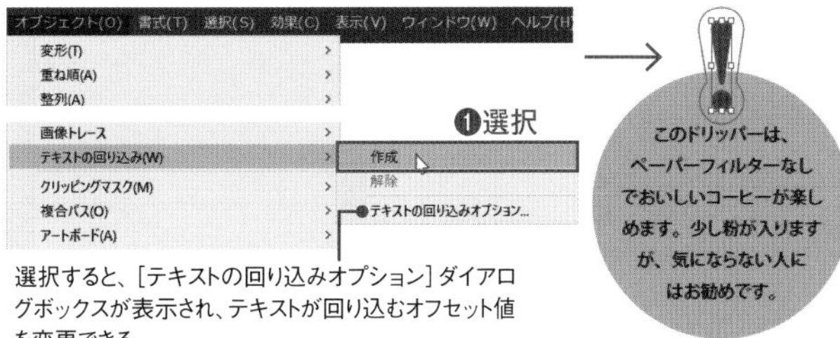

選択すると、［テキストの回り込みオプション］ダイアログボックスが表示され、テキストが回り込むオフセット値を変更できる

テキストオブジェクトのリンク

2021 2020 2019

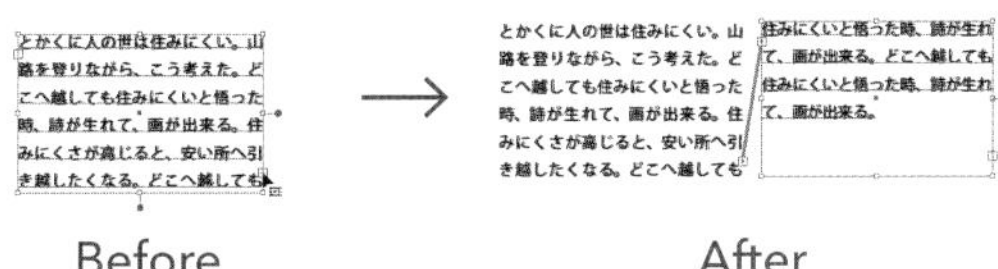

テキストオブジェクトは、リンクして長い文章を複数のオブジェクトに流し込めます。ここでは、オーバーフローしたオブジェクトから、リンクを作成します。

Lesson06 ▶ L6-6S02.ai

1 レッスンファイルを開き、選択ツール を選択します❶。エリア内文字オブジェクトを選択します❷。このテキストオブジェクトは、テキストが入りきらない（オーバーフローしている）ため、右下に⊞が表示されます。選択ツール で⊞をクリックします❸。

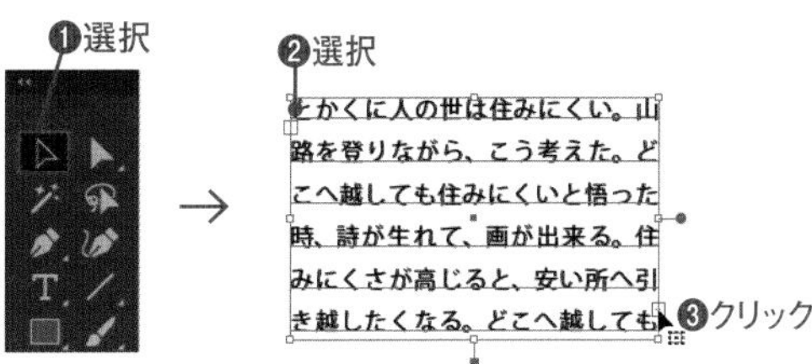

❶選択
❷選択
とかくに人の世は住みにくい。山路を登りながら、こう考えた。どこへ越しても住みにくいと悟った時、詩が生れて、画が出来る。住みにくさが高じると、安い所へ引き越したくなる。どこへ越しても
❸クリック

2 カーソルが に変化します。右の余白部分をクリックします❶。左のテキストオブジェクトと同じサイズのテキストオブジェクトが作成されます❷。ふたつのテキストオブジェクトはリンクしているので、オーバーフローしていたテキストが右のテキストオブジェクトに流れ込みます。

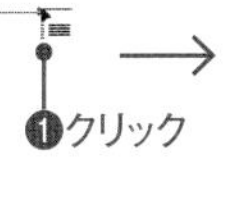

クリックではなくドラッグすると、任意のサイズのテキストエリアを作成できる

3 左側のテキストオブジェクトのサイズを広げ❶、右側のテキストオブジェクトのテキストが少なくなることを確認します❷。

リンクしているテキストオブジェクトを選択し、［書式］メニュー→［スレッドテキストオプション］→［選択部分をスレッドから除外］を選択すると、リンクは解除される

❷テキストが少なくなる
❶ドラッグ

練習問題

Lesson06 ▶ L6EX1.ai

Q 元のオブジェクトに、[線] の設定を使って太陽のように変形してみましょう。

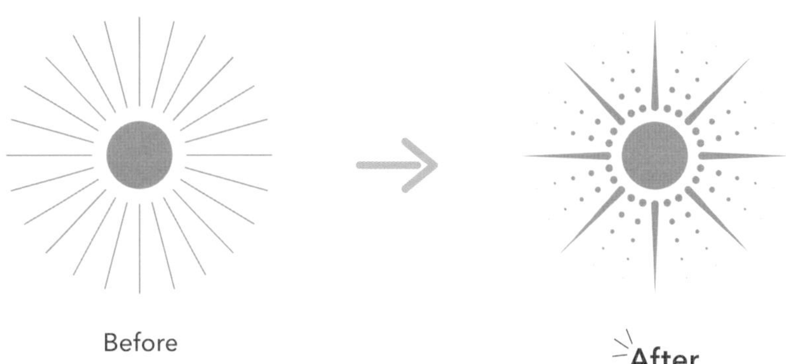

A
❶選択ツールで線のオブジェクトをすべて選択します。
❷ [オブジェクト] メニュー→ [グループ] を選択し、グループ化します。
❸線パネルで、[線幅] を「2mm」、[線端] を [丸型線端] に設定します。
❹続けて [可変線幅プロファイル] から [線幅プロファイル4] を適用し、[破線] にチェックをつけ [線分] を「0mm」、[間隔] を「5mm」に設定します。
❺いったん選択を解除してから、ダイレクト選択ツールで、45°ごとに線のオブジェクトを選択し、線パネルの [破線] のチェックをオフにします。

Lesson06 ▶ L6EX2.ai

Q 文字のフォントやサイズを変更しましょう。また、一部の文字だけを選択して、色や角度を変更してみましょう。

ILLUSTRATOR
Before

After

A
❶選択ツールで文字オブジェクトを選択します。
❷文字パネルで、[フォント] を「小塚ゴシックPr6N B」、サイズを「42pt」に設定します。フォントがない場合は、どんなフォントでもかまいません。サイズだけ変更してください。
❸文字ツールで中央の「R」の文字だけを選択し、[塗り] を「C=0 M=50 Y=100 K=0」に設定します。
❹文字タッチツールで、「R」の文字をクリックし、時計回りに25°（「-25°」）程度回転させます。また、TとRの間隔が狭くなるように少し左に移動します。
❺文字ツールで「R」の文字を選択し、文字パネルの [選択した文字のトラッキングを設定] で「-150」程度に設定します。

Macでは、キーは次のようになります。 Ctrl → ⌘ Alt → option Enter → return

Lesson 07

An easy-to-understand guide to Illustrator and Photoshop

覚えておきたい機能

Illustratorには、さまざまな機能があります。ここでは、基本的な操作をマスターした後に、アートワークの作成のために覚えておきたい一歩進んだ機能を中心に説明します。

7-1 クリッピングマスク

クリッピングマスクを使うと、オブジェクトや画像を切り抜いて一部だけを見せることができます。元のオブジェクトや画像は損ないません。仕上がりサイズの指定がある場合にも便利な機能です。

クリッピングマスク

2021 2020 2019

クリッピングマスクとは

配置した画像や描画したイラストの一部だけを見せるために、見せたい形状で切り抜く機能をクリッピングマスクといいます。単純に「マスク」と呼ぶこともあります。

元画像

円でクリッピングマスク

画像のマスク

配置した画像の上下左右をトリミングしたい場合は、プロパティパネル(またはコントロールパネル)の[マスク]をクリックします。画像の境界線にハンドルが表示されるので、ドラッグするとトリミングされた状態のクリッピングマスクが作成されます。

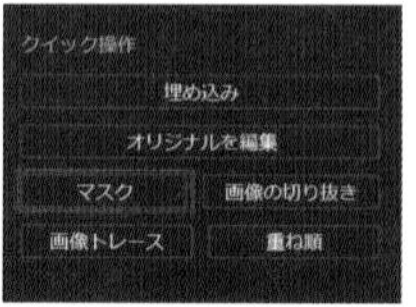

オブジェクトを使ったクリッピングマスク

切り抜きたい形状のオブジェクトを使ってマスクするには、マスクされるオブジェクトとマスクに使うオブジェクト(クリッピングパス)の両方を選択し[オブジェクト]メニュー→[クリッピングマスク]→[作成]を選択します。マスクに使うオブジェクトの重ね順を最前面にする必要があります。

マスクできない状態

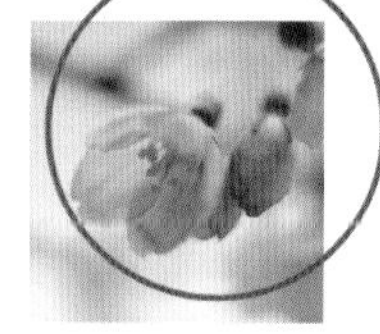
マスクできる状態

クリッピングパスの色

クリッピングマスクを作成すると、クリッピングパス(マスクに使ったオブジェクト)は[塗り]も[線]も[なし]になります。クリッピングパスは、ダイレクト選択ツール やレイヤーパネルで選択すればカラーを設定できます。[塗り]はクリッピングマスクグループの最背面に、[線]はグループの最前面に表示されます。

クリッピングマスク作成後は[塗り]も[線]も[なし]になる

クリッピングマスクに[塗り]と[線]を設定。[塗り]は最背面、[線]は最前面に表示される

クリッピングマスクされたオブジェクト

クリッピングマスクされたオブジェクトは、[クリッピンググループ]という名称でレイヤーパネルに表示されます。展開して表示すると、マスクに使ったオブジェクトには下線が表示されているのがわかります。

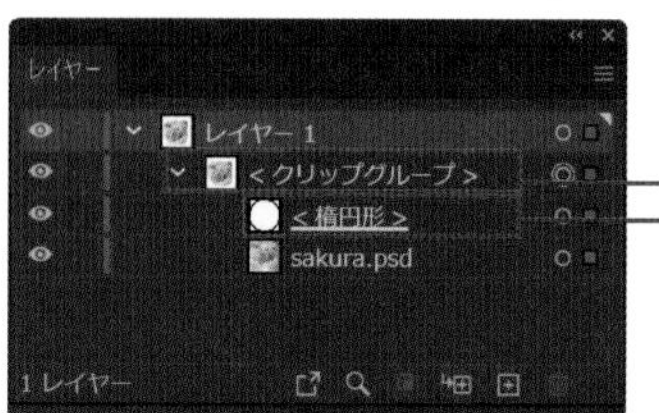

マスクでできたオブジェクト

マスクに使ったオブジェクト

クリッピングマスクを作成すると、「クリッピンググループ」ができ、マスクに使ったオブジェクトは下線が表示される

クリッピングパスの編集

クリッピングパスは通常のパスと同様に、レイヤーパネルで選択後に選択ツールを使って変形したり、ダイレクト選択ツールでパスを変形したりして編集できます。このときマスクされている画像やオブジェクトには影響を与えません。

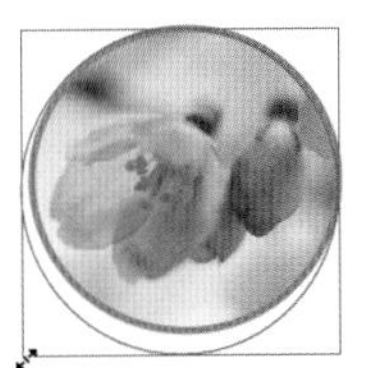

レイヤーパネルで選択後に選択ツールを使って変形

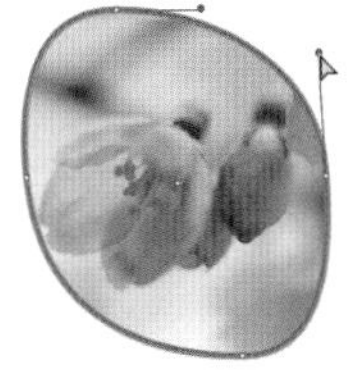

ダイレクト選択ツールでパスを変形

クリッピングマスクの解除

マスクが不要になった場合は解除することができます。解除するマスクオブジェクトを選択し、[オブジェクト] メニュー→ [クリッピングマスク] → [解除] を選択してください。
マスクに使ったオブジェクトの色は、マスク作成後のカラー（変更していなければ [塗り] も [線] も [なし]）になります。

クリッピングマスクを解除

画像をクリッピングマスクで切り抜く

2021　2020　2019

Before

After

クリッピングマスクを使うと画像を切り抜くことができます。さまざまな場面で利用する機能なので、しっかり学びましょう。

 Lesson07 ▶ L7-1S01.ai

画像からマスクを作成・解除

1 レッスンファイルを開きます。画像のオブジェクトAを選択ツールで選択します❶。プロパティパネルの[マスク]をクリックします❷。選択ツールで、画像の周囲に表示されたハンドルをドラッグして❸、画像がマスクされることを確認してください。

2 マスクを解除して元に戻してみましょう。[オブジェクト] メニュー→ [クリッピングマスク] → [解除] を選びます❶。マスクが解除されて、画像が元のサイズに戻ります。クリッピングパスが前面に残っているので、削除してください❷。

画像とオブジェクトから作成

1 選択ツール で円のオブジェクトCをドラッグして画像Bの上に重ね、花が収まるように位置を調節します❶。

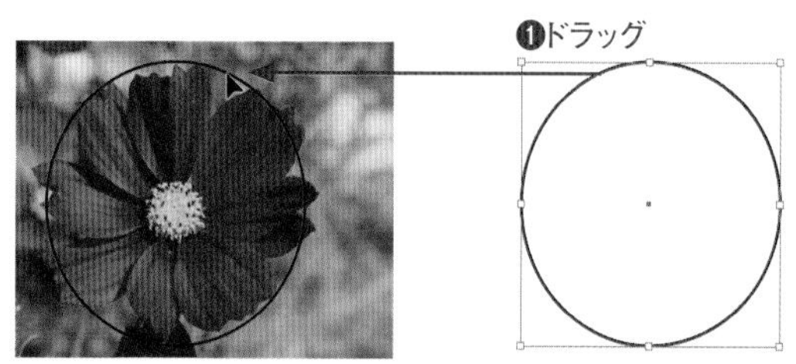

2 ドラッグして画像と円のオブジェクトの両方とも選択します❶。

3 ［オブジェクト］メニュー→［クリッピングマスク］→［作成］を選びます❶。前面に配置した円のオブジェクトで背面の画像がマスクされました❷。

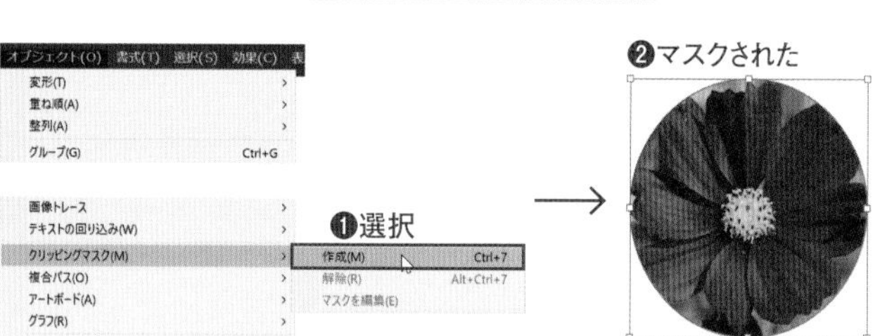

STEP 02

アートワークをクリッピングマスクで切り抜く

2021 2020 2019

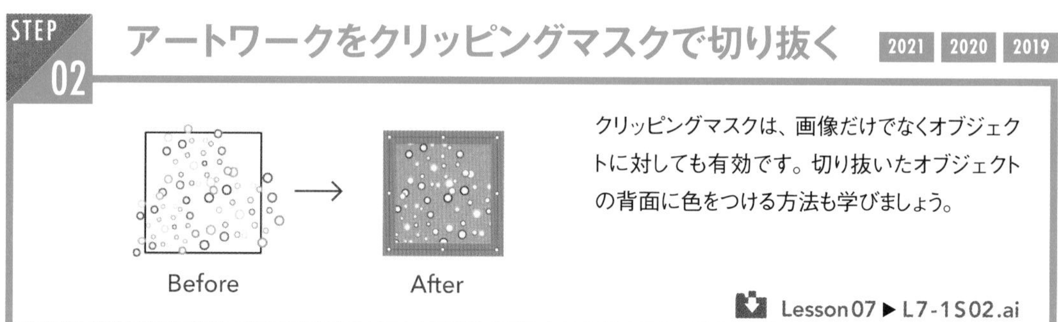

クリッピングマスクは、画像だけでなくオブジェクトに対しても有効です。切り抜いたオブジェクトの背面に色をつける方法も学びましょう。

Lesson07 ▶ L7-1S02.ai

1 レッスンファイルを開きます。選択ツール で長方形のオブジェクトを選択し❶、［オブジェクト］メニュー→［重ね順］→［最前面へ］を選びます❷。クリッピングマスクする際に、マスクするオブジェクトが最前面にあることが必要なので、確実に最前面にするためにこの作業を行います。

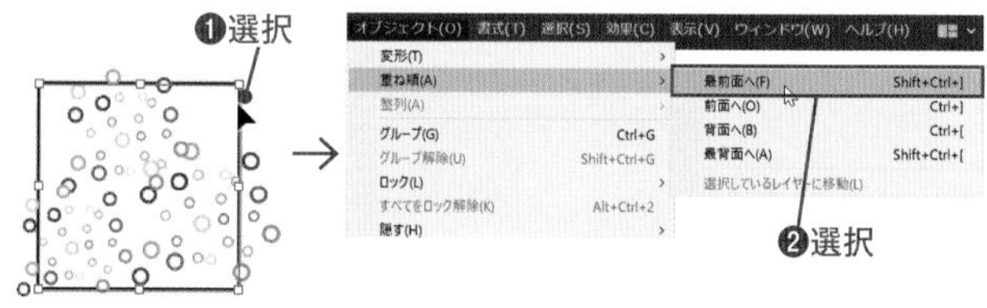

2 ドラッグで全体を選択して❶、［オブジェクト］メニュー→［クリッピングマスク］→［作成］を選びます❷。最前面に配置したオブジェクトでクリッピングマスクが作成されました❸。

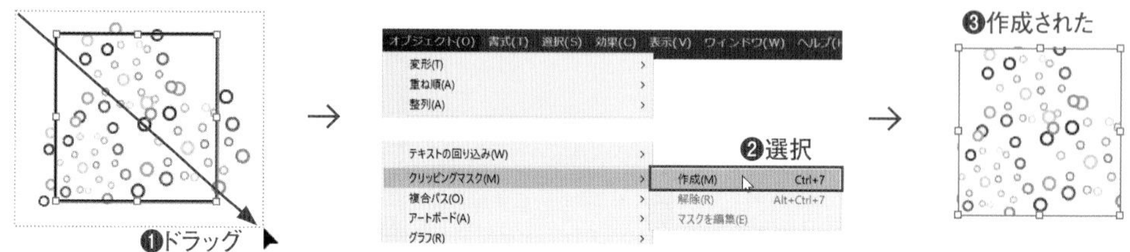

Macでは、キーは次のようになります。 Ctrl → ⌘ Alt → option Enter → return

3 オブジェクトが選択された状態で、プロパティパネルの［オブジェクトを編集］をクリックし❶、すぐに［マスクを編集］をクリックします❷。クリッピングパス（マスクの形状を決めているパス）が選択されます❸。

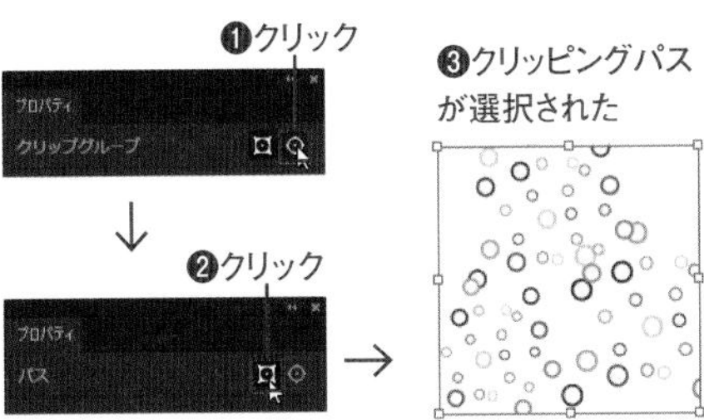

CHECK!

［オブジェクトを編集］と［マスクを編集］

クリッピングマスクの作成直後や、作成後に選択しても、［マスクを編集］が選択された状態になりますが、クリッピングマスクオブジェクト全体が選択された状態です。一度［オブジェクトを編集］をクリックしてから［マスクを編集］をクリックすることで、クリッピングパスが選択されます。この状態でバウンディングボックスのハンドルをドラッグすると、マスク範囲を編集できます。

4 透明なクリッピングパスに色をつけます。スウォッチパネルで［塗り］をクリックして前面に出し❶、色を設定します（色は任意）❷。続いてスウォッチパネルで［線］をクリックし❸、色を設定します（色は任意）❹。線パネルで［線幅］を「10pt」に設定します❺。

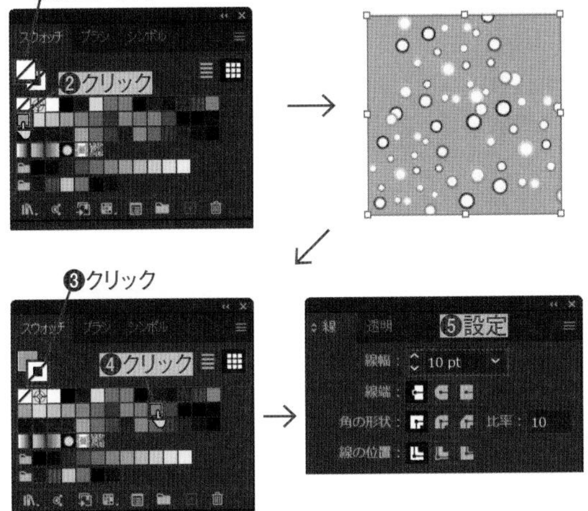

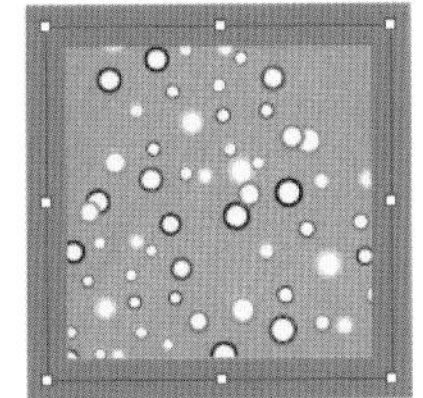

マスクしたオブジェクトの背面に［塗り］が、前面に［線］が表示されることを確認する

COLUMN

アウトラインモード

ダイレクト選択ツールでも、クリッピングパスを選択できます。［表示］メニュー→［アウトライン］を選び、アウトラインモードにしてから選択するとよいでしょう。

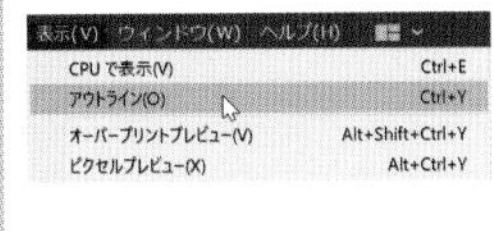

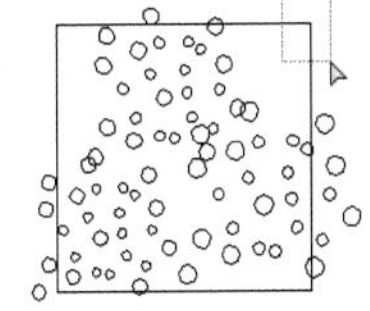

COLUMN

クリッピンググループの編集

レイヤーパネルを使うと、クリッピングパスで切り抜いたオブジェクト中に、新しいオブジェクトを追加することもできます。

オブジェクトをドラッグして〈クリップグループ〉に重ね、グループに入れてください。

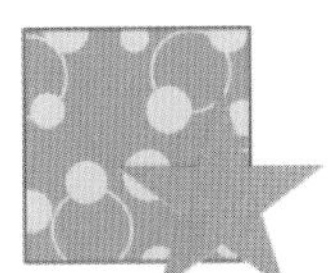

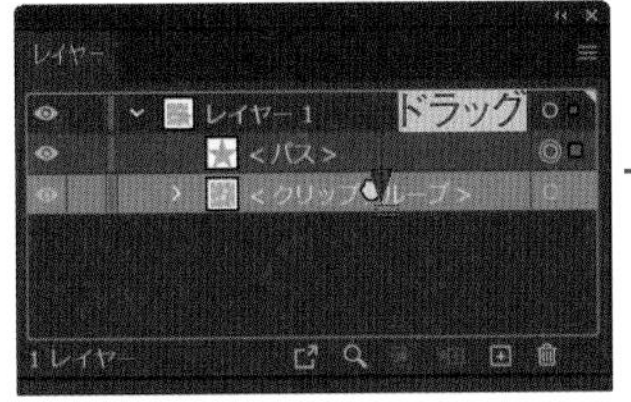

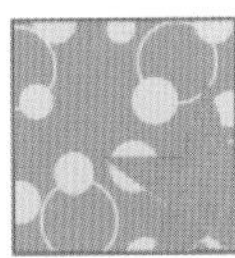

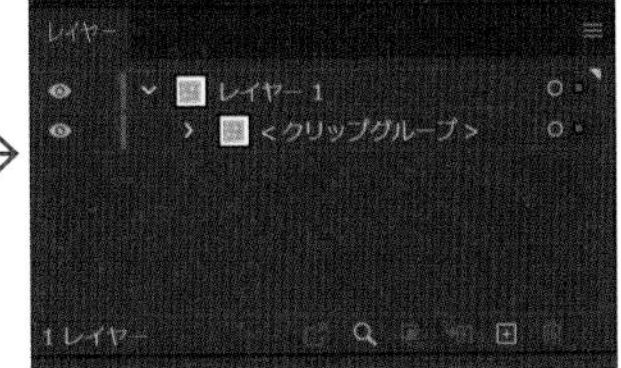

7-2 効果メニューによる変形

[効果] メニューの各機能で変形すると、後から調節したり、表示をオフにして元に戻すことができるので便利です。

効果とは

2021 2020 2019

アピアランスパネルと効果

[効果] メニューには多くの変形機能がありますが、これらの機能は、実際のパスの形状を変化させずに、見た目だけを変化させています。
オブジェクトを選択すると、アピアランスパネルには、適用されている効果が表示されます。👁をクリックして効果を適用しない状態に戻したり、効果の名称部分をクリックして、効果の設定内容を変更できます。やり直しができるのが効果の特長です。

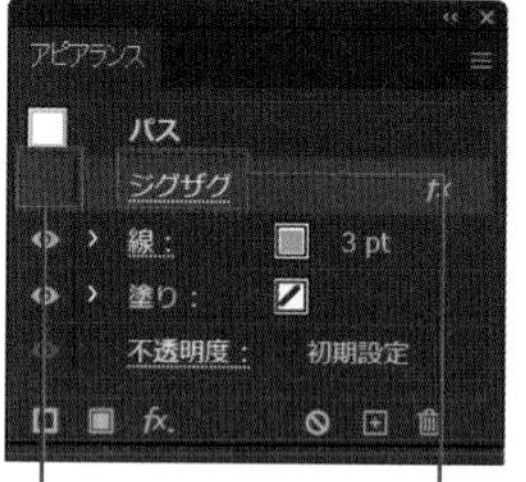

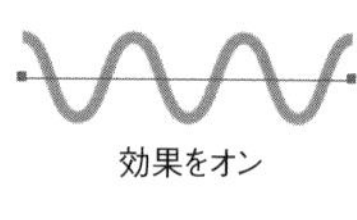
効果をオン

効果をオフ

クリックして効果のオンオフを切り替えられる

クリックして効果の設定を編集できる

効果は、[効果] メニューから選択するか、アピアランスパネルの [新規効果を追加] から選択して適用する

[効果] メニューの主な機能

[効果] メニューには、オブジェクトに影をつけたり、複雑に変形したりするコマンドが多数用意されています。パスの形状はそのままなので、複数の効果を適用できるのもメリットです。たくさんある効果から、主なものを紹介します。

元オブジェクト

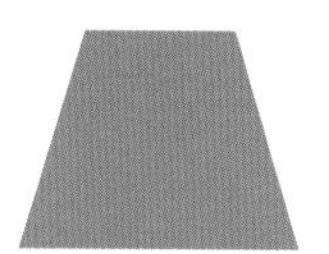
[スタイライズ] → [ぼかし]
オブジェクトの輪郭をぼかす

[スタイライズ] → [ドロップシャドウ]
オブジェクトに影をつける

[スタイライズ] → [落書き]
オブジェクトの落書き風に変形する

[スタイライズ] → [角を丸くする]
オブジェクトの角の部分を丸くする

[パスの変形] → [ジグザグ]
オブジェクトの輪郭をジグザグ線（または波線）にする

[パスの変形] → [パスの自由変形]
オブジェクトを囲む境界線をドラッグして変形する

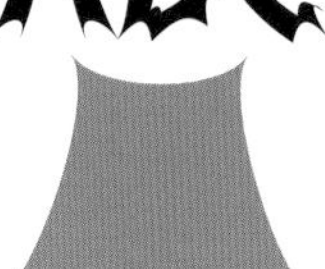
[パスの変形] → [パンク・膨張]
オブジェクトの輪郭をへこませたり膨らませたりする

[パスの変形] → [ラフ]
オブジェクトの輪郭を不規則に変形する

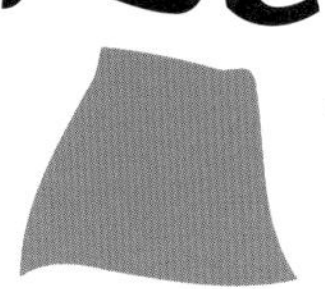
[パスの変形] → [旋回]
オブジェクトを旋回させたように変形する

Macでは、キーは次のようになります。 Ctrl → ⌘ Alt → option Enter → return

STEP 01

複数の効果を使用する

2021 2020 2019

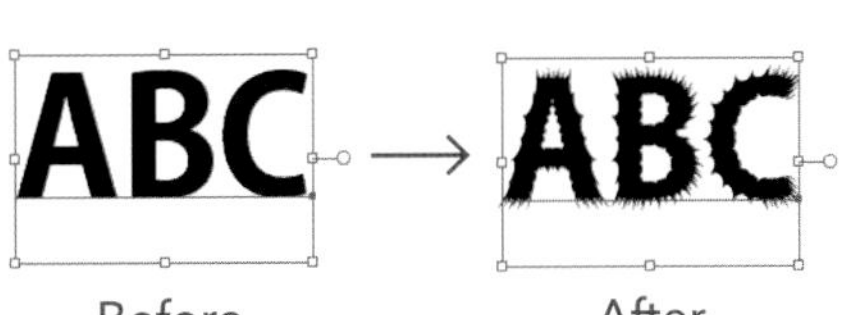

ひとつのオブジェクトに複数の効果を適用できます。ここでは、実際に複数の効果を適用して、互いに影響し合うことを確認しましょう。

Lesson07 ▶ L7-2S01.ai

1　レッスンファイルを開き、選択ツール でテキストオブジェクトを選びます❶。アピアランスパネルで［新規効果を追加］をクリックし❷、表示されたメニューから［パスの変形］→［ジグザグ］を選びます❸。

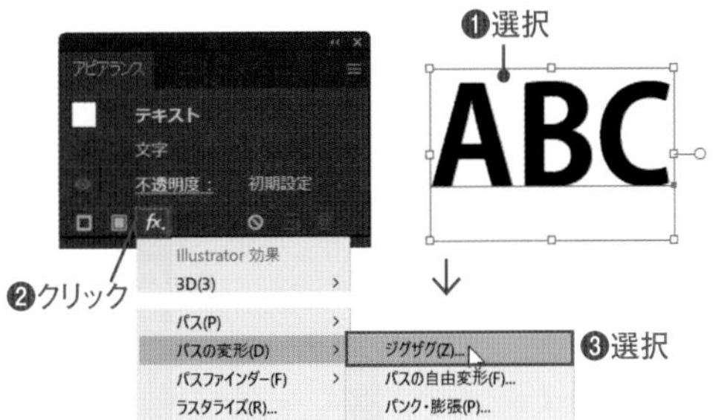

2　［ジグザグ］ダイアログボックスが表示されるので、［大きさ］を「0.2mm」❶、［折り返し］を「5」❷、［ポイント］を［直線的に］に設定して❸、［OK］をクリックします❹。文字の輪郭がジグザグ線になります。アピアランスパネルに適用した効果が追加されます❺。

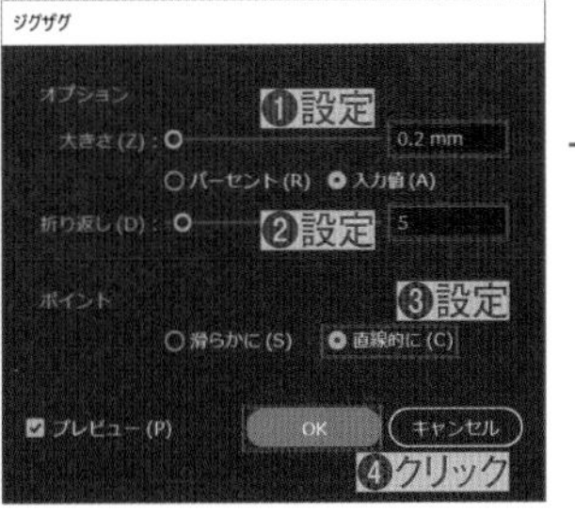

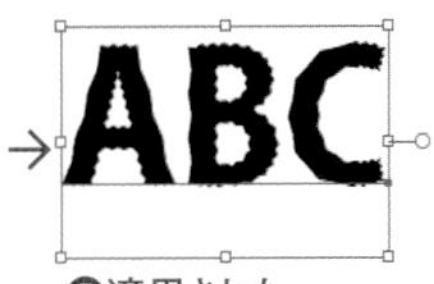

3　テキストオブジェクトが選択された状態で、アピアランスパネルで［新規効果を追加］をクリックし❶、表示されたメニューから［パスの変形］→［パンク・膨張］を選びます❷。

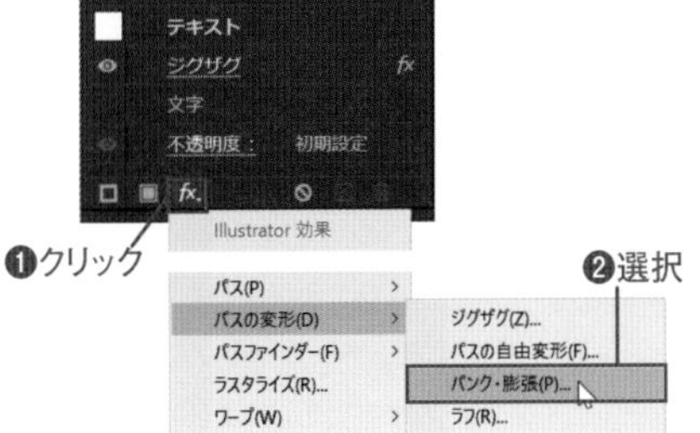

4　［パンク・膨張］ダイアログボックスが表示されるので、「-10%」に設定して❶、［OK］をクリックします❷。アピアランスパネルを見るとオブジェクトに、複数の効果が適用されているのがわかります❸。

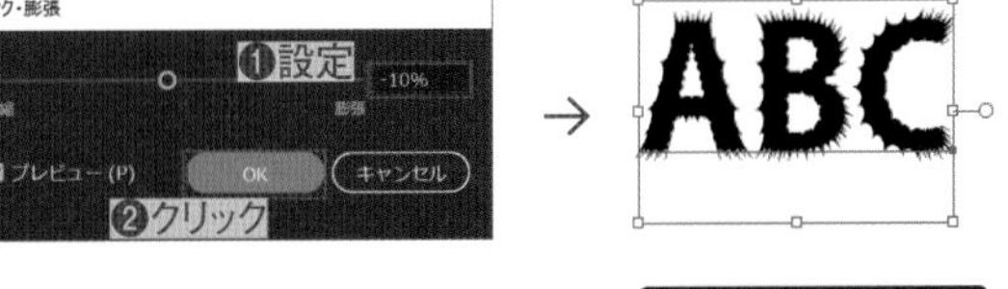

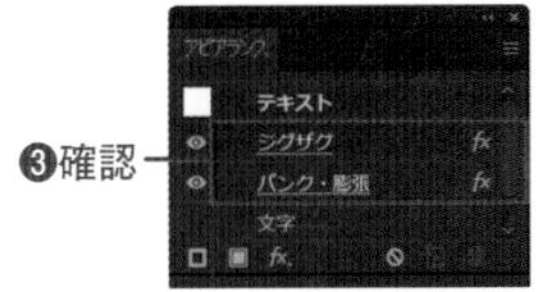

5　アピアランスパネルの［ジグザグ］の をクリックしてオフにします❶。［ジグザグ］の変形がなくなり［パンク・膨張］だけになりました❷。このように、効果は変形のオンオフを切り替えられます。

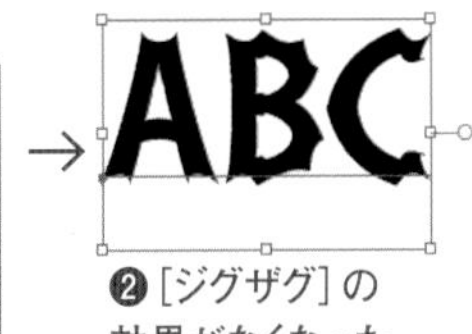

CHECK!

［塗り］と［線］に個別に適用

［効果］は、［線］と［塗り］に別々に適用することもできます。適用対象は、アピアランスパネルで選択します。

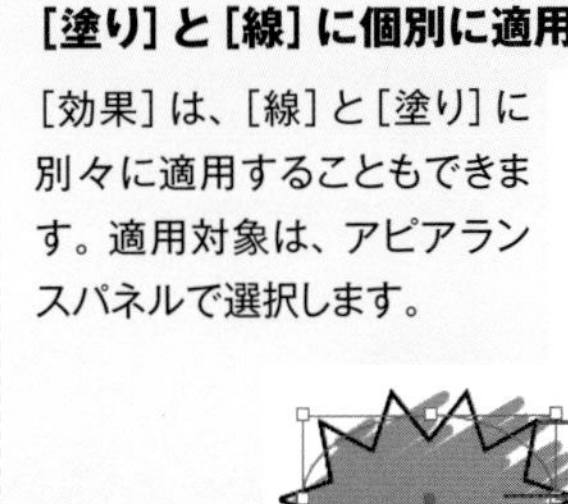

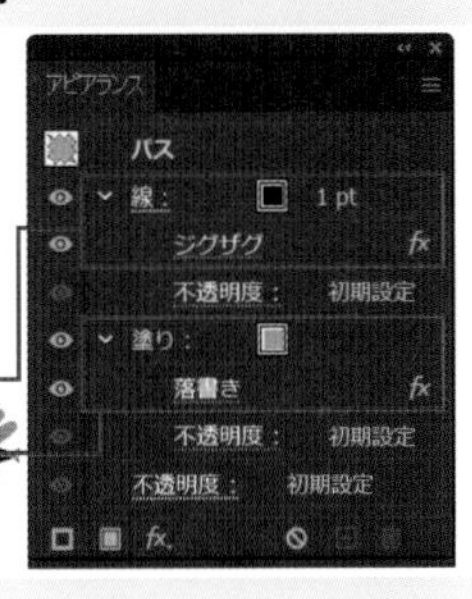

7-3 線を変形する便利な機能

Illustratorには、線を変形してひとまわり大きな図形にしたり、直線からジグザグ線や波線に変形する便利なメニューコマンドが用意されています。知っていると重宝しますので、覚えておきましょう。

STEP 01 パスのオフセット

2021 2020 2019

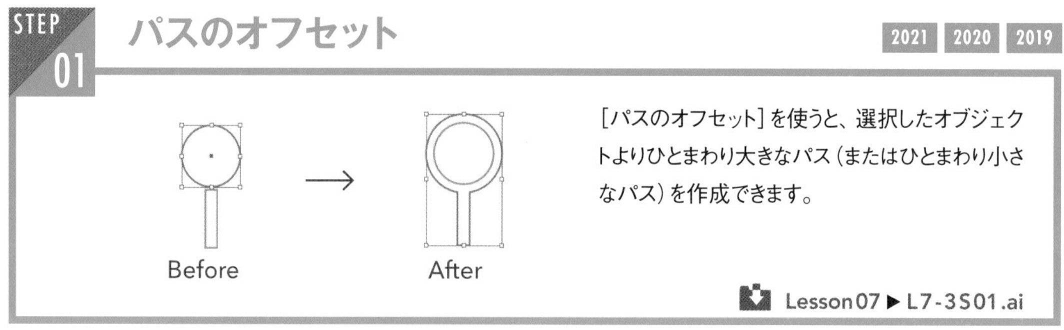

[パスのオフセット] を使うと、選択したオブジェクトよりひとまわり大きなパス (またはひとまわり小さなパス) を作成できます。

1 レッスンファイルを開きます。選択ツール で、円のオブジェクトを選択します❶。[オブジェクト] メニュー→[パス]→[パスのオフセット] を選びます❷。

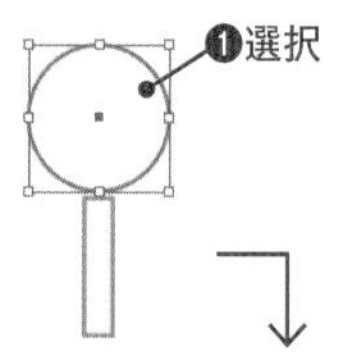

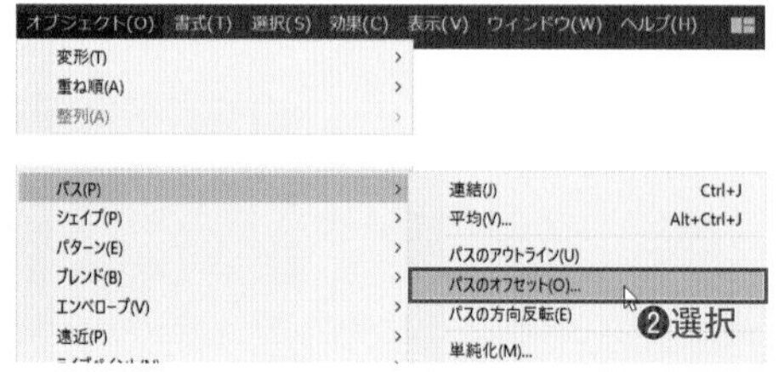

2 [パスのオフセット] ダイアログボックスが表示されるので、[オフセット] に「2」と入力します (単位は自動で入力されます) ❶。そのほかはそのままで [OK] をクリックします❷。選択したオブジェクトの外側に、設定した値分離れたオブジェクトが作成されます。

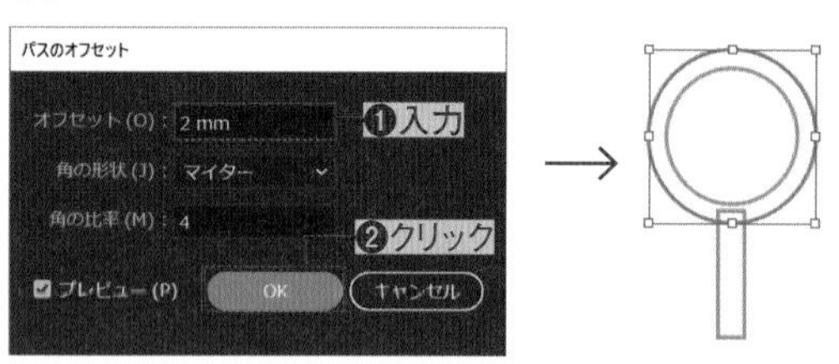

CHECK!

内側に作成する

[オフセット] にマイナス値を設定すると、パスの内側にオフセットされたオブジェクトが作成されます。

3 選択ツール で作成した外側の円と長方形を選択します❶。パスファインダーパネルの [合体] をクリックします❷。円と長方形が合体したひとつのオブジェクトになりました❸。

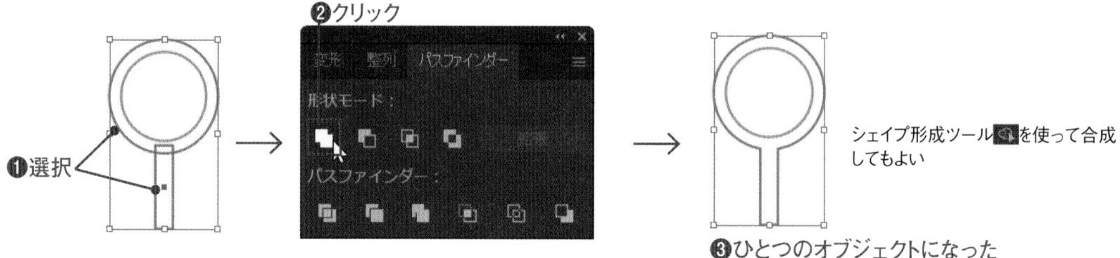

Macでは、キーは次のようになります。 Ctrl → ⌘ Alt → option Enter → return

STEP 02 パスのアウトライン

2021 2020 2019

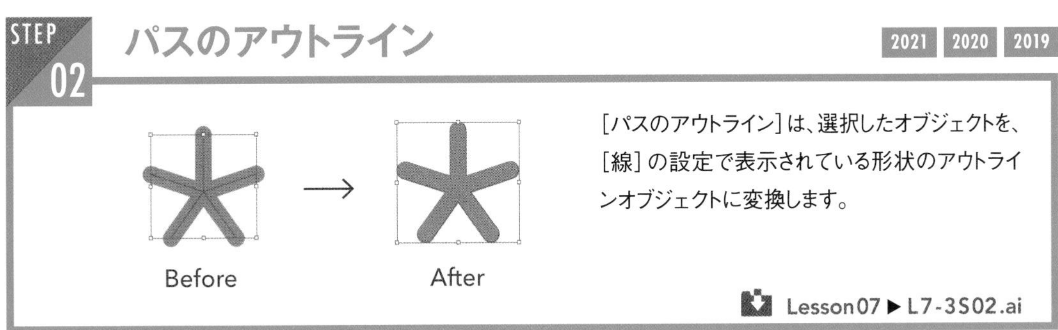

［パスのアウトライン］は、選択したオブジェクトを、［線］の設定で表示されている形状のアウトラインオブジェクトに変換します。

Lesson07 ▶ L7-3S02.ai

1 レッスンファイルを開き、すべてのオブジェクトを選択します❶。このオブジェクトは、［線幅］を太くして［線端］を［丸型線端］に設定したオープンパスを回転コピーして作ったものです。このような［線］の属性のオープンパスを、同じ形状のクローズパスとして扱いたいことがあります。それは、後から全体をひとつにまとめたいときなどです。［オブジェクト］メニュー→［パス］→［パスのアウトライン］を選ぶと❷、選択したオープンパスがアウトラインの形状のオブジェクトに変換されます❸。

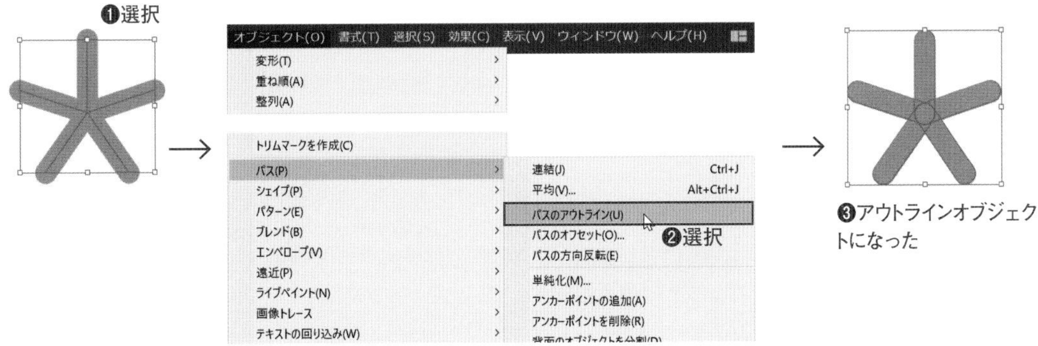

2 オブジェクト全体が選択された状態のまま操作します❶。パスファインダーパネルの［合体］をクリックして合成してみましょう❷。全体がひとつのアウトラインオブジェクトになりました❸。

CHECK!

クローズパスでもOK

［パスのアウトライン］は、クローズパスに設定した［線］のアウトラインからもアウトラインオブジェクトを作成できます。［塗り］が［なし］のオブジェクトのときは、複合パスとなります。［塗り］が設定されているオブジェクトのときは、［線］の属性から作成されたアウトラインオブジェクトと、元のオブジェクトの［塗り］だけになったオブジェクトのグループオブジェクトとなります。

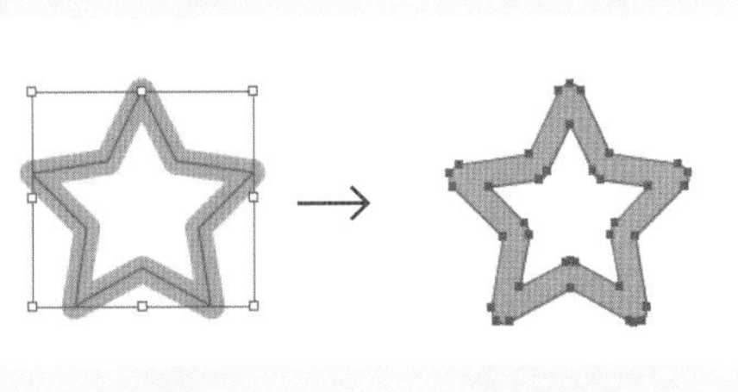

STEP 03 ジグザグ

2021 2020 2019

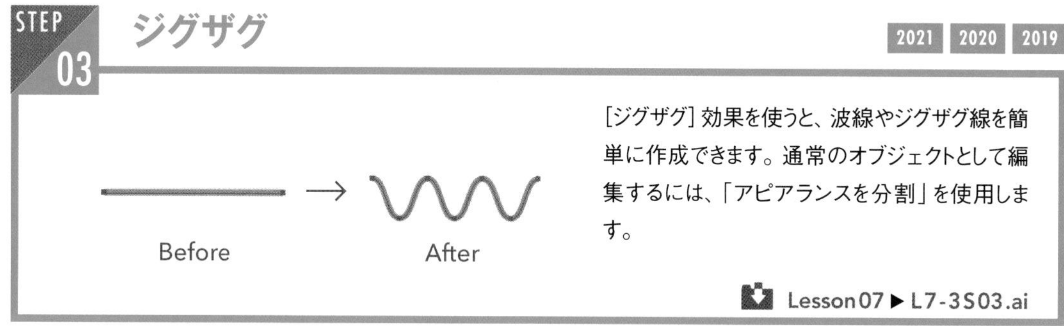

[ジグザグ] 効果を使うと、波線やジグザグ線を簡単に作成できます。通常のオブジェクトとして編集するには、「アピアランスを分割」を使用します。

Lesson07 ▶ L7-3S03.ai

1 レッスンファイルを開きます。選択ツールでオブジェクトを選択し❶、[効果] メニュー→ [パスの変形] → [ジグザグ] を選びます❷。

❶選択

わかりやすいように、バウンディングボックスは非表示([表示] メニュー→「バウンディングボックスを隠す」)

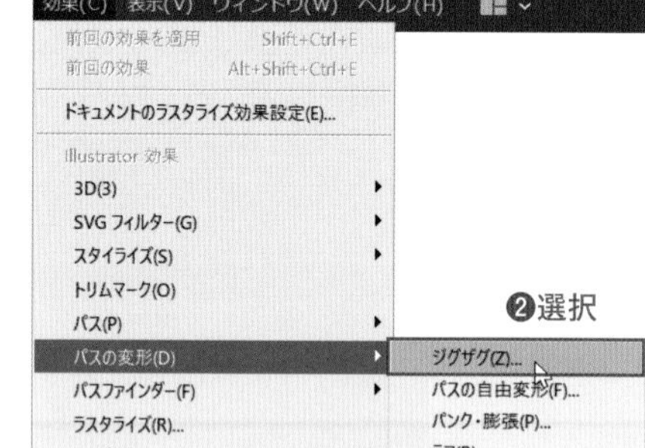

2 [ジグザグ] ダイアログボックスが表示されるので、[折り返し] に「5」を入力し❶、[滑らかに] にチェックをつけて❷、[OK] をクリックします❸。このとき、オブジェクトの表示は波線になっても、パスのアンカーポイントや形状に変化はありません❹。[効果] メニューの各機能は、オブジェクトを変化したように見せるだけです。アピアランスパネルには適用した効果の「ジグザグ」が表示されます❺。[ジグザグ] の名称部分をクリックすると、[ジグザグ] ダイアログボックスが再表示され、設定を変更できるので試してみてください。

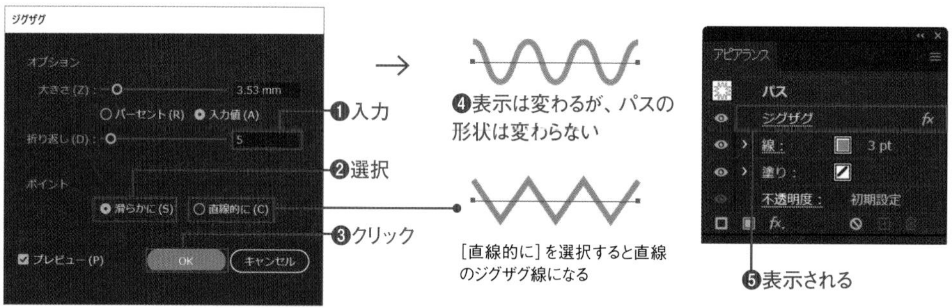

3 オブジェクトが選択された状態で、[オブジェクト] メニュー→ [アピアランスを分割] を選びます❶。これは、[効果] メニューで変化させた状態にオブジェクトのパスの形状を変化させます。オブジェクトの見た目は変わりませんが、アンカーポイントやパスの形状が、見た目の形状と同じに変化したことを確認してください❷。アピアランスパネルからは適用した効果がなくなるので表示されなくなります❸。

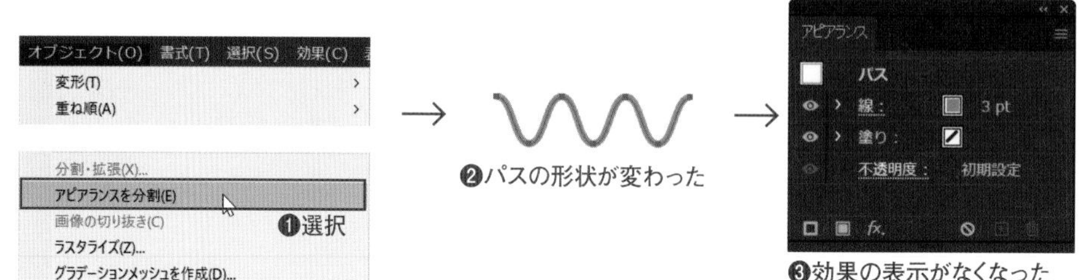

Macでは、キーは次のようになります。 Ctrl → ⌘ Alt → option Enter → return

STEP 04 アピアランスで複数の線を設定

2021 2020 2019

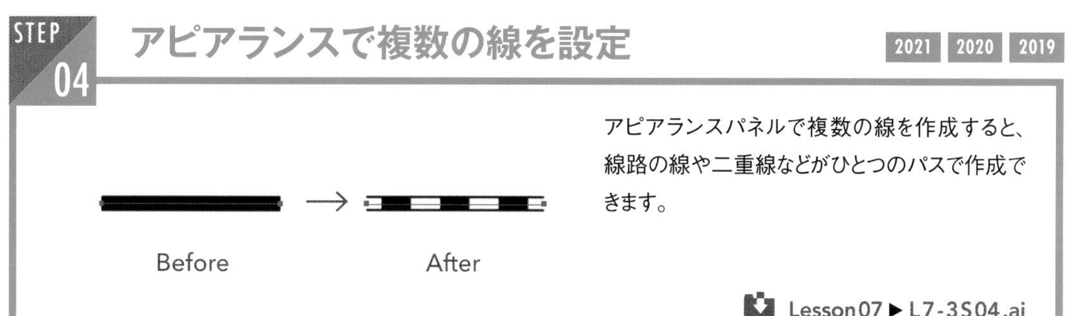

アピアランスパネルで複数の線を作成すると、線路の線や二重線などがひとつのパスで作成できます。

1 レッスンファイルを開き、選択ツール でオブジェクトを選択します❶。アピアランスパネルで［新規線を追加］をクリックします❷。［線］のアピアランスが追加されます❸。

❶選択

わかりやすいように、バウンディングボックスは非表示

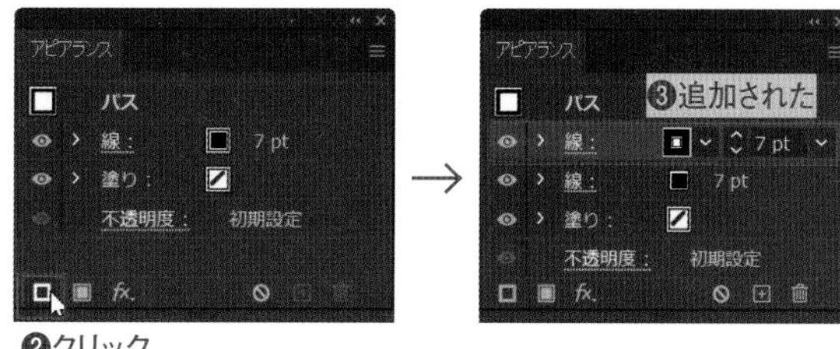

2 アピアランスパネルで上の［線］をクリックして選択し、色を［ホワイト］❶、［線幅］を「5pt」に設定します❷。線パネルを表示し、［破線］にチェックをつけて❸、［線分］に「15pt」と入力します❹。色が［ブラック］の［線幅］が「7pt」の線の上に、色が［ホワイト］で［線幅］が「5pt」の破線が乗っているので、線路を表す線になりました。

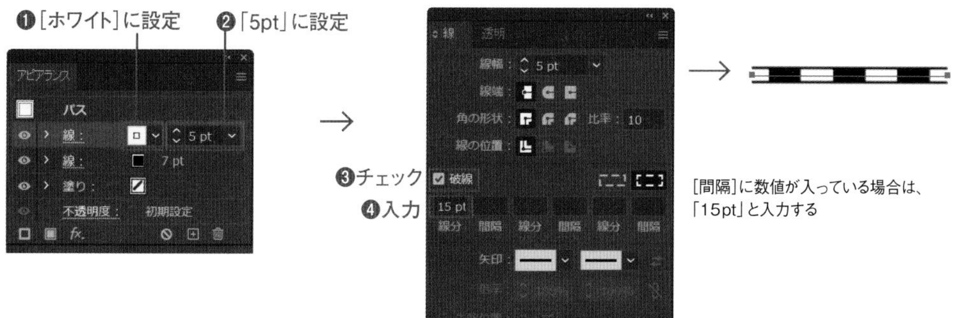

［間隔］に数値が入っている場合は、「15pt」と入力する

COLUMN

パスを変形しても効果は持続

［効果］メニューのコマンドは、実際のパスの形状を変化させずに、見た目だけを変化させています。
パスの形状をダイレクト選択ツール などを使って変形すると、変形したパスに対して［効果］の変形が適用されます。

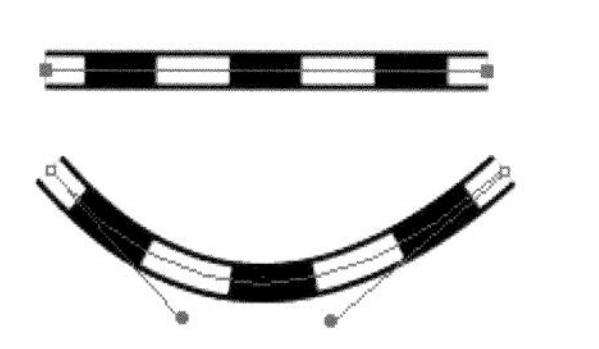

7-4 リピート

2021から追加されたリピートコマンドの［ラジアル］［グリッド］［ミラー］を使うと、ひとつのオブジェクトから回転コピー・上下左右のコピー・反転コピーができます。［グリッド］を使うとパターンも作成できます。従来のパターン作成より操作は簡単ですがやや微調整しにくいので、必要に応じて使い分けるとよいでしょう。

STEP 01 ラジアル

2021 2020 2019

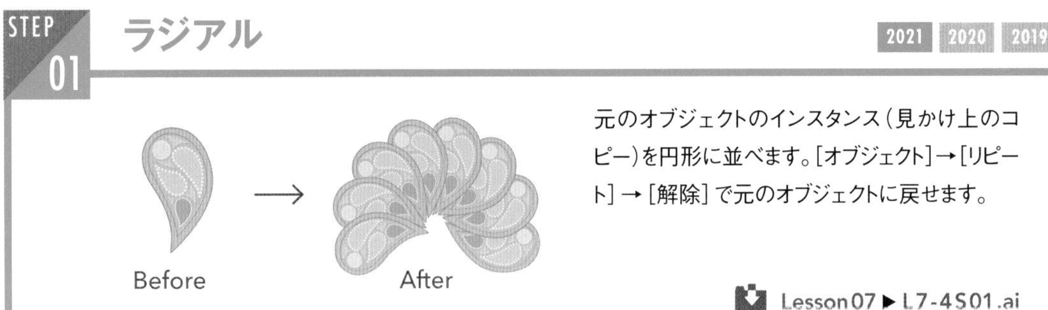

元のオブジェクトのインスタンス（見かけ上のコピー）を円形に並べます。［オブジェクト］→［リピート］→［解除］で元のオブジェクトに戻せます。

Lesson07 ▶ L7-4S01.ai

1 レッスンファイルを開き、選択ツール でオブジェクトを選択し❶、［オブジェクト］メニュー→［リピート］→［ラジアル］を選択します❷。選択したオブジェクトのインスタンスが回転コピーした状態で表示されます❸。

2 右側の［インスタンス数］コントロール を上にドラッグして❶、インスタンス数を「12」にします❷。

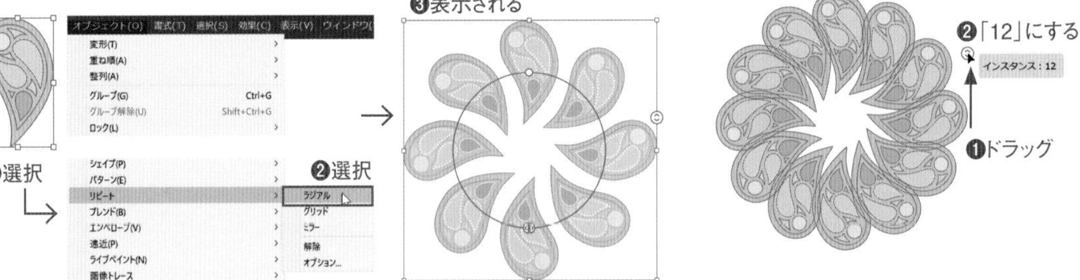

3 円の下側に表示された分割線 の をドラッグして❶、インスタンスの数を減らします❷。

4 円の上側に表示された○を時計回りにドラッグして左右のバランスがよくなるように調節し❶、下にドラッグしてインスタンスの間隔を狭くします❷。次にプロパティパネルのリピートオプションの［重なりを反転］のチェックをつけます❸。重なり方が反転します❹。

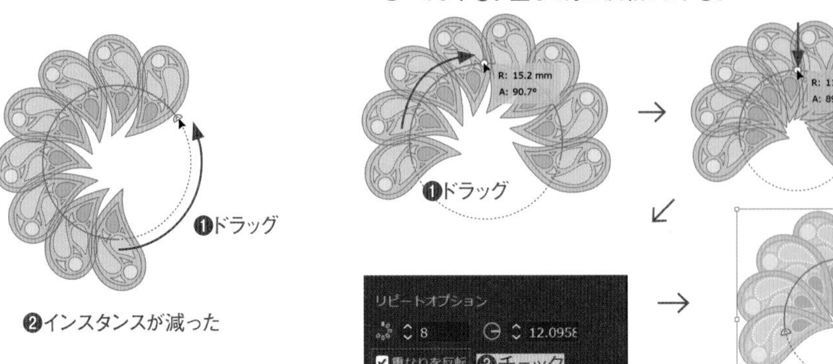

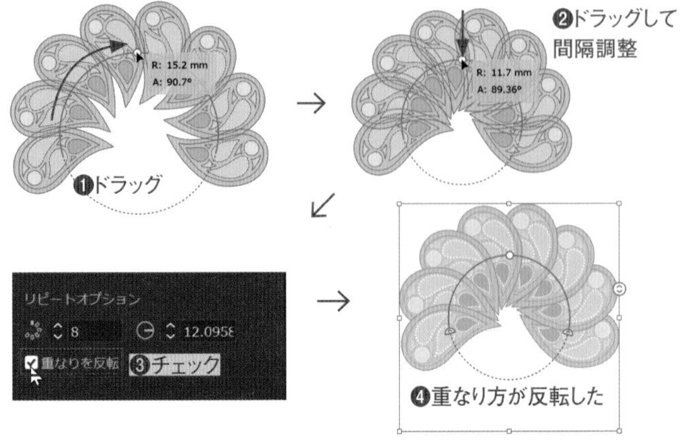

Macでは、キーは次のようになります。 Ctrl → ⌘ Alt → option  Enter → return

STEP 02

グリッド

2021 2020 2019

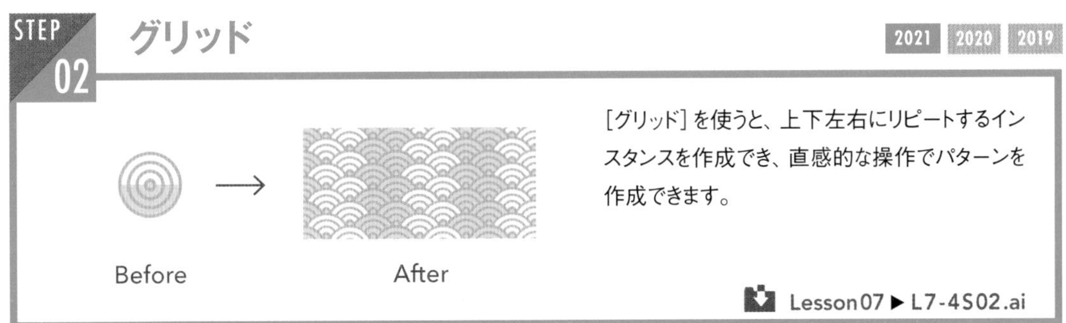

［グリッド］を使うと、上下左右にリピートするインスタンスを作成でき、直感的な操作でパターンを作成できます。

1 レッスンファイルを開き、選択ツール でオブジェクトを選択し❶、［オブジェクト］メニュー→［リピート］→［グリッド］を選択します❷。8個のリピートインスタンスが表示されます❸。

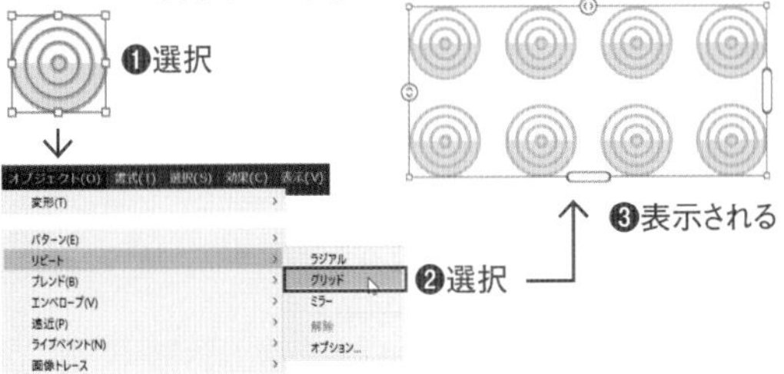

2 プロパティパネルのリピートオプションで、［グリッドの水平方向の間隔］を「0」に設定します❶。続けて［グリッドの種類］で［水平方向オフセットグリッド］を選びます❷。左右がぴったりくっつき、上の行のインスタンスは半分ずれた状態になります❸。

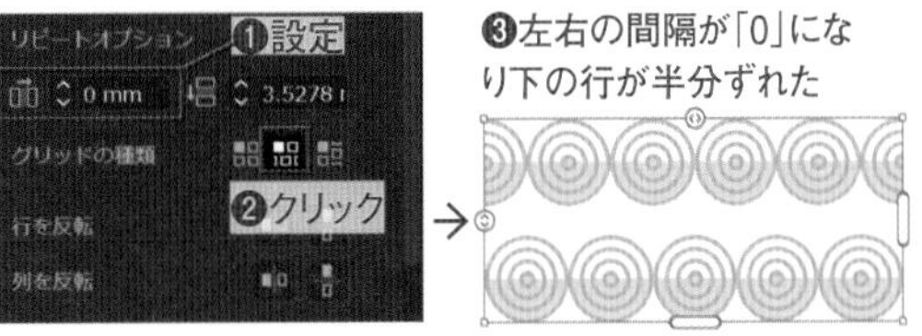

3 左側の垂直スライダーを上へドラッグして❶、インスタンスが重なるように間隔を調節します❷。作例では、プロパティパネルの［グリッドの垂直方向の間隔］が「-7.72mm」になっています。

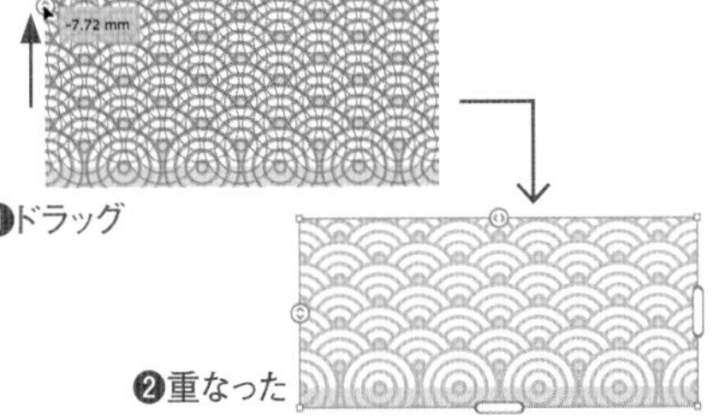

4 プロパティパネルで、［行を反転］の［垂直方向に反転］をクリックします❶。1行ごとにオブジェクトが反転します❷。

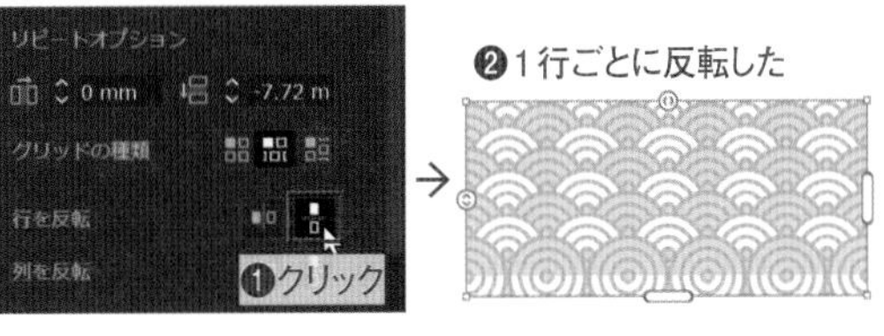

5 続けてプロパティパネルで［列を反転］の［垂直方向に反転］をクリックします❶。1列ごとにオブジェクトが反転します❷。

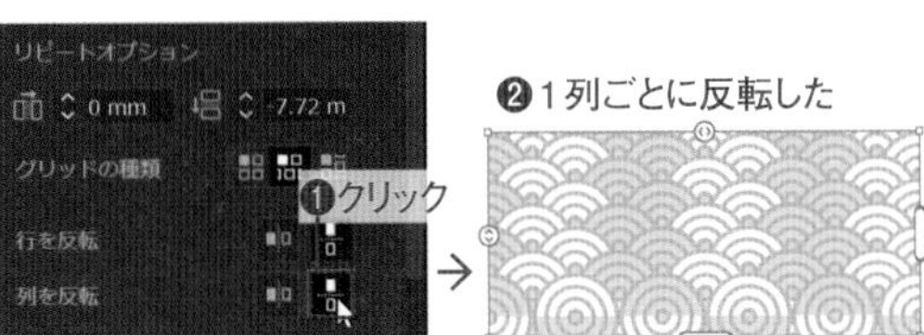

6 ［オブジェクト］メニュー→［分割・拡張］を選びます❶。［分割・拡張］ダイアログボックスが表示されるので、［オブジェクト］だけチェックして❷、［OK］をクリックします❸。

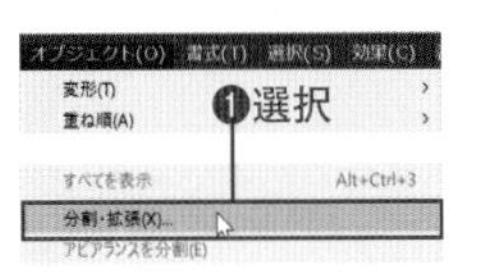

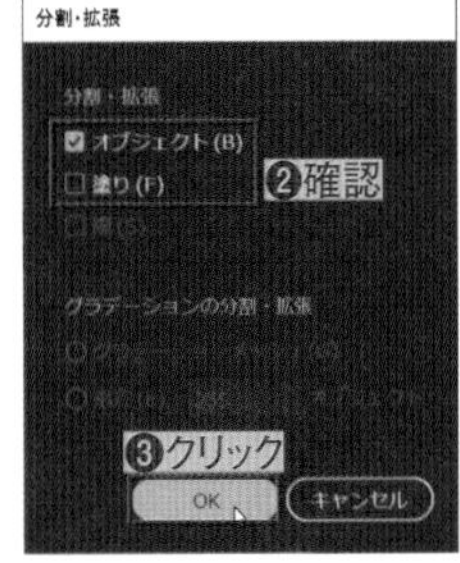

CHECK!

リピートオブジェクトの解除と分割・拡張

［リピート］で作成したオブジェクトは、グループ化されたひとつのリピートオブジェクトとなります。［オブジェクト］メニュー→［リピート］→［解除］で、元のオブジェクトに戻ります。［オブジェクト］メニュー→［分割・拡張］で、リピートした状態のまま通常のオブジェクトになります。

7 リピートオブジェクトが通常のオブジェクトに変換されます。この時点では、クリッピングパスでマスクされた状態です。プロパティパネルの［オブジェクトを編集］をクリックし❶、すぐに［マスクを編集］をクリックします❷。クリッピングパス（マスクの形状を決めているパス）が選択されます❸。↑キーを何度か押して、一番下の行の円がパターンの模様になるようになる位置まで移動します❹。

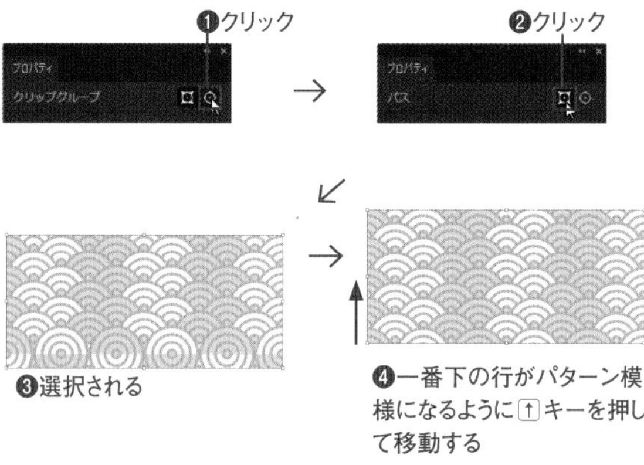

STEP 03 ミラー

2021 2020 2019

［ミラー］によるリピートは、リフレクトツールに比べて調整がしやすくなっています。元オブジェクトを回転すると、リピートを解除しても回転は元に戻らないので注意しましょう。

Lesson07 ▶ L7-4S03.ai

1 レッスンファイルを開き、選択ツールでオブジェクトを選択し❶、［オブジェクト］メニュー→［リピート］→［ミラー］を選択します❷。垂直軸に対してリピート図形が表示されます。

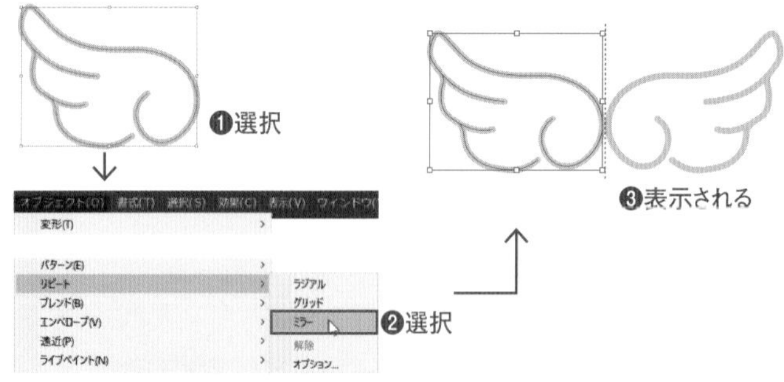

2 オブジェクト周囲のハンドル右上の外側にカーソルを合わせて、↰になった状態でドラッグして回転させます❶。リピート図形も回転します❷。

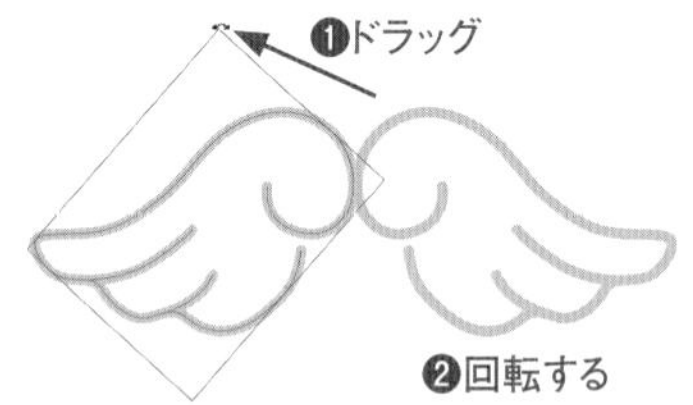

3 対称軸の中心にある○をドラッグして間隔を調節し、同時に回転の中心を設定します❶。次に対称軸の上端または下端の○をドラッグして角度を調節します❷。元のオブジェクトは動かずに、リピート図形だけが動きます。

対称軸の中心にある○は、間隔の調整だけでなく、軸を回転させたときの中心となる

4 ウィンドウ上部のグレーのバーをクリックするとリピートミラーの編集モードが終了します❶。選択ツールでオブジェクトをダブルクリックすると再度編集モードに入り、調整を行えます。

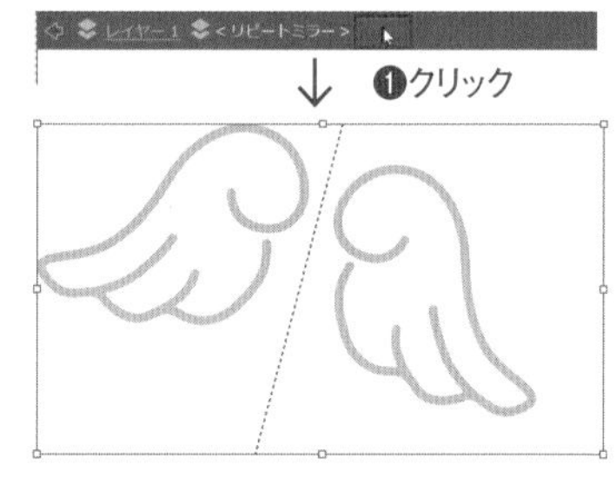

Macでは、キーは次のようになります。 Ctrl → ⌘ Alt → option Enter → return

COLUMN

3D効果

[効果]メニューの[3D]を使うと、オブジェクトを立体的な外観にできます。

[押し出し・ベベル]を使うと、オブジェクトに奥行きを与えて立体的な外観にできます。文字を立体的にするのに便利な機能です。簡単に手順を紹介します。

テキストオブジェクトを選択します❶。アピアランスパネルで[新規効果を追加]をクリックし❷、表示されたメニューから[3D]→[押し出し・ベベル]を選びます❸。[3D押し出し・ベベルオプション]ダイアログボックスが表示されるので、[プレビュー]にチェックをつけて❹、文字が立体的に表示されたことを確認します❺。ダイアログボックス内の左上に表示されている立方体をドラッグすると❻。プレビューされた文字も回転します❼。

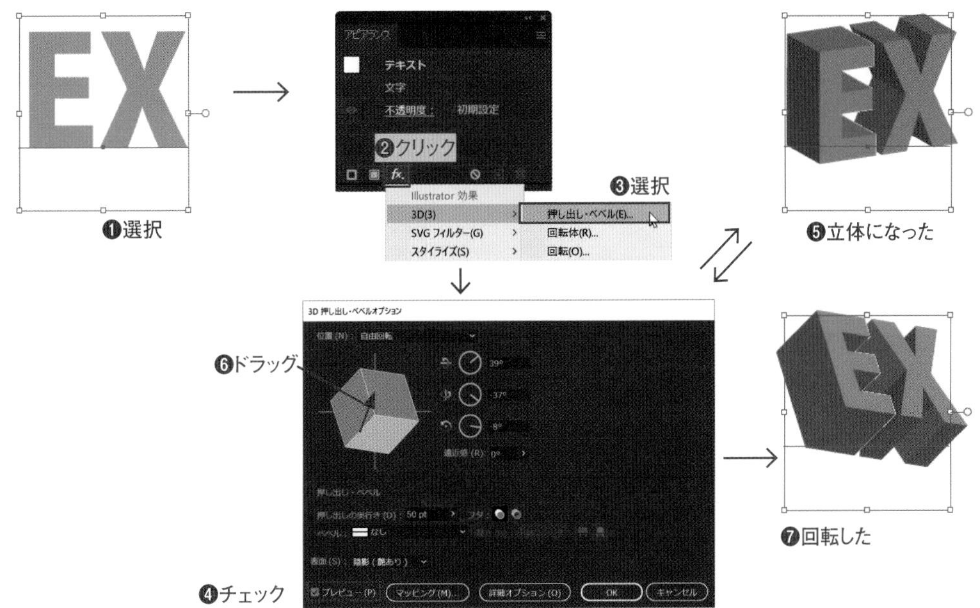

[回転体]を使うと、オブジェクトを回転させた立体的な外観にできます。[押し出し・ベベル]同様に、[3D回転体オプション]ダイアログボックスの設定で、回転体を回転させることができます。元となるオブジェクトの作成が難しいですが、Illustrator内だけで手軽に3Dオブジェクトを作成できるので、興味があったら挑戦してみてください。

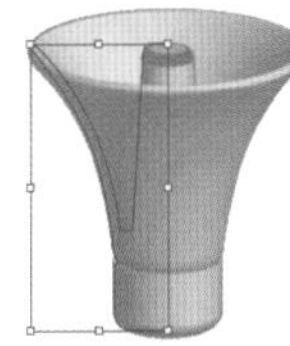
[回転体]を適用して立体化したオブジェクト

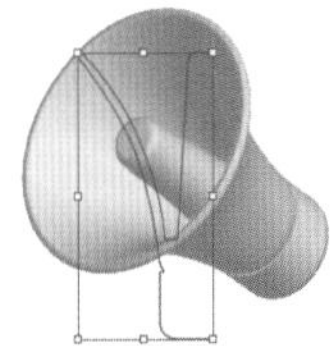
回転させて角度を変更したオブジェクト

COLUMN

シンボル

「シンボル」は、アートワーク内に複数のオブジェクトを配置するのに利用するための機能です。

オブジェクトをシンボルパネルに登録すれば、元のオブジェクトとリンクした状態でオブジェクトを何度でもアートワークに配置できます。

シンボルを配置するためにシンボルスプレーツールなどのツールが用意されています。

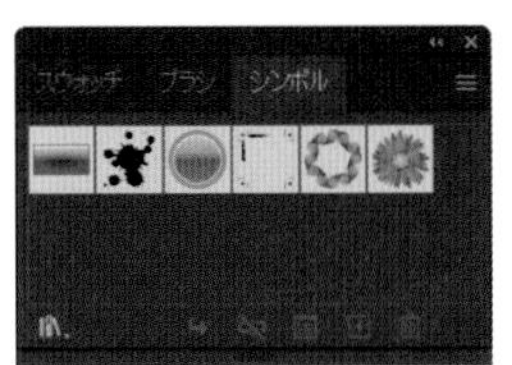

シンボルパネル

シンボルスプレーツールで一度にたくさんのシンボルを配置できる

7-5 エンベロープ

エンベロープは、メッシュグリッドの操作によってオブジェクトを自由に変形する機能です。手作業で変形するだけでなく、ワープというプリセットによる変形も用意され、ダイアログボックスで設定するだけでも高度な変形が可能です。

STEP 01 ワープで作成

2021 2020 2019

ワープには、[効果] メニューと [オブジェクト] メニューのふたつがありますが、単純な変形には [効果]、メッシュポイントを操作したい場合には [オブジェクト] メニューが向いています。

Lesson07 ▶ L7-5S01.ai

1 レッスンファイルを開き、選択ツール でオブジェクトを選択します❶。[オブジェクト] メニュー→ [エンベロープ] → [ワープで作成] を選びます❷。

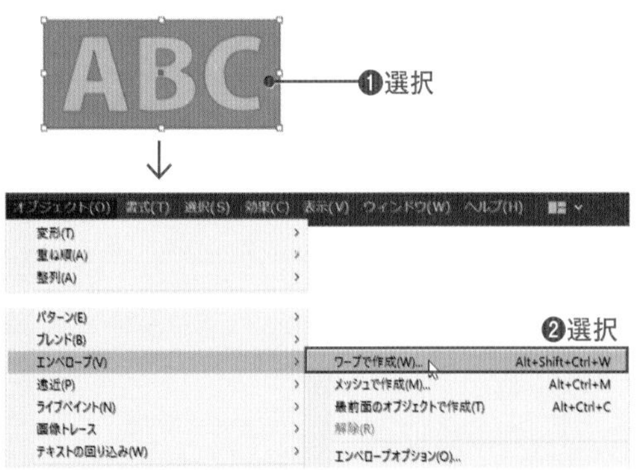

2 [ワープオプション] ダイアログボックスが表示されたら、設定は変えずにそのまま [OK] をクリックします❶。オブジェクトが円弧型に変形しました。

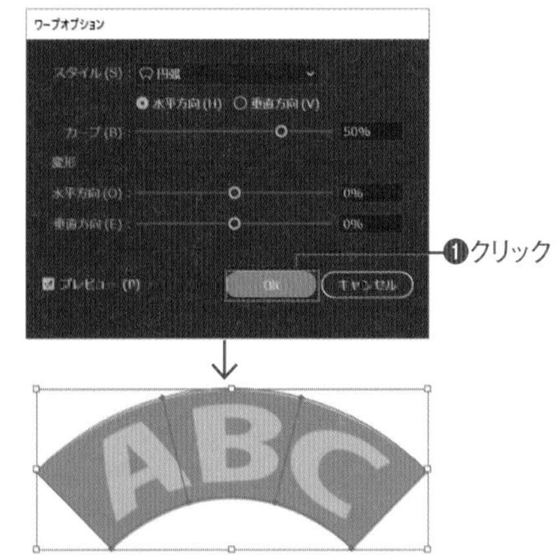

3 [オブジェクト] メニュー→ [エンベロープ] → [解除] を選びます❶。変形が解除され、元のオブジェクトと、エンベロープで変形したオブジェクトに分離されます。選択ツール で、いったん選択を解除してから、円弧型のオブジェクトをドラッグして移動してみてください❷。分離されたことがわかります。

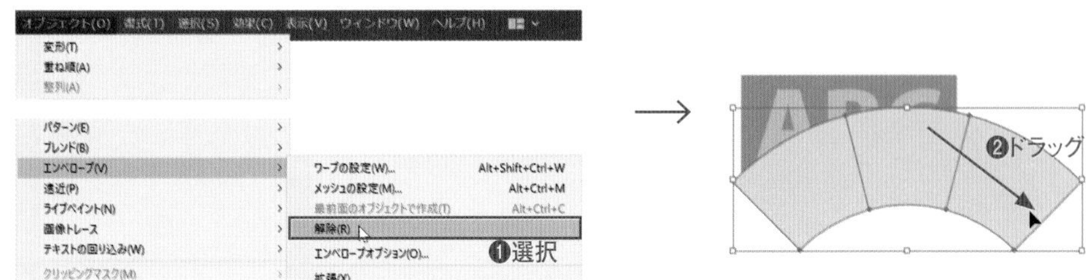

Macでは、キーは次のようになります。 Ctrl → ⌘ Alt → option Enter → return

STEP 02 メッシュで作成

2021 2020 2019

メッシュを作成して、ポイントや方向線をドラッグして変形します。変形が不要になった場合は「ワープ」と同様にして解除できます。

Lesson07 ▶ L7-5S02.ai

1 レッスンファイルを開き、選択ツール▶でオブジェクトを選びます❶。[オブジェクト]メニュー→[エンベロープ]→[メッシュで作成]を選びます❷。

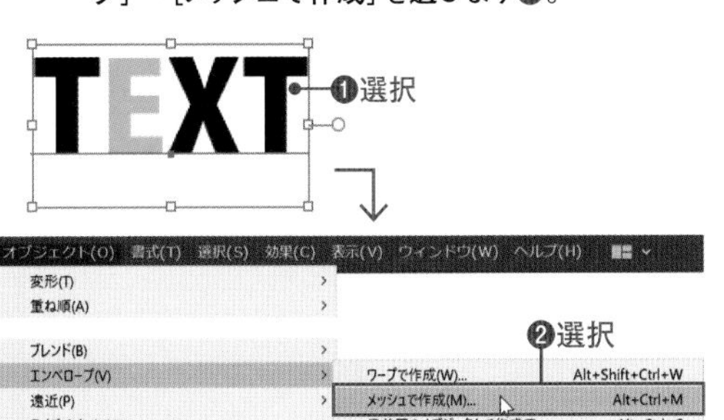

2 [エンベロープメッシュ]ダイアログボックスが表示されたら、[行数]を「2」❶、[列数]を「4」に設定して❷、[OK]をクリックします❸。指定した数のメッシュが作成されます。

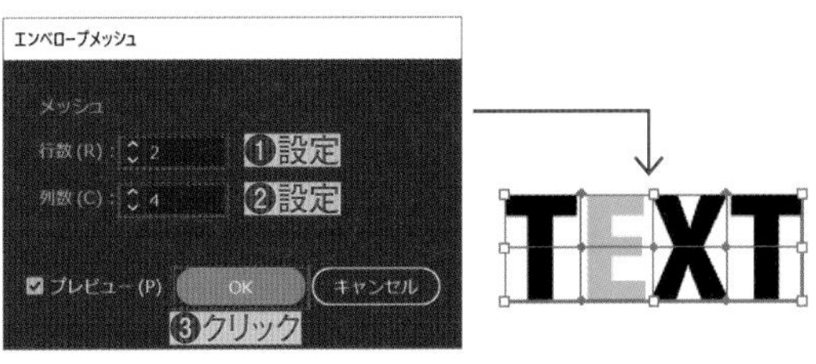

3 ダイレクト選択ツール▶を選びます❶。「E」と「X」の間のアンカーポイントをドラッグして選択します❷。選択したアンカーポイントを、上方向に Shift キーを押しながらドラッグします❸。メッシュに沿って文字が変形しました❹。

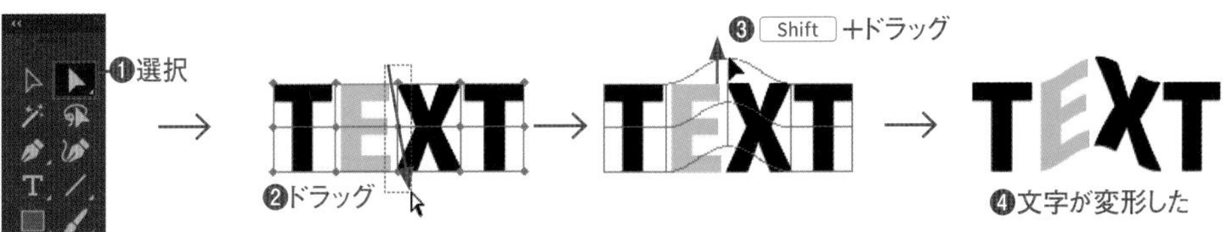

STEP 03 最前面のオブジェクトで作成

2021 2020 2019

エンベロープでは、用意しておいたオブジェクトの形状に変形することもできます。

Lesson07 ▶ L7-5S03.ai

レッスンファイルを開き、選択ツール▶でオブジェクトのテキストと楕円のふたつのオブジェクトを選択します❶。[オブジェクト]メニュー→[エンベロープ]→[最前面のオブジェクトで作成]を選びます❷。背面にあったテキストオブジェクトが、前面の円の形状に変形しました❸。

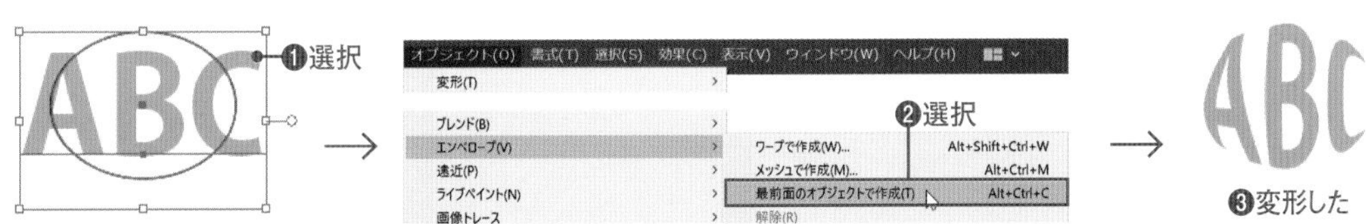

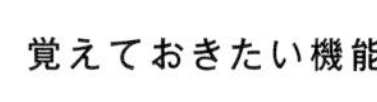

練習問題

Lesson07 ▶ L7EX1.ai

円のオブジェクトに、「ジグザグ」効果を適用し、アピアランスパネルで［線］を増やして二重のジグザグ線を作成しましょう。

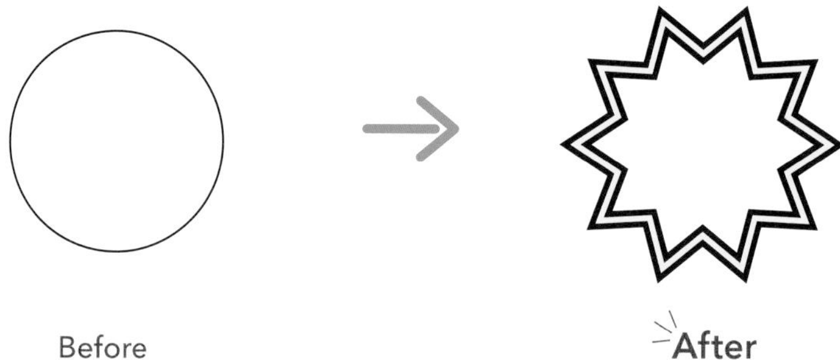

Before　　After

A

❶選択ツール▷で円を選択し、［線］を「C=0 M=0 Y=100 K=0」、［線幅］を「3pt」に設定します。
❷アピアランスパネルで［線］を選択し、［効果］メニュー→［パスの変形］→［ジグザグ］を選択し、設定は変更せずに［OK］をクリックします。
❸アピアランスパネルで［線］を選択した状態で、［選択した項目を複製］をクリックしてコピーを作成します。
❹アピアランスパネルで下側の［線］を選択し、［線］を「ブラック」、［線幅］を「9pt」に設定します。

Lesson07 ▶ L7EX2.ai

［エンベロープ］の［最前面のオブジェクトで作成］を使い、大きさの異なる左側のふたつのオブジェクト（「A」と「星形」）を、右側の正方形にぴったり収まるように変形してみましょう。

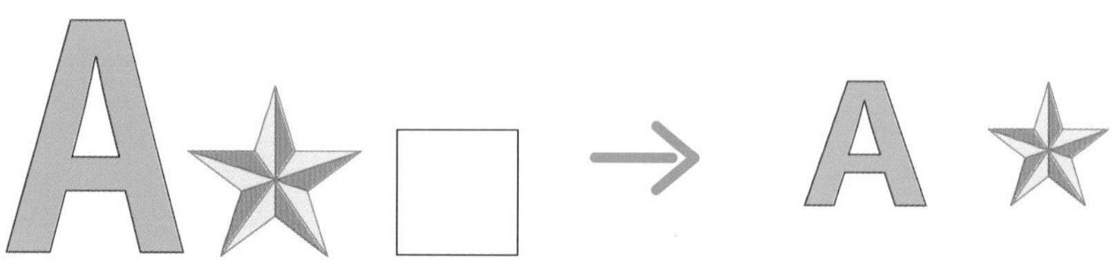

Before　　After

A

❶選択ツール▷で右側の正方形を選択し、コピーしてふたつにします。
❷ふたつの正方形を、それぞれのオブジェクトの前面に移動します。
❸「A」のオブジェクトと、前面に重ねた正方形を選択し、［オブジェクト］メニュー→［エンベロープ］→［最前面のオブジェクトで作成］を選択します。
❹同様に星形のオブジェクトと、前面に重ねた正方形を選択し、［オブジェクト］メニュー→［エンベロープ］→［最前面のオブジェクトで作成］を選択します。ふたつのサイズのオブジェクトが、同じ正方形のサイズになります。

Macでは、キーは次のようになります。 Ctrl → ⌘　Alt → option　Enter → return

Lesson 08

An easy-to-understand guide to Illustrator and Photoshop

レイヤーの操作と色調補正

Ps

Photoshopでの画像編集の基本はレイヤーです。はじめに、レイヤー操作について学びましょう。Photoshopのレイヤーは Illustratorと基本的な概念は同じですが、Photoshop特有の機能もあります。また、画像の色調補正は、Photoshopでも基本的な機能でありながら、もっとも頻度の高い機能です。調整レイヤーを使っての色調補正についても学びましょう。

8-1 レイヤーの基本操作

Photoshopではピクセル画像を扱うため、レイヤーが編集対象の基本単位となります。レイヤーの概念はIllustratorと同じですが、IllustratorのオブジェクトはPhotoshopのレイヤーにあたります。

レイヤーとは

2021 2020 2019

Photoshopにもレイヤーが用意されています。概念としてはIllustratorと同じで、透明なフィルムを重ねてひとつの画像となります。Illustratorでのレイヤーは、複数のオブジェクトをまとめて扱うことが主たる目的でしたが、ピクセル画像を扱うPhotoshopでは、レイヤーがIllustratorのオブジェクトにあたります。そのため、レイヤー自体が編集単位となり、レイヤーを重ねてひとつの画像を作成していきます。写真画像の修正では、ひとつのレイヤーだけで作業することもあります。

レイヤーには、表示／非表示、不透明度、描画モードなどが設定でき、重なり順を変更することもできます。

新規ファイルを作成すると、自動的に「背景」レイヤーが作成されます。

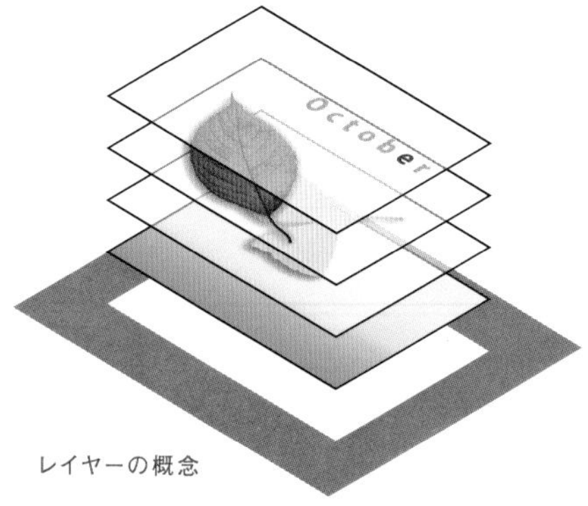

レイヤーの概念

実際の画像

レイヤーパネル

レイヤーの操作はレイヤーパネルで行います。下の図は、右の画像のレイヤーパネルで、4つのレイヤーがあり、「レイヤー2」レイヤーが選択されている状態のものです。

レイヤーパネルが表示されていない場合は、[ウィンドウ]メニュー→[レイヤー]を選んで表示させます。

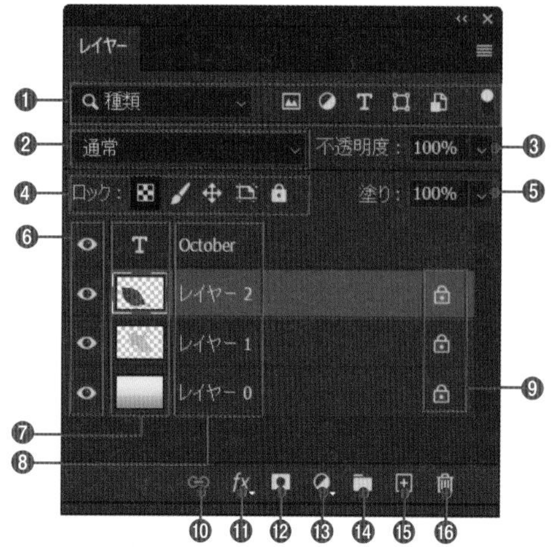

❶レイヤーを絞り込んで表示するフィルタリングの種類を選択する
❷レイヤーの描画モードを選択する
❸レイヤーの不透明度を設定する
❹選択したレイヤーをロックする
　透明ピクセルをロック：　透明部分は編集不可にする
　画像ピクセルをロック：　ピクセルを編集不可にする
　位置をロック：　ピクセルを移動不可にする
　アートボードの内外への自動ネストを防ぐ：
　　レイヤー内の画像やシェイプを移動ツールでドラッグしたとき、ほかのアートボード間の移動を不可にする
　すべてをロック：　レイヤーの編集・移動を不可にする
❺塗りの不透明度だけを設定する（ピクセル、シェイプ、テキストだけが不透明になり、ドロップシャドウなどのレイヤー効果には影響しない）
❻レイヤーの表示／非表示を切り替える
❼レイヤーのサムネールまたは種類のアイコンが表示される
❽レイヤー名。ダブルクリックして編集できる
❾ロックされているレイヤー。クリックして解除できる
❿選択した複数レイヤーをリンクする。リンクしたレイヤーは、移動などの編集が連動する
⓫選択したレイヤーにレイヤースタイルを追加する
⓬選択したレイヤーにレイヤーマスクを追加する
⓭選択したレイヤーの上に、塗りつぶしレイヤーまたは調整レイヤーを作成する
⓮新規グループを作成する
⓯新規レイヤーを作成する
⓰選択したレイヤーを削除する

Macでは、キーは次のようになります。 Ctrl → ⌘　Alt → option　Enter → return

通常レイヤーと背景レイヤー

新規ドキュメントを作成した際には、自動的に「背景」レイヤーが作成されます。「背景」レイヤーは、透明な部分がなく、位置がロックされたレイヤーです。名称部分をダブルクリックすると［新規レイヤー］ダイアログボックスが表示され、名称や描画モード等を設定して通常レイヤーに変換できます。「背景」レイヤーの右の🔒をクリックしてロックを解除すると、名前が「レイヤー0」の通常レイヤーになります。

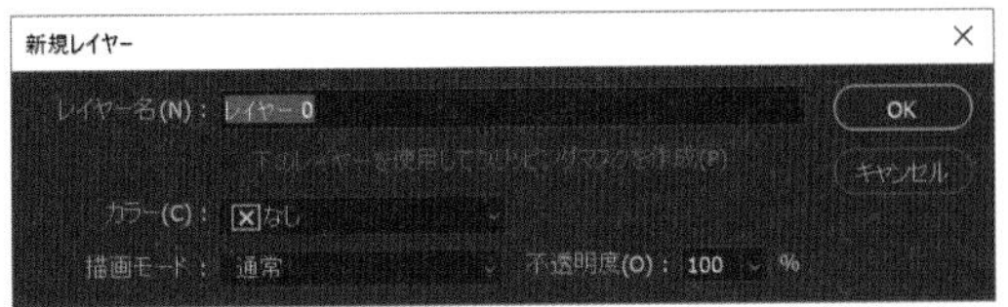

「背景」レイヤーの名称部分をダブルクリックして表示されるダイアログボックス。背景レイヤーは通常レイヤーに変換される

そのほかのレイヤー

レイヤーにはピクセル画像を扱うレイヤーだけではなく、ほかの種類のレイヤーもあります。
たとえば、文字を入力すると、「テキストレイヤー」が作成されます。テキストレイヤーの文字は、後から修正することが可能です。シェイプを作成すると、「シェイプレイヤー」が作成されます。画像の色調を補正するための「調整レイヤー」は、ピクセル画像を持たない特殊なレイヤーです。スマートオブジェクトに変換すると、「スマートオブジェクトレイヤー」となります。レイヤーの種類は、レイヤーの内容によって異なりますが、レイヤーの操作自体は共通となります。

STEP 01

レイヤーの作成と削除

2021　2020　2019

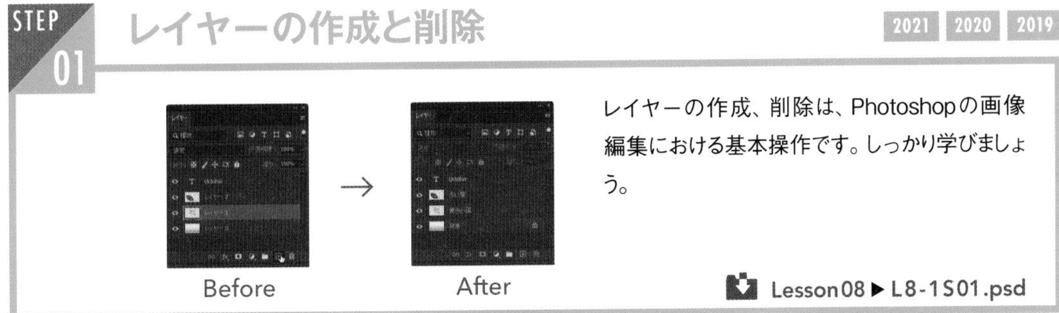

レイヤーの作成、削除は、Photoshopの画像編集における基本操作です。しっかり学びましょう。

Lesson08 ▶ L8-1S01.psd

1 レッスンファイルを開きます。レイヤーパネルで「レイヤー1」レイヤーを選択し❶、［新規レイヤーを作成］をクリックしてレイヤーを作成します❷。「レイヤー1」レイヤーの上に新しく「レイヤー3」レイヤーが作成されます。新しいレイヤーは、透明なレイヤーなので見た目に変化はありません。

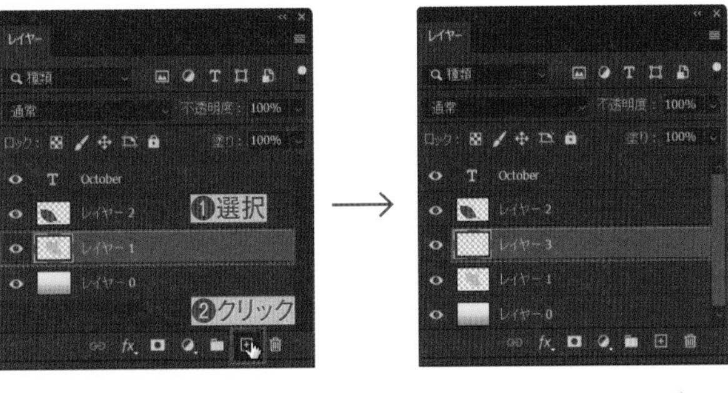

CHECK!

レイヤーのコピー

レイヤーパネルで、レイヤーを［新規レイヤーを作成］までドラッグすると、レイヤーをコピーできます。
画像の修正・加工前に、レイヤーをコピーしておくと、思ったような結果が得られなかった場合でも、元の画像が残っているので安心して作業できます。

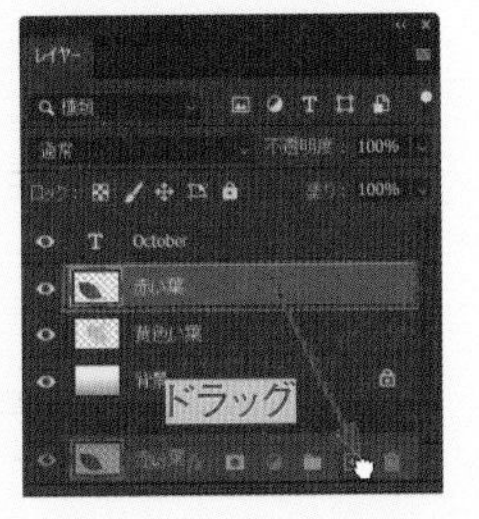

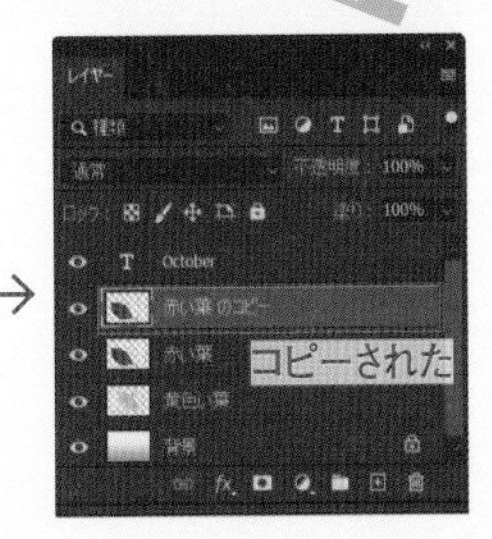

レイヤーの操作と色調補正　Lesson 08 09 10 11 12 13 14 15

2　ツールバーで［描画色と背景色を初期設定に戻す］をクリックし、描画色を［ブラック］、背景色を［ホワイト］に設定します❶。「レイヤー3」レイヤーが選択されている状態で、Alt キーを押しながら Delete キーを押します。❷。「レイヤー3」レイヤーが描画色の［ブラック］で塗りつぶされ、前面にある「レイヤー2」レイヤーとテキストレイヤーの文字だけが見える状態になります❸。レイヤーパネルのサムネールもブラックで塗りつぶされていることを確認してください❹。

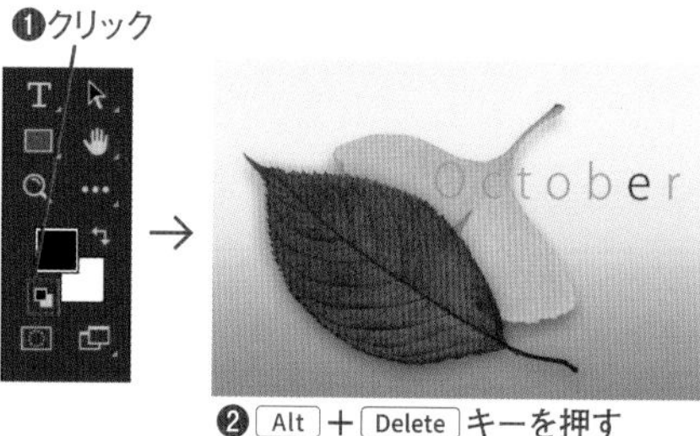

❷ Alt ＋ Delete キーを押す

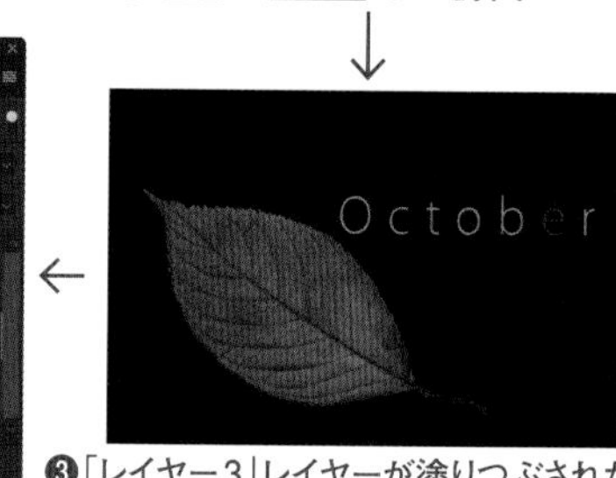

❸「レイヤー3」レイヤーが塗りつぶされた

CHECK!

塗りつぶし

Alt キーを押しながら Delete キーを押すと、描画色で塗りつぶしできます。Ctrl キーを押しながら Delete キーを押すと、背景色で塗りつぶしできます。

3　レイヤーパネルで「レイヤー3」レイヤーが選択されていることを確認し❶、［不透明度］を「65％」に設定します❷。「レイヤー3」レイヤーが不透明になり、見えなかった「背景」と「レイヤー2」レイヤーが半透明で見えるようになりました❸。

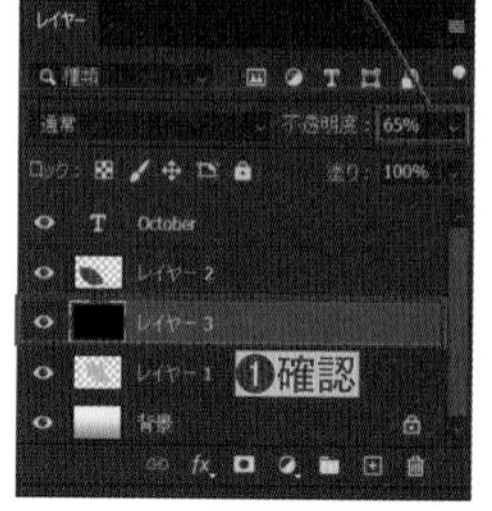

［不透明度］などの数値を設定するボックスでは、設定項目の名称名の上で左右にドラッグして数値を設定できる

❸「レイヤー3」レイヤーが不透明になった

4　ツールバーで移動ツールを選択します❶。画像をドラッグすると、選択したレイヤーだけを移動できます❷。

COLUMN

レイヤーの変形

［編集］メニュー→［自由変形］や、［編集］メニュー→［変形］の各種コマンドを使用すると、レイヤーパネルで選択したレイヤーの画像を変形できます。

5　レイヤーパネルで「レイヤー3」レイヤーが選択されていることを確認し❶、［レイヤーを削除］をクリックします❷。警告ダイアログボックスが表示されるので［はい］をクリックします❸。レイヤーが削除されました❹。

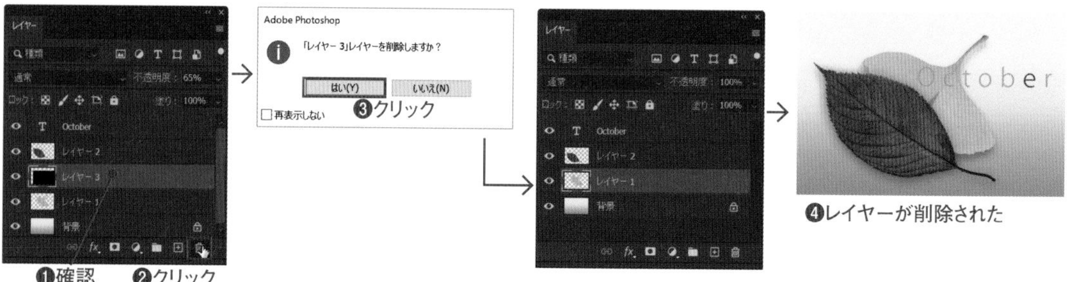

❹レイヤーが削除された

Macでは、キーは次のようになります。 Ctrl → ⌘　Alt → option　Enter → return

6 レイヤーパネルで「レイヤー1」の文字の上をダブルクリックします❶。名称の変更ができるので「黄色い葉」と入力して Enter キーを押します❷。同様に「レイヤー2」を「赤い葉」に変更します❸。

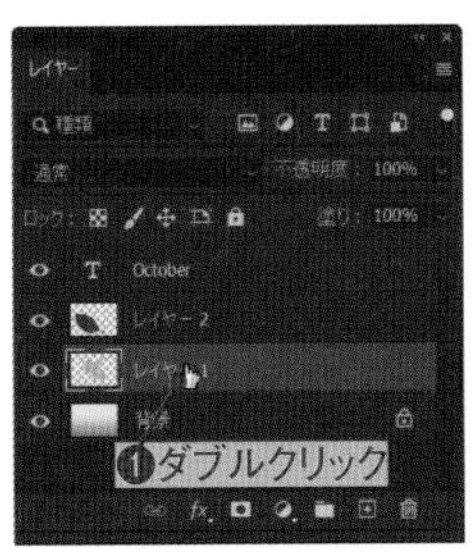

→
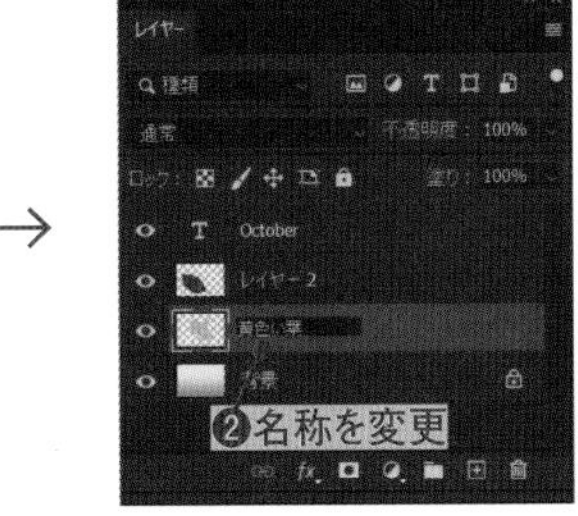

→
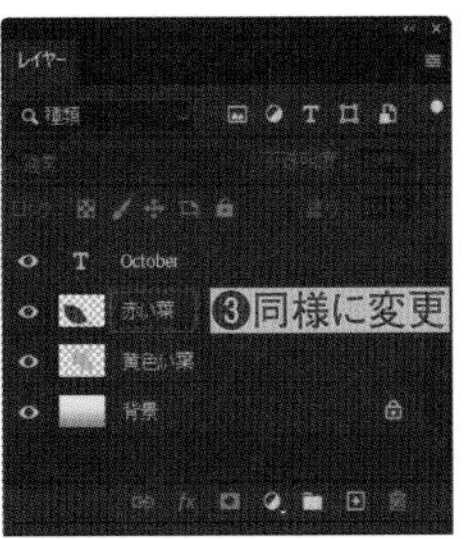

レイヤー名の変更の注意点

文字を入力したテキストレイヤーの名称は、入力した文字がそのまま表示され、テキストを編集するとレイヤー名も連動して変わります。レイヤーパネルで名称を変更すると、連動しなくなるのでご注意ください。
「背景」レイヤーは、名称部分をダブルクリックすると「新規レイヤー」ダイアログボックスが表示され、通常のレイヤーに変換されます。

STEP 02 レイヤーの表示、ロック、リンク

2021 2020 2019

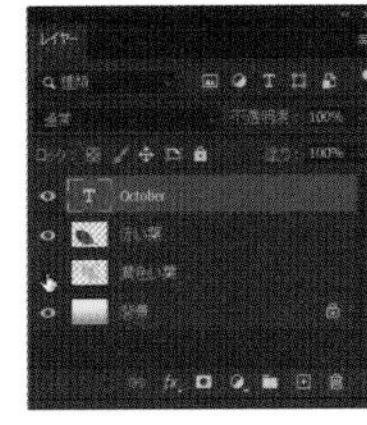

レイヤーのロック、表示の切り替えを上手に使うと、必要なレイヤーだけを表示しながら作業できます。また、リンクを使うと、複数のレイヤーをひとつのレイヤーのように扱えます。

Lesson08 ▶ L8-1S02.psd

表示のオン／オフ

1 レッスンファイルを開くか、STEP01で使用したファイルをそのまま使います。レイヤーパネルで「黄色い葉」レイヤーの👁アイコンをクリックして、表示をオフにします❶。「黄色い葉」レイヤーが非表示になります❷。

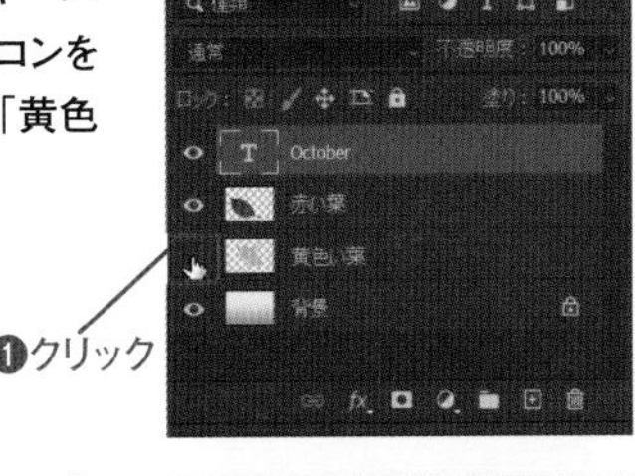

→

❷「黄色い葉」レイヤーが非表示になった

2 再び同じ箇所をクリックして表示をオンにします❶。再度、「黄色い葉」レイヤーが表示されました❷。ほかのレイヤーでも順に試してみましょう。

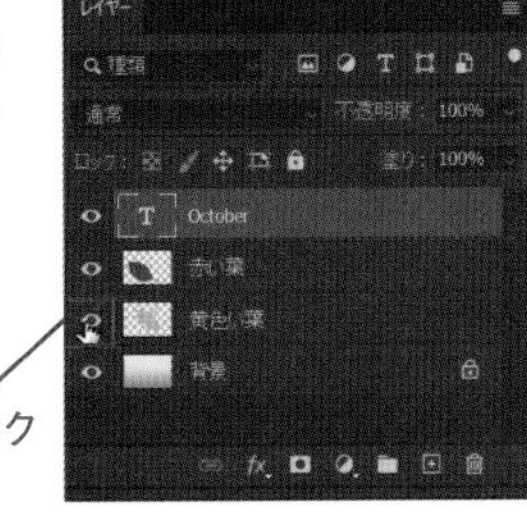

→

❷「黄色い葉」レイヤーが表示された

ロックとアンロック

1　「赤い葉」レイヤーを選択し❶、[すべてをロック]をクリックします❷。「赤い葉」レイヤーの右側に🔒が表示されてロックされ、編集できない状態になります❸。

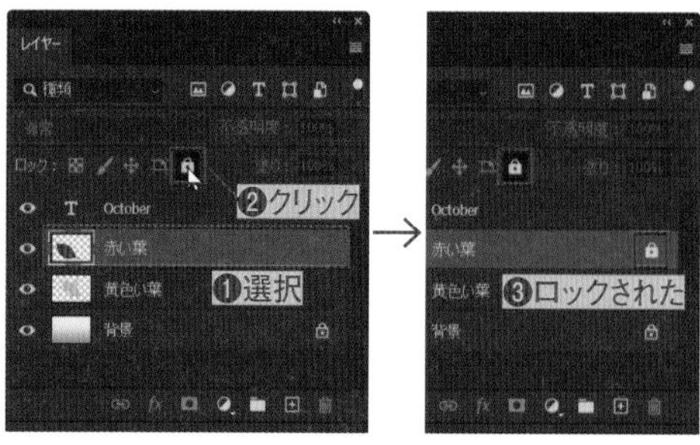

2　ツールバーで移動ツール✥を選択し❶、画像をドラッグします❷。ロックされているため、移動できないとのダイアログボックスが表示されるので[OK]をクリックします❸。

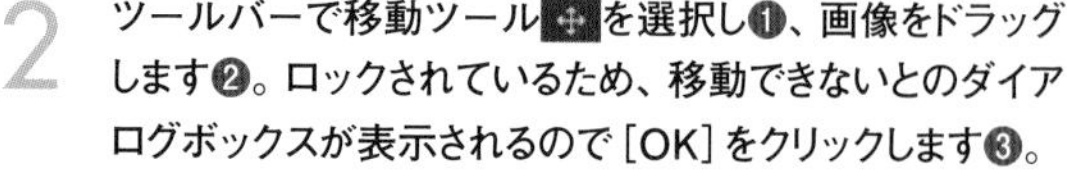

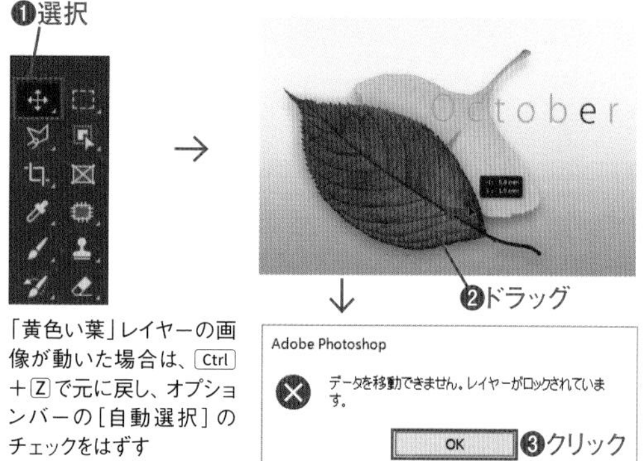

「黄色い葉」レイヤーの画像が動いた場合は、Ctrl＋Zで元に戻し、オプションバーの[自動選択]のチェックをはずす

3　レイヤーパネルで、「黄色い葉」レイヤーを選択し❶、ドラッグで葉の位置を移動できるのを確認します❷。移動したら、Ctrlキーを押しながらZキーを押して元に戻します❸。

4　「赤い葉」レイヤーを選択し、再度[すべてをロック]をクリックすると❶、ロックは解除されます❷。

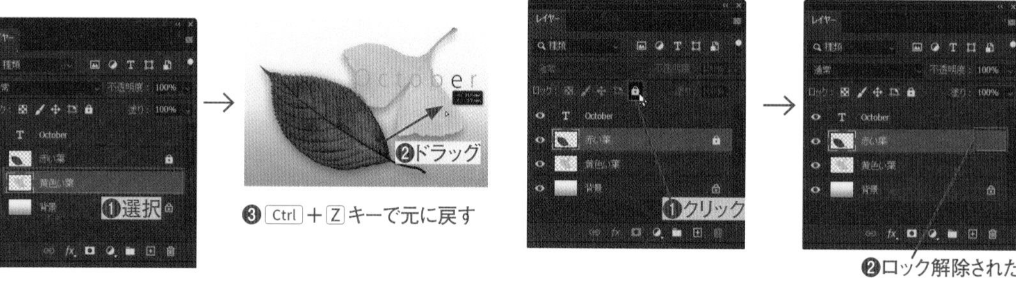

❸ Ctrl＋Zキーで元に戻す

移動ツールの自動選択

CHECK!

移動ツール✥の選択時、オプションバーの[自動選択]をチェックすると、ロックされていないレイヤーが自動で選択されます。

レイヤーをリンク

1　レイヤーパネルでCtrlキーを押しながら「October」レイヤーと「赤い葉」レイヤーをクリックして選択し❶、[レイヤーをリンク]をクリックします❷。レイヤーの右側に🔗が表示され❸、リンクした状態になります。

2　レイヤーパネルで「赤い葉」レイヤーだけをクリックして選択します❶。画像をドラッグすると❷、「赤い葉」レイヤーの画像と一緒にリンクしている「October」レイヤーのテキストも移動します。ふたつのレイヤーを選択して[レイヤーをリンク]を再度クリックすると、リンクを解除できます。

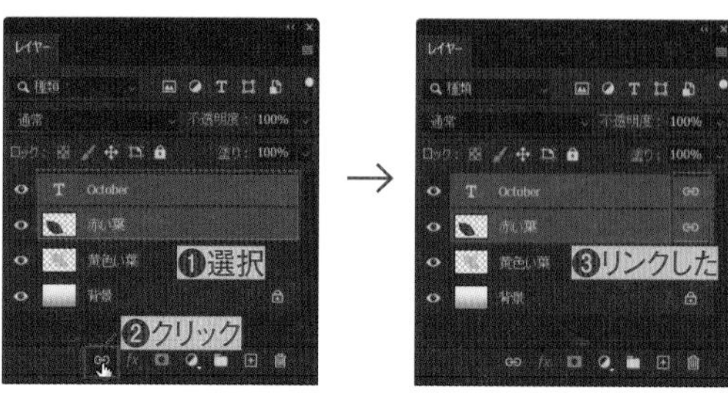

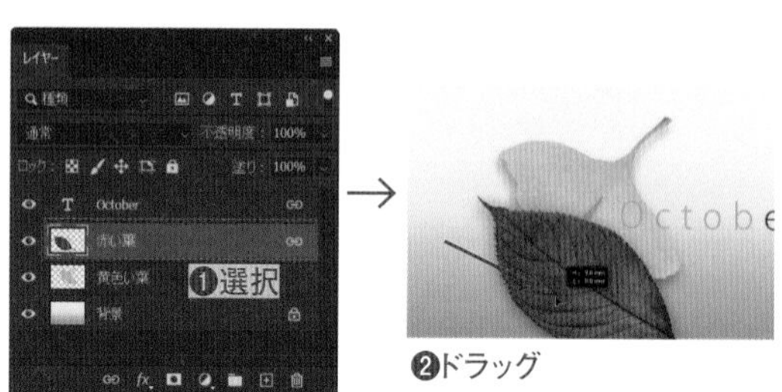

Macでは、キーは次のようになります。　Ctrl → ⌘　Alt → option　Enter → return

STEP 03 レイヤーの移動と結合

2021 2020 2019

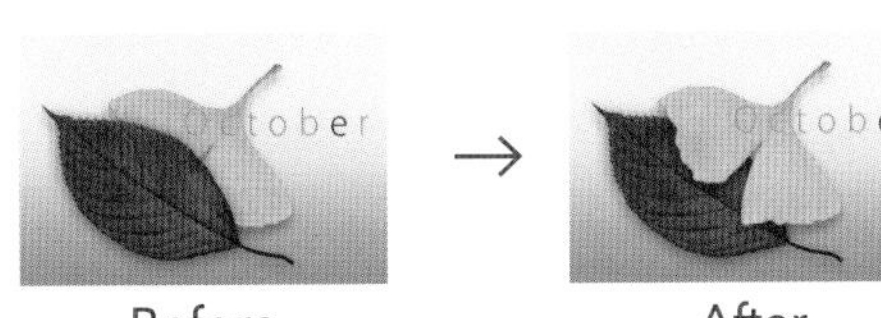

Before → After

レイヤーは、重なり順を変更できます。また、複数のレイヤーをひとつのレイヤーに結合することもできます。

Lesson08 ▶ L8-1S03.psd

レイヤーの順番を入れ替える

レッスンファイルを開きます。レイヤーパネルで「赤い葉」レイヤーをドラッグして「黄色い葉」レイヤーの下に移動させます❶。葉の重なり順が変わります❷。確認したら、Ctrl キーを押しながら Z キーを押して元に戻します。

❷重なり順が変わった

レイヤーの結合

レイヤーパネルで Ctrl キーを押しながら「October」、「赤い葉」、「黄色い葉」の3つのレイヤーを順番にクリックして選択します❶。パネル右上の▤をクリックしてパネルメニューを表示し❷、［レイヤーを結合］を選びます❸。選択したレイヤーは、最前面のレイヤーに結合されます❹。

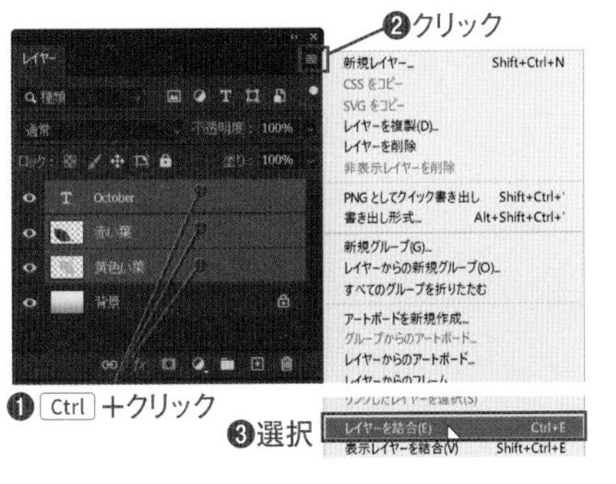

→

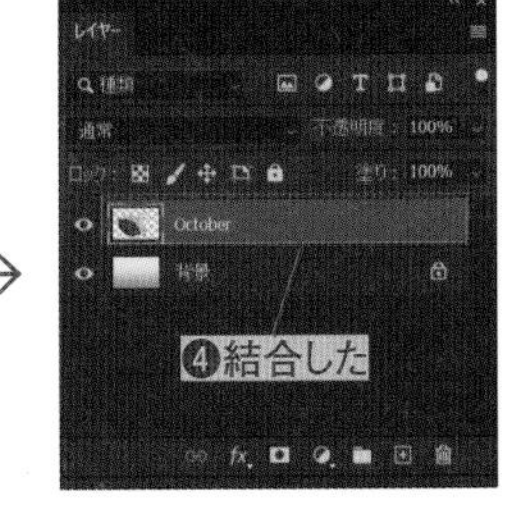

テキストレイヤーの結合

テキストレイヤーをほかのレイヤーと結合すると、文字の修正などの編集はできなくなります。

COLUMN

レイヤーのグループ化

複数のレイヤーをグループ化して、ひとつのレイヤーのように扱うことができます。

レイヤーパネルの［新規グループを作成］をクリックすると、グループが作成されます。グループに入れるレイヤーをドラッグしてグループ内に入れてください。

複数のレイヤーを選択してから［新規グループを作成］をクリックすると、選択したレイヤーが含まれたグループを作成できます。

グループの中にレイヤーをドラッグすれば、複数のレイヤーをひとつのグループとして扱える

クリックでグループを作成

8-2 色調補正と調整レイヤー

Photoshopを使うと、画像の色調を補正して、見栄えのよい画像に修正できます。ここでは、調整レイヤーを使っての色調補正を中心に、どんな種類がありどのように画像が変わるかを学びます。

色調補正と調整レイヤー

2021 2020 2019

色調補正とは

色調補正とは、暗い画像を明るくする、赤みを強めるなどの、色調を編集し、見栄えをよくすることをいいます。Photoshopには、さまざまな色調補正用の機能が用意されています。

補正前

→

補正後

元画像を損なわない調整レイヤー

色調を補正するには、[イメージ] メニュー→ [色調補正] の各種コマンドを使うか、レイヤーパネルの[調整レイヤー]([レイヤー]メニュー→[新規調整レイヤー]の各種コマンド)を使います。どちらも、コマンドの種類は、ほぼ共通しています。

しかし、両者には大きな違いがあります。[イメージ]メニューの [色調補正] では、元画像そのもののピクセルの色の値を変更します。そのため、複雑な画像編集を進めた後に、元画像の色に戻したいと思ってもできません。

[調整レイヤー] の色調補正は、元画像は変更せずに、色調補正する情報だけを付加して見た目だけを変更します (Illustratorの [効果] コマンドに似ています)。さらに、後から設定を調節したり、補正を無効にしたり、補正範囲を限定することもできます。このように、元画像を保持した状態で作業することを「非破壊編集」といいます。

色調補正時に、[イメージ] メニューと[調整レイヤー] に共通したコマンドがある場合、[調整レイヤー] を使うようにしましょう。

明るさ・コントラスト(C)...
レベル補正(L)...　Ctrl+L
トーンカーブ(U)...　Ctrl+M
露光量(E)...

自然な彩度(V)...
色相・彩度(H)...　Ctrl+U
カラーバランス(B)...　Ctrl+B
白黒(K)...　Alt+Shift+Ctrl+B
レンズフィルター(F)...
チャンネルミキサー(X)...
カラールックアップ...

階調の反転(I)　Ctrl+I
ポスタリゼーション(P)...
2階調化(T)...
グラデーションマップ(G)...
特定色域の選択(S)...

シャドウ・ハイライト(W)...
HDRトーン...

彩度を下げる(D)　Shift+Ctrl+U
カラーの適用(M)...
色の置き換え(R)...
平均化 (イコライズ)(Q)

[イメージ] メニューの色調補正のコマンド

べた塗り...
グラデーション...
パターン...

明るさ・コントラスト...
レベル補正...
トーンカーブ...
露光量...

自然な彩度...
色相・彩度...
カラーバランス...
白黒...
レンズフィルター...
チャンネルミキサー...
カラールックアップ...

階調の反転
ポスタリゼーション...
2階調化...
グラデーションマップ...
特定色域の選択...

[調整レイヤー] の色調補正のコマンド

[べた塗り] [グラデーション] [パターン] は、それぞれ選択した内容で塗りつぶすレイヤーを作成する

調整レイヤーの種類

色調補正に使うコマンドには、似たような効果を出せるものがいくつかあります。たとえば [明るさ・コントラスト] や [自然な彩度] などは、[レベル補正] [トーンカーブ] の一部の機能を使いやすくしたものです。画像の内容や作業方針に合った調整方法をすぐ選べるようになってゆくとよいでしょう。

Macでは、キーは次のようになります。 Ctrl → ⌘　Alt → option　Enter → return

調整レイヤーの適用とプロパティパネル

調整レイヤーの色調補正は、レイヤーパネルの［塗りつぶしまたは調整レイヤーを新規作成］をクリックして、メニューからコマンドを選択します。レイヤーパネルに、色調補正用の調整レイヤーが作成され、レイヤーを選択するとプロパティパネル（2020以前は属性パネル）で色調補正が可能となります。属性パネルは、選択したコマンドによって表示内容が変わりますが、下側の表示されたボタンは共通しています。

調整レイヤーは色調補正用の特殊なレイヤーで、をクリックして色調補正のオンオフを切り替えられます。

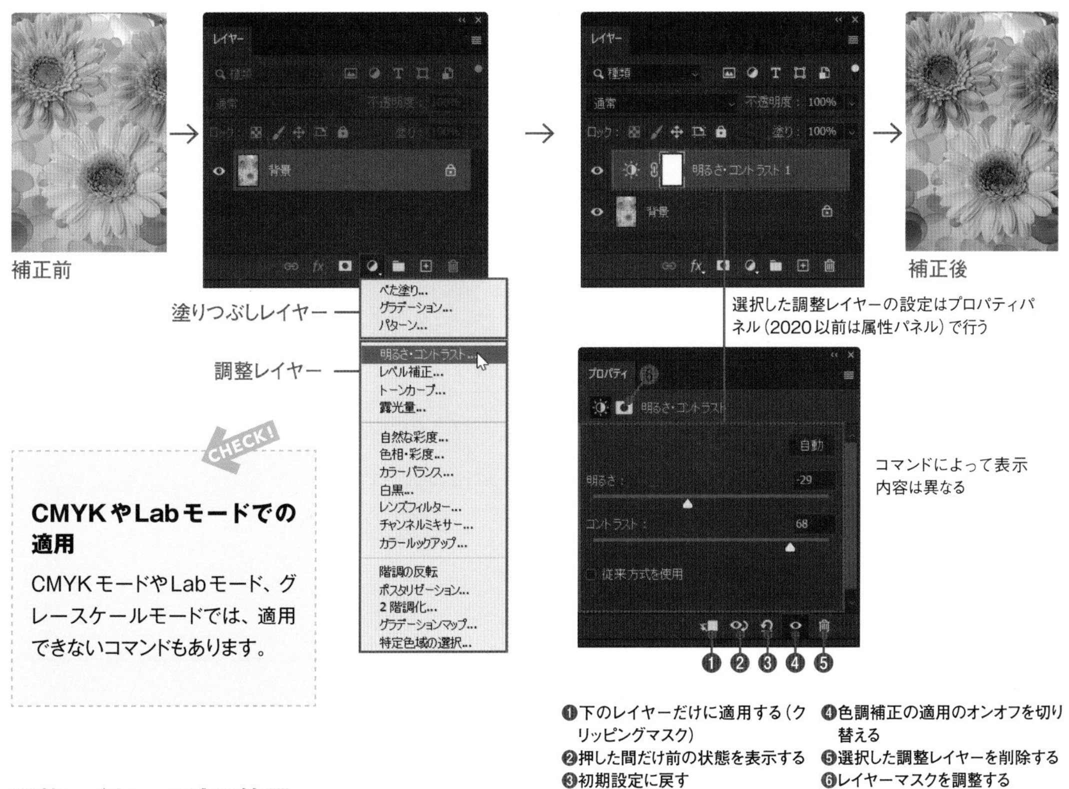

CMYKやLabモードでの適用

CMYKモードやLabモード、グレースケールモードでは、適用できないコマンドもあります。

❶下のレイヤーだけに適用する（クリッピングマスク）
❷押した間だけ前の状態を表示する
❸初期設定に戻す
❹色調補正の適用のオンオフを切り替える
❺選択した調整レイヤーを削除する
❻レイヤーマスクを調整する

調整レイヤーの適用範囲

調整レイヤーは、背面（レイヤーパネルでは下側）にあるすべてのレイヤーに対して適用されます。調整レイヤーも通常のレイヤーと同様にドラッグして移動できるので、色調補正を適用する範囲を調節できます。

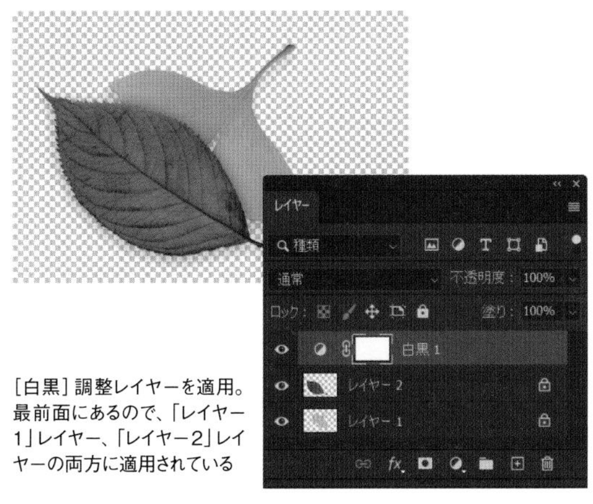

［白黒］調整レイヤーを適用。最前面にあるので、「レイヤー1」レイヤー、「レイヤー2」レイヤーの両方に適用されている

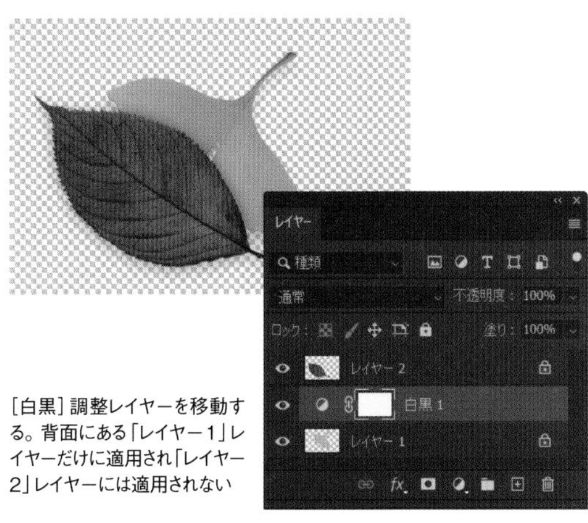

［白黒］調整レイヤーを移動する。背面にある「レイヤー1」レイヤーだけに適用され「レイヤー2」レイヤーには適用されない

色調補正するときに知っておきたい知識

2021 2020 2019

カラー値

RGBモードの画像は、画像内のピクセルはR(レッド)、G(グリーン)、B(ブルー)の値を持っています。RGBの各色は、0〜255までの256階調で表現されます。「R=100 G=173 B=213」なら、右のカラーパネルの青い色になります。
Photoshopで扱うピクセル画像は、それぞれのピクセルがカラー値を持っています。
なお、CMYKモードの画像は、C(シアン)、M(マゼンタ)、Y(イエロー)、K(ブラック)の値を持ち、それぞれの色は0〜100で表現されます。

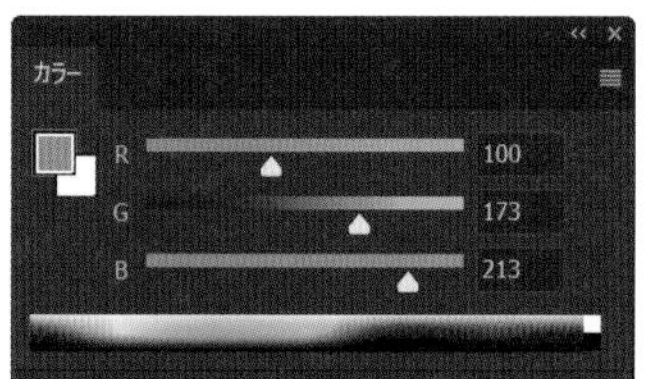

RGBモードでは、色はRGBを組み合わせたカラー値で表現される

チャンネルとチャンネルパネル

RGBモードの画像を例にします。画像は通常、カラーで表示されていますが、チャンネルパネルを使うと、RGBの各色だけを表示することもできます。
チャンネルパネルで、[RGB]チャンネルが表示されている状態では、画像はカラーで表示されます。チャンネルパネルの表示・非表示は、レイヤーパネルと同様に👁をクリックして操作できます。
[レッド]チャンネルだけを表示すると、画像はグレースケール画像となります。
この画像は、ブラックからホワイトまでの256階調のグレースケールで、RGB画像内の各ピクセルのカラー値の「R」の値によって各ピクセルの色が表示されています。
「R=0」のピクセルはブラックとなり、「R=255」のピクセルはホワイトとなります。1〜254は明るさの異なるグレーで表示されます。数値が小さいほど暗く、大きいほど明るくなります。
また、[レッド]チャンネルの色だけを明るくすれば、画像全体は赤みが強くなります。
色調補正は、画像内のピクセルのカラー値を変更して、「明るくする」「暗くする」「全体を赤くする」などを調節します。

[RGB]チャンネルが表示されていると、画像はカラーで表示される

[レッド]チャンネルだけを表示。レッドのカラー値だけがグレースケールで表示される

[グリーン]チャンネルを表示。グリーンのカラー値だけがグレースケールで表示される

[ブルー]チャンネルだけを表示。ブルーのカラー値だけがグレースケールで表示される

ヒストグラムパネル

チャンネルと同様に知っておきたいのがヒストグラムで、ヒストグラムパネルで表示できます。ヒストグラムは、画像内のピクセルが、明るさのレベル別にどのぐらいの数で分布しているかを表示したものです。左側が暗いピクセル、右側が明るいピクセルとなります。RGB画像なら、一番左はカラー値が「0」のピクセルで、一番右はカラー値が「255」のピクセルとなります。パネルメニューから［全チャンネル表示］を選択すれば、RGB画像なら［レッド］［グリーン］［ブルー］のそれぞれのヒストグラムと、すべてのカラーを重ね合わせたヒストグラムを表示できます。また、一番上のヒストグラムは、［チャンネル］の設定で、表示を変更できます。［RGB］を選択するとRGBの合成カラー、「カラー」を選択するとRGBの各色が重なって表示できます。

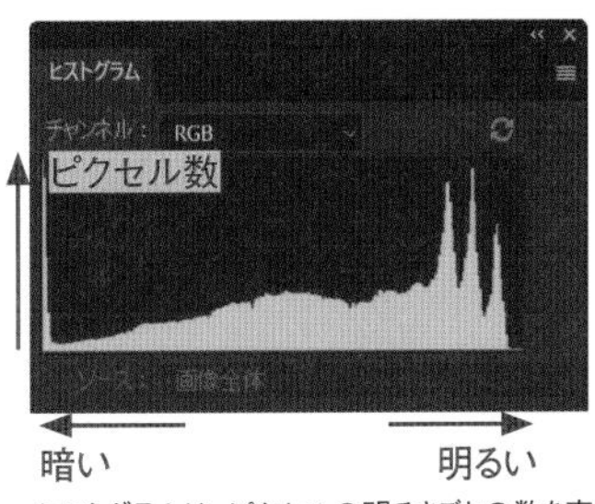

ヒストグラムは、ピクセルの明るさごとの数を表示できる。初期表示状態はRGB

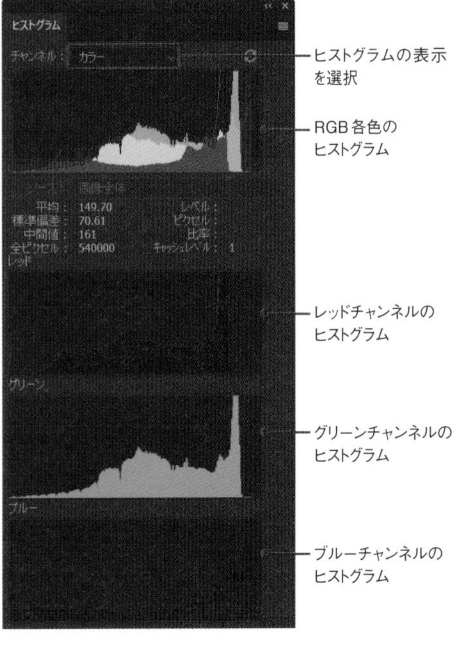

ヒストグラムでは、左側が暗いピクセル、右側が明るいピクセルなので、明るい画像は、明るいピクセルが多いので右側に偏り、暗い画像は左に偏ります。
左下の写真では、影の部分が多いため、ヒストグラムは全体的に左寄りになっています。
右下の写真では、ピンクが花の部分が多いので，右寄りのヒストグラムとなります。

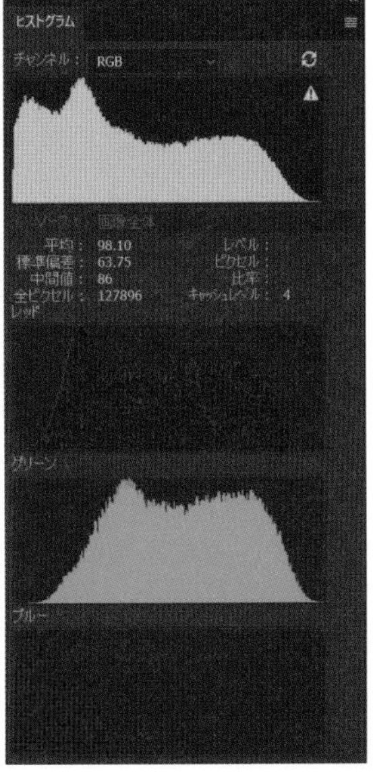

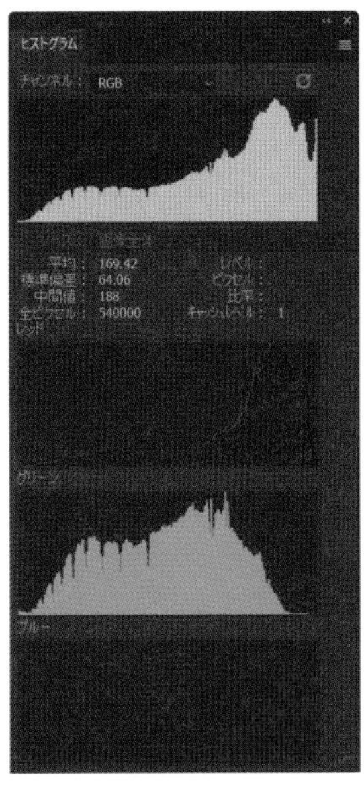

明るさ・コントラスト

2021 2020 2019

Before After

［明るさ・コントラスト］を使って、調整レイヤーの基本的な使い方をみておきましょう。

 Lesson08 ▶ L8-2S01.jpg

1 レッスンファイルを開きます❶。レイヤーパネルで［塗りつぶしまたは調整レイヤーを新規作成］をクリックし❷、表示されたメニューから［明るさ・コントラスト］を選びます❸。

❶開く

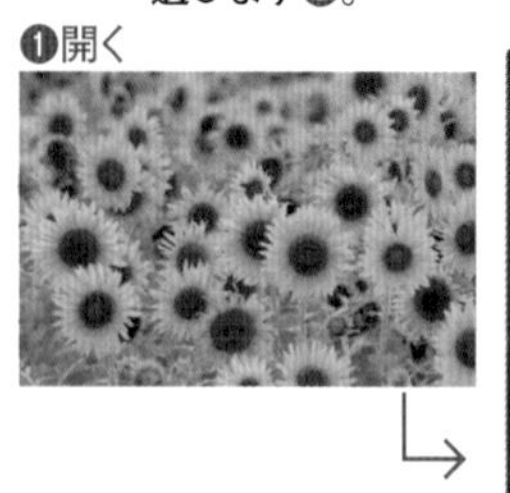

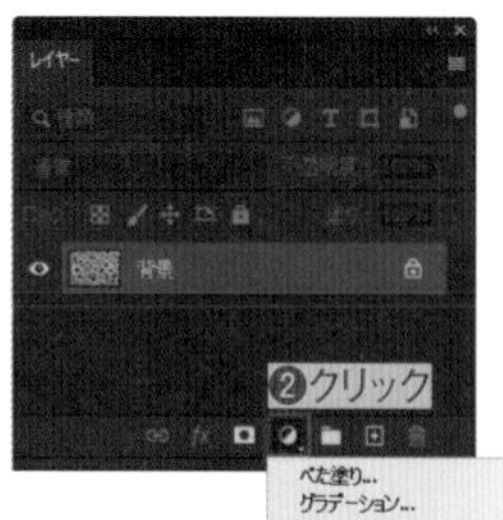

2 表示されたプロパティパネル（2020以前は属性パネル）で［明るさ］を「20」❶、［コントラスト］を「60」❷に設定します。［明るさ］の数値を上げると明るくなり、［コントラスト］の数値を上げると明暗の差がはっきりします。

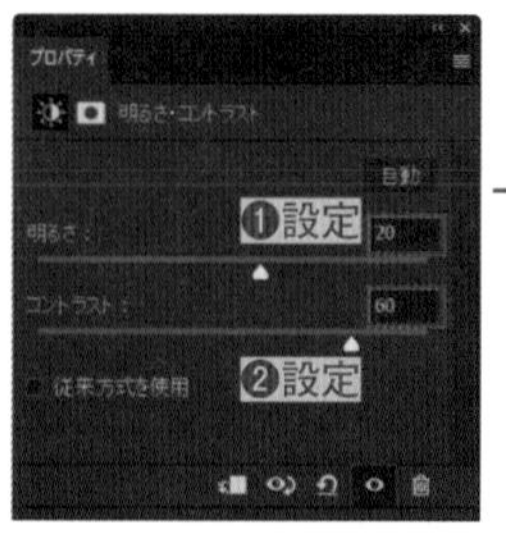

スライダーをそれぞれ自由に動かして、効果を確認してみよう

3 ［前の状態を表示する場合に押します］を押すと❶、押している間は調整前の画像が表示されます。調整前と後を比較してみてください。

❶押す

調整前

調整後

4 一度プロパティパネル（2020以前は属性パネル）を閉じ、レイヤーパネルで［明るさ・コントラスト］調整レイヤーのレイヤーサムネールをダブルクリックします❶。再度、プロパティパネル（2020以前は属性パネル）が表示され、後からいつでも調整し直せることがわかります。

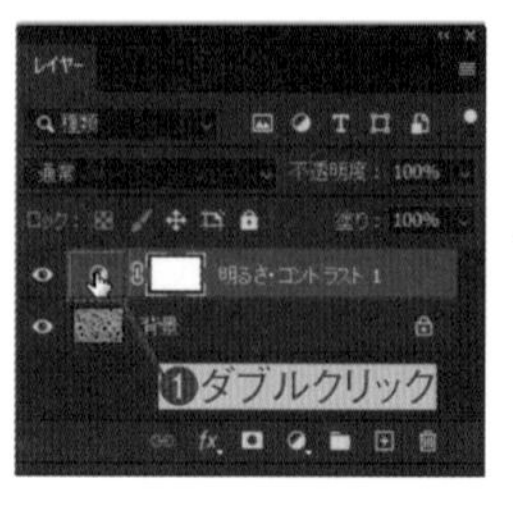

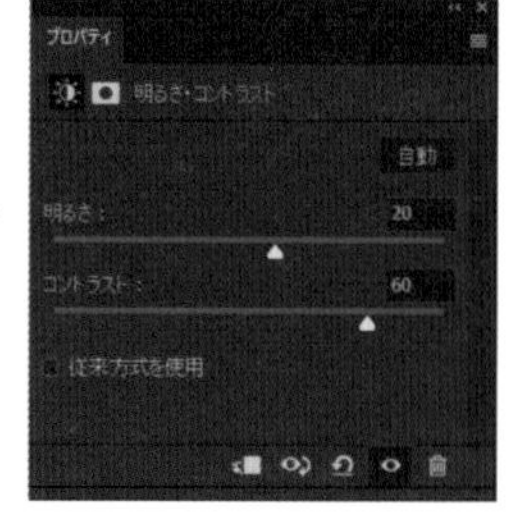

［明るさ・コントラスト］の設定

明るさ：画像の明るさを調整します。
コントラスト：コントラスト（明暗の差）を調整します。
従来方式を使用：通常はレイヤー内の画像のピクセルに比例して明るさやコントラストが調整されますが、このオプションをチェックすると、単純にピクセルの明るさを調整するだけになり、「白飛び」「黒つぶれ」が発生します（通常はオフにしてください）。

Macでは、キーは次のようになります。 Ctrl → ⌘ Alt → option Enter → return

STEP 02

レベル補正

2021 2020 2019

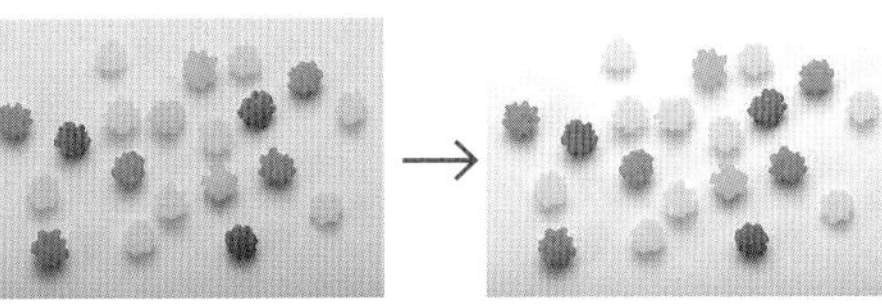

レベル補正には多くの機能があり、高度な補正・加工ができます。ここではシンプルに、背景をなるべく白くしてみましょう。

Lesson08 ▶ L8-2S02.jpg

1 レッスンファイルを開きます❶。レイヤーパネルで［塗りつぶしまたは調整レイヤーを新規作成］をクリックし❷、表示されたメニューから［レベル補正］を選びます❸。

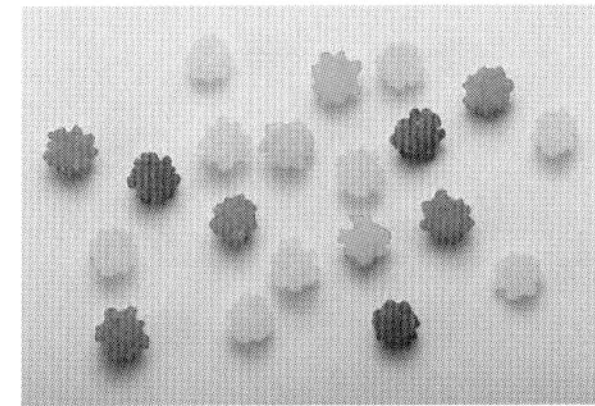

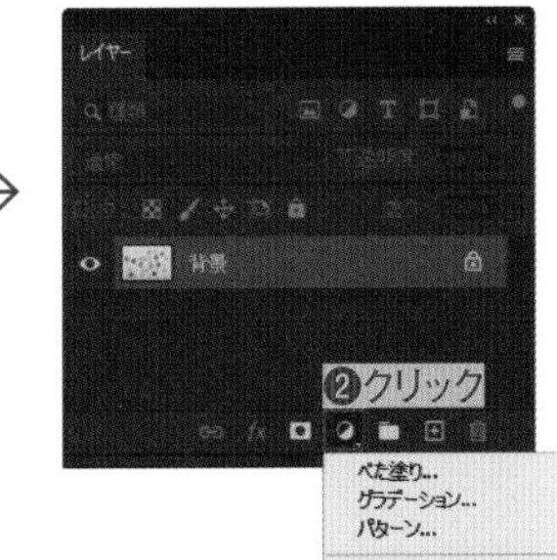

CHECK!

［レベル補正］のプロパティパネル

中央にはヒストグラムが表示されます❹。ヒストグラムは、左側がシャドウ（黒点：もっとも暗い点でレベル0）、右側がハイライト（白点：もっとも明るい点でレベル255）となります。

ヒストグラムの下には、［シャドウ❺］［中間調❻］［ハイライト❼］の3つのスライダーがあり、ドラッグして色調を調整します。

［シャドウ❺］［ハイライト❼］は、出力レベルの［シャドウ❽］［ハイライト❾］に対応しています。

たとえば、［シャドウ❺］を右側に動かすと、ヒストグラムで［シャドウ❺］スライダーより左側にあるピクセルがすべて、［シャドウ❽］のレベルで出力されるので、暗い部分が増えることになります。

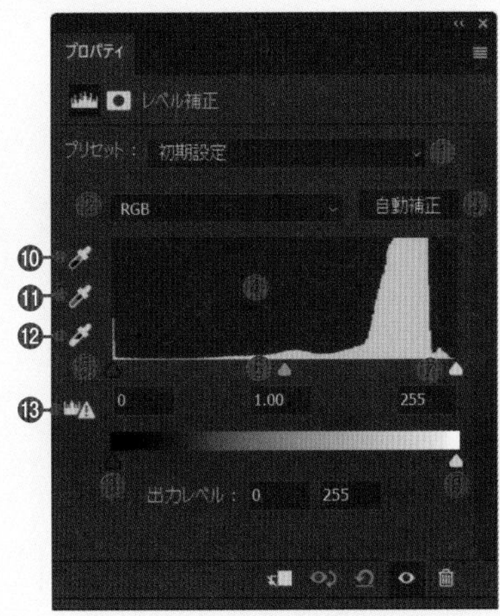

❶プリセットを選択する
❷調整するカラーチャンネルを選択する
❸クリックで自動で補正する
❹ヒストグラム
❺シャドウスライダー（入力レベル）
❻中間調スライダー
❼ハイライトスライダー（入力レベル）
❽シャドウスライダー（出力レベル）
❾ハイライトスライダー（出力レベル）
❿画像内でクリックした点をシャドウに設定する
⓫画像内でクリックした点を中間色に設定する
⓬画像内でクリックした点をハイライトに設定する
⓭詳細なヒストグラムで再表示する

2 表示されたプロパティパネル（2020以前は属性パネル）で［シャドウ］［中間調］［ハイライト］の3つのスライダーをそれぞれ極端に動かして、効果を確認してみます❶。［シャドウ］スライダーを右に動かすと暗い部分が増え、［ハイライト］スライダーを左に動かすと明るい部分が増えます。［中間調］スライダーは、［シャドウ］と［ハイライト］の中間なので、左に動かせばハイライト側が増えるため明るい部分が増え、右に動かせばシャドウ側が増えて暗い部分が増えます。

3 プロパティパネル（2020以前は属性パネル）下部の［初期設定の色調補正に戻す］ボタンをクリックします❶。設定が初期状態に戻ります。

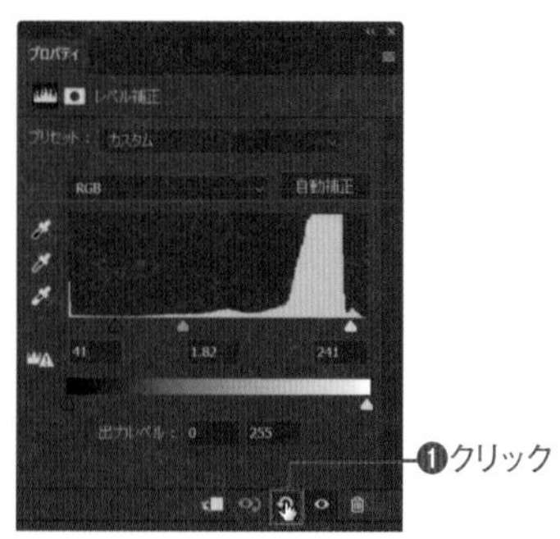

4 ［プリセット］から［明るく］を選びます❶。自動で画像が明るく補正されます。このように、プリセットを選択すると、目的に応じて自動でスライダーが調整されます。ここでは「ハイライト」スライダーが調整されます❷。

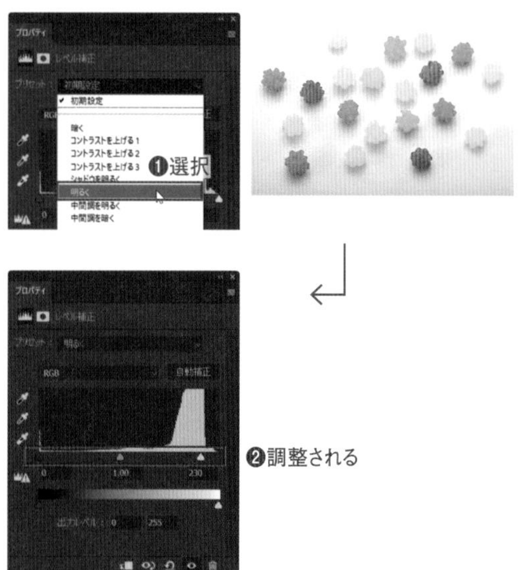

5 一番上の金平糖をもう少しはっきりさせるため、［画像内でサンプルして白色点を補正］を選び❶、金平糖のすぐ上の地の部分をクリックします❷。クリックした部分のピクセルがハイライト（もっとも明るい部分）になるように色調が調整されます❸。

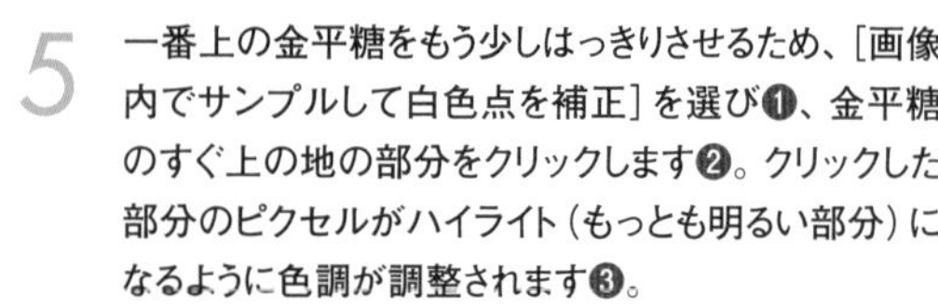

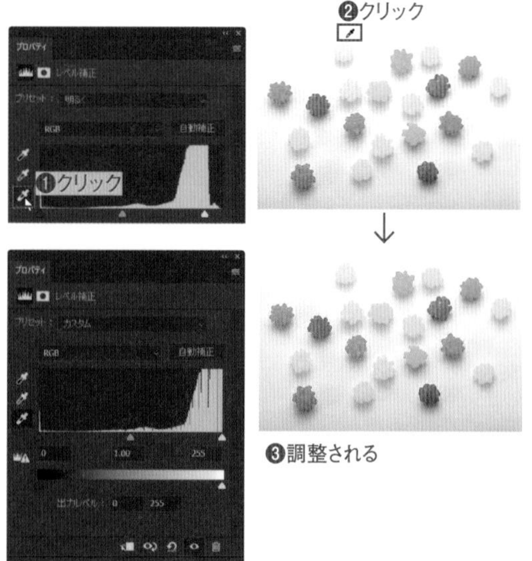

Macでは、キーは次のようになります。 Ctrl → ⌘ Alt → option Enter → return

STEP 03 トーンカーブ

2021 2020 2019

Before

After

[トーンカーブ] にも多くの機能があり、高度な補正・加工ができます。ここでは鳥の羽毛部分を明るくして、柔らかい感じにします。

Lesson08 ▶ L8-2S03.jpg

1 レッスンファイルを開きます❶。レイヤーパネルで [塗りつぶしまたは調整レイヤーを新規作成] をクリックし❷、表示されたメニューから [トーンカーブ] を選びます❸。

❶開く

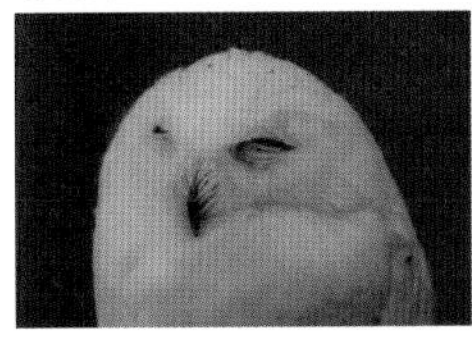

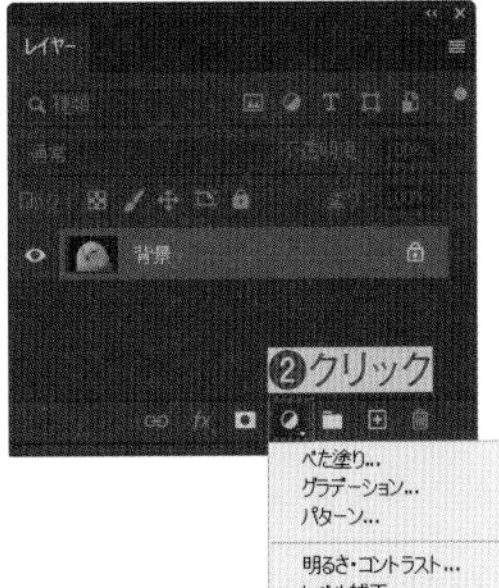

2 表示されたプロパティパネル (2020以前は属性パネル) で、羽毛のふわっとした感じを出すため、トーンカーブの3/4あたりを少し上にドラッグします❶。画像全体が明るくなります❷。

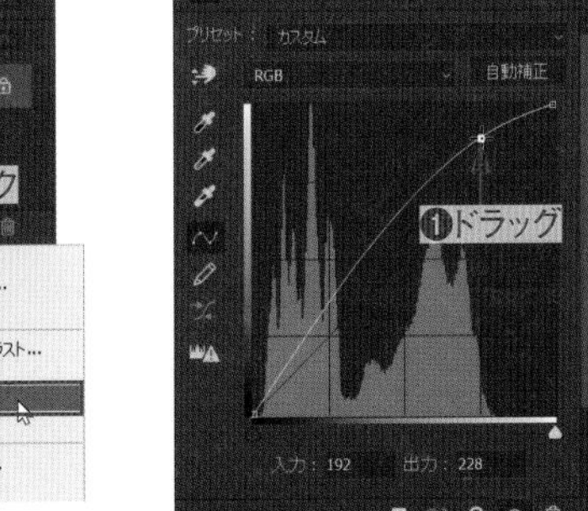

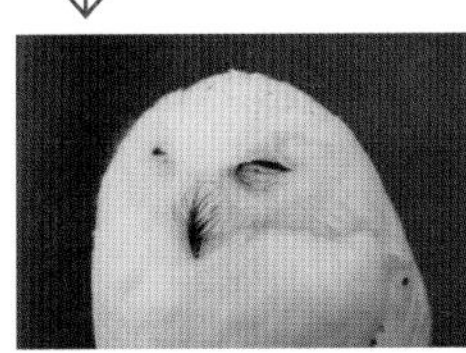
❷明るくなった

CHECK!

[トーンカーブ] のプロパティパネル

中央にはヒストグラムと⓫、トーンカーブが表示されます⓬。トーンカーブは、調整前の元画像の明るさのレベルを、調整後にどの明るさにするかを結んだ線です。X軸が調整前のレベル (左がシャドウ、右がハイライト)、Y軸が調整後 (下がシャドウ、上がハイライト) になります。初期状態では、調整されていないためトーンカーブは「45°」の直線となります。右図のようにトーンカーブをⒶのポイントを通るように設定した場合、元画像のレベル「193」のピクセルは、レベル「215」に調整されます⓯。トーンカーブは、初期状態の「45°」線よりも上にある部分では元画像より明るくなり、下にある部分では元画像より暗くなります。

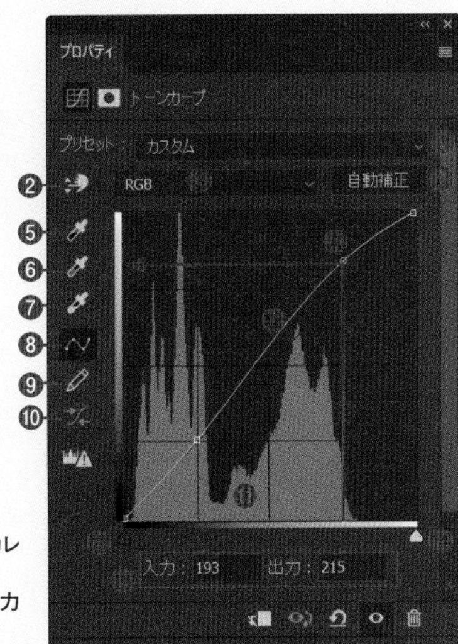

❶プリセットを選択する
❷画像内をドラッグしてトーンカーブを調整する
❸調整するカラーチャンネルを選択する
❹自動で色調を補正する
❺画像内でクリックした点をシャドウに設定する
❻画像内でクリックした点クリックした点を中間色に設定する
❼画像内でクリックした点クリックした点をハイライトに設定する
❽トーンカーブを調整する
❾描画してトーンカーブを調整する
❿トーンカーブを滑らかにする
⓫ヒストグラム
⓬トーンカーブ
⓭シャドウスライダー (入力レベル)
⓮ハイライトスライダー (入力レベル)
⓯トーンカーブ上で選択したポイントの入力レベルと出力レベル

3　全体に明るくなりすぎたので、トーンカーブの1/4あたりをドラッグして、元の直線に重ねるようにします❶。

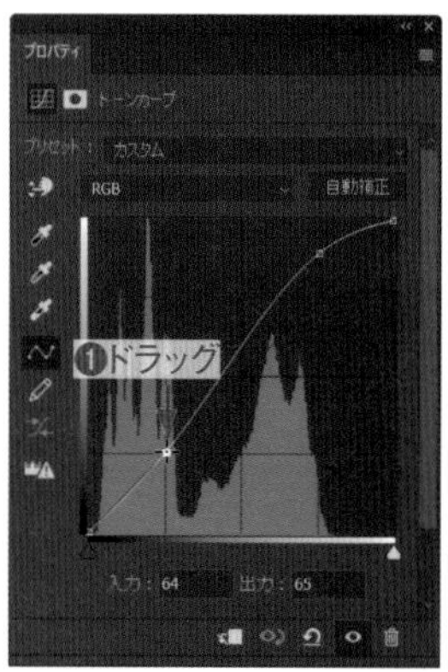

4　最後にレイヤーパネルで調整レイヤーの表示／非表示を切り替え❶❷、元画像と比較して結果を確認します。

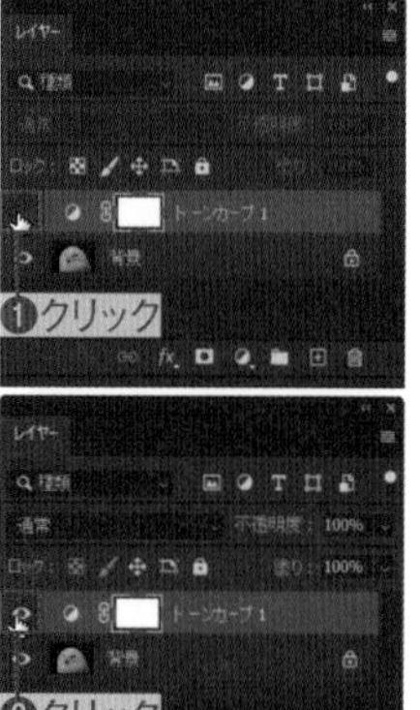

調整なし

調整あり

STEP 04 露光量

2021　2020　2019

Before　→　After

[露光量] はわずかな数値で色調が大きく変わります。画像が暗い場合には最初に試したいコマンドです。

Lesson08 ▶ L8-2S04.jpg

1　レッスンファイルを開きます❶。レイヤーパネルで [塗りつぶしまたは調整レイヤーを新規作成] をクリックし❷、表示されたメニューから [露光量] を選びます❸。

❶開く

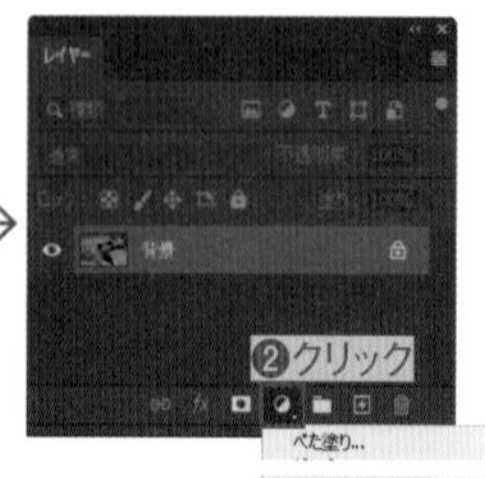

2　表示されたプロパティパネル（2020以前は属性パネル）で、[露光量] のスライダーをドラッグして「+0.90」に設定します❶。画像全体が明るくなります❷。

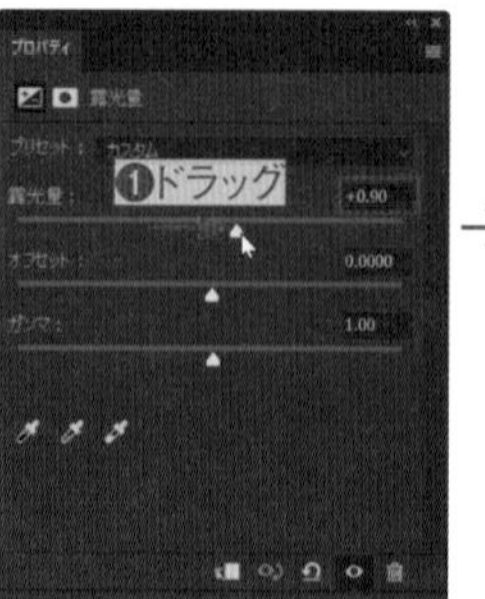

❷全体が明るくなった

3　[ガンマ] のスライダーをドラッグし❶、「1.10」に設定します。中間調が若干明るくなります❷。

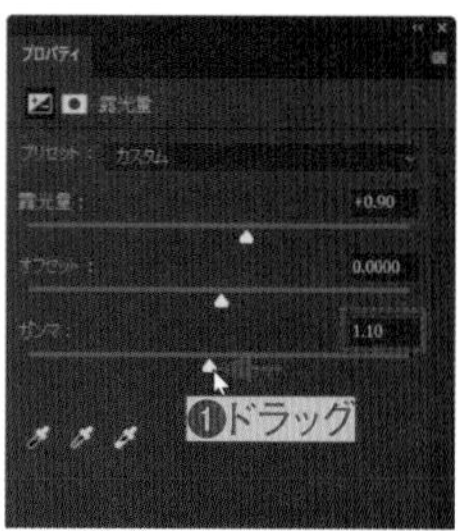

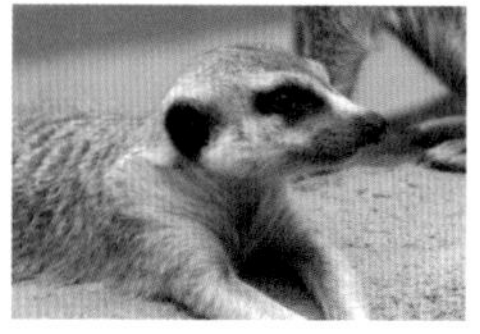
❷中間調が明るくなった

CHECK!

[露光量] の設定

露光量：　ハイライトを重点に全体の明るさを調整します。右に行くほど明るくなります。
オフセット：シャドウと中間調を調整します。右に行くほど明るくなります。
ガンマ：　中間調を調整します。左に行くほど明るくなります。

Macでは、キーは次のようになります。 Ctrl → ⌘　Alt → option　Enter → return

STEP 05 自然な彩度

2021 2020 2019

Before　After

[自然な彩度] を使うと、[トーンカーブ] を使わずに、手軽に彩度の調整ができます。[自然な彩度] と [彩度] の違いを見ておきましょう。

 Lesson08 ▶ L8-2S05.jpg

1 レッスンファイルを開きます❶。レイヤーパネルで [塗りつぶしまたは調整レイヤーを新規作成] をクリックし❷、表示されたメニューから [自然な彩度] を選びます❸。

❶開く

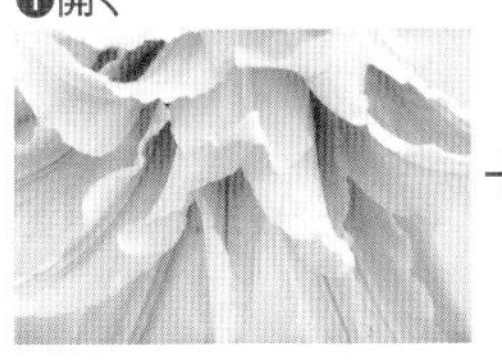

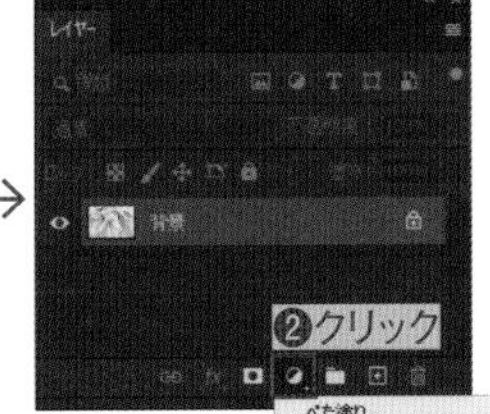

❸選択

2 表示されたプロパティパネル (2020以前は属性パネル) で、[自然な彩度] スライダーを「-100」までドラッグします❶。続いて「+100」までドラッグします❷。彩度がどのように変わるかを確認したら、「0」に戻します。

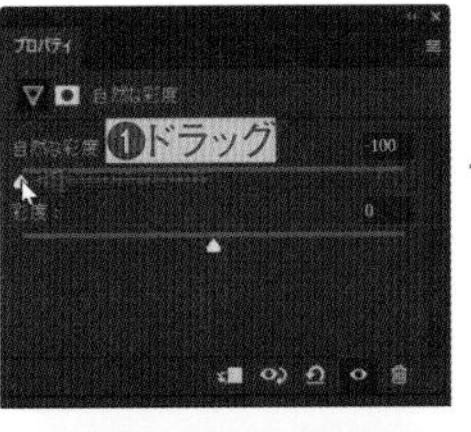

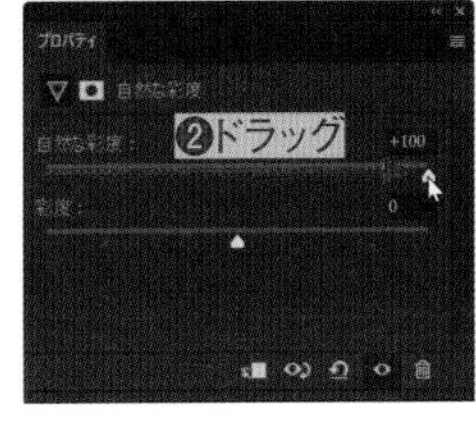

3 [彩度] のスライダーを「-100」までドラッグします❶。続いて「+100」までドラッグします❷。最後に0に戻します。[彩度] のほうが極端な補正がかかることがわかります。

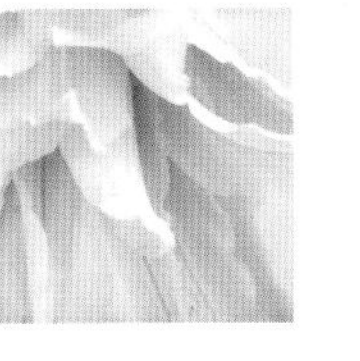

4 [自然な彩度] スライダーを「+30」までドラッグして完成です❶。

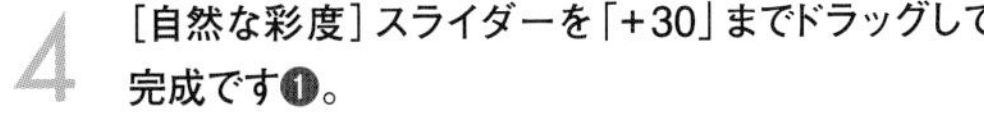

彩度とは

彩度は、色の鮮やかさの度合いのことです。
彩度を上げると、色がはっきり鮮やかになります。
彩度を下げると、全体がグレー調になり彩りがなくなります。

STEP 06 色相・彩度

2021 2020 2019

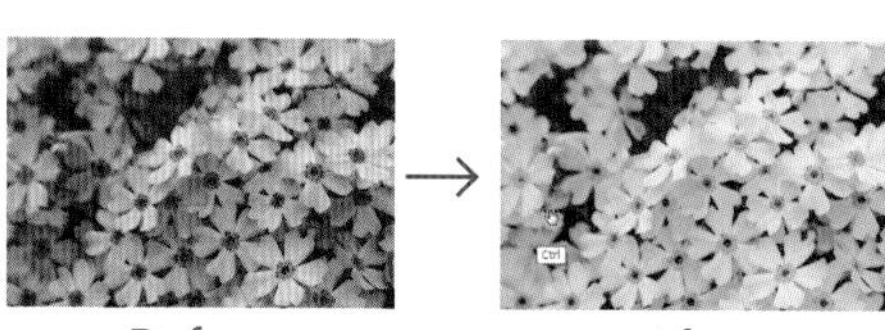

Before　After

[色相・彩度] を使うと、特定の色の色相、彩度、明度を調整できます。属性パネルの ボタンを利用してみましょう。

Lesson08 ▶ L8-2S06.jpg

1 レッスンファイルを開きます❶。レイヤーパネルで [塗りつぶしまたは調整レイヤーを新規作成] をクリックし❷、表示されたメニューから [色相・彩度] を選びます❸。

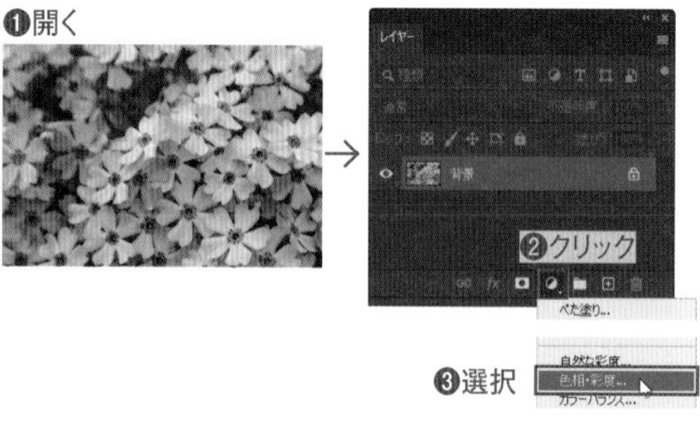

2 表示されたプロパティパネル (2020以前は属性パネル) で [画像内でクリック&ドラッグ…] をクリックします❶。続けて花の部分をクリックすると❷、リストが自動的に [マゼンタ系] になります❸。これで、調整される色はマゼンタ系だけになります。

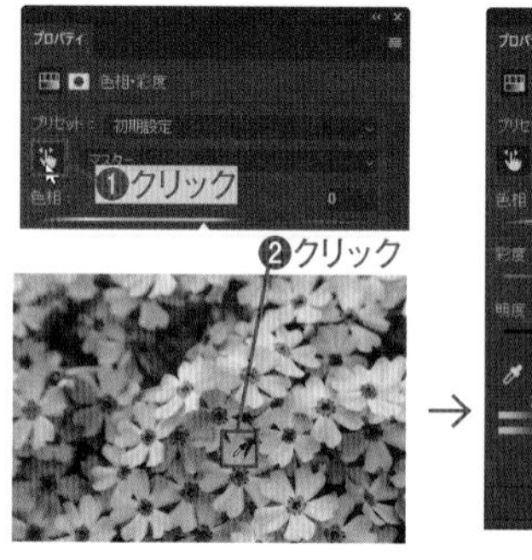

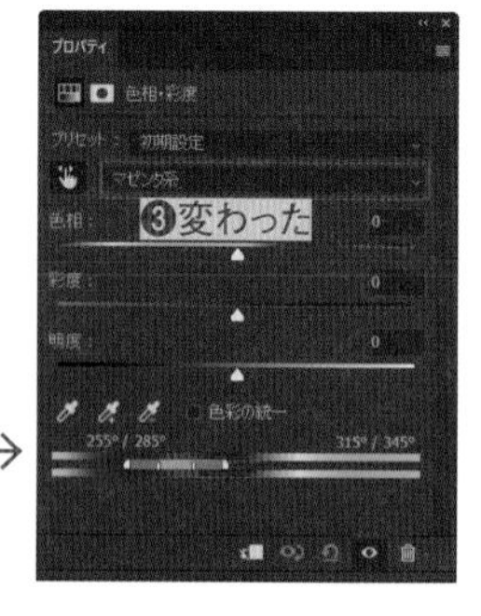

3 そのまま画面内で左右にドラッグすると❶❷、[彩度] のスライダーの設定が変わります。彩度が変わるのを確認したら、「0」に戻します。

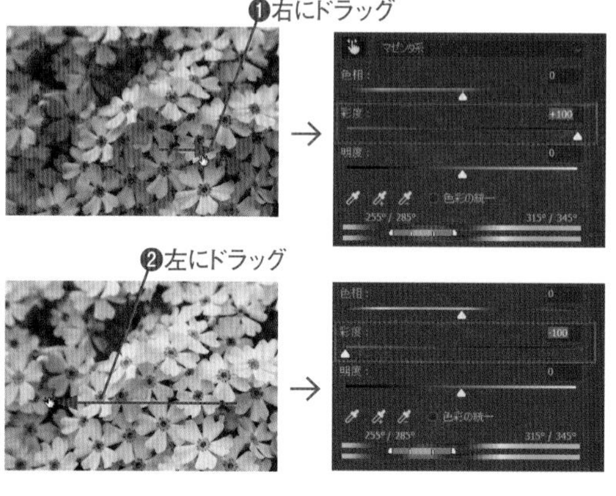

4 次に、Ctrl キーを押しながらドラッグします❶❷。[色相] の値が変わるのを確認してください。

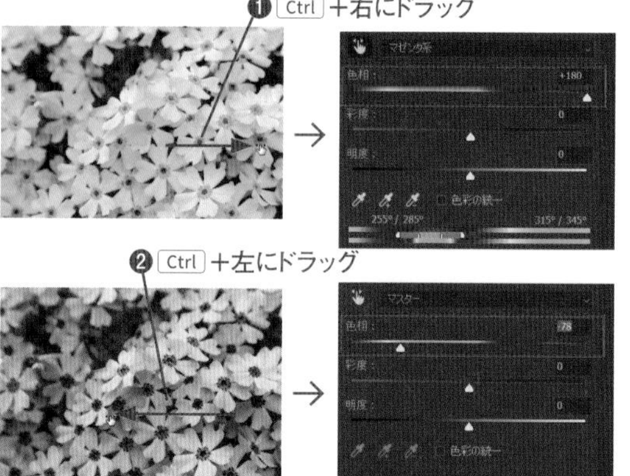

CHECK!

[色相・彩度] の設定

プリセット:プリセットを選択します。
マスター、レッド系、イエロー系・・・:色調を補正する色の範囲を選択します。[マスター] を選択すると、すべての色が調整されます。
色相:色相を変更します。
彩度:彩度を変更します。
明度:明度を変更します。
スポイトツール:クリックして変更する色の範囲を設定します。
色彩の統一:チェックすると画像の色がモノトーンになります。

Macでは、キーは次のようになります。 Ctrl → ⌘　Alt → option　Enter → return

STEP 07

カラーバランス

2021 2020 2019

Before

→

After

[カラーバランス] は、選択した階調全体の色味を変更します。選択する階調によって補正効果が違うことを確認しましょう。

Lesson08 ▶ L8-2S07.jpg

1 レッスンファイルを開きます❶。レイヤーパネルで [塗りつぶしまたは調整レイヤーを新規作成] をクリックし❷、表示されたメニューから [カラーバランス] を選びます❸。

❶開く

→

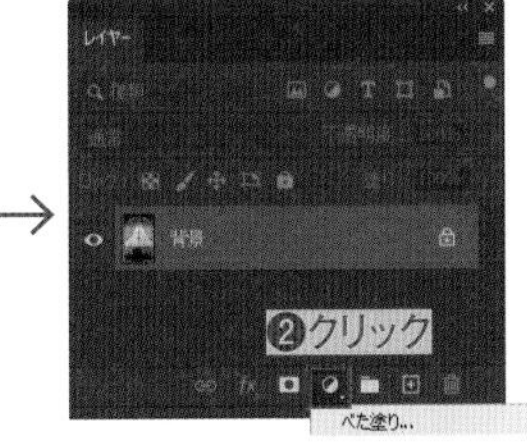

2 表示されたプロパティパネル (2020以前は属性パネル) で、[階調] に [シャドウ] を選びます❶。これで、シャドウ部分 (暗い部分) がおもに補正されます。[輝度を保持] のチェックをオフにして❷、[シアン／レッド] のスライダーを動かして「+100」にします❸。画像のシャドウ部分が赤みを帯びます❹。確認したら [初期設定の色調補正に戻す] をクリックして元に戻します❺。

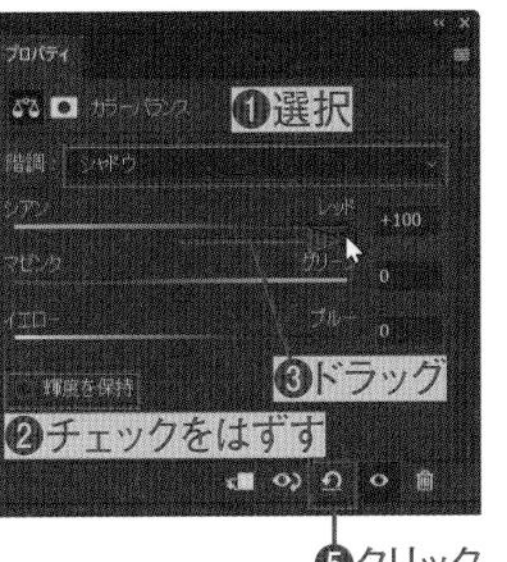

→

❹確認

3 次に [階調] で [中間調] が選ばれているのを確認します❶。これで、中間調の部分がおもに補正されます。同様に [シアン／レッド] を「+100」にしてみます❷。結果を確認したら❸、[初期設定の色調補正に戻す] をクリックします❹。

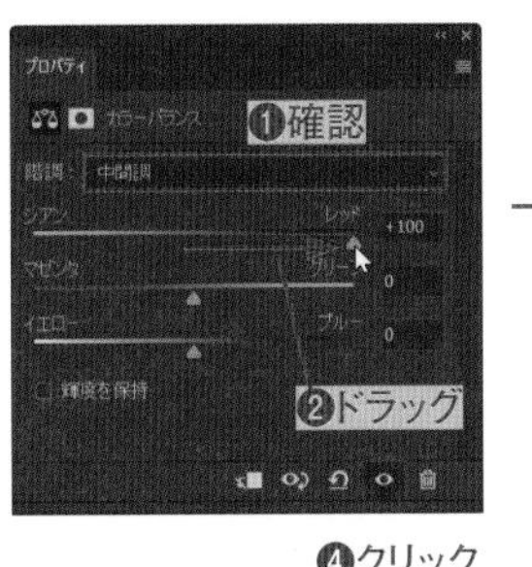

❹クリック

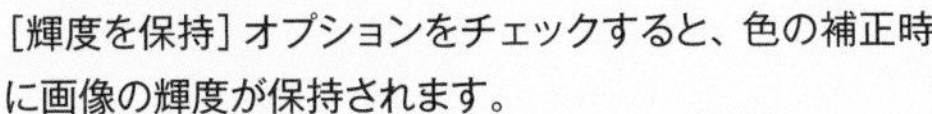

→

❸確認

4 次に [階調] で「ハイライト」を選びます❶。これで、ハイライト部分がおもに補正されます。同様に [シアン／レッド] を「+100」にして変化を確認します❷。

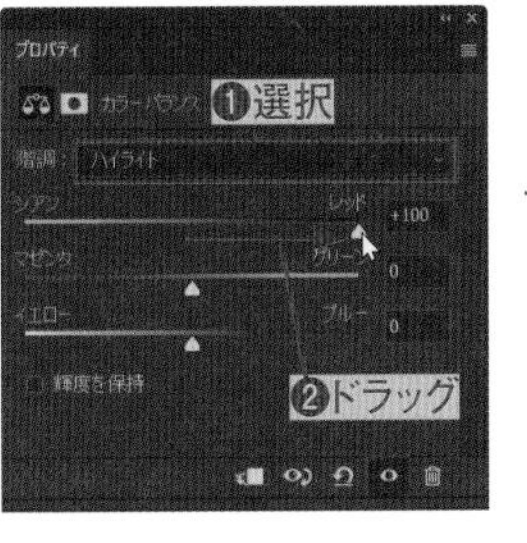

→

CHECK!

[輝度を保持] オプション

[輝度を保持] オプションをチェックすると、色の補正時に画像の輝度が保持されます。

STEP 08

白黒

2021 2020 2019

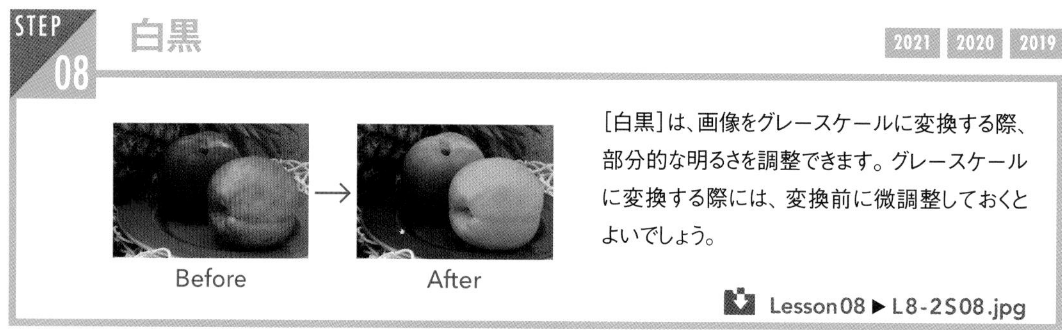

[白黒]は、画像をグレースケールに変換する際、部分的な明るさを調整できます。グレースケールに変換する際には、変換前に微調整しておくとよいでしょう。

Lesson08 ▶ L8-2S08.jpg

1 レッスンファイルを開きます❶。レイヤーパネルで[塗りつぶしまたは調整レイヤーを新規作成]をクリックし❷、表示されたメニューから[白黒]を選びます❸。画像はグレースケール表示になります。

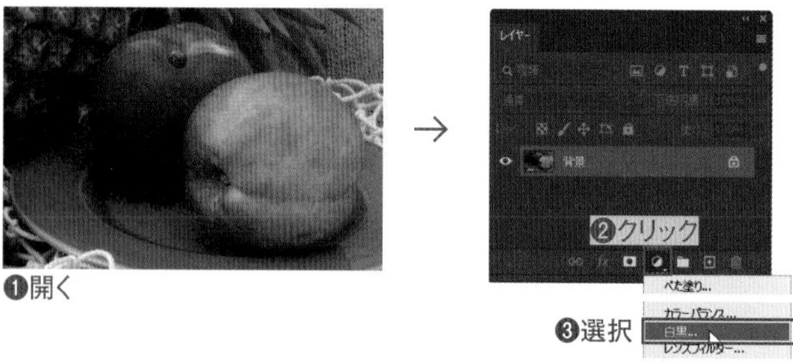

2 表示されたプロパティパネル(2020以前は属性パネル)で[スライドを変更するには…]をクリックします❶。

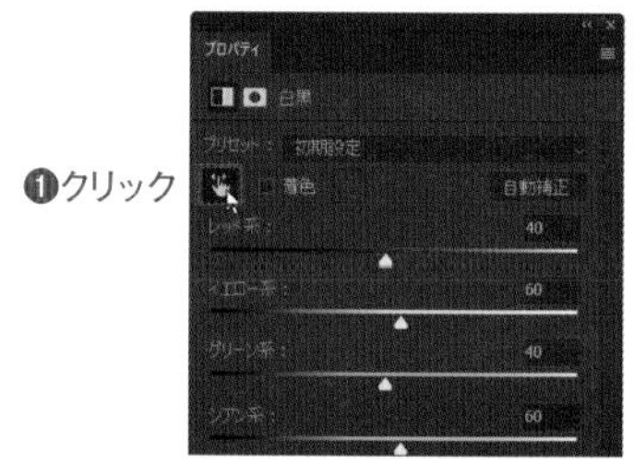

3 画像上で手前の桃の表面を右向きにドラッグしてやや明るくします❶。元の色であるレッド系のスライダーの値が変わります❷。

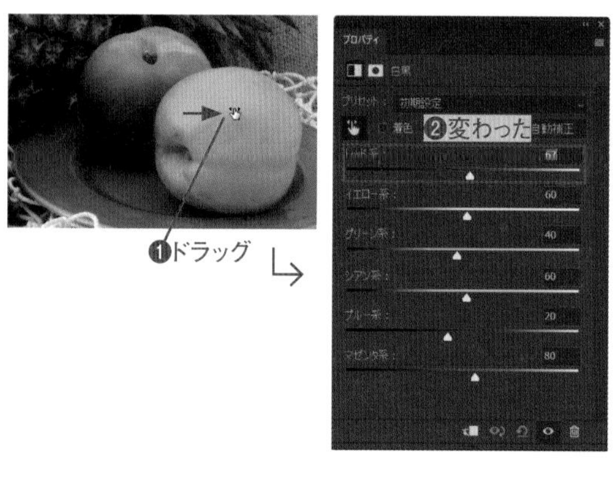

4 次に皿の部分を左にドラッグしてやや暗くします❶。元の色であるブルー系のスライダーの値が変わります❷。このように、右にドラッグで明るく、左にドラッグで暗くなります。

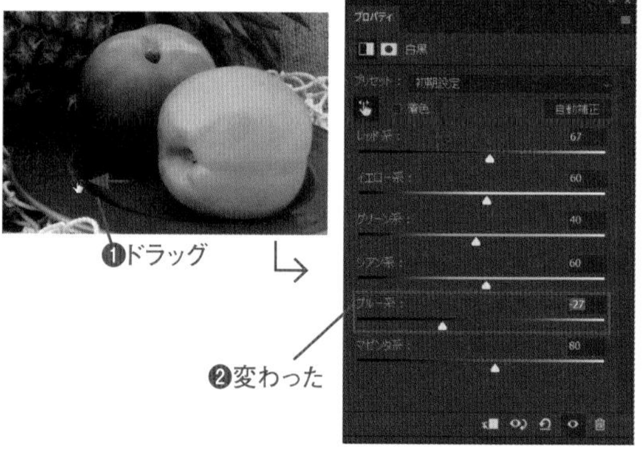

5 最終的にグレースケール画像が必要な場合には、[イメージ]メニュー→[モード]→[グレースケール]を選びます❶。モード変更のダイアログボックスが表示されるので、[統合]をクリックします❷。カラー情報破棄のダイアログボックスが表示されるので[破棄]をクリックして❸、カラー情報を破棄します。

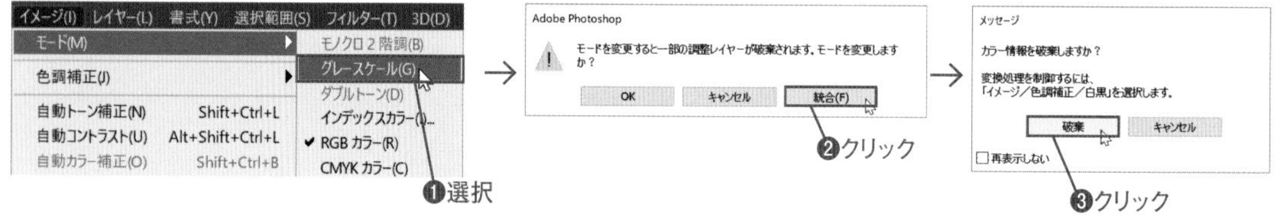

Macでは、キーは次のようになります。 Ctrl → ⌘　Alt → option　Enter → return

STEP 09 レンズフィルター

2021　2020　2019

Before  → After

［レンズフィルター］は、レンズにカラーフィルターをつけて撮影した画像のように補正します。ここでは加工に使ってみましょう。

Lesson08 ▶ L8-2S09.jpg

1 レッスンファイルを開きます❶。レイヤーパネルで［塗りつぶしまたは調整レイヤーを新規作成］をクリックし❷、表示されたメニューから［レンズフィルター］を選びます❸。

→

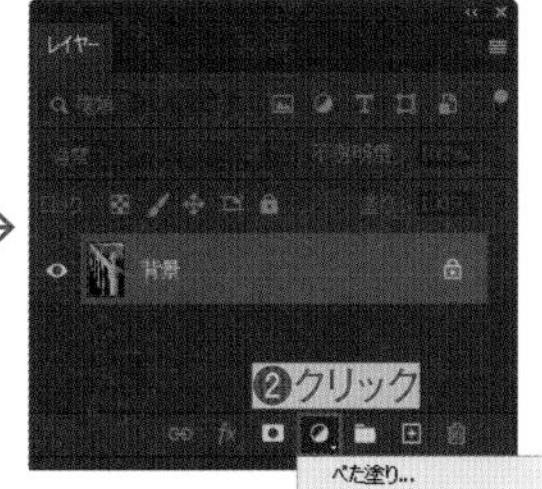

2 表示されたプロパティパネル（2020以前は属性パネル）で、［フィルター］の［Deep Blue］を選びます❶。壁の青みが増しているのがわかります❷。

→

❷壁の青みが増した

3 ［適用量］を「100％」に設定します❶。画像全体が青みを帯びます❷。

❷青みを帯びた

4 ［輝度を保持］のチェックをはずします❶。画像の輝度が失われ、画像全体にブルーのフィルムをかぶせたようになることを確認します❷。確認したら、［輝度を保持］をチェックしてください。

❷ブルーのフィルムをかぶせたようになった

CHECK!

カスタムでレンズカラーを設定する

［カスタム］オプションを選択し、カラーボックスをクリックすると、［カラーピッカー（写真フィルターカラー）］ダイアログボックスが表示され、フィルターのカラーを設定できます。

STEP 10 チャンネルミキサー

2021 2020 2019

Before → After

色を変更したとき、比較的エッジが目立ちにくいため、よく使われています。簡単なマスクと一緒に使ってみましょう。

Lesson08 ▶ L8-2S10.psd

1 レッスンファイルを開きます❶。このファイルには調整レイヤー「チャンネルミキサー1」が適用されており、朝顔の青い花の部分にレイヤーマスクが作成されています。レイヤーパネルで「チャンネルミキサー1」のレイヤーサムネール部分をダブルクリックし❷、表示されたプロパティパネル（2020以前は属性パネル）で［出力先チャンネル］がレッドであることを確認します❸。

❶開く

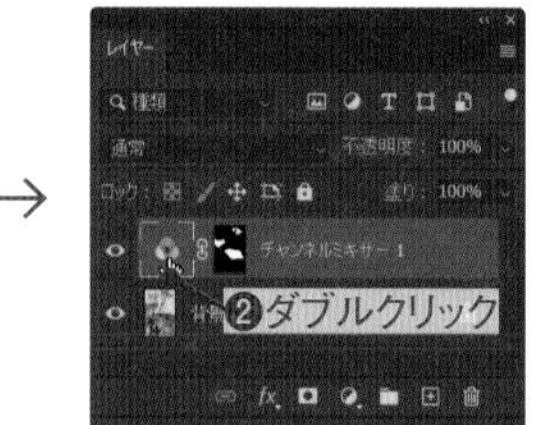

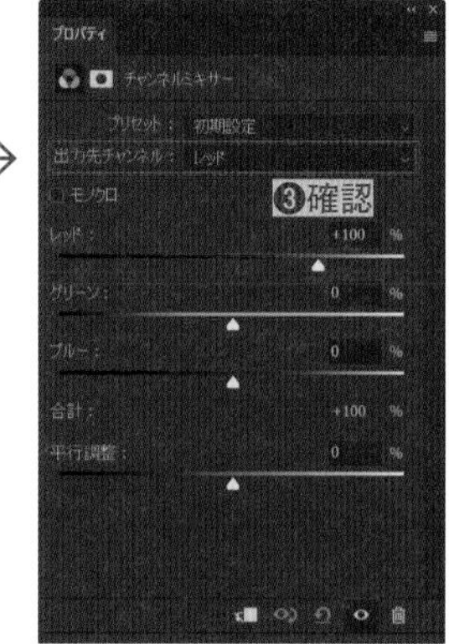

レイヤーマスク

レイヤーマスクとは、レイヤー内で、不要な部分をマスク（非表示）にして、特定部分だけを表示する機能です。このレッスンファイルは、青い花の部分だけが表示されるレイヤーマスクが設定されています。調整レイヤーにレイヤーマスクを設定すると、表示部分だけに色調補正が適用されます。レイヤーマスクは、Lesson11で詳しく学びます。

2 プロパティパネル（2020以前は属性パネル）で［レッド］のスライダーを「+50」まで下げ❶、［ブルー］のスライダーを「+50」まで上げます❷。マスクされた花の部分だけが紫に変わります❸。

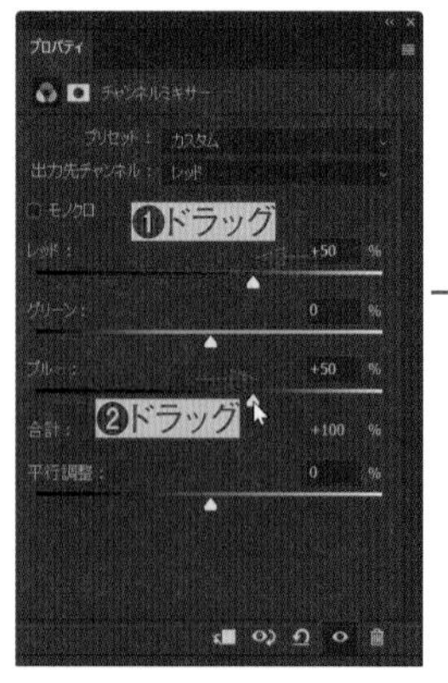

❸花だけが紫に変わった

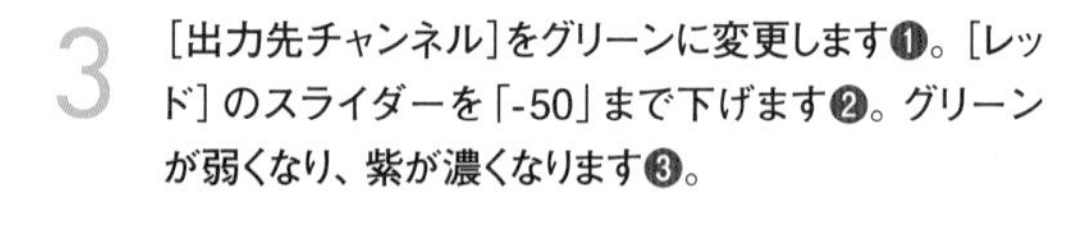

3 ［出力先チャンネル］をグリーンに変更します❶。［レッド］のスライダーを「-50」まで下げます❷。グリーンが弱くなり、紫が濃くなります❸。

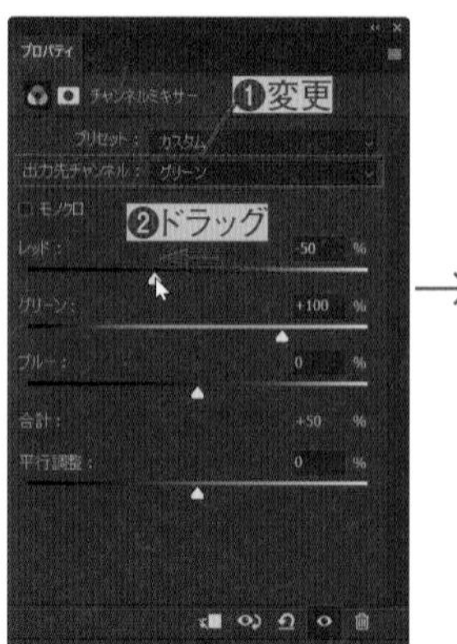

❸紫が濃くなった

Macでは、キーは次のようになります。 Ctrl → ⌘ Alt → option Enter → return

4 [icon]をクリックして❶効果を確認します。

❶クリック

CHECK!

［チャンネルミキサー］の設定

チャンネルミキサーでは、［出力先チャンネル］に設定したカラーを、ほかのカラーに対して設定した値だけ増減して色を調整します。
［平行調整］スライダーを使うと、出力チャンネルのグレースケール値を調整できます。プラス値を指定すると出力チャンネルの色が強くなり、マイナス値を指定すると出力チャンネルの補色が強くなります。
［モノクロ］をチェックすると、グレースケールとなり、各チャンネルの割合で色調を調節できます。

COLUMN

チャンネルとチャンネルミキサー

チャンネルミキサーでは、［出力チャンネル］で指定したチャンネルだけ、色を増減します。
［出力先チャンネル］が［レッド］で、［ブルー］を「+50」にすると、元画像のブルーチャンネルの各ピクセルのブルーのカラー値の50%が、レッドチャンネルに追加されます。
たとえば、「R=80、G=100、B=120」のピクセルなら、「B=120」の50％である60がRに増加され、「R=140、G=100、B=120」となります。
レッドチャンネルの各ピクセルは、ブルーチャンネルの分増加するので、画像は赤みが強くなります。
［ブルー］を「-50」にすると、元画像のレッドチャンネルの各ピクセルは、ブルーチャンネルのカラー値の50%が、レッドチャンネルから削除されます。レッドチャンネルは、50％に減少するので、画像はレッドの補色であるシアン色が強くなります。

ちなみに、「レッド」の補色は「シアン」、「グリーン」の補色は「マゼンタ」、「ブルー」の補色は「イエロー」です。

［レッド］チャンネルの表示。このチャンネルに、各チャンネルの色を使って、レベルを増減して色を調節する

ブルーを「+50」に設定したレッドチャンネル。Rの値が大きくなるため赤が強くなる

カラールックアップ

2021 2020 2019

Before

After

［カラールックアップ］では、用意されたカラーテーブルを使って色調補正できます。この補正を複数のレイヤーのひとつだけに適用してみましょう。

Lesson08 ▶ L8-2S11.psd

1　レッスンファイルを開きます❶。レイヤーパネルで「レイヤー1」レイヤーをクリックして選択した後❷、［塗りつぶしまたは調整レイヤーを新規作成］をクリックし❸、表示されたメニューから［カラールックアップ］を選びます❹。

❶開く

2　表示されたプロパティパネル（2020以前は属性パネル）で、［3D LUTを読み込み］をクリックし❶、メニューから［Moonlight.3DL］を選びます❷。画像が月明かりで照らされたイメージに変わります❸。そのほかのカラーテーブルも選択し、画像がどのように変わるかを確認してみてください。［抽象プロファイルを読み込み］や［デバイスリンクプロファイルを読み込み］からも選択できます。

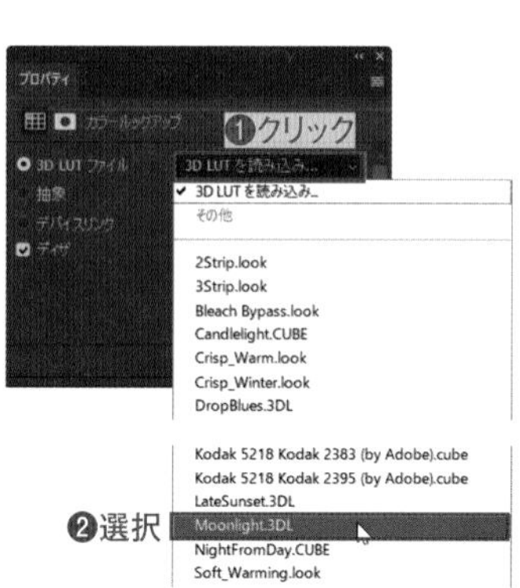

❸月明かりで照らされたイメージになった

3　プロパティパネル（2020以前は属性パネル）のをクリックします❶。調整レイヤーの効果が、すぐ下のレイヤーの画像に限定され、ほかのレイヤーは元画像と同じように表示されます（クリッピングマスクといいます）。レイヤーパネルでは、調整レイヤーの左端に下の画像だけに適用されているアイコンが表示されます❷。

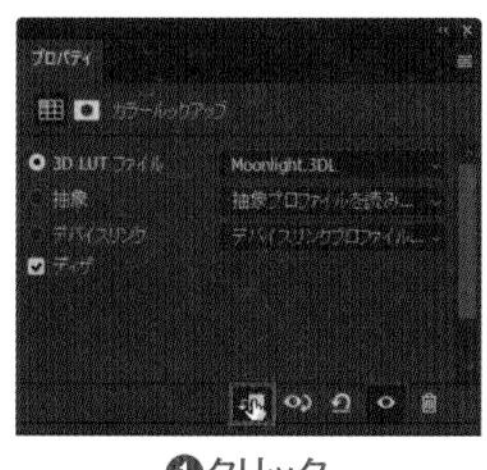

❶クリック

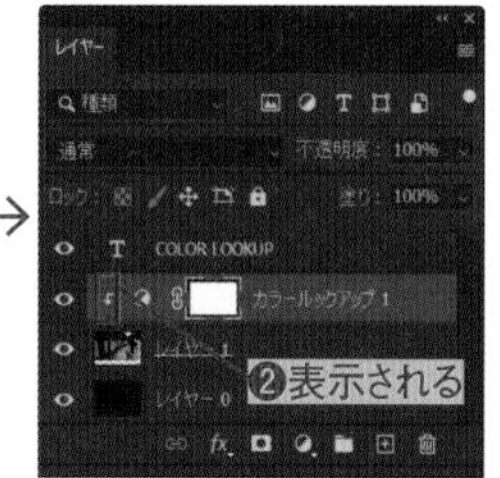

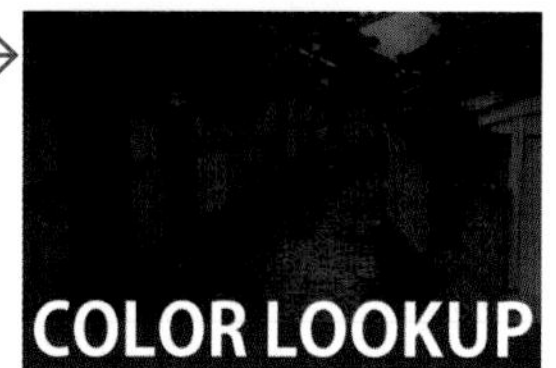

CHECK!

レイヤーパネルでクリッピングマスクする

Alt キーを押しながら、調整レイヤーと画像レイヤーの間をクリックしても、同じようにクリッピングマスクを適用して、下の画像レイヤーだけに効果を限定できます。

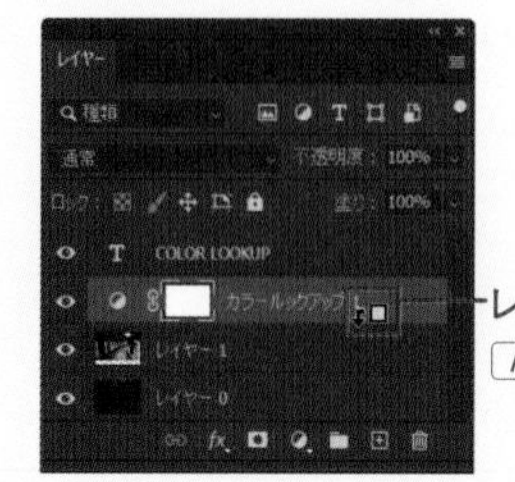

Macでは、キーは次のようになります。 Ctrl → ⌘　Alt → option　Enter → return

STEP 12

シャドウ・ハイライト

2021 2020 2019

Before → After

［シャドウ・ハイライト］は、暗い部分を明るく、明るい部分を暗くする補正です。調整レイヤーにはないので、レイヤーに直接適用します。

Lesson08 ▶ L8-2S12.jpg

1　レッスンファイルを開きます❶。レイヤーパネルで「背景」レイヤーを［新規レイヤーを作成］の上にドラッグ&ドロップして❷、コピーレイヤーを作成します。

❶開く

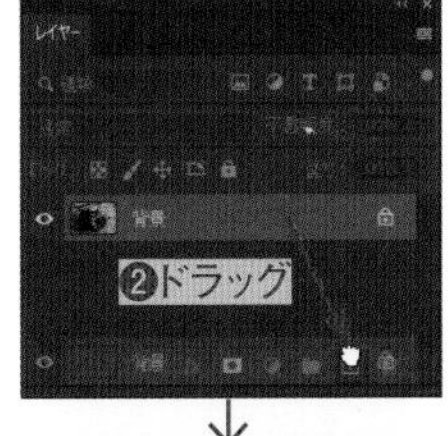

調整レイヤーが使えない場合、レイヤーのコピーを作成しておき、元のレイヤーを残しておくとよい

2　［イメージ］メニュー→［色調補正］→［シャドウ・ハイライト］を選びます❶。

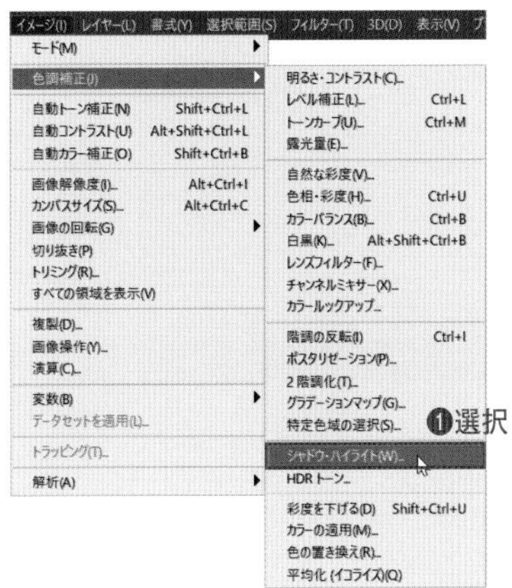

3　［シャドウ・ハイライト］ダイアログボックスが表示されるので、［プレビュー］と［詳細オプションを表示］をチェックします❶❷。［シャドウ］の［量］を「50」❸、［階調］を「60」❹に設定します。画像の左側の暗い部分が明るくなります❺。

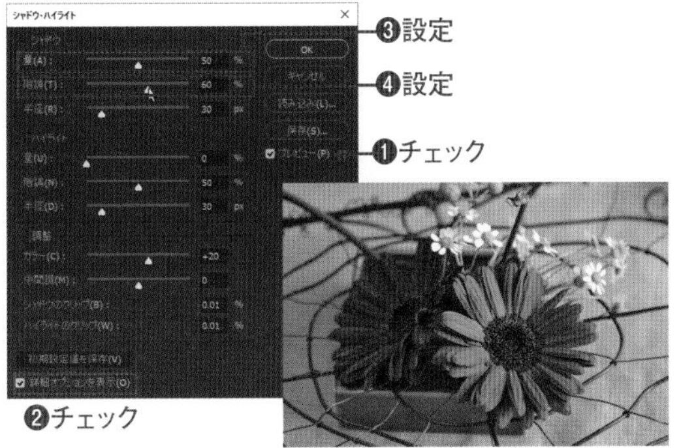

❺左側の暗い部分が明るくなった

4　［ハイライト］の［量］を「20」にします❶。右側の明るい部分が暗くなります。また、［調整］も操作して効果を確認してみましょう❷。調整したら［OK］をクリックします❸。

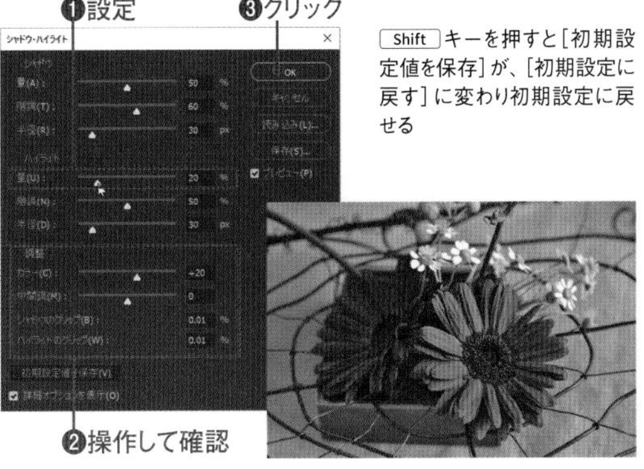

Shift キーを押すと［初期設定値を保存］が、［初期設定に戻す］に変わり初期設定に戻せる

CHECK!

［シャドウ・ハイライト］ダイアログボックスの設定

量：シャドウ部分を明るく、ハイライト部分を暗くする量を設定。
階調：調整するシャドウまたはハイライトの色調の範囲を設定する。値が大きいほど調整範囲が広くなる。
半径：シャドウ・ハイライト部分を判断する範囲を設定する。
カラー（明るさ）：シャドウ・ハイライトで調整した部分のカラー（グレースケールでは明るさ）を調整する。
中間調：中間調のコントラストを調整する。
シャドウのクリップ・ハイライトのクリップ：もっとも暗いシャドウ（レベル0）と、もっとも明るいハイライト（レベル255）にするシャドウとハイライトの量を設定する。

STEP 13 HDRトーン

2021 2020 2019

［HDRトーン］は、撮影時に露出の設定で黒つぶれしてしまっている部分を、明るくして表示するときなどに利用します。

Lesson08 ▶ L8-2S13.jpg

1 レッスンファイルを開きます❶。山から下はつぶれてしまって見えない状態です。［イメージ］メニュー→［色調補正］→［HDRトーン］を選びます❷。初期設定ですでに画像の色が変わります❸。

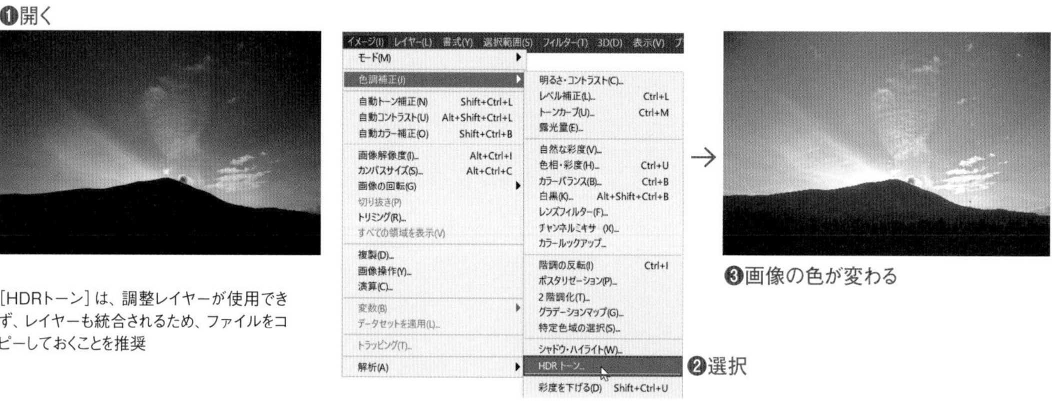

［HDRトーン］は、調整レイヤーが使用できず、レイヤーも統合されるため、ファイルをコピーしておくことを推奨

2 ［HDRトーン］ダイアログボックスが表示されます。プレビューをチェックし❶、［詳細］の［シャドウ］を「-30」に設定します❷。暗くて見えなかった山から下が見えるようになります❸。

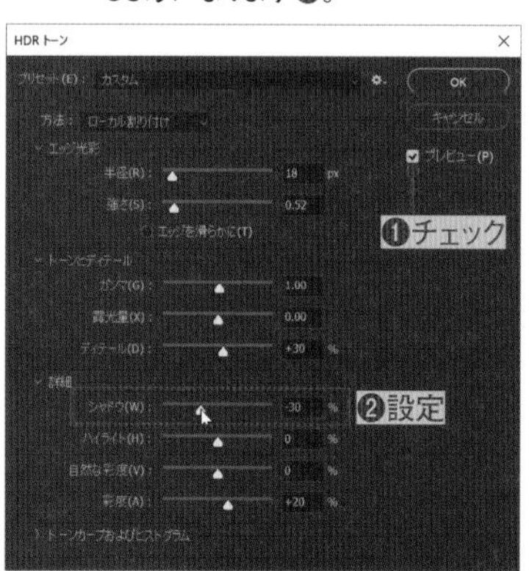

❸山から下の部分が見えるようになった

3 ［自然な彩度］を「+20」に設定し、彩度を調整します❶。設定項目がたくさんあるので、ほかの項目も自由に操作してみましょう。最後に［OK］をクリックします❷。

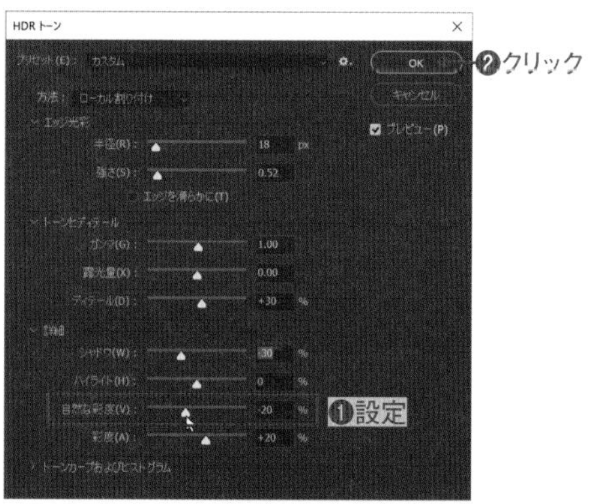

Macでは、キーは次のようになります。 Ctrl → ⌘ Alt → option Enter → return

COLUMN

Camera Raw

画像を開くときにすべて調節できる

デジタルカメラの設定で保存ファイルをRaw形式にしておくと、Photoshopでファイルを開くときに［CameraRaw］ウィンドウが開きます。Raw形式のデータはそのままではPhotoshopで開けないため、「CameraRaw」で現像処理を行ってから開きます。［CameraRaw］ウィンドウでは、現像処理だけでなく、色調補正や修正、トリミングなどが効率よくできるようになっています。
写真の仕上げであれば、［CameraRaw］ウィンドウだけで済ませられます。Photoshopの色調補正コマンドをひと通り覚えたらCameraRawも使ってみましょう。

フィルターとして利用可能

「CameraRaw」とほぼ同じ機能が、フィルターとして搭載されています。
フィルターなので、レイヤーごとの適用となりますが、「CameraRaw」に慣れたユーザーには、Photoshopで開いた画像の色調補正に使いやすいツールです。

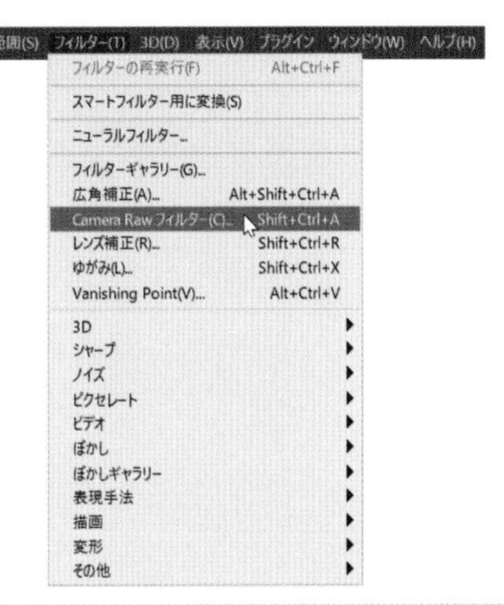

STEP 14 そのほかの色調補正

2021 2020 2019

Before

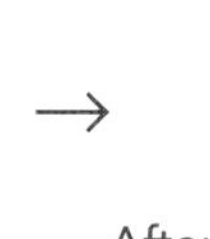

After

調整レイヤーのそのほかのコマンドを使ってみましょう。同じ画像に色調補正レイヤーを追加し、効果を確認したら非表示にして次のレイヤーを追加します。

Lesson08 ▶ L8-2S14.jpg

階調の反転

1　レッスンファイルを開きます❶。レイヤーパネルで［塗りつぶしまたは調整レイヤーを新規作成］をクリックし❷、表示されたメニューから［階調の反転］を選びます❸。

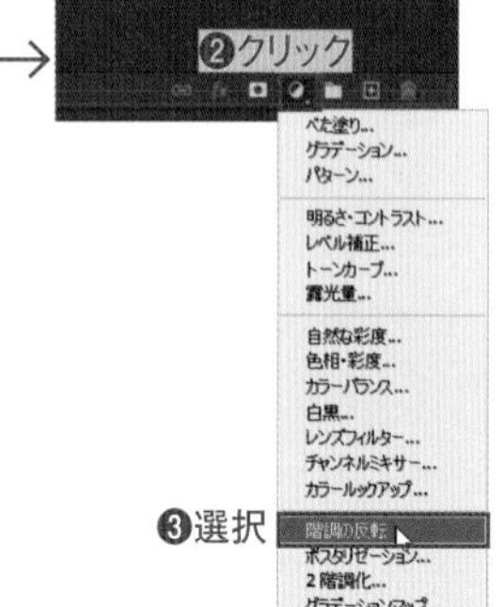

2　画像の階調が反転します❶。効果を確認したらレイヤーパネルでレイヤーを非表示にします❷。

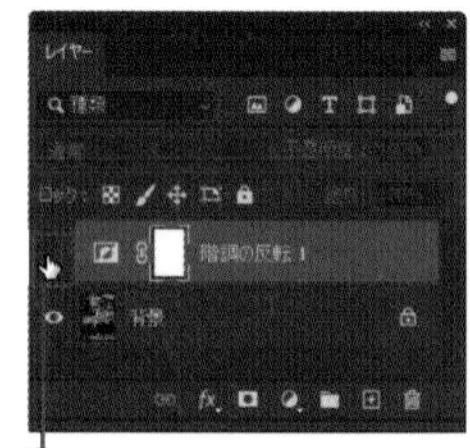

ポスタリゼーション

1　レイヤーパネルで［塗りつぶしまたは調整レイヤーを新規作成］をクリックし❶、表示されたメニューから［ポスタリゼーション］を選びます❷。階調の少ない画像に変わります❸。

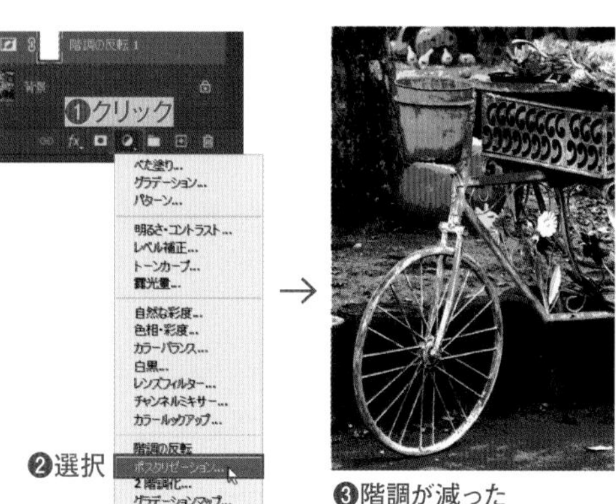

2　表示されたプロパティパネル（2020以前は属性パネル）で［階調数］を「3」に変えてみます❶。効果を確認したら❷、レイヤーパネルでレイヤーを非表示にします❸。

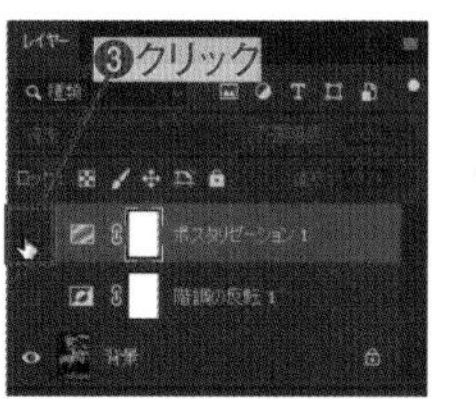

2階調化

1　レイヤーパネルで［塗りつぶしまたは調整レイヤーを新規作成］をクリックし❶、表示されたメニューから［2階調化］を選びます❷。画像が白黒の2階調になります。

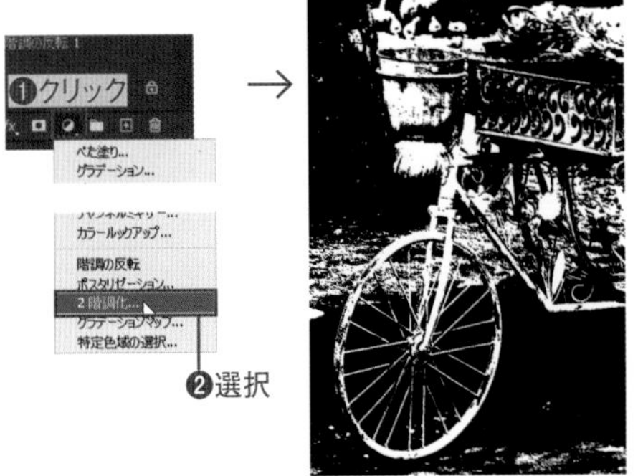

2　表示されたプロパティパネル（2020以前は属性パネル）の［しきい値］のスライダーをドラッグして「150」にします❶。［しきい値］は、画像内のピクセルを白と黒のどちらにするかの分岐点です。右に動かすと、黒の部分が増えます。効果を確認したら❷、レイヤーパネルでレイヤーを非表示にします❸。

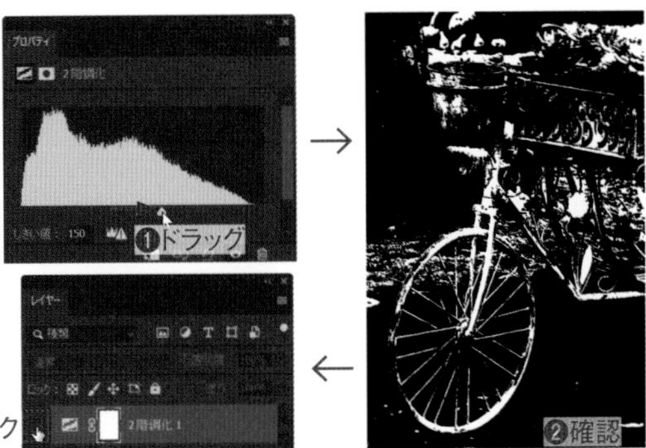

グラデーションマップ

1　レイヤーパネルで［塗りつぶしまたは調整レイヤーを新規作成］をクリックし❶、表示されたメニューから［グラデーションマップ］を選びます❷。表示されたプロパティパネル（2020以前は属性パネル）のグラデーションバーの右の▼をクリックし❸、グラデーションプリセットの［紫色系］から［紫_02］を選択します❹。元画像の明るさに応じてグラデーションがマッピングされた画像になります❺。

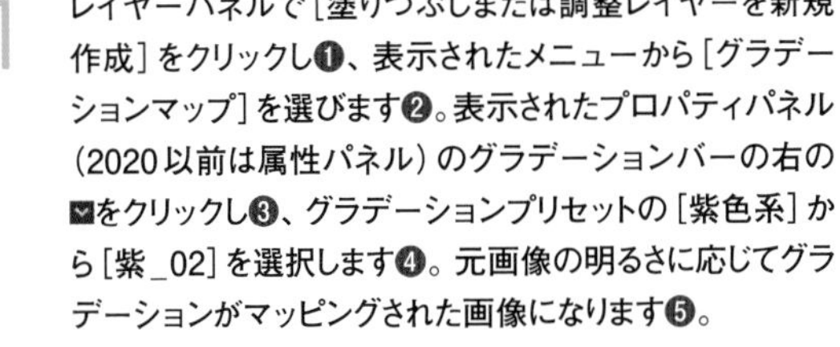

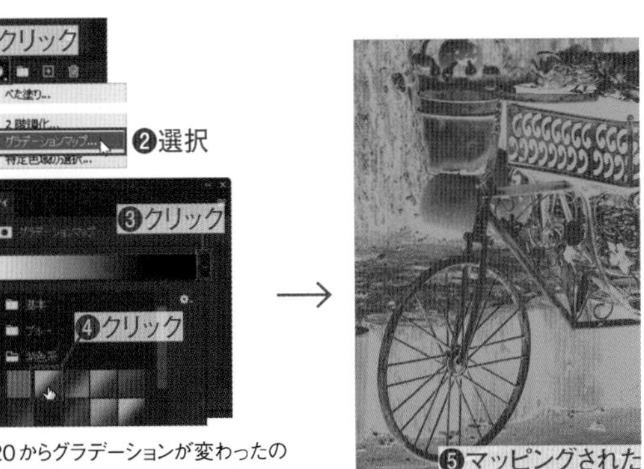

2020からグラデーションが変わったので、2019では任意のものを選択

2　プロパティパネル（2020以前は属性パネル）で［逆方向］オプションをチェックします❶。グラデーションのマッピングが逆になります。効果を確認したら❷、レイヤーパネルでレイヤーを非表示にします❸。

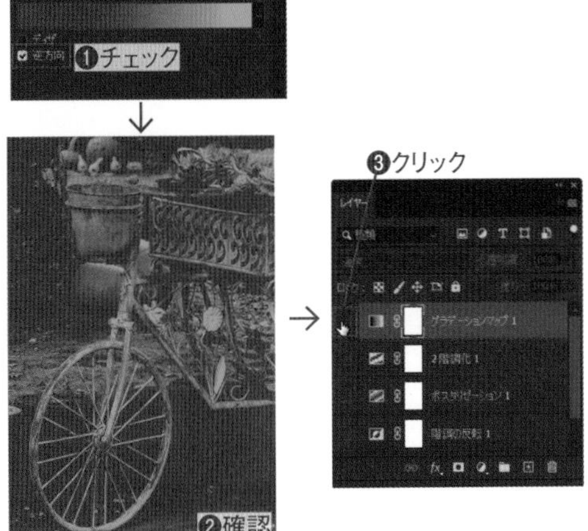

特定色域の選択

レイヤーパネルで［塗りつぶしまたは調整レイヤーを新規作成］をクリックし❶、表示されたメニューから［特定色域の選択］を選びます❷。表示されたプロパティパネル（2020以前は属性パネル）の［カラー］で「レッド系」を選びます❸。これで、画像内のレッド系が補正対象となります。［シアン］と［マゼンタ］を「-100」に設定します❹。プラス値にすると指定した色が強くなり、マイナス値を設定すると補色が強くなります❺。［シアン］の補色はレッド、［マゼンタ］の補色はグリーンなので、レッドとグリーンからできるイエロー系に、元画像のレッド系の部分が変わります。

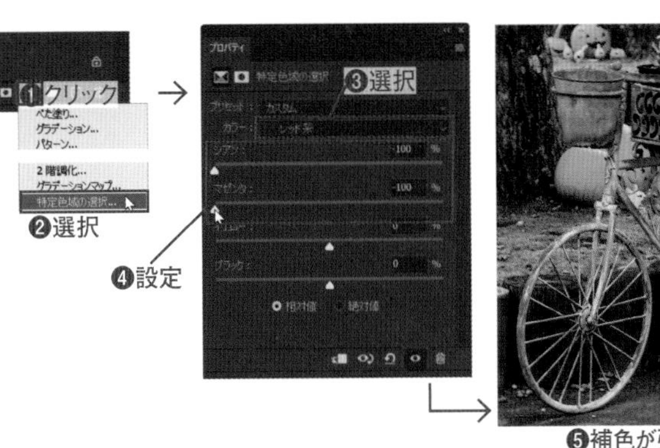

8-3 塗りつぶしレイヤー

レイヤーパネルの[塗りつぶしまたは調整レイヤーを新規作成]で表示されるメニューの上から3つは、[塗りつぶしレイヤー]です。レイヤーを塗りつぶすことは意外に多いので、覚えておきましょう。

塗りつぶしレイヤー

2021 2020 2019

塗りつぶしレイヤーの基礎

レイヤーパネルの[塗りつぶしまたは調整レイヤーを新規作成]のメニューから[べた塗り][グラデーション][パターン]を選択できます。[べた塗り]を選択すると、指定した色で塗りつぶしたレイヤーを作成できます。[グラデーション]はグラデーションで塗りつぶしたレイヤーを、[パターン]はパターンで塗りつぶしたレイヤーを作成できます。

塗りつぶしレイヤーの種類を選択。ここでは[べた塗り]

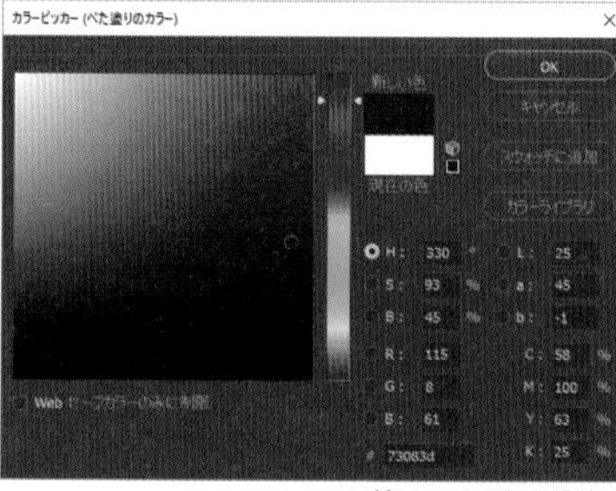

塗りつぶす色を設定

この3つのレイヤーは、作成後でもレイヤーパネルのサムネールをダブルクリックして、色、グラデーション、パターンを変更できます。

ダブルクリックで、色を変更できる

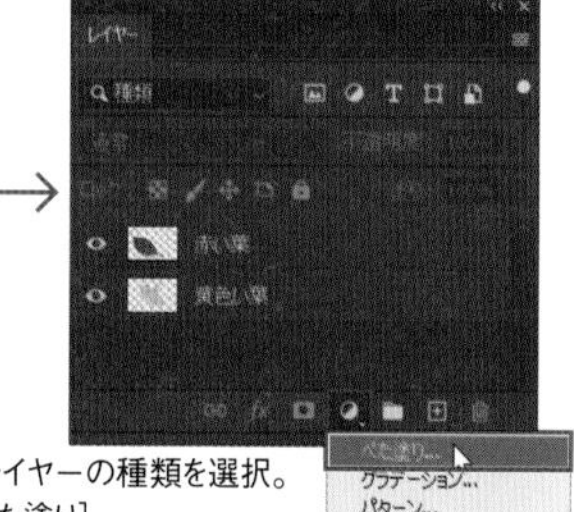

指定した色で塗りつぶされレイヤーが追加された

[グラデーション]を選択すると、[グラデーションで塗りつぶし]ダイアログボックスが表示され、塗りつぶしに使用するグラデーションを設定できます。グラデーションの詳細は、P.242の「グラデーション」を参照ください。

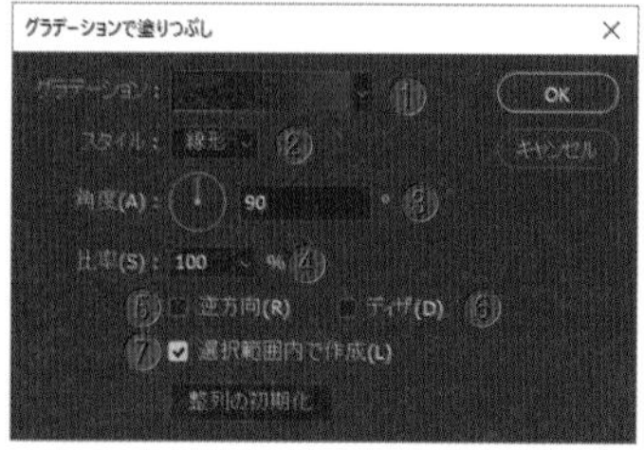

❶ をクリックするとグラデーションピッカー、グラデーション部分をクリックするとグラデーションエディターが開いて、グラデーションを選択できる
❷グラデーションのスタイルを選択する
❸角度を設定する
❹レイヤーまたは選択範囲に対してグラデーションのサイズを設定する
❺グラデーションを逆方向に適用する
❻ムラを減らし滑らかなグラデーションにする
❼選択範囲内を100%として塗る場合はチェックする

[パターン]を選択すると[パターンで塗りつぶし]ダイアログボックスが表示され、塗りつぶしに使用するパターンを選択できます。2020以降はプリセットパターンが変更されました。

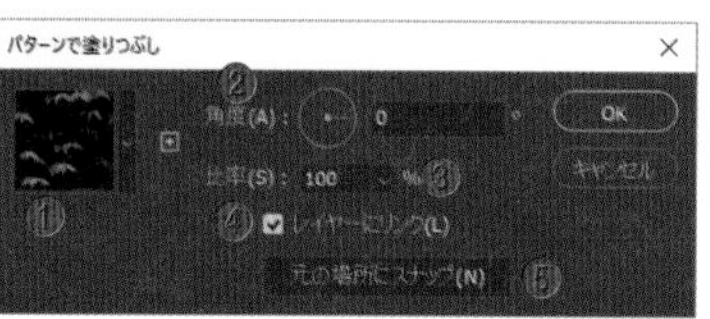

❶クリックしてパターンを選択する
❷パターンの角度を指定する(2020～)
❸比率を設定する
❹レイヤーを移動した際にパターンも移動させるにはチェックする
❺パターンの原点とドキュメントの原点を一致させる

パターンを使う

2021　2020　2019

Before

After

「パターン」を背景として使ってみましょう。単色やグラデーションではなく、変化のある背景が必要な場合に便利です。

Lesson08 ▶ L8-3S01.psd

1　レッスンファイルを開きます❶。レイヤーパネルで「背景」レイヤーを選択し❷、[塗りつぶしまたは調整レイヤーを新規作成]から[パターン]を選びます❸。

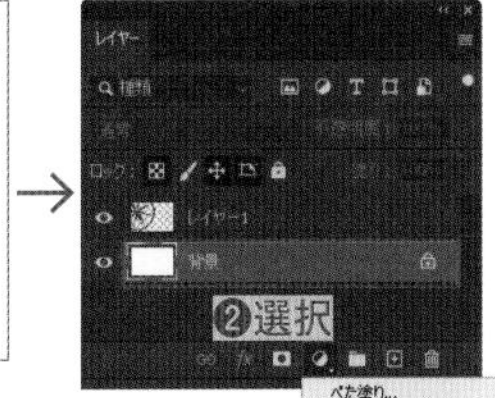

2　[パターンで塗りつぶし]ダイアログボックスが表示されます。パターンボックスをクリックし❶、ポップアップメニューの中から[水]の中の[水-砂]を選択します❷（2019では好きなパターンを選択してください）。羅針盤と背景の間にパターンが表示されます❸。

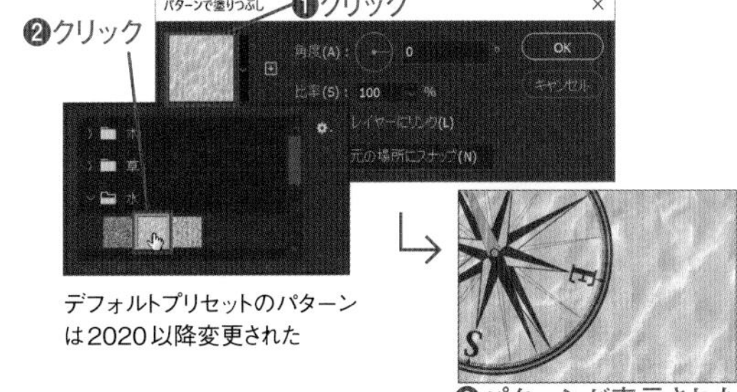

デフォルトプリセットのパターンは2020以降変更された

3　[比率]のスライダーを動かして「133」に設定します❶。次に[角度]を「-80」に設定して❷（2019は[角度]の設定はないのでそのまま）、[OK]をクリックします❸。

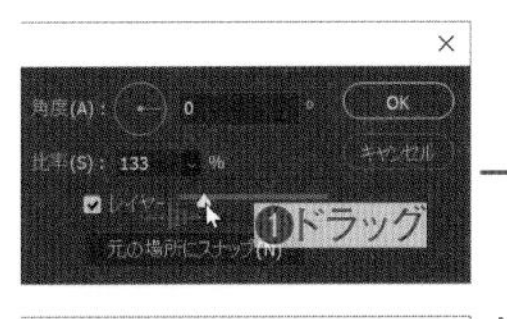

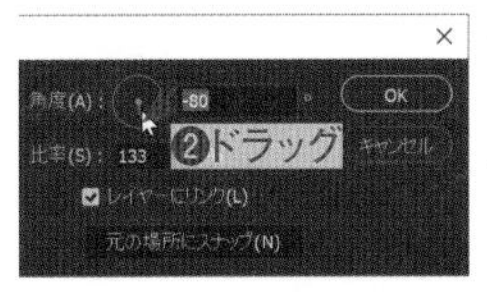

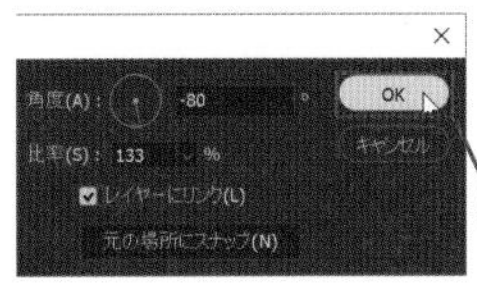

4　「背景」レイヤーの前面に「パターン1」レイヤーが作成され、指定したパターンで塗りつぶされます❶。「パターン1」レイヤーのレイヤーサムネールをダブルクリックすると❷、[パターンで塗りつぶし]ダイアログボックスが表示され、パターンを変更できるので試してください。

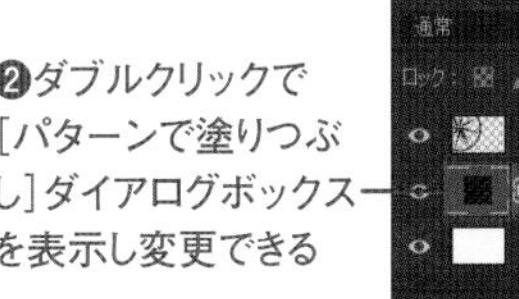

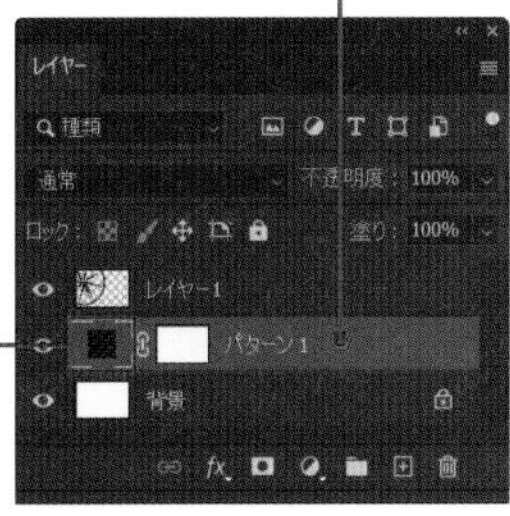

従来のパターンを使う

[ウィンドウ]メニュー→[パターン]を選択してパターンパネルを表示し、オプションメニューから「従来のパターンとその他」を選択します。パターンリストの中に、「2019パターン」と「従来のパターン」が追加され、利用可能になります。

グラデーションも同様の手順で従来のグラデーションを読み込めます。

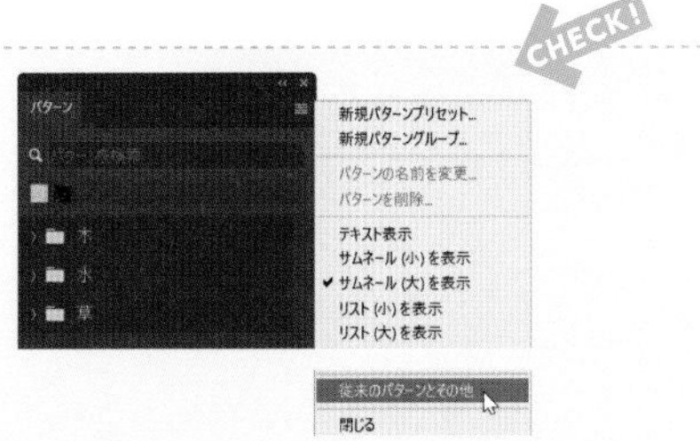

練習問題

 Lesson08 ▶ L8EX1.psd

Q レイヤーをコピーし、移動して位置をずらします。同じ操作を繰り返して、位置の異なる同じ画像を3つにしてみましょう。

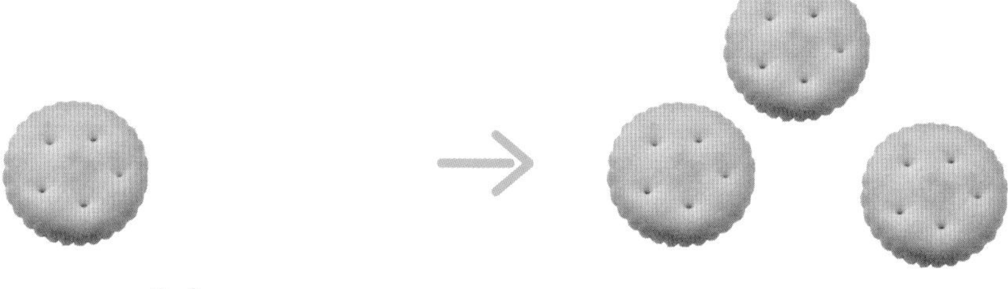

Before → After

A ❶レイヤーパネルで、「レイヤー1」レイヤーを［新規レイヤーを作成］アイコンにドラッグ&ドロップして、複製します。
❷レイヤーパネルで複製したレイヤーを選択してから、移動ツールでカンバスをドラッグして画像を移動します。
❸同じ手順で、複製したレイヤーを複製し、移動ツールでカンバスをドラッグして画像を移動します。

 Lesson08▶ L8EX2.psd

Q 上の問題で作成した画像に、色調補正レイヤーの［色相・彩度］を追加して、［彩度］を上げて画像を鮮やかにしてみましょう。

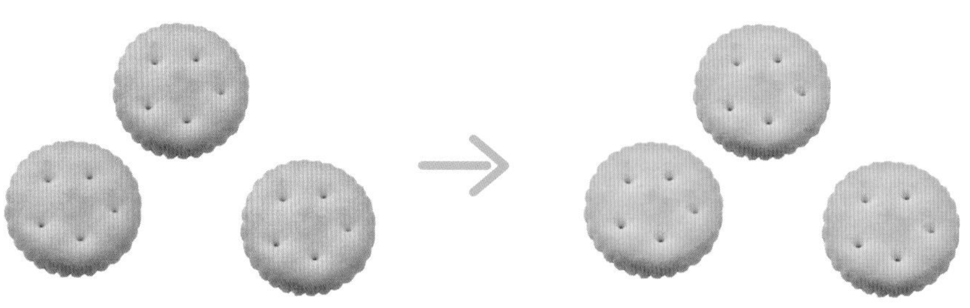

Before → After

A ❶レイヤーパネルで［塗りつぶしまたは調整レイヤーを新規作成］をクリックし、表示されたメニューから［色相・彩度］を選びます。
❷表示されたプロパティパネル（2020以前は属性パネル）で、［彩度］を「+30」に設定します。

Lesson 09

An easy-to-understand guide to Illustrator and Photoshop

選択範囲の作成

Ps

Photoshopでレイヤー内の画像の一部だけを編集するには、該当部分を選択します。ピクセルの集まりである画像を選択するには、範囲を指定して選択するだけでなく、色を基準にして選択するなど、用途に応じて選択範囲を作成する必要があります。ここでは、選択範囲の作成について学びます。

9-1 選択範囲の基本操作

Photoshopで画像の一部だけに効果を与える場合には、最初に選択範囲を作成します。重要な機能なので多様な作成方法が用意されていますが、まずはシンプルに四角形や円形で作成する方法を試しながら、選択範囲の概念や基本操作を学びましょう。

選択範囲の基礎

2021 2020 2019

選択範囲とは

Photoshopでは、画像編集の対象の基本はレイヤーパネルで選択したレイヤーですが、レイヤー内の一部を対象にするには、選択範囲を作成します。

選択範囲を作成すると、移動ツールによる移動や、塗りつぶし、ブラシでのペイントなどが選択範囲内に限定でき、細かな編集や加工が可能になります。選択範囲を作成すると、選択されている範囲は、境界部分が動く破線で表示されます。

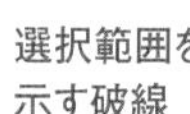

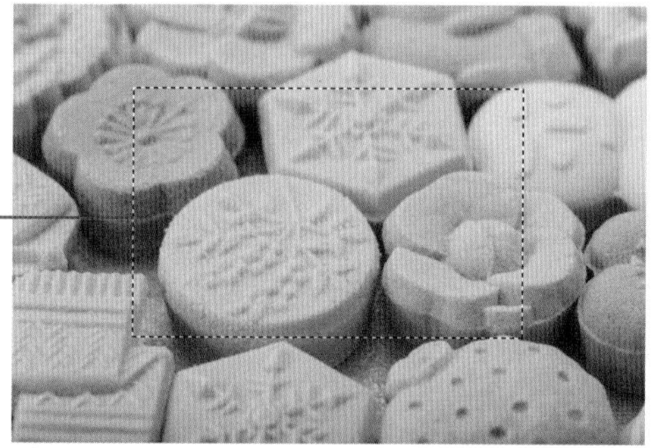

長方形選択ツールで作成した選択範囲。動く破線が選択範囲の境界線

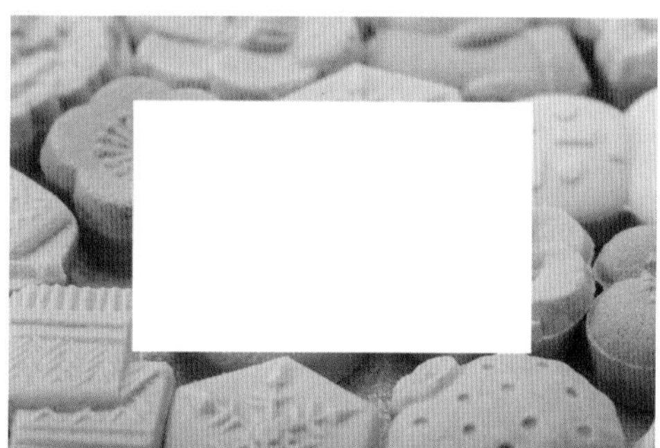

ホワイトで塗りつぶすと、選択範囲内部だけが塗りつぶされる

基本的な選択ツール

選択範囲を作成する基本的な選択ツールとして、長方形選択ツール、楕円形選択ツール、なげなわツール、多角形選択ツール、マグネット選択ツールがあります。

長方形選択ツール、楕円形選択ツールは、四角形や円形を描くのと同様に、ドラッグして選択範囲を作成します（Shiftキーを押しながらドラッグで縦横比を同じにできます）。

なげなわツールは、ドラッグして囲んだ部分が選択範囲となり、不定型な領域を選択するのに使います。多角形選択ツールは、クリックした箇所が直線で結ばれた選択範囲となります（ダブルクリックで始点と終点が結ばれます）。マグネット選択ツールは、画像のエッジをドラッグするとエッジに吸い付くようにラインが描かれ、ラインを閉じると選択範囲が作成されます。

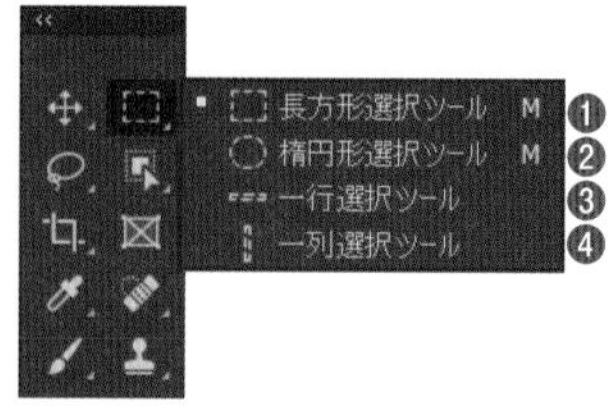

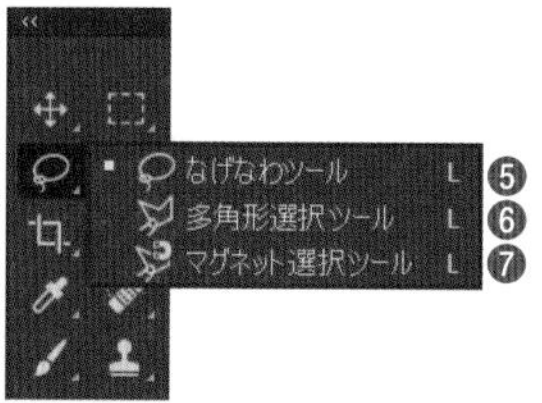

❶ドラッグして長方形の選択範囲を作成する
❷ドラッグして楕円形の選択範囲を作成する
❸クリックしたピクセル一行分の選択範囲を作成する
❹クリックしたピクセル一列分の選択範囲を作成する
❺ドラッグした領域の選択範囲を作成する
❻クリックした箇所を結ぶ多角形の選択範囲を作成する
❼画像のエッジを検出して選択範囲を作成する

オプションバーの設定

長方形選択ツール、楕円形選択ツール、なげなわツール、多角形選択ツールでは、オプションバーの設定で、既存選択範囲に対して選択範囲を追加、削除、交差部分だけを残すこともできます。

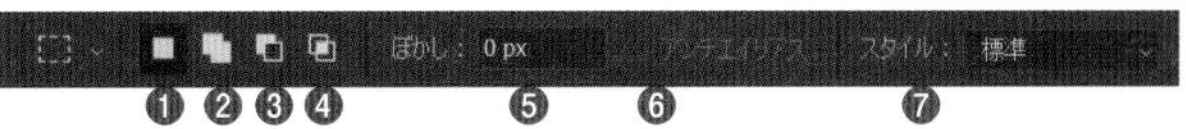

❶新規選択範囲を作成する
❷既存の選択範囲に追加する。❶を選択時に Shift キーを押してもよい
❸既存の選択範囲から削除する。❶を選択時に Alt キーを押してもよい
❹既存の選択範囲と交差した部分だけ残す。❶を選択時に Shift キーと Alt キーを押してもよい
❺境界線部分を指定したサイズでぼかす
❻境界部分を滑らかにする
❼選択範囲の形状をドラッグした形状だけでなく、縦横比を固定したり、指定サイズで固定したりする

境界線のぼかし

オプションバーの［ぼかし］を設定すると、選択範囲の境界線をぼかすことができます。ぼかしは画像の合成や色調補正をする際、選択部分と周囲を自然になじませる場合にも重要な効果です。選択範囲を作成した後にぼかしを設定するには、［選択範囲］メニュー→［選択範囲を変更］→［ぼかし］で行います。またオプションバーの［選択とマスク］をクリックして［選択とマスク］ワークスペースを開き、［ぼかし］で設定することもできます。

ぼかしを設定して長方形選択ツールで作成した選択範囲。角部分が丸まっている

選択範囲をホワイトで塗りつぶすと、境界線部分がぼけて、周囲となじんでいるのがわかる

STEP 01 選択の基本

2021　2020　2019

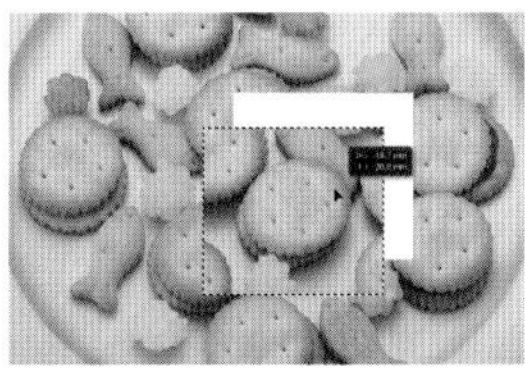

選択ツールを使って、基本的な操作をしてみましょう。「背景」レイヤーの画像の場合、選択範囲を移動させた後の領域は背景色で塗りつぶされます。

Lesson09 ▶ L9-1S01.jpg

選択／選択解除

1 レッスンファイルを開き❶、ツールバーで長方形選択ツールを選びます❷。ドラッグして四角形を描きます❸。四角形の選択範囲が作成されます。

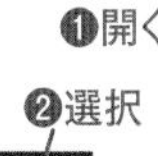

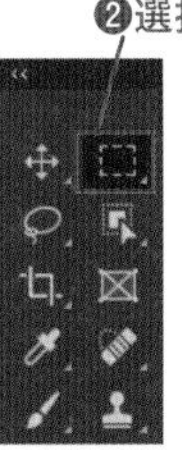

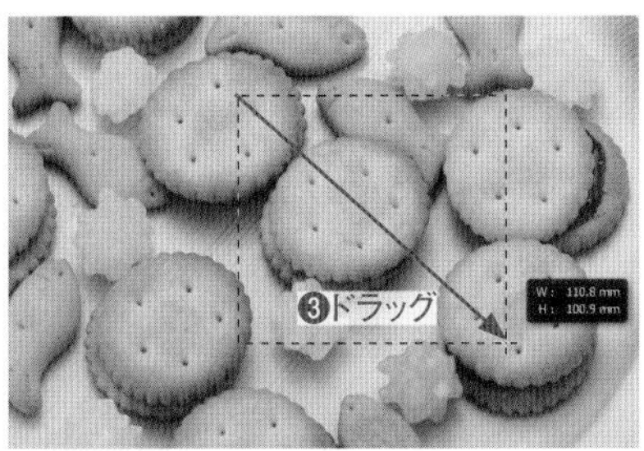

2 選択範囲の外側をクリックすると❶、選択を解除できます。続けて Ctrl キーを押しながら Z キーを押して（以下 Ctrl ＋ Z ）❷、解除を取り消します。

→

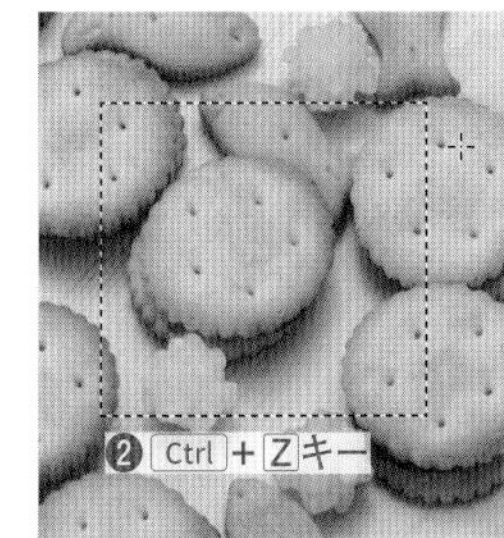

選択範囲のみの移動／画像の移動

1 選択した範囲内にマウスカーソルを移動します❶。カーソルがになります。

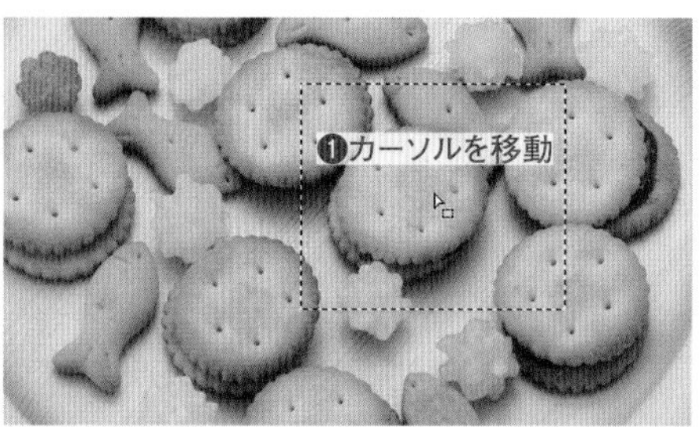

2 そのままドラッグして選択範囲を移動させます❶。画像には影響がないことを確認します。

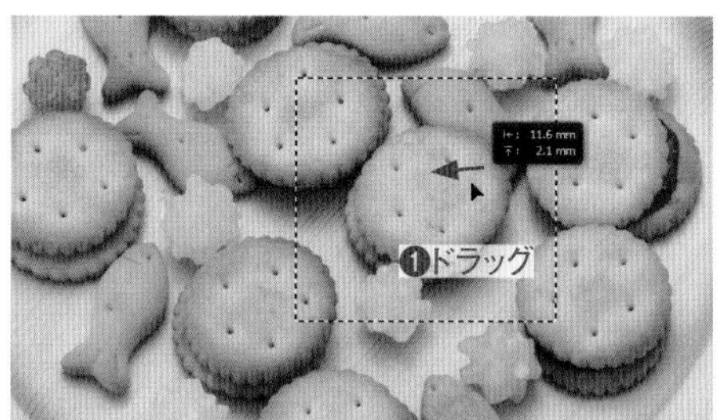

3 次にツールバーの［描画色と背景色を初期設定に戻す］をクリックし❶、カーソルを選択範囲の内側に合わせ、Ctrl キーを押したままにします❷。

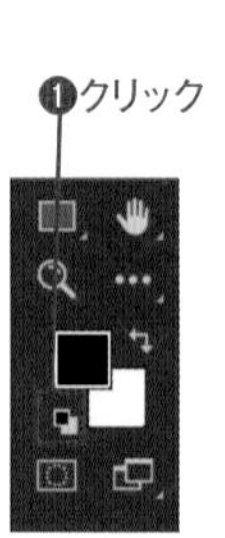

4 カーソルがになるので、そのままの状態でドラッグして画像を移動させます❶。次に選択範囲の外側をクリックして選択を解除します❷。

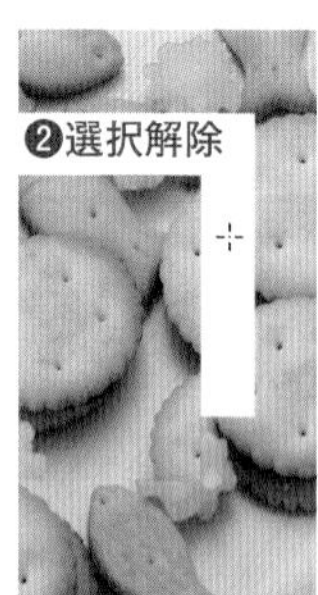

移動ツールを選んでからドラッグしても同じ結果になる

直前の作業の取り消し／複数の作業の取り消し

1 Ctrl + Z キーを押して選択解除を取り消します❶。次に Shift + Ctrl + Z キーを押し、選択↔選択解除が繰り返されることを確認します❷。

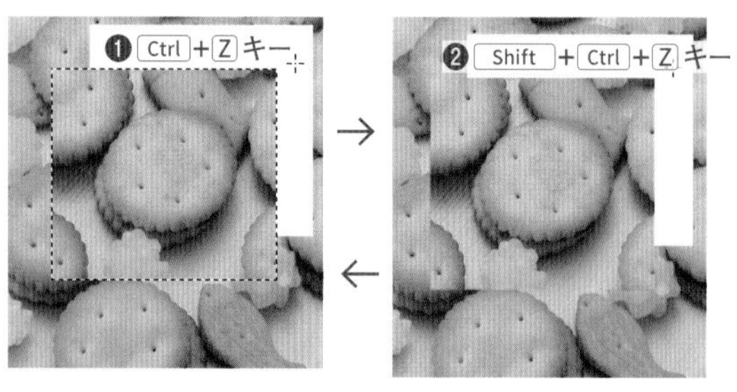

2 ヒストリーパネルを表示し❶、一番上の画像をクリックします。最初に開いた状態に戻ります❷。Ctrl + Z キーを何度も押してヒストリーパネルを遡ることもできます。

Macでは、キーは次のようになります。 Ctrl → ⌘ Alt → option Enter → return

選択範囲のぼかし

1　ツールバーで楕円形選択ツール を選びます❶。オプションバーで［ぼかし］を「10px」に設定し❷、ドラッグして画像の一部を選択します❸。

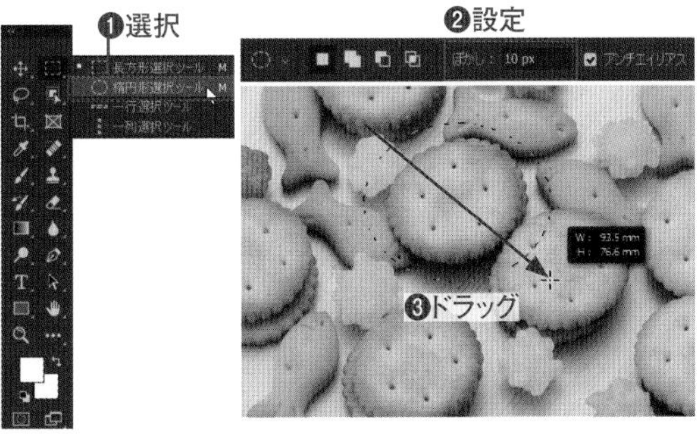

2　Ctrl キーを押しながら選択部分をドラッグして移動させ、選択範囲の境界部分にぼかしがかかっていることを確認します❶。最後に Ctrl + Z キーで移動を取り消します❷。

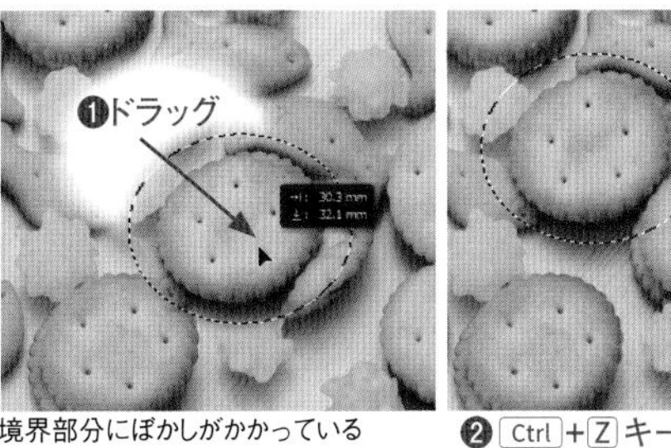

境界部分にぼかしがかかっている　❷ Ctrl + Z キー

選択範囲の追加／部分的な削除

1　選択範囲が作成されている状態で、Shift キーを押しながら別の部分をドラッグします❶。選択範囲が追加されます。

2　Alt キーを押しながら選択範囲を削るようにドラッグすると、選択範囲を削除できます❶。確認したら、選択範囲の外側をクリックして、選択を解除します。

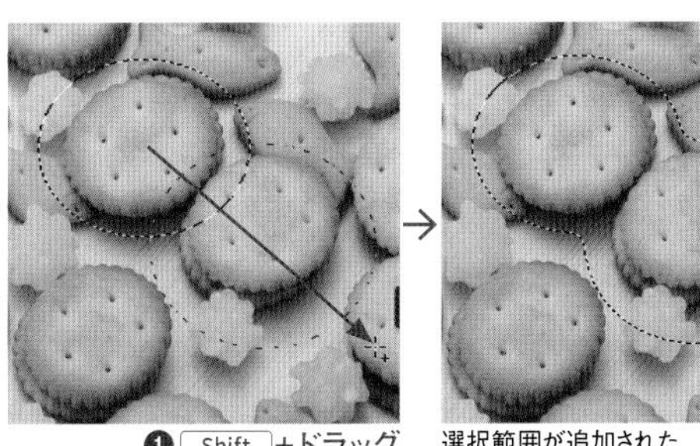

❶ Shift +ドラッグ　選択範囲が追加された

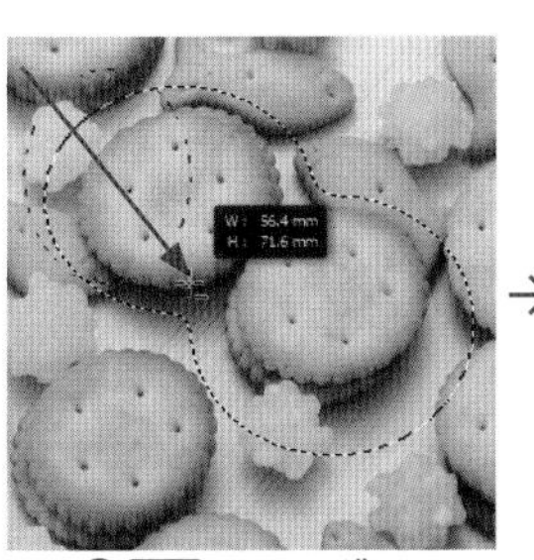

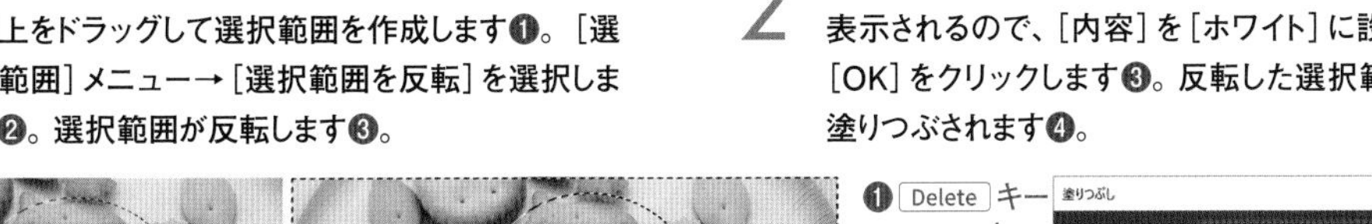

❶ Alt +ドラッグ　選択範囲が削除された

選択範囲の反転

1　楕円形選択ツール を選択した状態のまま、画面上をドラッグして選択範囲を作成します❶。［選択範囲］メニュー→［選択範囲を反転］を選択します❷。選択範囲が反転します❸。

2　Delete キーを押すと❶、［塗りつぶし］ダイアログが表示されるので、［内容］を［ホワイト］に設定して❷［OK］をクリックします❸。反転した選択範囲が白く塗りつぶされます❹。

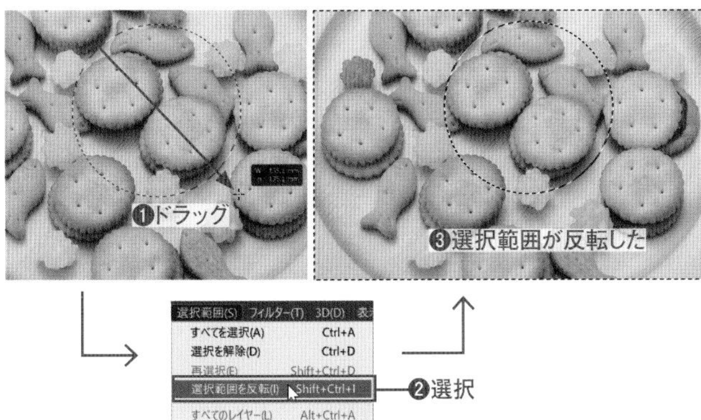

メニューについてはP.230の「選択範囲メニュー」を参照

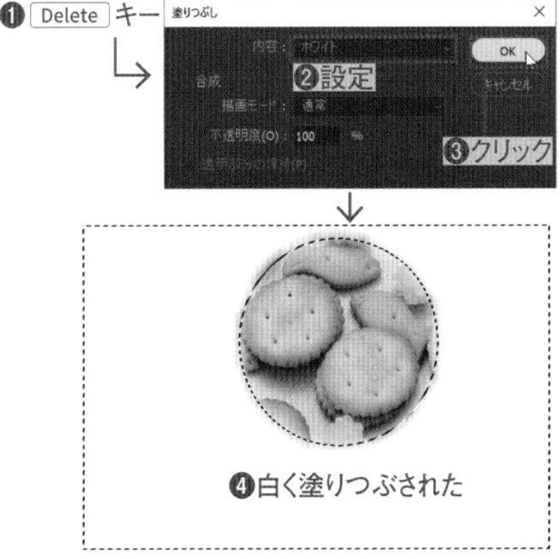

9-2 さまざまな選択方法

選択範囲の作成方法には、ドラッグで範囲を描くように指定するツールだけでなく、画像の色の差異から自動で輪郭を検出して選択するツールもあります。画像と目的に応じて、最適な選択方法を使えるようにしっかり学びましょう。

便利な選択ツール

2021 2020 2019

オブジェクト選択ツール (2020～)

オブジェクト選択ツールを使うと、選択したいオブジェクトを囲むようにドラッグするだけで、自動で選択範囲を作成できます。
矩形で囲むだけでなく、なげなわで囲むこともできます。

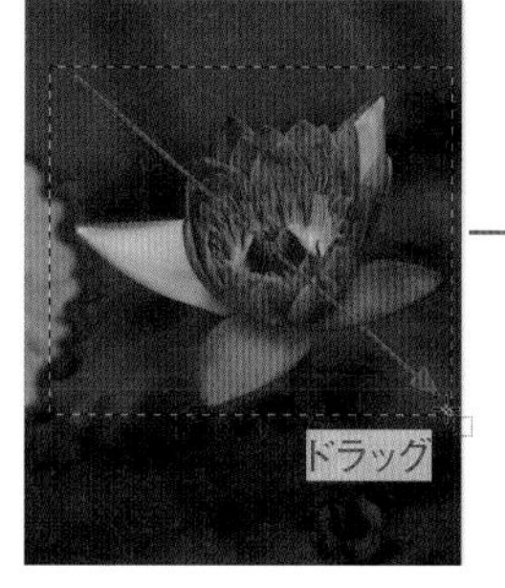

→

被写体を選択

[被写体を選択]は、画像の中の主要被写体を自動的に選択する機能です。オブジェクト選択ツール／クイック選択ツール／自動選択ツールのいずれかを選択するとオプションバーに表示されます。[選択範囲]メニューからも実行できます。
被写体と背景の区別がつきやすい画像に向いています。

被写体を選択 選択とマスク...

クイック選択ツール

クイック選択ツールは、クリックまたはドラッグした箇所と似ている色の範囲を自動で選択できるツールです。ブラシサイズを変更すれば、細かな部分も選択できます。

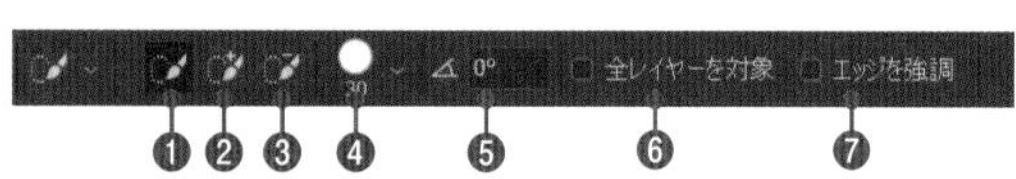

❶新規選択範囲を作成する
❷既存の選択範囲に追加。選択範囲を作成すると、自動でこれに変わる
❸既存の選択範囲から削除する
❹クリックして、ブラシのサイズを変更できる
❺ブラシの角度を設定できる
❻全レイヤーを対象に選択範囲を作成する。オフの場合、選択したレイヤーから選択範囲を作成する
❼境界部分の粗さ等を減らす

クリックした箇所と似た色の範囲が選択される

ドラッグすれば、選択範囲を広げられる

Macでは、キーは次のようになります。 Ctrl → ⌘ Alt → option Enter → return

自動選択ツール

自動選択ツールは、オプションバーで設定した［許容値］の範囲で、クリックした箇所と似た色のピクセルを選択します。
［許容値］は、数値が大きいほど、選択対象となる色が増え、選択範囲が広くなります。小さいほど、クリックした箇所の色に似た色だけが選択対象となり、選択範囲が狭くなります。

クリックした箇所と似た色の範囲が選択される

❶新規選択範囲を作成する
❷既存の選択範囲に追加。❶を選択時に Shift キーを押してもよい
❸既存の選択範囲から削除。❶を選択時に Alt キーを押してもよい
❹既存の選択範囲と交差した部分だけ残す。❶を選択時に Shift キーと Alt キーを押してもよい
❺選択範囲の元となる色のサンプル範囲を設定する。［指定したピクセル］では、クリックした箇所の1ピクセルが元となる。［3ピクセル四方の平均］に設定すると、クリックした箇所の3ピクセル四方分（合計9ピクセル）のカラー値の平均値から選択範囲が作成される
❻選択範囲の色の許容範囲を選択する。数値が大きいほうが選択範囲が広くなる
❼境界部分を滑らかにする
❽チェックすると、隣接するピクセルのみをサンプルして選択範囲とする。チェックをはずすと、画像全体がサンプルされ、選択範囲が散らばった状態になることもある
❾全レイヤーを対象に選択範囲を作成する。オフの場合、選択したレイヤーから選択範囲を作成する
❿主要被写体を自動選択する（2020～）
⓫［選択とマスク］ワークスペースを表示し、境界線を調整できる（下図参照）

選択とマスク

選択メニューや各種選択ツールのオプションバーで［選択とマスク］を選択すると、［選択とマスク］ワークスペース画面が表示され、選択範囲の境界線にぼかしを設定したり、滑らかにしたりできます。また、髪の毛などの選択しにくい部分を検出して選択するときも利用します。

❶クイック選択ツール
❷境界線調整ブラシツール。選択が難しい境界部分をドラッグして指定する。Alt キーを押すと消去できる
❸ブラシツール
❹なげなわツール
❺手のひらツール
❻ズームツール
❼画像の表示方法を選択する
❽調整した部分を表示する
❾調整前の元画像を表示する
❿境界線調整ブラシで、境界線を調整する際にリアルタイムで調整が描画される
⓫正確なプレビューを表示する
⓬プレビューマスクの不透明度を設定する
⓭シンプルな背景で使用する（2020～）
⓮複雑な背景で使用する（2020～）
⓯調整する境界部分のサイズを指定する
⓰境界部分のエッジがはっきり滑らかな場合、半径を自動調整する
⓱境界部分を滑らかにする
⓲指定したサイズで境界部分をぼかす
⓳境界線部分のコントラストを調整する
⓴境界線部分を移動する
㉑現在の選択範囲を消去する
㉒現在の選択範囲を反転する
㉓不要なカラーを近くのカラーで置換する
㉔調整結果の出力先を選択する。［選択範囲］以外に、［レイヤーマスク］や、選択した範囲だけ新規レイヤーやドキュメントに書き出せる
㉕設定を保存する
㉖設定をリセットする

STEP 01

オブジェクト選択ツール

2021 2020 2019

Before　　After

オブジェクト選択ツールは、オブジェクトを囲むようにドラッグするだけで選択できるツールです。背景が単純な画像であれば、これだけで選択を完了することが可能です。

Lesson09 ▶ L9-2S01.psd

1 レッスンファイルを開きます。ツールバーでオブジェクト選択ツールを選び❶、右側の梨をドラッグして囲みます❷。右側の梨だけが選択されます❸。

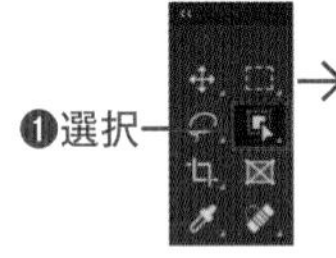

❶選択

❷ドラッグ

❸選択された

2 ヘタのあたりを拡大表示してみると少し選択範囲が食い込んでいるので、Shift キーを押しながらその部分を囲むようにドラッグすると❶、選択範囲が広がります❷。

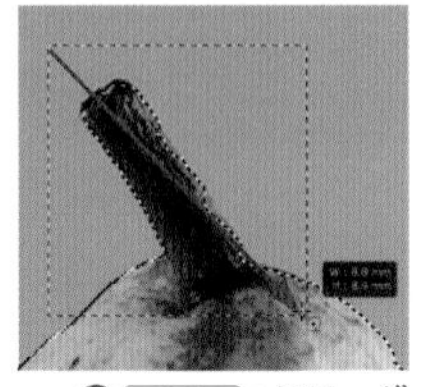

❶ Shift +ドラッグ

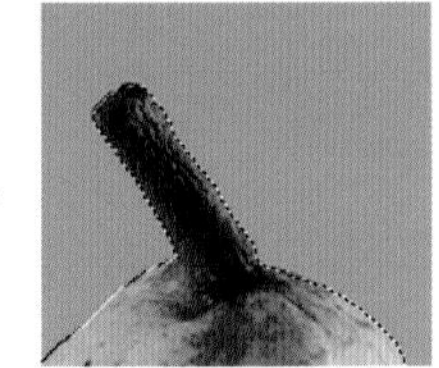

❷改善された

3 ［選択範囲］メニュー→［選択範囲を反転］を選択します❶。選択範囲が右の梨以外の部分になります❷。

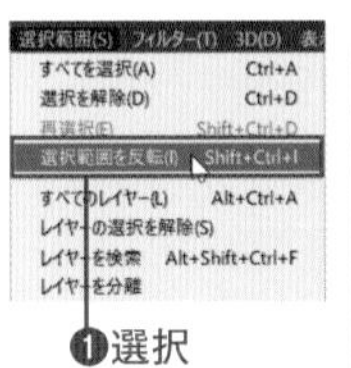

❶選択

❷選択範囲が反転した

4 Delete キーを押します❶。レイヤーパネルで「背景」レイヤーを非表示に切り替えると❷、削除された部分が透明に表示されます❸。

❶ Delete キー

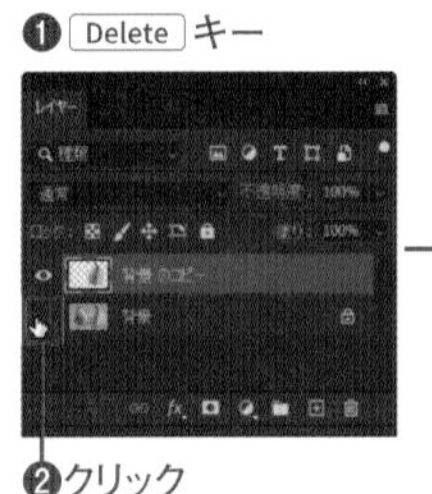

❷クリック

❸右の梨以外が削除された

COLUMN

選択範囲を示す破線の表示／非表示

画像の細部を確認しているときなど、選択範囲の破線が邪魔な場合は、Ctrl + H キーで一時的に非表示にすることができます。再度表示するには、もう一度 Ctrl + H キーを押します。メニューを使用する場合は、［表示］→［表示･非表示］→［選択範囲の境界線］を選択します。

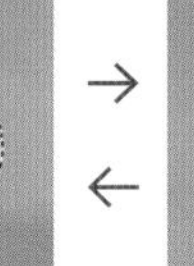

Ctrl + H キー

Macでは、キーは次のようになります。 Ctrl → ⌘　Alt → option　Enter → return

STEP 02

クイック選択ツール

2021 2020 2019

Before → After

クイック選択ツールは、ドラッグするだけで選択できるツールです。便利ですが、選択範囲を追加し続けると破綻するので、適当なところで区切って使用します。

Lesson09 ▶ L9-2S02.jpg

1 レッスンファイルを開きます。ツールバーでクイック選択ツールを選び❶、黒い容器の部分でドラッグします❷。ドラッグした範囲の同じ色の部分が自動で選択されます。

2 オプションバーの初期設定で［選択範囲に追加］モードになっているので❶、選択できなかった離れた部分もドラッグして選択範囲に追加します❷。

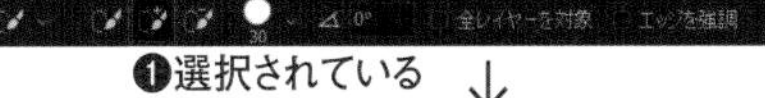

3 容器以外が選択されてしまった場合は、Alt キーを押しながら不要部分をドラッグして❶❷、選択範囲から除外します。

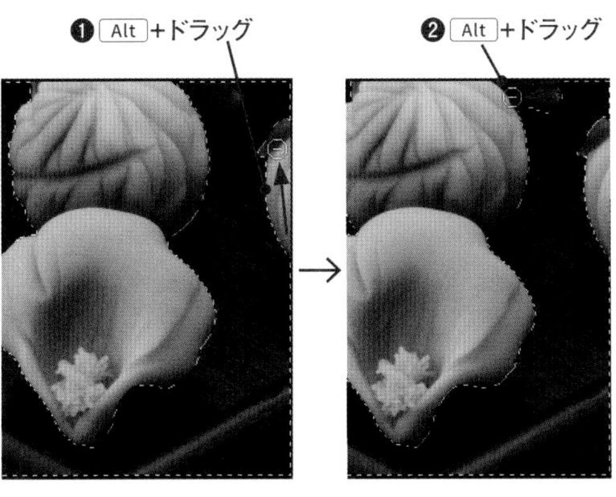

4 レイヤーパネルで［塗りつぶしまたは調整レイヤーを新規作成］をクリックし、表示されたメニューから［露光量］を選びます❶。プロパティパネル（2020以前は属性パネル）で、［露光量］を「-2.5」に設定し❷、容器部分だけ暗くします❸。

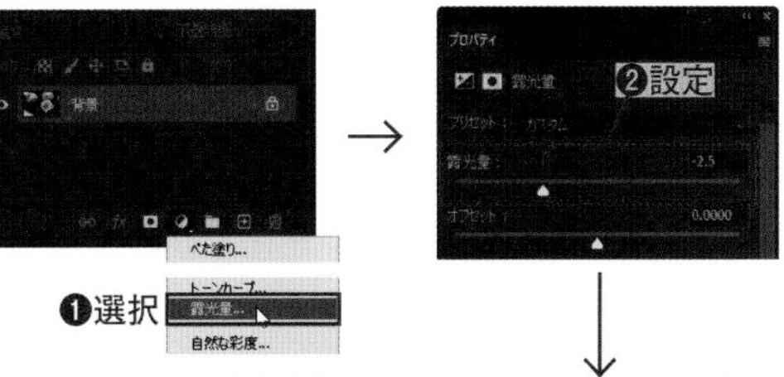

❸容器部分が暗くなった

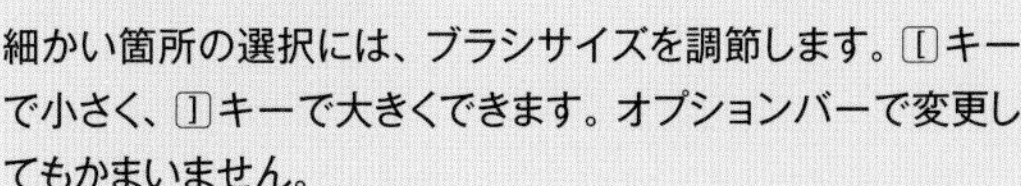

CHECK!

ブラシサイズの調節

細かい箇所の選択には、ブラシサイズを調節します。［キーで小さく、］キーで大きくできます。オプションバーで変更してもかまいません。

STEP 03 [被写体を選択]と[選択とマスク]

2021 2020 2019

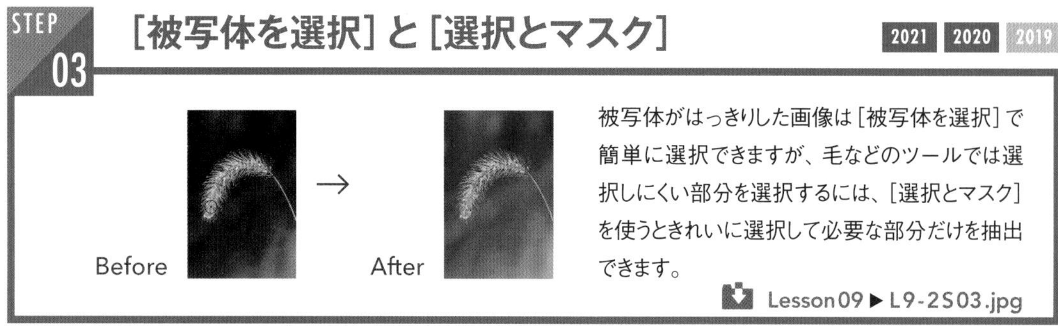

被写体がはっきりした画像は[被写体を選択]で簡単に選択できますが、毛などのツールでは選択しにくい部分を選択するには、[選択とマスク]を使うときれいに選択して必要な部分だけを抽出できます。

Lesson09 ▶ L9-2S03.jpg

主要被写体を選択する

レッスンファイルを開きます。ツールバーでオブジェクト選択ツール／クイック選択ツール／自動選択ツールのどれかを選択します❶。オプションバーに[被写体を選択]が表示されるのでクリックするか❷、[選択範囲]メニュー→[被写体を選択]を選択します❸。穂が大まかに選択されます❹。

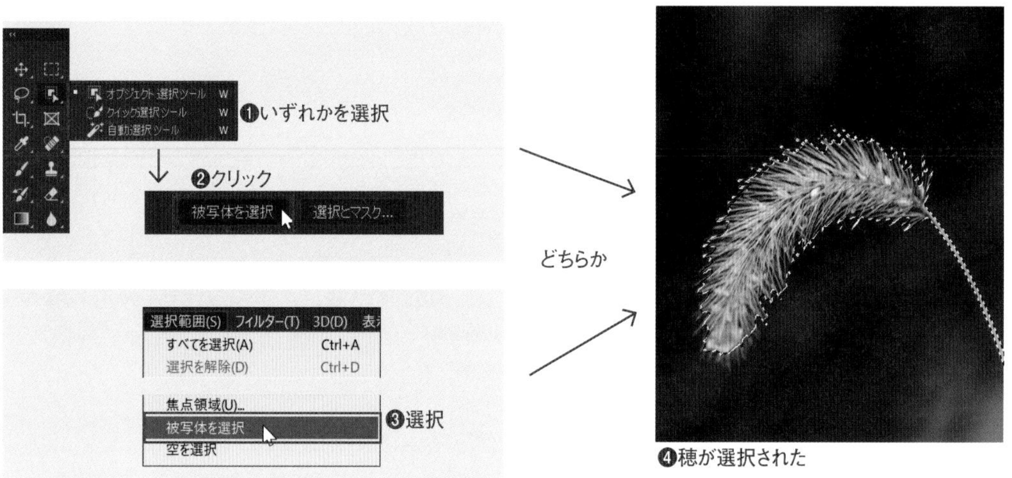

CHECK!

Photoshop 2019での操作

2019には[被写体を選択]がないので、クイック選択ツールで選択してください。

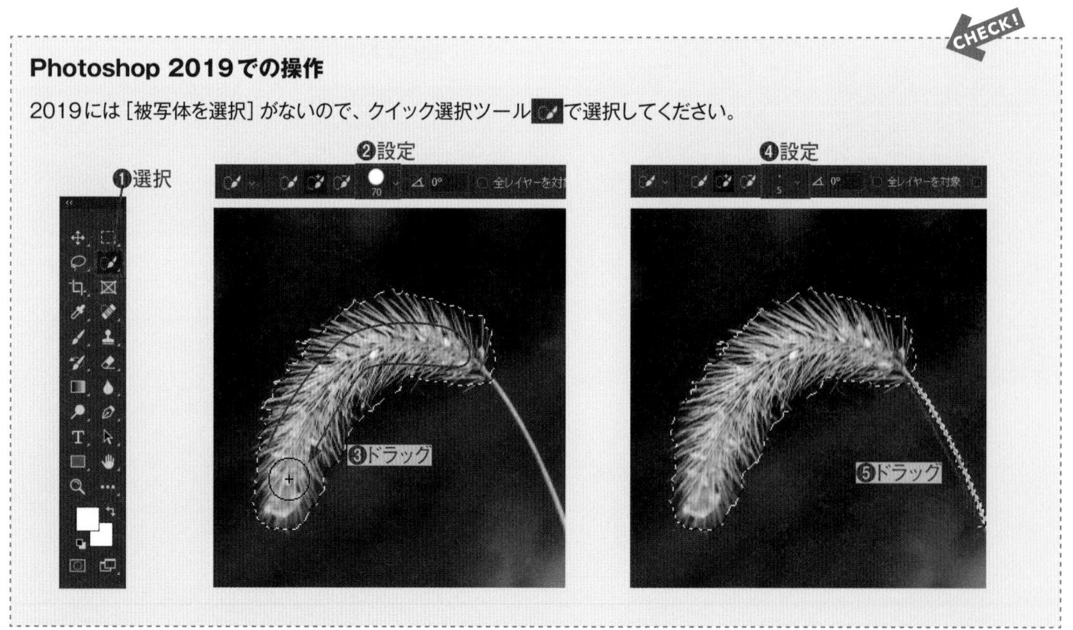

Macでは、キーは次のようになります。 Ctrl → ⌘ Alt → option Enter → return

[選択とマスク] ワークスペースを利用

1 オプションバーで[選択とマスク]をクリックします❶。[選択とマスク] ワークスペースに変わるので、属性パネルで、[表示]を[白地]❷、[不透明度]を「65%」❸、[エッジの検出]の[半径]を「50px」❹、[グローバル調整]で[ぼかし]を「2.0px」❺、[コントラスト]を「30%」❻に設定します。プレビューで、穂の部分が抽出されて表示されます❼。プレビューを見ながら、[半径]などを調節してください。[出力設定]の[出力先]に[新規レイヤー(レイヤーマスクあり)]を選び❽、[OK]をクリックします❾。

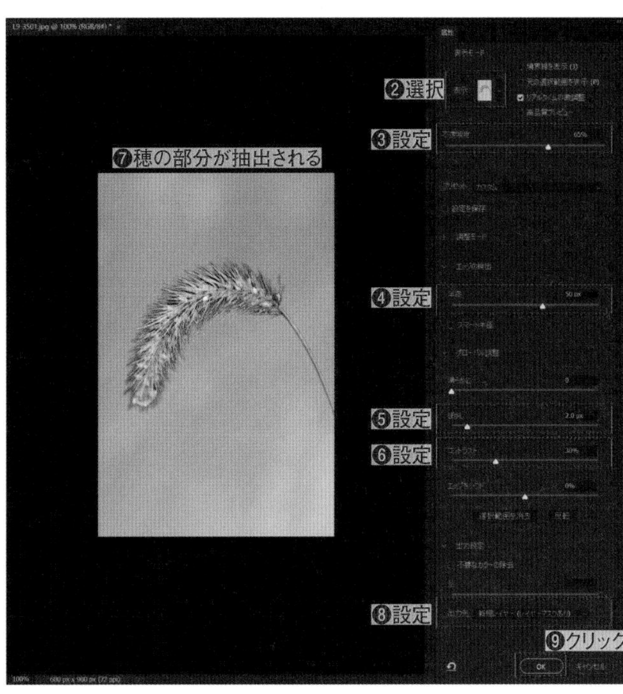

2 レイヤーパネルでレイヤーマスクのついた新規レイヤーが作成されたことを確認します❶(レイヤーマスクについては、P.254の「レイヤーマスクとは」を参照)。「背景」レイヤーをクリックして選択し、■をクリックして表示します❷。

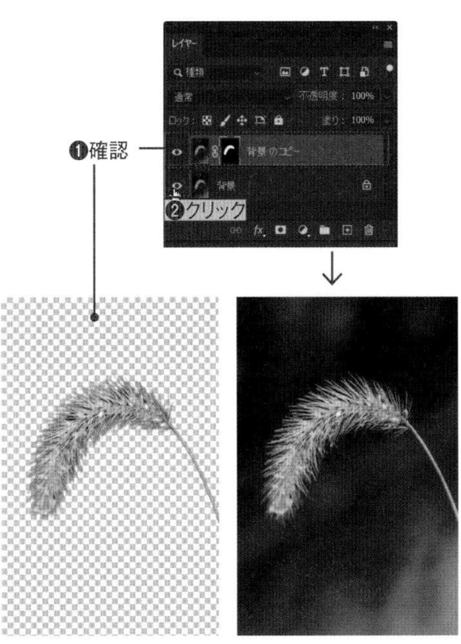

3 「背景」レイヤーを選択した状態❶で、[塗りつぶしまたは調整レイヤーを新規作成]をクリックし、表示されたメニューから[カラーバランス]を選択します❷。表示された属性パネルで、[中間調]を選択し❸、[シアン/レッド]を「-100」、[マゼンタ/グリーン]を「+100」、[イエロー/ブルー]を「+100」に設定します❹。「背景」レイヤーの色だけが変わります❺。

❺「背景」レイヤーの色が変わった

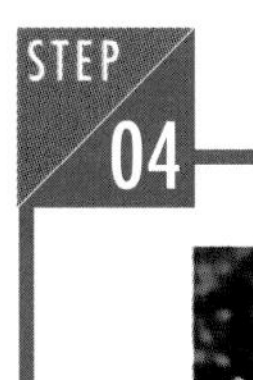

自動選択ツール

2021 2020 2019

Before → After

自動選択ツールは、画像や目的に合わせてオプションバーの[許容値]や[隣接]の設定を変えながら使います。調整レイヤーではなくメニューコマンドを使ってみましょう。

Lesson09 ▶ L9-2S04.psd

[隣接]オプションをオフ

1 レッスンファイルを開きます。レイヤーパネルで「背景のコピー」を選択します❶。

レッスンファイルには、「背景」レイヤーのコピーが作成されている

2 ツールバーで、自動選択ツールを選び❶、オプションバーで[許容値]を「100」❷、[アンチエイリアス]をチェック❸、[隣接]のチェックをオフにします❹。

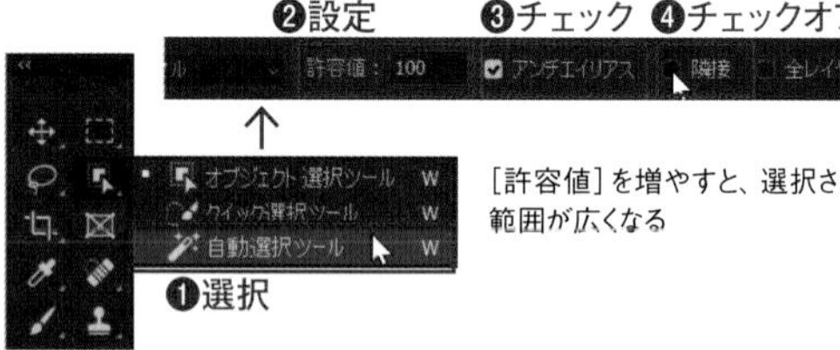

[許容値]を増やすと、選択される範囲が広くなる

3 花の中央の黄色い部分をクリックします❶。[隣接]がオフなので、画像全体のおしべの黄色い部分が選択されます❷。

自動選択ツールでうまく選択できない場合は、クリックする箇所を少しずらしたり、許容値を変えるとよい

4 [イメージ]メニュー→[色調補正]→[色相・彩度]を選びます❶。[色相・彩度]ダイアログボックスが表示されるので、[色相]を「-20」に設定して❷、[OK]をクリックします❸。

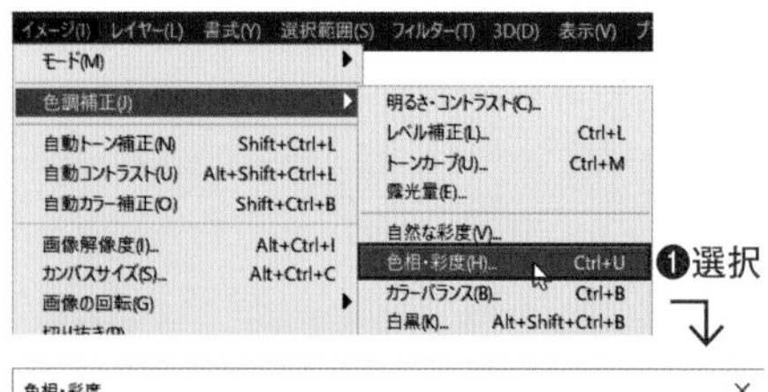

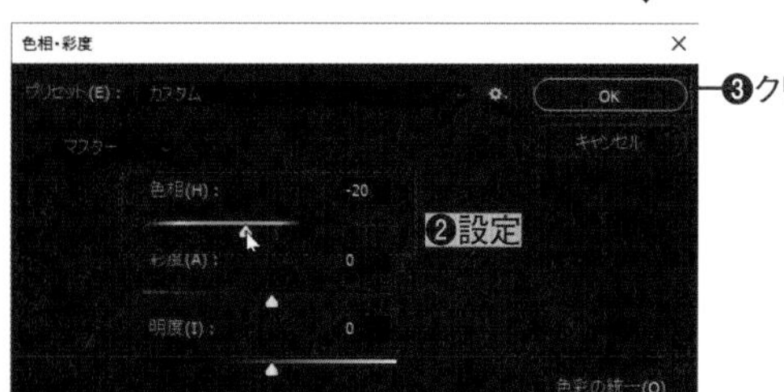

5 おしべの色調が変わったのを確認したら❶、[選択範囲]メニュー→[選択を解除]を選ぶか、Ctrlキーを押しながらDキーを押して選択を解除します❷。

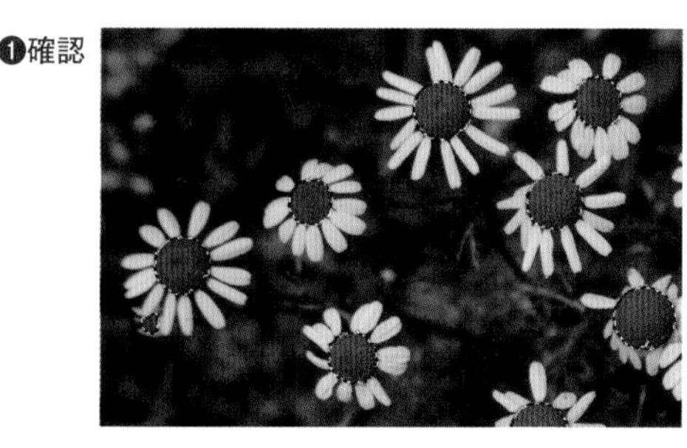

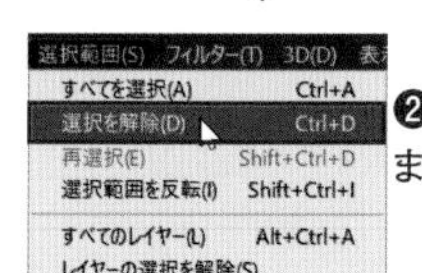

Macでは、キーは次のようになります。 Ctrl → ⌘ Alt → option Enter → return

[隣接] オプションをオン

1　オプションバーで[許容値]を「64」❶、[隣接]をチェックします❷。レイヤーパネルで「背景のコピー」レイヤーがアクティブであることを確認します❸。

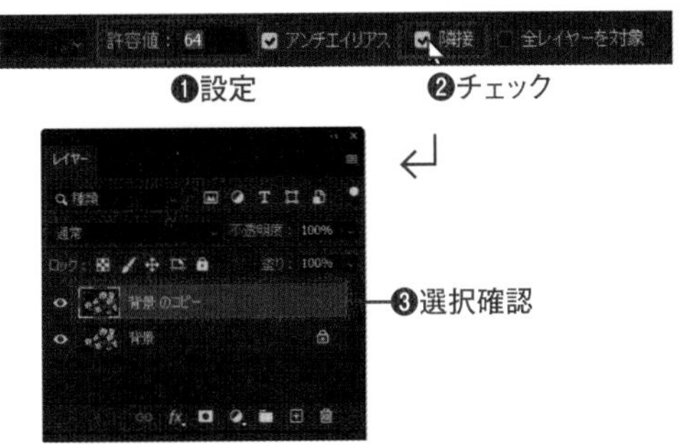

2　今度は、花びらの上でクリックします❶。[隣接]をチェックしたので、クリックした箇所と隣接している白い部分だけが選択されます。さらに Shift キーを押しながら隣の花びらをクリックし❷、花1輪分の花びらを選択するように順にクリックします❸。

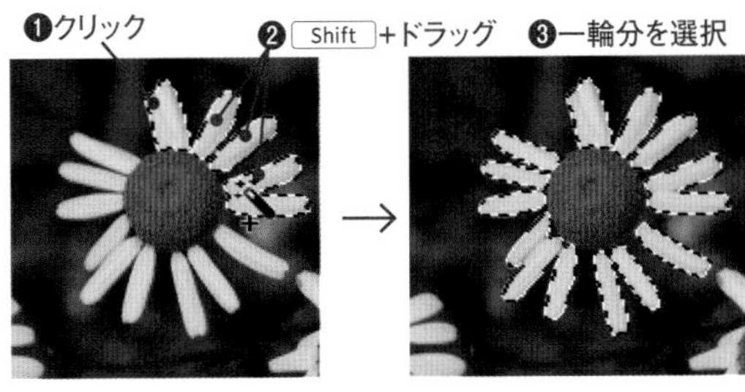

3　[イメージ] メニュー→ [色調補正] → [チャンネルミキサー] を選びます❶。[チャンネルミキサー] ダイアログボックスが表示されるので、[ソースチャンネル] の [レッド] を「＋70」に設定し❷、[OK] をクリックします❸。

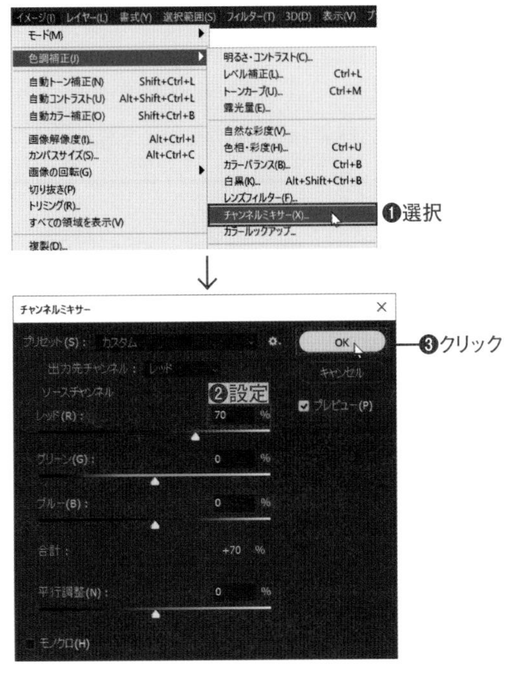

4　選択した花びら部分が、[レッド] チャンネルが弱められたため、青く変わります❶。レイヤーパネルで「背景のコピー」レイヤーのをクリックして表示／非表示を切り替えて結果を確認します❷。最後に Ctrl キーを押しながら D キーを押して選択を解除します❸。

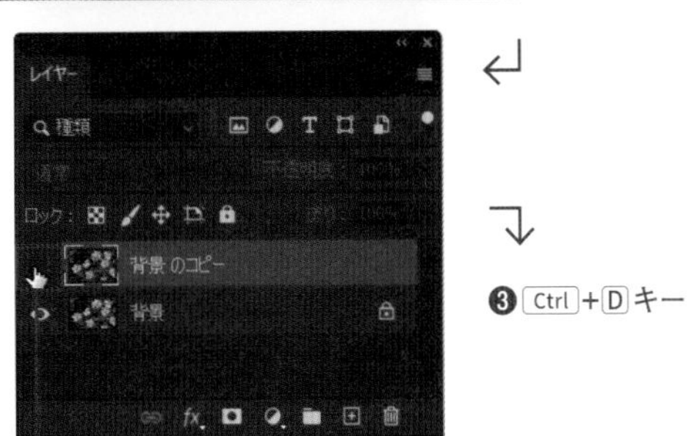

9-3 選択範囲メニュー

[選択範囲] メニューには、選択範囲の作成、調整を行うためのコマンドが多数用意されています。ここでは、[色域指定] や [空を選択] や、「選択範囲の変更」について学びましょう。

選択範囲メニュー

2021 2020 2019

選択範囲メニュー

選択範囲メニューには、作成した選択範囲の作成や調整を行うコマンドが用意されています。Photoshopを使いこなしていくと、よく使うコマンドは限られてきますが、どんな機能があるかを見ておくとよいでしょう。

選択範囲(S) フィルター(T) 3D(D) 表示
❶ すべてを選択(A) Ctrl+A
❷ 選択を解除(D) Ctrl+D
❸ 再選択(E) Shift+Ctrl+D
❹ 選択範囲を反転(I) Shift+Ctrl+I
❺ すべてのレイヤー(L) Alt+Ctrl+A
❻ レイヤーの選択を解除(S)
❼ レイヤーを検索 Alt+Shift+Ctrl+F
❽ レイヤーを分離
❾ 色域指定(C)...
❿ 焦点領域(U)...
⓫ 被写体を選択
⓬ 空を選択
⓭ 選択とマスク(K)... Alt+Ctrl+R
⓮ 選択範囲を変更(M)
⓯ 選択範囲を拡張(G)
⓰ 近似色を選択(R)
⓱ 選択範囲を変形(T)
⓲ クイックマスクモードで編集(Q)
⓳ 選択範囲を読み込む(O)...
⓴ 選択範囲を保存(V)...
㉑ 新規 3D 押し出し(3)

❶全範囲を選択する
❷選択範囲を解除する
❸直前に解除した選択範囲を再度選択する
❹選択範囲を反転する。範囲外が選択範囲となり、選択範囲が範囲外となる
❺レイヤーパネルのすべてのレイヤーを選択する
❻選択したレイヤーを解除する
❼レイヤーを検索する。レイヤーパネルの検索ボックスに飛ぶ
❽レイヤーパネルで、選択したレイヤーだけを表示する
❾色域指定で選択範囲を作成する (P.231 参照)
❿焦点範囲から選択範囲を作成する
⓫主要被写体を選択する (2020～)
⓬空を選択する (2020～)
⓭選択範囲の境界線を調整する (P.223 参照)
⓮[境界線] 指定した幅で境界線を縁取る選択範囲を作成する
[滑らかに] 選択範囲の境界部分を滑らかにする
[拡張] 指定した範囲分、選択範囲を拡張する
[縮小] 指定した範囲分、選択範囲を縮小する
[境界をぼかす] 指定したサイズで境界部分をぼかす
⓯隣接しているピクセル内で、似ている色の領域を選択範囲に追加する
⓰画像内の似ている色の領域を、隣接していないピクセルでも選択範囲に追加する
⓱選択範囲を変形する
⓲クイックマスクモードに入る
⓳保存した選択範囲を読み込む
⓴選択範囲を保存する
㉑選択範囲から3D押し出しを作成する

色域指定

[選択範囲] メニュー→ [色域指定] を使うと、クリックして選択した色と似た色域のピクセルを選択できます。色に応じてぼかした状態で選択されるため、選択した範囲の色調を変更する場合などに利用できます。

青い花の部分を選択した結果

↓

[色相・彩度] 調整レイヤーで、選択部分だけ色を変更した結果

❶選択範囲を設定する。[指定色域] では、ダイアログボックス内のプレビューまたは画像でクリックして指定した色のピクセルを選択できる。[レッド系] などのカラーを選択すると、選択したカラーが選択される。[スキントーン] を選択すると、人の肌が選択される
❷[スキントーン] を選択した際、より正確に人の肌を選択する
❸[指定色域] を選択した際、複数のカラー部分を指定する場合にチェックする
❹選択範囲に含まれるカラーの範囲を設定する。数値が大きいほうが選択範囲が広くなる
❺選択範囲のプレビュー。[指定色域] を選択した際、クリックして選択する色を設定できる。元画像をクリックして選択してもよい
❻プレビューの表示方法を選択する。[選択範囲] ではグレースケール (選択範囲はホワイト、範囲外は黒で表示)、[画像を表示] では元画像が表示される
❼元画像がどのように選択されているかの表示方法を選択する
❽スポイトツールの種類を選択する。色を追加するには [サンプルに追加] を選択し、色を削除するには [サンプルを削除] を選択する。通常のスポイトツール選択時でも、Shift キーを押すと [サンプルに追加] になり、Alt キーを押すと「サンプルを削除」になる
❾階調を反転する。選択範囲外が選択範囲となり、選択範囲が範囲外となる
❿保存した選択範囲を読み込む
⓫選択範囲を保存する

Macでは、キーは次のようになります。 Ctrl → ⌘ Alt → option Enter → return

STEP 01 色域指定

2021 2020 2019

Before　　After

色域指定は、同じ色の部分を選択するツールです。同じ色のものが点在する場合などに便利ですが、この作例のような使い方もできます。

Lesson09 ▶ L9-3S01.jpg

1 レッスンファイルを開きます。［選択範囲］メニュー→［色域指定］を選択します❶。［色域指定］ダイアログボックスが表示され、カーソルがスポイトになるので、そのまま画像の空の部分をスポイトでクリックします❷。クリックした色と同じ色の部分が選択され、プレビューに白で表示されます❸。［許容量］を「70」程度に設定して選択範囲を調節し❹、［OK］をクリックします❺。画像の空の部分が選択されます❻。

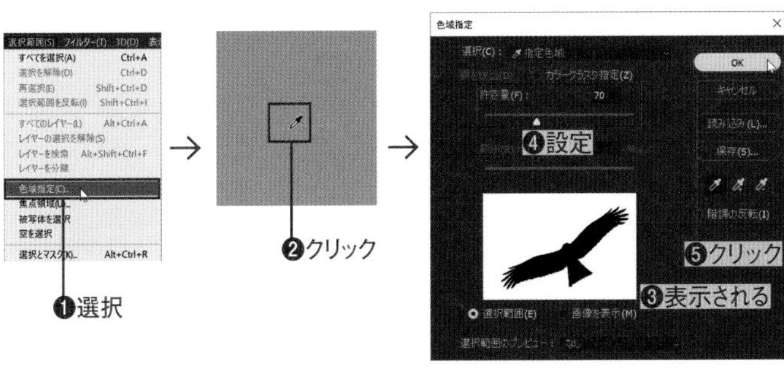

❻空が選択された

2 ［選択範囲］メニュー→［選択範囲を反転］を選択します❶。選択範囲が反転し、トンビが選択されます❷。

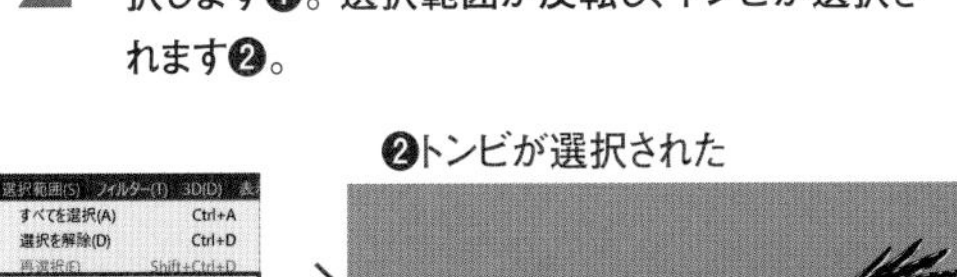

❷トンビが選択された

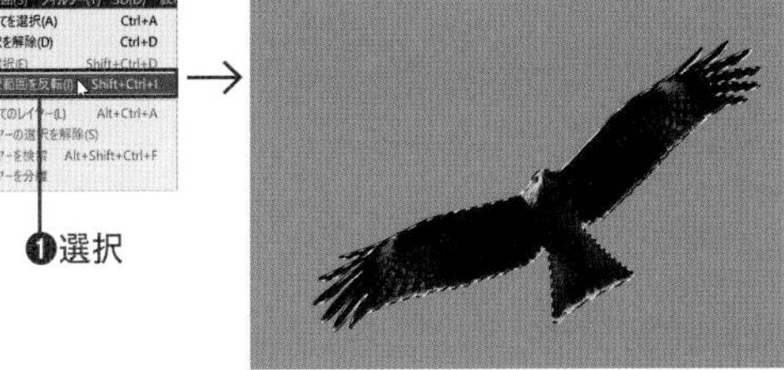

3 レイヤーパネルで［塗りつぶしまたは調整レイヤーを新規作成］をクリックし❶、［トーンカーブ］を選択します❷。「トーンカーブ1」レイヤーが選択範囲にのみ効果をかけるマスクとともに作成されます❸。

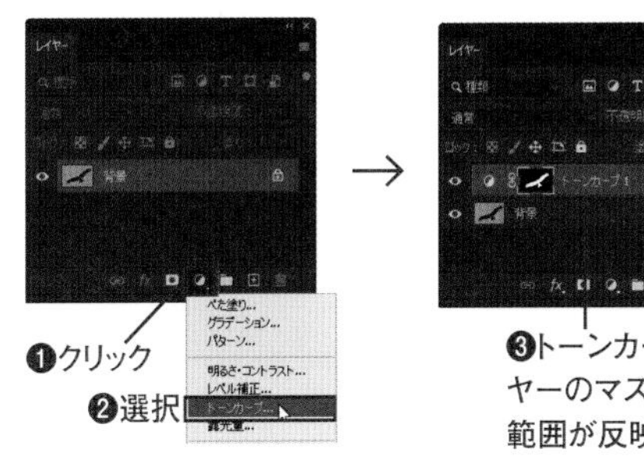

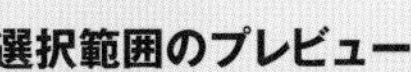

4 プロパティパネル（2020以前は属性パネル）でトーンカーブの中央あたりを少し上へドラッグします❶。選択したトンビの体だけが明るく補正されます❷。

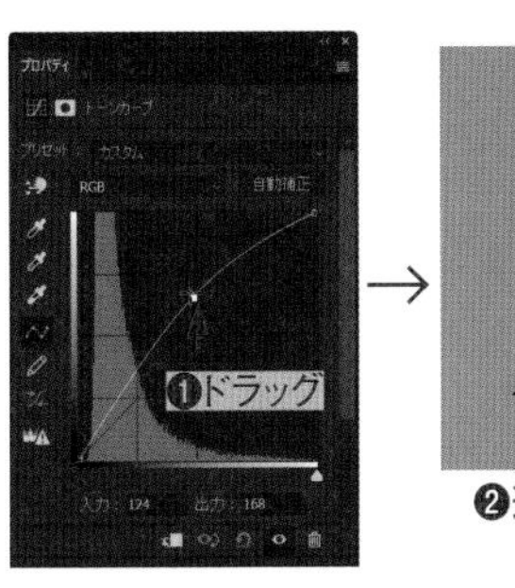

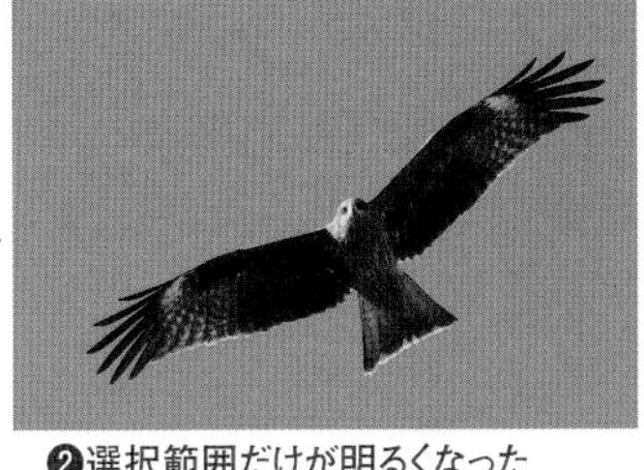

❷選択範囲だけが明るくなった

CHECK!

選択範囲のプレビュー

［色域指定］ダイアログボックスで［選択範囲のプレビュー］を選択して、選択範囲の変化の様子を見やすくできます。

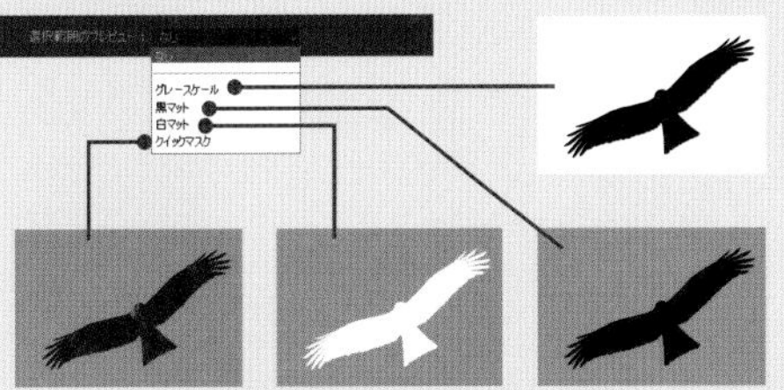

STEP 02 空を選択

2021 2020 2019

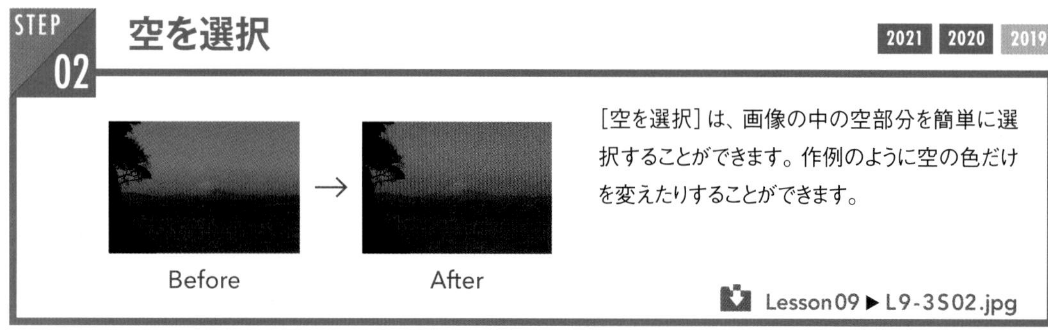

［空を選択］は、画像の中の空部分を簡単に選択することができます。作例のように空の色だけを変えたりすることができます。

Lesson09 ▶ L9-3S02.jpg

1 レッスンファイルを開きます。［選択範囲］メニュー→［空を選択］を選びます❶。空が全域選択されます❷。木の枝の周り等は完全ではありませんが、ここでは気にしなくてかまいません。

2 レイヤーパネルの［塗りつぶしまたは調整レイヤーを新規作成］をクリックし、［カラーバランス］を選択します❶。プロパティパネル（2020以前は属性パネル）で［階調］を「中間調」に、［シアン／レッド］を「+100」、［マゼンタ／グリーン］を「-22」、［イエロー／ブルー］を［+20］に設定します❷。選択範囲の色が変化します❸。

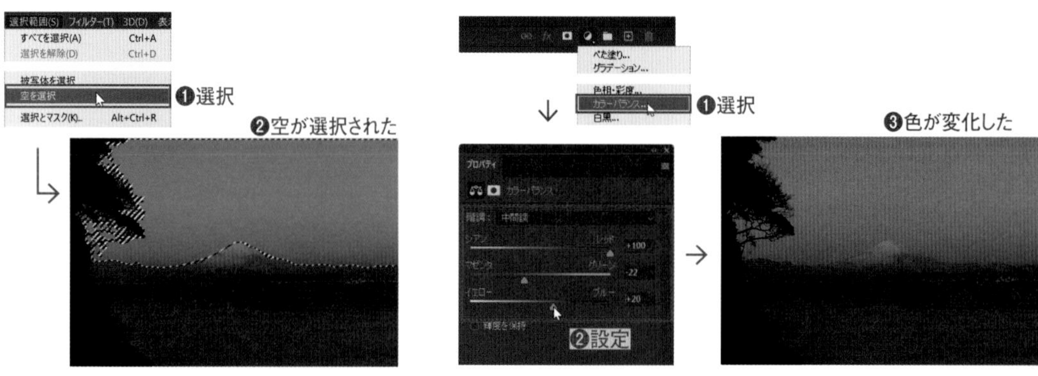

3 「カラーバランス1」レイヤーのマスクが選択されていることを確認し❶、ブラシツールを選択します❷。ツールバーで［描画色］がホワイトになったことを確認します❸。オプションバーで［不透明度］を「50％」に設定し❹、木の枝の先端をなぞるようにドラッグし❺、マスク範囲を広げます。ドラッグした部分が赤くなります❻。

4 オプションバーで［不透明度］を「10％」に設定し❶、富士山の雪の積もった部分をドラッグして❷、赤みを持たせます。

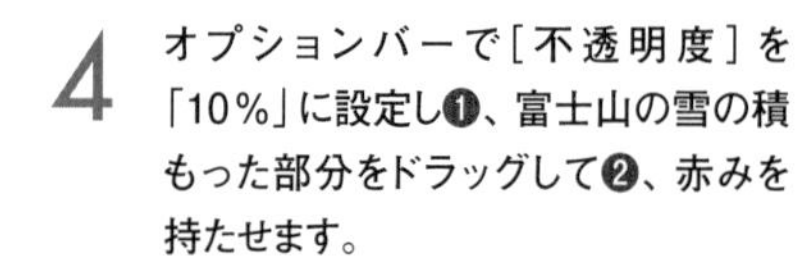

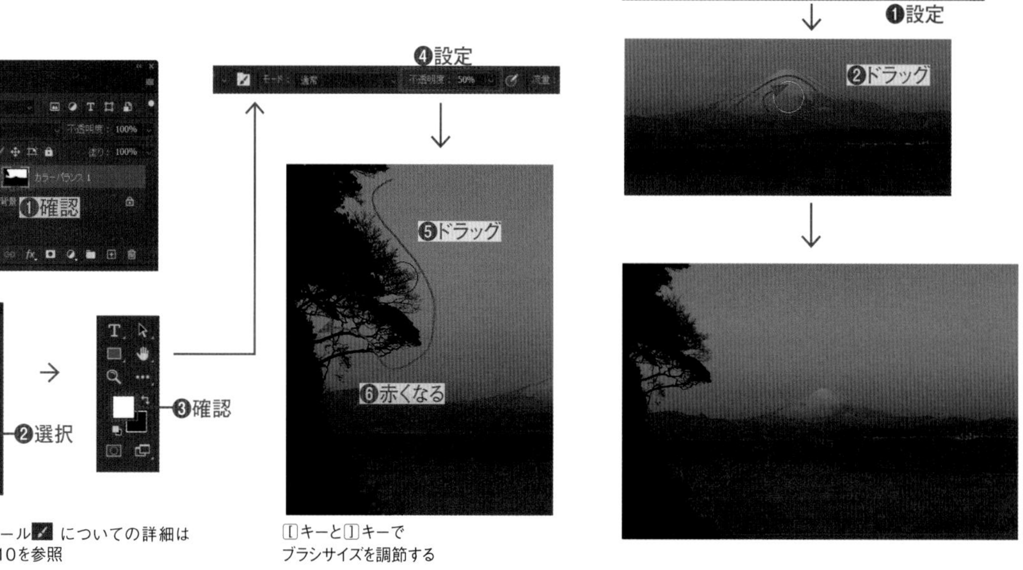

ブラシツール についての詳細は Lesson10を参照

［キーと］キーで
ブラシサイズを調節する

Macでは、キーは次のようになります。 Ctrl → ⌘ Alt → option Enter → return

STEP 03 選択範囲の変更

2021 2020 2019

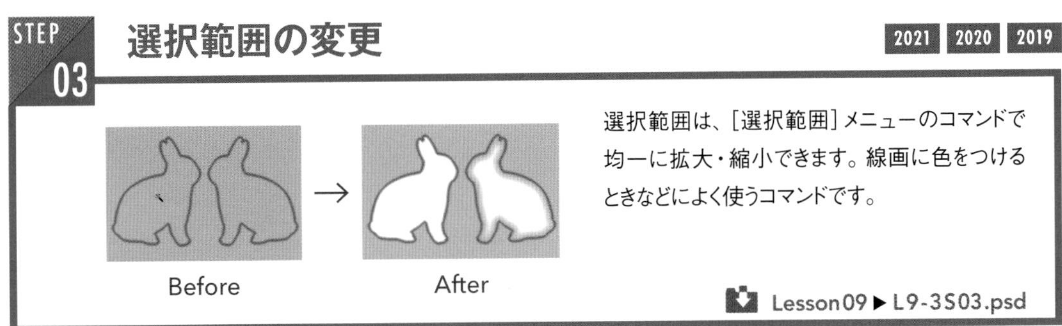

選択範囲は、[選択範囲] メニューのコマンドで均一に拡大・縮小できます。線画に色をつけるときなどによく使うコマンドです。

1 レッスンファイルを開きます。ツールバーで、自動選択ツールを選び❶、オプションバーで[許容値]を「32」❷、[アンチエイリアス]と[隣接]をチェックします❸❹。左の線画の内側をクリックします❺。内側が選択されます❻。

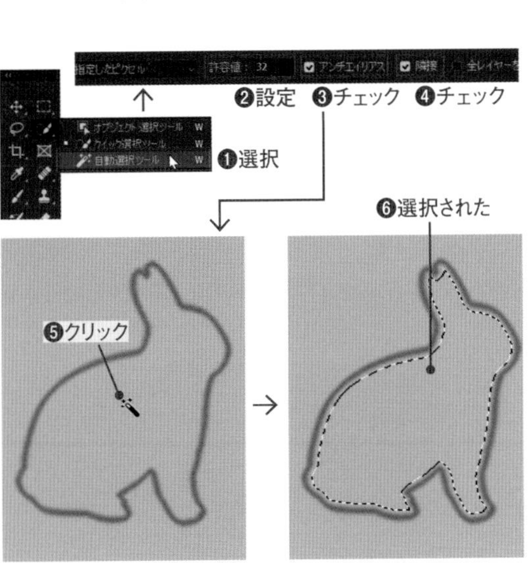

2 [選択範囲] メニュー→[選択範囲を変更]→[拡張]を選びます❶。[選択範囲を拡張] ダイアログボックスが表示されるので、[拡張量]を「10」に設定し❷、[OK]をクリックします❸。選択範囲が外側に広がります。

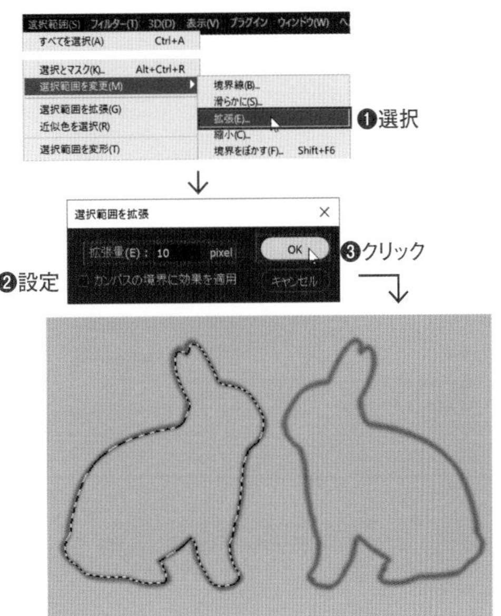

3 レイヤーパネルで新規レイヤーを作成し❶、「line」レイヤーの下に移動させます❷。[編集] メニュー→[塗りつぶし]を選び❸、表示された[塗りつぶし]ダイアログボックスで、[内容]を[ホワイト]に設定して❹、[OK]をクリックします❺。選択範囲は残っているので、追加したレイヤーの選択範囲内だけがホワイトで塗りつぶされます❻。

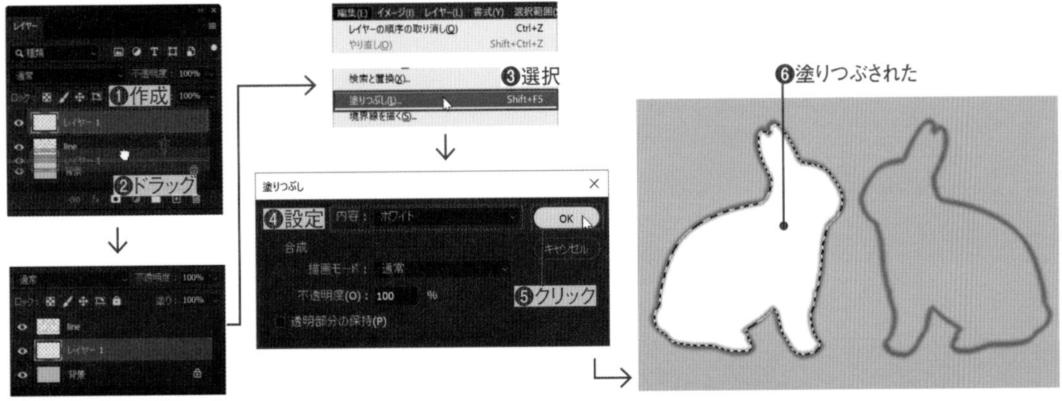

4

「line」レイヤーを選択します❶。Ctrl キーを押しながら D キーを押して選択を解除してから❷、自動選択ツール で右側の線画の内側をクリックして選択します❸。[選択範囲] メニュー→ [選択範囲を変更] → [縮小] を選びます❹。[選択範囲を縮小] ダイアログボックスが表示されるので、[縮小量] を「10」に設定して❺ [OK] をクリックします❻。選択範囲が内側に狭まります❼。

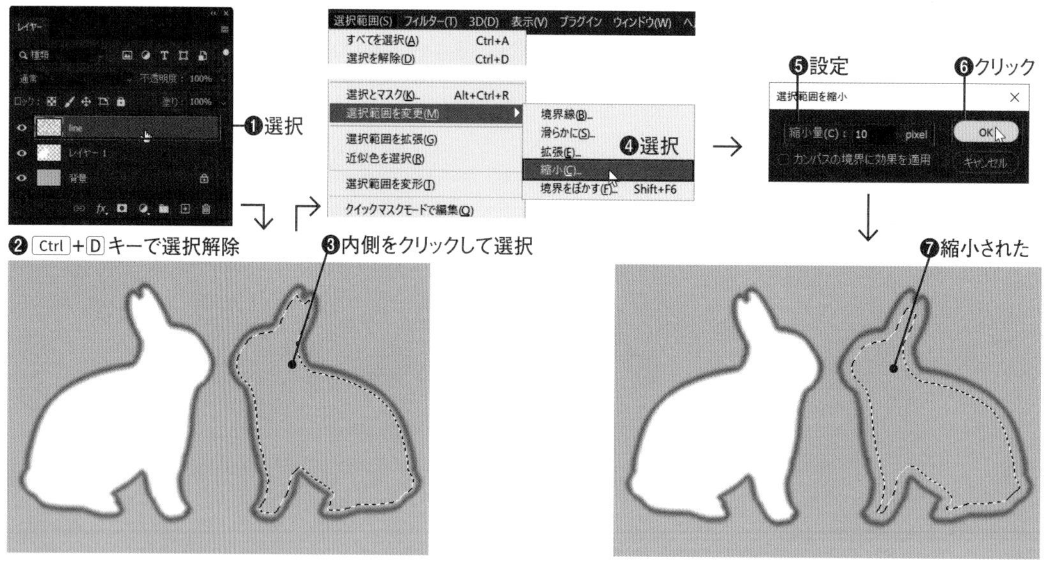

5

[選択範囲] メニュー→ [選択範囲を変更] → [境界をぼかす] を選びます❶。[境界をぼかす] ダイアログボックスが表示されるので、[ぼかしの半径] を「10」に設定して❷、[OK] をクリックします❸。選択範囲の見た目に変化はありませんが、ぼかしが設定されました。

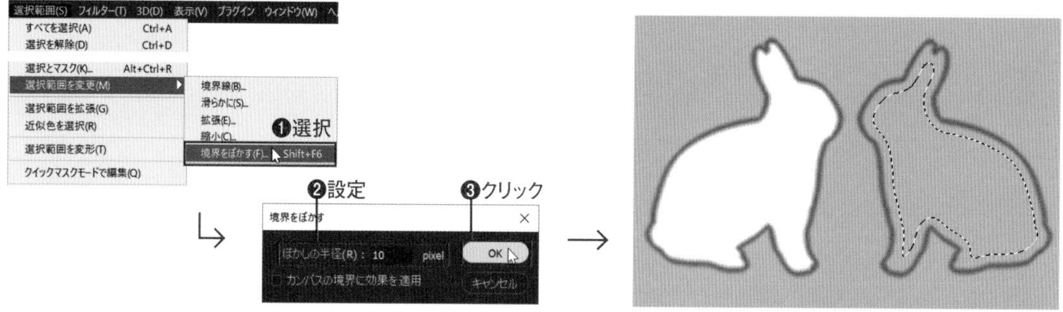

6

レイヤーパネルで「レイヤー 1」レイヤーを選択します❶。[編集] メニュー→ [塗りつぶし] を選びます❷。表示された [塗りつぶし] ダイアログボックスには前回の設定が残っているので、そのまま [OK] をクリックします❸。右側のウサギの内側が境界がぼけた状態で白くなります❹。最後に Ctrl キーを押しながら D キーを押して選択を解除します❺。

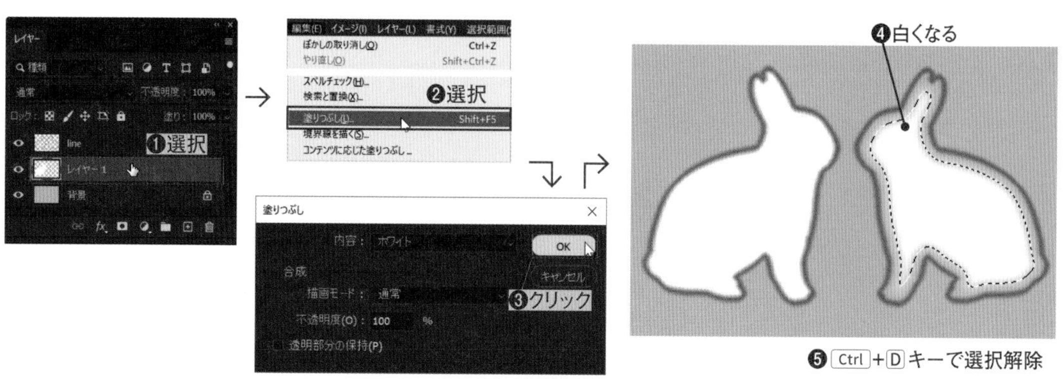

Macでは、キーは次のようになります。 Ctrl → ⌘  Alt → option  Enter → return

STEP 04

選択範囲の保存・読み込み

2021 2020 2019

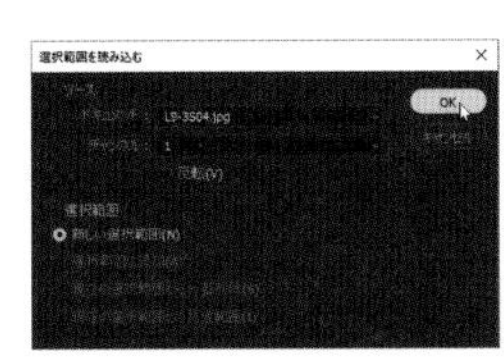

選択範囲はいろいろな方法で保存・読み込みができます。ほとんどの場合はレイヤーマスクを使用しますが、ここではアルファチャンネルを使ってみましょう。

Lesson09 ▶ L9-3S04.jpg

1 レッスンファイルを開きます。ツールバーで、クイック選択ツールを選び❶、カボチャの上でドラッグして選択します❷。ブラシのサイズは、適当に調節してください。

2 ［選択範囲］メニュー→［選択範囲を保存］を選びます❶。［選択範囲を保存］ダイアログボックスが表示されるので、［名前］に「1」と入力し❷、［OK］をクリックします❸。

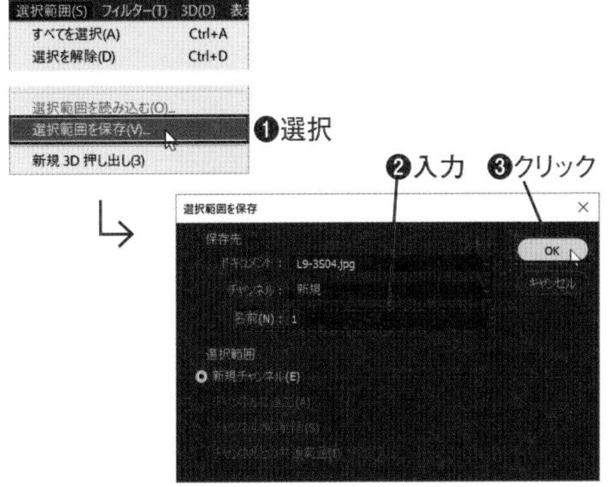

3 チャンネルパネルを表示し、「1」チャンネルが作成されたことを確認します❶。いったんCtrlキーを押しながらDキーを押して選択を解除します❷。

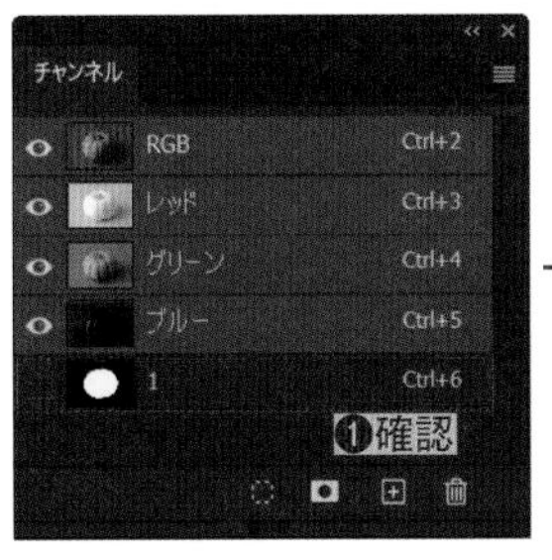

❷ Ctrl＋Dキーで選択解除

CHECK!

アルファチャンネル

「レッド」「グリーン」「ブルー」チャンネルのようなカラーの構成要素のチャンネル以外のチャンネルをアルファチャンネルといいます。選択範囲の保存などに使用され、レイヤーマスク（P.254の「レイヤーマスクとは」参照）も一時的なアルファチャンネルを使っています。

4 ［選択範囲］メニュー→［選択範囲を読み込む］を選びます❶。［選択範囲を読み込む］ダイアログボックスで、［チャンネル］に保存した「1」が指定されているのを確認して❷、［OK］をクリックします❸。選択範囲が読み込まれました。

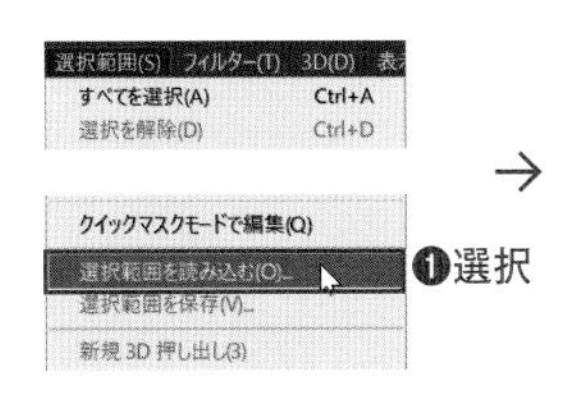

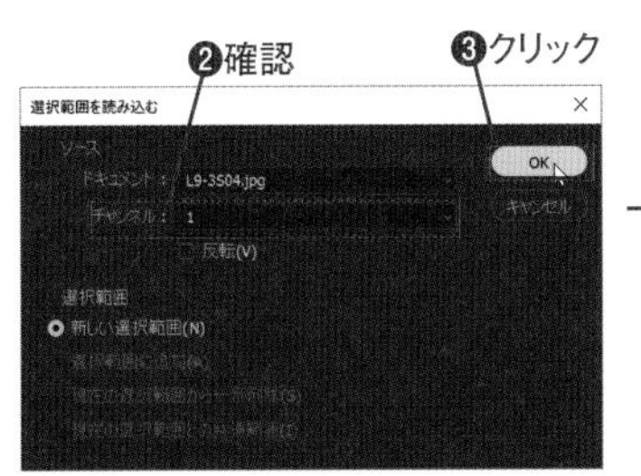

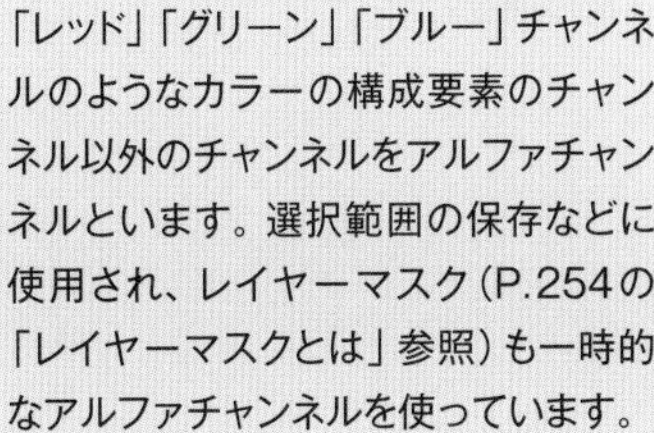

選択範囲の作成

Lesson 09 10 11 12 13 14 15

練習問題

Lesson09 ▶ L9EX1.jpg

Q トマトをひとつだけ選択し、色を黄色く変更してみましょう。

Before　After

A ❶ツールバーでオブジェクト選択ツールを選びます。2019は、クイック選択ツールを選び、オプションバーで、ブラシの直径を「15px」程度に設定し、[自動調整]にチェックを入れます。

❷中央のトマト全体を囲むようにドラッグして選択します。2019では、中央のトマトをドラッグして選択します。ヘタの部分も一緒に選択されてもかまいません。うまく選択できないときは、ブラシサイズを小さくしてみてください。背景の白い部分が選択されてしまったら、一度選択を解除してからやり直すか、Alt キーを押しながらクリックして選択範囲から除外します。

❸レイヤーパネルで[塗りつぶしまたは調整レイヤーを新規作成]をクリックし、表示されたメニューから[色相・彩度]を選びます。

❹表示された属性パネルで、[色相]を「+50」に設定します。

Lesson09 ▶ L9EX2.psd

Q 塗りのない花の内側を自動選択ツールで選択し、選択範囲を拡張したら、背面レイヤーを選択して白で塗りつぶしましょう。

Before

After

A ❶レイヤーパネルで「線」レイヤーを選択します。

❷ツールバーで自動選択ツールを選びます。オプションバーで、[許容値]を「32」、[アンチエイリアス][隣接]をともにチェックします。

❸中央の、塗りのない花の内側をクリックして選択します。

❹[選択範囲]メニュー→[選択範囲を変更]→[拡張]を選び、表示された[選択範囲を拡張]ダイアログボックスで、[拡張量]を「5」に設定し[OK]をクリックします。

❺レイヤーパネルで「塗り」レイヤーを選択します。

❻ツールバーで「描画色と背景色を初期設定に戻す」をクリックし、Ctrl キーを押しながら Delete キーを押し、背景色の[ホワイト]で塗ります。

Macでは、キーは次のようになります。 Ctrl → ⌘　Alt → option　Enter → return

Lesson 10

An easy-to-understand guide to Illustrator and Photoshop

色の設定とペイントの操作

Photoshopには、写真画像を加工修正するだけでなく、絵を描くツールもあります。ここでは、画像を塗りつぶしたり、ブラシで描画するための色の設定方法を学びます。また、グラデーションでの塗り方や、グラデーションの編集方法についても学びます。

10-1 色の設定

カラーピッカー、カラーパネル、スウォッチパネル、またはスポイトツールを使用して、新しい描画色や背景色を設定します。設定した色をスウォッチパネルに登録すると、同じ色をクリックひとつで設定できます。

描画色と背景色

2021 2020 2019

[描画色] は、選択範囲のペイント、塗りつぶし、境界線の描画に使用して、[背景色] は消去部分に使用します。[描画色] と [背景色] を同時に使ったグラデーションで塗りつぶしたり、描画色や背景色を使って加工するフィルターもあります。

[描画色と背景色を初期設定に戻す] をクリックすると、[描画色] が [ブラック]、[背景色] が [ホワイト] に設定されます。[描画色と背景色を入れ替え] をクリックすると、[描画色] と [背景色] が入れ替わります。

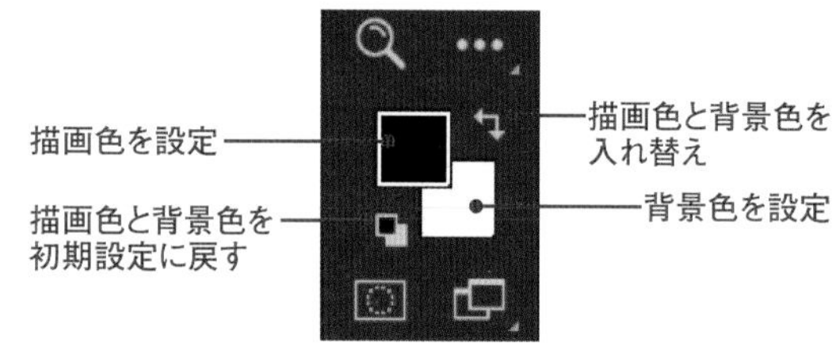

色を設定する

2021 2020 2019

カラーピッカー

ツールバーの [描画色] または [背景色] のボックスや、カラーパネルのアクティブなボックスをクリックすると、[カラーピッカー] ダイアログボックスが開き、色を設定できます。新しい色は、カラーフィールドのカラースペクトルをクリックして選択したり、数値を入力して設定します。

Illustratorのカラーピッカーとほぼ同じ機能です（P.094の「カラーピッカー」参照）。

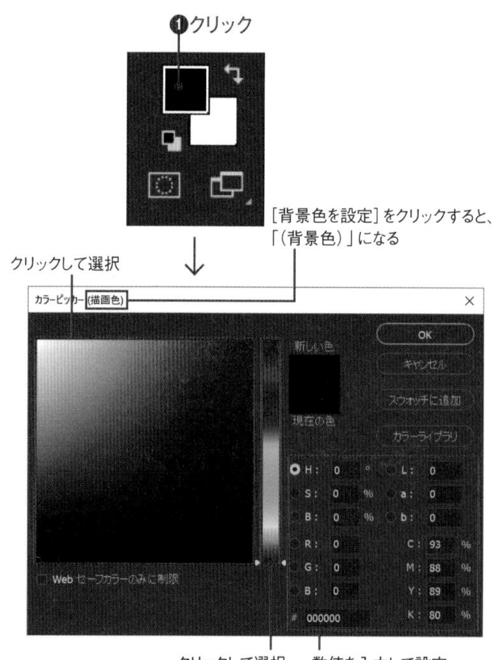

COLUMN

PhotoshopとIllustratorのカラーピッカーとの違い

Photoshopのカラーピッカーは、Illustratorとほぼ同じですが、以下の点が異なります。

- スウォッチカラーを選択できませんが、カラーライブラリのカラーを選択できます。
- スウォッチに登録できます。
- Labカラーを指定できます。

Macでは、キーは次のようになります。 Ctrl → ⌘　Alt → option　Enter → return

カラーパネル

カラーパネルには、現在アクティブな［描画色］または［背景色］のカラー値を表示できます。アクティブなボックスは、細い線で囲まれます。
アクティブでないボックスをクリックすると、アクティブに切り換わります。また、アクティブなボックスをクリックすると、［カラーピッカー］ダイアログボックスが開きます。
新しい色は、パネル下部にあるカラースペクトルをクリックするか、数値を入力またはスライダーをドラッグして設定します。
スライダーのカラーモデルは、カラーパネルメニューでグレースケール、RGB、HSB、CMYK、Lab、Webカラーのいずれかに切り替えられます。

［色相キューブ］が初期表示
カラー
❶クリック
色相キューブ
明るさキューブ
カラーホイール
グレースケール
RGB スライダー
HSB スライダー
CMYK スライダー
Lab スライダー
Web カラースライダー
カラーを HTML コードとしてコピー
❷選択
アクティブな色は細い線で囲まれる
クリックして選択
カラー
数値を入力して設定
ドラッグして設定
クリックして選択

スウォッチパネル

スウォッチパネルには、プリセットのスウォッチカラーや保存したスウォッチカラーが表示されます。
スウォッチをクリックすると、カラーパネルの［描画色］か［背景色］のアクティブなほうに設定されます。
2020以降はプリセットが変更になりました。パネルメニューから「従来のスウォッチ」を選択することで、以前のスウォッチを使用できます。

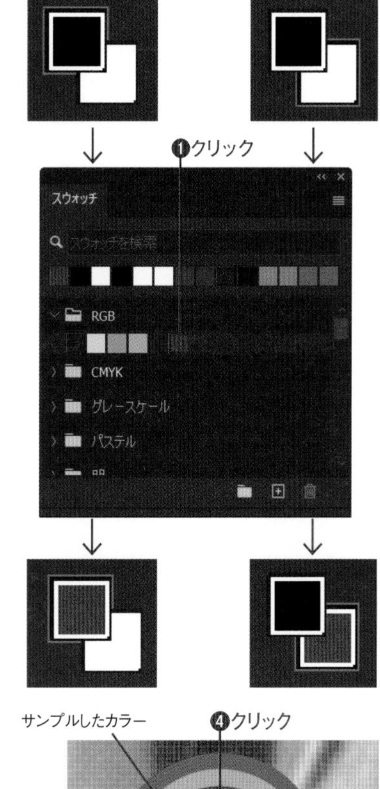

スポイトツール

画像をクリックした場所の色を、カラーパネルの［描画色］か［背景色］のアクティブなほうに設定します。画像から色を設定することをサンプルするといいます。
オプションバーの［サンプル範囲］を［指定したピクセル］に設定すると、スポイトの先端にある1ピクセルから正確なカラー値をサンプルします。
［3ピクセル四方の平均］に設定すると、スポイトの先端から3ピクセル四方分（合計9ピクセル）のカラー値の平均値でサンプルします。

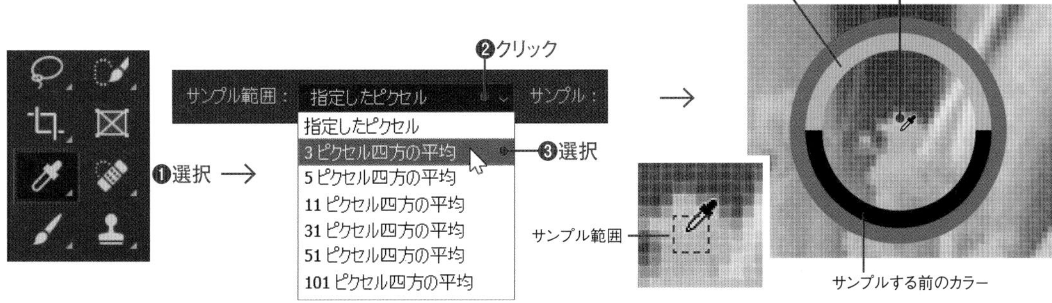

STEP 01 描画色の設定

2021 2020 2019

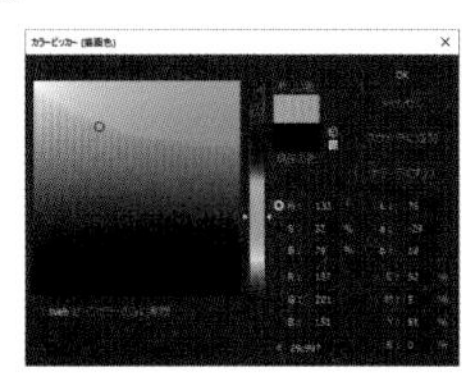

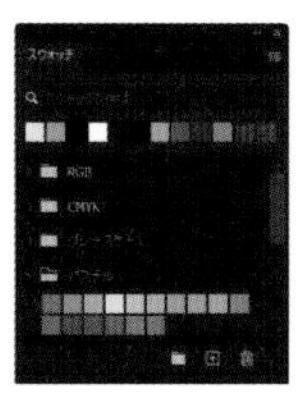

［カラーピッカー］ダイアログボックスで色を設定する方法と、スウォッチパネルで色を設定する方法を学びましょう。

カラーピッカーで設定する

1　新規ドキュメントを［アートとイラスト］から［1000ピクセルグリッド］で作成して、ツールバーの［描画色］ボックスをクリックします❶。表示された［カラーピッカー（描画色）］ダイアログボックスで「R=137 G=201 B=151」に設定して❷、［OK］をクリックします❸。

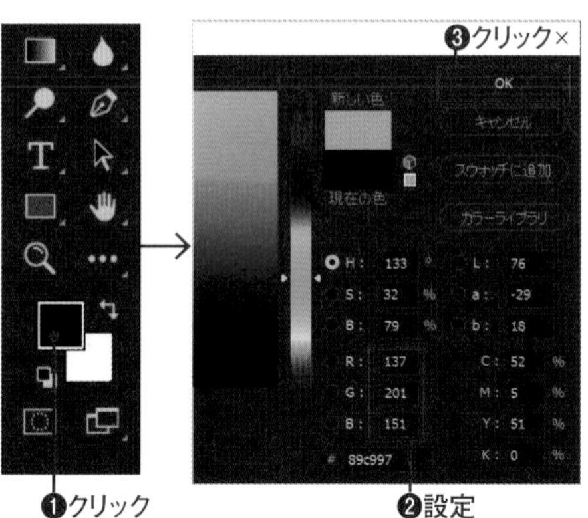

2　塗りつぶしツール を選びます❶。オプションバーで［ソース］が［描画色］であることを確認します❷（［描画色］でない場合は、ポップアップメニューから選択します）。カンバス（白い部分）をクリックします❸。画像全体が描画色で塗りつぶされます❹。

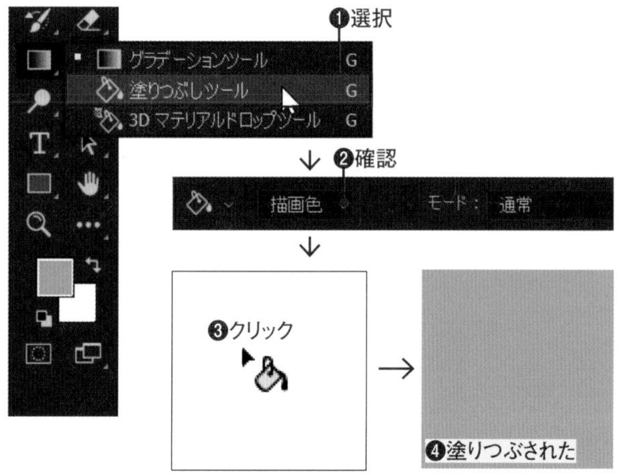

スウォッチで設定する

1　新規ドキュメントを［写真］の［Photoshop初期設定］で作成し、カラーパネルの［描画色］ボックスがアクティブであることを確認します❶（アクティブでない場合はクリックしてアクティブにします）。スウォッチパネルで「パステルイエロー」をクリックします❷。［パステルイエロー］が［描画色］に設定されます❸。

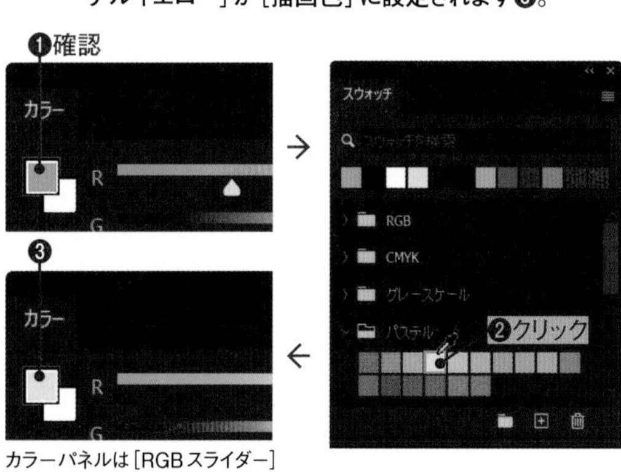

カラーパネルは［RGBスライダー］表示に変更

2　［編集］メニュー→［塗りつぶし］を選びます❶。［塗りつぶし］ダイアログボックスが表示されるので、［内容］を［描画色］に設定し❷、［OK］をクリックします❸。画像全体が［描画色］（パステルイエロー）で塗りつぶされます❹。

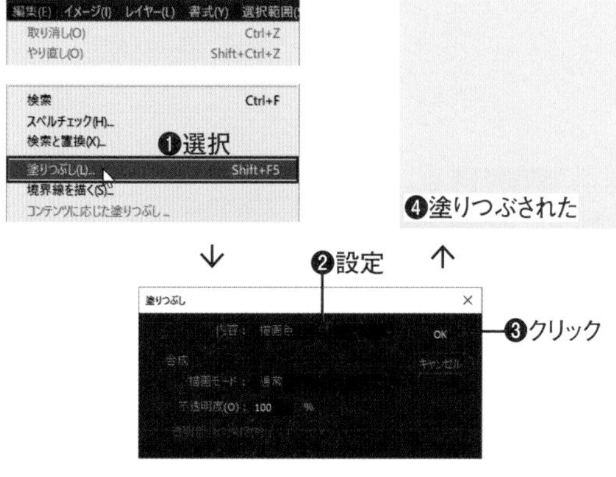

Macでは、キーは次のようになります。 Ctrl → ⌘　Alt → option　 Enter → return

STEP 02 新規スウォッチの作成

2021 2020 2019

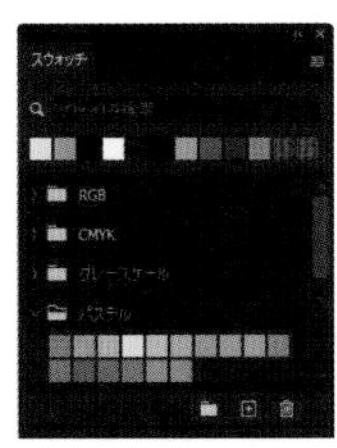

スポイトツールでカラーをサンプルして、新しいスウォッチを作成する方法を学びましょう。

Lesson 10 ▶ L10-1S02.jpg

1 レッスンファイルを開き❶、スポイトツールを選びます❷。

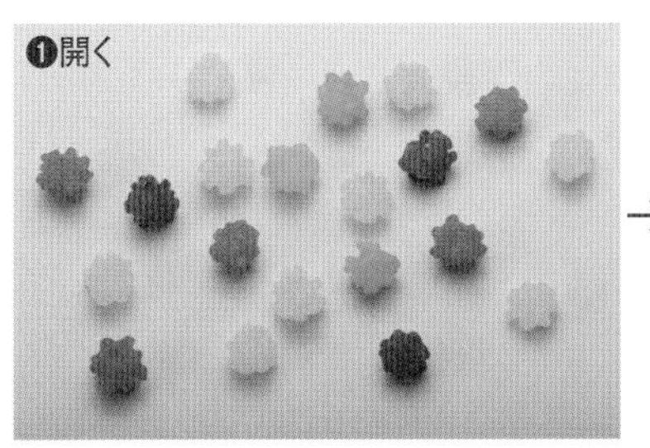

2 オプションバーの[サンプル範囲]を[5ピクセル四方の平均]に設定し❶、[サンプルリングを表示]をチェックします❷。

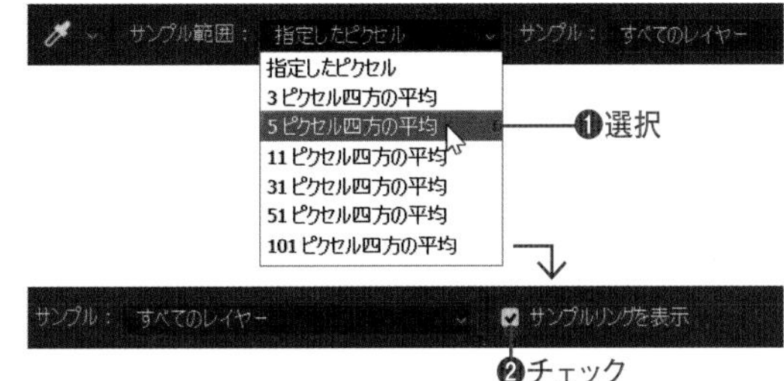

3 カラーパネルの描画色ボックスがアクティブであることを確認します❶（アクティブでない場合はクリックしてアクティブにします）。

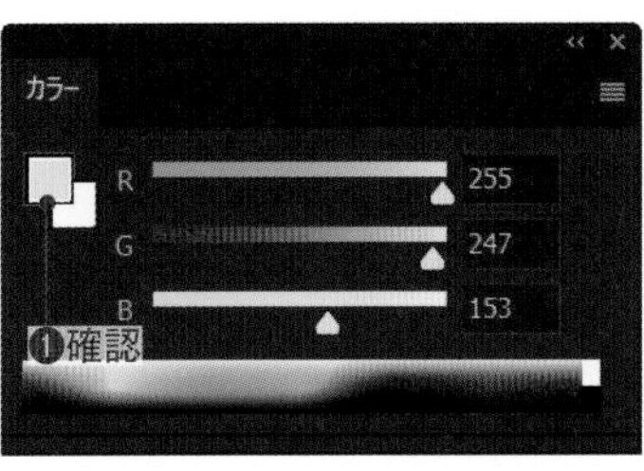

4 サンプルしたいピクセルの上（ここではオレンジ色の金平糖）にスポイトの先端を合わせて、マウスボタンを押します❶。サンプルリングにサンプルしたカラーが表示されます❷。マウスボタンを放すと描画色がサンプルしたカラーになります❸。

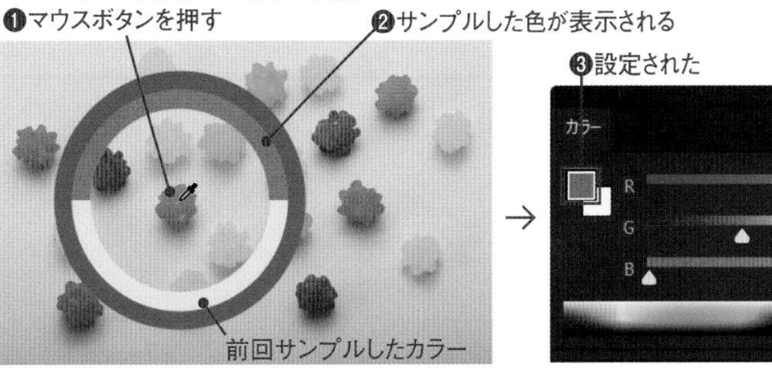

5 スウォッチパネルの[新規スウォッチを作成]をクリックします❶。

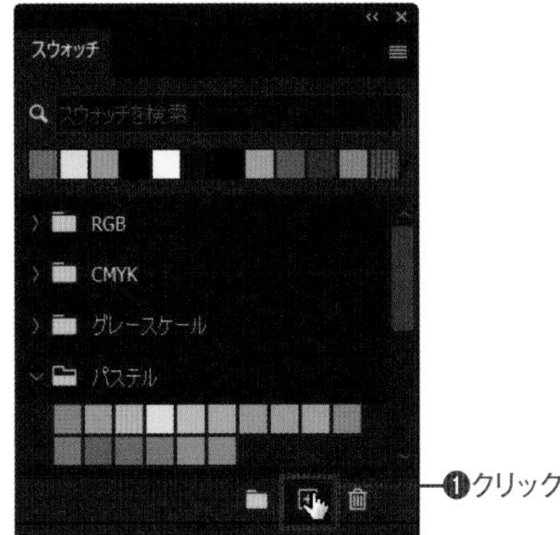

6 表示された[スウォッチ名]ダイアログボックスに名前「マイスウォッチ1」を入力して❶、[OK]をクリックします❷。スウォッチが作成されます❸。

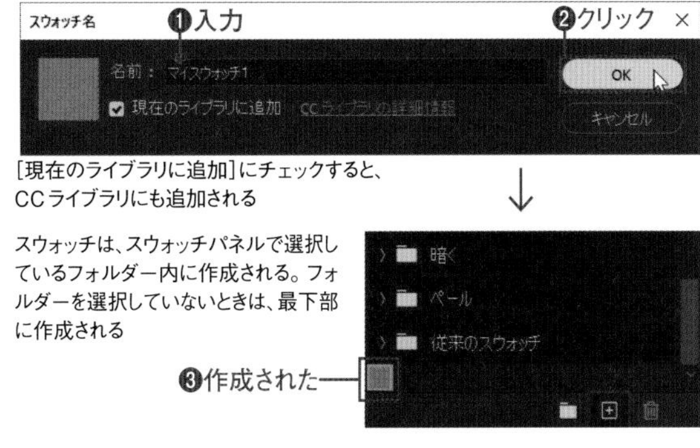

[現在のライブラリに追加]にチェックすると、CCライブラリにも追加される

スウォッチは、スウォッチパネルで選択しているフォルダー内に作成される。フォルダーを選択していないときは、最下部に作成される

10-2 グラデーション

グラデーションのカラーは、グラデーションピッカーからプリセットのグラデーションを選択するか、グラデーションエディターを使って新しいカラーを作成します。グラデーションのスタイルは、5種類から選択できます。

グラデーションの概要

2021 2020 2019

グラデーションピッカー

グラデーションでのペイントは、グラデーションツールか、[塗りつぶしレイヤー]の[グラデーション](P.214の「塗りつぶしレイヤー」を参照)を使います。

グラデーションツールを選択すると、オプションバーに現在のグラデーションの設定が表示されます。グラデーションボックスの右にあるをクリックするとグラデーションピッカーが開き、プリセットされたグラデーションが表示されて選択できます。[描画色から背景色へ][描画色から透明に][透明(ストライプ)]は[描画色]や[背景色]を使用したグラデーションです。[描画色]や[背景色]を変更すると、グラデーションのカラーが変わります。

グラデーションエディター

オプションバーのグラデーションボックスをクリックすると、[グラデーションエディター]ダイアログボックスが開きます。プリセットをベースに、カラーや不透明度などを変更して、新しいグラデーションを作成できます。

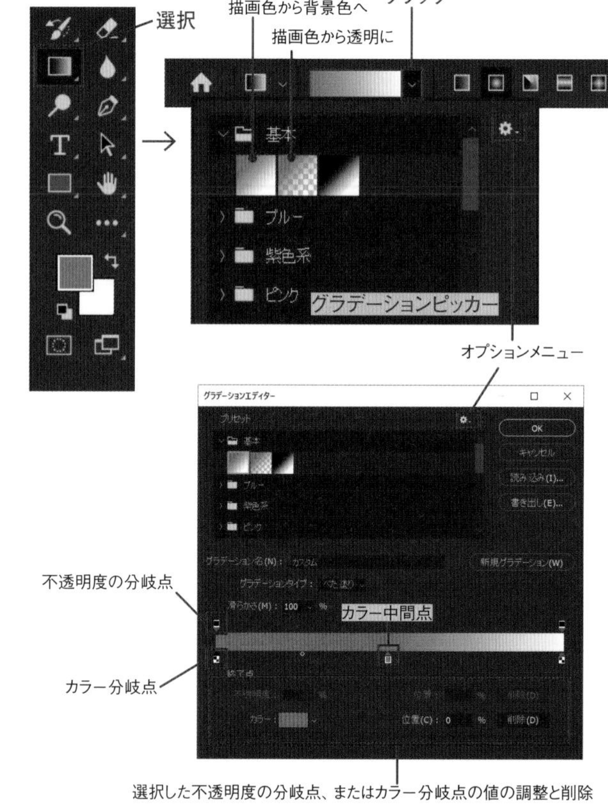

グラデーションのスタイル

グラデーションのスタイルは5種類あり、オプションバーで選択できます。各分岐点の色は、ドラッグした位置と方向で設定します。

線形グラデーション　円形グラデーション　円錐形グラデーション　反射形グラデーション　菱形グラデーション

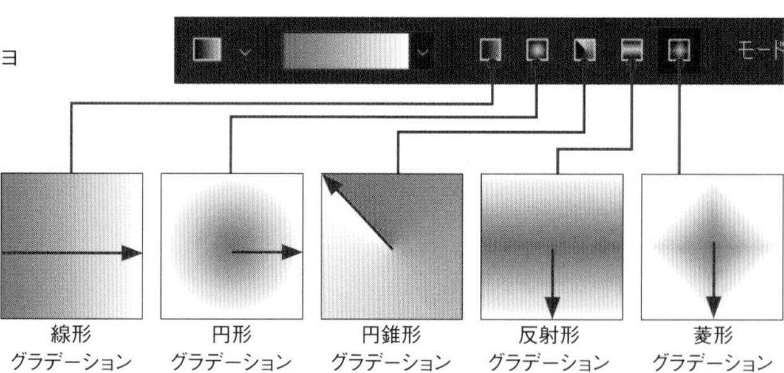

グラデーションライブラリ

グラデーションピッカーまたはグラデーションエディターのをクリックすると、メニューが表示され、ライブラリを選択するとグラデーションを追加できます。

Macでは、キーは次のようになります。 Ctrl → ⌘ Alt → option Enter → return

STEP 01 グラデーションで塗る

2021 2020 2019

グラデーションツール■で画像を塗りつぶします。ドラッグする位置、角度、距離およびスタイルに応じて、グラデーションが変化します。

1 新規ドキュメントを［アートとイラスト］の［1000ピクセルグリッド］で作成して、グラデーションツール■を選択します❶。オプションバーのグラデーションピッカーを表示して❷、［基本］の［描画色から背景色へ］を選択します❸。グラデーションの種類に［円形グラデーション］をクリックして選択します❹。

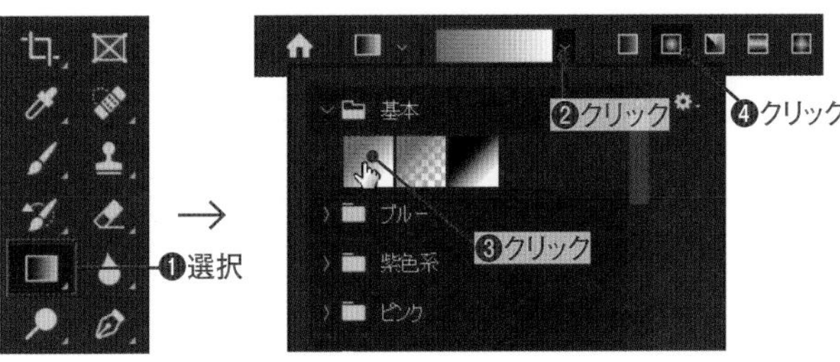

2 カラーパネルの［描画色］ボックスがアクティブなのを確認して❶（アクティブでない場合はクリックしてアクティブにします）、「R=0 G=255 B=255」に設定します❷。

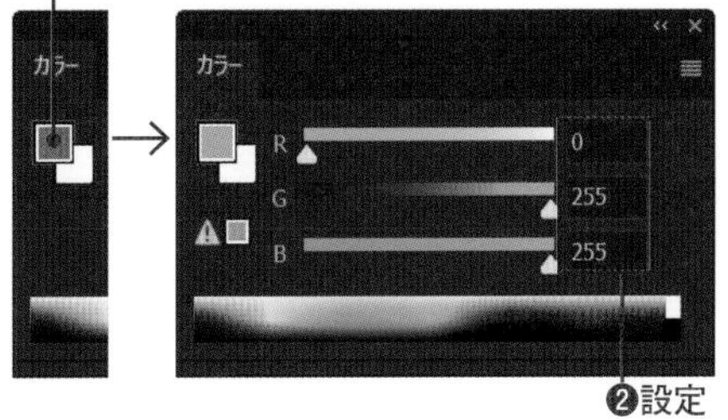

3 カラーパネルの［背景色］ボックスをクリックしてアクティブにしたら❶、「R=30 G=30 B=130」に設定します❷。新しく設定した［描画色］と［背景色］のグラデーションになります❸。

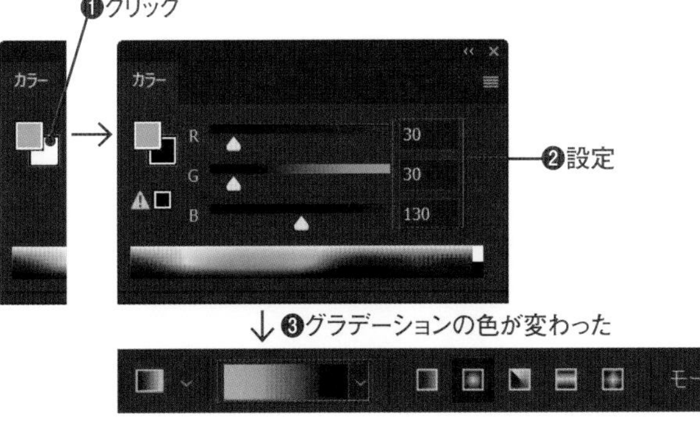

4 カンバスの中心から右端までドラッグします❶。カンバス全体がグラデーションで塗りつぶされます❷。

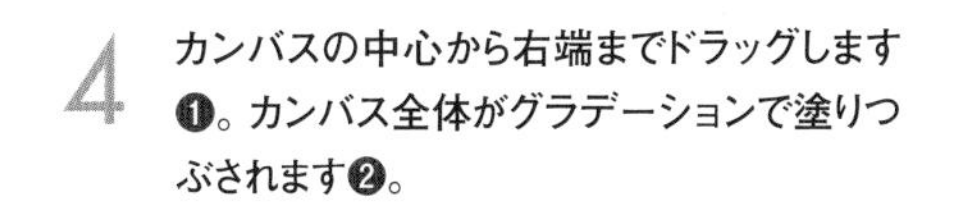

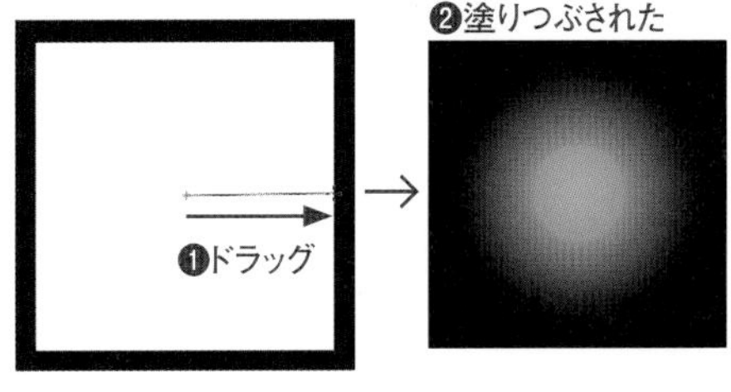

5 オプションバーでスタイルを［線形グラデーション］に変更します❶。［逆方向］をチェックすると、グラデーションの描画色と背景色が入れ替わります❷。

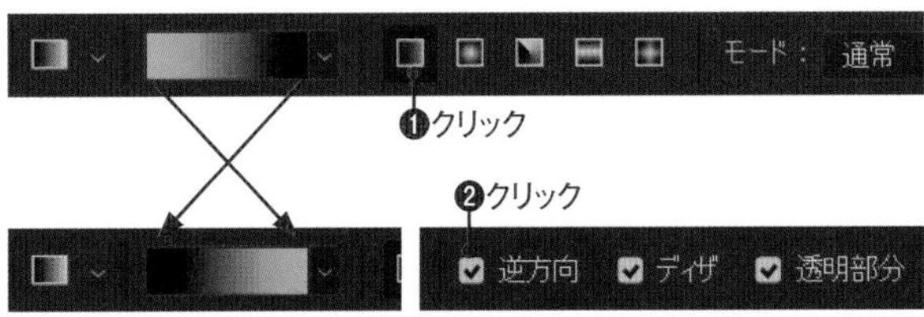

6 カンバスの対角線上をドラッグします❶。カンバス全体がグラデーションで塗りつぶされます❷。

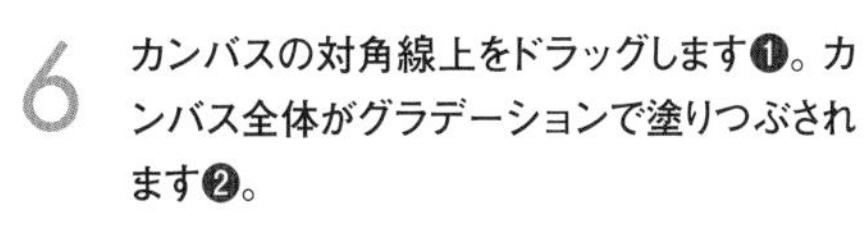

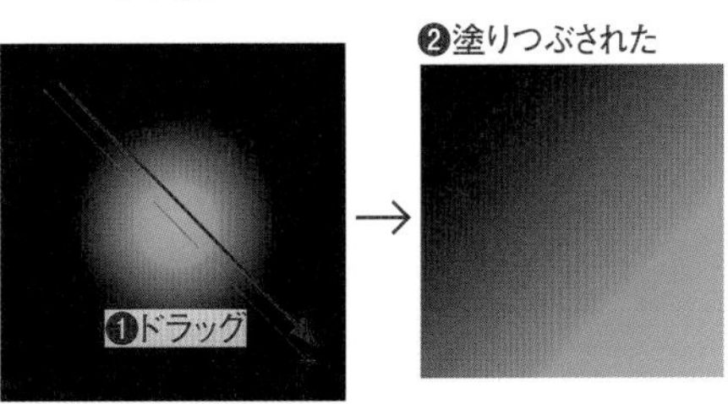

STEP 02 グラデーションの編集

2021 2020 2019

[グラデーションエディター] ダイアログボックスを使用すると、既存のグラデーションを変更して、新しいグラデーションを作成できます。

1 新規ドキュメントを[アートとイラスト]の[1000ピクセルグリッド]で作成し、グラデーションツールを選択します❶。オプションバーのグラデーションサンプルをクリックして❷、[グラデーションエディター]ダイアログボックスを開きます。

2 グラデーションバーの下にある左のカラー分岐点をダブルクリックして❶、[カラーピッカー(ストップカラー)]ダイアログボックスを表示します。「R=255 G=0 B=150」に設定し❷、[OK]をクリックします❸。

3 グラデーションバーの下にある右のカラー分岐点をダブルクリックして❶、[カラーピッカー(ストップカラー)]ダイアログボックスを表示し、「R=255 G=255 B=0」に設定して❷、[OK]をクリックします❸。

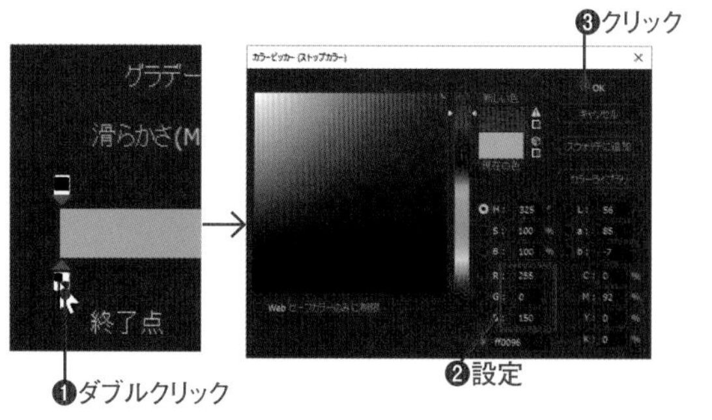

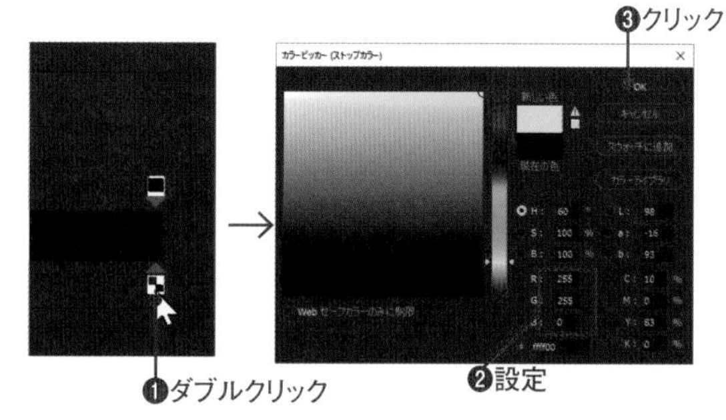

4 グラデーションバーのカラー分岐点の中間の空白部分(どこでも可)をクリックすると❶、新しいカラー分岐点が追加されます❷。

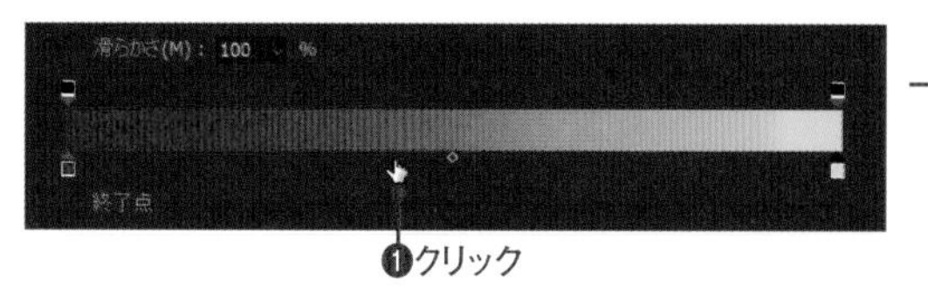

Macでは、キーは次のようになります。 Ctrl → ⌘ Alt → option Enter → return

5 新しく追加したカラー分岐点をダブルクリックして❶、［カラーピッカー（ストップカラー）］ダイアログボックスを表示し、「R=0 G=255 B=255」に設定して❷、［OK］をクリックします❸。3色でブレンドするグラデーションになります❹。

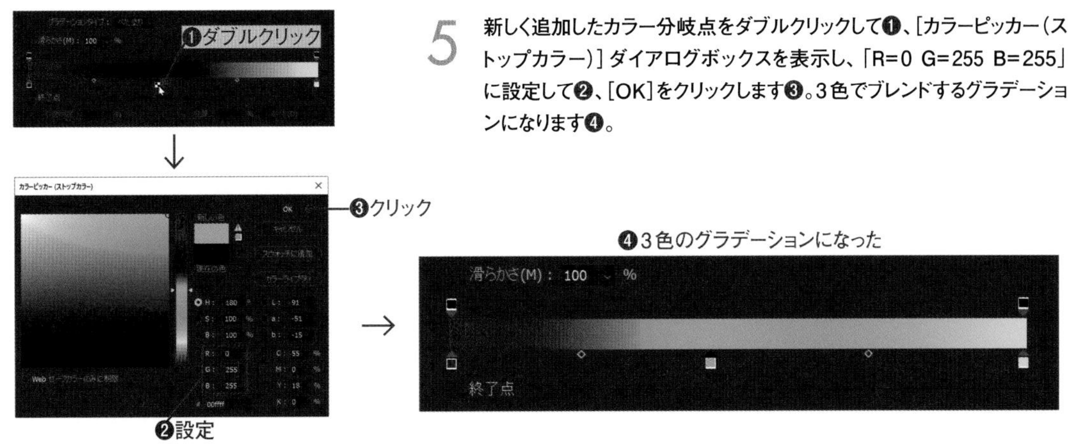

6 グラデーションバーの上にある右の不透明度の分岐点をクリックすると❶［不透明度］オプションが利用できるようになるので、「0」に設定します❷。右側の色が徐々に透明になります。

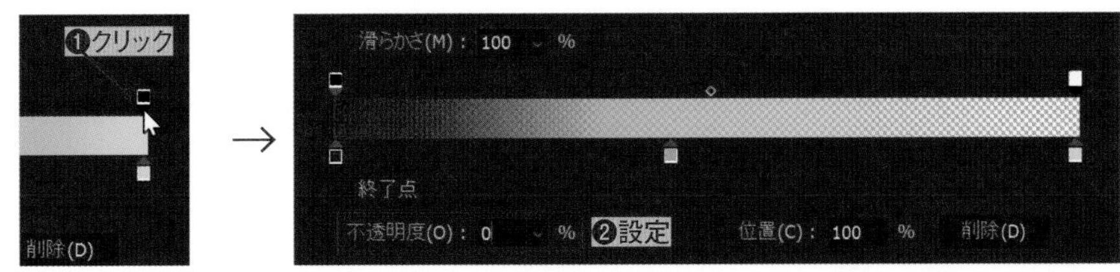

7 不透明度の分岐点をドラッグすると、完全に透明になる色の位置が変わります❶。

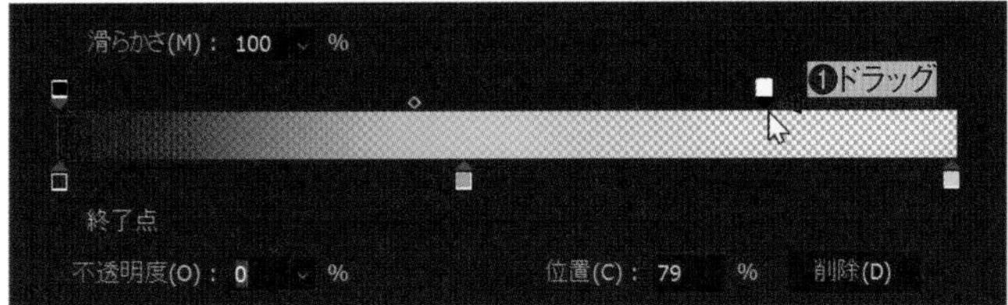

8 ふたつの不透明度の分岐点の中間にある菱形のスライダーをドラッグすると、中間の不透明度の位置が変わります❶。

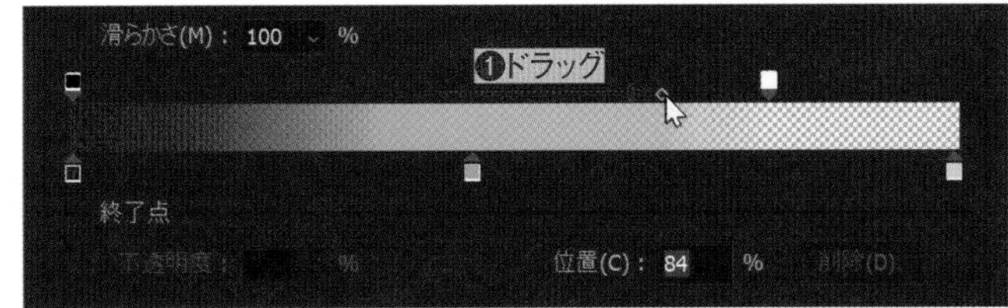

CHECK!

グラデーションをプリセットに保存する・削除する

カスタマイズしたグラデーションの設定をプリセットに保存するときは、グラデーション名を入力して、［新規グラデーション］をクリックします。

プリセットのグラデーションを削除するときは、削除したいグラデーションを右クリックして、メニューから［グラデーションを削除］を選択します。

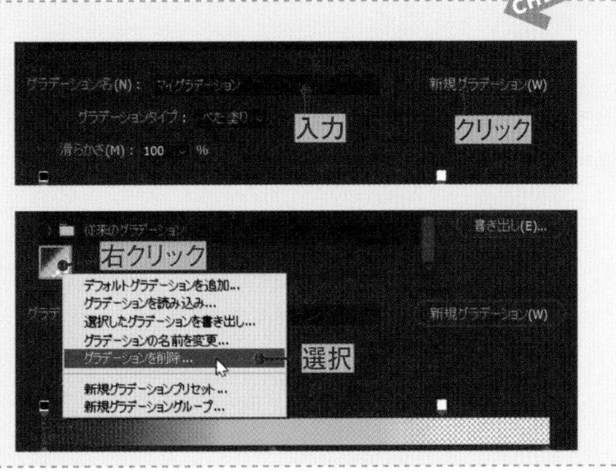

10-3 ツールでペイント

ドラッグ操作で画像にペイントします。ツールごとにペイントするカラーやイメージ、ブラシの形を設定する方法が異なります。

ブラシツールやほかの描画ツール

2021 2020 2019

ブラシツール

エッジにぼかしをつけて滑らかな線を描きます。おもに絵を描くときやマスク範囲を作成するときに使用します。油絵や水彩、エアブラシや木炭など、画材を模したプリセットブラシを使用すれば、特殊なタッチの線を描画できます。

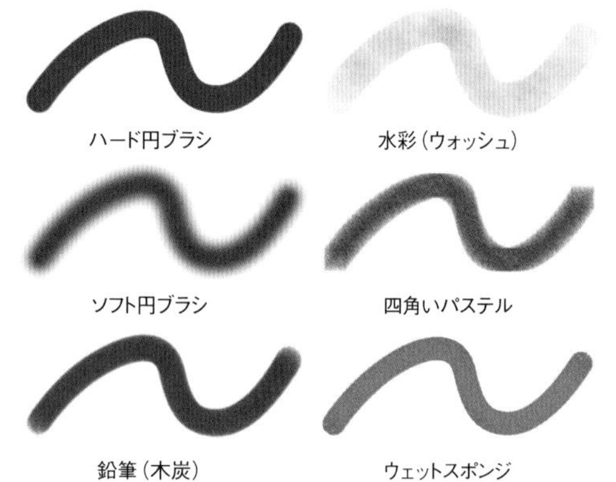

色の置き換えツール

画像の一部の色を塗り換えるときに使用します。完全に描画色で塗り換えるのではなく、［色相］［彩度］［カラー］［輝度］のいずれかの［モード］を［描画色］と同じレベルに揃えます。

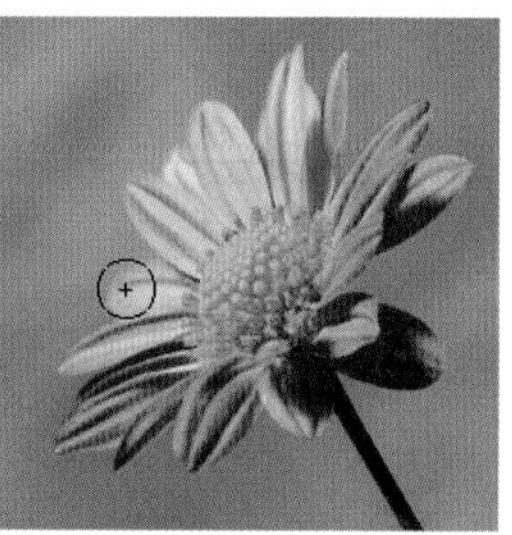

ドラッグで色を置き換え

混合ブラシツール

絵の具が乾いていない油絵のように、カンバスの色と混じり合うようにペイントします。ブラシプリセットから絵筆ブラシを選択すると、画像を絵画風に加工したり、リアルな絵画タッチでペイントできます。

花の画像を加工

鉛筆ツール

［描画色］を使い、エッジのはっきりした線でペイントします。おもにWebで使用する背景素材やアイコンなど、GIF画像の作成や、画像の細かな修正に利用します。

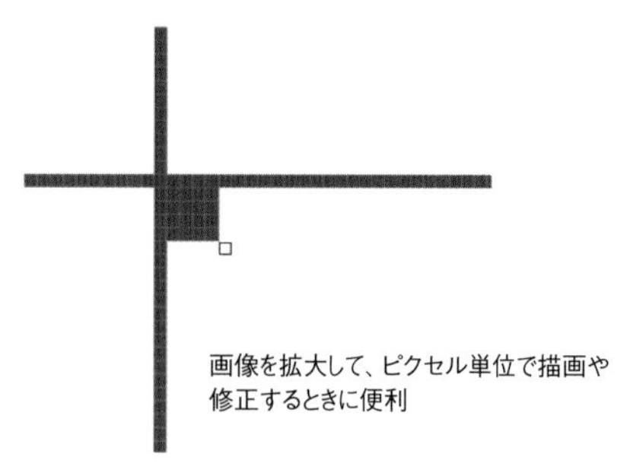

画像を拡大して、ピクセル単位で描画や修正するときに便利

COLUMN

ヒストリーブラシツールとアートヒストリーブラシツール

ヒストリーブラシツールは、ヒストリーパネルで指定したヒストリーブラシソースの画像をペイントするツールです。アートヒストリーブラシツールもヒストリーブラシソースの画像をペイントするツールですが、絵画的な効果をつけてペイントします。

消しゴムツール

2021 2020 2019

消しゴムツール

画像の一部を消去するときに使用します。
「背景」レイヤーで使用すると、背景色になります。
通常のレイヤーで使用すると、透明なピクセルになります。
オプションバーでモードを選択できます。［ブラシ］モードはエッジにぼかしをつけて消去します。［鉛筆］モードは、ブラシにぼかしをつけないで消去します。［ブロック］モードは、固定サイズの正方形で、硬さ、不透明度、インク流量を変更することはできません。

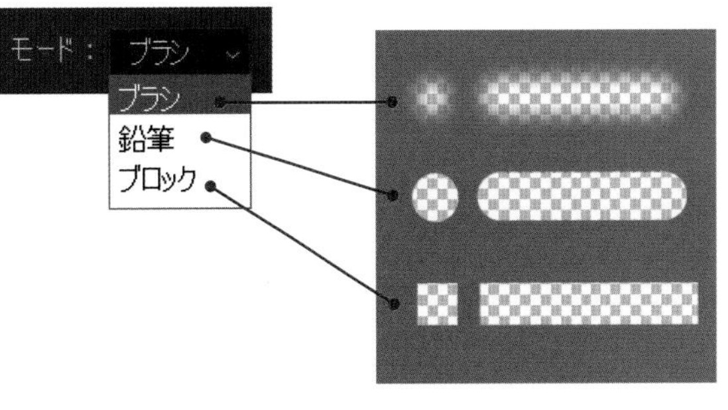

背景消しゴムツール

クリックまたはドラッグした範囲を透明なピクセルにします。ブラシの中心にある色か、背景色の近似色を消去します。「背景」レイヤーは通常のレイヤーに変換されます。

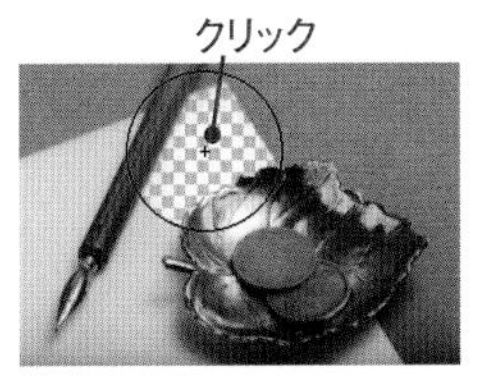

マジック消しゴムツール

クリックした位置の近似色を消去して透明なピクセルにします。「背景」レイヤーは通常のレイヤーに変換されます。

→

ブラシプリセットピッカー

2021 2020 2019

ペイントするツールは、オプションパネルの［クリックでブラシプリセットピッカーを開く］をクリックして表示されるブラシプリセットピッカーでいろいろな形のブラシを選択できます。
［直径］の値を大きくすると、ブラシサイズが大きくなります。
［硬さ］の値を小さくすると、ブラシのエッジにぼかしがつきます。

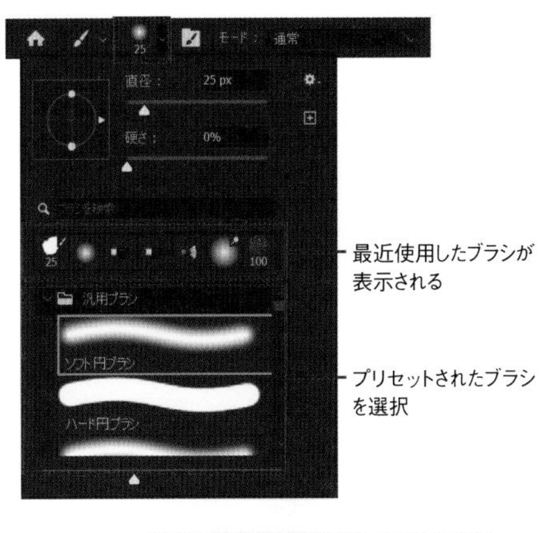

COLUMN

ブラシパネル

ブラシプリセットピッカーには、ブラシパネルに表示されているブラシプリセットが表示されます。
また、ブラシはグループにまとめて管理できます。

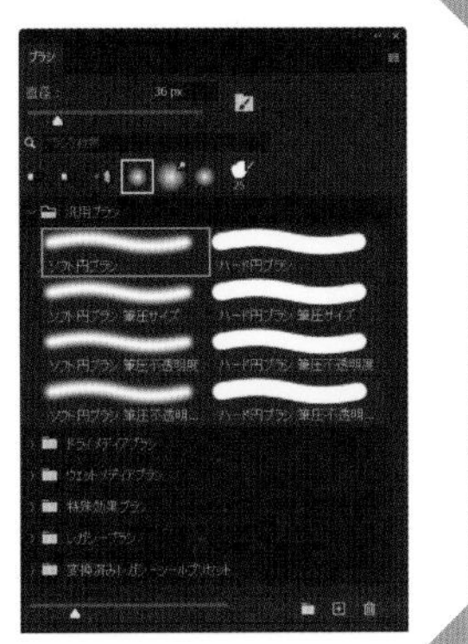

STEP 01 ブラシツールでペイントする

2021 2020 2019

ブラシツール を使用して、簡単なイラストを描きましょう。Photoshopには、使いきれないほどたくさんのブラシ形状があります。いろいろなブラシで試し描きしてください。

Lesson10 ▶ L10-3S01.psd

1 レッスンファイルを開いたら、ブラシツール を選択します❶。オプションバーでブラシプリセットピッカーを開き❷、ブラシのプリセットから、[チョーク]を選択します❸。[不透明度]と[流量]は「100%」に❹、[滑らかさ]は「0%」に設定します❺。

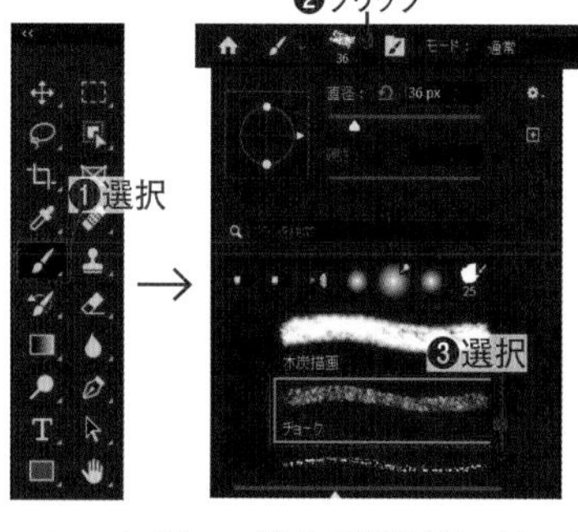

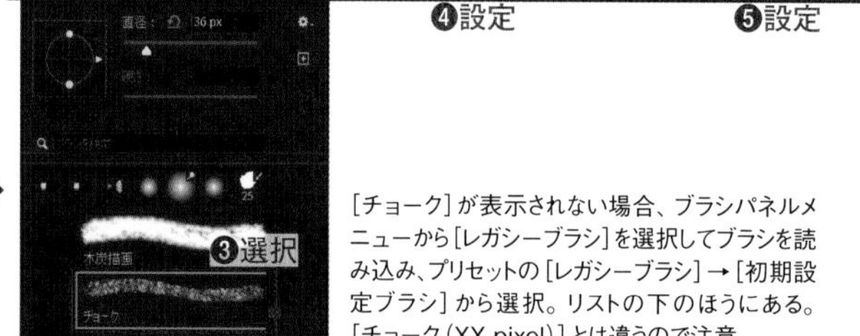

[チョーク]が表示されない場合、ブラシパネルメニューから[レガシーブラシ]を選択してブラシを読み込み、プリセットの[レガシーブラシ]→[初期設定ブラシ]から選択。リストの下のほうにある。[チョーク(XX pixel)]とは違うので注意

2 カラーパネルを開き、[描画色]をアクティブにして❶、「R=234 G=80 B=50」に設定します❷。[背景色]は何色でもかまいません。

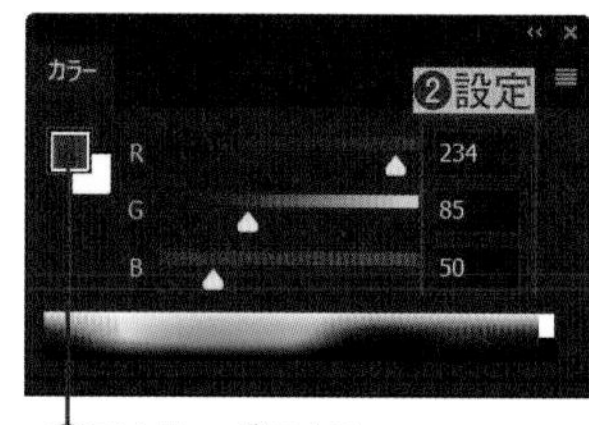

3 レイヤーパネルで「塗り」レイヤーを選択し❶、斜めにドラッグして線を描画し、全体が円形になるようにします(適当でかまいません)❷。

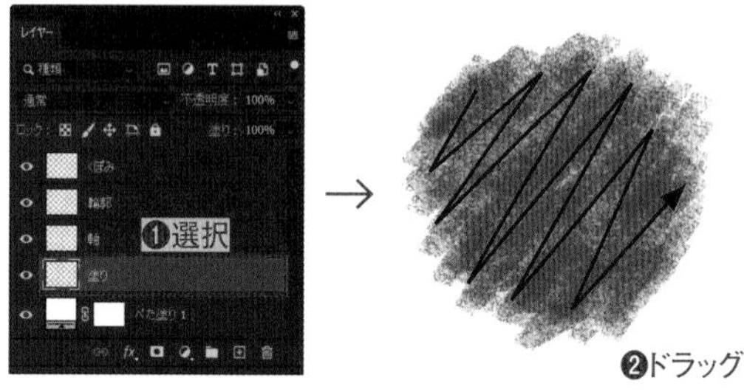

4 レイヤーパネルで[透明ピクセルをロック]をクリックし❶、「塗り」レイヤーの透明ピクセルに描画できないようにします。続いて、カラーパネルで、[描画色]を「R=245 G=152 B=27」に設定します❷。

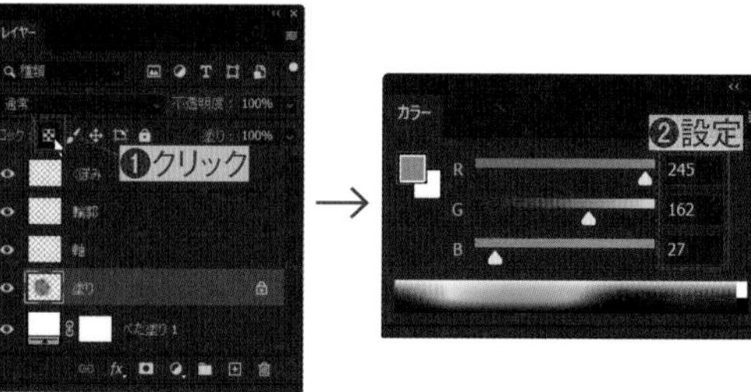

5 キーボードの数字キーを押すとオプションバーの不透明度の設定が変わります(変わらないときは文字の入力を半角英数字モードにしてください)。2キーを押して[不透明度]を「20%」に設定し❶、下半分をドラッグして黄色に塗ります❷。何度も重ねてドラッグしてください。

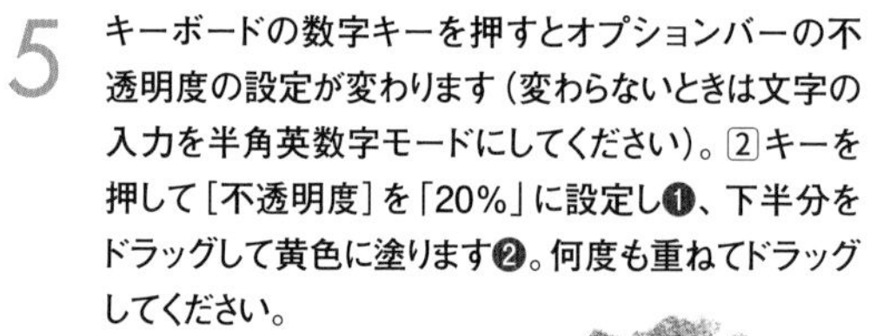

1を押すと10%、2を押すと20%、0を押すと100%になる。連続して数字キーを押すと、その値に設定される

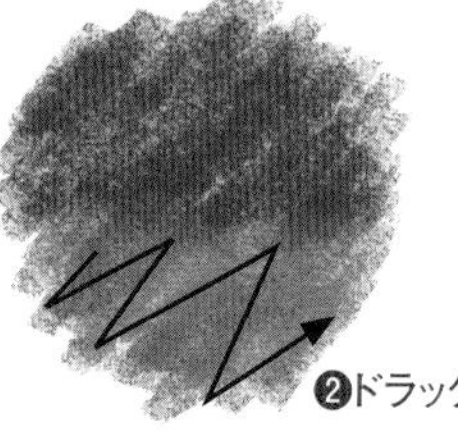

6 0キーを押して[不透明度]を「100%」に戻し❶、ブラシの直径を「20px」に設定します❷。続いて、カラーパネルで、[描画色]を「R=202 G=55 B=40」に設定します❸。

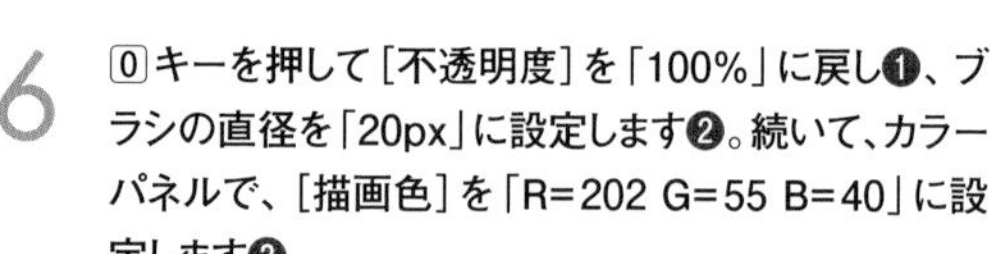

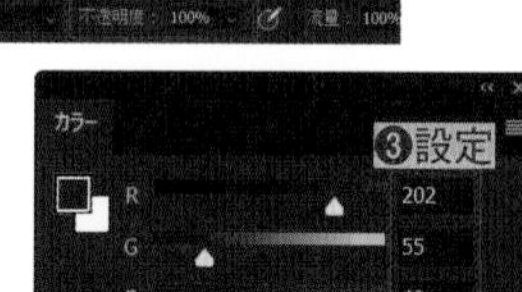

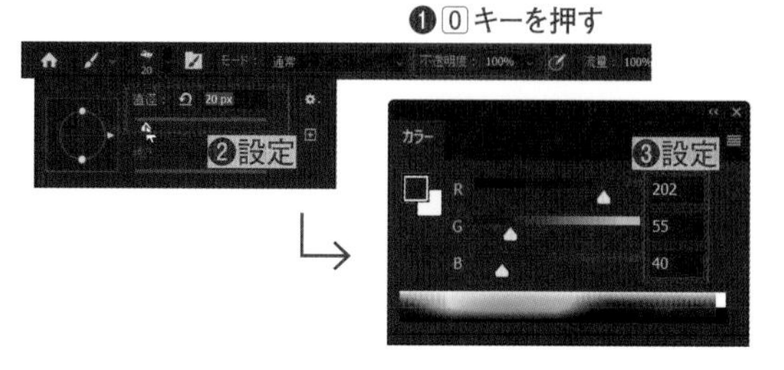

Macでは、キーは次のようになります。 Ctrl → ⌘ Alt → option Enter → return

7 レイヤーパネルで「軸」レイヤーを選択し❶、上部にリンゴの軸をドラッグして描画します❷。色が薄い場合は、何度かドラッグしてください。同様に、「輪郭」レイヤーを選択して輪郭を❸、「くぼみ」レイヤーを選択してくぼみを❹、ドラッグして描画します。

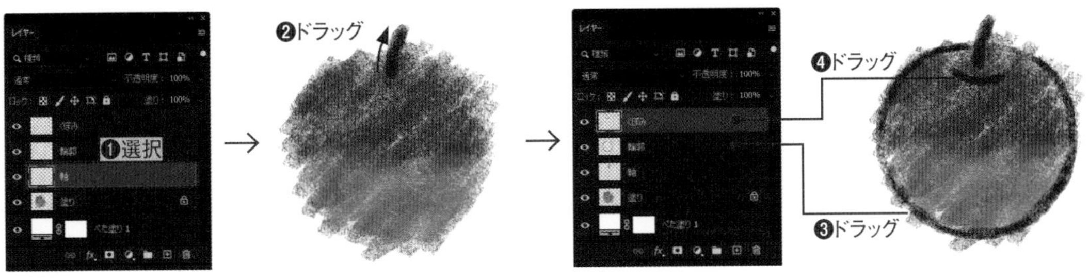

STEP 02 混合ブラシツールでペイントする

2021 2020 2019

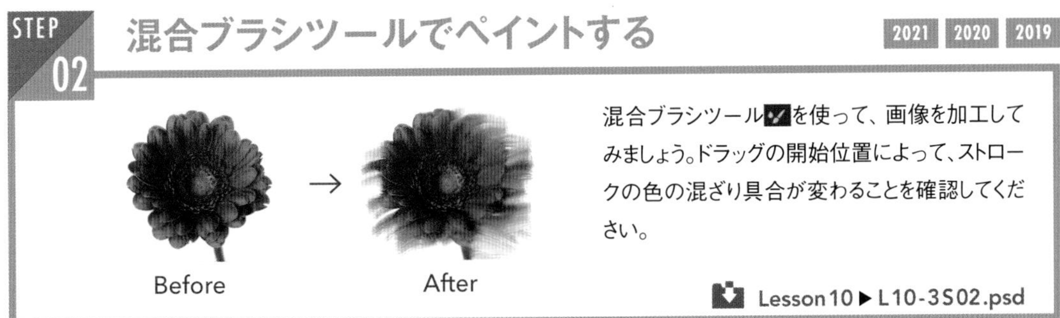

混合ブラシツールを使って、画像を加工してみましょう。ドラッグの開始位置によって、ストロークの色の混ざり具合が変わることを確認してください。

Lesson 10 ▶ L10-3S02.psd

1 レッスンファイルを開き❶、混合ブラシツールを選択します❷。オプションバーからブラシプリセットピッカーを開いて❸、検索バーに「平筆」と入力し❹、[平筆(ファン)ブレンド]を選択します❺。

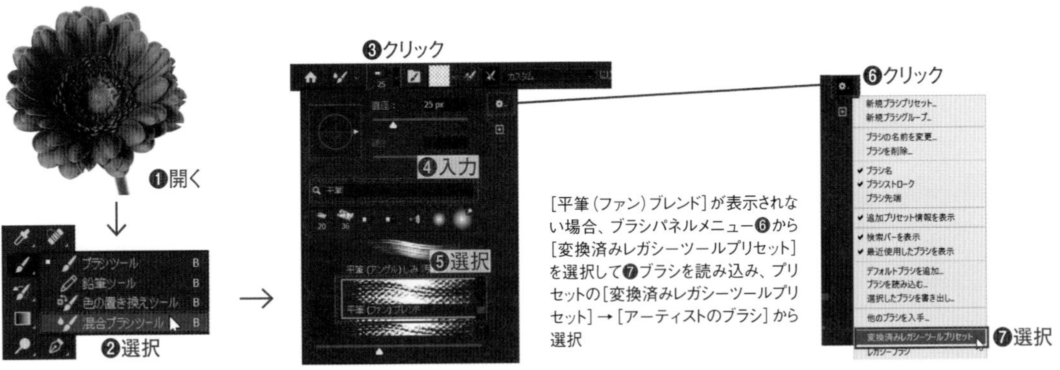

[平筆(ファン)ブレンド]が表示されない場合、ブラシパネルメニュー❻から[変換済みレガシーツールプリセット]を選択して❼ブラシを読み込み、プリセットの[変換済みレガシーツールプリセット]→[アーティストのブラシ]から選択

2 花びらから外側にドラッグします❶。ドラッグした部分の色が混ざり合ったストロークになるので、花の輪郭を消しすぎないよう何度もドラッグします❷。

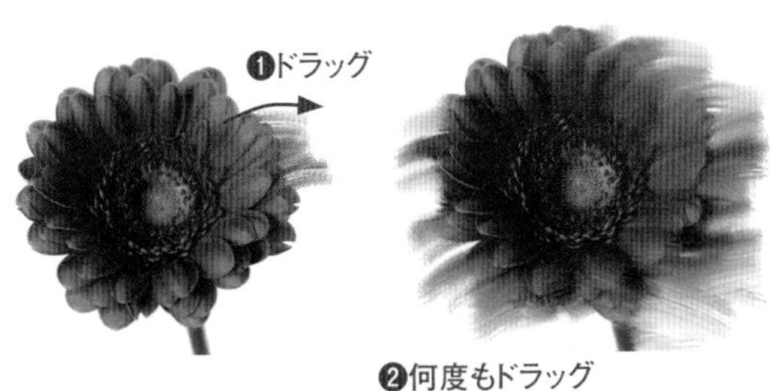

CHECK!

ブラシの直径の変更

各種ブラシ系ツールの直径は、ショートカットキーで変更できます。[キーを押すと直径が小さくなり、]キーを押すと直径が大きくなります。

筆圧を感知するタブレットを使用すると、筆圧に応じてブラシストロークの幅や不透明度に変化をつけながら描画できます。オプションバーのをオンにすると、筆圧でブラシサイズが変化します。をオンにすると、筆圧で不透明度が変化します。

色の設定とペイントの操作 Lesson 10 11 12 13 14 15

STEP 03 消しゴムツールで消去する

2021 2020 2019

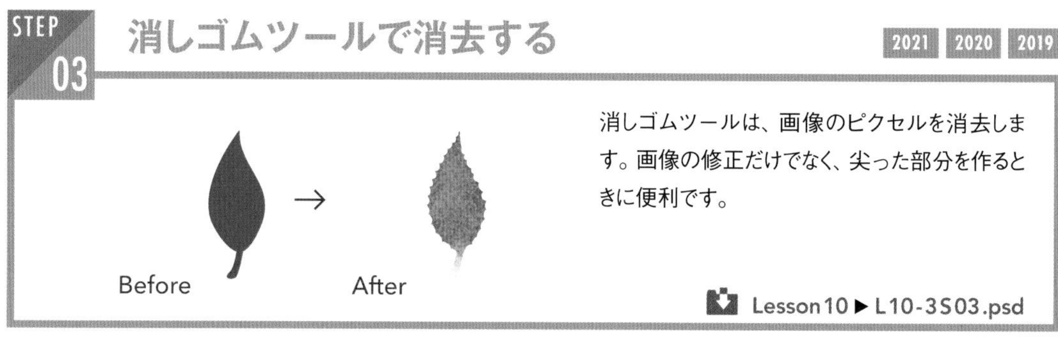

消しゴムツールは、画像のピクセルを消去します。画像の修正だけでなく、尖った部分を作るときに便利です。

Lesson10 ▶ L10-3S03.psd

1　レッスンファイルを開き❶、消しゴムツールを選択します❷。オプションバーの［モード］が［ブラシ］であることを確認し（［ブラシ］以外のときはポップアップメニューから選択）❸、ブラシプリセットピッカーで［汎用ブラシ］の［ハード円ブラシ］を選択し❹、直径を「13px」に設定します❺。続けて、レイヤーパネルで「レイヤー1」レイヤーを選択します❻。

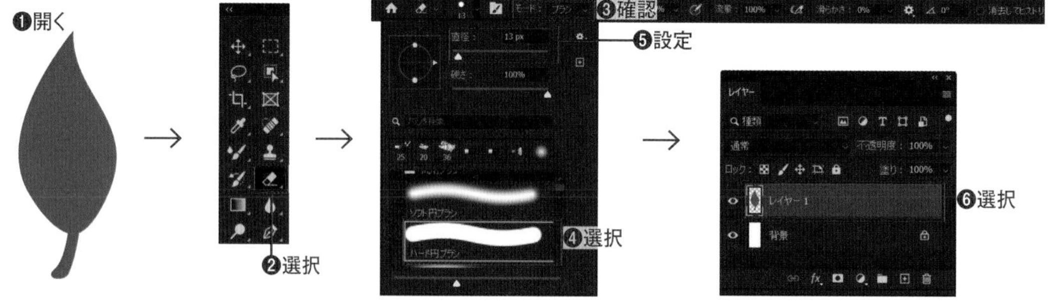

2　葉の縁のエッジをクリックまたはドラッグして、ギザギザにします❶。

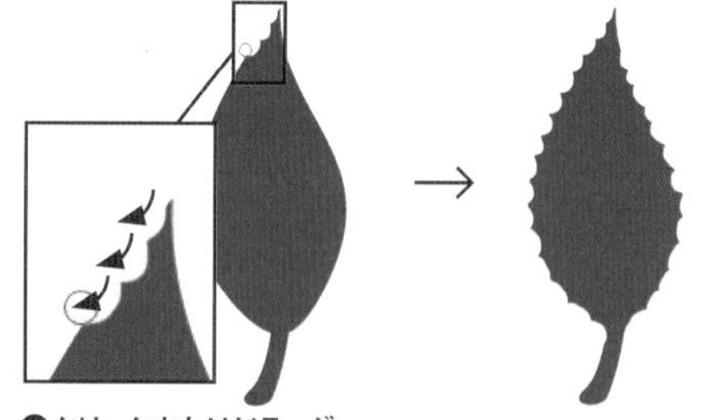

3　オプションバーのブラシプリセットピッカーで［チョーク］を選択し❶、直径を「100px」に設定します❷。［不透明度］を「50%」に設定したら❸、全体をドラッグします❹。最下部は輪郭が見えなくなるぐらいまで何度もドラッグしてください❺。

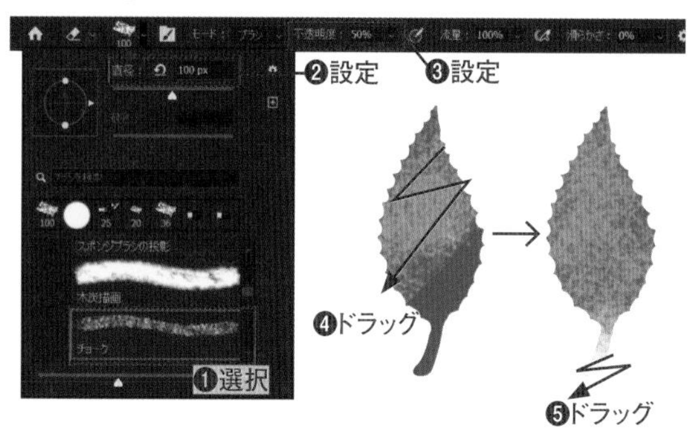

CHECK!

ヒストリーのソース画像で消去する

消しゴムツールの［消去してヒストリーに記録］をチェックすると、ドラッグした範囲をヒストリーパネルのソース画像でペイントできます。ソース画像を、元ファイルに設定すると、間違えてペイントや消去した部分を元に戻すことができます。

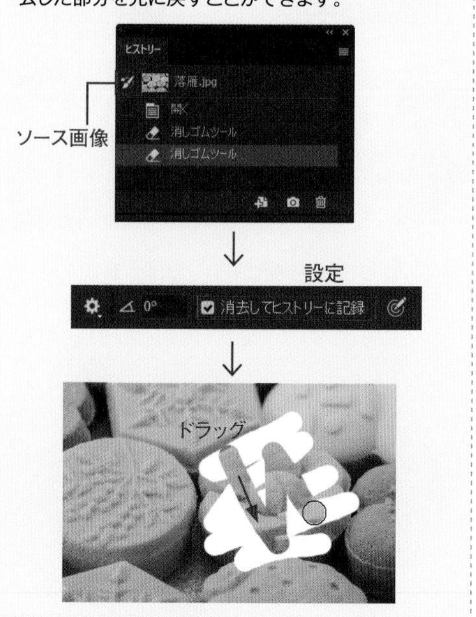

Macでは、キーは次のようになります。 Ctrl → ⌘　Alt → option　Enter → return

STEP 04 指先ツールで加工する

2021 2020 2019

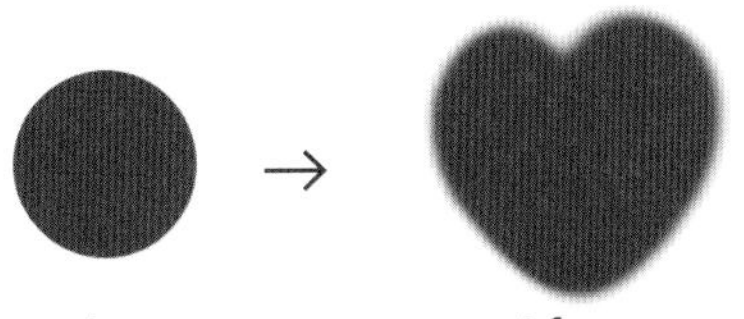

指先ツール は、画像をぼかすレタッチに使用することが多いのですが、すでに描画されている画像を加工して描画するのにも利用できます。

Lesson10 ▶ L10-3S04.psd

1 レッスンファイルを開きます❶。指先ツール を選択します❷。

❶開く

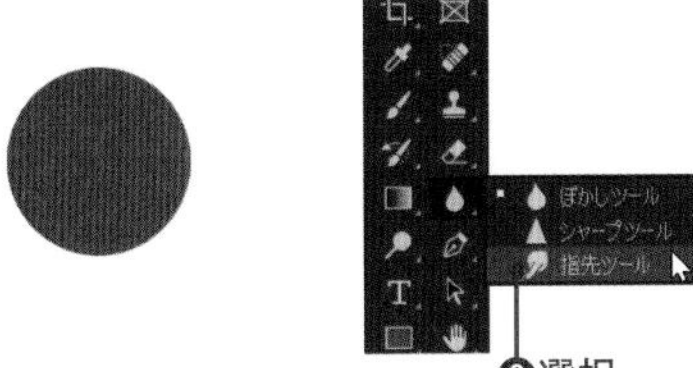

2 オプションバーでブラシプリセットピッカーを開いて［汎用ブラシ］の中の［ソフト円ブラシ］を選択し❶、［直径］を「80px」に設定します❷。［モード］を［通常］❸、［強さ］を「100%」❹、［全レイヤーを対象］と［フィンガーペイント］はオフに設定します❺。続いて、レイヤーパネルで「円」レイヤーを選択します❻。

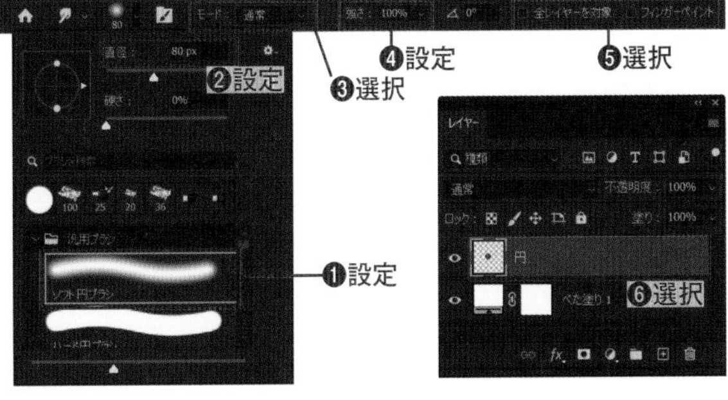

3 円の内側から外側に押し出すようにドラッグします❶。ブラシの形状で円が押し出された形状になるので、何度もドラッグして全体をハート型にします❷。

❷ハート型にする

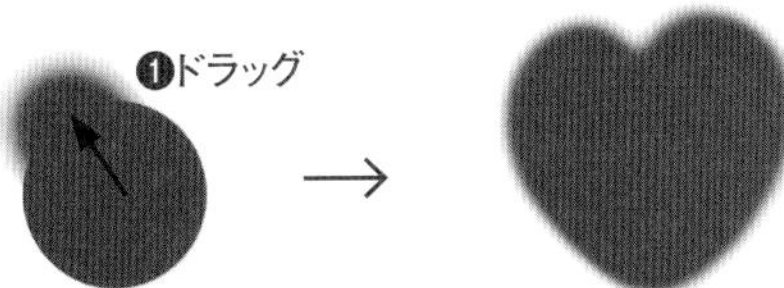

COLUMN

ぼかしツールとシャープツール

指先ツール は、ツールバーでは、画像レタッチ系のツールとして、ぼかしツール とシャープツール と同じグループになっています。ぼかしツール は、ドラッグした部分をぼかすツールです。シャープツール は、ドラッグした部分をシャープにします。

ブラシのカスタマイズ

ブラシ設定パネルで、ブラシをカスタマイズできます。オプションバーのブラシプリセットピッカーを開くボタンの右にある をクリックすると、ブラシパネル設定が開きます。
ブラシ設定パネルの左側にあるオプションセットを選択すると、設定項目がパネルの右側に表示されます。オプションを設定すると、現在の設定で描画できるストロークがプレビュー表示されます。
ブラシ設定パネルメニューの［新規ブラシプリセット］を選択すると、カスタマイズしたブラシをプリセットに保存できます。

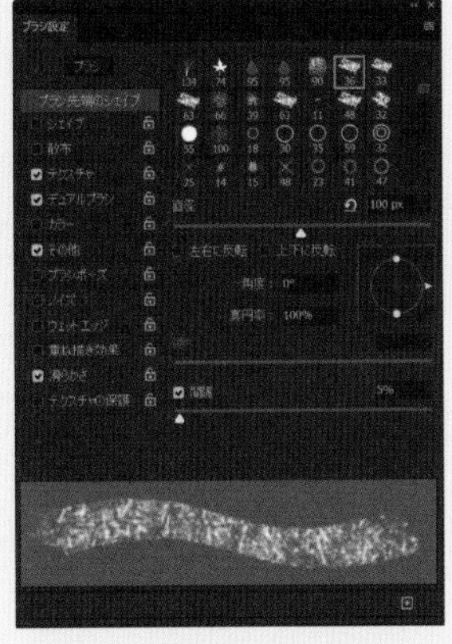

練習問題

Lesson 10 ▶ L10EX1.psd

Q スポイトツールで[描画色]を設定した後、画像の背景にグラデーションで塗りつぶしたレイヤーを作成しましょう。

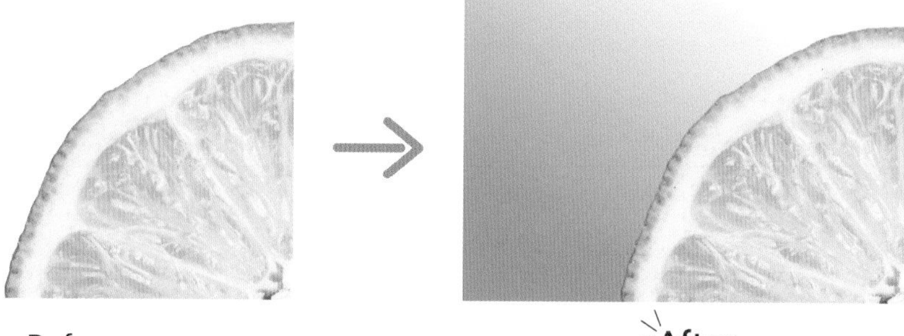

Before　　After

A ❶ツールバーでスポイトツールを選び、濃い緑色の部分をクリックして、描画色に設定します。
❷レイヤーパネルで「背景」レイヤーを選択します。
❸レイヤーパネルで[塗りつぶしまたは調整レイヤーを新規作成]をクリックし、表示されたメニューから[グラデーション]を選びます。
❹[グラデーションで塗りつぶし]ダイアログボックスで、[描画色から透明に]を選択し、[スタイル]は「線形」、[角度]を「60」に設定して[OK]をクリックします。

Lesson 10▶ L10EX2.psd

Q 切り抜いた葉の画像に、ブラシで影をつけましょう。ブラシサイズを大きくして、塗った部分がぼけるようにし、不透明度を下げることで色を調節します。最後に描画モードを[オーバーレイ]に設定します。

Before

After

A ❶レイヤーパネルで「シャドウ」レイヤーを選択します。
❷ツールバーでブラシツールを選びます。
❸オプションバーで、ブラシにプリセットピッカーの[汎用ブラシ]にある[ソフト円ブラシ]を選択します。[不透明度]を「40%」、[不透明度に常に筆圧を〜]は[オフ]に設定します。
❹[描画色]を[ブラック]、[ブラシの直径]を「90px」程度に設定し、葉の下側のエッジに沿って何度かドラッグして影となるように塗ります。
❺レイヤーパネルで、「シャドウ」レイヤーの描画モードを[オーバーレイ]に設定します。

Macでは、キーは次のようになります。 Ctrl → ⌘　Alt → option　Enter → return

Lesson
11

An easy-to-understand guide to Illustrator and Photoshop

レイヤーマスク

Ps

レイヤーマスクを使うと、レイヤー内の画像を部分的に非表示にできます。ぼかしも併用できるので、徐々にフェードアウトする画像にする際に便利な機能です。調整レイヤーにも適用でき、色調補正する部分を細かくコントロールすることができます。慣れないと難しく感じますが、作例を操作しながらしっかり学んでください。

11-1 レイヤーマスクとは

レイヤーマスクとは、レイヤー内の画像の表示／非表示を設定するための機能です。選択範囲の作成と併用することで、元画像をそのままに必要な部分だけを表示できます。

レイヤーマスクの基礎

2021 2020 2019

レイヤーマスク

レイヤーマスクとは、レイヤーの画像を部分的に非表示にするためのマスク機能のことです。
選択範囲を作成後、レイヤーパネルの［レイヤーマスクを追加］（「背景」レイヤーでは［マスクを追加］）をクリックすると、選択した範囲だけが表示され、そのほかの部分はマスクされて非表示となります。レイヤーパネルには、レイヤーマスクサムネールが表示され、表示部分はホワイト、マスクされている非表示部分はブラックで表示されます。選択範囲を作成せずに、レイヤーマスクだけを作成し、後からレイヤーマスクを編集することもできます。

選択範囲を作成

選択範囲からレイヤーマスクが作成され、選択範囲外が非表示になる

レイヤーマスクの仕組みとメリット

レイヤーマスクを作成すると、マスクする部分を定義したレイヤーマスクチャンネルが作成されます。
レイヤーマスクチャンネルは、グレースケールのマスク制御用チャンネルで、ホワイトの部分は表示、ブラックの部分は非表示、グレーの中間色部分は濃度に応じた半透明表示になります。
レイヤーマスクチャンネルは編集可能なので、画像をマスクしたい部分を後から編集できます。また、レイヤーマスクを不使用にして元画像を表示したり、レイヤーマスクそのものを削除して元レイヤーに戻すことも可能です。
元画像を保持しながら不要な部分だけをマスクして非表示にできるのがレイヤーマスクのメリットです。

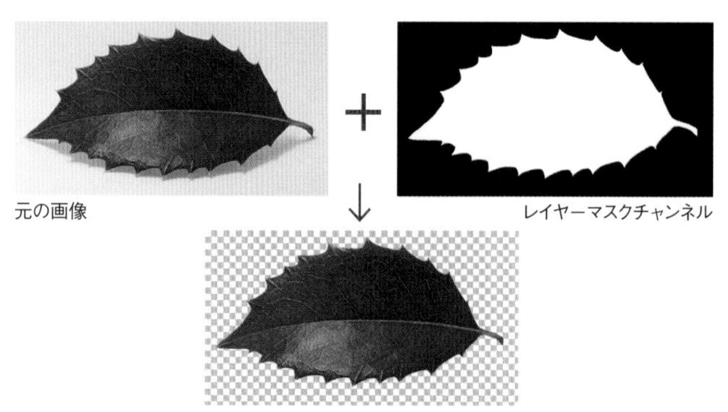

元の画像
レイヤーマスクチャンネル

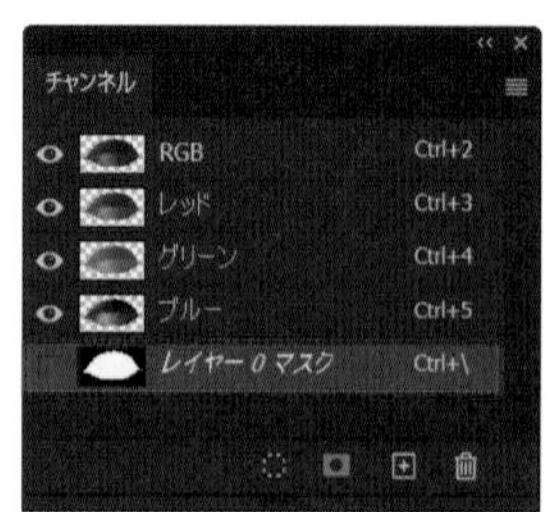

レイヤーマスクを作成したレイヤーを選択すると、チャンネルパネルには制御用のレイヤーマスクチャンネルが表示される

レイヤーマスクの編集

レイヤーマスクを作成したレイヤーでは、レイヤーパネルのレイヤーサムネールをクリックすると、画像の編集が可能になります。画像はマスクされた状態で表示されますが、実際には画像全体を編集できます。

レイヤーマスクサムネールをクリックすると、レイヤーマスクの編集モードとなり、ブラシツールなどでマスク範囲を調整できます。ただし、画像の表示に変化はありません。ホワイトでペイントした範囲は表示され、ブラックでペイントした範囲はマスクされて非表示になります。

レイヤーマスクサムネールを Alt キーを押しながらクリックすると、マスクに使われているグレースケールのレイヤーマスクチャンネルが表示されます。また、Shift キーと Alt キーを押しながらクリックすると、マスク部分が半透明で表示されます。慣れるまでは、これらの表示を使って編集するとよいでしょう。

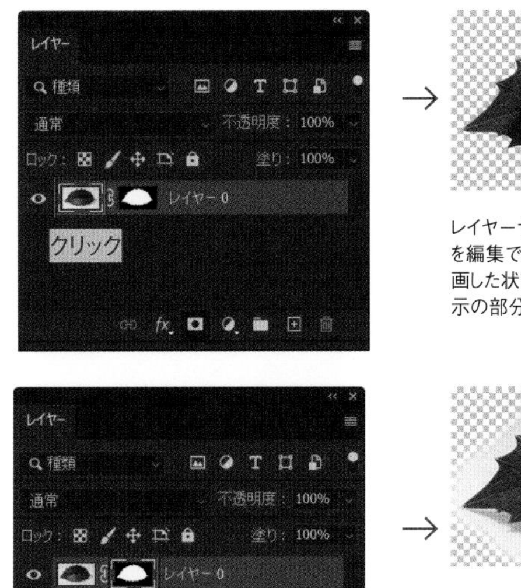

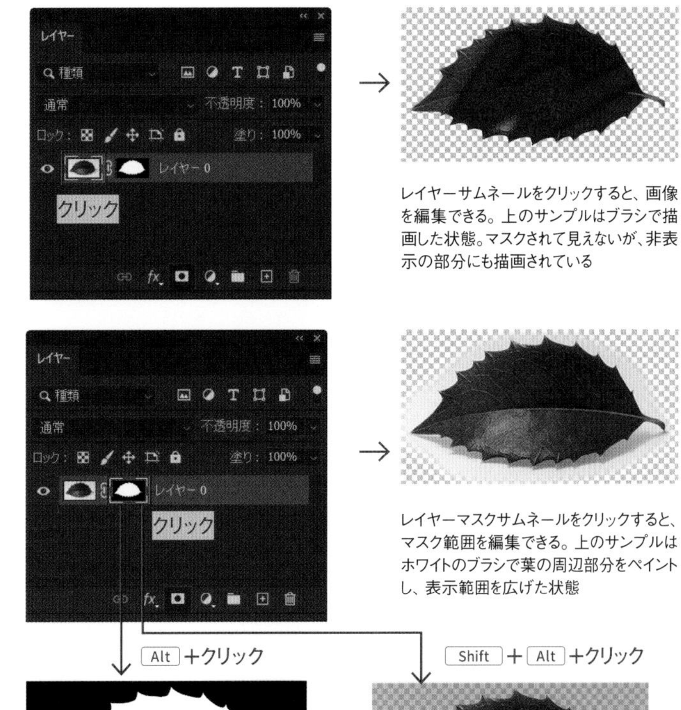

レイヤーサムネールをクリックすると、画像を編集できる。上のサンプルはブラシで描画した状態。マスクされて見えないが、非表示の部分にも描画されている

レイヤーマスクサムネールをクリックすると、マスク範囲を編集できる。上のサンプルはホワイトのブラシで葉の周辺部分をペイントし、表示範囲を広げた状態

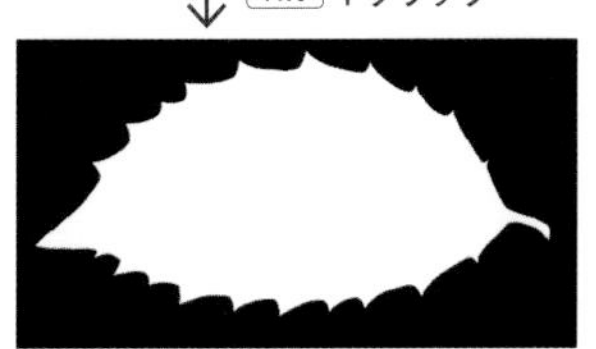

また、レイヤーマスクサムネールを Ctrl キーを押しながらクリックすると、レイヤーマスクから選択範囲を作成できます。レイヤーサムネールとレイヤーマスクサムネールの間に表示されたをクリックすると、画像とレイヤーマスクのリンクが解除され、移動ツールで画像だけまたはレイヤーマスクだけを移動したり変形したりできます。

プロパティパネル

レイヤーパネルのレイヤーマスクサムネールをクリックして選択すると、プロパティパネル（2020以前は属性パネル）にはマスクの設定が表示され、レイヤーマスクの濃度やぼかしなどを設定できます。また、調整機能により、選択範囲の作成と同様に、境界線の調整や、色域指定によるマスク範囲の調整が可能です。

❶レイヤーマスクを作成する（作成済みの場合は選択する）
❷ベクトルマスクを作成する（作成済みの場合は選択する）
❸レイヤーマスクチャンネルの濃度を設定する
❹レイヤーマスクチャンネルにぼかしを設定する
❺［マスクを調整］ダイアログボックスを表示し、境界線の調整が可能となる。選択範囲作成時の［境界線を調整］に準ずる
❻［色域指定］ダイアログボックスを表示し色域指定して、マスク範囲を調整できる
❼マスク範囲を反転する
❽マスクから選択範囲を読み込む
❾マスクされた状態に画像を切り抜く
❿レイヤーマスクの使用・不使用を切り替える
⓫レイヤーマスクを削除する。ダイアログボックスが表示され［適用］をクリックするとマスクしていた領域が消去され、［削除］をクリックするとレイヤーマスクだけが削除され元の状態に戻る

STEP 01

選択範囲からレイヤーマスクを作成

2021 2020 2019

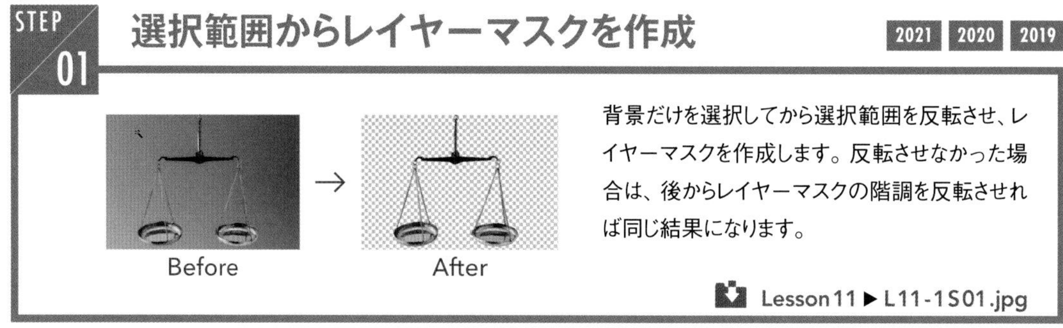

背景だけを選択してから選択範囲を反転させ、レイヤーマスクを作成します。反転させなかった場合は、後からレイヤーマスクの階調を反転させれば同じ結果になります。

Lesson11 ▶ L11-1S01.jpg

選択範囲を作成と反転

1 レッスンファイルを開き、自動選択ツールを選びます❶。オプションバーで[サンプル範囲]を[指定したピクセル]❷、[許容量]を「32」❸、[アンチエイリアス]をチェックし❹、[隣接]のチェックを「オフ」に設定します❺。背景部分をクリックして選択します❻。すべて選択できないので、Shift キーを押しながら未選択の部分をクリックして選択範囲に追加します❼。背景をすべて選択できるまで繰り返してください。

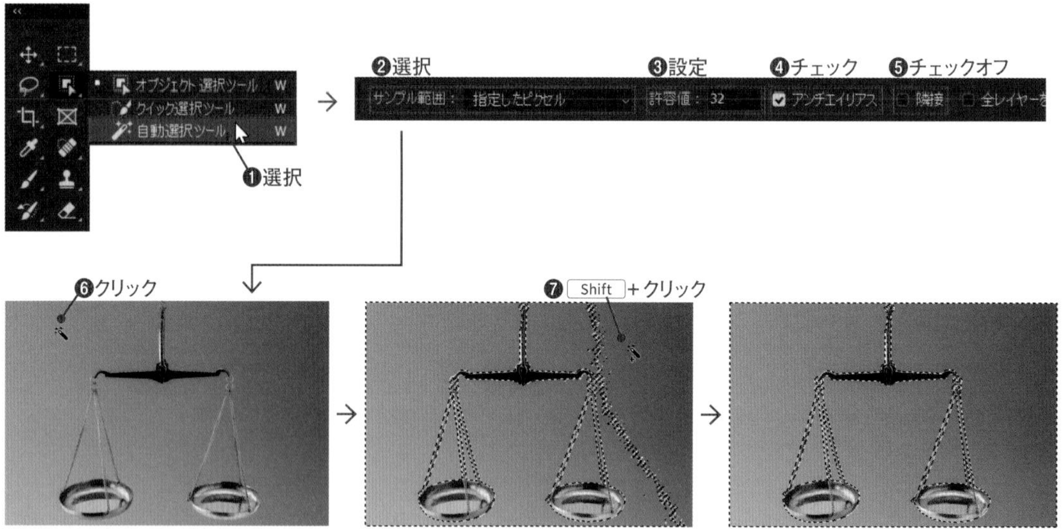

2 [選択範囲]メニュー→[選択範囲の反転]を選びます❶。天秤が選択された状態になります。画像の周囲の選択範囲を表す点線が非表示になっていることを確認してください❷。

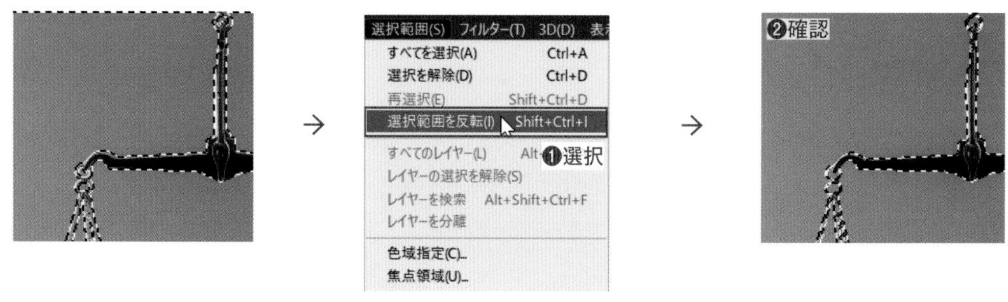

Macでは、キーは次のようになります。 Ctrl → ⌘ Alt → option Enter → return

画像をレイヤーに変換してレイヤーマスクを作成

レイヤーパネルで「背景」レイヤーを選択し❶、[マスクを追加]をクリックします❷。「背景」レイヤーが通常レイヤー（名称は「レイヤー0」）に変換され、選択範囲からレイヤーマスクが作成されて天秤だけが表示された状態になります❸。レイヤーパネルに、レイヤーマスクサムネールが表示されることを確認しておきましょう❹。黒い部分がマスクされている部分で、白い部分が見えている部分です。

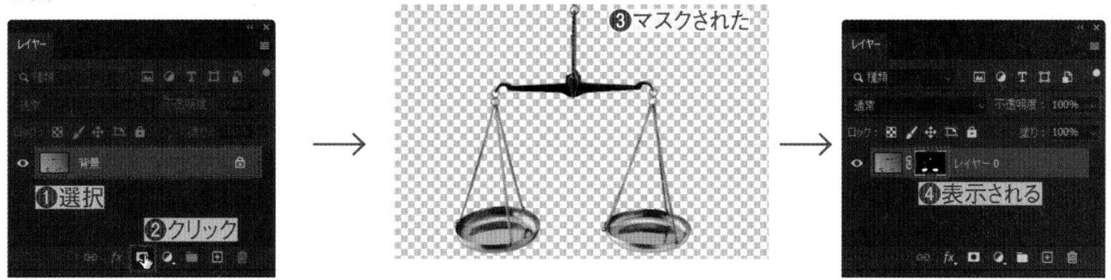

レイヤーマスクの階調の反転

プロパティパネル（2020以前は属性パネル）を表示し[反転]をクリックします❶。表示範囲が反転すること確認したら❷、もう一度クリックして❸、元に戻します❹。画像だけでなく、レイヤーパネルのレイヤーマスクサムネールも反転します。

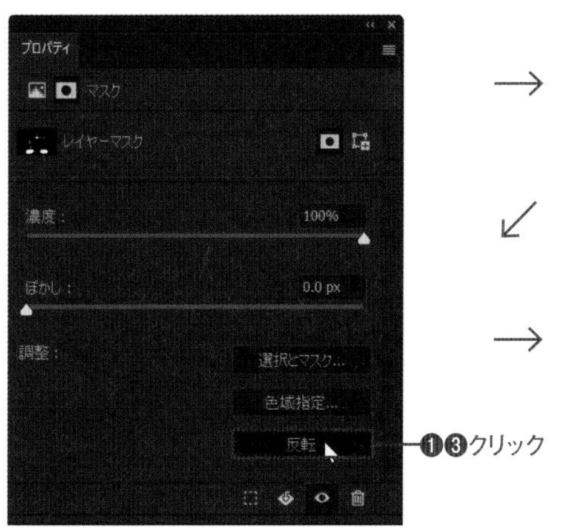

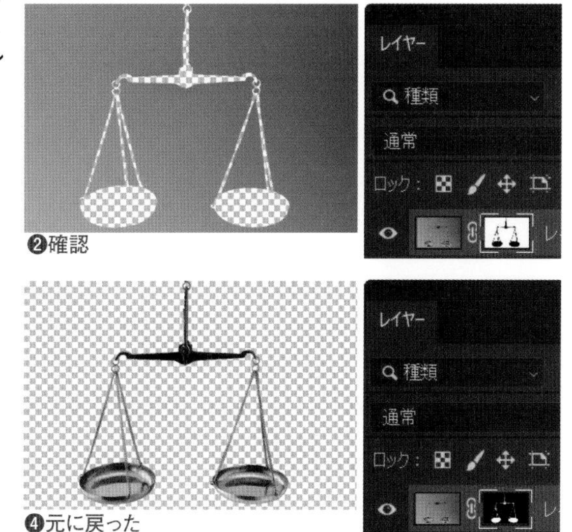

画像とレイヤーマスクの表示を切り替える

1 レイヤーパネルで Alt キーを押しながらレイヤーマスクサムネールをクリックすると❶、レイヤーマスクが表示されます❷。この表示状態で、ブラシツールを使いマスク範囲を調整できます。

2 再度、レイヤーサムネールをクリックし❶、元の画像の表示に戻します❷。

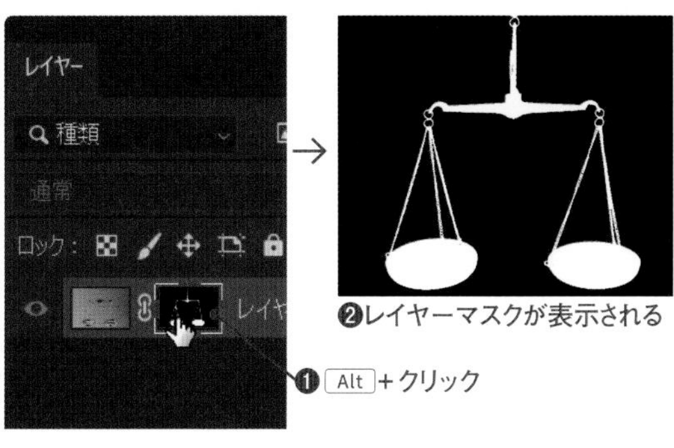

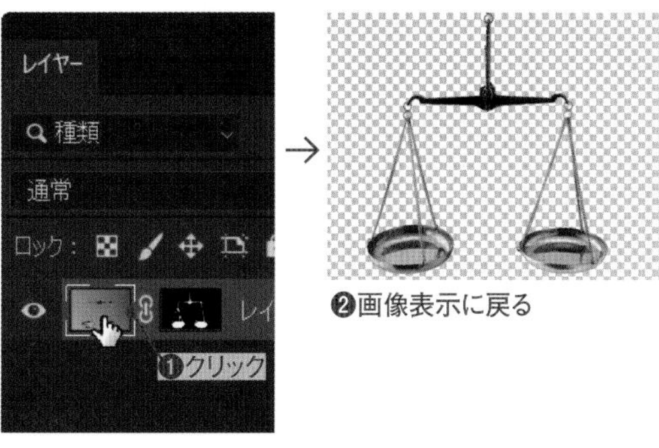

STEP 02 レイヤーマスクをグラデーションで塗る

2021 2020 2019

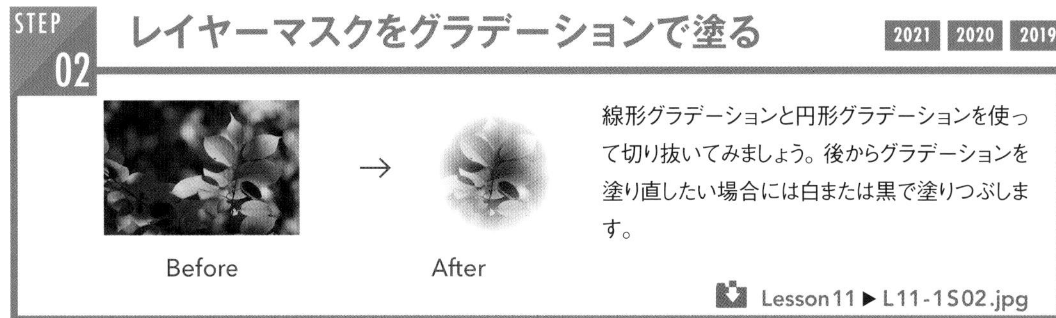

線形グラデーションと円形グラデーションを使って切り抜いてみましょう。後からグラデーションを塗り直したい場合には白または黒で塗りつぶします。

Lesson11 ▶ L11-1S02.jpg

レイヤーマスクを追加して背景にレイヤーを用意

レッスンファイルを開きます。レイヤーパネルで「背景」レイヤーを選択し❶、[マスクを追加]をクリックし、レイヤーマスクを追加します❷。選択範囲を作成していないので、画像はマスクされません。レイヤーパネルでは、レイヤーマスクサムネールが選択された状態になります❸。

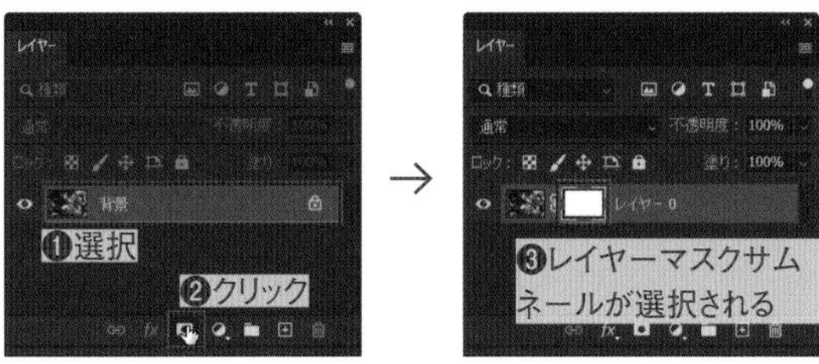

線形グラデーションで垂直に塗る

1 カラーパネルで[描画色]が選択されているのを確認してから❶、[ブラック]をクリックして[描画色]を黒にします❷。続けてグラデーションツールを選びます❸。

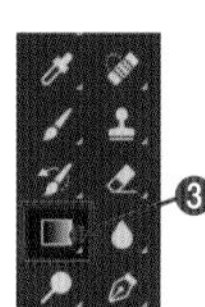

カラーパネルの表示が異なるときは、パネルメニューから[グレースケール]を選択

2 オプションバーで、[クリックでグラデーションピッカーを開く]をクリックして[グラデーションピッカー]を開き❶、[基本]の[描画色から透明に]をクリックして選択します❷。

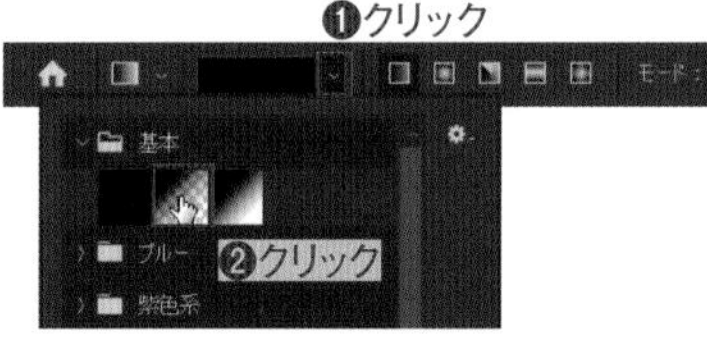

3 続けてオプションバーで[線形グラデーション]を選び❶、[逆方向]のチェックをはずします❷。画面の上から、Shift キーを押しながら短めにドラッグします❸。レイヤーマスクに黒から透明のグラデーションが塗られたので、上側に向けて徐々に透明になります。続けて、画面の下からも、Shift キーを押しながら上に長めにドラッグします❹。下側も透明になります。

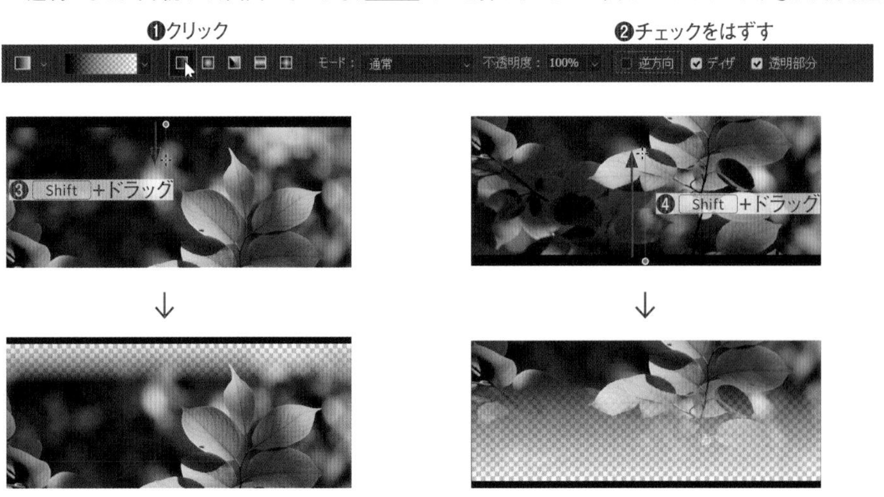

Macでは、キーは次のようになります。 Ctrl → ⌘ Alt → option Enter → return

背景にべた塗りレイヤーを追加

1　レイヤーパネルで[塗りつぶしまたは調整レイヤーを新規作成]をクリックし、表示されたメニューから[べた塗り]を選びます❶。表示された[カラーピッカー(べた塗りのカラー)]ダイアログボックスで左上を選択して[ホワイト]に設定し❷、[OK]をクリックします❸。ホワイトで塗りつぶされた新しいレイヤーが追加され❹、画面は白くなります❺。

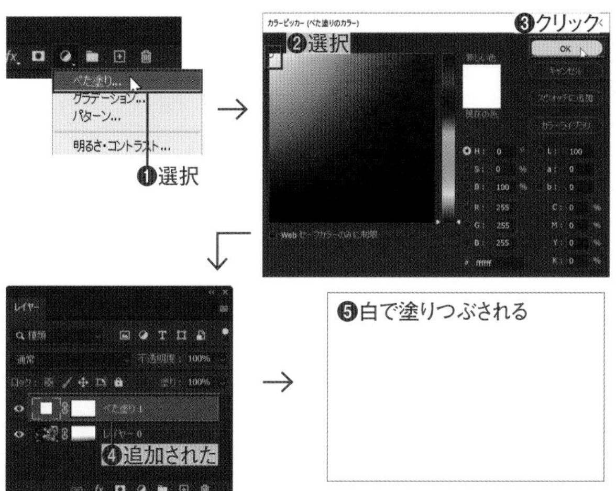

2　「べた塗り1」レイヤーを「レイヤー0」レイヤーの下にドラッグして移動します❶。透明部分から背景の白が見えるようになります❷。

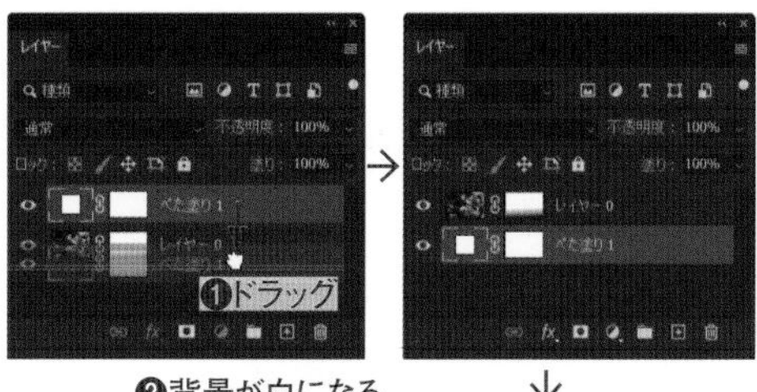

レイヤーをコピーしてレイヤーマスクを塗りつぶす

1　レイヤーパネルで「レイヤー0」レイヤーを[新規レイヤーを作成]の上にドラッグして、レイヤーをコピーします❶。「レイヤー0のコピー」レイヤーができるので、「レイヤー0」レイヤーの👁をクリックして非表示にします❷。

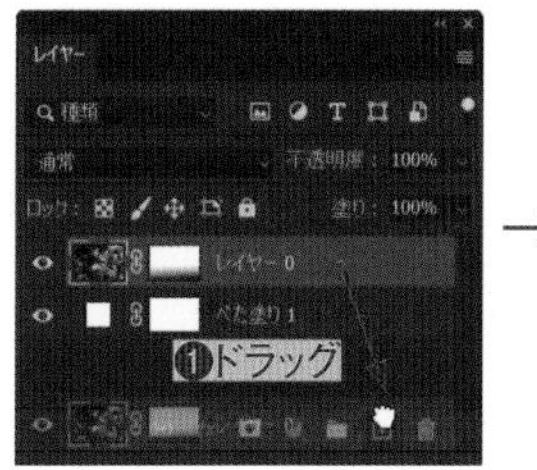

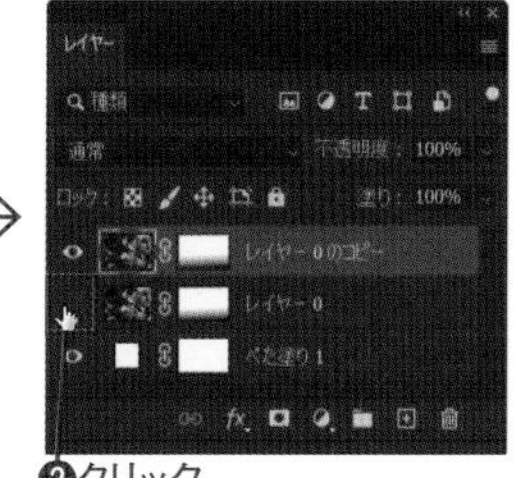

2　「レイヤー0のコピー」レイヤーのレイヤーマスクサムネールをクリックして選択します❶。[編集]メニュー→[塗りつぶし]を選びます❷。[塗りつぶし]ダイアログボックスが表示されるので、[内容]に[ブラック]を選んで❸、[OK]をクリックします❹。レイヤーマスクが黒く塗りつぶされるため、「レイヤー0のコピー」レイヤーは全体がマスクされて透明になり、最背面の白で塗りつぶした「べた塗り1」レイヤーが表示されます❺。

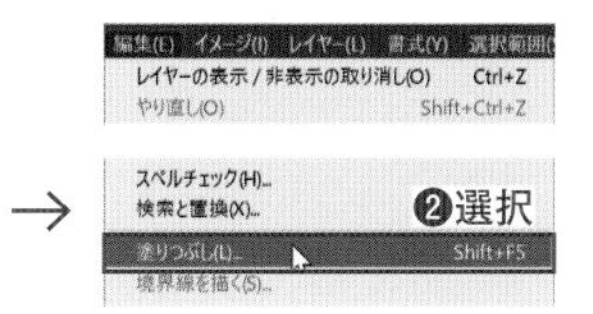

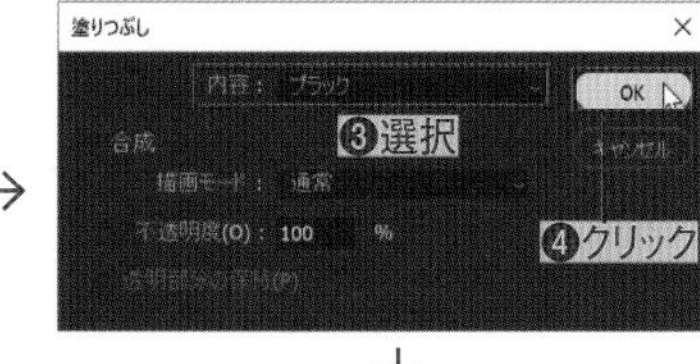

❺最背面のレイヤーが表示される

CHECK!

レイヤーマスクの色と透明度

レイヤーマスクの色と画像の関係をしっかり覚えておきましょう。[ブラック]の部分はマスクされ、[ホワイト]の部分は画像が完全に表示されます。グレーの部分は濃さに応じて半透明になります。

3 「レイヤー0のコピー」レイヤーのレイヤーマスクサムネールをクリックして選択し❶、プロパティパネル(2020以前は属性パネル)で[濃度]を「80%」に設定します❷。「レイヤー0のコピー」レイヤーの画像が薄く表示されます。

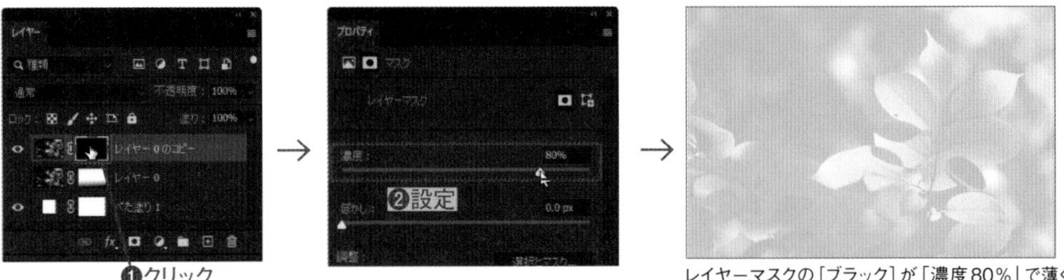

レイヤーマスクの[ブラック]が「濃度80%」で薄くなったため、完全な透明ではなくなり、画像が薄く表示される

円形グラデーションで塗る

1 ツールバーの[描画色と背景色を初期設定に戻す]をクリックし❶、[描画色]を[ホワイト]にします。続いてグラデーションツールを選び❷、オプションバーで[クリックでグラデーションを編集]をクリックします❸。[グラデーションエディター]ダイアログボックスが表示されるので、スライダー上の左側の不透明度の分岐点を「20%」の位置にドラッグして移動し❹、[OK]をクリックします❺。次に、[円形グラデーション]をクリックします❻。

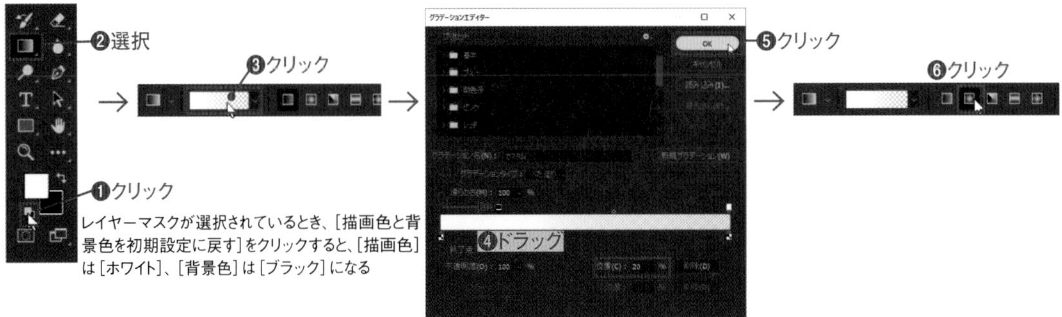

レイヤーマスクが選択されているとき、[描画色と背景色を初期設定に戻す]をクリックすると、[描画色]は[ホワイト]、[背景色]は[ブラック]になる

2 レイヤーパネルで「レイヤー0のコピー」レイヤーのレイヤーマスクサムネールをクリックします❶。右中央部の枝の中心部から、葉先くらいまで Shift キーを押しながらドラッグします❷。レイヤーマスクが白から透明になるグラデーションで塗られたので、ドラッグの始点から徐々に透明になるマスクとなります❸。

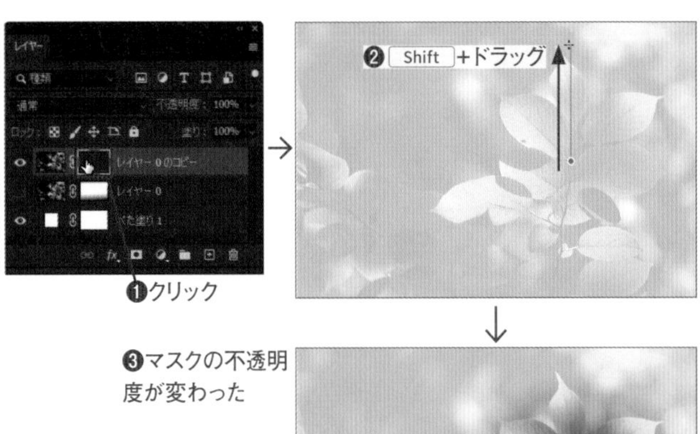

3 プロパティパネル(2020以前は属性パネル)で[濃度]を「100%」に戻します❶。レイヤーマスクの[ブラック]が100%の部分は完全な透明となり、背景の白が表示表示されます❷。

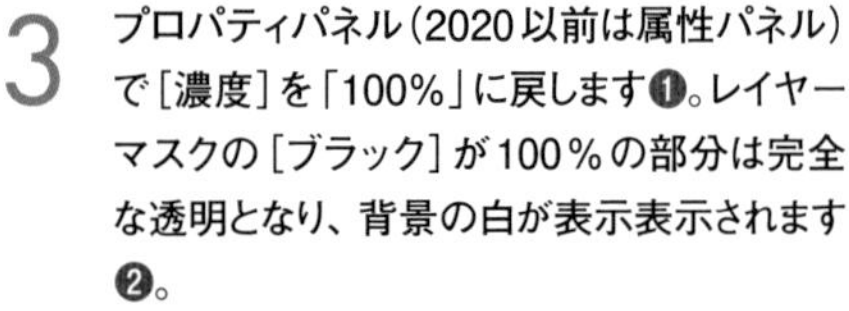

❷背景の白が表示された

Macでは、キーは次のようになります。 Ctrl → ⌘ Alt → option Enter → return

STEP 03 調整レイヤーの適用範囲の調整

2021 2020 2019

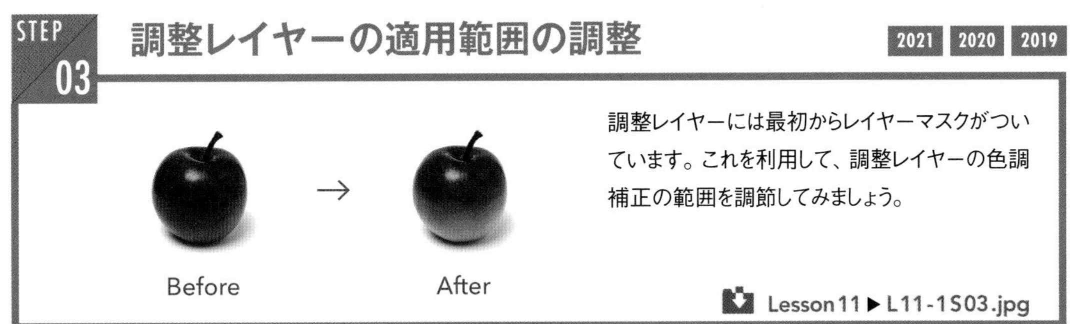

調整レイヤーには最初からレイヤーマスクがついています。これを利用して、調整レイヤーの色調補正の範囲を調節してみましょう。

1　レッスンファイルを開きます❶。レイヤーパネルの［塗りつぶしまたは調整レイヤーを新規作成］をクリックし❷、表示されたメニューから［色相・彩度］を選びます❸。表示されたプロパティパネル（2020以前は属性パネル）で、［色相］を「+60」に設定します❹。リンゴの色が変わります❺。

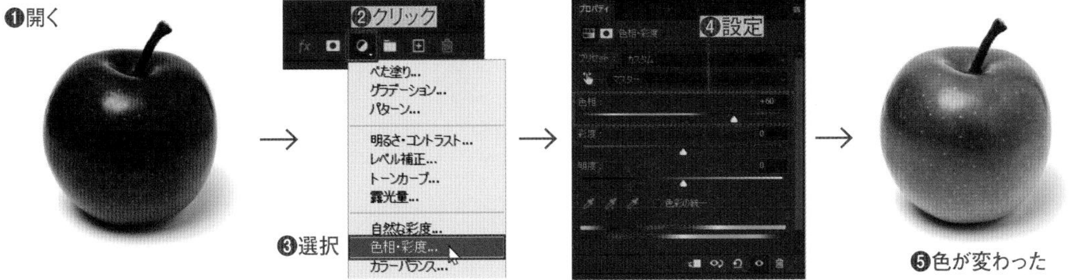

2　ツールバーでブラシツールを選びます❶。オプションバーでブラシプリセットピッカーを開き❷、［汎用ブラシ］の［ソフト円ブラシ］を選択し❸、［直径］を「250px」に変更します❹。［不透明度］が「100%」であることを確認します❺。続けてカラーパネルで［描画色］が選択されているのを確認してから❻、［ブラック］をクリックして［描画色］を［ブラック］にします❼。

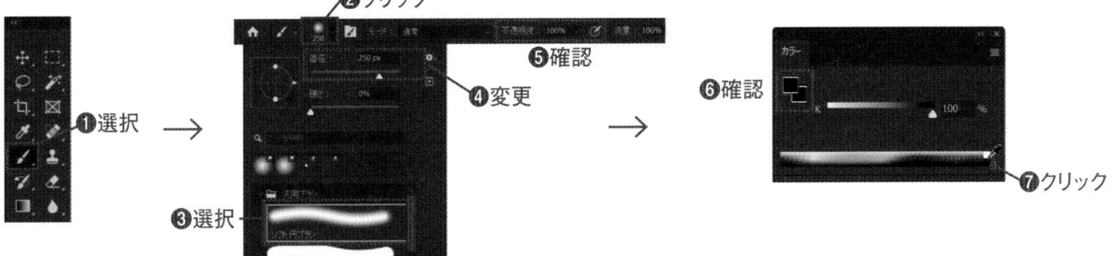

3　レイヤーパネルで調整レイヤーのレイヤーマスクサムネールが選択されているのを確認し❶、リンゴの上1/4くらいをドラッグして塗ります❷。ブラックで塗ると、調整レイヤーの適用が消え、元のリンゴの色になります（調整レイヤーがマスクされるので不適用になります）。続いて、オプションバーで［不透明度］を「10%」に設定して❸、中間をぼかすようにドラッグします❹。塗りすぎた場合は［描画色］を［ホワイト］に変更し❺、消すように塗ります❻。

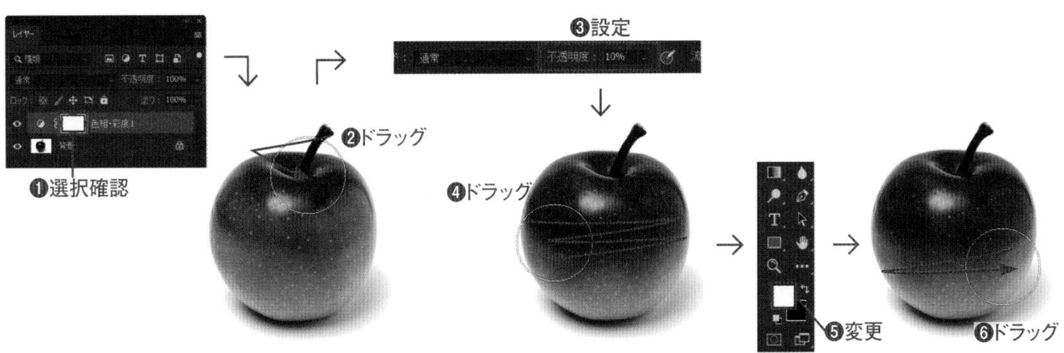

STEP 04

べた塗りレイヤーのマスクをブラシで塗る

2021 2020 2019

Before → After

べた塗りレイヤーを追加し、レイヤーマスクで背景画像を表示する窓を作成します。調整レイヤーのレイヤーマスクチャンネルに、色調補正コマンドを使ってみましょう。

Lesson11 ▶ L11-1S04.jpg

べた塗りレイヤーを作成しブラシで描く

1 レッスンファイルを開きます❶。レイヤーパネルの［塗りつぶしまたは調整レイヤーを新規作成］をクリックし❷、表示されたメニューから［べた塗り］を選びます❸。表示された［カラーピッカー（べた塗りのカラー）］ダイアログボックスで左上を選択して❹、［ホワイト］に設定して［OK］をクリックします❺。ホワイトで塗りつぶされた新しいレイヤーが追加されるので、レイヤーパネルの［不透明度］を「80%」に設定し❻、背景画像が薄く見えるようにします。

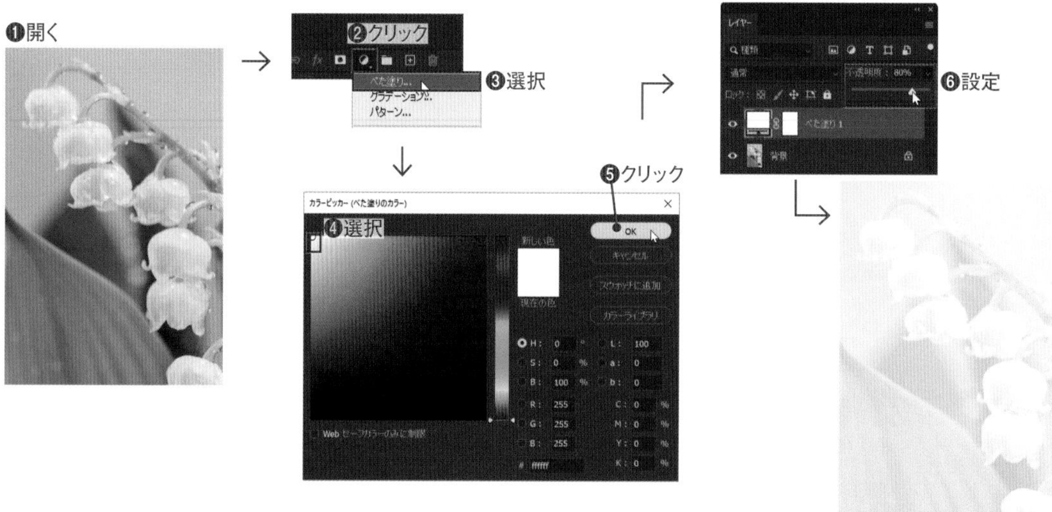

2 ツールバーでブラシツールを選びます❶。オプションバーでブラシプリセットピッカーを開き❷、［粗い刷毛（丸）］をクリックして選びます❸。［不透明度］を「100%」に設定します❹。

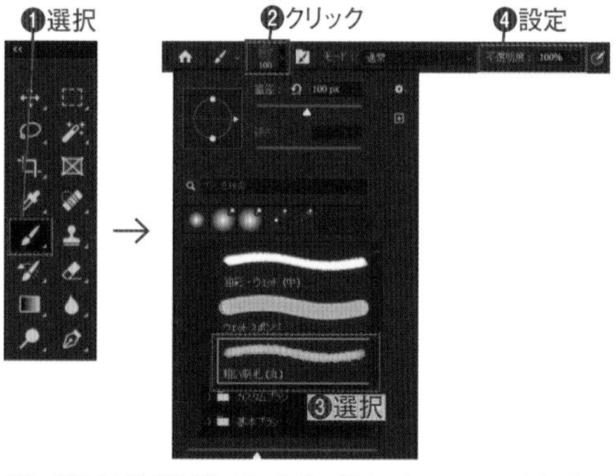

［粗い刷毛（丸）］が表示されない場合、ブラシパネルメニューから［レガシーブラシ］を選択してブラシを読み込み、プリセットの［レガシーブラシ］→［初期設定ブラシ］から選択

3 レイヤーパネルでレイヤーマスクサムネールをクリックして選択します❶。カラーパネルで［描画色］が選択されているのを確認してから❷、［ブラック］をクリックして描画色を黒にします❸。画面上でドラッグします❹。

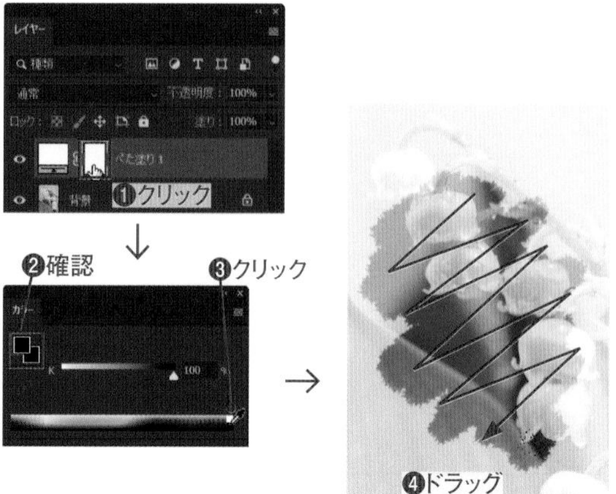

Macでは、キーは次のようになります。 Ctrl → ⌘ Alt → option Enter → return

マスクのグレースケール画像を確認する

1　[Alt]キーを押しながらレイヤーマスクサムネールをクリックして❶、マスクだけを表示してみます。

2　[イメージ]メニュー→[色調補正]→[2階調化]を選びます❶。画面を見ながら、表示された[2階調化]ダイアログボックスの[しきい値]を、毛先のかすれが表示されるように調節し❷、[OK]をクリックします❸。

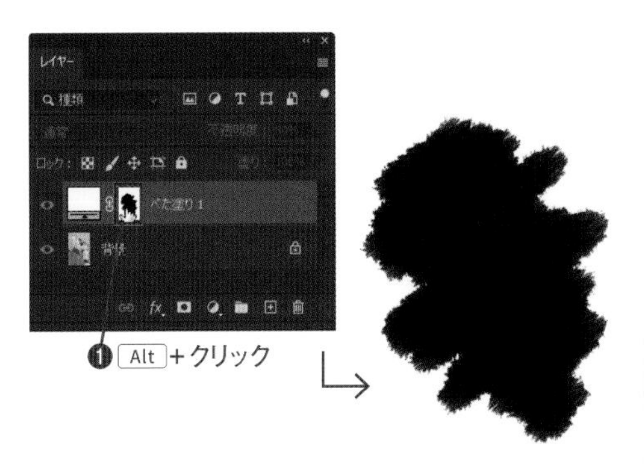

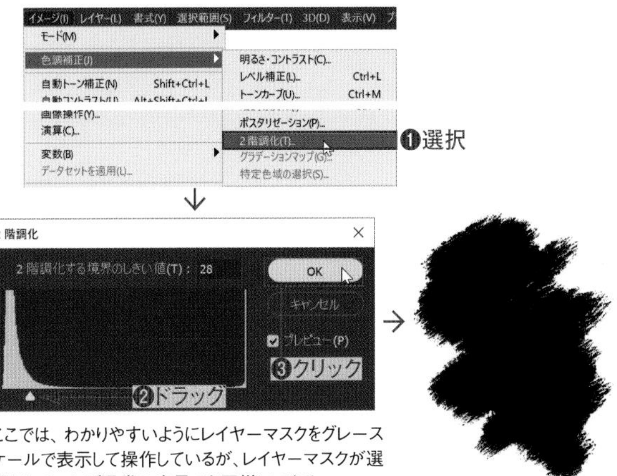

ここでは、わかりやすいようにレイヤーマスクをグレースケールで表示して操作しているが、レイヤーマスクが選択されていれば通常の表示でも同様にできる

3　調整レイヤーのレイヤーサムネールをクリックして通常の表示に戻します❶。移動ツールを選び❷、ドラッグしてブラシで塗った部分（マスクされていない部分）を移動します❸。調整レイヤーのマスクの位置が移動し、背景が見える部分が変わることを確認します。移動しないときは、ブラシで塗っていない部分をドラッグしてください。

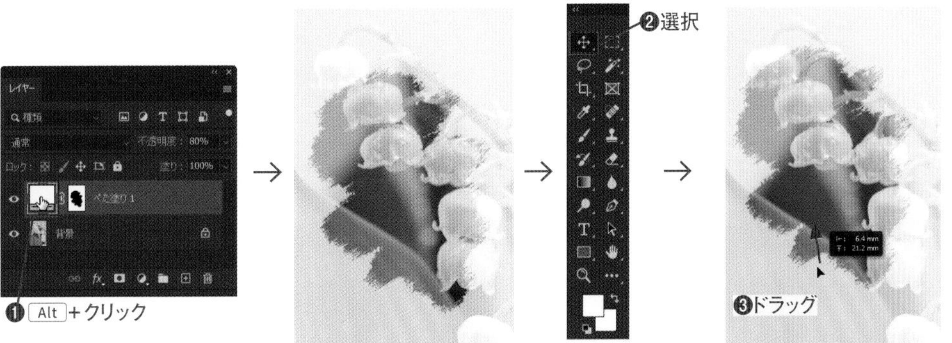

4　確認したら続けて[Ctrl]キーを押しながら[Z]キーを押して、位置を元に戻します❶。最後にレイヤーパネルで、[不透明度]を「100%」に戻します❷。ブラシで塗った部分だけが表示されるようになりました❸。

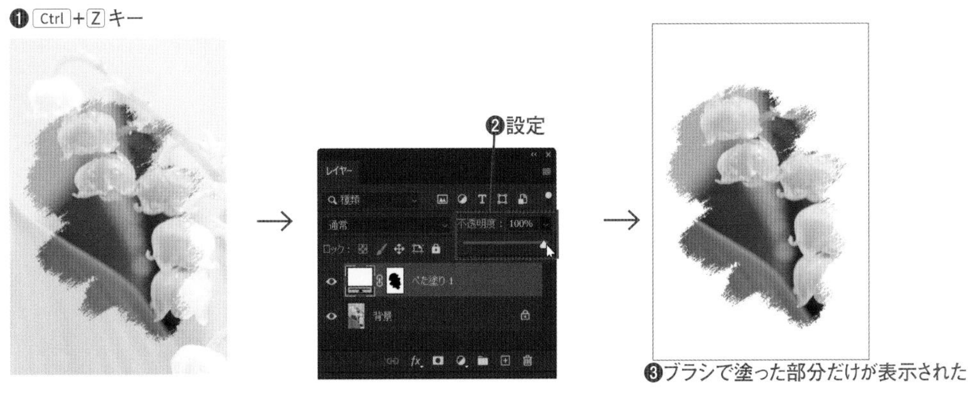

STEP 05 ラフに切り抜いてぼかす

2021 2020 2019

Before → After

おおまかな形を描いてからレイヤーマスクを作成し、プロパティパネル（2020以前は属性パネル）でぼかします。ぼかし幅はいつでも調整しなおせるので便利です。

Lesson11 ▶ L11-1S05.psd

1 レッスンファイルを開きます。このファイルには、背景に黄色で塗りつぶした「べた塗り1」レイヤーがあり、前面の「レイヤー0」レイヤーに植物の画像があります。ツールバーでなげなわツール を選びます❶。レイヤーパネルで、「レイヤー0」レイヤーを選択し❷、画面上でおおまかにドラッグして選択範囲を作成します❸。

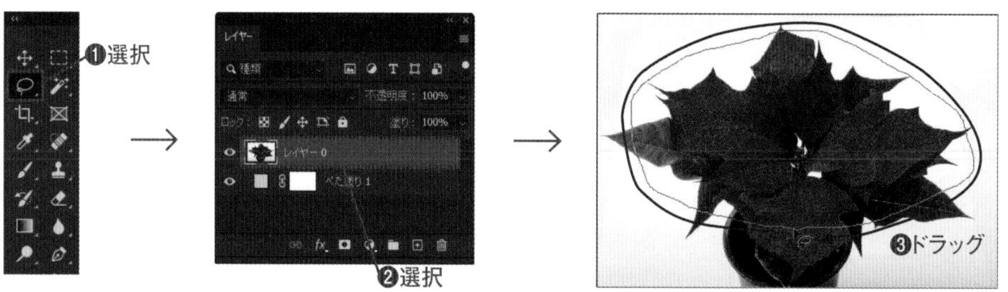

2 レイヤーパネルで「レイヤー0」レイヤーが選択された状態で、［レイヤーマスクを追加］をクリックします❶。選択範囲がレイヤーマスクとなるので、選択範囲外は、背面の「べた塗り1」レイヤーが表示されます❷。レイヤーパネルでは、レイヤーマスクサムネールが選択されます❸。

❷レイヤーマスクが作成された

3 プロパティパネル（2020以前は属性パネル）で、［ぼかし］を「40px」程度にドラッグして設定します❶。レイヤーマスクの境界線にぼかしが適用されます❷。このように、レイヤーマスクの境界線のぼかし幅は、プロパティパネル（2020以前は属性パネル）で調節できます。

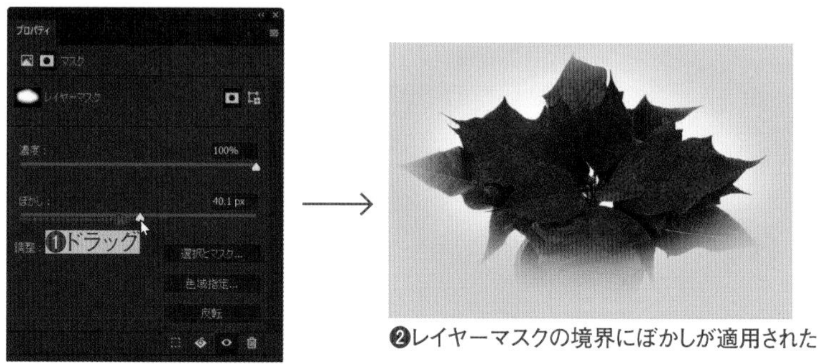

❷レイヤーマスクの境界にぼかしが適用された

Macでは、キーは次のようになります。 Ctrl → ⌘ Alt → option Enter → return

4　レイヤーパネルで「レイヤー0」レイヤーが選択されていることを確認し❶、[描画モード]で[焼き込み(リニア)]を選びます❷❸。[描画モード]は、Illustratorと同様に重なった画像の色を合成する機能です。[焼き込み(リニア)]は、Illustratorにはない[描画モード]で、背面の色を暗くして明るさを落として前面の色を合成します。白い部分は合成されないため、背面の色がそのまま残ります❹。

5　レイヤーパネルでレイヤーマスクサムネールを右クリックし❶、表示されたメニューから[レイヤーマスクを使用しない]を選びます❷。レイヤーマスクが不使用になり、サムネールに「×」が表示されます❸。画像は、「レイヤー0」レイヤーに描画モードが適用された状態となります❹。

6　効果を確認したら再びレイヤーマスクサムネールを右クリックして❶、[レイヤーマスクを使用]を選び❷、元に戻します。

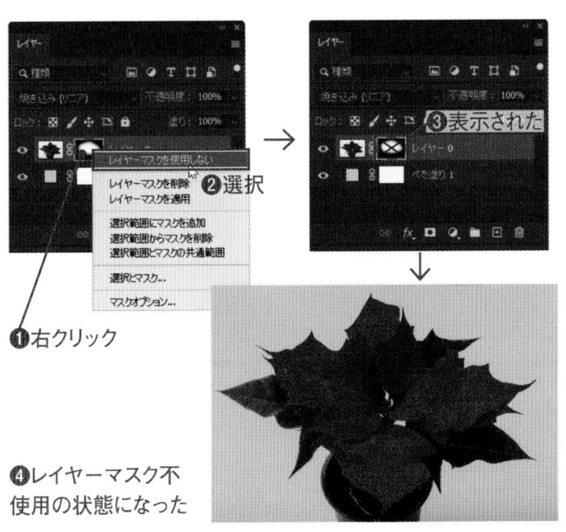

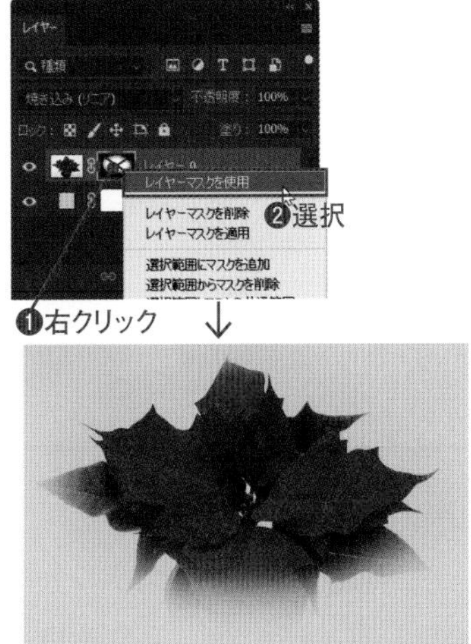

COLUMN

ベクトルマスク

Photoshopでは、パスからもマスクを作成でき、これを「ベクトルマスク」といいます（パスの詳細はP.274の「パスとシェイプ」を参照）。ベクトルマスクは、パスを選択し、レイヤーパネルの[マスクを追加]を Ctrl キーを押しながらクリックすると作成できます。ベクトルマスクでは、表示・非表示の領域は、ベクトルマスク用のパスが作成され、レイヤーマスク同様に後から編集することも可能です。また、レイヤーマスクとベクトルマスクを併用することも可能です。その場合、レイヤーマスクの表示領域にベクトルマスクが適用されます。

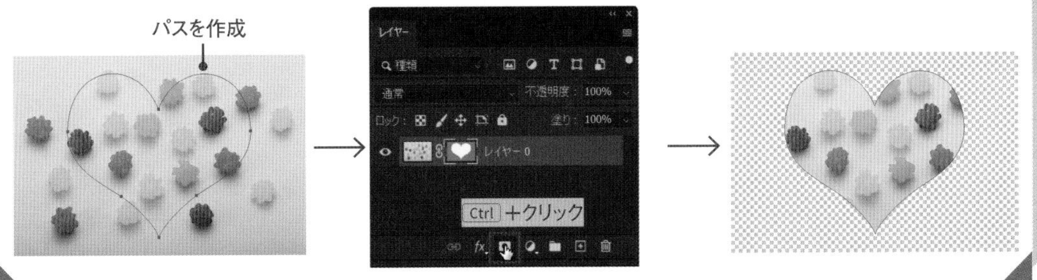

STEP 06 クリッピングマスクで切り抜く

2021 2020 2019

Before → After

クリッピングマスクを使うと、前面レイヤーの画像をすぐ下のレイヤーの画像を使って切り抜きできます。レイヤーマスクとは異なりますが、覚えておきたい機能です。

Lesson11 ▶ L11-1S06.psd

1 レッスンファイルを開きます。スポイトツールを選択し❶、画像の淡いグリーンの部分をクリックします❷。クリックした箇所の色が［描画色］に設定されます❸。レイヤーパネルの［塗りつぶしまたは調整レイヤーを新規作成］をクリックし、表示されたメニューから［べた塗り］を選びます❹。［カラーピッカー(べた塗りのカラー)］ダイアログボックスが表示されるので、そのまま［OK］をクリックします❺。選択した色で塗りつぶしレイヤーが作成されます。

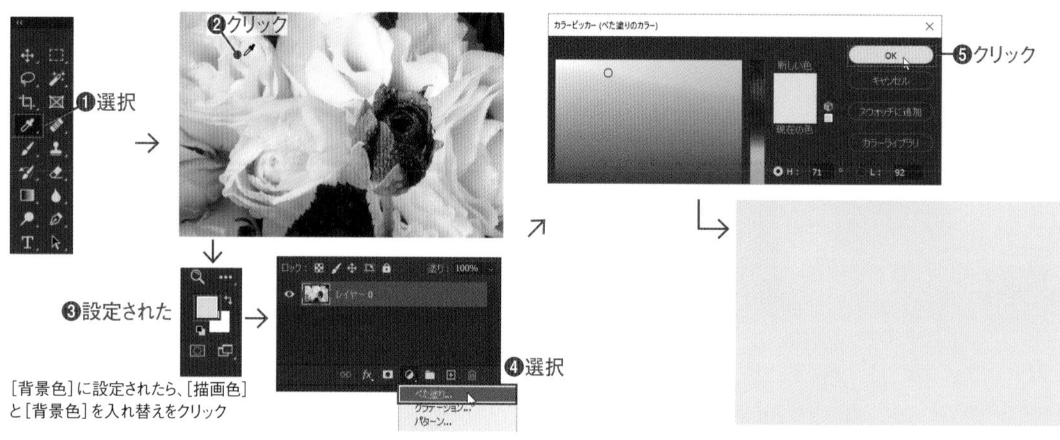

［背景色］に設定されたら、［描画色］と［背景色］を入れ替えをクリック

2 レイヤーパネルで「べた塗り1」レイヤーを「レイヤー0」レイヤーの下にドラッグして移動します❶。

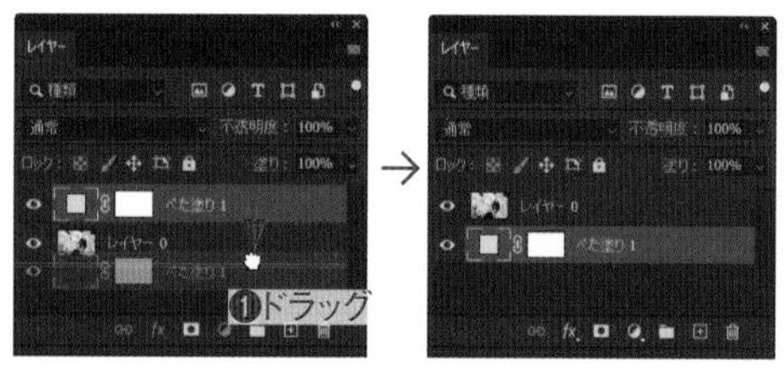

3 「レイヤー0」レイヤーをクリックして選択します❶。ツールバーで横書き文字ツールを選び❷、［描画色と背景色を初期設定に戻す］をクリックし❸、［描画色］を［ブラック］にします。

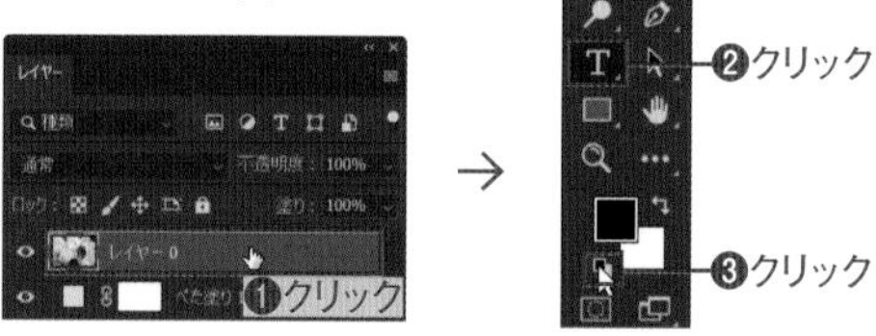

4 オプションバーで［フォント］に「小塚明朝Pr6N」の「H」を選び❶、［サイズ］に「100pt」と入力❷、［左揃え］を選択します❸。画面の任意の場所をクリックし「PS」とテキストを入力します❹。入力したら、移動ツールを選び❺、ドラッグして文字を左下に移動します❻。

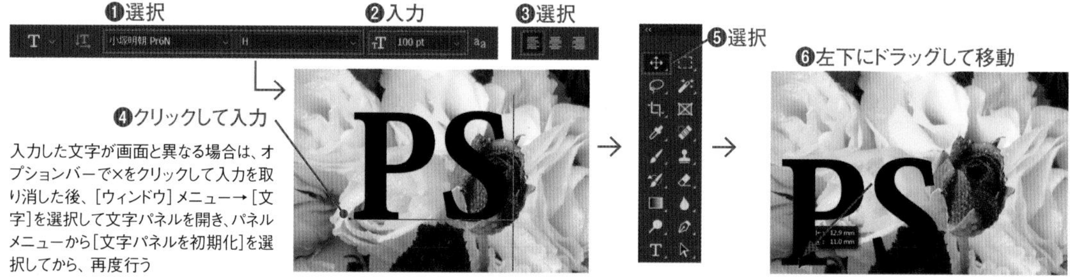

入力した文字が画面と異なる場合は、オプションバーで×をクリックして入力を取り消した後、［ウィンドウ］メニュー→［文字］を選択して文字パネルを開き、パネルメニューから［文字パネルを初期化］を選択してから、再度行う

Macでは、キーは次のようになります。 Ctrl → ⌘　Alt → option　Enter → return

5 横書き文字ツール T を選択し❶、テキストをドラッグして選択して反転表示させます❷。選択したら、Ctrl キーを押したままにします❸。反転している文字の四角と各辺の中央にハンドルが表示されるので、右上のハンドルをドラッグして大きさを調節します❹。完全に同じになる必要はありません。サイズを調節したら、Ctrl キーを押したまま、反転表示している文字の内側をドラッグします❺。文字が移動するので、画像の中央になるように位置を調節します。

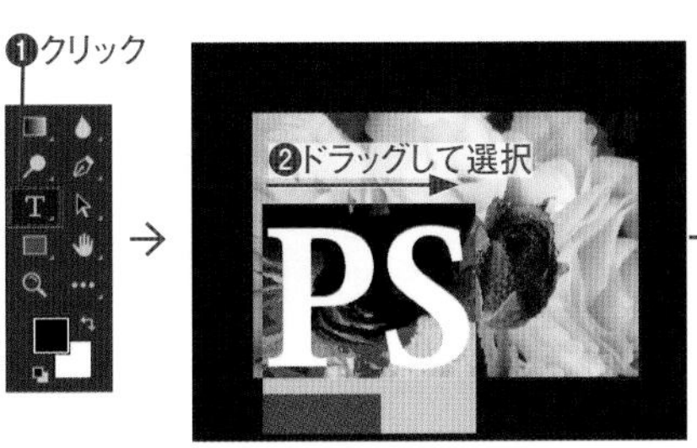

ドラッグ時には縦横比が維持される。されないときは Shift キーも押してドラッグする

6 レイヤーパネルで「PS」レイヤーを「レイヤー0」レイヤーの下にドラッグして移動します❶。文字が背面に移動したので、見えなくなります❷。

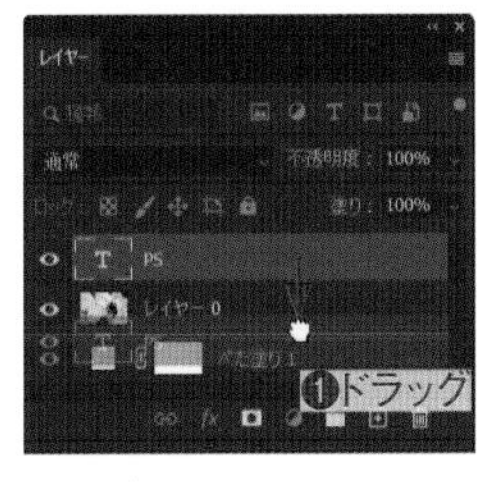

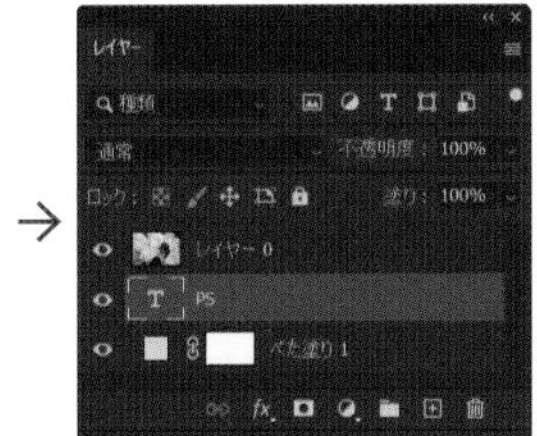

❷文字が見えなくなる

7 「レイヤー0」レイヤーと「PS」レイヤーの境目を、Alt キーを押しながらクリックします❶。上の「レイヤー0」レイヤーの画像が、下の「PS」レイヤーのピクセルのある部分の形状で切り抜かれて表示されます（クリッピングマスクといいます）❷。前面のレイヤーには、下のレイヤーで切り抜かれているアイコンが表示されます❸。元に戻すには、再度レイヤーの境目を、Alt キーを押しながらクリックします。

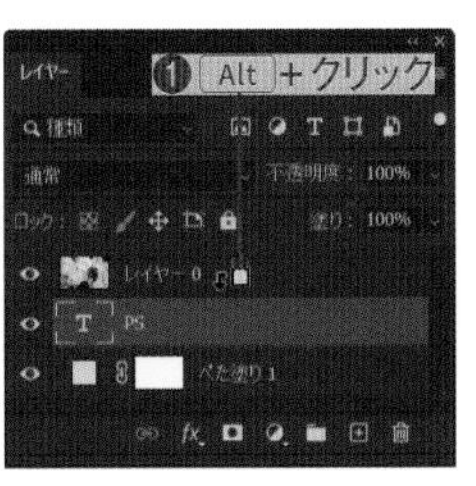

❷文字の形状で切り抜かれる

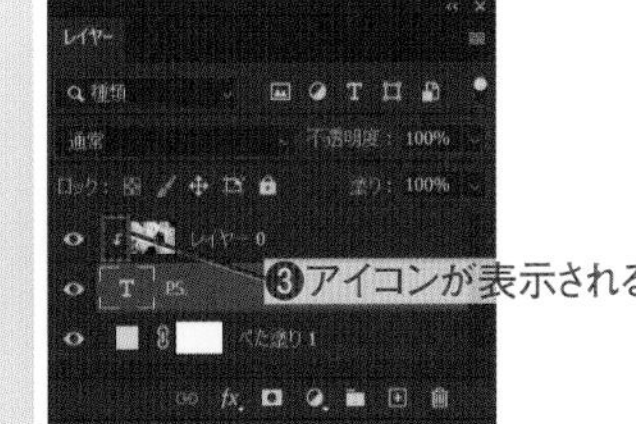

CHECK!

クリッピングマスク

クリッピングマスクは、直下のレイヤーの画像の透明でないピクセルの不透明度に応じて、上のレイヤーの画像をマスクする機能です。ここでは、文字を使って切り抜きましたが、通常の画像でも利用できます。
レイヤーを選択し、パネルメニューから［クリッピングマスクを作成］を選んでも適用できます。

COLUMN

調整レイヤーでのクリッピングマスク

クリッピングマスクは、直下の画像でレイヤーの画像を切り抜く機能です。
調整レイヤーでも説明しましたが、調整レイヤーにクリッピングマスクを適用すると、調整レイヤーが画像を持たないレイヤーなので、補正内容が直下のレイヤーの画像だけに適用されるようになります。

練習問題

Lesson11 ▶ L11EX1.psd

Q **レイヤーマスクを使って、白い部分をマスクして、背景が見えるようにしましょう。**

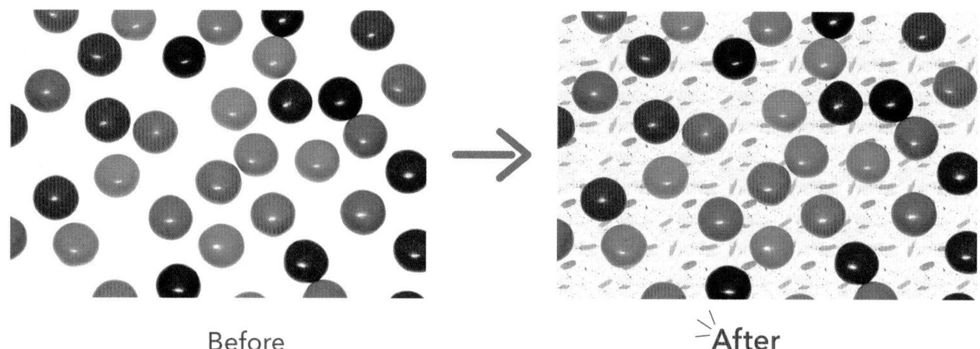

Before　　After

A ❶レイヤーパネルで「レイヤー1」レイヤーを選択します。
❷ツールバーで自動選択ツールを選び、オプションバーで［許容値］を「32」、［アンチエイリアス］と［隣接］をチェックして白い部分をクリックして選択します。
❸レイヤーパネルで［レイヤーマスクを追加］をクリックします。
❹プロパティパネル（2020以前は属性パネル）で、［反転］をクリックしてマスク範囲を反転します。

Lesson11 ▶ L11EX2.psd

Q **レイヤーマスクサムネールを選択し、レイヤーマスクを直接調節してみましょう。ここでは、グラデーションツールでレイヤーマスクにぼかしを入れます。**

Before　　After

A ❶レイヤーパネルで「レイヤー1」レイヤーのレイヤーマスクサムネールを選択します。
❷［描画色］を［ブラック］に設定します。
❸ツールバーでグラデーションツールを選び、オプションバーでグラデーションに［描画色から透明］を選択し、グラデーションのスタイルを［線形グラデーション］に設定します。
❹画面の下端から中央付近まで Shift キーを押しながら垂直にドラッグします。

Lesson 12

An easy-to-understand guide to Illustrator and Photoshop

文字、パス、シェイプ

Ps

Photoshopにも文字の入力機能があります。ワープによる変形も可能です。また、画像を主に扱うPhotoshopですが、Illustratorのように図形を扱うこともできます。ここでは、Photoshopにおける文字の扱いや、図形としてのシェイプやパスについて学びます。

12-1 文字の入力と編集

画像に文字を入力します。ラスタライズしなければ、入力した文章や書式は編集することができます。

STEP 01 文字を入力する

2021 2020 2019

collection

横書き文字ツール[T]の書式を設定して、テキストを入力します。

書式を設定する

新規ドキュメントを［写真］の［Photoshop初期設定］で作成し、ツールバーから横書き文字ツール[T]を選択します❶。オプションバーで［フォント］を［小塚ゴシックPr6N B］、［フォントサイズ］を「72pt」に設定し❷、「左揃え」をクリックして選択します❸。［テキストカラーを設定］のボックスをクリックします❹。表示された［カラーピッカー（テキストカラー）］ダイアログボックスで、文字の色を「R=0 G=160 B=255」に設定し❺、［OK］をクリックします❻。書式設定は、文字パネル❼と段落パネル❽でも設定できます。

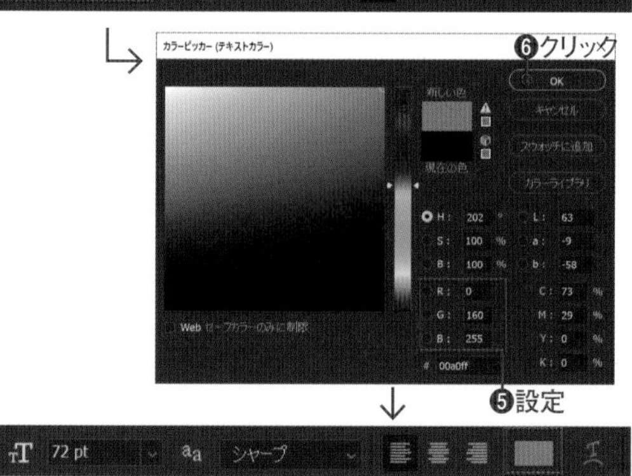

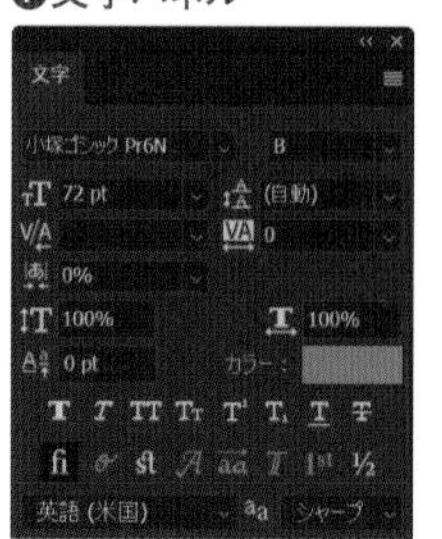

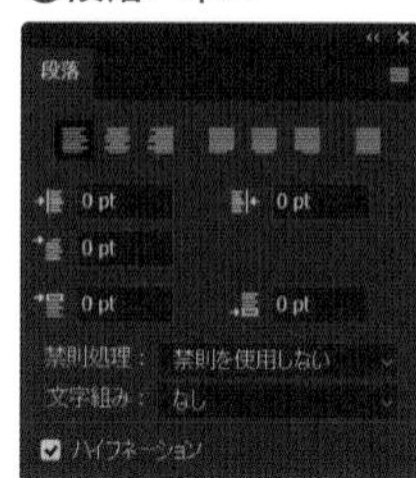

文字パネルや段落パネルの設定項目は、Illustratorとほぼ同じ。詳細はP.156の「文字の編集」を参照

> **COLUMN**
>
> **フォントサイズの単位**
>
> フォントサイズを「point」または「mm」で設定すると、文字のピクセル数が解像度に合わせた相対的な大きさになります。たとえば、72pointで入力する文字の場合、72ppiの画像では72ピクセル、300ppiの画像では300ピクセル分の文字になります。
> フォントサイズを「pixel」で設定した場合は、同じピクセル分の文字になります。
> 初期設定では、フォントサイズを「point」で指定します。定規や文字の単位は、環境設定の［単位・定規］で「point」、「mm」、「pixel」のいずれかに設定できます。

文字を入力する

1　クリックすると文字を入力できる状態になるので❶、文字を入力します❷。段落テキストを入力するときは、ドラッグしてテキストのバウンディングボックスを定義してから入力します。

2　オプションバーの確定ボタンをクリックします❶。文字の入力が終了します❷。レイヤーパネルにテキストレイヤーが作成されます❸。

STEP 02 文字を編集する

2021 2020 2019

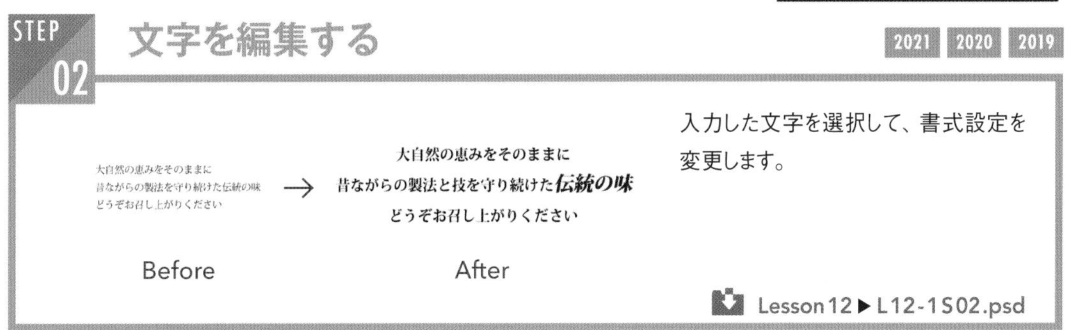

入力した文字を選択して、書式設定を変更します。

Lesson 12 ▶ L12-1S02.psd

テキスト全体を編集する

1　レッスンファイルを開きます❶。レイヤーパネルのテキストサムネールをダブルクリックします❷。レイヤー内のすべての文字が選択されます❸。

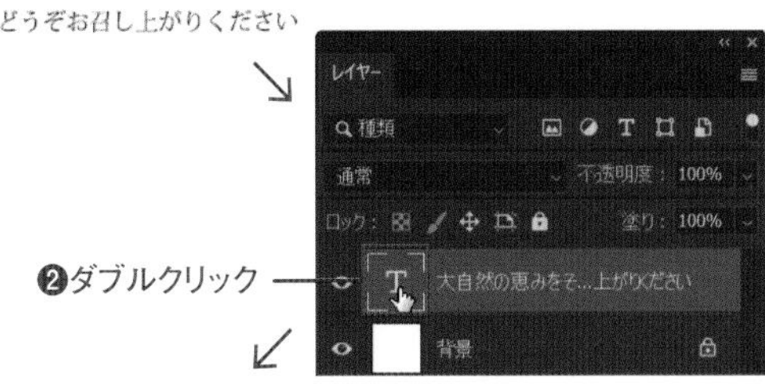

2　オプションバーで［フォント］を［小塚明朝Pr6N B］、［フォントサイズ］を「18pt」❶、［中央揃え］を選択し❷、確定ボタンをクリックします❸。フォント、サイズ、段落揃えが変わりました❹。

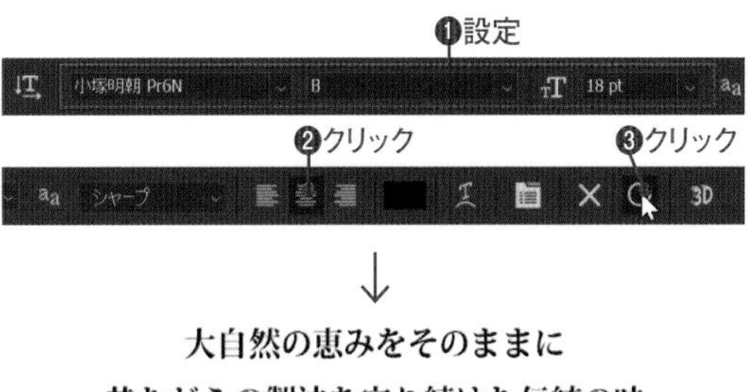

大自然の恵みをそのままに
昔ながらの製法を守り続けた伝統の味
どうぞお召し上がりください

❹フォント、サイズ、段落揃えが変わった

テキストの一部を編集する

1　レイヤーパネルのテキストレイヤーが選択してあることを確認します❶（未選択の場合は、テキストサムネールをクリックします）。横書き文字ツール も継続して使用します❷。

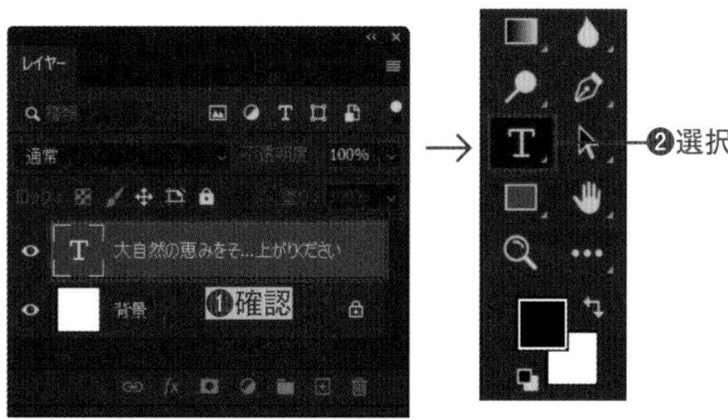

2　横書き文字ツール で「製法」の文字の右側をクリックして、テキストカーソルを配置します❶。「と技」と入力します❷。

❶クリック

大自然の恵みをそのままに
昔ながらの製法を守り続けた伝統の味
どうぞお召し上がりください

↓

大自然の恵みをそのままに
昔ながらの製法と技を守り続けた伝統の味
どうぞお召し上がりください

❷入力

3　「伝統の味」をドラッグして文字を選択します❶。文字パネルで［フォントスタイル］を［小塚明朝 Pr6N H］に変更します❷。［フォントサイズ］を「24pt」❸、［斜体］をクリックして斜体字に設定します❹。［テキストカラーを設定］のボックスをクリックして❺、［カラーピッカー（テキストカラー）］ダイアログボックスで「R=160 G=0 B=50」に設定します❻。［OK］をクリックします❼。オプションバーの確定ボタンをクリックします❽。テキストの一部が変更されます❾。

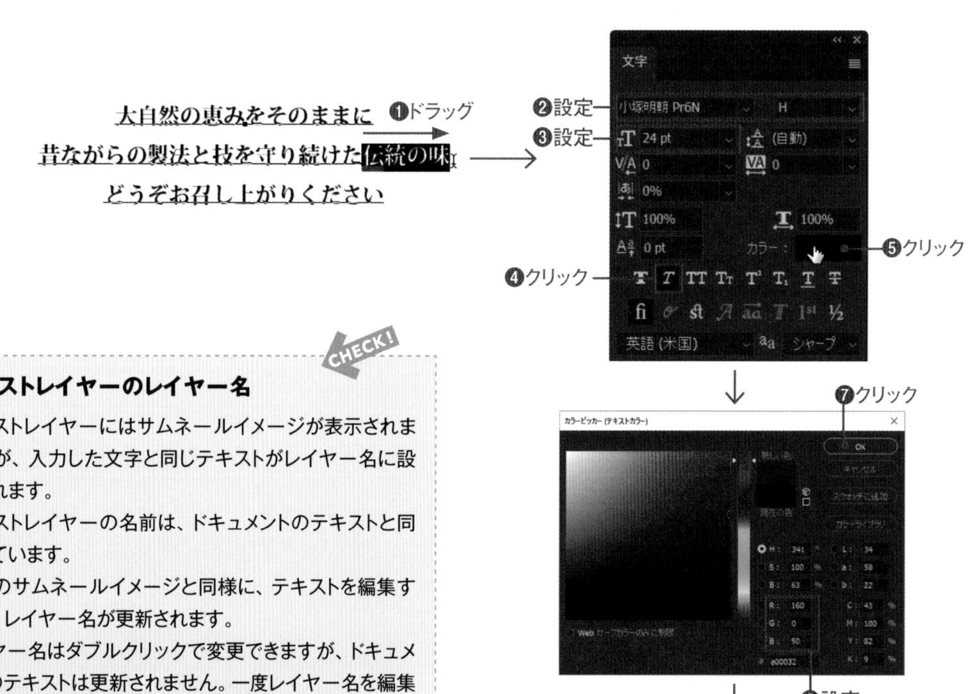

テキストレイヤーのレイヤー名

CHECK!

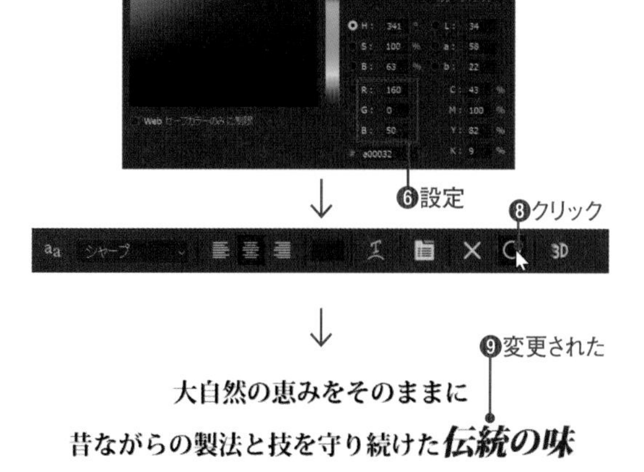

テキストレイヤーにはサムネールイメージが表示されませんが、入力した文字と同じテキストがレイヤー名に設定されます。
テキストレイヤーの名前は、ドキュメントのテキストと同期しています。
画像のサムネールイメージと同様に、テキストを編集すると、レイヤー名が更新されます。
レイヤー名はダブルクリックで変更できますが、ドキュメントのテキストは更新されません。一度レイヤー名を編集してしまうと、同期が切れてしまいます。

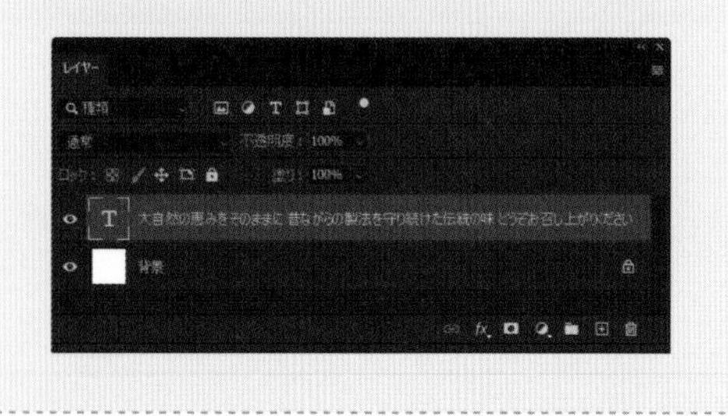

12-2 文字の変形

ワープスタイルを選択して、円弧や波形に変形します。変形しても変形の形やテキストを編集できます。

STEP 01 ワープで変形する

2021 2020 2019

Bridge → Bridge

Before After

ワープテキストは、テキストのオプションバーで設定します。ただし、太字書式を含むテキストや、アウトラインデータを含まないビットマップフォントには使用できません。

Lesson 12 ▶ L12-2S01.psd

1 レッスンファイルを開きます❶。レイヤーパネルのテキストサムネールをクリックして、テキストレイヤーを選択します❷。ツールバーで横書き文字ツール T を選択し❸、オプションバーの［ワープテキストを作成］をクリックします❹。

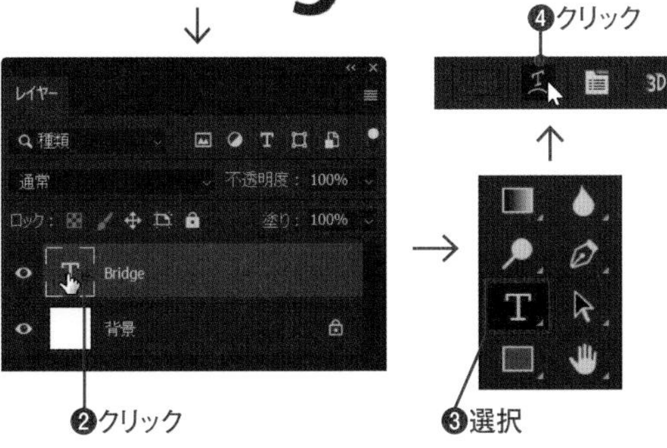

2 ［ワープテキスト］ダイアログボックスが表示されるので、［スタイル］に［アーチ］を設定し❶、［カーブ］を「+60」に設定し❷、［OK］をクリックします❸。文字がアーチ状に変形します❹。

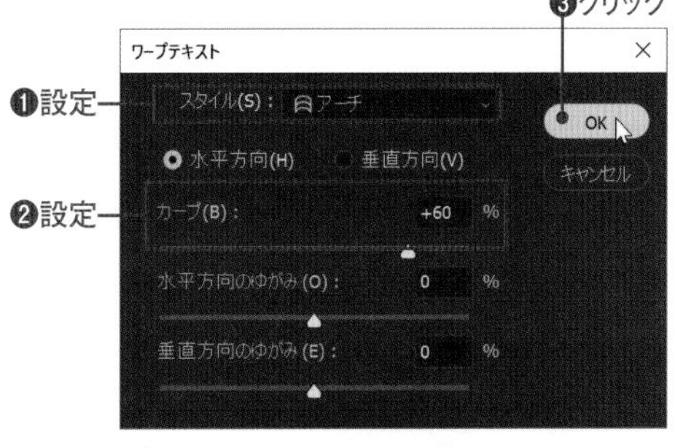

CHECK!

ワープテキストの編集

ワープで変形したテキストは、文字ツール T でテキストを選択して編集できます。

ワープの形状を編集するときは、文字ツール T のオプションバーにある［ワープテキストを作成］をクリックし［ワープテキスト］ダイアログボックスで設定を変更します。［スタイル］を「なし」に設定すると、変形する前の状態に戻ります。

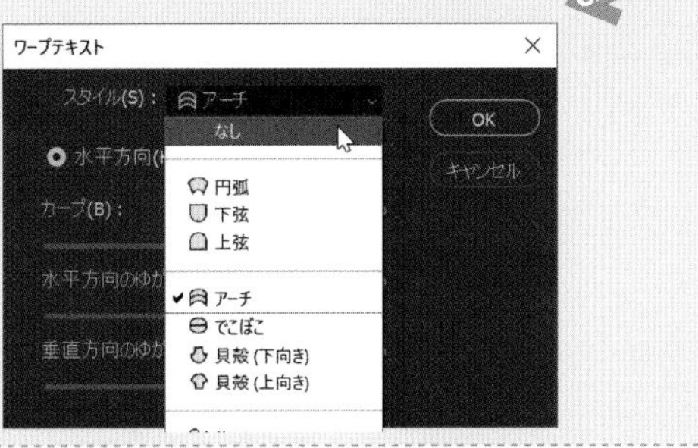

12-3 パスとシェイプ

ラスター系ソフトのPhotoshopでも、Illustratorと同じベクトルデータを扱うことができます。Illustratorで習得したパスの描画技術がPhotoshopの制作にも役立ちます。

描画ツールでパスを描く

2021 2020 2019

Photoshopにも、Illustratorと同じベクトルデータのパスを作成する描画ツールがあります。
パスの形はアンカーポイントや方向線を調節して、自由に変形できます。
作成したパスは、同じ形の選択範囲を作成する、描画色で塗りつぶす、境界線を描くなど、いろいろな用途に利用できます。特に、パスを使ってマスク処理すると、ベクトルデータの特徴である解像度に依存しない鮮明なアウトラインでマスク処理ができます。パスに対して塗りや線が設定できるので、Illustratorのパスオブジェクトと同じ感覚で描画できます。

図形を描画するツール

2021 2020 2019

図形ツールは、長方形ツールのグループからツールを選択し❶、ドラッグした大きさの図形を描画できます❷。長方形または角丸長方形を正方形に、楕円形を正円に、ラインの角度を45°単位に固定するときは、Shiftキーを押しながらドラッグします❸。
多角形ツールをShiftキーを押しながらドラッグすると、角の位置を45°単位に固定します。
ラインツールは、線の太さで設定した幅の長方形のパスを描画します。オプションバーのをクリックすれば、シェイプツールオプションで線の端を矢印にできます❹。
カスタムシェイプツールは、オプションバーのをクリックして、描画する形状を選択します。Shiftキーを押しながらドラッグすると、カスタムシェイプパネルに保存した元イメージの縦横比率で作成します❺。

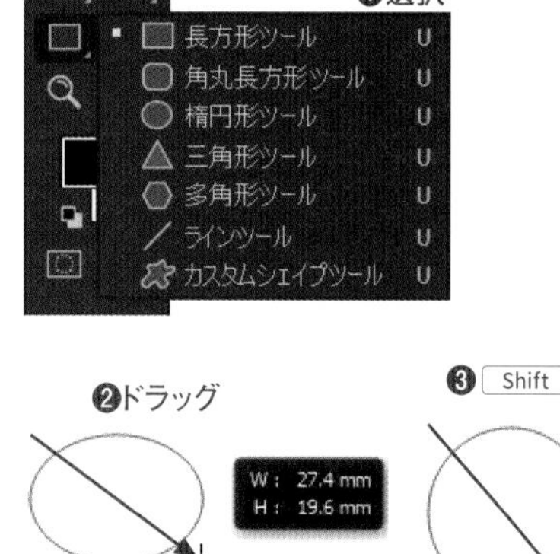

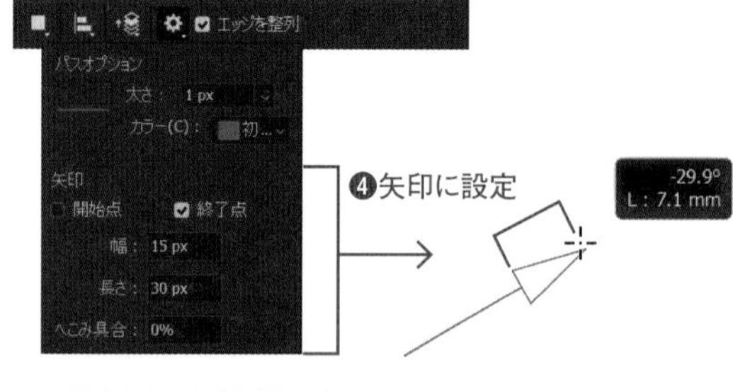

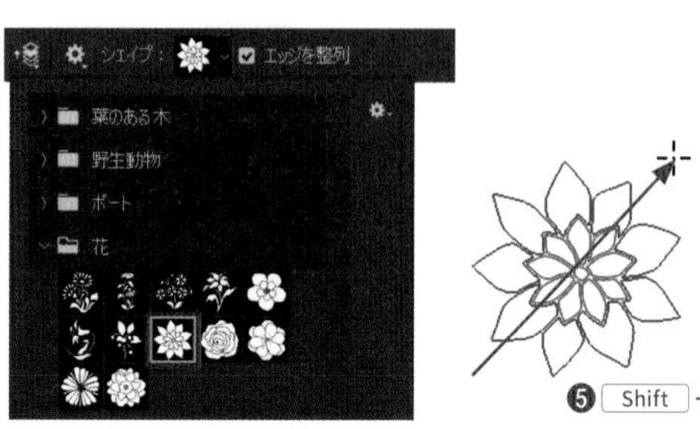

Macでは、キーは次のようになります。 Ctrl → ⌘ Alt → option Enter → return

自由な形を描画するツール 2021 2020 2019

ペンツールとフリーフォームペンツールは、自由な形状のパスを描画するときに使用します。

ペンツールの描画操作は、基本的にIllustratorと同じなので、P.044の「曲線」を参照してください。ただし、スムーズポイントで描き始めた始点を閉じるとき❶❷、始点をクリックしても❸、スムーズポイントで連結します❹（Illustratorは、コーナーポイントで連結します）。

フリーフォームペンツールは、Illustratorの鉛筆ツールと同じように、ドラッグした軌跡がパスになります。オプションバーの［マグネット］をチェックすると❺、画像のエッジにスナップしながらパスを描画できます❻。をクリックすると、作成するパスの複雑さ、およびスナップする範囲とエッジに対する感度を設定できます❼。

曲線ペンツールは、Illustratorの曲線ツールと同じように、クリックした点を結んだ曲線を描画します。P.049の「曲線ツールで描画する」を参照してください。

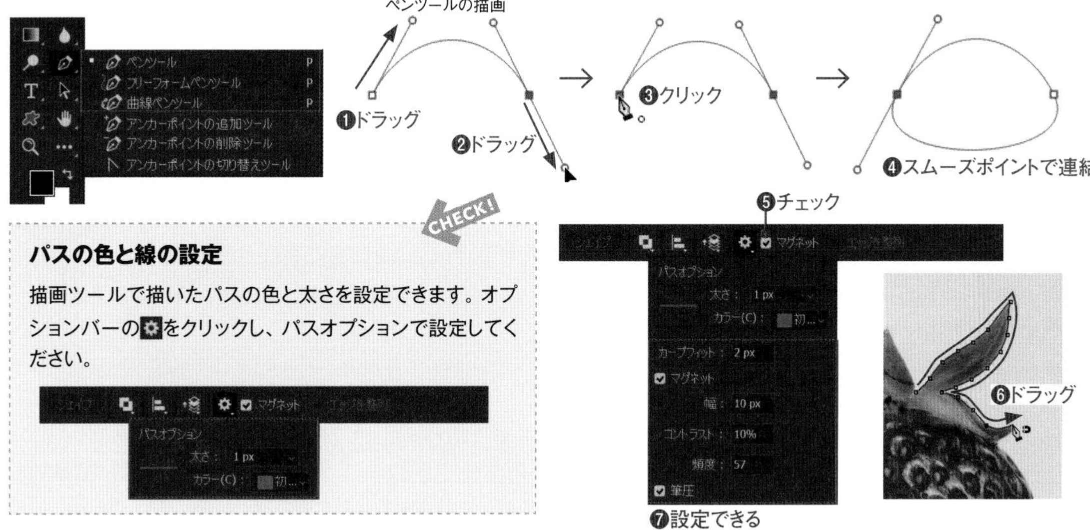

パスの色と線の設定

描画ツールで描いたパスの色と太さを設定できます。オプションバーのをクリックし、パスオプションで設定してください。

描画ツールのモード 2021 2020 2019

オプションバーで描画ツールのモードを指定します❶。

シェイプ

Illustratorのように、［塗り］と［線］を設定して図形を描画します。描画した図形は、アンカーポイントや方向線を調節して、自由に変形できます。

パス

パスパネルに作業用のパスを作成します。

作業用パスは、選択範囲の作成、ベクトルマスクの作成、塗りつぶしやパスに沿ってペイントなどをするための、一時的にパスパネルに記録するデータです。

ピクセル

ピクセル画像を描画するツールでのみ指定可能です。

パスは作成しないで、直接指定した形状の画像をペイントします。シェイプのように図形を変形することができません。

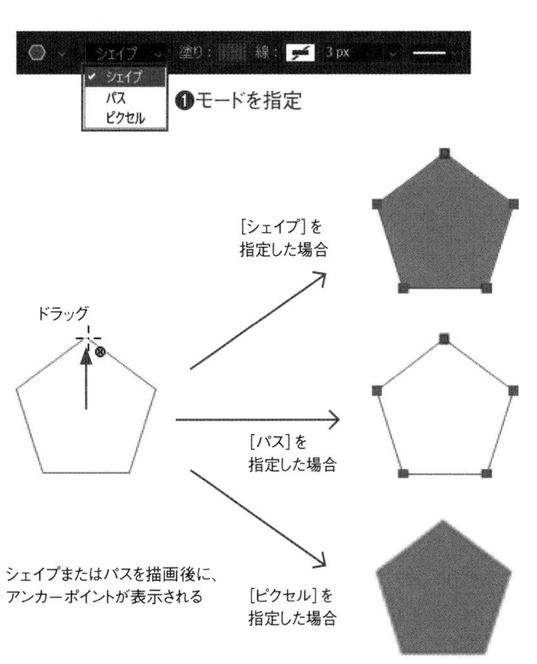

パスパネル

2021 2020 2019

パスパネルには、現在の作業用パスと保存されたパスが一覧表示されます。パスを表示・編集するには、パスパネルで選択する必要があります。

❶パスを［描画色］で塗りつぶす
❷パスの境界線をブラシで描画する
❸パスから選択範囲を作成する
❹選択範囲からパスを作成する
❺選択したパスからベクトルマスクを作成する
❻新しいパスを作成する
❼パスを削除する

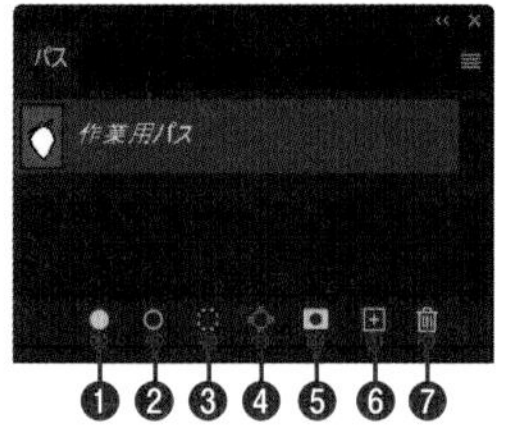

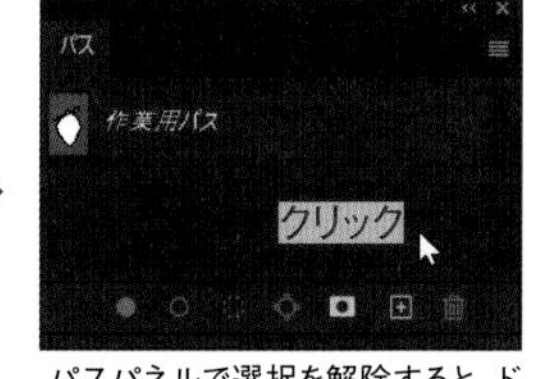

パスパネルで選択を解除すると、ドキュメントのパスも非表示になる

パスを編集するツール

2021 2020 2019

パス全体を編集するときは、パスコンポーネント選択ツールを使用します（Illustratorの選択ツールと同じです）。パスのアンカーポイントを編集するときは、パス選択ツールを使用します（Illustratorのダイレクト選択ツールと同じです）。

選択したパスにアンカーポイントを追加するときは、アンカーポイントの追加ツール、削除するときは、アンカーポイントの削除ツールを使用します。アンカーポイントの切り替えツールは、方向線を操作してスムーズポイントとコーナーポイントの切り替えを行います。

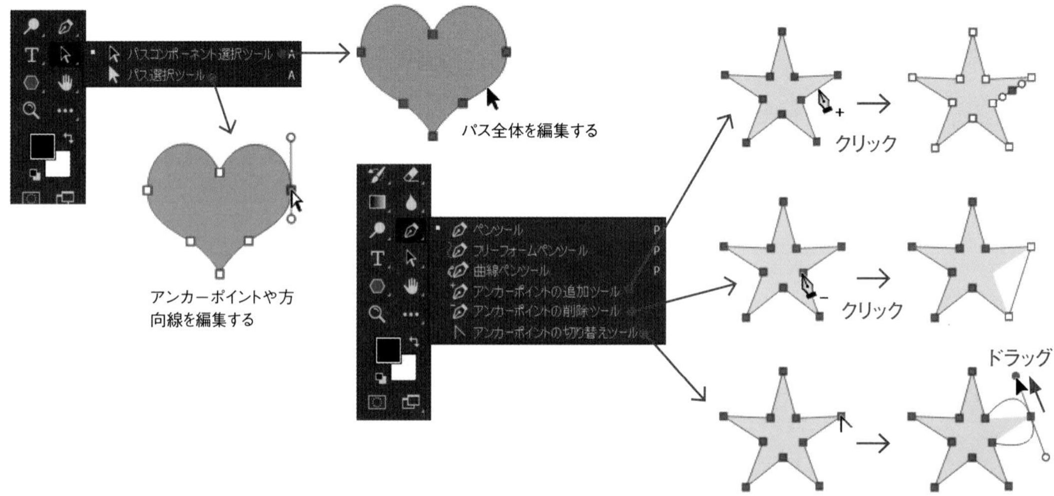

複数のパスの合成

CHECK!

Photoshop描画ツールのオプションバーにある［パスの操作］は、Illustratorのパスファインダーにある複合シェイプと同じような効果があります。Illustratorの場合は、複数のパスを選択しないと合成することができませんが、Photoshopは個別に属性を設定できます。

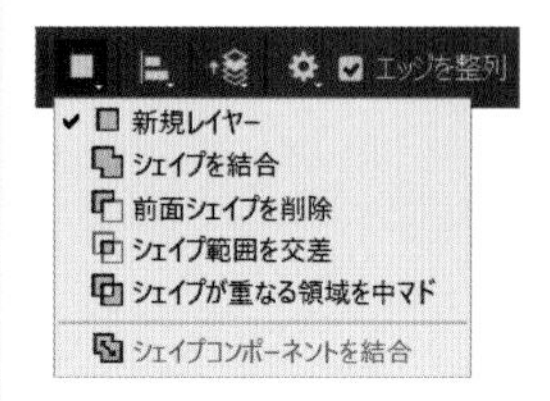

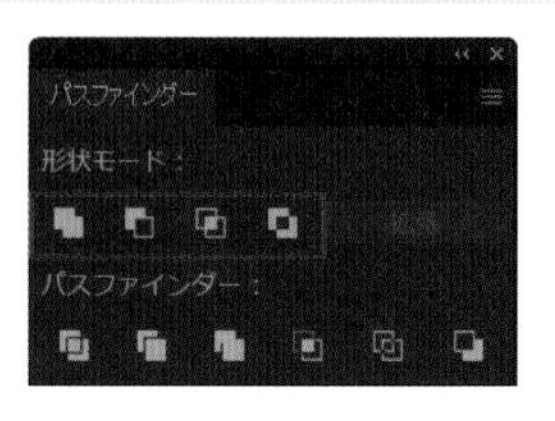

Macでは、キーは次のようになります。 Ctrl → ⌘ Alt → option Enter → return

STEP 01 作業用パスを利用する

2021 2020 2019

［パス］モードで作成した作業用パスを使って、塗りつぶす、境界線を描く、マスク処理に利用しましょう。

Lesson12 ▶ L12-3S01.jpg

作業用パスを塗りつぶす

1 新規ドキュメントを［写真］の［Photoshop 初期設定］で作成し、多角形ツールを選びます❶。オプションバーのモードを［パス］に設定します❷。［角数］を「6」に設定し❸、ドラッグして六角形のパスを作成します（大きさは任意）❹。

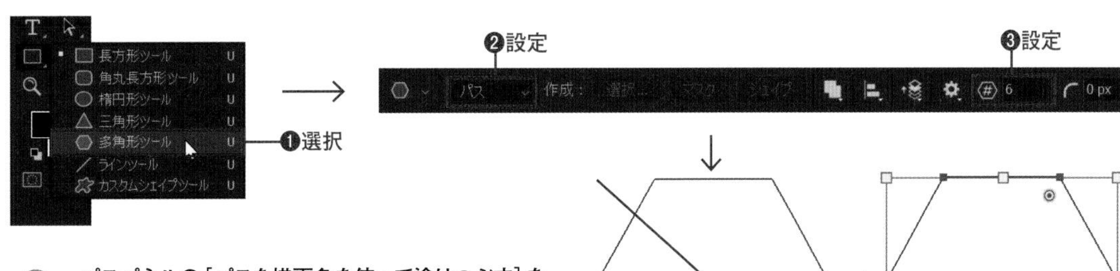

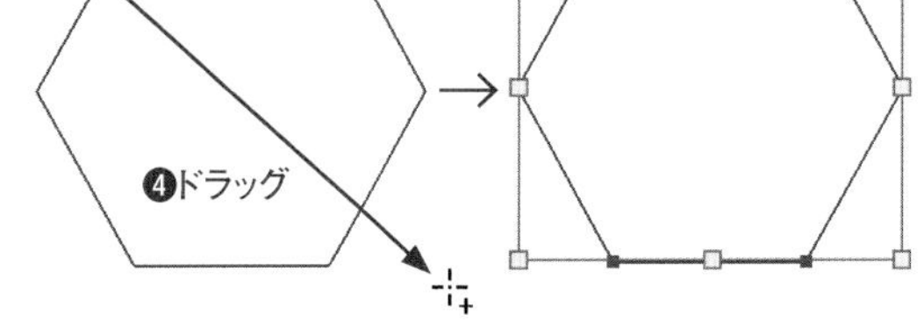

2 パスパネルの［パスを描画色を使って塗りつぶす］を Alt キーを押しながらクリックします❶。表示された［パスの塗りつぶし］ダイアログボックスの［内容］を［カラー］に設定します❷。

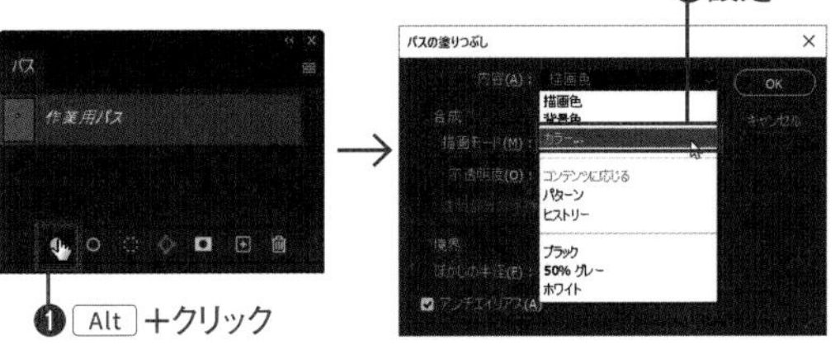

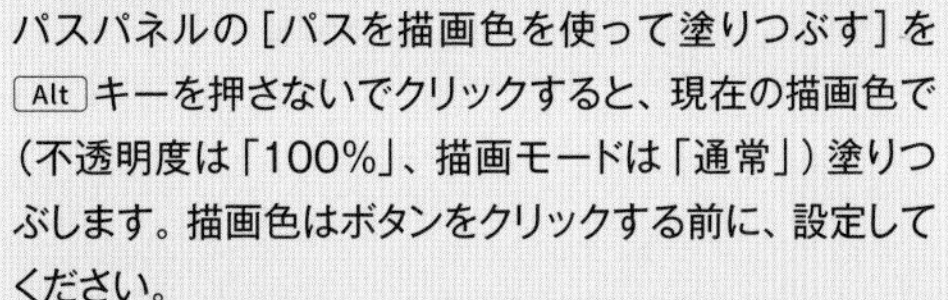

描画色で塗りつぶす

パスパネルの［パスを描画色を使って塗りつぶす］を Alt キーを押さないでクリックすると、現在の描画色で（不透明度は「100%」、描画モードは「通常」）塗りつぶします。描画色はボタンをクリックする前に、設定してください。

Alt キーを押すことで、描画色以外のカラーやパターン、不透明度などを設定してから塗りつぶすことができます。

3 表示された［カラーピッカー（塗りのカラー）］ダイアログボックスで「R=255 G=182 B=60」に設定して❶、［OK］をクリックします❷❸。パスの領域が設定した色で塗りつぶされます❹。パスパネルの空いているスペースをクリックして、作業用パスの選択を解除します❺。作業用パスが非表示になります❻。

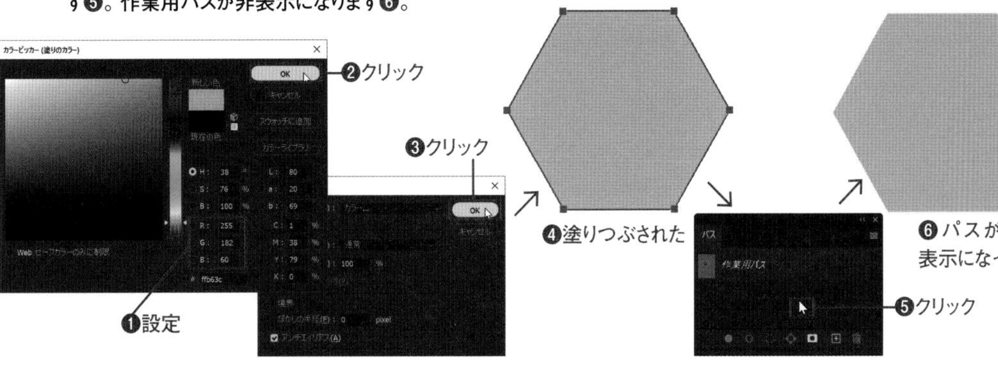

ブラシで作業用パスの境界線を描く

1 新規ドキュメントを［写真］の［Photoshop初期設定］で作成し、ペンツールを選びます❶。オプションバーのモードを［パス］に設定します❷。ドラッグしながら曲線を描き、カンバス内で大きなうずまき状のパスを作成します❸。

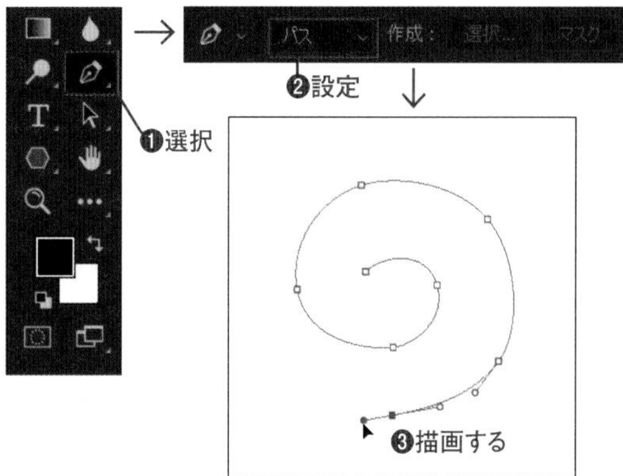

2 ブラシツールを選びます❶。オプションバーで［クリックでブラシプリセットピッカーを開く］をクリックし❷、ブラシプリセットピッカーを開きます。ブラシのプリセットから、［丸筆 中硬毛］を選択し❸、［直径］のサイズを「100px」に設定します❹。

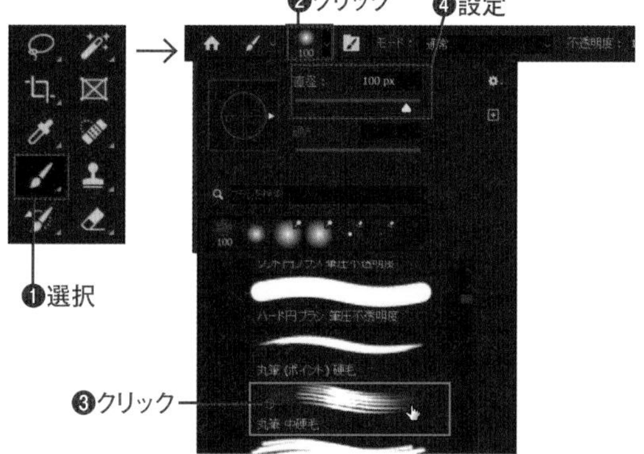

［丸筆 中硬毛］が表示されない場合、ブラシパネルメニューから［レガシーブラシ］を選択してブラシを読み込み、プリセットの［レガシーブラシ］→［初期設定ブラシ］の中から選択

3 カラーパネルの［描画色］をアクティブにして❶、「R=0 G=90 B=125」に設定します❷。

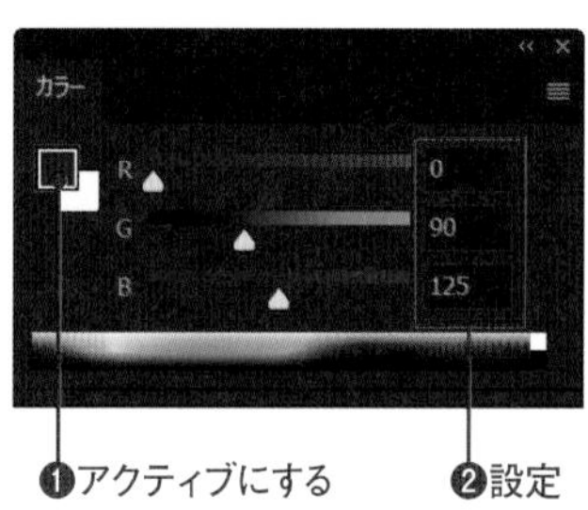

4 パスパネルの［ブラシでパスの境界線を描く］をクリックすると❶、パスに沿ったブラシの線が描画されます❷。作業用パスの選択を解除します❸。

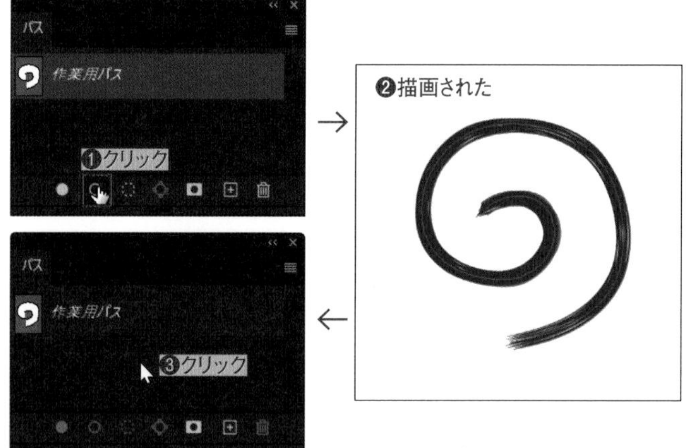

CHECK!

作業用パスを保存する

作業用パスの選択を解除して新しい作業用パスを作成すると、古い作業用パスは削除されます。
作業用パスを繰り返し使用するときは、パスパネルメニューから［パスを保存］を選択して、パスを保存します。パスの名前を入力せずに保存するときは、作業用パスを、パスパネル下の［新規パスを作成］にドラッグします。パスの名前を入力して保存するときは、パスパネルメニューから［パスを保存］を選択します。

境界線を描画できるツール

境界線を描くときに使用できるツールは19種類あります。Alt キーを押しながら［ブラシでパスの境界線を描く］をクリックすると、［パスの境界線を描く］ダイアログボックスが開いて使用するツールを選択できます。
Alt キーを押さないでクリックすると、最後に選択したペイントツールまたは編集ツールで境界線を描画します。

Macでは、キーは次のようになります。 Ctrl → ⌘　Alt → option　Enter → return

作業用パスでマスク処理をする

1　レッスンファイルを開きます❶。フリーフォームペンツールを選びます❷。オプションバーの［モード］を［パス］に設定し❸、［マグネット］をチェックします❹。［パスの操作］をクリックして❺、表示されたメニューから［パスの操作］を［シェイプを結合］に設定します❻。

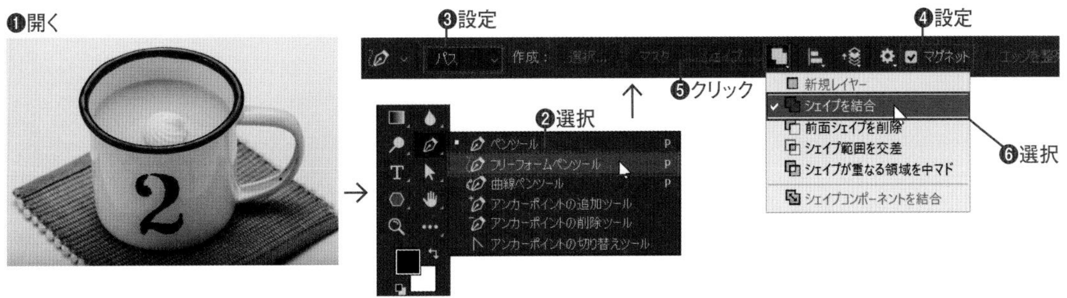

2　カップの輪郭に沿ってドラッグします❶。ドラッグ中に Alt キーを押すと、一時的にマグネットの機能がオフになります。一周してマウスボタンを放すと、パスが作成されます。

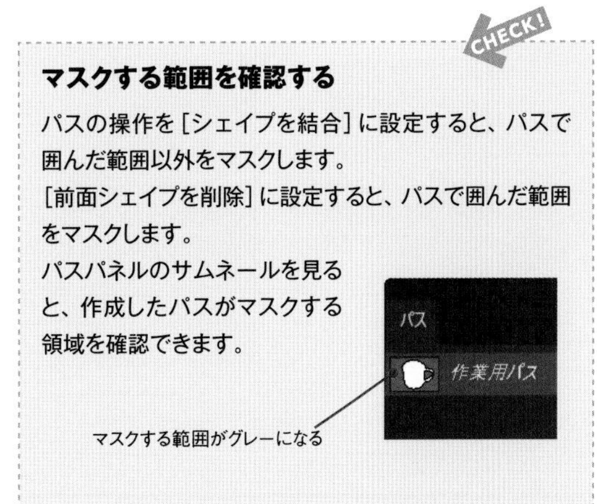

マスクする範囲を確認する

パスの操作を［シェイプを結合］に設定すると、パスで囲んだ範囲以外をマスクします。
［前面シェイプを削除］に設定すると、パスで囲んだ範囲をマスクします。
パスパネルのサムネールを見ると、作成したパスがマスクする領域を確認できます。

3　パスの操作を［シェイプが重なる領域を中マド］に設定します❶。取っ手の内側を輪郭に沿ってドラッグします❷。一周してマウスボタンを放すと、パスが作成されます。

4　オプションバーの［マスク］をクリックすると❶、パスの領域がマスクされます❷。パス名表示がない場所をクリックして、パスパネルに追加された「レイヤー0ベクトルマスク」の選択を解除します❸。

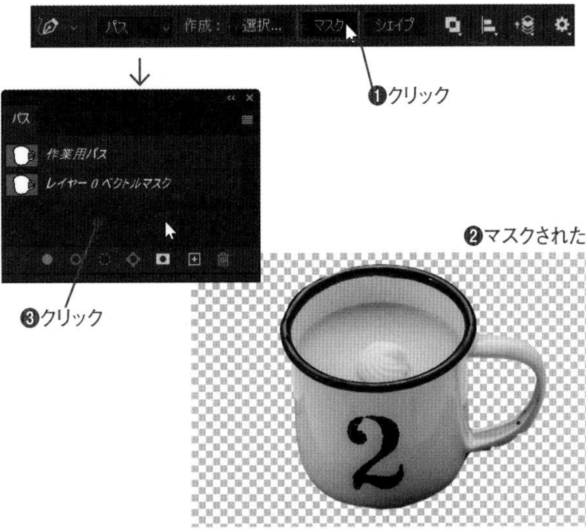

STEP 02 シェイプの作成と編集

2021 2020 2019

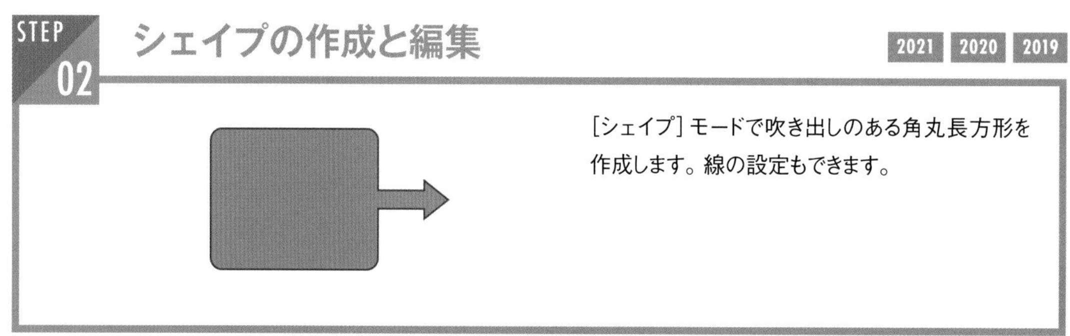

[シェイプ] モードで吹き出しのある角丸長方形を作成します。線の設定もできます。

1 新規ドキュメントを [写真] の [Photoshop初期設定] で作成し、角丸長方形ツールを選び❶、オプションバーのモードを [シェイプ] に設定します❷。[塗り] のボックスをクリックし❸、スウォッチから [パステルシアンブルー] を選択します❹。同様に [線] のボックスをクリックし❺、スウォッチから [シアンブルー (純色)] を選択します❻。続けて、[線幅] を「3px」に設定し❼、[角の丸みの半径を設定] を「20px」に設定します❽。

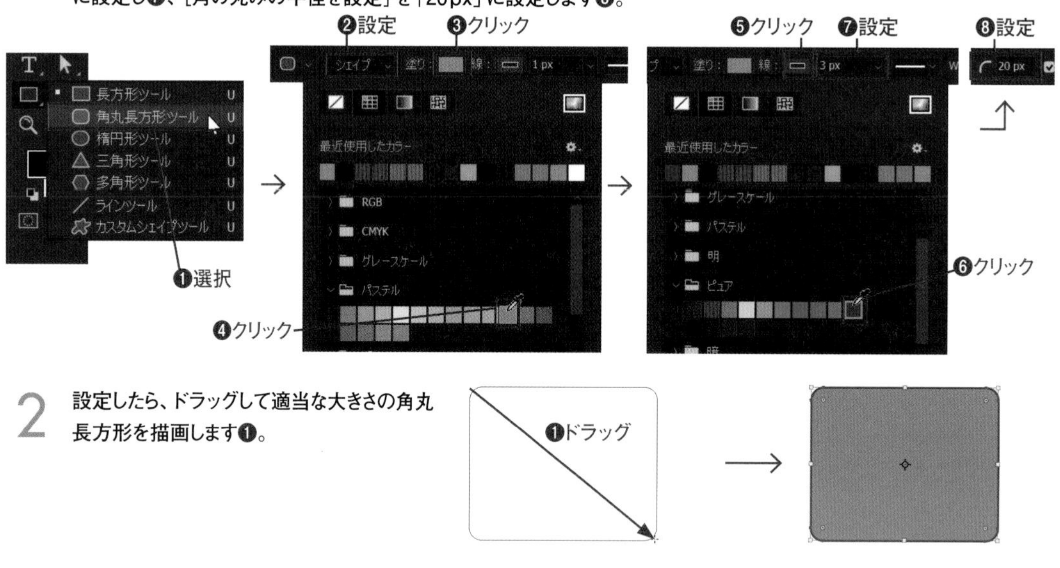

2 設定したら、ドラッグして適当な大きさの角丸長方形を描画します❶。

3 カスタムシェイプツールを選びます❶。オプションバーの [シェイプ] のアイコンをクリックして❷、表示されたポップアップから [矢印9] を選択します❸。続けて、[パスの操作] をクリックして❹、表示されたメニューから [シェイプを結合] を選択します❺。

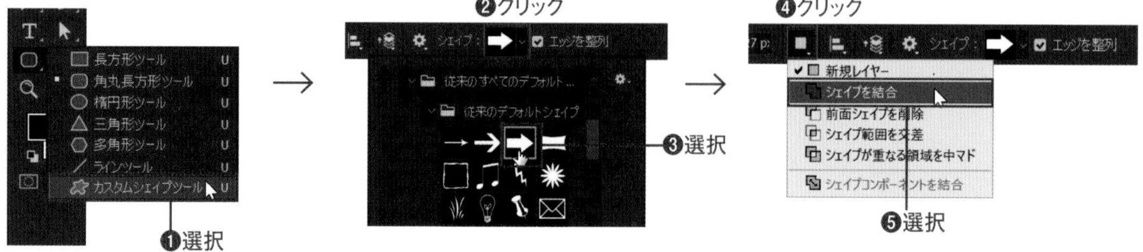

[矢印9] が表示されない場合、シェイプパネルを開きパネルメニューから [従来のシェイプとその他] を選択してシェイプを読み込み、プリセットの [従来のシェイプとその他] → [従来のすべてのデフォルトシェイプ] → [従来のデフォルトシェイプ] の中から選択

4 Shift キーを押しながらドラッグして❶、角丸長方形の右側に矢印を描画します。

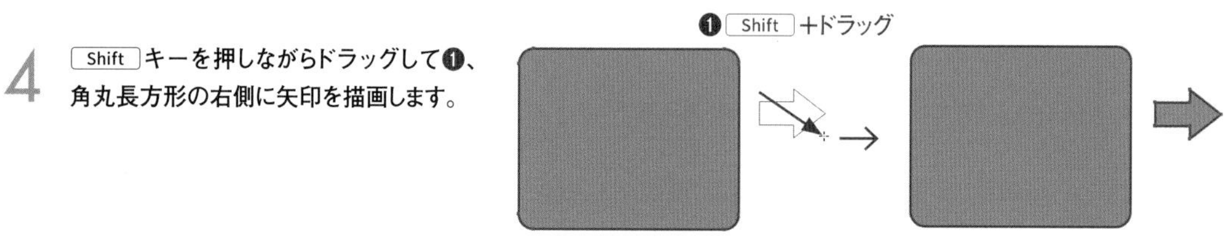

Macでは、キーは次のようになります。 Ctrl → ⌘　Alt → option　Enter → return

5　パス選択ツール を選びます❶。矢印の左側のアンカーポイントをドラッグで囲んで選択します❷。

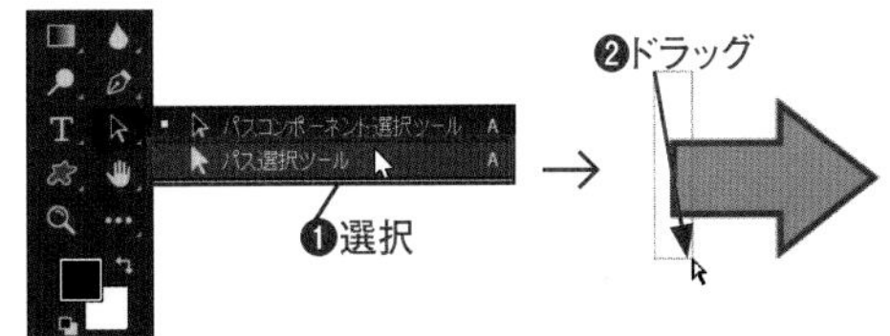

6　選択したアンカーポイントを、Shift キーを押しながらドラッグして❶、角丸長方形に少し重なる程度に伸ばします。伸ばしたら、図形のない場所をクリックして選択を解除します❷。［シェイプを結合］を選択して描画したので、角丸長方形と矢印のふたつのシェイプはひとつの図形として線が設定されるので、外周だけに線が設定されることがわかります❸。

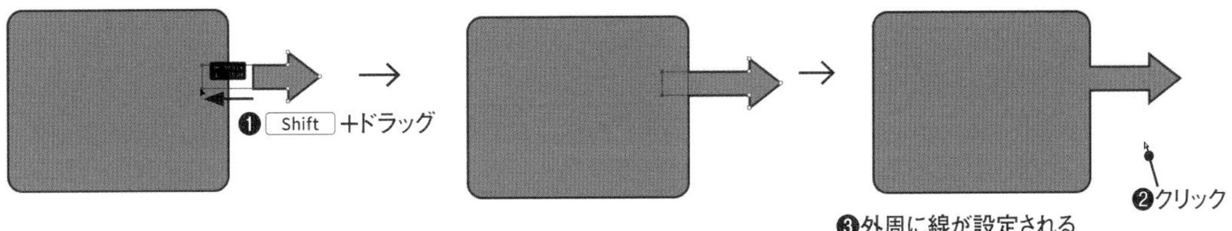

7　パスコンポーネント選択ツール を選びます❶。角丸長方形と矢印の両方を囲むようにドラッグして選択します❷。

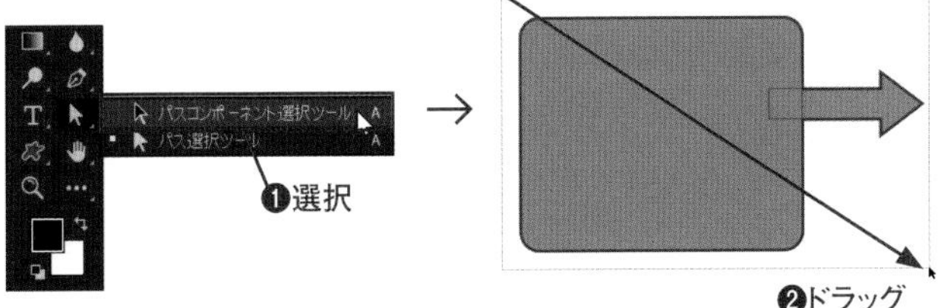

CHECK!

シェイプの色

シェイプの［塗り］や［線］の色は、後からでも変更できます。パス選択ツール やパスコンポーネント選択ツール でシェイプを選択し、オプションバーで設定してください。

8　オプションバーの［パスの整列］をクリックし❶、表示されたメニューから［垂直方向中央揃え］を選択します❷。角丸長方形と矢印のふたつのシェイプが垂直方向の中央で揃います❸。

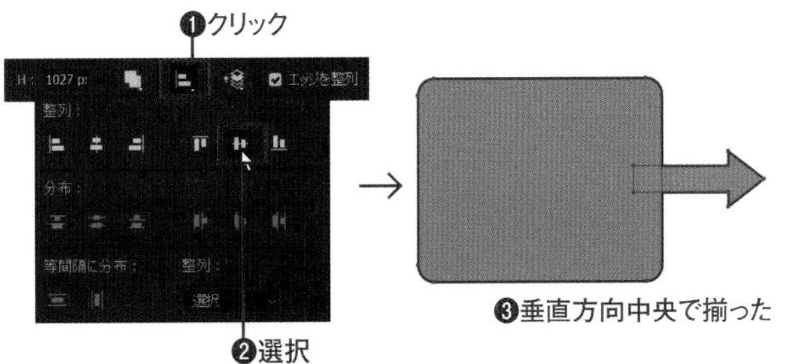

CHECK!

ライブシェイプ

長方形ツール 、角丸長方形ツール 、楕円形ツール で描いたパスは、プロパティパネル（2020以前は属性パネル）で図形のサイズや角の丸みを調整することができるライブシェイプです。ただし、パス選択ツールで変形するときには、ライブシェイプの機能は失われます（変形する前に確認のダイアログボックスが表示されます）。

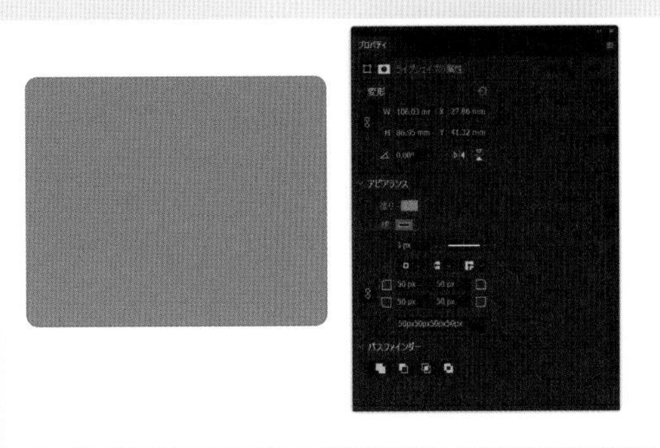

練習問題

Lesson12 ▶ L12EX1.psd

Q **テキストのフォントとサイズを変更した後に、文字色を変更しましょう。サイズを変更すると、画像内の文字の位置が変わるので、位置も調節します。**

TEXT → TEXT

Before　　After

A ❶レイヤーパネルで、「TEXT」レイヤーのレイヤーサムネールをダブルクリックしてテキストを選択します。
❷オプションバーで、フォントを[小塚ゴシック Pr6N EL]、サイズを「90pt」に変更します。
❸[テキストカラーを設定]のボックスをクリックし、文字色を「R=113 G=140 B=199」に変更したら、確定ボタンをクリックして確定します。
❹ツールバーで移動ツールを選び、Shift キーを押しながら下にドラッグして、画面中央に文字が揃うように移動します。

Lesson12▶ L12EX2.psd

Q **文字が目立つように、背面に青い正方形を配置しましょう。ここでは、後から色やサイズを変更できるように、シェイプの正方形を配置します。**

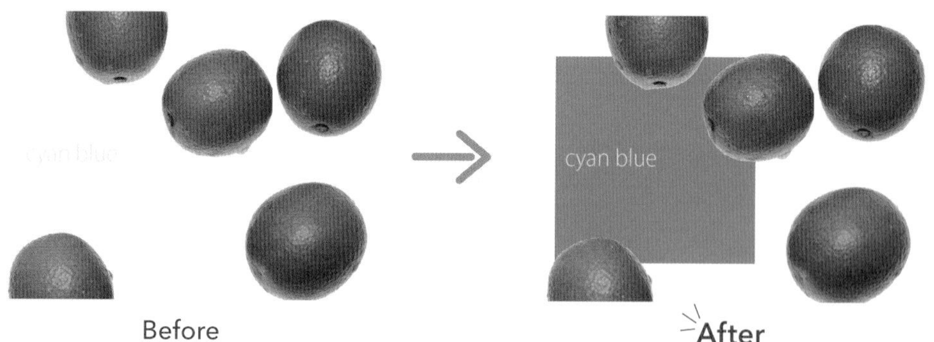

Before　　After

A ❶レイヤーパネルで「背景」レイヤーを選択します。
❷スウォッチパネルで[シアン(明)]を選択して[描画色]に設定します。
❸ツールバーで長方形ツールを選びます。
❹オプションバーで[シェイプ]を選択し、ドラッグして適当なサイズの長方形を作成し、オプションバーの[W]と[H]を「430px」に設定して正方形にします。
❺ツールバーでパスコンポーネント選択ツールを選び、ドラッグして位置を調節します。

Lesson

13

An easy-to-understand guide to Illustrator and Photoshop

画像の修正

Ps

Photoshopには、画像上のゴミや不要物を消すための強力なレタッチ機能が備わっています。レタッチのためのツールはいくつか用意されているので、修正対象に応じて使い分けできるようにしっかり学習しましょう。また、選択した画像やレイヤーを拡大・縮小や回転させる変形機能、必要な部分だけを切り抜く操作についても学びます。

13-1 ゴミや不要物の削除

画像上の汚れ、傷、大きな不要物などは、Photoshopを使って削除でき、消した部分を違和感なく補正できます。

STEP 01 スポット修復ブラシツール

2021 2020 2019

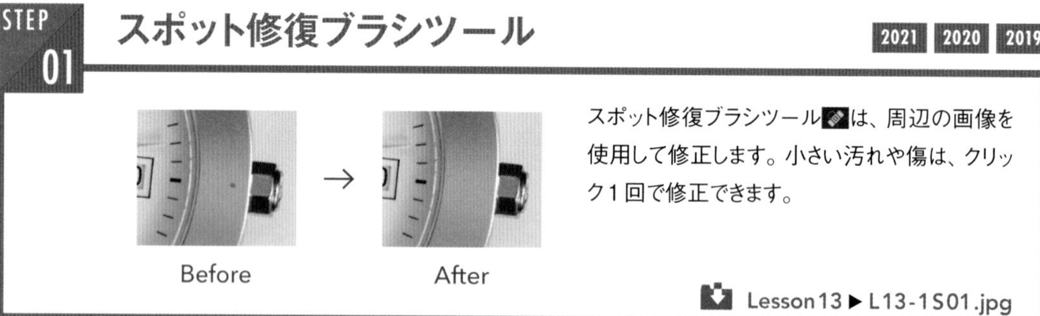

スポット修復ブラシツールは、周辺の画像を使用して修正します。小さい汚れや傷は、クリック1回で修正できます。

Lesson13 ▶ L13-1S01.jpg

1 レッスンファイルを開きます。ツールバーでスポット修復ブラシツールを選びます❶。オプションバーの［クリックでブラシオプションを開く］をクリックし❷、ブラシの直径を「20px」に設定します❸。［種類］を［コンテンツに応じる］に設定します❹。

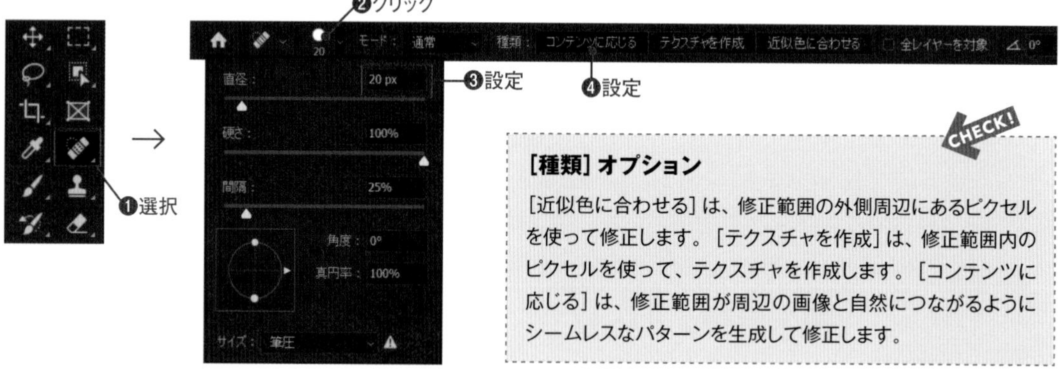

CHECK!

［種類］オプション

［近似色に合わせる］は、修正範囲の外側周辺にあるピクセルを使って修正します。［テクスチャを作成］は、修正範囲内のピクセルを使って、テクスチャを作成します。［コンテンツに応じる］は、修正範囲が周辺の画像と自然につながるようにシームレスなパターンを生成して修正します。

2 マウスカーソルを汚れに合わせてクリックします❶。汚れが消えたことを確認します❷。

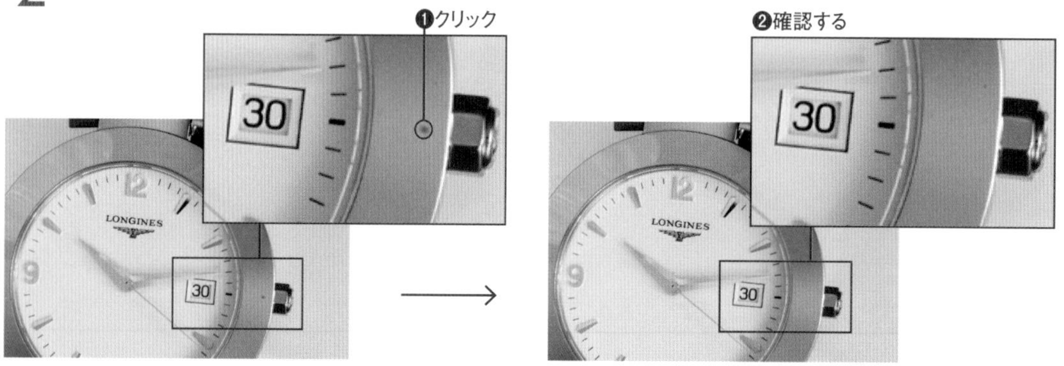

STEP 02 修復ブラシツール

2021 2020 2019

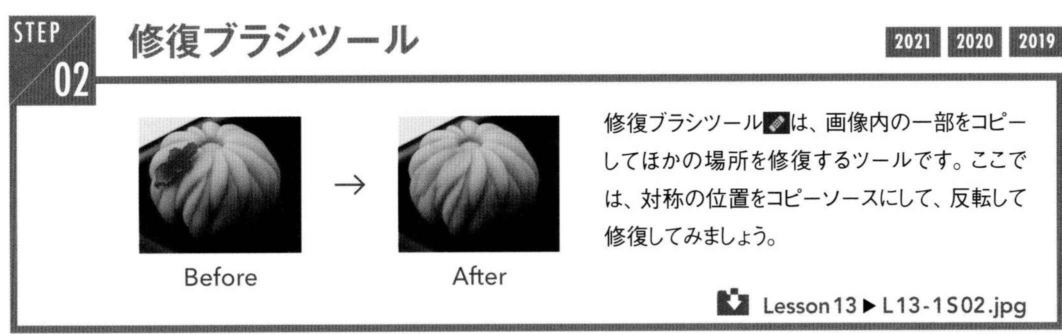

修復ブラシツールは、画像内の一部をコピーしてほかの場所を修復するツールです。ここでは、対称の位置をコピーソースにして、反転して修復してみましょう。

Lesson13 ▶ L13-1S02.jpg

1 レッスンファイルを開きます。ツールバーで修復ブラシツールを選びます❶。オプションバーの［クリックでブラシオプションを開く］をクリックし❷、ブラシの直径を「20px」に設定します❸。［ソース］に「サンプル」を選択し❹、［調整あり］をチェックします❺。

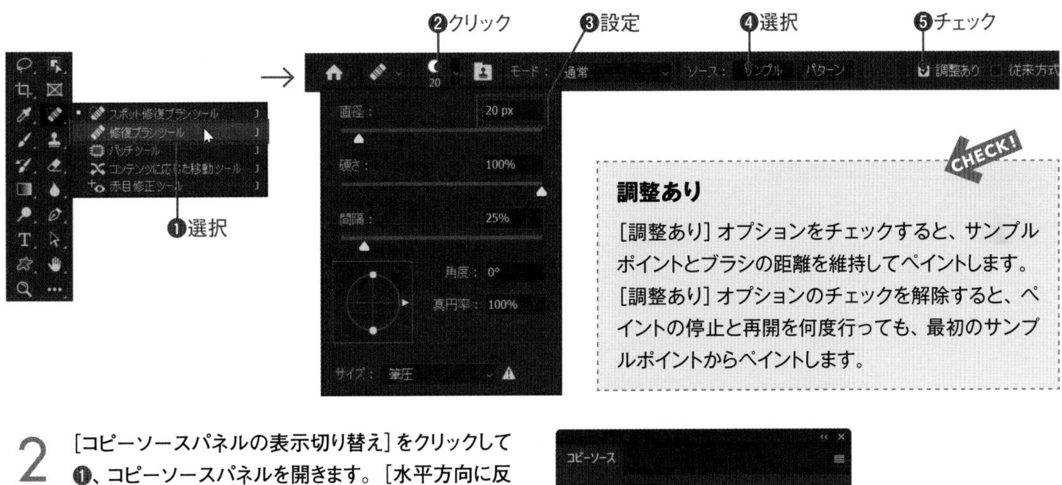

CHECK!

調整あり

［調整あり］オプションをチェックすると、サンプルポイントとブラシの距離を維持してペイントします。［調整あり］オプションのチェックを解除すると、ペイントの停止と再開を何度行っても、最初のサンプルポイントからペイントします。

2 ［コピーソースパネルの表示切り替え］をクリックして❶、コピーソースパネルを開きます。［水平方向に反転］をクリックしてオンにします❷。

3 Alt キーを押しながら、最初にコピー元としてサンプルするソースの場所をクリックして指定します❶。緑の餡が消えるようにドラッグします❷。そのとき、反対側に「+」のカーソルが表示され、その部分がサンプルされてドラッグ箇所にコピーされます❸。ドラッグ中は、サンプルされた箇所がそのまま表示されますが、後から周囲となじむようになります。うまく修復できなかったら、ヒストリーパネルで前の段階に戻ってやり直してみましょう。

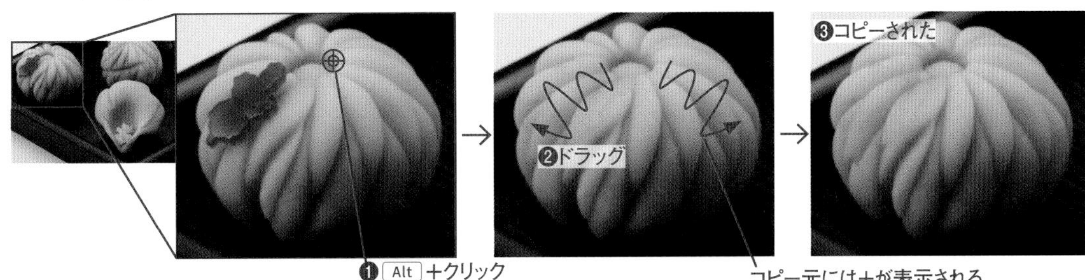

画像の修正

Lesson 13 14 15

STEP 03 パッチツール

2021 2020 2019

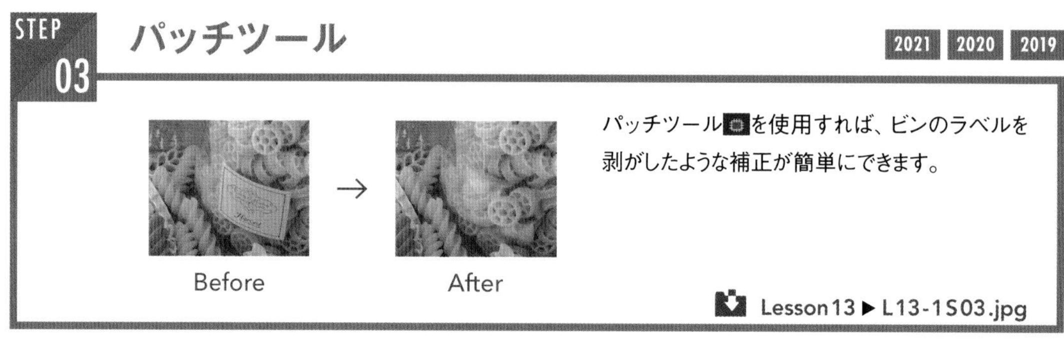

パッチツールを使用すれば、ビンのラベルを剥がしたような補正が簡単にできます。

1 レッスンファイルを開き、パッチツールを選びます❶。オプションバーの［パッチ］を［コンテンツに応じる］に設定します❷。［構造］を「4」、［カラー］を「5」に設定します❸。

2 修正する領域をドラッグして囲みます❶（ラベルの少し外側を選択します）。

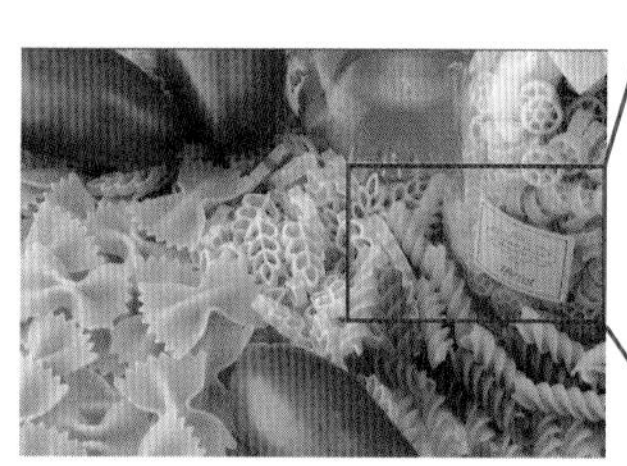

3 選択範囲をサンプルする場所までドラッグします❶。最初に選択した領域にサンプルした場所の画像がプレビュー表示されます。マウスボタンを放すと、修正されます❷。選択範囲を解除して確認してください。

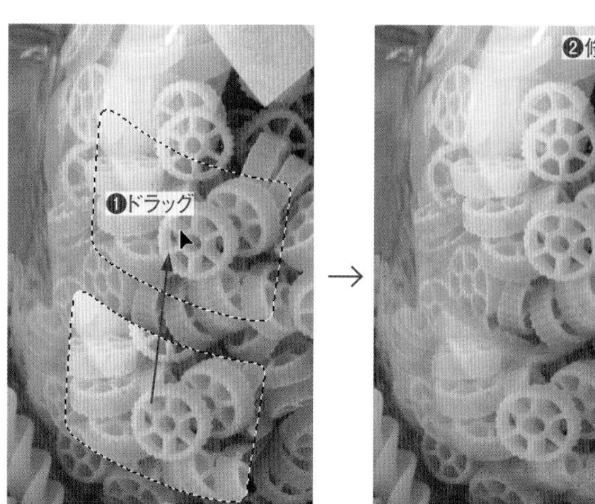

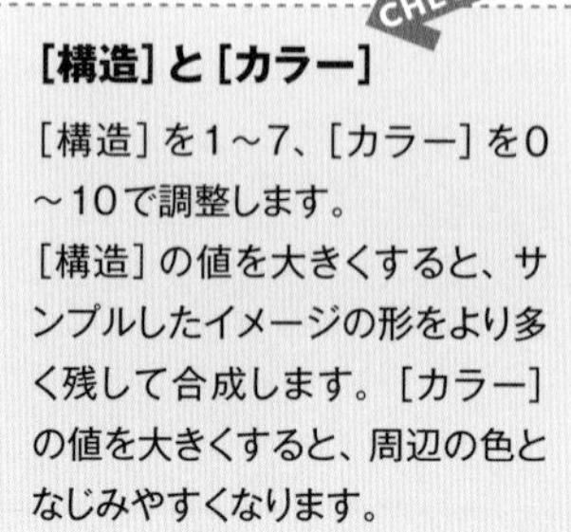

［構造］と［カラー］

［構造］を1～7、［カラー］を0～10で調整します。
［構造］の値を大きくすると、サンプルしたイメージの形をより多く残して合成します。［カラー］の値を大きくすると、周辺の色となじみやすくなります。

Macでは、キーは次のようになります。 Ctrl → ⌘ Alt → option Enter → return

STEP 04 コピースタンプツール

2021 2020 2019

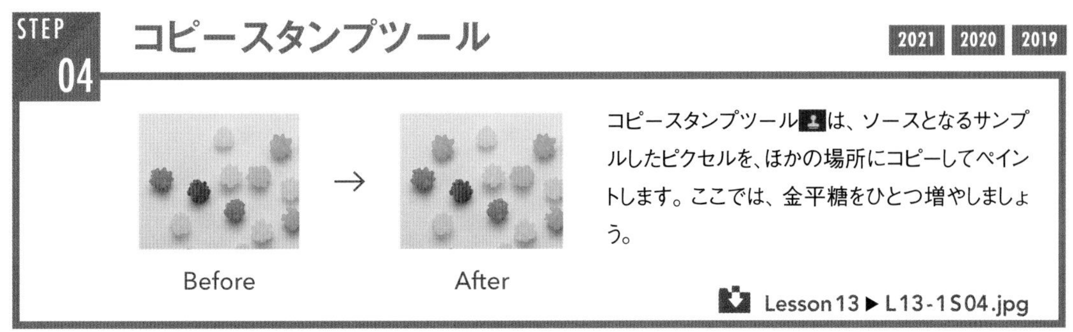

コピースタンプツールは、ソースとなるサンプルしたピクセルを、ほかの場所にコピーしてペイントします。ここでは、金平糖をひとつ増やしましょう。

Lesson 13 ▶ L13-1S04.jpg

1 レッスンファイルを開き、コピースタンプツールを選びます❶。オプションバーで[クリックでブラシプリセットピッカーを開く]を開きます❷。ブラシのプリセットから、[ソフト円ブラシ]を選択し❸、[直径]を「40px」に設定します❹。続いて[調整あり]をチェックします❺。

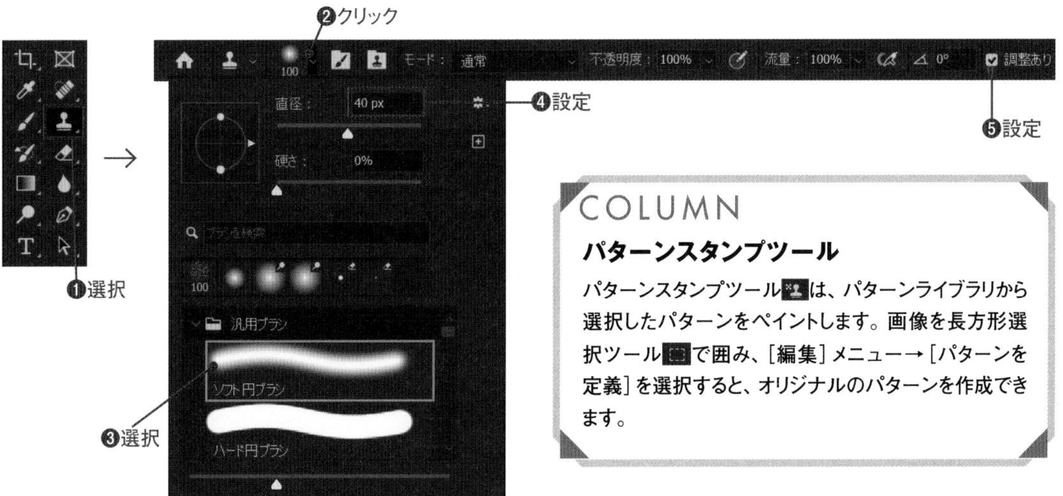

COLUMN

パターンスタンプツール

パターンスタンプツールは、パターンライブラリから選択したパターンをペイントします。画像を長方形選択ツールで囲み、[編集]メニュー→[パターンを定義]を選択すると、オリジナルのパターンを作成できます。

2 Alt キーを押しながら、サンプルする場所をクリックします❶。

3 コピー先の範囲をドラッグしてペイントします❶。サンプルした場所の画像がペイントされます❷。

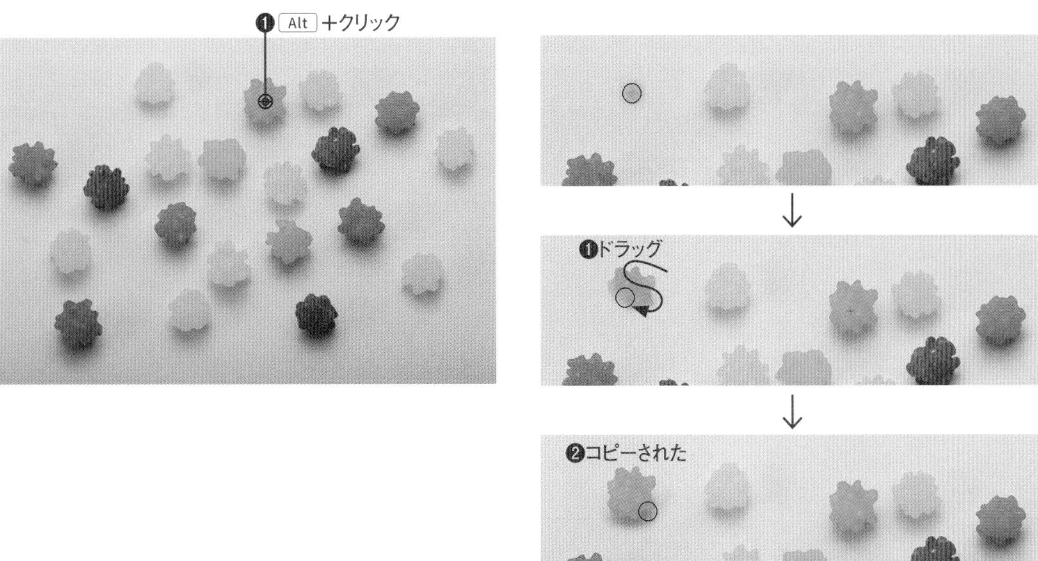

STEP 05 コンテンツに応じた塗りつぶし

2021 2020 2019

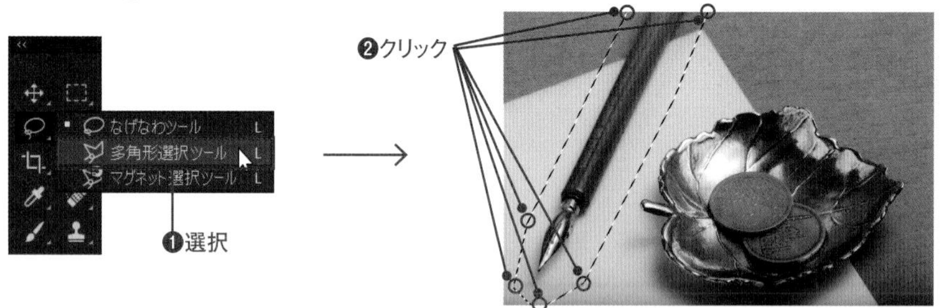

ペンの少し外側を選択して、コンテンツに応じた塗りつぶしを適用すると、あたかも紙の上から消えたかのように補正できます。

Lesson13 ▶ L13-1S05.jpg

1 レッスンファイルを開き、多角形選択ツールを選びます❶。ペンを広めに囲むようにクリックして、選択範囲を作成します❷。

ここでは多角形選択ツールで選択しているが、ほかのツールや方法で選択してもかまわない

2 [編集]メニュー→[コンテンツに応じた塗りつぶし]を選択します❶。ワークスペースが表示され❷、左側に選択範囲を塗りつぶすのに使用される参照範囲が緑色で示されます❸。中央に緑色の参照範囲に応じて、手順1での選択範囲が塗りつぶされた結果がプレビュー表示されます❹。

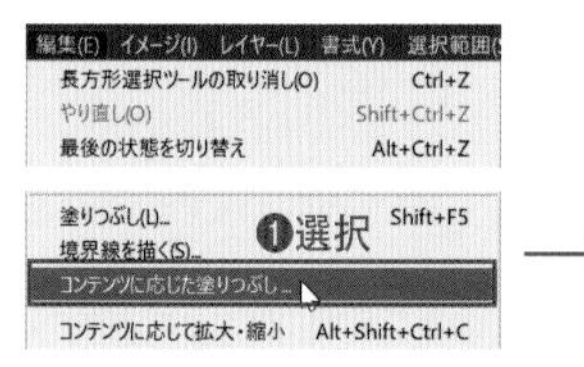

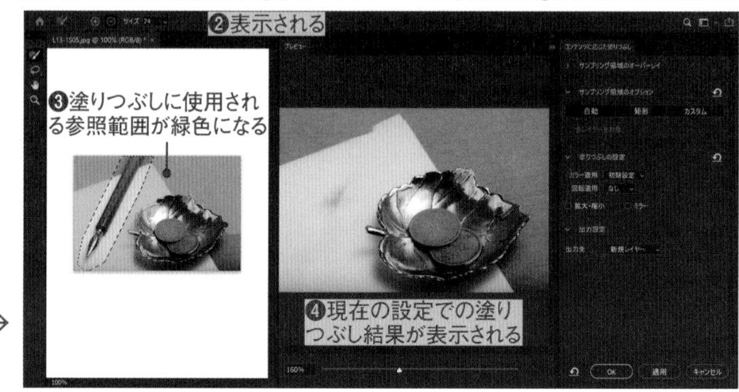

3 サンプリングブラシツールが[オーバーレイ領域から一部消去]モードで選択されています❶。選択範囲は緑色の範囲を元に塗りつぶされるので、右側のプレビュー画面を見ながら、塗りつぶしに必要な紙と机以外の不要な部分を消していきます❷。消しすぎた場合は、[オーバーレイ領域に一部追加]を選択して、緑の領域を増やします。必要に応じて[サイズ]でブラシサイズを変更してください。プレビューでうまく消えたなら[OK]をクリックします❸。選択した領域を覆い隠す画像が「背景のコピー」レイヤーとして作成されます❹。

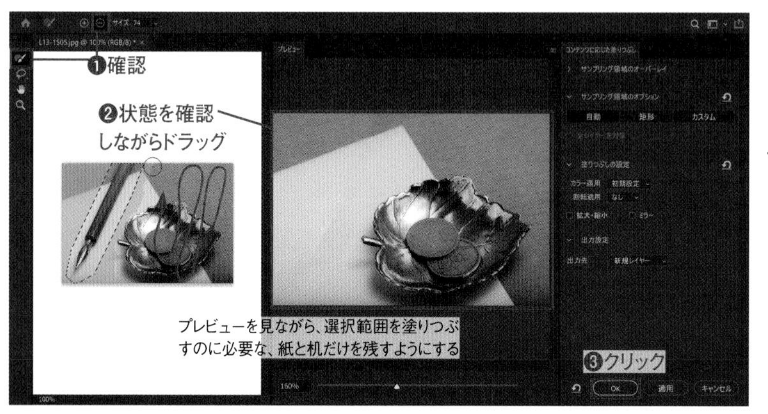

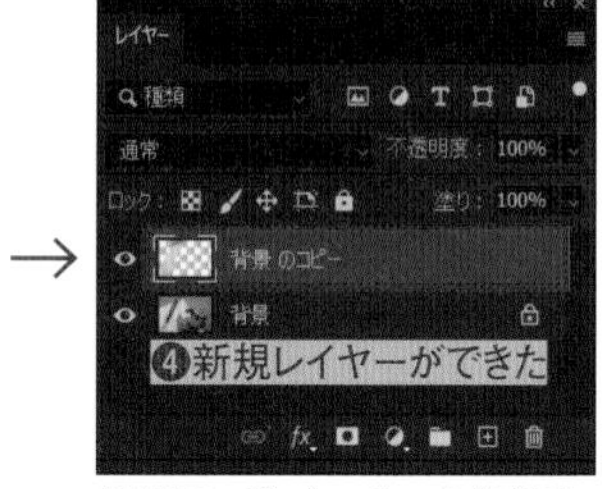

「背景のコピー」レイヤーを非表示にすると、元の画像が非破壊で残っていることがわかる

Macでは、キーは次のようになります。 Ctrl → ⌘ Alt → option Enter → return

STEP 06　コンテンツに応じた移動ツール

Before

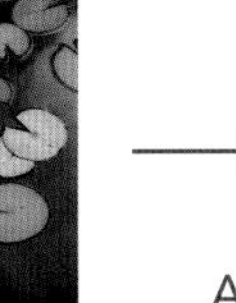

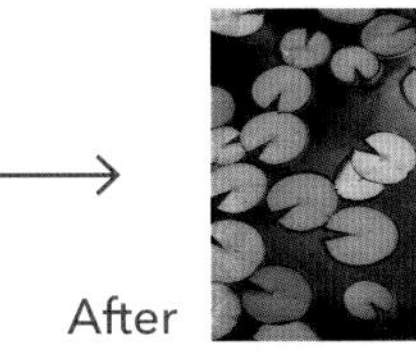

After

コンテンツに応じた移動ツール■は、選択した範囲の画像を違和感なくほかの場所に移動します。ここでは、蓮の葉を移動してみましょう。

Lesson13 ▶ L13-1S06.jpg

1　レッスンファイルを開き、コンテンツに応じた移動ツール■を選びます❶。修正する領域をドラッグして選択します❷。ここでは、コンテンツに応じた移動ツール■で選択範囲を作成しましたが、ほかのツールで選択範囲を作成してから、コンテンツに応じた移動ツール■を選択して使用することもできます。

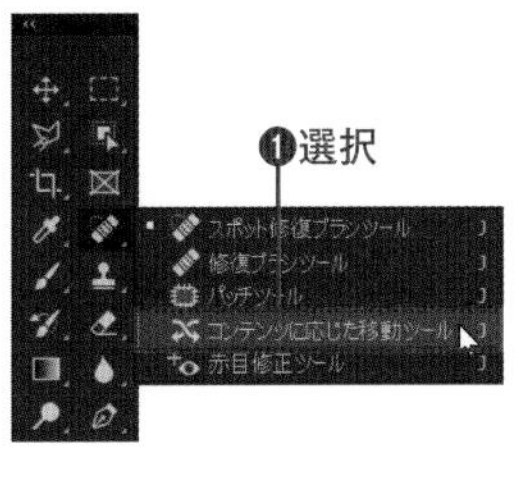

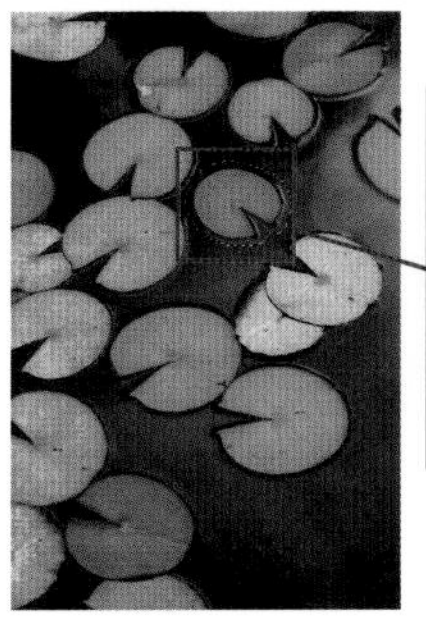

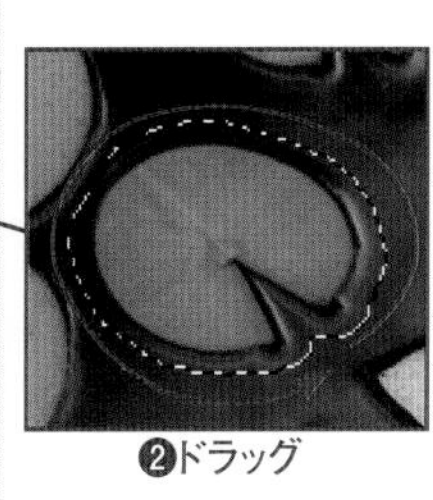

2　オプションバーで［モード］を［移動］に選択し❶、［構造］を「4」、カラーを「5」に設定し❷、［ドロップ時に変形］のチェックをオフにします❸。

❶選択　❷設定　❸設定

モード：移動　構造：4　カラー：5　全レイヤーを対象　ドロップ時に変形

3　選択範囲を移動先までドラッグします❶。マウスボタンを放すと、選択範囲が移動し境界部分が周囲となじみます。元の位置は、［コンテンツに応じた塗りつぶし］が適用され、周囲となじみます❷。

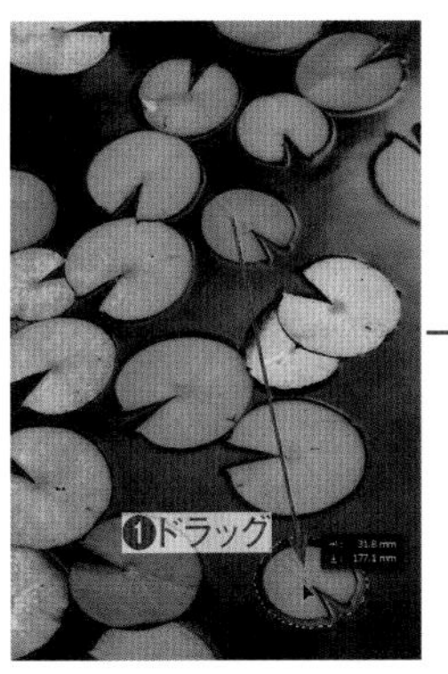

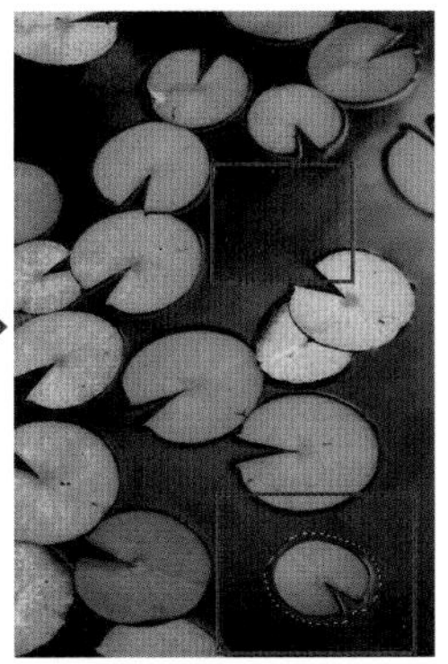

❷移動元、移動先ともに周囲と違和感なくなじむ

CHECK!

「拡張」モード

オプションバーのモードを［拡張］に設定すると、選択範囲をドラッグ先にコピーします。

ドロップ時に変形

オプションバーの［ドロップ時に変形］をチェックすると、選択範囲の移動先にバウンディングボックスが表示され，ハンドルをドラッグして拡大・縮小や回転が可能です。変形が終了したらオプションバーで○をクリックして確定してください。

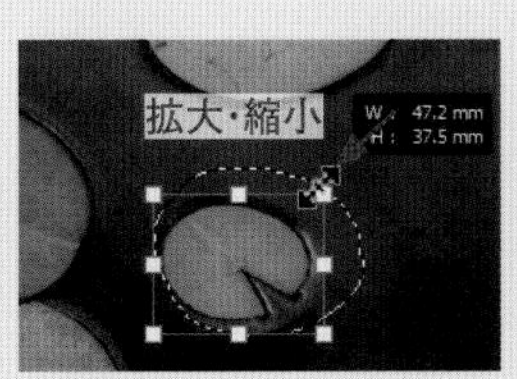

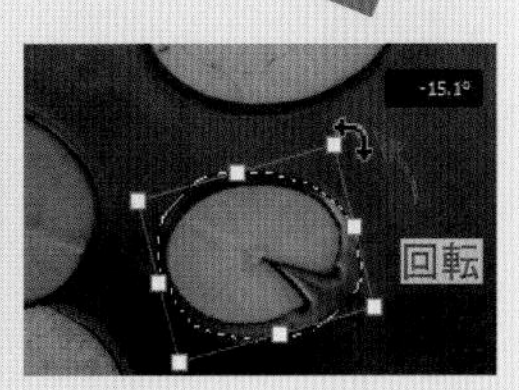

画像の修正　Lesson 13 14 15

13-2 画像の変形

選択範囲やレイヤー全体の画像に拡大・縮小、回転、ゆがみ、自由な形に、遠近法、ワープの変形を適用できます。

バウンディングボックスを表示して変形 2021 2020 2019

選択しているレイヤー、または選択範囲に、バウンディングボックスを表示して、ハンドルを操作して変形することができます。
[編集]メニューの[自由変形]コマンド、あるいは[変形]にある[拡大・縮小][回転][ゆがみ][自由な形に][遠近法]コマンドを選択しても、バウンディングボックスが表示されます。また、移動ツールを選択して、オプションバーの[バウンディングボックスを表示]をチェックしてもバウンディングボックスが表示されます。
[自由変形]コマンドと移動ツールで表示されるバウンディングボックスは、ショートカットキーを使ってすべての変形(拡大・縮小、回転、ゆがみ、自由な形に、遠近法)を同時に行えます(変形方法とショートカットは後述)。
ショートカットキーで操作するのが煩わしいときは、種類別の変形コマンドを選択すると、バウンディングボックスの操作が簡単になります。
バウンディングボックスの変形を確定するには、Enter キーを押すか、オプションバーの確定ボタンをクリックします。
変形コマンドの使用時は、確定と同時にバウンディングボックスは消えますが、移動ツールのバウンディングボックスは表示されたままになります。
ピクセル画像は、変形するとシャープさが少しずつ下がります。そのため、変形ごとに確定しないで、複数の変形(たとえば、回転して縮小など)をまとめて確定する方法がよいでしょう。

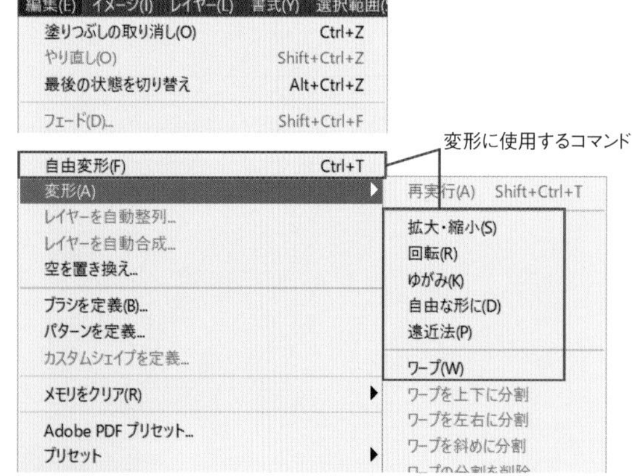

> CHECK!
> **パスも変形できる**
> 変形コマンドを使用して、パスも変形できます(移動ツールのバウンディングボックスでは変形できません)。パスコンポーネント選択ツールでパス全体を選択したときは、メニュー名が[パスを自由変形]と[パスを変形]になります。パス選択ツールで一部のアンカーポイントを選択したときは、メニュー名が[ポイントを自由変形]と[ポイントを変形]になります。

Macでは、キーは次のようになります。 Ctrl → ⌘ Alt → option Enter → return

基準点の設定

2021 2020 2019

バウンディングボックスの変形は、基準点を基準として実行されます。拡大・縮小をバウンディングボックスの操作で変形するときは、操作するハンドルの反対側が基準点になります。
初期設定の基準点は、バウンディングボックスの中心に設定されます。
中心以外に設定するときは、オプションバーの基準点の位置の正方形をクリックします。それぞれの正方形は、バウンディングボックス上のハンドルを表しています。
ハンドルとは別の位置に設定するときは、画像上の基準点をドラッグして移動します。

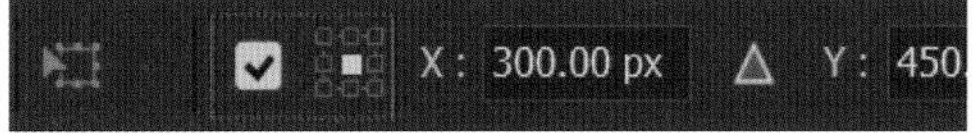

基準点
左にあるチェックボックスをクリックしてチェックをつけると使用できる

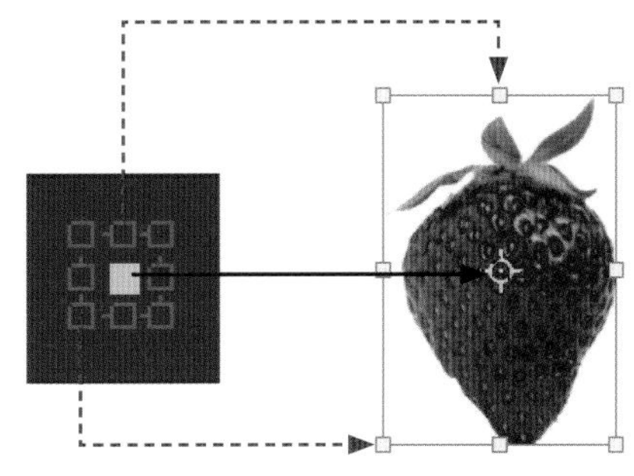

基準点はバウンディングボックスのハンドルに対応している

拡大・縮小

2021 2020 2019

ドラッグによる拡大・縮小は、バウンディングボックスのハンドルの上にマウスカーソルを置き、カーソルが両方向の矢印に変わったらドラッグします。拡大・縮小の仕方は、オプションバーの［縦横比を固定］の設定によって変わります。
［縦横比を固定］がオンの状態では、どのハンドルをドラッグしても、縦横比は固定されて拡大・縮小します。縦横比を固定せずに拡大・縮小するには、ハンドルを Shift キーを押しながらドラッグします。
［縦横比を固定］がオフの状態では、縦横比は保持されずドラッグした形状に変形されます。縦横比を固定するには、Shift キーを押しながらドラッグしてください。

［縦横比を固定］がオン

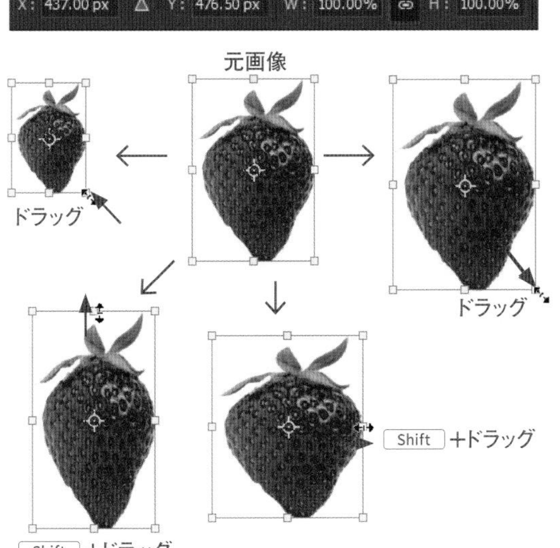

［縦横比を固定］がオフ

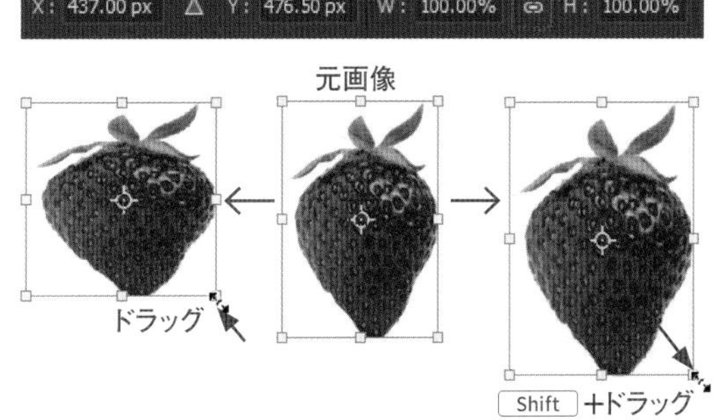

数値指定で拡大・縮小するときは、オプションバーの［水平比率を設定］と［垂直比率を設定］に拡大・縮小率を入力します。

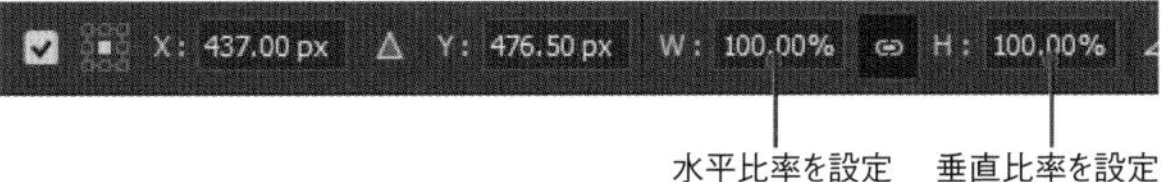

COLUMN

レイヤースタイルを拡大・縮小

レイヤースタイル（P.318参照）を適用した画像を拡大・縮小しても、レイヤースタイルの大きさは変わりません。レイヤースタイルだけを拡大・縮小するときは、［レイヤー］メニュー→［レイヤースタイル］→［効果を拡大・縮小］を選択します。
レイヤースタイルを適用した画像をスマートオブジェクトに変換すると、画像と一緒に拡大・縮小できます。

回転

2021 2020 2019

[自由変形] コマンドと移動ツール のバウンディングボックスでは、ハンドルの少し外側にマウスカーソルを置いて、カーブした両方向の矢印に変わったら、ドラッグして回転することができます。

[回転] コマンドのバウンディングボックスは、ハンドルをドラッグします。

Shift キーを押しながらドラッグすると、回転の角度を15°単位に固定できます。

数値指定で回転するときは、オプションバーの [回転を設定] に回転角度を入力します。正の値を入力すると、時計回りに回転します。

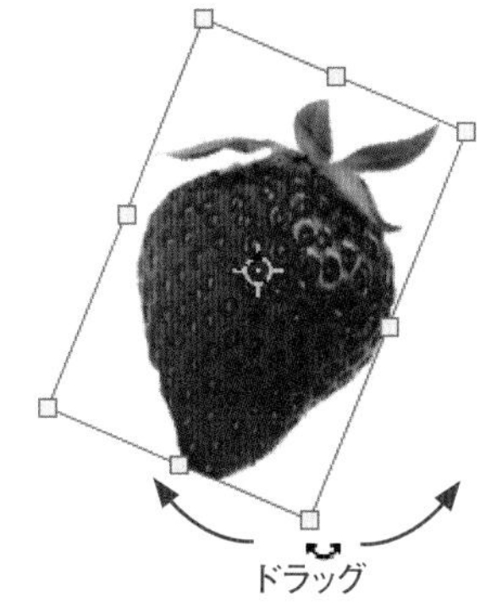

回転角度を設定

X : 300.00 px Y : 450.00 px W : 100.00% H : 100.00% 0.00 ° H : 0.00 ° V : 0.00 ° 補間 : バイキュービ...

ゆがみ

2021 2020 2019

自由変形コマンド・移動ツールでゆがみ

[自由変形] コマンドと移動ツール のバウンディングボックスは、Ctrl キーと Shift キーを同時に押しながらサイドハンドルをドラッグすると、ゆがませることができます。

ゆがみコマンドで変形

バウンディングボックスのサイドハンドルをドラッグするとゆがみます。

左右のサイドハンドルをドラッグすると垂直方向のゆがみ、上下のサイドハンドルをドラッグすると水平方向のゆがみとなります。

コーナーハンドルをドラッグすると、[自由な形に] と同じ変形ができます。

数値指定でゆがませるときは、オプションバーの [水平方向のゆがみを設定] [垂直方向のゆがみを設定] に値を入力します。

自由変形コマンド・移動ツール
Ctrl + Shift +ドラッグ
ゆがみコマンド
ドラッグ

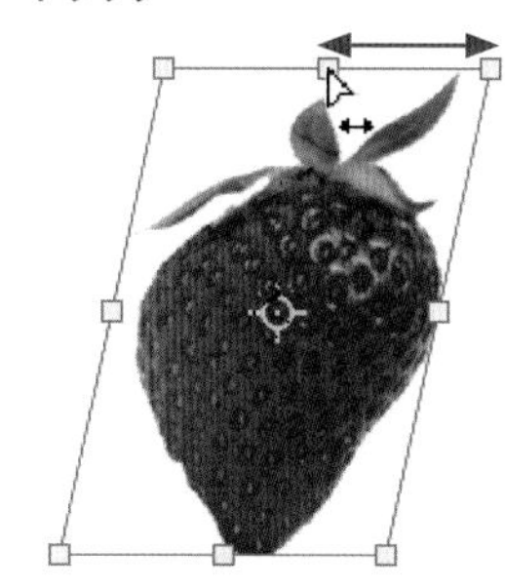

水平方向のゆがみを設定
垂直方向のゆがみを設定

X : 300.00 px Y : 450.00 px W : 100.00% H : 100.00% 0.00 ° H : 0.00 ° V : 0.00 ° 補間 : バイキュービ...

自由な形に

2021 2020 2019

自由変形コマンド・移動ツールで自由な形に

[自由変形] コマンドと移動ツールのバウンディングボックスは、Ctrl キーを押しながらコーナーハンドルをドラッグします。

ゆがみコマンドで変形

バウンディングボックスのコーナーハンドルをドラッグします。

サイドハンドルをドラッグすると、[ゆがみ] と同じ変形ができます。

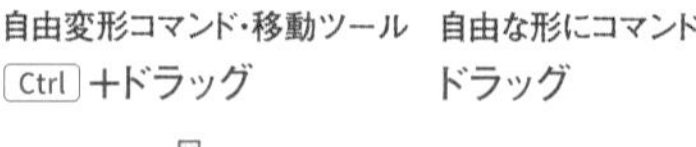

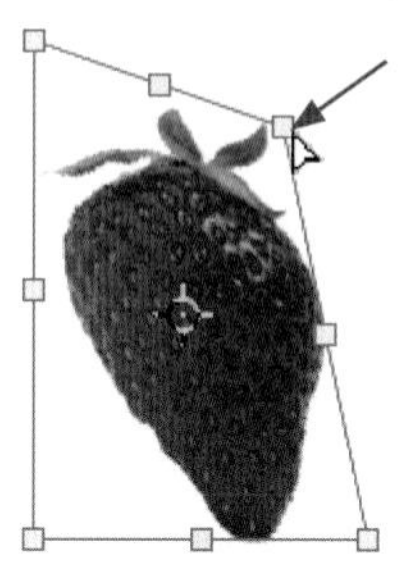

Macでは、キーは次のようになります。 Ctrl → ⌘ Alt → option Enter → return

遠近法

2021 2020 2019

自由変形コマンド・移動ツールで遠近法

[自由変形] コマンドと移動ツールのバウンディングボックスは、Alt キーと Ctrl キーと Shift キーを押しながらコーナーハンドルをドラッグします。

遠近法コマンドで変形

バウンディングボックスのコーナーハンドルをドラッグします。
サイドハンドルをドラッグすると、[ゆがみ] と同じ変形ができます。

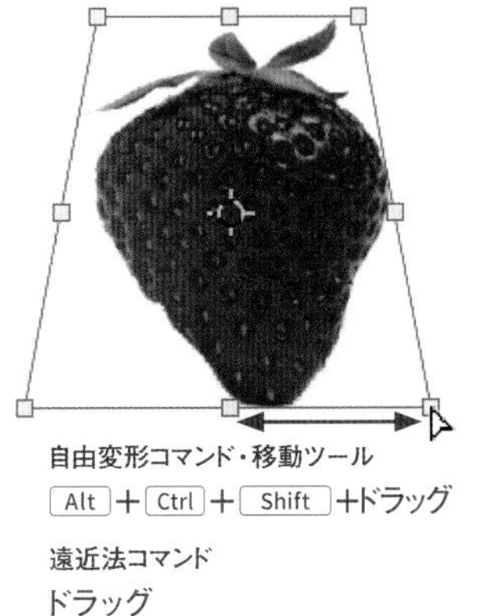

自由変形コマンド・移動ツール
Alt + Ctrl + Shift +ドラッグ
遠近法コマンド
ドラッグ

ワープ

2021 2020 2019

[ワープ] コマンドは、オプションバーのポップアップメニューからワープスタイルを選択して変形します。
ワープスタイルを [カスタム] にすると、画像上に [グリッド] で指定した数のメッシュが表示され、メッシュ内のコントロールポイント、ラインまたはメッシュ内をドラッグして変形できます。

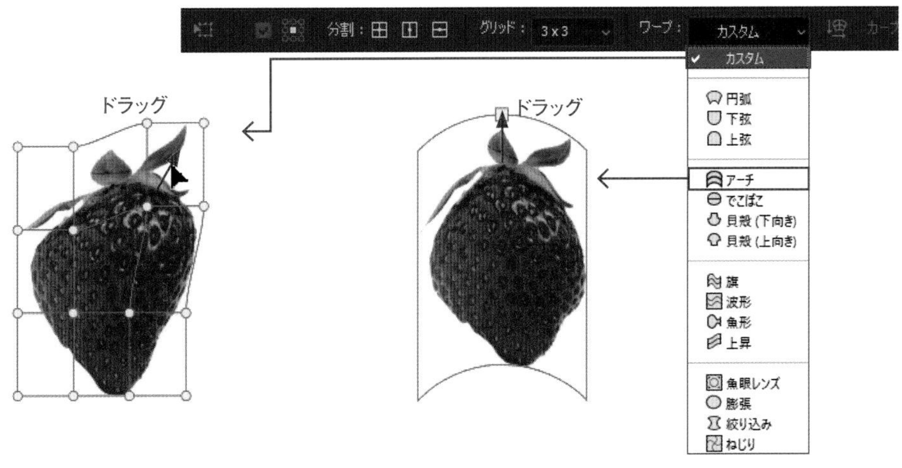

正確な反転と回転

2021 2020 2019

正確な反転・回転を行うときは、[編集] メニューの [変形] から [水平方向に反転] あるいは [90°回転 (時計回り)] などを選択します。
[編集] メニューの [変形] の各コマンドは、選択範囲や、選択したレイヤーの画像だけが反転・回転します。
[イメージ] メニューの [画像の回転] にも反転・回転するコマンドがありますが、こちらはドキュメント全体が反転・回転します。

元画像

水平方向に反転

[編集] メニューの回転

[イメージ] メニューの回転

画像の修正
Lesson 13 14 15

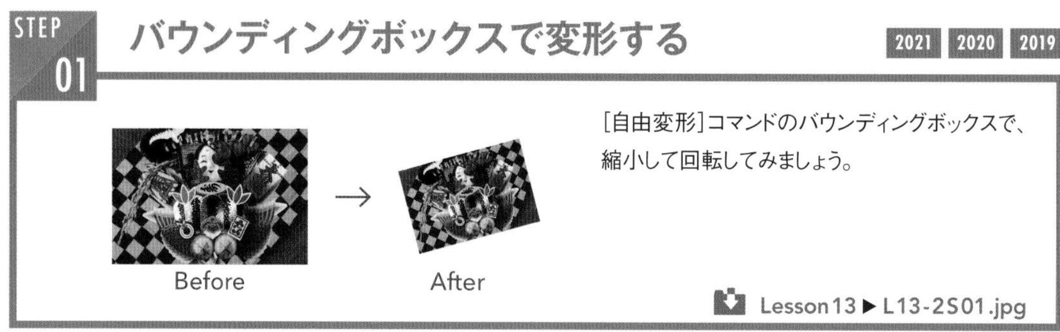

STEP 01 バウンディングボックスで変形する

2021 2020 2019

Before → After

[自由変形]コマンドのバウンディングボックスで、縮小して回転してみましょう。

Lesson13 ▶ L13-2S01.jpg

1 レッスンファイルを開き、ツールバーの をクリックして[描画色]と[背景色]を初期状態に戻します❶。[選択範囲]メニュー→[すべてを選択]を選びます❷。画像全体が選択されます❸。

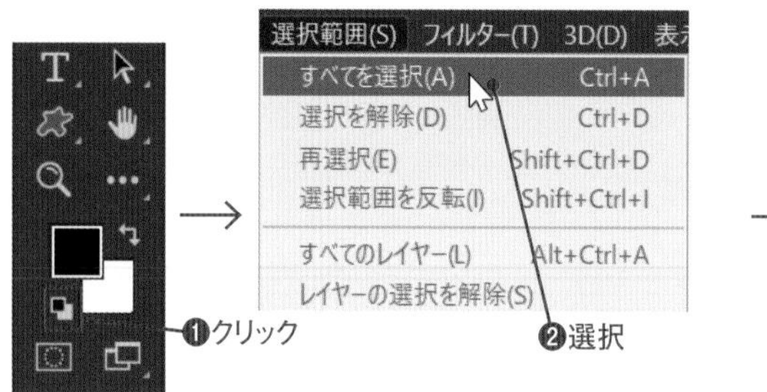

2 [編集]メニュー→[自由変形]を選びます❶。バウンディングボックスが表示されます❷。

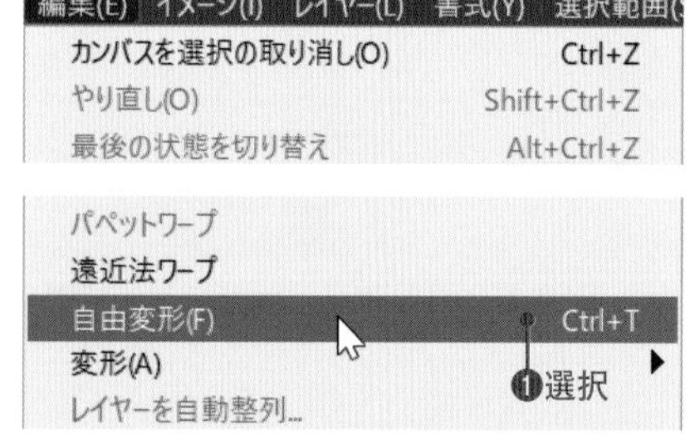

3 オプションバーで[縦横比を固定]がオンになっていることを確認します(なっていない場合クリックしてオンにします)❶。コーナーハンドルを Alt キーを押しながらドラッグして縮小します❷。Alt キーを押すと中央からの拡大・縮小となります。縮小した余白が手順1で設定した背景色になります❸。

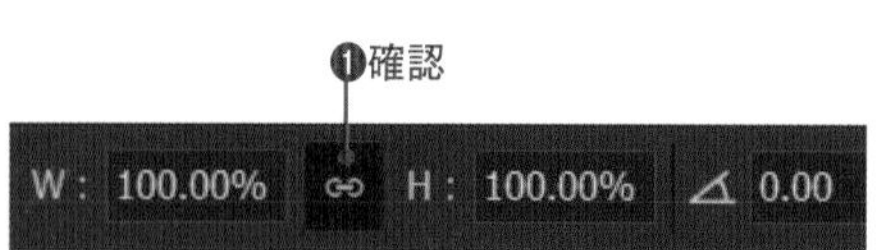

Macでは、キーは次のようになります。 Ctrl → ⌘　Alt → option　Enter → return

4 オプションバーの基準点を中央上に変更します❶（チェックがないときはチェックしてから変更してください）。右下のコーナーハンドルの少し外側にマウスカーソルを移動し、カーブした両方向の矢印に変わったらドラッグして回転します❷。Enter キーを押すか、○ボタンをクリックして、変形を確定します❸。

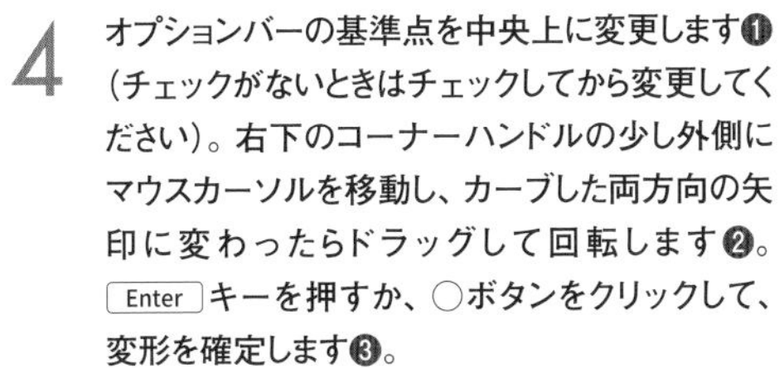

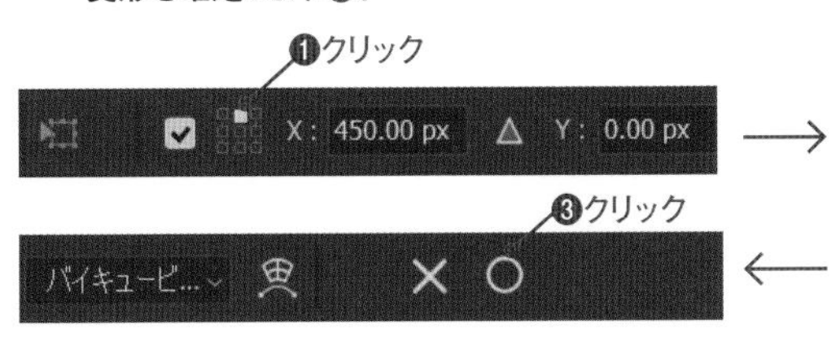

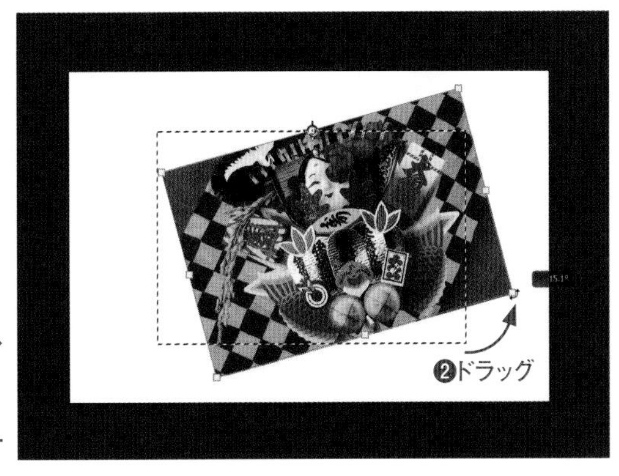

STEP 02 数値指定で変形する

2021 2020 2019

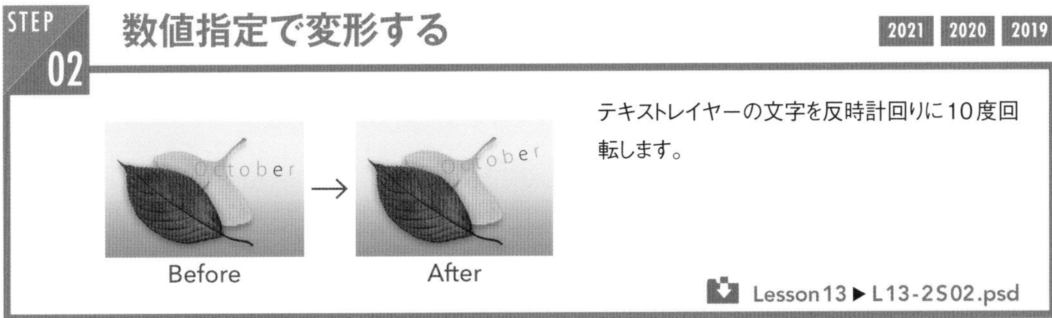

テキストレイヤーの文字を反時計回りに10度回転します。

Lesson 13 ▶ L13-2S02.psd

1 レッスンファイルを開き❶、レイヤーパネルの「October」レイヤーを選びます❷。

❶開く

2 ［編集］メニュー→［変形］→［回転］を選択します❶。オプションバーで基準点を左下に変更します❷。［回転］に「-10」を入力をします❸。「October」が左下を基準点として反時計回りに10°回転します❹。Enter キーを押すか、○ボタンをクリックして、変形を確定します❺。

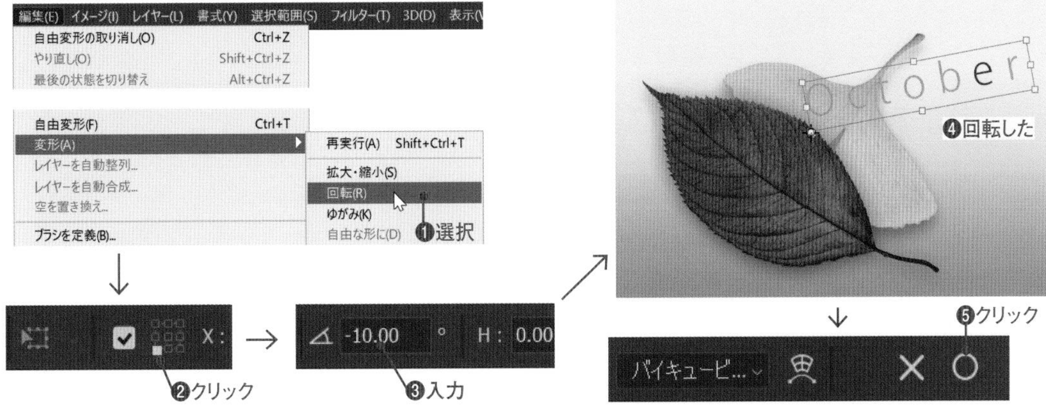

画像の修正
Lesson 13 14 15

13-3 トリミング、カンバスサイズ、解像度

画像の必要な部分だけを切り取ります。プリント用の画像を作成するときは、印刷に必要十分な画像解像度を設定します。

切り抜きコマンド

2021 2020 2019

長方形選択ツール❶で必要な範囲を選択して❷、[イメージ] メニュー→ [切り抜き] を選択します❸。選択範囲の外側のピクセルが削除されます❹。切り抜いた画像の解像度は、元の画像と変わりません。

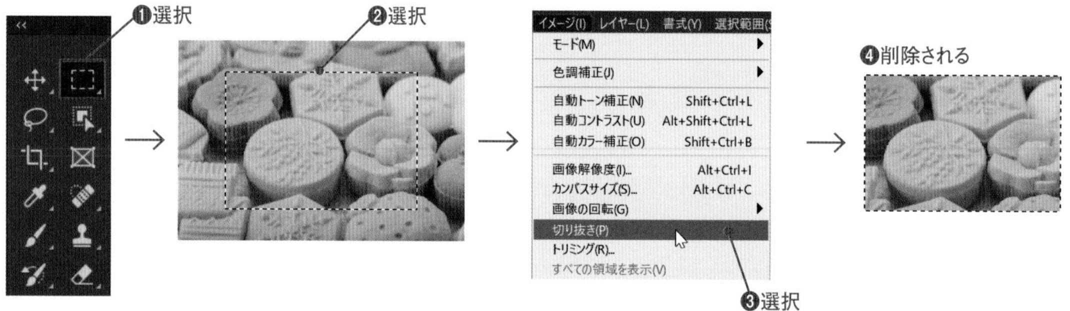

切り抜きツール

2021 2020 2019

切り抜きツールを選択すると❶、境界線のボックスにコーナーハンドルとサイドハンドルのある切り抜きボックスが表示されます❷。

ハンドルをドラッグすると、ボックスの大きさを変更できます❸。明るい部分が残る部分で、削除される部分は暗く表示されます。切り抜く位置を変更するには、ボックス内をドラッグします。ボックスを回転するときは、ハンドルの外側にマウスカーソルを移動し、カーブした両方向の矢印に変わったらドラッグします❹。元画像が曲がっていても、回転して切り抜いて角度を補正できます。

オプションバーで、切り抜く画像のサイズを指定すると、サイズに合わせて解像度が補正されて切り抜かれます❺。解像度を指定すると、解像度に合わせてサイズも補正されます❻。何も設定しなければ、解像度は変更されません。

[切り抜いたピクセルを削除] のチェックをはずすと❼、選択範囲の外側のピクセルは削除されずに隠されます。隠された部分は [イメージ] メニュー→ [すべての領域を表示] で表示できます。

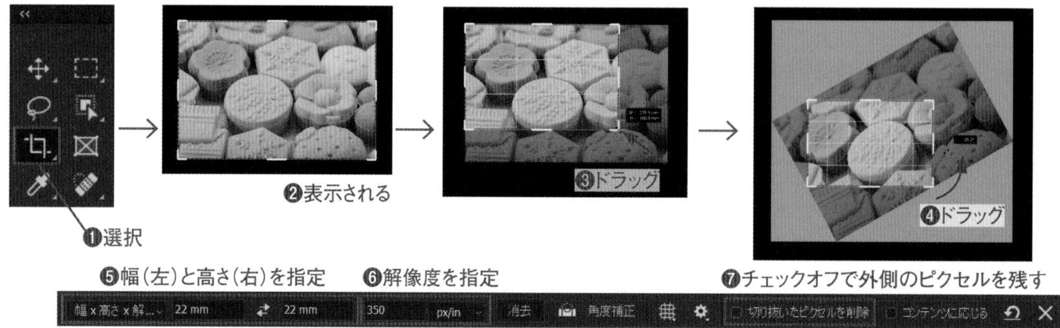

カンバスサイズの変更

2021 2020 2019

[イメージ] メニュー→ [カンバスサイズ] を選択すると、画像のまわりに余白を追加したり、切り抜きと同様に画像を削除してカンバスサイズを小さくすることができます。

[カンバスサイズ] ダイアログボックスの [相対] ❶をチェックした場合は、現在のカンバスサイズから増減する量❷を入力します。チェックをはずしたときは、変更後のカンバスサイズを入力します。[基準位置] は、画像のどこを基準にサイズを変更するかの設定で、ボックスをクリックして設定します❸。左上を基準にすれば、左上は固定で右側が変更されます。[カンバス拡張カラー] は、カンバスサイズを広げるときの「背景」レイヤーの余白の色を設定します❹。

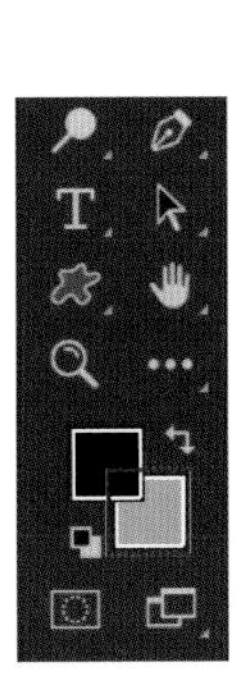

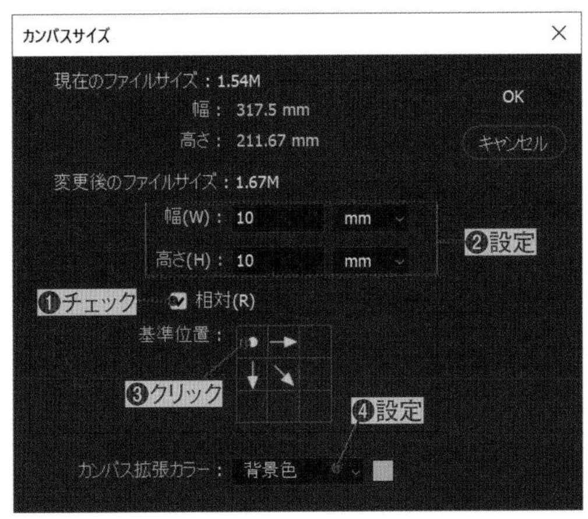

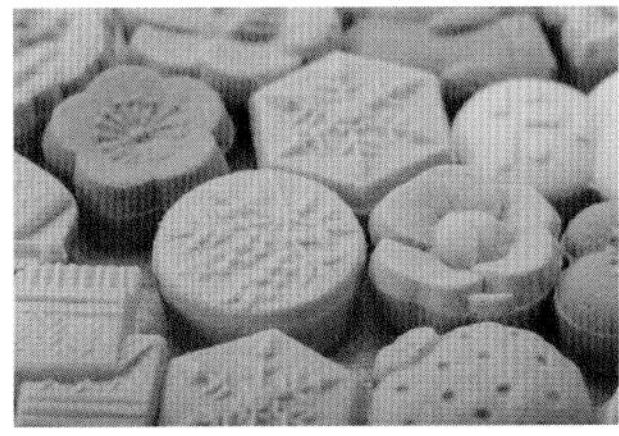

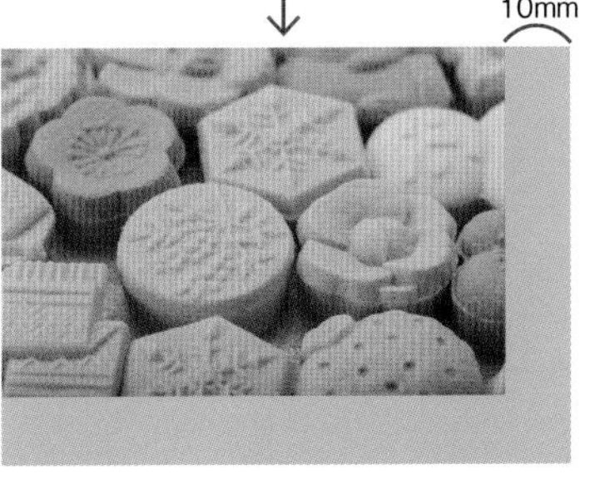

画像をトリミングする

2021 2020 2019

[イメージ] メニュー→ [トリミング] を選択すると、画像の周囲の透明部分や、指定したカラーの背景ピクセルをトリミングすることによって、色のついている画像部分の最小カンバスサイズで切り抜くことができます。

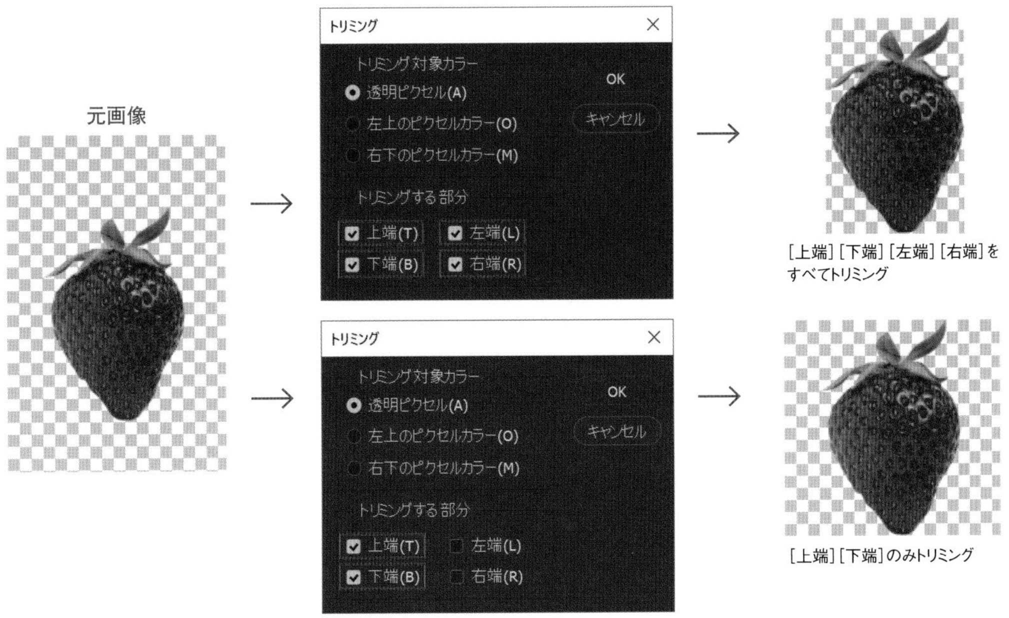

[上端] [下端] [左端] [右端] をすべてトリミング

[上端] [下端] のみトリミング

解像度の変更

2021 2020 2019

［イメージ］メニュー→［画像解像度］を選択すると、画像のピクセル数やプリントサイズ（ドキュメントサイズ）を変更できます。［画像解像度］ダイアログボックスの、［幅］［高さ］［解像度］に値を入力して、変更後のピクセル数やプリントサイズを設定します。

通常、解像度の単位は「pixel/inch」で設定します。変更するときは、ポップアップメニューで選択します。

［再サンプル］をチェックして解像度を変更すると、プリントサイズは変わらずに画像のピクセル数が変わります。また、プリントサイズを変更すると、解像度は変わらず画像のピクセル数が変わります。

［再サンプル］をチェックしないで解像度を変更すると、画像のピクセル数は変わらず、プリントサイズが変更されます。また、プリントサイズを変更すると、画像のピクセル数は変わらず、解像度が変更されます。

［再サンプル］をチェックしたら、ポップアップメニューで補完方式（ピクセルの増減時の処理方式）を選択します。「拡大」や「縮小」がついたメニュー名は、写真の拡大・縮小に適しています。鉛筆ツールで描いたような、ギザギザしたイメージを保ったまま拡大・縮小したいときは、ニアレストネイバー法を選択します。

［ディテールを保持］を選択すると、ノイズを軽減するオプションが設定できます。

レイヤースタイル（P.318参照）を適用している画像の場合、レイヤースタイルも同時に拡大・縮小する場合は［スタイルを拡大・縮小］オプションをチェックしてください。

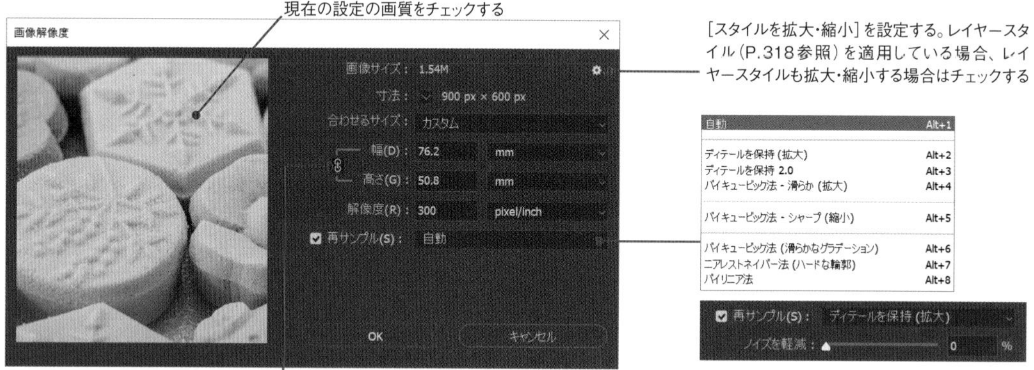

STEP 01 切り抜きツールで切り抜く

2021 2020 2019

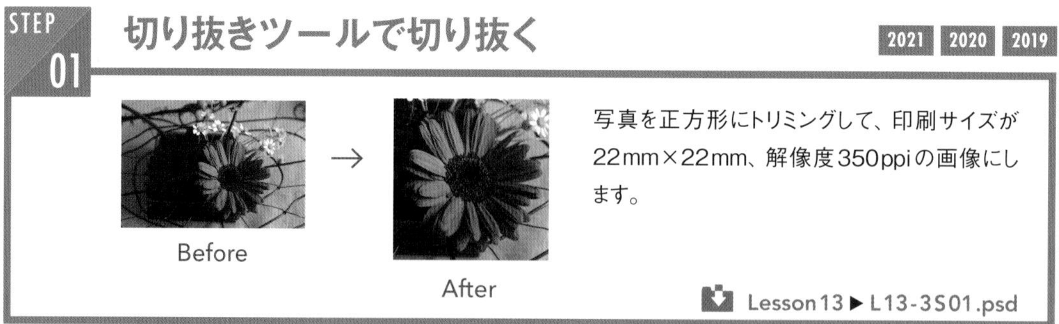

写真を正方形にトリミングして、印刷サイズが22mm×22mm、解像度350ppiの画像にします。

Lesson13 ▶ L13-3S01.psd

1 レッスンファイルを開き、切り抜きツール を選びます❶。

Macでは、キーは次のようになります。 Ctrl → ⌘ Alt → option Enter → return

2 オプションバーで［幅×高さ×解像度］を選択します❶。［幅］を「22mm」、［高さ］を「22mm」、［解像度］を「350（px/in）」に設定します❷。［切り抜いたピクセルを削除］と［コンテンツに応じる］のチェックをはずします❸❹。切り抜きボックスが正方形になります❺。

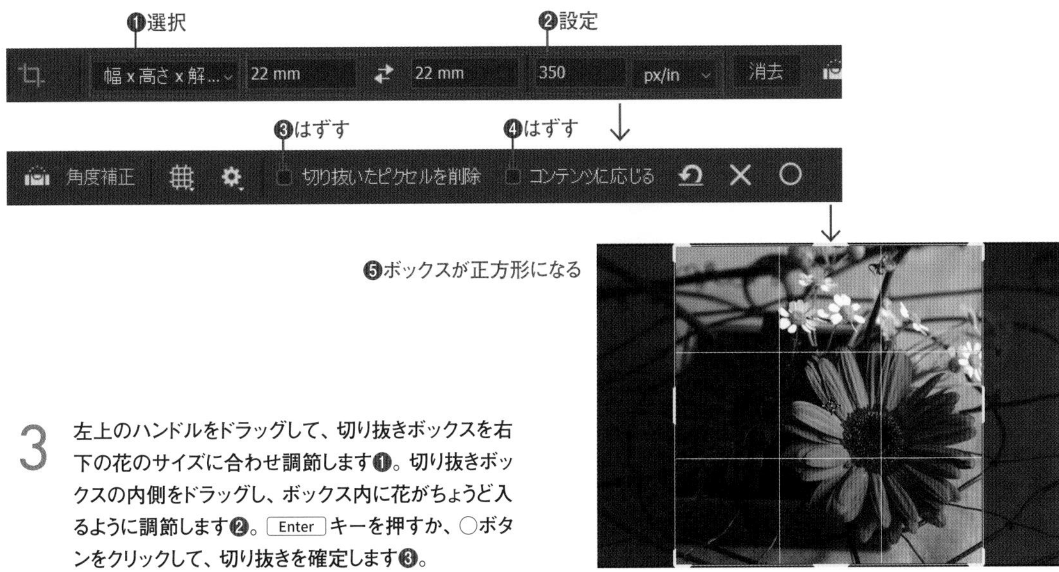

3 左上のハンドルをドラッグして、切り抜きボックスを右下の花のサイズに合わせ調節します❶。切り抜きボックスの内側をドラッグし、ボックス内に花がちょうど入るように調節します❷。［Enter］キーを押すか、○ボタンをクリックして、切り抜きを確定します❸。

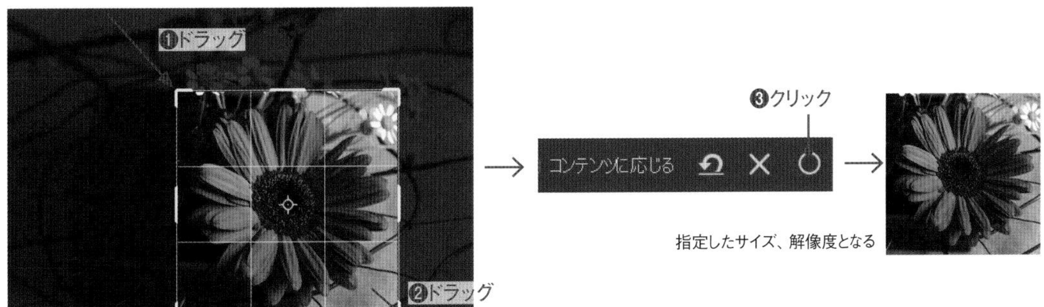

CHECK!

切り抜きの調整

［切り抜いたピクセルを削除］のチェックをしないで切り抜いた画像は、切り抜いた外側のピクセルが残っているので、移動ツール で画像を動かして、切り抜きの位置を調整できます。

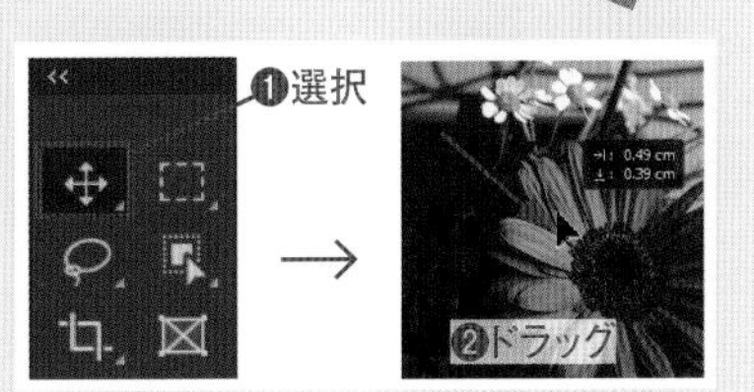

CHECK!

コンテンツに応じる

切り抜き範囲を回転させたときなど、切り抜き範囲に画像がない場合でも、［コンテンツに応じる］オプションをチェックすると、自然につながるように画像を埋めて隙間部分をなくすように切り抜きできます。

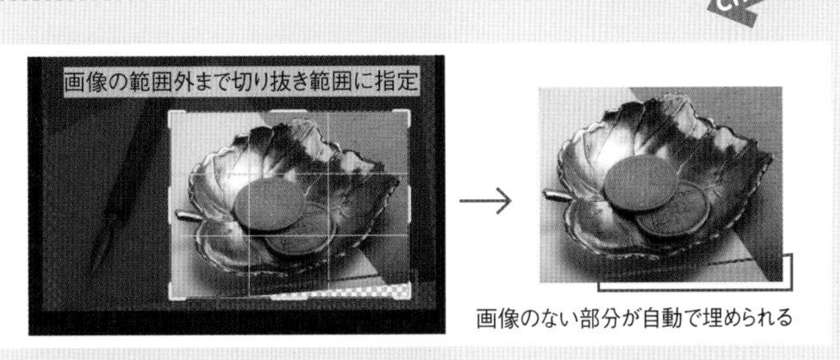

練習問題

Lesson13 ▶ L13EX1.psd

Q **果物の表面にある黒い傷を、スポット修復ブラシツールを使って消してみましょう。**

Before

After

A

❶ツールバーで、スポット修復ブラシツールを選びます。
❷オプションバーで、[コンテンツに応じる]を選択し、ブラシの直径を「20px」程度に設定します。
❸果物の表面上にある傷や汚れの部分をドラッグまたはクリックして修復します。

Lesson13▶ L13EX2.psd

Q **切り抜きツールを使って、幅と高さの比率を「3:2」で、動物の顔部分を切り抜いてみましょう。**

Before

After

A

❶ツールバーで切り抜きツールを選びます。
❷オプションバーで、[比率]を選択し、比率として「3」と「2」を設定します。また[切り抜いたピクセルを削除]をチェックします。
❸切り抜きボックスのハンドルをドラッグして、切り抜くサイズと位置を調節します。
❹位置とサイズが確定したら、オプションバーの○ボタンをクリックします。

Macでは、キーは次のようになります。 Ctrl → ⌘ Alt → option Enter → return

Lesson 14

An easy-to-understand guide to Illustrator and Photoshop

フィルターとレイヤースタイル

Ps

Photoshopの画像の外観を大きく変化させる機能として、フィルターとレイヤースタイルがあります。フィルターはピクセルを操作する機能ですが、スマートオブジェクトを使用すれば非破壊編集も可能です。レイヤースタイルは、レイヤーに対してさまざまな効果を非破壊で適用します。ここでは、フィルターとレイヤースタイルについて学びます。

14-1 フィルターを使う

[フィルター] メニューには、写真画像を、絵画調にするような、画像の外観を変える各種機能が用意されています。スマートオブジェクトに変換してからフィルターを適用すれば、後から設定を変更することも可能です。

フィルターの基礎

2021 2020 2019

フィルターとは

フィルターは、簡単な操作で、画像の外観を変える機能です。Photoshopには、多くのフィルターが用意されており、[フィルター] メニューから選択して適用します。フィルターの適用対象は、レイヤーパネルで選択しているレイヤー(選択範囲が作成されている場合は選択範囲内)となります。

元画像

→

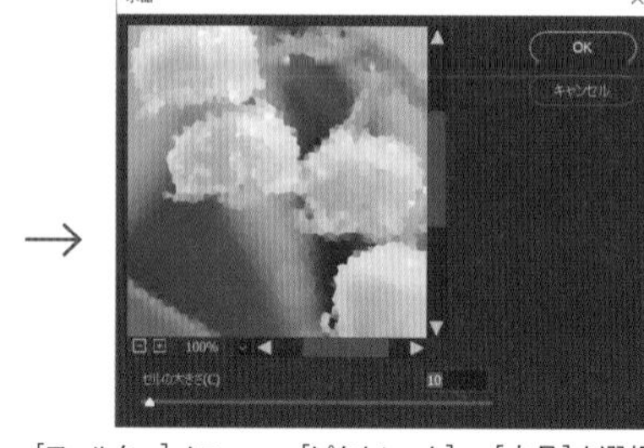

[フィルター] メニュー→ [ピクセレート] → [水晶] を選択。ダイアログボックスで、変化の度合いを設定して [OK] をクリックする

→

[水晶] フィルターを適用した結果。フィルターによってさまざまな効果を適用できる

フィルターギャラリー

[フィルター] メニュー→ [フィルターギャラリー] を選択すると、ダイアログボックスが表示され、複数のフィルターを適用できます(CMYKモードでは使用不可)。ダイアログボックスの左側には適用結果のプレビューが表示されます。フィルターのリストから適用するフィルターを選択すると、右側に設定が表示されます。プレビューを見ながら、パラメータを調節してください。

右側下には、適用するフィルターがリスト表示されます。下部の⊞をクリックすると、新しいフィルターを適用できます。フィルターは下から順番に適用され、ドラッグで順番を変更できます。また👁をクリックして、適用/非適用を設定できます。[OK] をクリックすると、プレビューで表示された状態に画像が変わります。

パラメータを調節

プレビュー　フィルターを選択

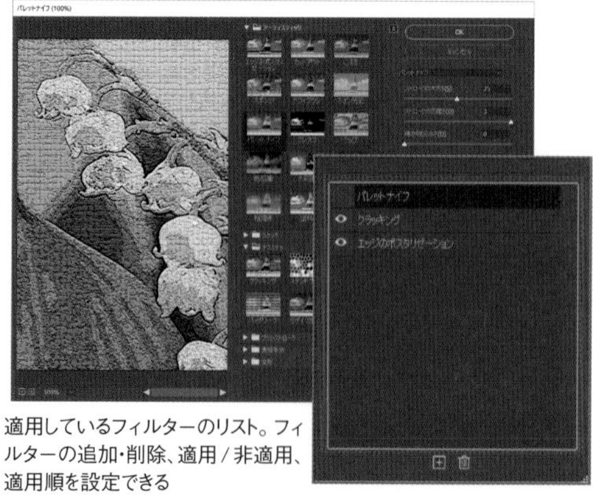

適用しているフィルターのリスト。フィルターの追加・削除、適用/非適用、適用順を設定できる

非破壊編集のためのスマートオブジェクト

フィルターは、元画像そのもののピクセルを変更します。複雑な画像編集を進めた後に、元画像に戻したいと思ってもできません。そのため、フィルターを使うときは、対象となるレイヤーをコピーしておくか、スマートオブジェクトに変換します。スマートオブジェクトとは、ファイルの内部にレイヤーの画像をファイルとして保存する機能です。スマートオブジェクトに変換したレイヤーは、サムネールの表示が変わります。
フィルターマスクを使えば、レイヤーマスクと同様にフィルターの適用範囲を調節できます。

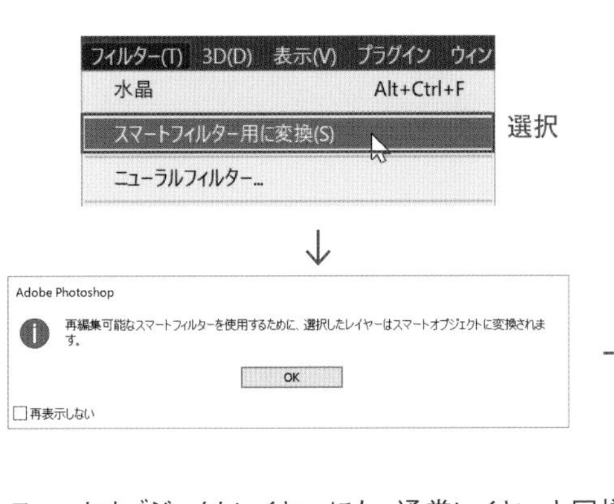

選択

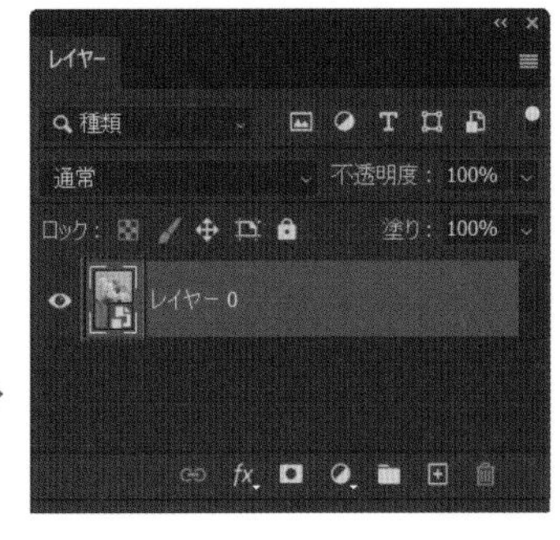

レイヤーの画像サムネールが、スマートオブジェクトサムネールに変わる

スマートオブジェクトレイヤーにも、通常レイヤーと同様にフィルターを適用できます。適用したフィルターは、レイヤーの下部に表示されるをクリックして、適用／非適用を設定できます。また、フィルターの名称部分をダブルクリックすると、適用時の設定用ダイアログボックスが表示され、設定値を変更できます。

スマートオブジェクトレイヤーにフィルターを適用すると、フィルターが下部に表示される

をクリックして、フィルターの適用／非適用を設定できる

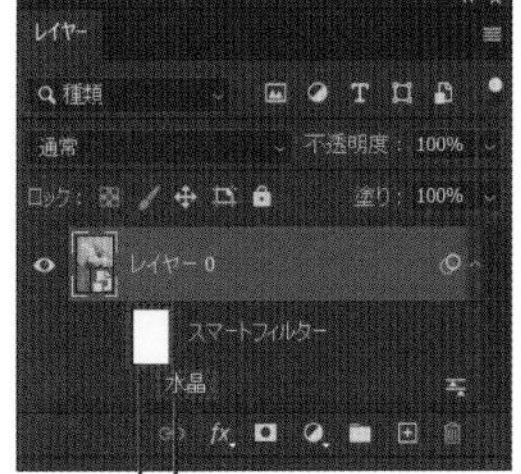

フィルターマスク。レイヤーマスクと同様に適用範囲を調節できる

ダブルクリックで、設定用ダイアログボックスを表示し、設定を変更できる

レイヤーパネルのスマートオブジェクトサムネールをダブルクリックすると、内部に保存されているレイヤーの画像が別ウィンドウで表示されます。この画像は、通常のPhotoshopの画像として調整レイヤーなどを使って編集できます。画像を変更して保存すると、スマートオブジェクトのある元画像にも反映されます。

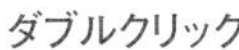

ダブルクリック

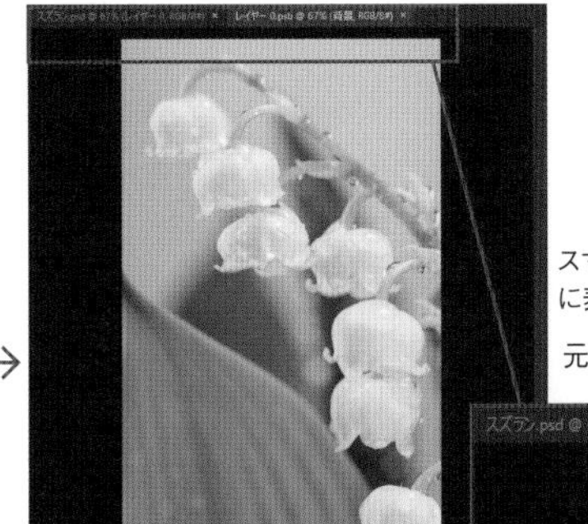

スマートオブジェクトが、別ウィンドウに表示される

元画像　　スマートオブジェクト

STEP 01 フィルターギャラリー

2021 2020 2019

フィルターギャラリーでは、複数のフィルターを重ねて適用できます。ここでは、ふたつのフィルターを使ってみましょう。

Lesson14 ▶ L14-1S01.jpg

色を設定してからフィルターを選択

1 レッスンファイルを開きます❶。「背景」レイヤーを[新規レイヤーを作成]の上にドラッグして、レイヤーをコピーします❷。

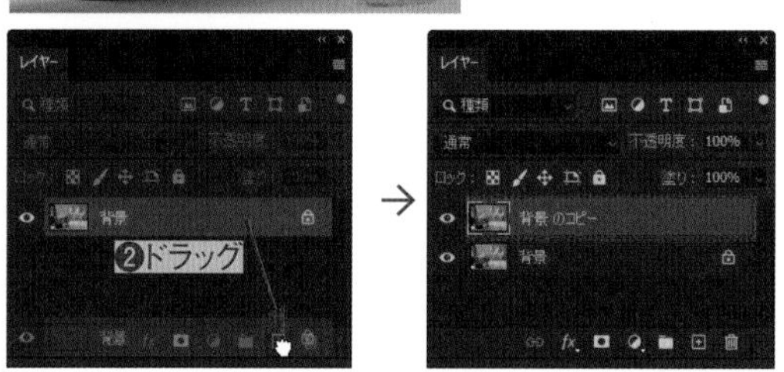

2 [描画色と背景色を初期設定に戻す]をクリックして、[描画色]を[ブラック]に、[背景色]を[ホワイト]に設定した後❶、スウォッチパネルで[描画色]に[ペール]の[暖色系のブラウン(より暗い)]を選びます❷。

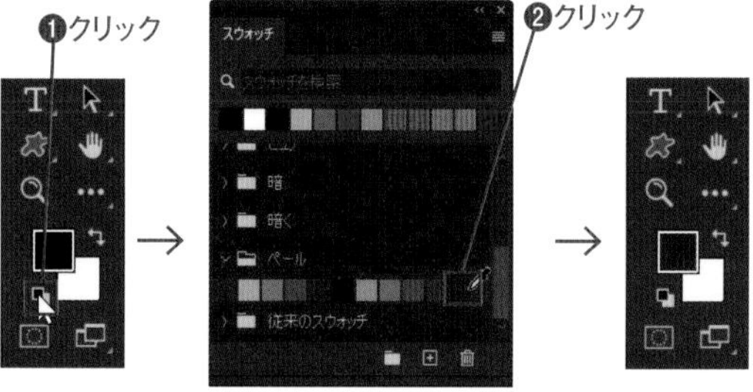

背景色に設定されてしまった場合は、カラーパネルで[描画色]を選択してやり直す

3 [フィルター]メニュー→[フィルターギャラリー]を選びます❶。フィルターギャラリーの設定ダイアログボックスが表示されるので、[ブラシストローク]を展開して表示し[墨絵]を選びます❷。右側の表示が[墨絵]の設定項目に変わります。[ストロークの幅]を「6」、[筆圧]を「3」、[コントラスト]を「7」にします❸。ここでは、記述したような設定値ですが、実際にはプレビューを見ながら設定します。

フィルター(T) 3D(D) 表示(V) プラグイン ウィン
水晶 Alt+Ctrl+F
スマートフィルター用に変換(S)
ニューラルフィルター...
フィルターギャラリー(G)...
広角補正(A)... Alt+Shift+Ctrl+A
Camera Raw フィルター(C)... Shift+Ctrl+A

❶選択

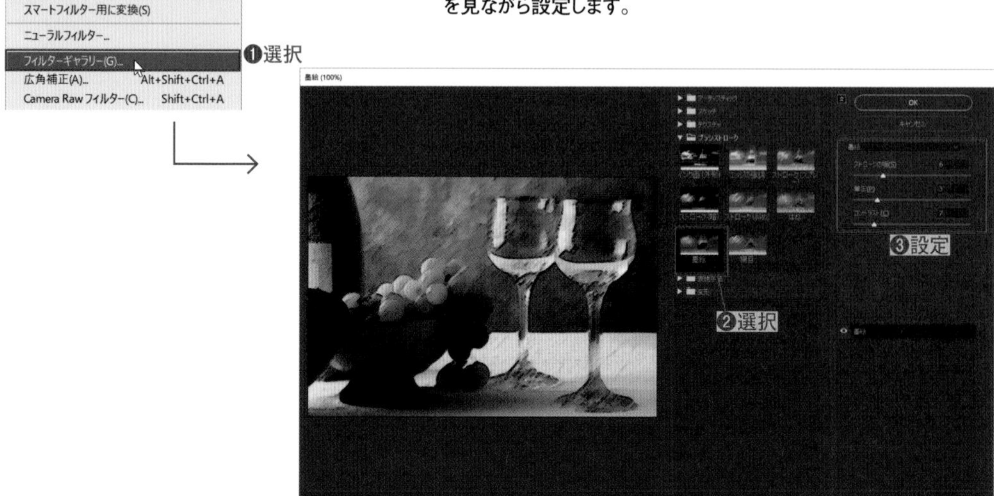

Macでは、キーは次のようになります。 Ctrl → ⌘ Alt → option Enter → return

複数のフィルターを設定する

1 ［新しいエフェクトレイヤー］をクリックします❶。［墨絵］が上に追加されてふたつ表示され、上が選択された状態になります❷。プレビューは、［墨絵］が二重に適用された状態となります。

2 ［スケッチ］の［ハーフトーンパターン］をクリックして選びます❶。［ハーフトーンパターン］では、選択した［描画色］が使われます。

3 ［サイズ］を「2」、［コントラスト］を「8」、［パターンタイプ］を［線］に設定します❶。

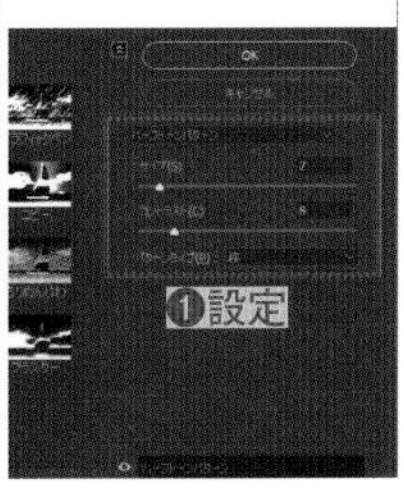

4 ［ハーフトーンパターン］を［墨絵］の下にドラッグして効果のかかり方が変わることを確認します❶。確認したら同様にドラッグして元に戻します❷。

5 ［墨絵］のをクリックして、表示／非表示を切り替えてみます❶。効果を確認したら再度クリックして元に戻します❷。

6 最後に［OK］をクリックしてダイアログボックスを閉じ❶、画面に戻ります。

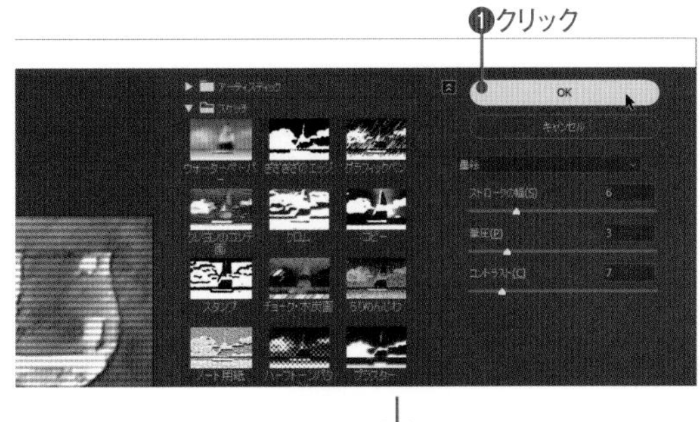

フィルターとレイヤースタイル Lesson 14 15

STEP 02 スマートオブジェクトを使う

2021 2020 2019

Before → After

スマートオブジェクトを使うと、後からパラメータを調節できるので便利です。描画系のフィルターは、画像が単色でフィルターの効果が出にくい場合によく使われます。

Lesson 14 ▶ L14-1S02.psd

1 レッスンファイルを開きます❶。テキストレイヤーを［新規レイヤーを作成］の上にドラッグして、レイヤーをコピーします❷。元のテキストレイヤーのをクリックして非表示にします❸。

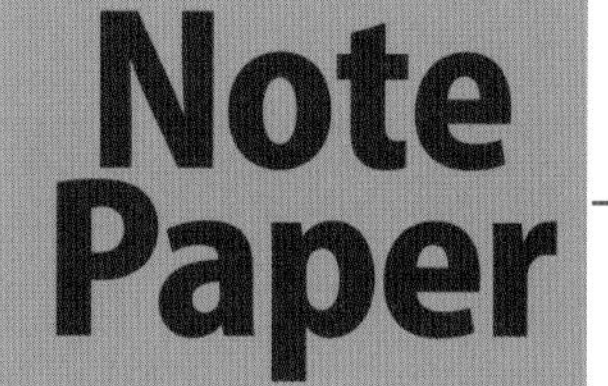

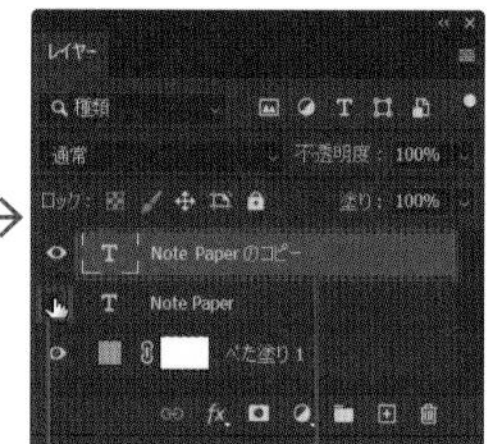

2 コピーしたテキストレイヤーが選択されていることを確認し❶、［フィルター］メニュー→［スマートフィルター用に変換］を選びます❷。確認のダイアログボックスが表示されたら、［OK］をクリックします❸。テキストレイヤーはスマートオブジェクトに変換されます。

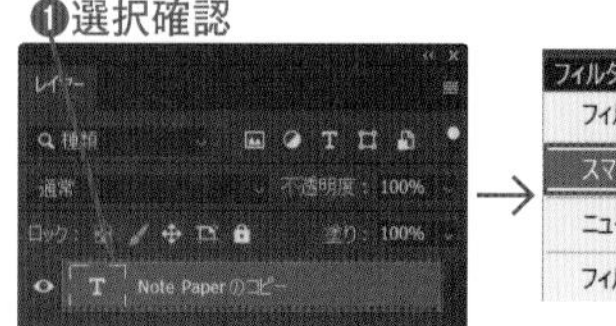

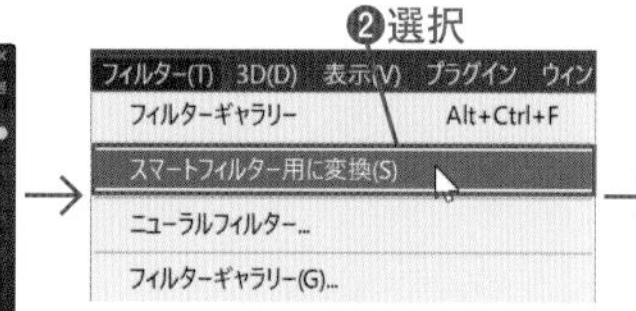

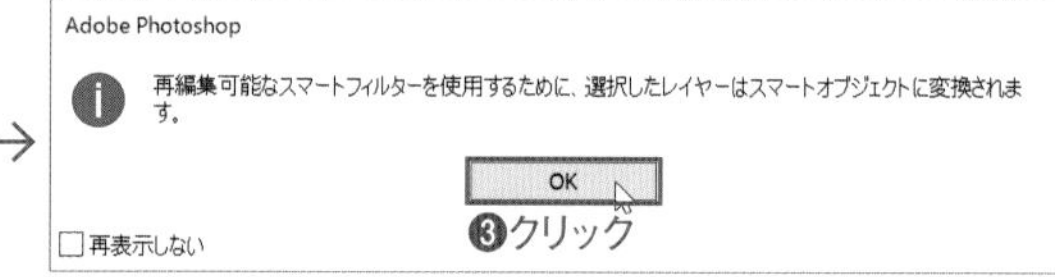

3 ［描画色］と［背景色］がSTEP01と同じになっていることを確認します❶（違っていたら設定してください）。［フィルター］メニュー→［描画］→［雲模様 1］を選びます❷。

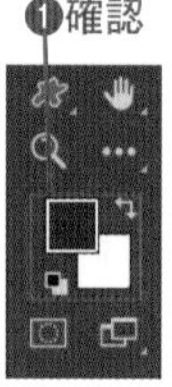

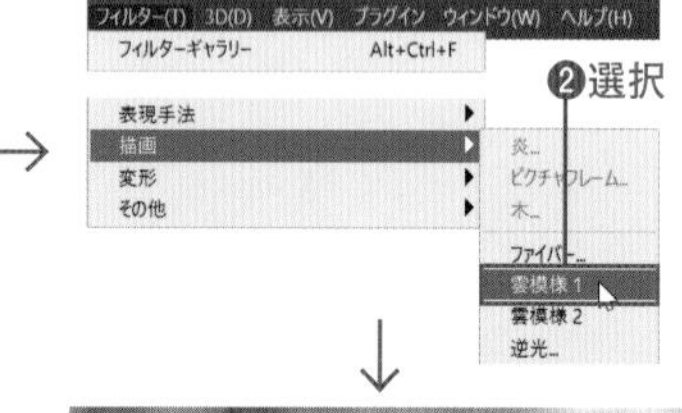

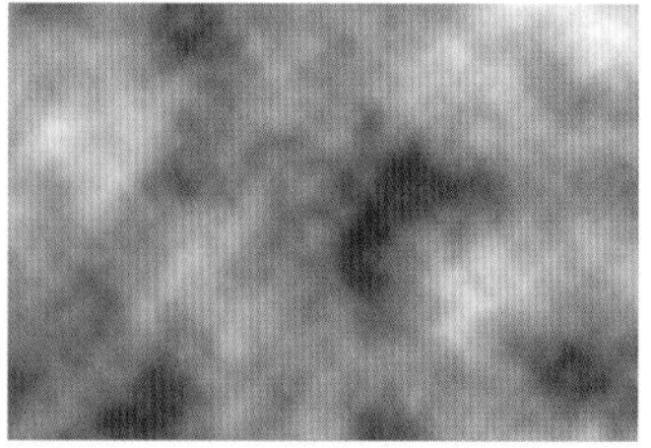

模様はランダムに作成されるので、作例とまったく同じにならなくても問題ない

4 レイヤーパネルに、適用したフィルターが表示されるので、［雲模様 1］のをダブルクリックします❶。［描画オプション］ダイアログボックスが表示されるので、［不透明度］を「50％」に設定し❷、［OK］をクリックします❸。

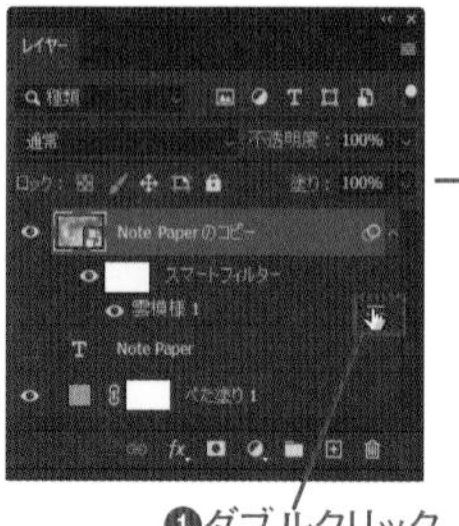

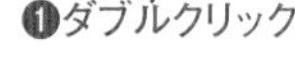

［描画オプション］ダイアログボックスでは、選択したフィルターの不透明度や描画モードを設定できる

Macでは、キーは次のようになります。 Ctrl → ⌘　Alt → option　Enter → return

5　[フィルター]メニュー→[その他]→[ハイパス]を選びます❶。表示された[ハイパス]ダイアログボックスで、[半径]を「7.0」に設定し❷、[OK]をクリックします❸。

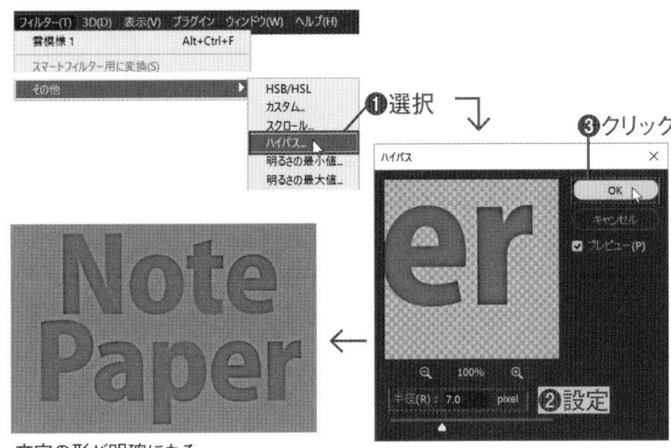

文字の形が明確になる

6　[フィルター]メニュー→[フィルターギャラリー]を選びます❶。リストにフィルターが複数残っている場合は削除してひとつだけにします❷。

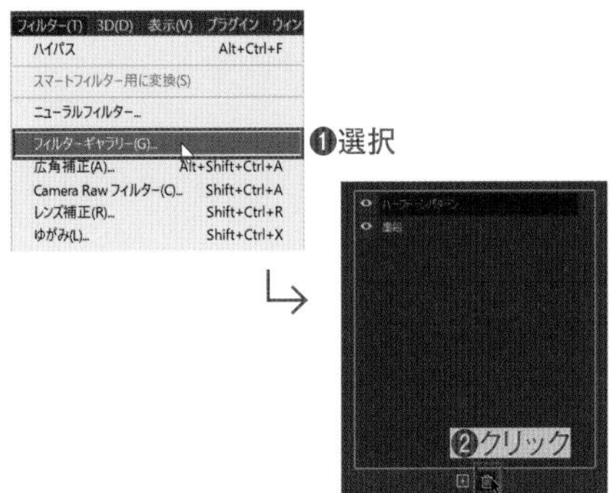

7　[スケッチ]の中の[ノート用紙]を選び❶、[画像のバランス]を「24」、[きめの度合い]を「20」、[レリーフ]を「16」に設定して❷、[OK]をクリックします❸。

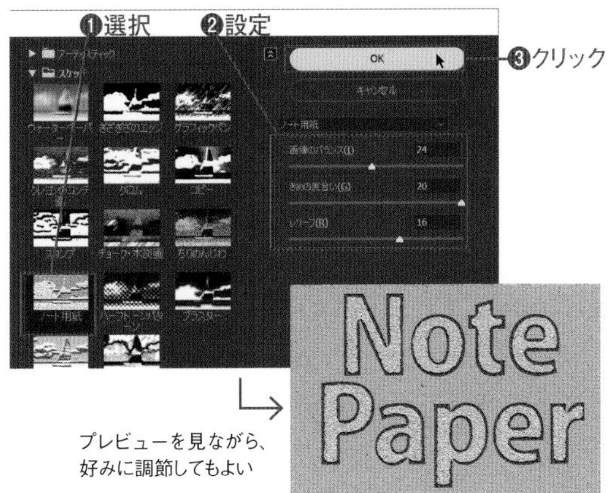

プレビューを見ながら、好みに調節してもよい

8　テキストのエッジが整いすぎているので修正します。[フィルター]メニュー→[ぼかし]→[ぼかし(ガウス)]を選び❶、表示された[ぼかし(ガウス)]ダイアログボックスで[半径]を「3.5」に設定して❷、[OK]をクリックします❸。

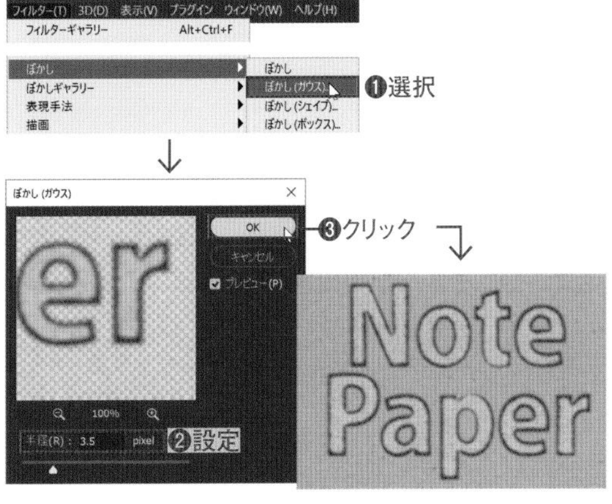

9　レイヤーパネルで[ぼかし(ガウス)]を[フィルターギャラリー]の下にドラッグします❶。フィルターのかかり方が変わります❷。

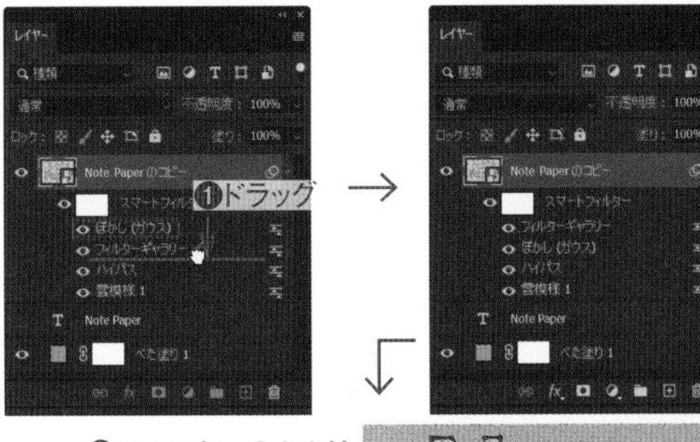

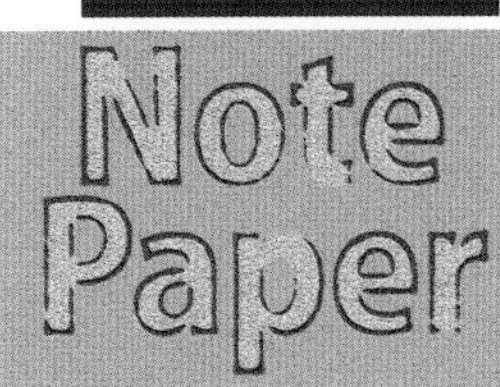

❷フィルターのかかり方が変わった

フィルターは下から順に適用される

10　レイヤーパネルで、描画モードを[スクリーン]にします❶。

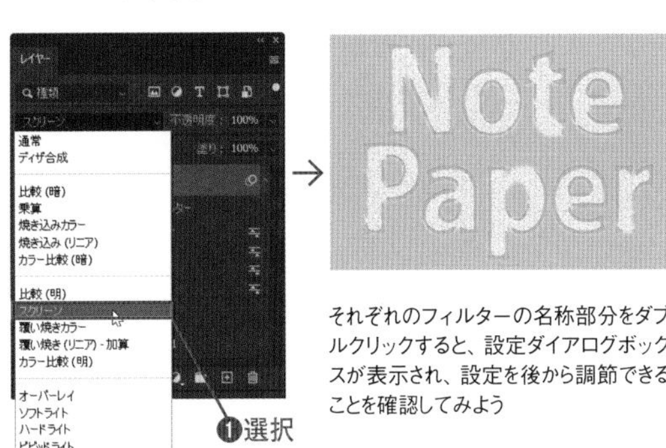

それぞれのフィルターの名称部分をダブルクリックすると、設定ダイアログボックスが表示され、設定を後から調節できることを確認してみよう

14-2 フィルター一覧

[フィルター]メニューはさまざまなフィルターが用意されています。それぞれのフィルターを使うことで、どんな効果を得られるかをおおまかにでもつかんでおくと、効率的な画像加工に役立ちます。ここでは、フィルターの効果を簡単に紹介します。

ニューラルフィルター

2021 2020 2019

Photoshop 2021ではAIを駆使したまったく新しいフィルターが追加されました。主に人物写真の加工を目的とした大変強力なフィルターですが、高い処理能力が必要なものはAdobeのサーバー上で処理されるため、一般的なパソコンでも使用できます。現在標準としてふたつの機能がありますが、ベータ版が数多く作られており、さらに増えていくでしょう。

元画像

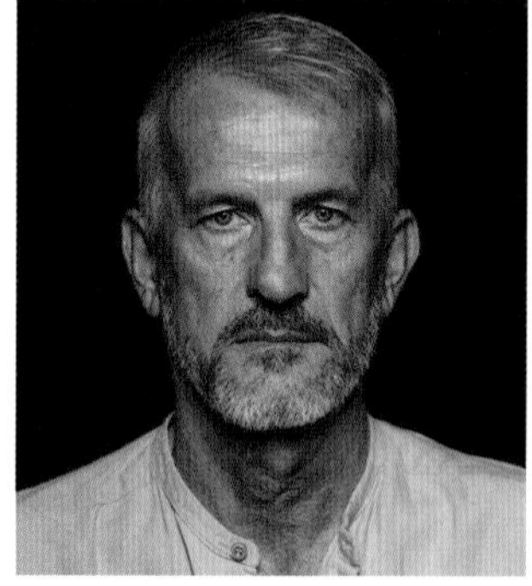

・肌をスムーズに

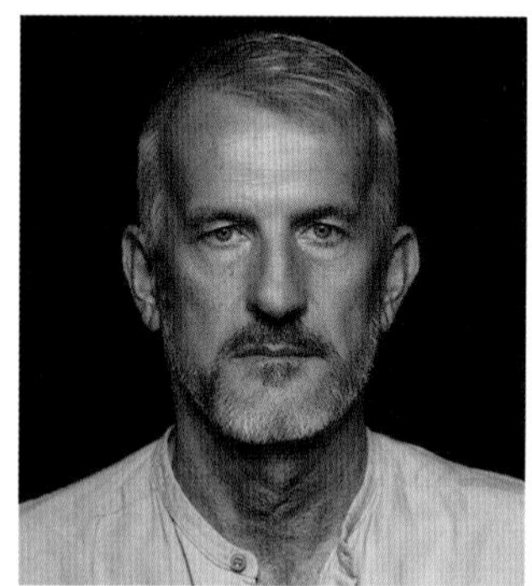

ベータ版
・スマートポートレート

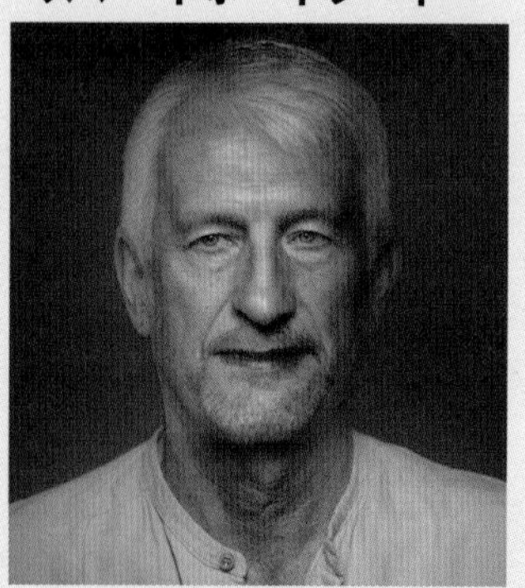

ベータ版はこのほかにも多数あり、さらに数が増えていくことが予想される

・スタイルの適用 スタイルはダウンロードすることでいくらでも増やせる

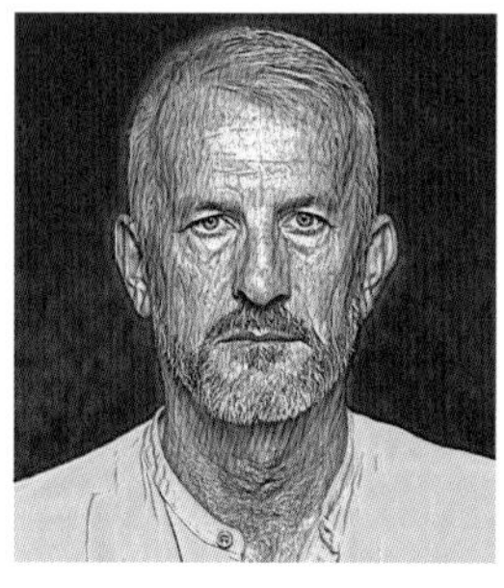

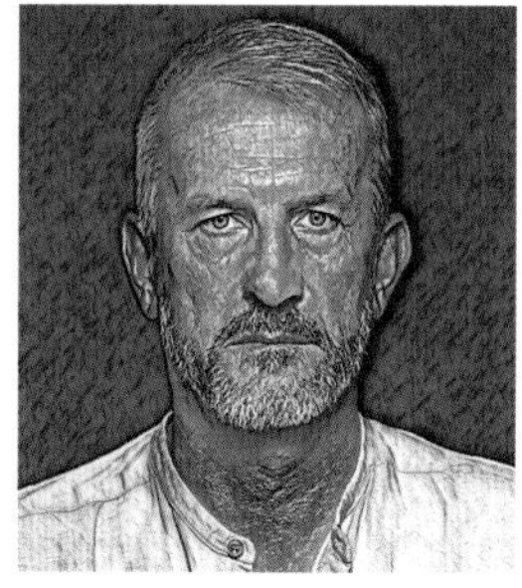

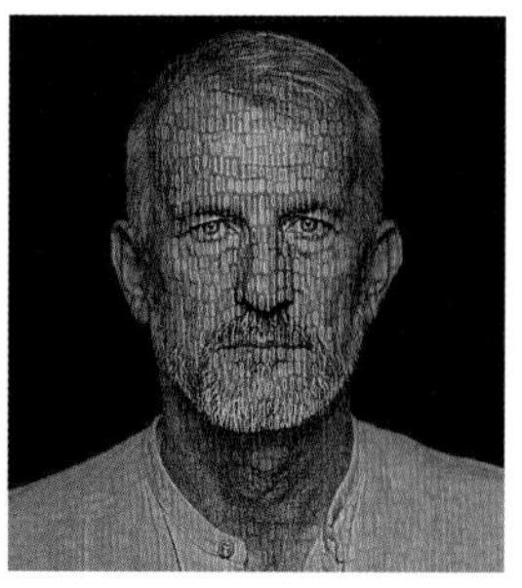

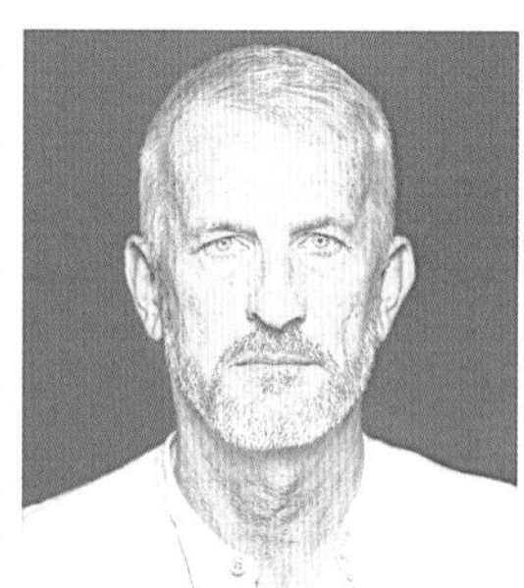

Macでは、キーは次のようになります。 Ctrl → ⌘ Alt → option Enter → return

フィルターギャラリー

2021 2020 2019

画像にさまざまな変形効果を適用します。複数の効果を重ねて適用することもできます。
[スケッチ]の各種フィルターは、[描画色][背景色]が適用されるので、適用前に忘れずに色を設定しておきましょう。

元画像

・アーティスティック

エッジのポスタリゼーション

カットアウト

こする

スポンジ

ドライブラシ

ネオン光彩

パレットナイフ

フレスコ

ラップ

色鉛筆

水彩画

粗いパステル画

粗描き

塗料

粒状フィルム

・スケッチ

ウォーターペーパー

ぎざぎざのエッジ

［描画色］と［背景色］が使われる

グラフィックペン

［描画色］と［背景色］が使われる

クレヨンのコンテ画

［描画色］と［背景色］が使われる

クロム

コピー

［描画色］と［背景色］が使われる

スタンプ

［描画色］と［背景色］が使われる

チョーク・木炭画

［描画色］と［背景色］が使われる

ちりめんじわ

［描画色］と［背景色］が使われる

ノート用紙

［描画色］と［背景色］が使われる

ハーフトーンパターン

［描画色］と［背景色］が使われる

プラスター

［描画色］と［背景色］が使われる

浅浮彫り

［描画色］と［背景色］が使われる

木炭画

［描画色］と［背景色］が使われる

直前までの設定をクリアする

［フィルターギャラリー］ダイアログボックスで、Ctrl キーを押すと［キャンセル］ボタンが［すべてクリア］ボタンに変わり、直前までの設定をすべてクリアできます。

・テクスチャ

クラッキング

ステンドグラス

［描画色］が使われる

テクスチャライザー

パッチワーク

Macでは、キーは次のようになります。  Ctrl → ⌘　Alt → option　Enter → return

モザイクタイル

粒状

・ブラシストローク

インク画（外形）

エッジの強調

ストローク（スプレー）

ストローク（暗）

ストローク（斜め）

はね

墨絵

網目

・表現手法

エッジの光彩

・変形

ガラス

海の波紋

光彩拡散

［背景色］が使われる

広角補正

2021 2020 2019

広角レンズで撮影した際のゆがみを修整します。

CameraRawフィルター

2021 2020 2019

Rawデータの現像に使用する「Camera Raw」を使って色調を補正するフィルターです。
複数の補正を一度に設定できるので、「Camera Raw」に慣れたユーザーには便利なフィルターです。

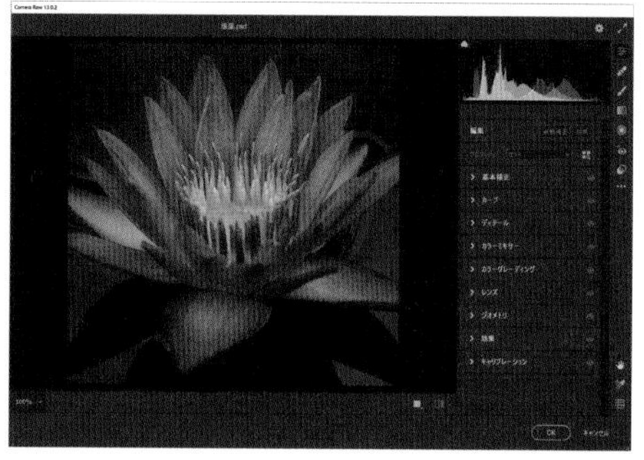

レンズ補正

2021 2020 2019

カメラのレンズごとに持つ歪曲収差、色収差、周辺光量落ちなどを自動で補正できます。

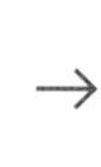

ゆがみ

2021 2020 2019

[ゆがみ] ダイアログボックスでの設定と、各種ツールでドラッグして、画像をゆがませます。

Vanishing Point

2021 2020 2019

遠近感を保持した状態で、画像内の修整を行います。ほかの画像をコピーしておき、コピー先画像で [Vanishing Point] フィルターを使い、作成した選択範囲にペーストすれば、遠近感を保持して合成できます。

+

Macでは、キーは次のようになります。 Ctrl → ⌘　Alt → option　Enter → return

3D

2021 2020 2019

3Dで使用するバンプマップまたは法線マップの画像を作成します。

バンプマップを作成

法線マップを作成

シャープ

2021 2020 2019

画像をシャープにします。

元画像

アンシャープマスク

シャープ

シャープ（強）

シャープ（輪郭のみ）

スマートシャープ

ぶれの軽減

ノイズ

2021 2020 2019

画像にノイズを加えます。

元画像

ダスト&スクラッチ

ノイズを加える

ノイズを軽減

明るさの中間値

輪郭以外をぼかす

ピクセレート

2021 2020 2019

モザイクや点描など、画像の見た目を変化させるフィルターです。

元画像

カラーハーフトーン

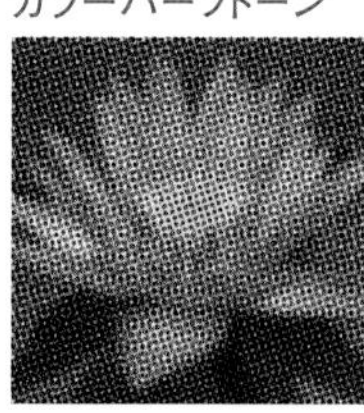

ぶれ

メゾティント

モザイク

水晶

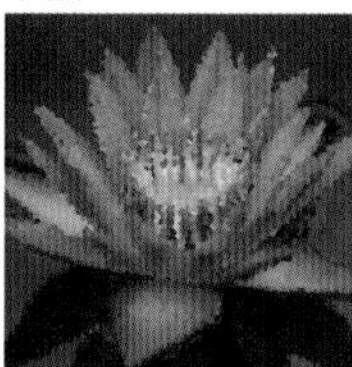

点描

面を刻む

ビデオ

2021 2020 2019

NTSCカラー　色域をテレビで再生可能な範囲に制限します。

インターレース解除　ビデオ画像の偶数または奇数の走査線を削除して、ビデオに取り込まれた動画を滑らかにします。

ぼかし

2021 2020 2019

画像をぼかすフィルターです。

元画像

ぼかし

ぼかし（ガウス）

ぼかし（シェイプ）

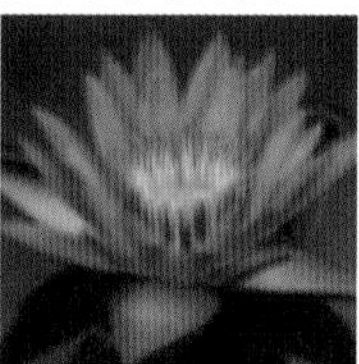

ぼかし（ボックス）

ぼかし（レンズ）

スマートフィルターで使用不可

ぼかし（移動）

ぼかし（強）

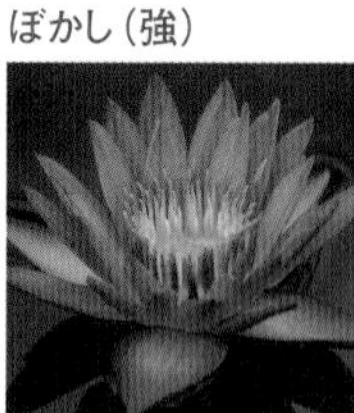

ぼかし（詳細）

ぼかし（表面）

ぼかし（放射状）

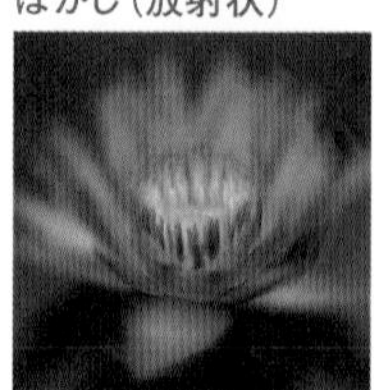

平均

選択範囲内の平均的な色で塗りつぶされる。選択範囲がなければ、画面全体が塗りつぶされる

Macでは、キーは次のようになります。 Ctrl → ⌘　Alt → option　Enter → return

ぼかしギャラリー

2021 2020 2019

画像内に表示された制御用のハンドルを操作して、ぼかしを入れる範囲を調節できるフィルターです。どれかひとつを適用すると、ぼかしツールパネルが表示され、詳細な設定が可能です。また、複数のぼかしフィルターを同時に適用できます。

フィールドぼかし

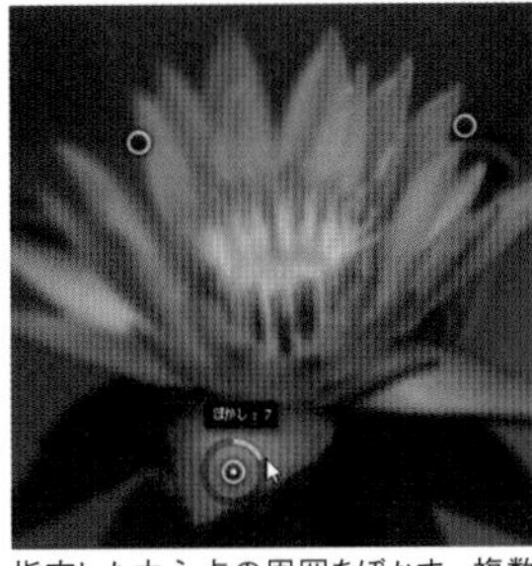

指定した中心点の周囲をぼかす。複数の中心点を設定可能

虹彩絞りぼかし

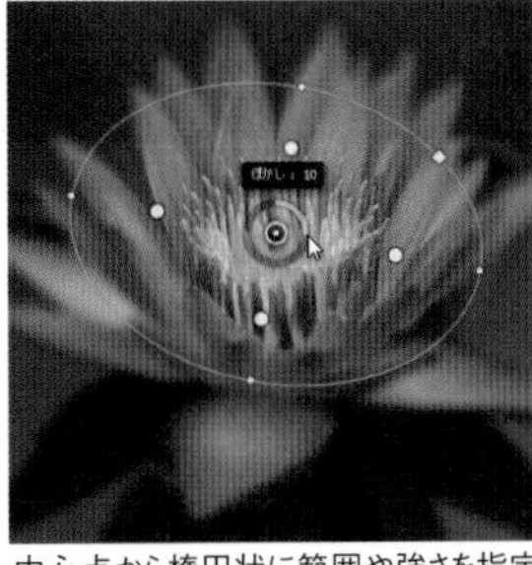

中心点から楕円状に範囲や強さを指定してぼかす。複数の中心点を設定可能

チルトシフト

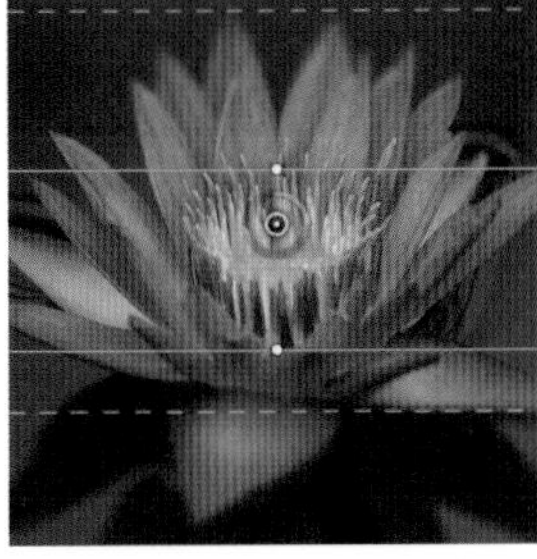

中心点を指定し、ピントの合う範囲と、ぼかす範囲を指定する。複数の中心点を設定可能

パスぼかし

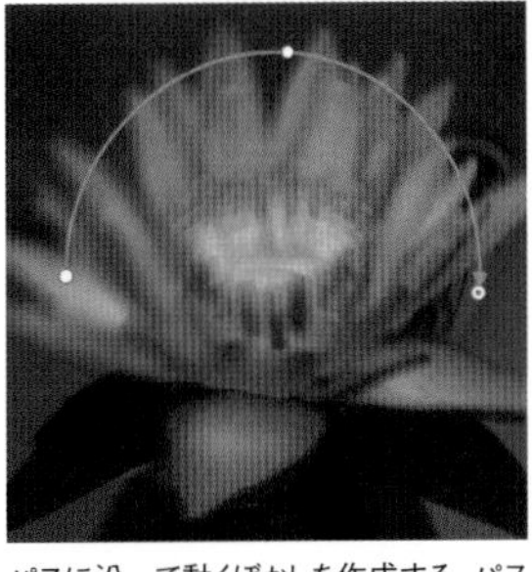

パスに沿って動くぼかしを作成する。パスは複数作成可能

スピンぼかし

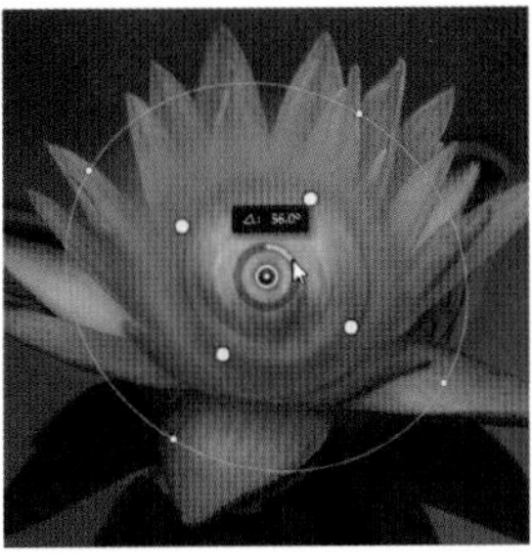

中心点から指定した範囲内を、旋回したようにぼかす。複数の中心点を設定可能

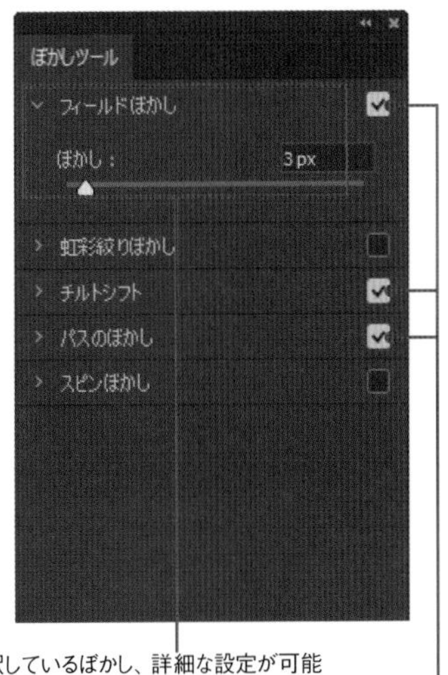

選択しているぼかし、詳細な設定が可能

チェックしたぼかしを適用できる

表現手法

2021 2020 2019

元画像のピクセルを置き換えたり、コントラストを強調したりして、画像に効果を加えます。

元画像

エンボス

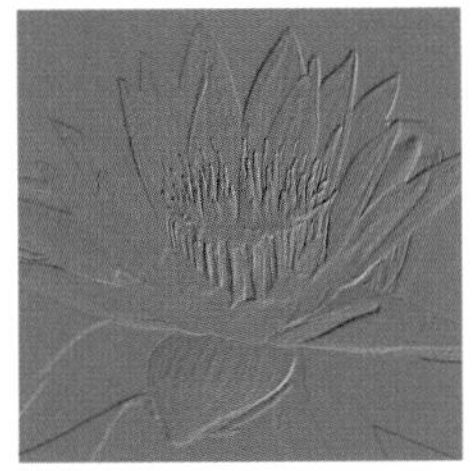

ソラリゼーション

押し出し

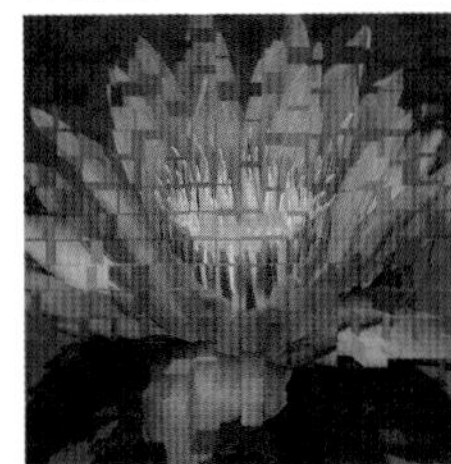

拡散

風

分割

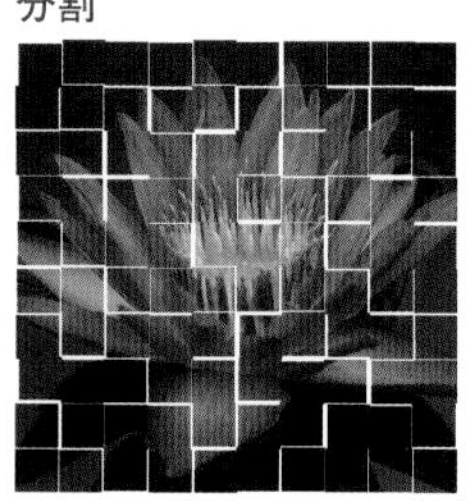

油彩

輪郭のトレース

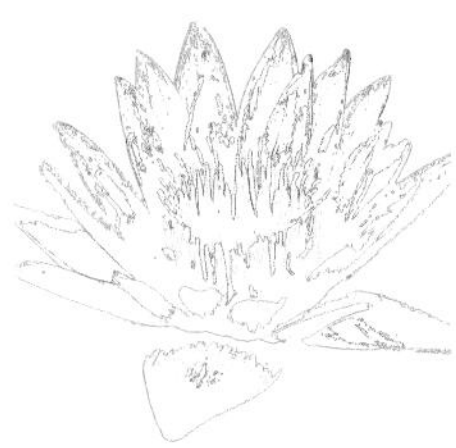

輪郭検出

描画

2021 2020 2019

プリセットされた模様を描画します。[逆光][照明効果]以外は、元画像が塗りつぶされます。

炎

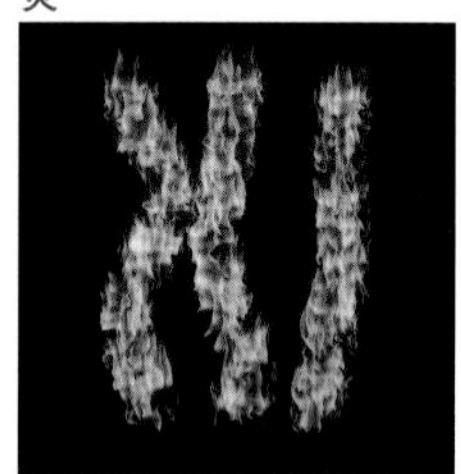

パスに沿って炎が描画される

ピクチャーフレーム

プリセットから選択できる

木

プリセットから選択できる

ファイバー

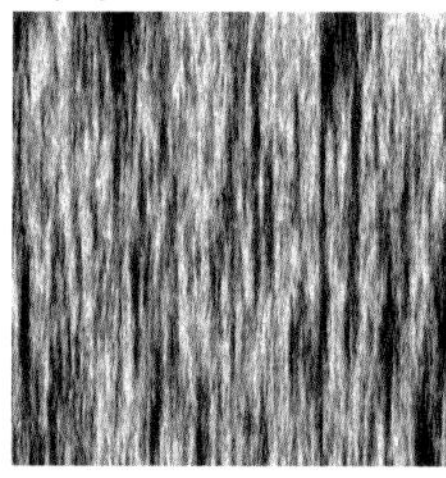

雲模様1

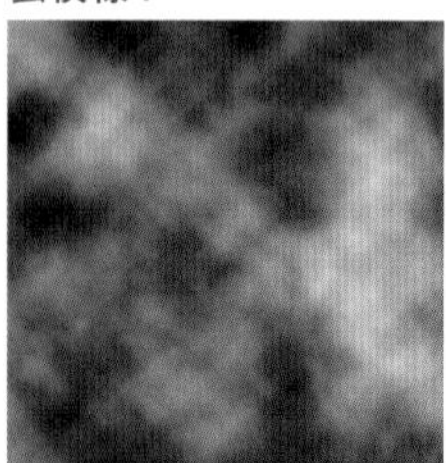

[描画色]と[背景色]が使われる

雲模様2

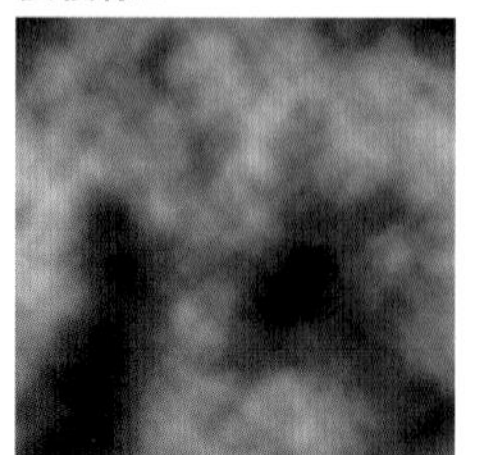

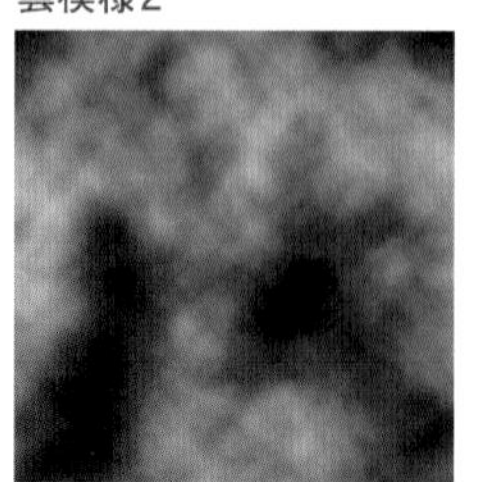

逆光

照明効果

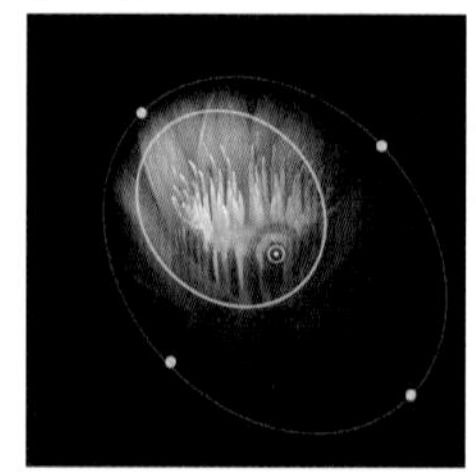

ハンドルを使って照明範囲を調節できる

変形

2021 2020 2019

画像をさまざまな形状に変形します。

元画像

Macでは、キーは次のようになります。 Ctrl → ⌘ Alt → option Enter → return

その他

2021 2020 2019

[HSB/HSL]では、色空間を変換するフィルターです。[カスタム]を使うと、独自のフィルターを作成できます。[スクロール]を使うと、画像を縦横にずらします。

元画像

HSB/HSL

カスタム

スクロール

ハイパス

明るさの最小値

明るさの最大値

14-3 レイヤースタイル

レイヤースタイルは、レイヤーの画像に対して、影をつけるなどの特殊効果を適用します。非破壊編集の機能なので、後から設定を調節したり、適用をやめることもできます。

レイヤースタイル（レイヤー効果）

2021 2020 2019

レイヤースタイルとは

レイヤースタイルとは、選択したレイヤーの画像に影をつけたり、境界線部分をベベル加工したりと、外観を変更する機能です。レイヤースタイルを適用するには、レイヤーを選択し、レイヤーパネルの fx をクリックし表示されるメニューから適用するスタイルを選択します。［レイヤースタイル］ダイアログボックスが表示されるので、プレビューしながらパラメータの値を調節してください。このダイアログボックスで、複数のスタイルを適用できます。左側のリストで、適用するスタイルにチェックを入れ、スタイルを選択後、右側で設定を調節してください。［OK］をクリックすると適用されます。

元画像

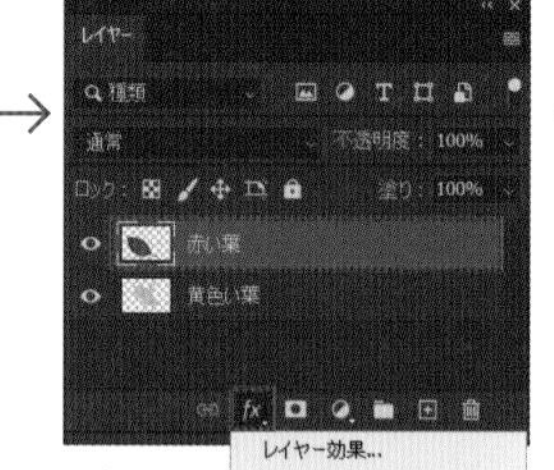

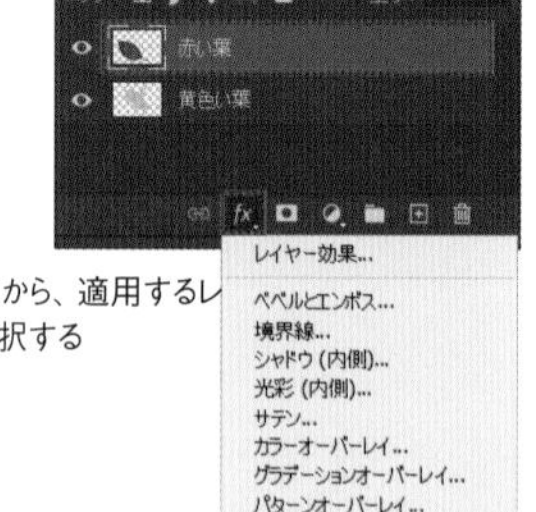

レイヤーを選択してから、適用するレイヤースタイルを選択する

プレビューを見ながらパラメータを調節する。選択したレイヤースタイル以外も適用できる

レイヤースタイルの複数適用

ドロップシャドウなどの一部のスタイルは、異なった設定で複数適用できるようになりました。スタイル名の右側に表示された＋をクリックすると追加できます。また複数適用したスタイルは、リスト下部の矢印アイコンで適用順を変更できます（上から順番に適用されます）。

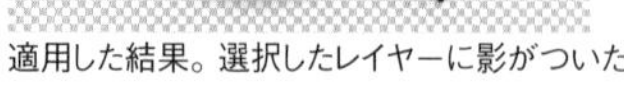

適用した結果。選択したレイヤーに影がついた

レイヤースタイルを適用すると、適用したレイヤースタイルが、レイヤーの下部に表示されます。スマートオブジェクトレイヤーに適用したフィルターと同様に、目のアイコンをクリックして、適用／非適用を設定できます。

また、レイヤースタイルの名称部分をダブルクリックすると、適用時の設定用ダイアログボックスが表示され、設定値を変更できます。

目のアイコンをクリックして、フィルターの適用／非適用を設定できる。名称部分をダブルクリックすると、［レイヤースタイル］ダイアログボックスを表示し、変更できる

Macでは、キーは次のようになります。 Ctrl → ⌘ Alt → option Enter → return

スタイルパネル

レイヤースタイルは、スタイルごとに設定項目が多いため、慣れないうちはなかなか思ったような外観に設定を調節できないと思います。Photoshopでは、スタイルパネルにレイヤースタイルのプリセットが用意されており、クリックするだけで選択したレイヤーに適用できます。スタイルパネルから適用したレイヤースタイルは、通常のレイヤースタイルなので、設定を変更することもできます。2020からは初期状態が変わり、そのままでは選択できるスタイルも少ないですが、「従来のスタイルとその他」を読み込むと以前からあるスタイルを読み込んで使用できます。

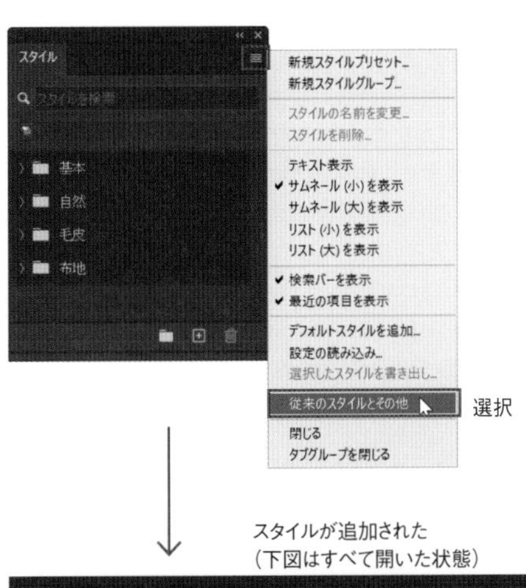

選択

スタイルが追加された
（下図はすべて開いた状態）

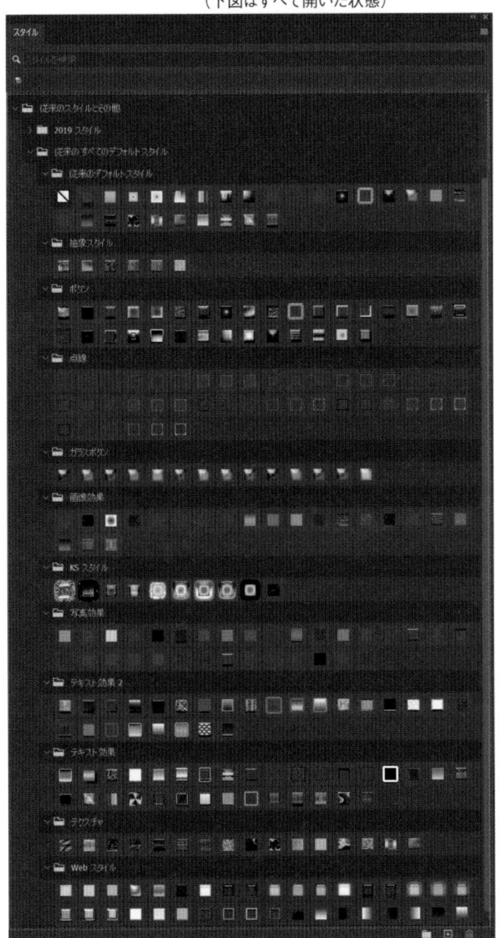

ADOBE

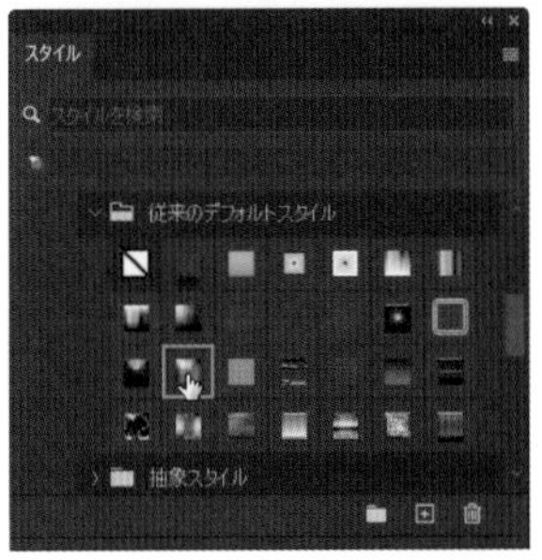

ADOBE

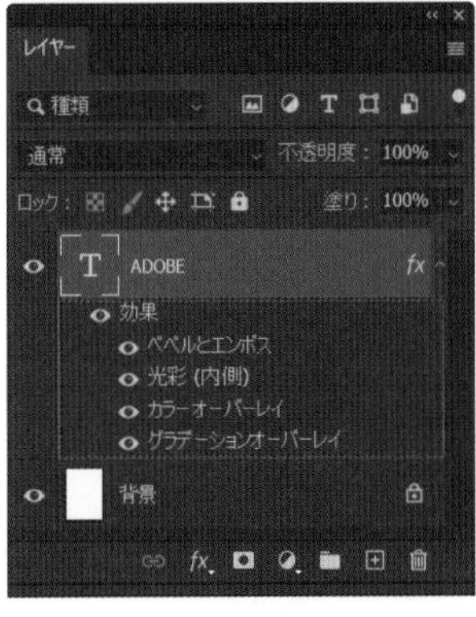

適用されたレイヤースタイルが表示される。通常のレイヤースタイルなので、設定を調節できる

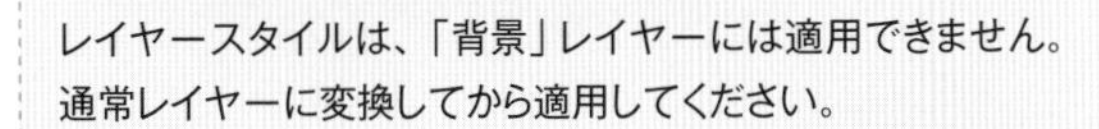

「背景」レイヤーには適用不可

レイヤースタイルは、「背景」レイヤーには適用できません。通常レイヤーに変換してから適用してください。

CHECK!

レイヤースタイルの登録

［レイヤースタイル］ダイアログボックスで調節したスタイルの設定を何度も利用したい場合は、スタイルパネルに登録しておきましょう。
レイヤーパネルで、登録するレイヤースタイルを適用したレイヤーを選択し、スタイルパネルの⊞をクリックします。［新規スタイル］ダイアログボックスが表示されるので、名称を付けて保存してください。

STEP 01 レイヤースタイルの基本

2021 2020 2019

Before → After

シンプルに、テキストレイヤーに対してドロップシャドウを適用してみましょう。

Lesson14 ▶ L14-3S01.psd

1 レッスンファイルを開きます❶。レイヤーパネルでテキストレイヤーを選択します❷。[レイヤースタイルを追加]をクリックし❸、表示されたメニューから[ドロップシャドウ]を選びます❹。

❶開く

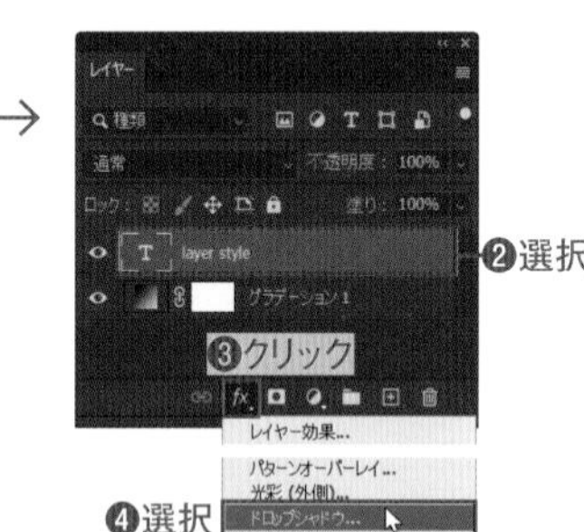

2 [レイヤースタイル]ダイアログボックスが表示されるので、[不透明度]を「50」❶、[角度]を「90」❷、[距離]を「10」❸、[スプレッド]を「30」❹、[サイズ]を「10」❺に設定し、[OK]をクリックします❻。

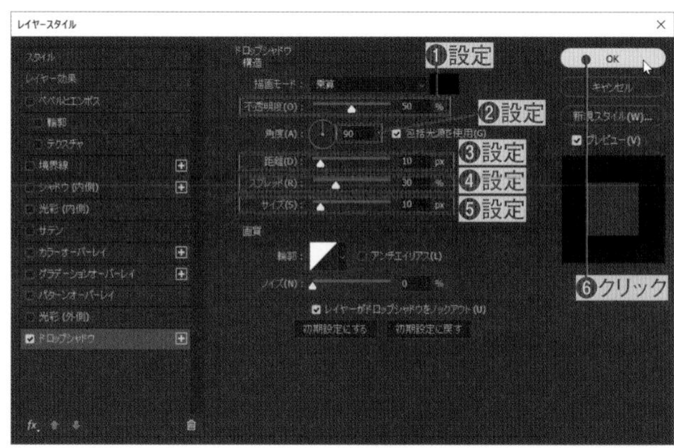

3 レイヤーパネルで[効果]のをクリックして非表示にします。適用したレイヤースタイルが解除されます❶。効果を確認したら再度クリックして元に戻します❷。

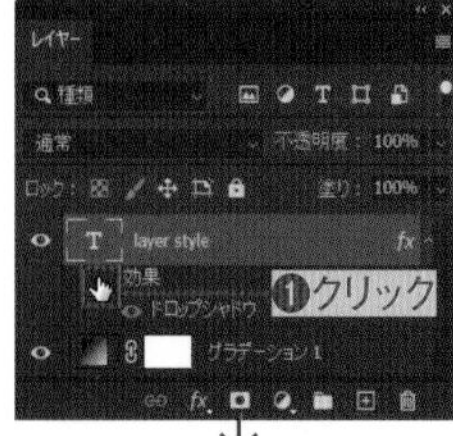

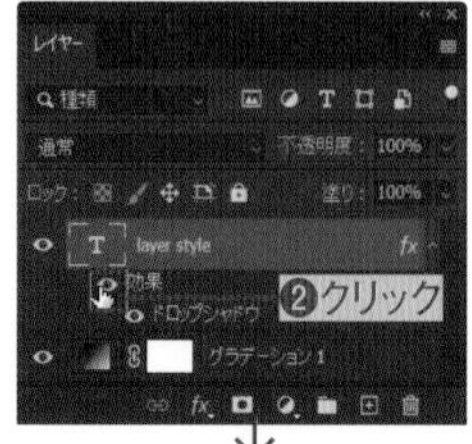

設定項目を確認しておこう

[レイヤースタイル]ダイアログボックスでは、設定項目がたくさんありますが、[プレビュー]をチェックすれば、設定内容がすぐに確認できます。時間があるときに、どこを調節すれば、どのように反映されるかを確認しておくとよいでしょう。

Macでは、キーは次のようになります。 Ctrl → ⌘　Alt → option　Enter → return

STEP 02

スタイルパネルを使う

2021 2020 2019

Before

After

スタイルパネルのスタイルを使用してみましょう。スタイルの内容を確認し、どのようなスタイルが組み合わされているのかを理解すると、スタイルの使い方が上達します。

Lesson 14 ▶ L14-3S02.psd

1　レッスンファイルを開きます❶。スタイルパネルを表示し❷、パネルメニューから[従来のスタイルとその他]を選びます❸。

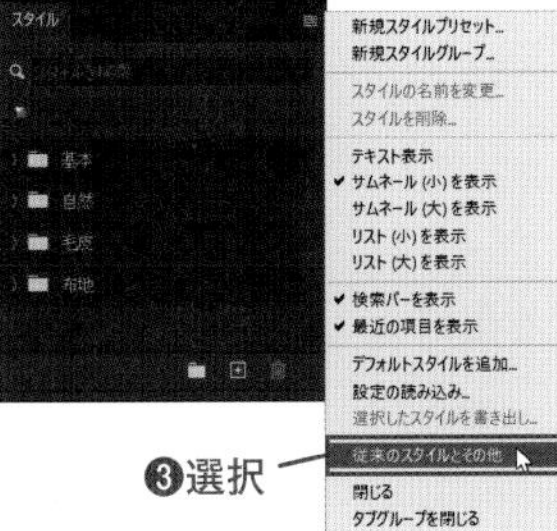

2　テキストレイヤーを選択し❶、スタイルパネルで[従来のスタイルとその他]の下の[従来のすべてのデフォルトスタイル]→[抽象スタイル]→[白グリッド、オレンジ]を選びます❷。レイヤーパネルで、どのようなレイヤースタイルが適用されたかを確認します❸。

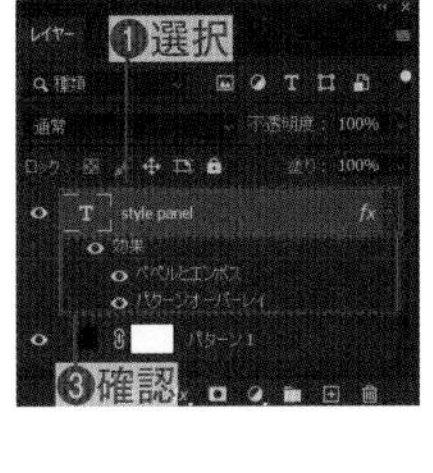

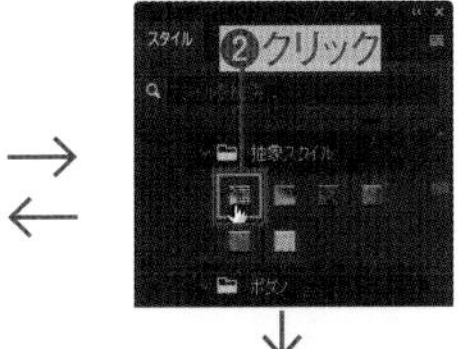

3　[ベベルとエンボス]の👁をクリックして非表示にします❶。[効果]の文字部分をダブルクリックします❷。[レイヤースタイル]ダイアログボックスが表示され、適用されている効果だけが表示されるので、左のリスト下部のfxをクリックして❸、表示されたメニューから[シャドウ(内側)]を選択します❹。

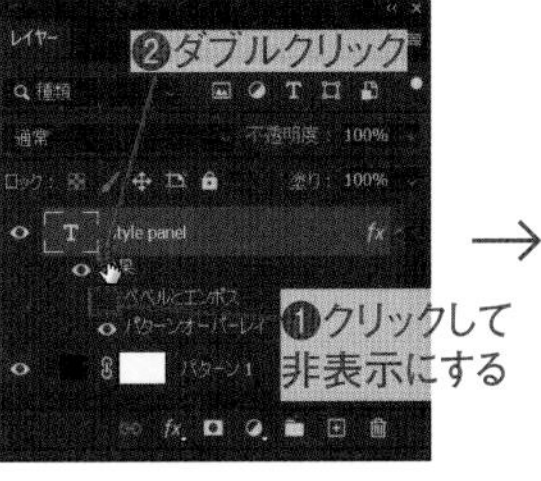

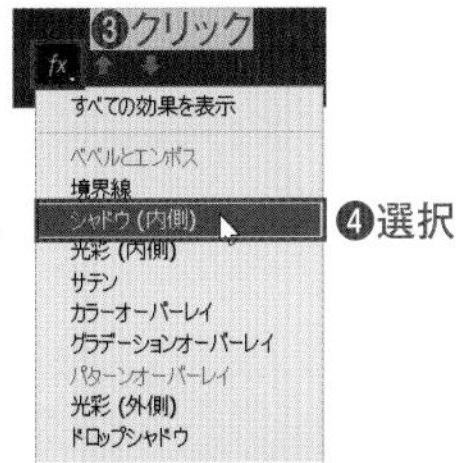

4　[シャドウ(内側)]が追加されてスタイルが適用される状態になるので❶、[不透明度]を「50」❷、[距離]を「5」❸、[サイズ]を「10」に設定して❹、[OK]をクリックします❺。レイヤーパネルに[シャドウ(内側)]が追加されていることを確認します❻。

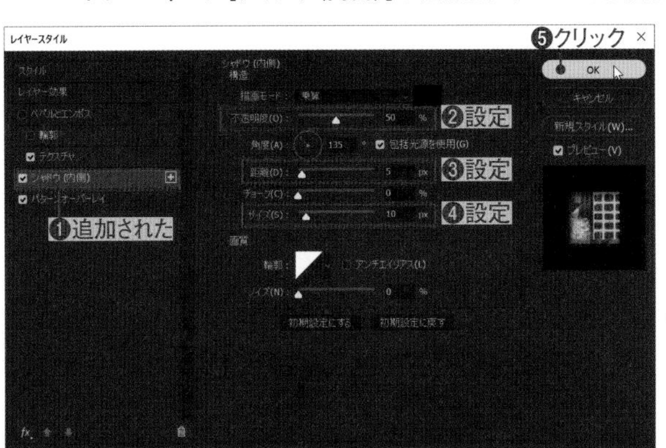

フィルターとレイヤースタイル

Lesson 14 15

練習問題

Lesson14 ▶ L14EX1.psd

Q 画像にフィルターを適用してみましょう。ここでは、[フィルターギャラリー]の[粗いパステル画]を適用しますが、後から設定を変更できるようにスマートオブジェクトに変換してから適用します。

Before

After

A ❶レイヤーパネルで「レイヤー1」レイヤーを選択します。
❷[フィルター]メニュー→[スマートフィルター用に変換]を選択し、スマートオブジェクトに変換します。
❸[フィルター]メニュー→[フィルターギャラリー]を選択し、[アーティスティック]の[粗いパステル画]を選択し、[ストロークの長さ]を「6」、[ストロークの正確さ]を「4」に設定して[OK]をクリックします。

Lesson14▶ L14EX2.psd

Q ふたつのレイヤーに、レイヤースタイルのドロップシャドウを使って、影をつけましょう。下のレイヤーの影は濃く短く、上のレイヤーは影は薄く長くなるようにします。

Before

After

A ❶レイヤーパネルで「シェイプ1」レイヤーを選択します。
❷[レイヤースタイルを追加]をクリックし、表示されたメニューから[ドロップシャドウ]を選択します。
❸[レイヤースタイル]ダイアログボックスで、[不透明度]を「80」、[距離]を「3」、[サイズ]を「5」に設定して[OK]をクリックします。
❹レイヤーパネルで「ビスケット」レイヤーを選択し、[レイヤースタイルを追加]をクリックし、表示されたメニューから[ドロップシャドウ]を選択します。
❺[レイヤースタイル]ダイアログボックスで、[不透明度]を「35」、[距離]を「15」、[サイズ]を「5」に設定して[OK]をクリックします。

Macでは、キーは次のようになります。 Ctrl → ⌘ Alt → option Enter → return

Lesson 15

An easy-to-understand guide to Illustrator and Photoshop

IllustratorとPhotoshopの連係

Photoshopで画像を編集し、Illustratorでレイアウトするというように、IllustratorとPhotoshopは、連係して使うことが多いアプリです。最後のレッスンでは、ふたつのアプリを使った作例を通して、どのように連係するかを学びます。

15-1 Illustratorへの画像の配置

アートワーク制作において、画像を使うことは頻繁にあることです。画像の配置方法や、リンクパネルでの画像の管理方法を覚えておきましょう。

Illustratorへの画像の配置

2021 2020 2019

[配置] コマンドを使う

アートボードに画像ファイルを配置するには、何通りかの方法がありますが、基本は[ファイル]メニュー→[配置]を選択し、[配置]ダイアログボックスで配置するファイルを選択する方法です。ダイアログボックスでは、リンクや「読み込みオプション」を表示するかの指定が可能です。複数の画像を選択しての配置も可能です。配置時に画像のサムネールが表示され、矢印キーで配置ファイルを選択できます。ドラッグして配置サイズを指定して配置でき、クリックすれば100%で配置されます。

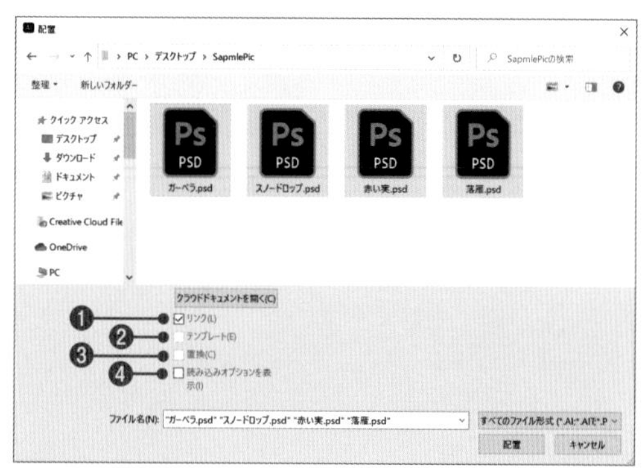

❶画像をリンクで配置する。チェックをはずすと画像を埋め込む
❷テンプレートレイヤーに配置する
❸選択中の画像と置き換える
❹[読み込みオプション]ダイアログボックスを表示する

1/4

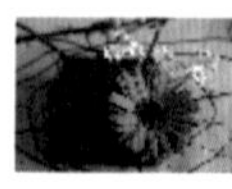

複数の画像を選択すると配置時に画像のサムネールが表示される。矢印キーで配置ファイルを選択できる

Adobe Bridgeなどからドラッグ&ドロップ

Adobe Bridgeや[エクスプローラー]ウィンドウ(MacではFinder ウィンドウ)から、ファイルをドラッグ&ドロップして配置することもできます。ファイルは100%サイズで配置され、リンクされます。

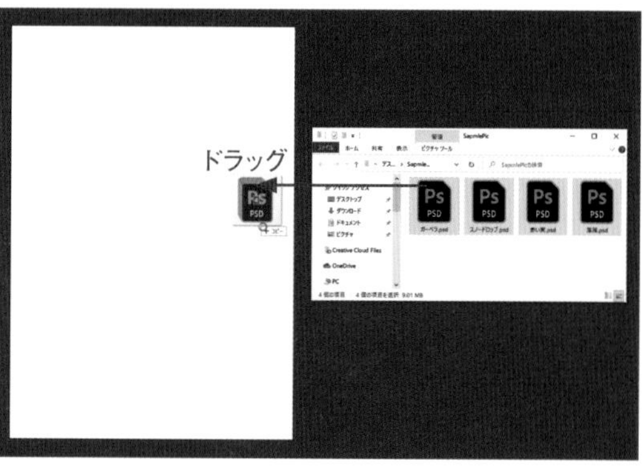

Bridgeや[エクスプローラー]ウィンドウ(MacではFinderウィンドウ)から、配置するファイルをドラッグ&ドロップ

CHECK!

Adobe Bridge

Adobe Bridgeは、IllustratorやPhotoshopユーザー(Creative Cloudユーザー)が利用できるファイル管理アプリです。Windows環境でも、IllustratorやPhotoshopのファイルをサムネール表示できるので、内容を確認しながら配置するのに便利です。

Macでは、キーは次のようになります。 Ctrl → ⌘ Alt → option Enter → return

リンクと埋め込み

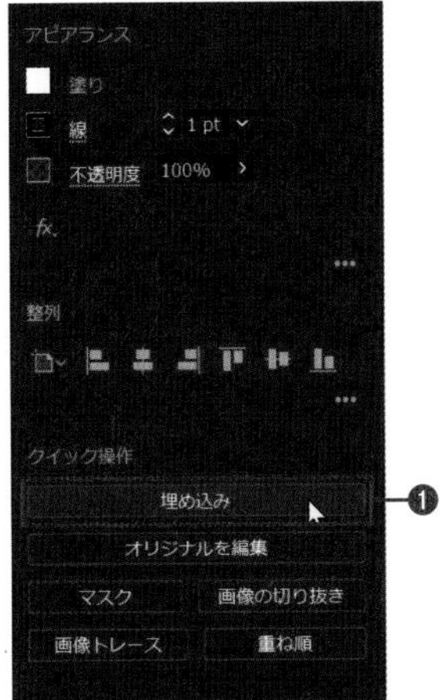

「リンク」とは、画像の保存場所を記憶して配置することで、画像データそのものはIllustratorファイルには含まれません。リンク先の画像をPhotoshopなどで自由に編集できることがメリットです。完成したデータを納品するときなどは、Illustratorファイルだけでなくリンクした画像も一緒に渡す必要があります。
「埋め込み」は、Illustratorファイルの中に画像を埋め込んで配置することです。編集が難しくなりますが、ひとつのファイルに収まるメリットもあります。「リンク」で配置するのが基本ですが、[配置] ダイアログボックスでの [リンク] オプションや、配置後にプロパティパネルのクイック操作（またはコントロールパネル）の [埋め込み] ❶で埋め込むことができます。

リンクの更新

リンクで配置した画像ファイルの元データが、Photoshopなどで編集して変更されると、Illustratorではファイルを開いた際に自動で最新状態に更新されます。また、作業中のファイルの配置ファイルを変更すると、更新の警告ダイアログボックスが表示されます。[はい] をクリックすると、最新の状態に更新されます。

Illustratorで作業中のファイルに配置したファイルを変更したときに表示されるダイアログボックス。[はい] をクリックすると最新に更新される

リンクパネル

配置された画像ファイルは、リンクパネルに表示されます。配置されている画像のファイル名とサムネール画像が表示され、右側に現在のリンク状態が表示されます。
何もアイコンがないファイルは、正常にリンクしているファイルです。アイコンが表示されているファイルは、元ファイルに変更があったり、ファイルの保存場所や名称が変更されてリンク不明になったファイルです。埋め込んだ画像にもアイコンが表示されます。

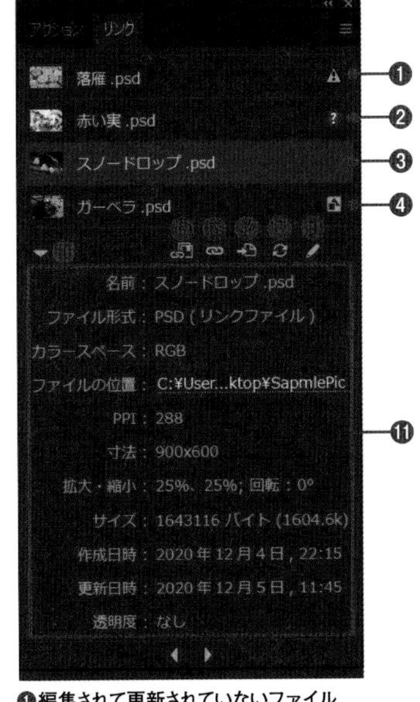

❶編集されて更新されていないファイル
❷リンク先が不明なファイル
❸パネル内で選択されているファイル
❹埋め込まれたファイル
❺CCライブラリから再リンクする
❻ほかのファイルとリンクを再設定する
❼パネル内で選択したファイルに移動して表示する
❽リンクを更新する
❾編集ソフトを起動してファイルを編集する
❿詳細データの表示・非表示を切り替える
⓫選択したファイルの詳細データ

カラーモード

配置する画像には「CMYK」と「RGB」のふたつのカラーモードがあります。Illustratorで印刷用のCMYK用ファイルを作成するときは、配置画像も「CMYK」モードのデータを配置します。Web用ファイルは「RGB」モードのデータを配置します。なお、デジタルカメラの画像は「RGB」モードなので、印刷用ファイルの作成にはPhotoshopで「CMYK」モードへの変換が必要になります。

STEP 01

ファイルを用意する

2021 2020 2019

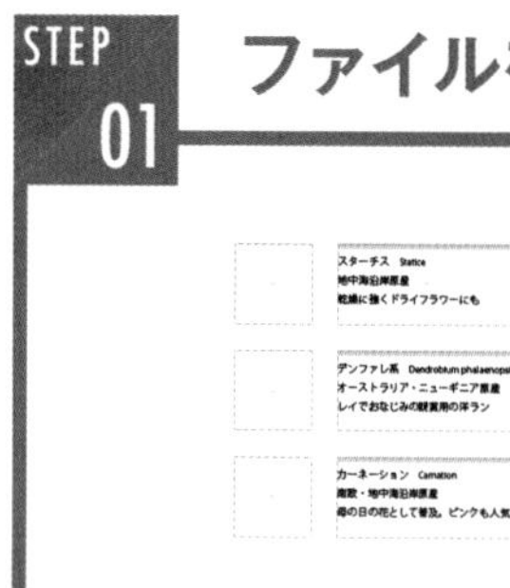

Illustratorで貼り込む画像のサイズや位置を決めておきます。ここでは印刷したときのサイズが30×30mmで、解像度が300ppiの写真画像を貼り込む準備をしてみましょう。

Lesson15 ▶ L15-1S01.ai、デンファレ.jpg

Illustratorでレイアウトするファイルを用意

1 Illustratorで、レッスンファイル「L15-1S01.ai」を開きます。選択ツールで左上の四角形を選択し❶、変形パネルで基準点を左上にして❷、[X]を「50mm」、[Y]を「50mm」に設定して❸、位置を変更します❹。これらの四角形(30×30mm)に合わせるように解像度300ppiの写真を貼り込みます。レイヤーパネルで、「ガイド」レイヤー以外、オブジェクトのあるレイヤーをすべてロックします❺。

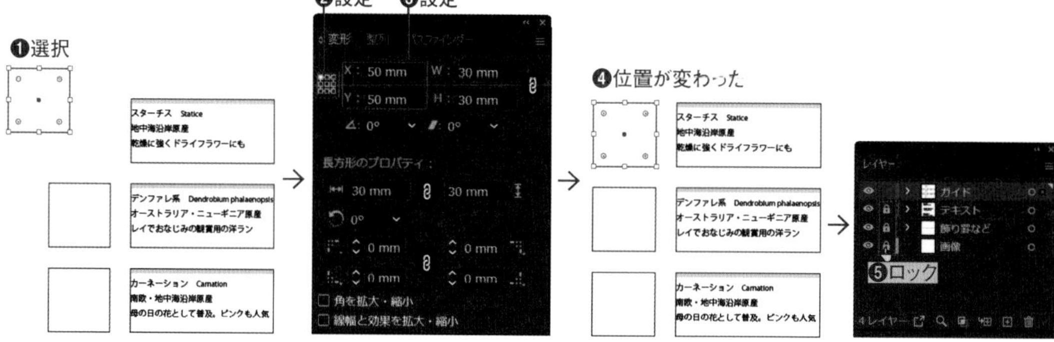

正確にレイアウトするために、貼り込む位置を数値で指定する

2 四角形をすべて(テキストを囲んでいる四角形も含む)選択し❶、[表示]メニュー→[ガイド]→[ガイドを作成]を選び❷、四角形をガイドに変換します。

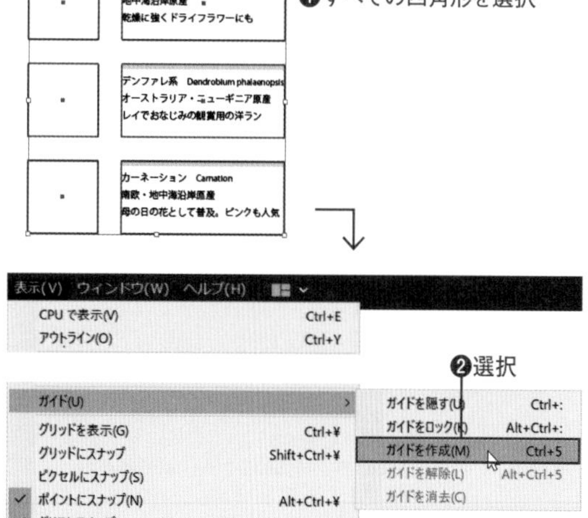

3 [表示]メニュー→[ガイド]→[ガイドをロック]を選び❶、ガイドをロックします。ロックしたら、ファイルを保存します。

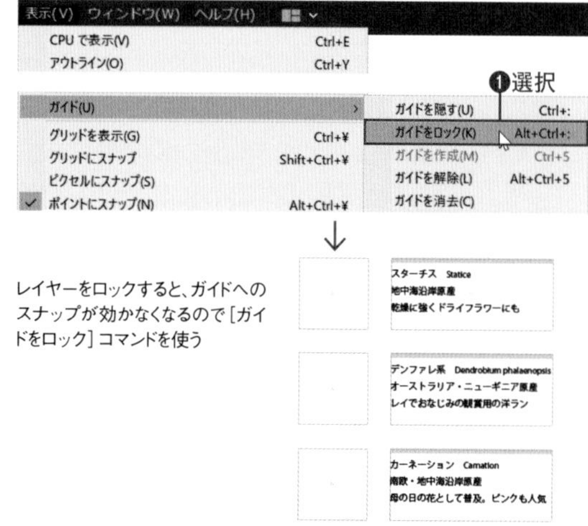

レイヤーをロックすると、ガイドへのスナップが効かなくなるので[ガイドをロック]コマンドを使う

Macでは、キーは次のようになります。 Ctrl → ⌘　Alt → option　Enter → return

Photoshopで解像度、サイズ、モードを設定して保存

1 Photoshopを起動し、レッスンファイル「デンファレ.jpg」を開きます❶。切り抜きツールを選び❷、オプションバーで［1:1（正方形）］を選びます❸。

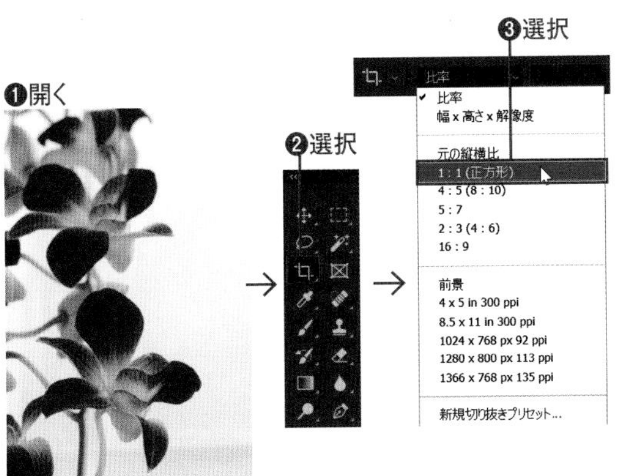

2 ドラッグして下の花が中央になるようにトリミング範囲を決め❶、Enter キーを押すか、オプションバーの確定ボタンをクリックして確定します❷。

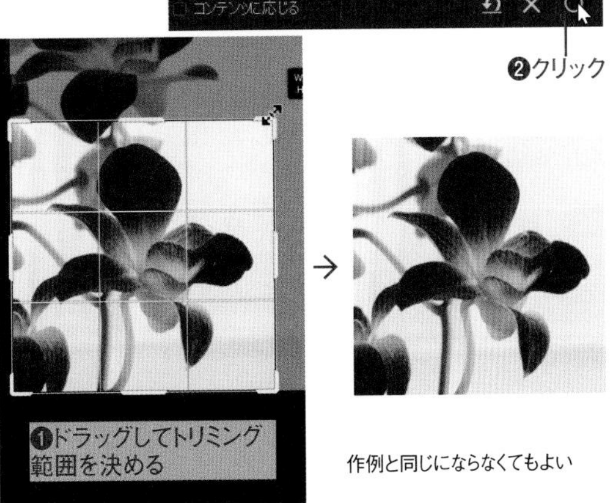

3 ［イメージ］メニュー→［画像解像度］を選びます❶。表示された［画像解像度］ダイアログボックスで、［再サンプル］がチェックされていることを確認し❷、［解像度］を「300 pixel/inch」❸、［幅］と［高さ］を「30mm」に設定します。［OK］をクリックします❺。

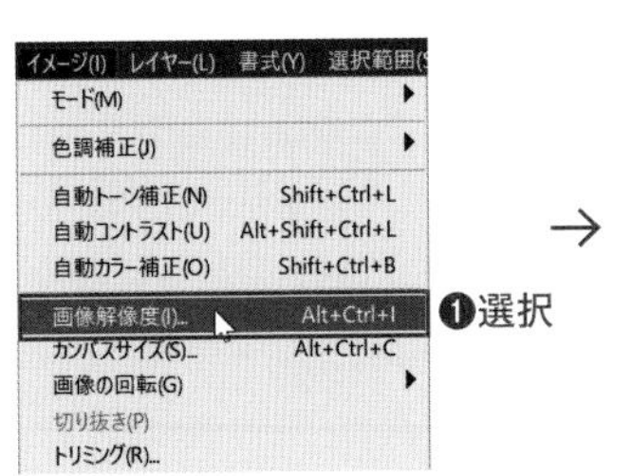

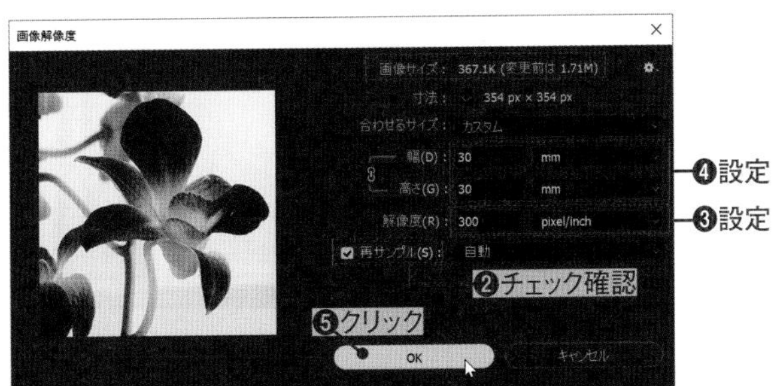

4 ［編集］メニュー→［プロファイル変換］を選びます❶。［プロファイル］変換ダイアログボックスが表示されるので、［プロファイル］に「Japan Color 2001 Coated」を選び❷、［OK］をクリックします❸。CMYK用のプロファイルを指定したので、画像はCMYKモードに変換されます。

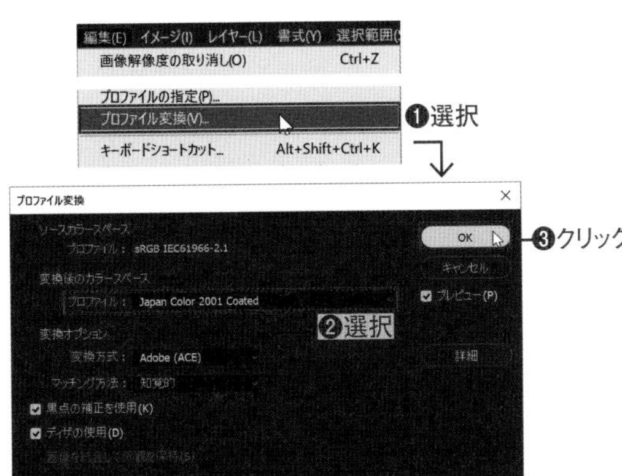

5 ［ファイル］メニュー→［別名で保存］を選びます❶。［名前を付けて保存］ダイアログボックスが表示されるので、［ファイルの種類］を「Photoshop（*.PSD;*.PDD;*.PSDT）」に変更し❷、［保存］をクリックして「デンファレ.psd」として保存します❸。Photoshop形式で保存されるので、画像は閉じます。

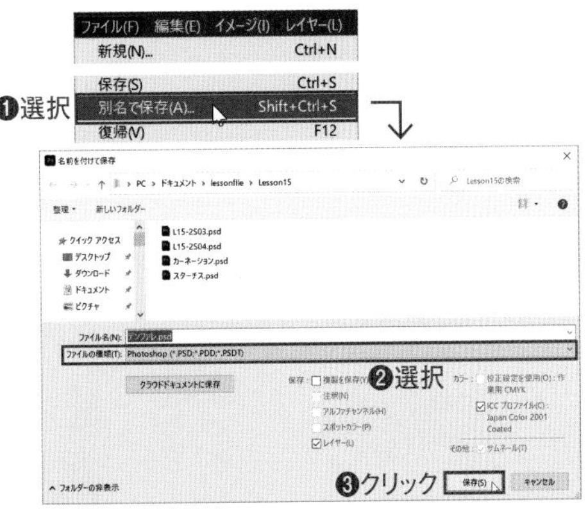

STEP 02 Illustratorに画像を配置する

2021 2020 2019

Illustratorに戻り、STEP01で保存したファイルに画像を配置します。

Lesson15 ▶ デンファレ.psd、スターチス.psd、カーネーション.psd

Illustratorファイルに複数の画像を配置

1 STEP01のファイルをそのまま使います。Illustratorに戻り、レイヤーパネルで「画像」レイヤーのロックを解除します❶。続けて、「画像」レイヤーをクリックして選択します❷。

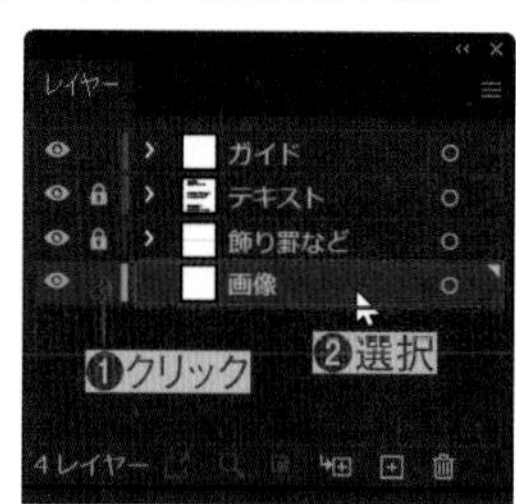

2 ［ファイル］メニュー→［配置］を選びます❶。

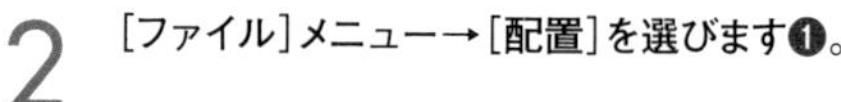

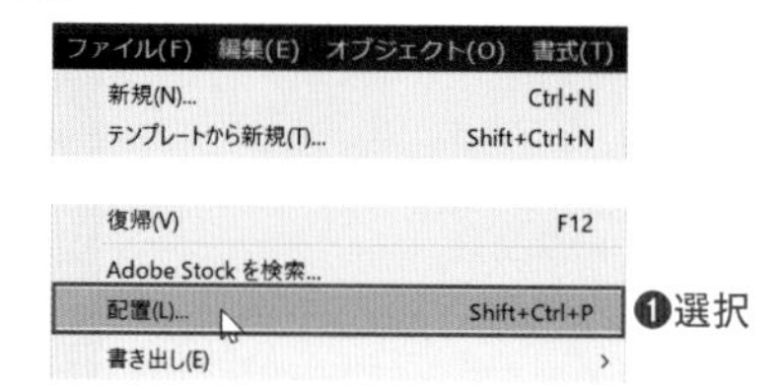

3 ［配置］ダイアログボックスが表示されるので Ctrl キーを押しながら、「デンファレ.psd」「スターチス.psd」「カーネーション.psd」をクリックして選択し❶、［リンク］がチェックされているのを確認して❷、［配置］をクリックします❸。

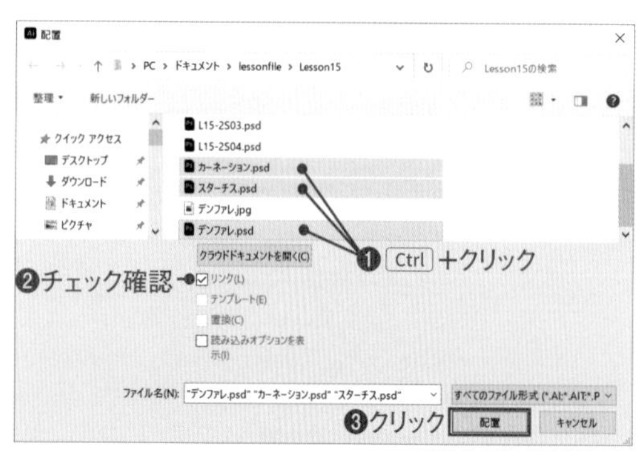

4 アートボードの下の余白に、位置をずらしながら3回クリックして画像を配置します❶❷❸。

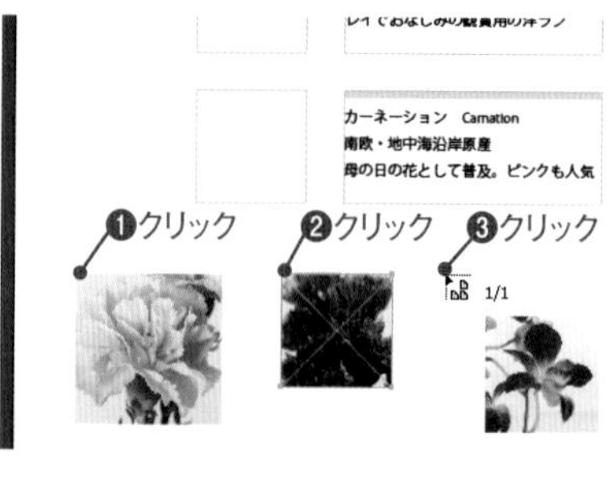

配置画像の編集

1 配置したカーネーションの画像だけがサイズが大きいので、Photoshopで編集します。選択ツールでカーネーションの画像をクリックして選択し❶、リンクパネルの［オリジナルを編集］をクリックするか❷、プロパティパネルのクイック操作の［オリジナルを編集］をクリックします❸。

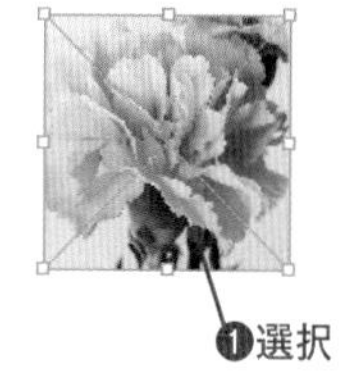

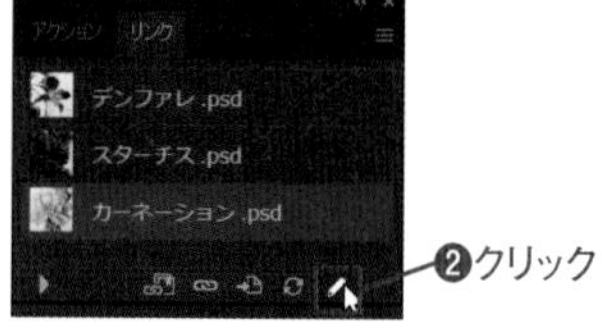

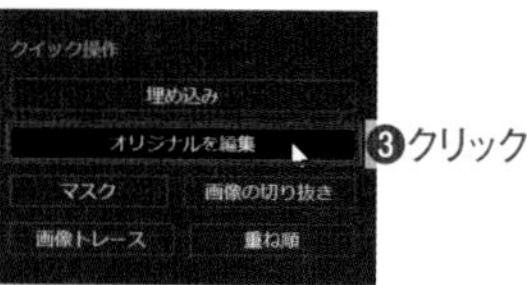

Macでは、キーは次のようになります。 Ctrl → ⌘　Alt → option　Enter → return

2 Photoshopでファイルが開くので、[イメージ] メニュー→ [画像解像度] を選択します❶。[画像解像度] ダイアログボックスが表示されるので、[幅] と [高さ] を「30mm」に変更し❷、[OK] をクリックします❸。変更したら、[ファイル] メニュー→ [保存] を選択して保存します❹。保存したら、画像は閉じてください。

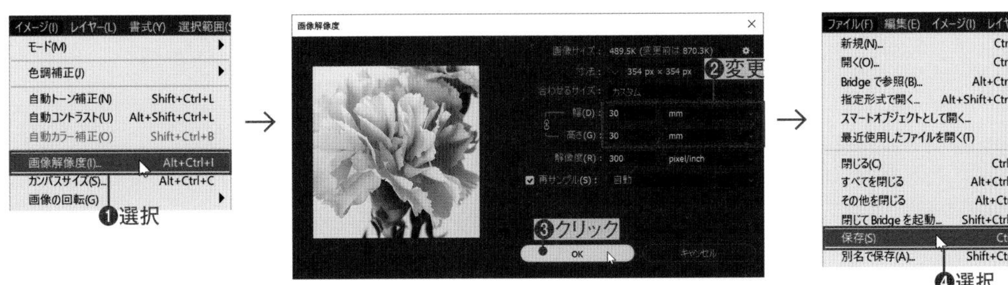

3 Illustratorに戻ります。ダイアログボックスが表示されているので、[はい] をクリックします❶。配置したカーネーションの画像が、更新されます。

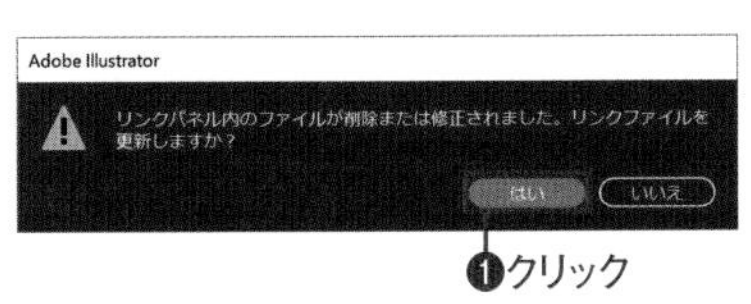

複雑なサイズ変更を加えた場合などは、いったん画像を削除して配置し直したほうがよい

4 画像は更新されましたが、サイズは変わっていません。変形パネル（プロパティパネルまたはコントロールパネルでも可）で [W] と [H] を「30mm」に設定して❶、サイズを変更します。

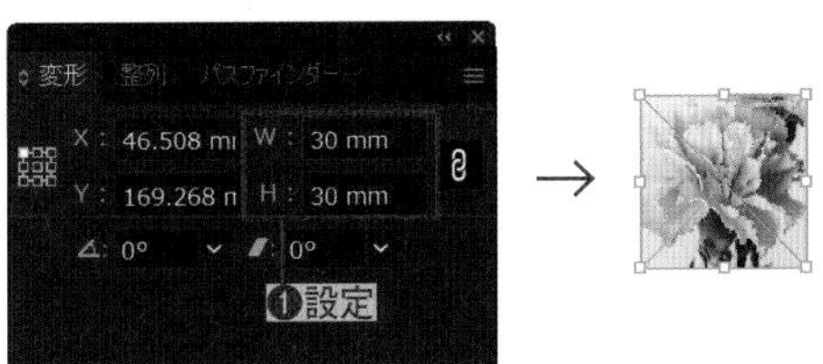

スナップと整列

1 選択ツールで紫の花の画像を選択し❶、左上のハンドルにマウスカーソルを合わせたら、Ctrlキーを押します❷。一時的にダイレクト選択ツールに変わるので、そのままドラッグして、一番上のガイドの左上に合わせます。カーソルが白くなると、ガイドと完全に重なった状態なので、ドラッグを終了します❸。

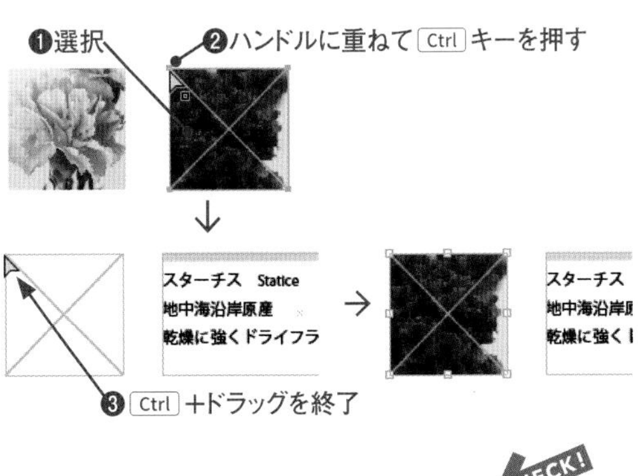

2 [表示] メニュー→ [ガイド] → [ガイドをロック解除] を選んで、ロックを解除します❶。

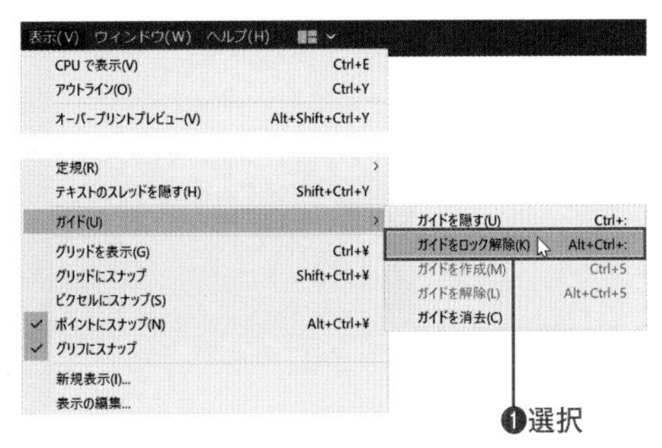

CHECK!

ダイレクト選択ツールでの移動

選択ツールでは、オブジェクトのハンドル部分をドラッグすると拡大・縮小となりますが、一時的にダイレクト選択ツールを使うことで移動できます。オブジェクトのコーナーを完全に重ねるときに便利な方法です。

COLUMN

選択ツールとダイレクト選択ツールの切り替え

選択ツール使用時にCtrlキーを押すと、一時的にダイレクト選択ツールになります。
ダイレクト選択ツール使用時にCtrlキーを押すと、一時的に選択ツールになります。

Illustrator と Photoshopの連係 Lesson 15

3　デンファレの画像をクリックして選択し❶、続いて中段のガイドの四角形のパス部分を Shift キーを押しながらクリックして選択します❷。

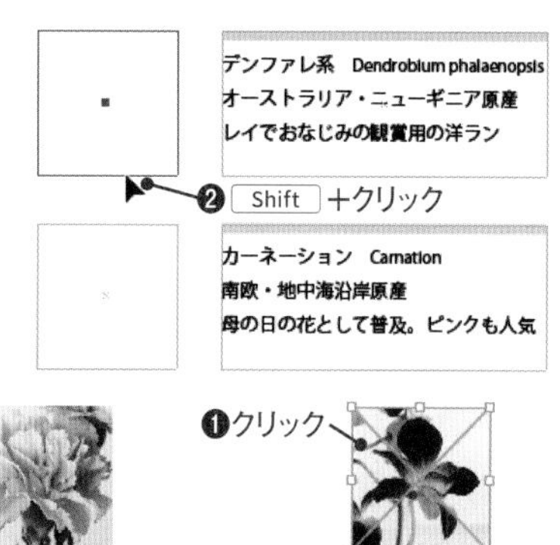

4　両方が選択された状態で再度ガイドのパス部分をクリックしてキーオブジェクトに設定します❶。整列パネルで［水平方向左に整列］❷、［垂直方向上に整列］❸を続けてクリックします。画像がキーオブジェクトのガイドに重なります❹。

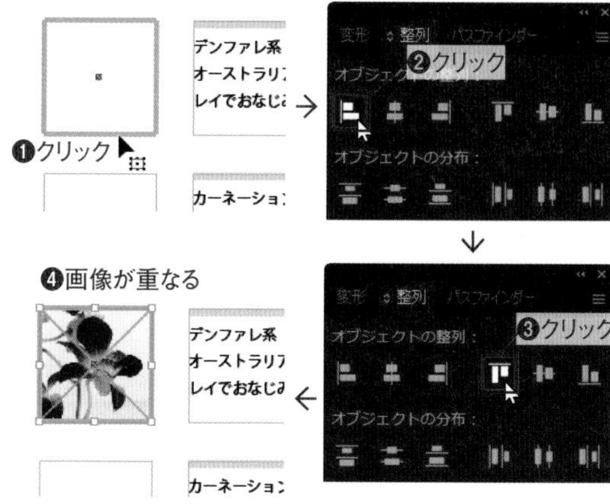

5　カーネーションの画像も、同様にして下のガイドラインに重なるように調節します❶。

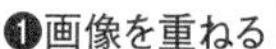

STEP 03　画像の埋め込みと解除

2021　2020　2019

リンクで配置した画像をIllustratorに埋め込んでみましょう。また、埋め込んだ画像を解除してファイルに保存できるので、試してみましょう。

1　STEP02で作業したファイルをそのまま使います。 Shift キーを押しながら画像をクリックして全部選び❶、リンクパネルメニューから［画像を埋め込み］を選択するか、プロパティパネルの［埋め込み］をクリックします❷。［Photoshop読み込みオプション］ダイアログボックスが表示された場合は、そのまま［OK］をクリックします❸。リンクパネルでファイル名の横にアイコンが表示されたことを確認します❹。

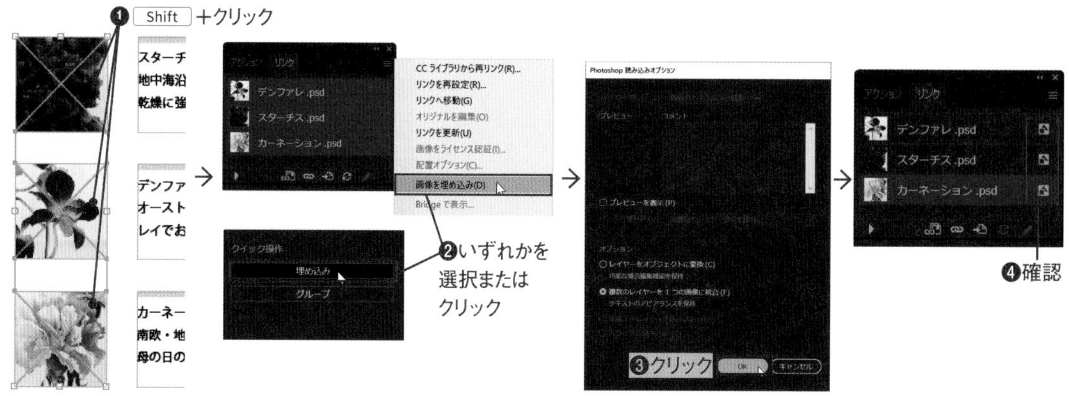

Macでは、キーは次のようになります。 Ctrl → ⌘　Alt → option　Enter → return

2　リンクパネルで「スターチス.psd」を選択します❶。パネル下部に詳細情報を表示し、[PPI]が「300」になっていないことを確認します❷。[PPI]は、選択した画像の現在のサイズでの解像度です。確認したらパネルメニューから[埋め込みを解除]をクリックします❸。

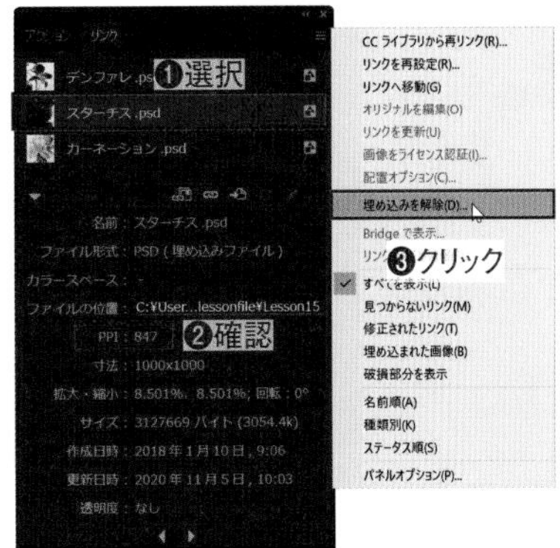

CHECK!

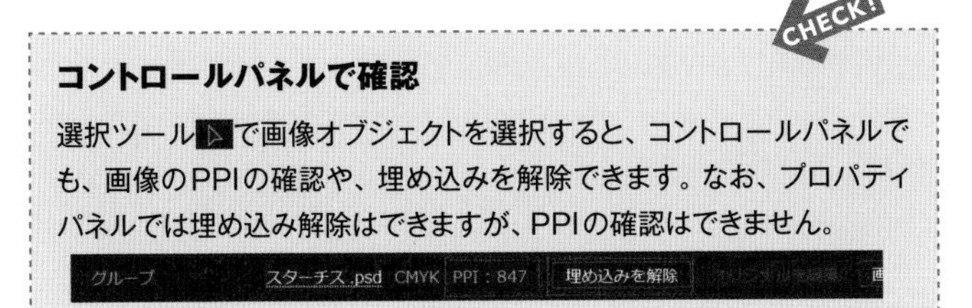

コントロールパネルで確認

選択ツールで画像オブジェクトを選択すると、コントロールパネルでも、画像のPPIの確認や、埋め込みを解除できます。なお、プロパティパネルでは埋め込み解除はできますが、PPIの確認はできません。

3　[埋め込みを解除]ダイアログボックスが表示されるので、そのまま[保存]をクリックします❶。[別名で保存の確認]ダイアログボックスが表示されるので、[はい]をクリックします❷。既存の「スターチス.psd」は、書き出した画像ファイルに置き換わります。また、埋め込みが解除され、リンクした状態に戻るので、リンクパネルのアイコンは表示されなくなります❸。「スターチス.psd」が選択された状態で[オリジナルを編集]をクリックします❹。

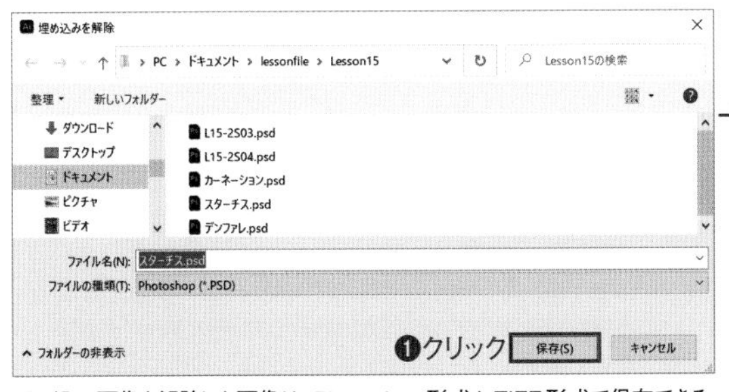

埋め込み画像を解除した画像は、Photoshop形式かTIFF形式で保存できる

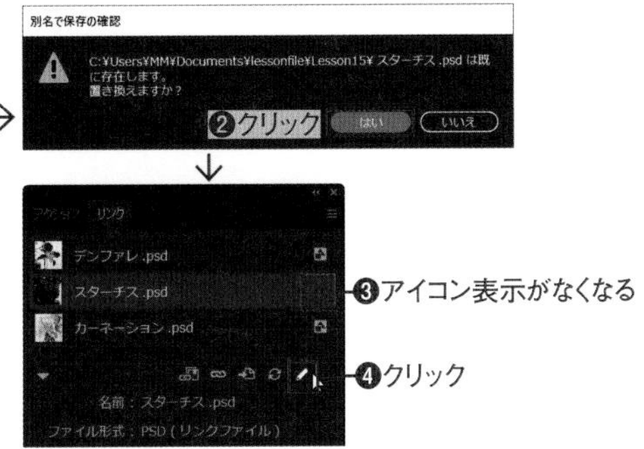

4　Photoshopに画像が表示されるので、[イメージ]メニュー→[画像解像度]を選択し❶、[画像解像度]ダイアログボックスで、[解像度]を「300」に設定し❷、「OK」をクリックします❸。

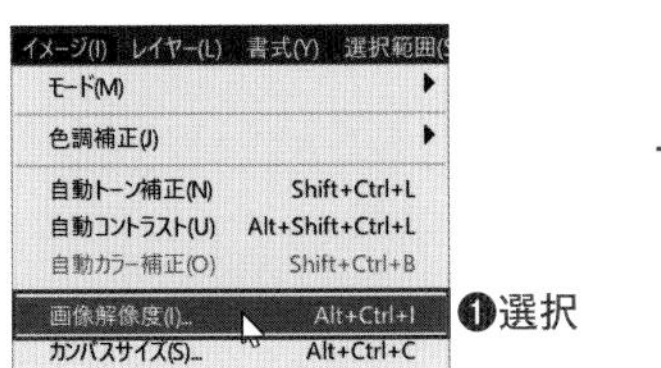

5　[ファイル]メニュー→[保存]を選択してファイルを保存し❶、画像を閉じます。

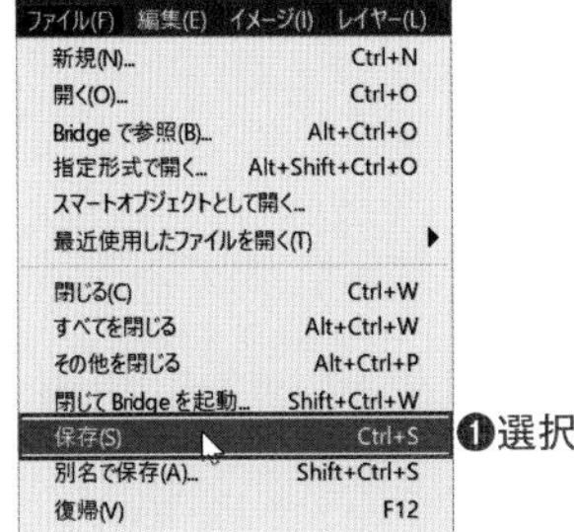

6　Illustratorに戻ります。ダイアログボックスが表示されるので[はい]をクリックします❶。リンクパネルで、[PPI]が「300」と表示されているか確認します❷。

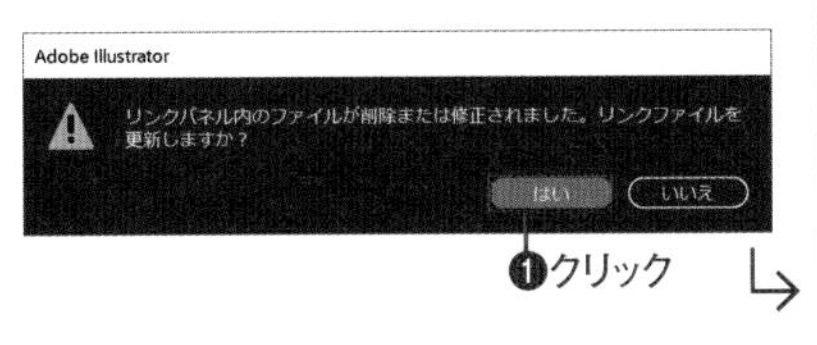

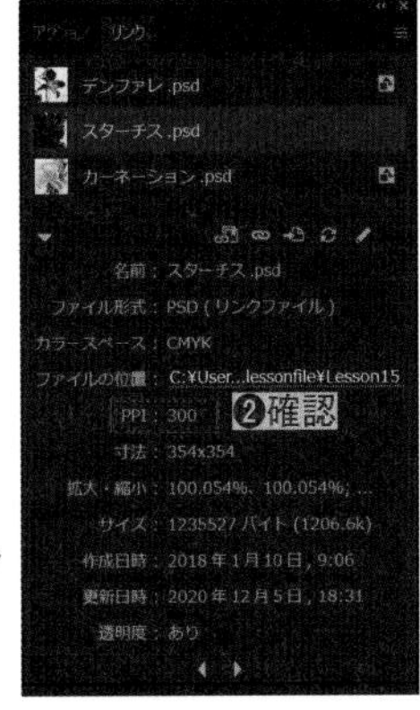

15-2 Illustratorから Photoshop用への書き出し

Illustratorで作成したアートワークを、Photoshopで加工することもできます。ここでは、簡単なIllustratorファイルをレイヤーを保持しながらPhotoshop形式で保存し、Photoshopで加工する手順を学びます。

IllustratorからPhotoshopへ

2021 2020 2019

IllustratorからPhotoshop形式でファイルの書き出し

Illustratorで作成したアートワークは、[ファイル]メニュー→[書き出し]→[書き出し形式]を使って、Photoshop形式のファイルに書き出すことができます。[書き出し]ダイアログボックスで、[ファイルの種類]で「Photoshop (*.PSD)」を選択します。Photoshop形式での書き出しは、[Photoshopオプション]ダイアログボックスが表示され、オプションを設定します。Illustratorのベクトルデータをピクセルデータに変換して保存するので、解像度(ピクセル数)が小さいと、印刷用途では使用できません。目的に応じて解像度を選択する必要があります。
また、レイヤーを保持したまま書き出せますが、同じカラーモードである必要があります。

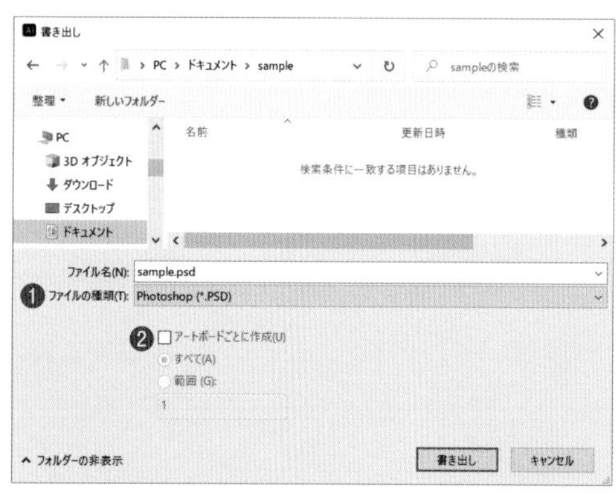

❶「Photoshop (*.PSD)」を選択
❷チェックすると、アートボードごとに書き出される(画像サイズはアートボードサイズ)

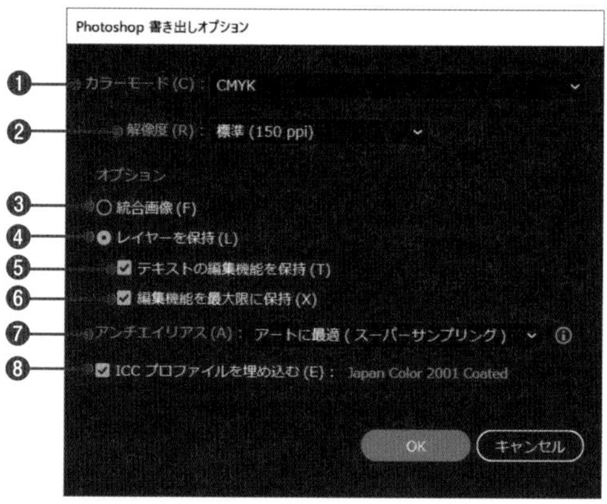

❶カラーモードを選択する
❷解像度を設定する。Web用途なら[スクリーン(72ppi)]、印刷用途なら[高解像度(300ppi)]を選択する
❸複数のレイヤーをひとつのレイヤーに統合して書き出す
❹レイヤーを保持して書き出す(Illustratorと同じカラーモード)
❺テキストの編集機能を保持して書き出す
❻オブジェクトの編集機能を最大限に保持して書き出す
❼アンチエイリアスの有無と処理方法を選択する
❽カラープロファイルを埋め込んで書き出す

オブジェクトのコピー&ペースト

IllustratorのオブジェクトをPhotoshopへコピー&ペーストすることもできます。Photoshopでマスクに図形を使いたい場合、Illustratorで描画して、コピー&ペーストすると効率的です。Photoshopにペーストするときは、[ペースト]ダイアログボックスが表示され、オブジェクトのペースト形式を選択できます。

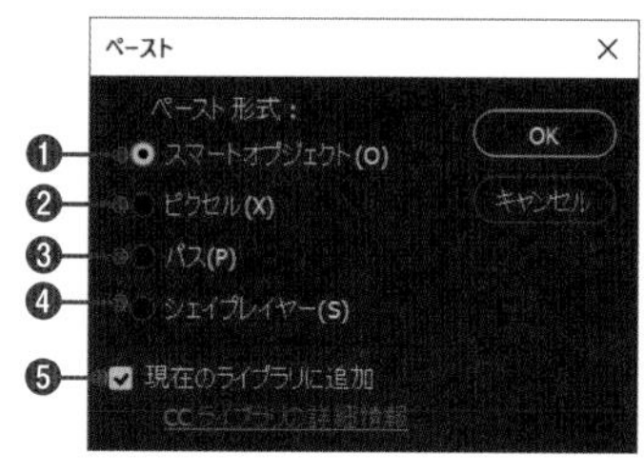

❶スマートオブジェクトとしてペースト。後からIllustratorで編集が可能
❷ピクセル画像としてペーストする
❸パスとしてペーストする
❹シェイプレイヤーとしてペーストする
❺CCライブラリに登録する

Illustratorでファイルを作成する

2021 2020 2019

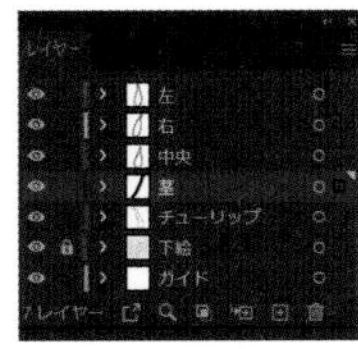

After

Photoshopで作業しやすいように、Illustratorのオブジェクトをレイヤーに分けておき、レイヤーを保持したままPhotoshop形式のファイルに書き出します。

Lesson 15 ▶ L15-2S01.ai

1 Illustratorで、レッスンファイルを開きます。このファイルには、「ガイド」レイヤーにガイドライン、「下絵」レイヤーに下絵、「チューリップ」レイヤーに、下絵をなぞったオブジェクトが作成されています。レイヤーパネルで「チューリップ」レイヤーを選択し❶、[新規レイヤーを作成]を4回クリックして❷、レイヤーを4つ作成します❸。作成したら、上から順に「左」「右」「中央」「茎」とレイヤー名を変更します❹。

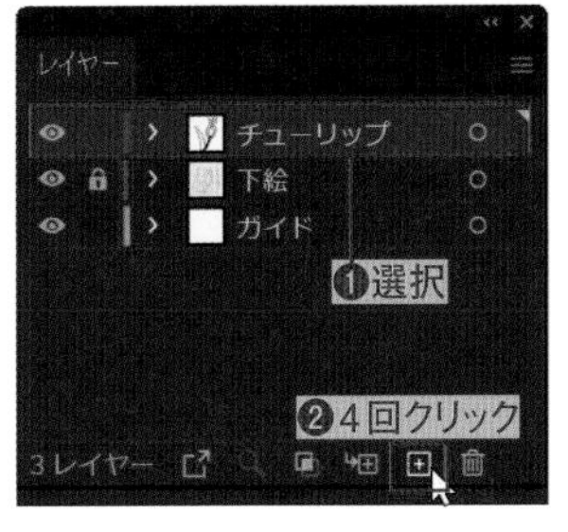

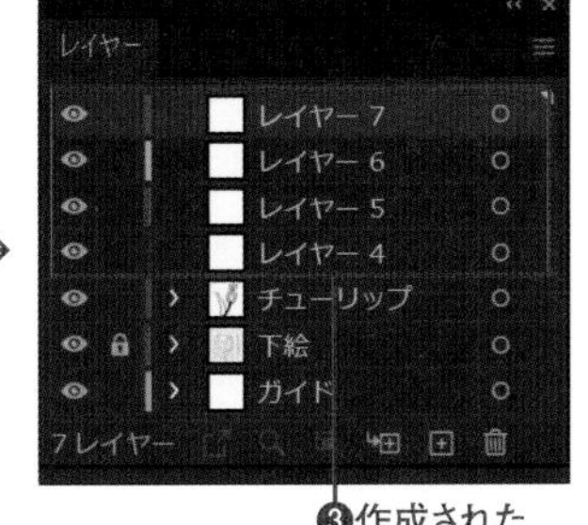

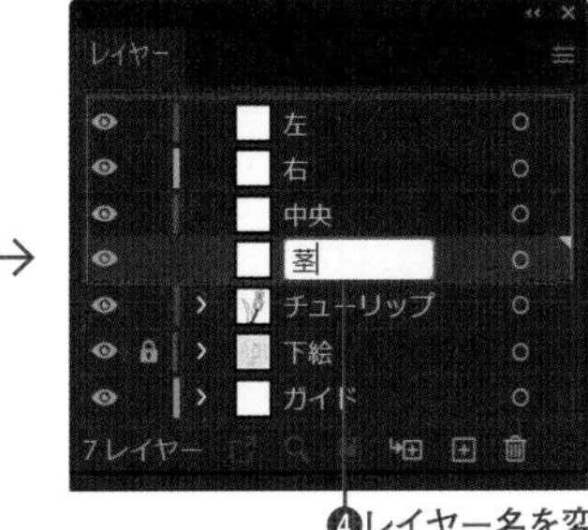

2 選択ツールを選び❶、左側の花びらをクリックして選択します❷。

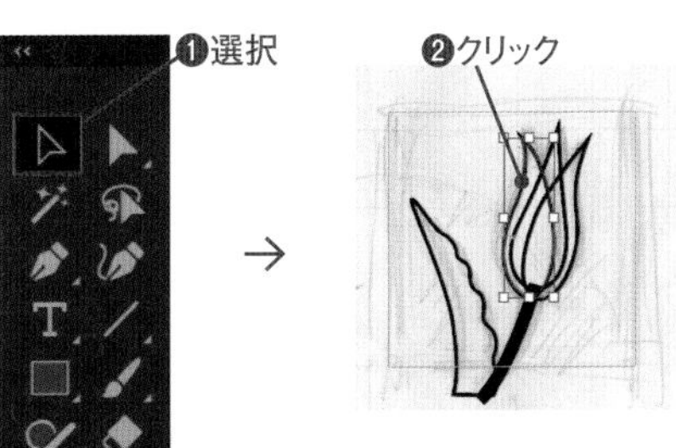

3 レイヤーパネルの一番右に表示された■([選択中のアート])をドラッグして❶、「左」レイヤーに移動します。

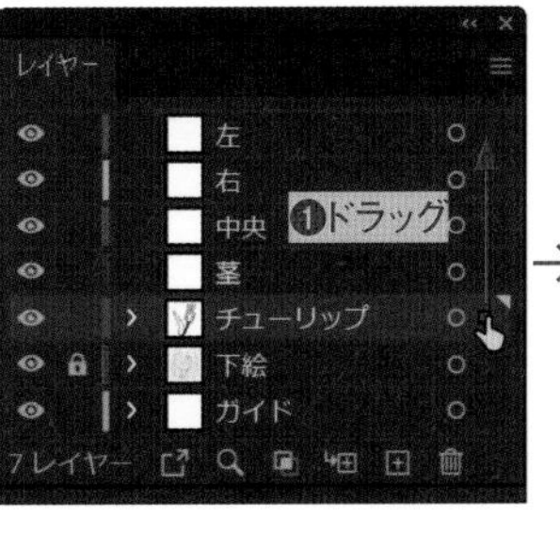

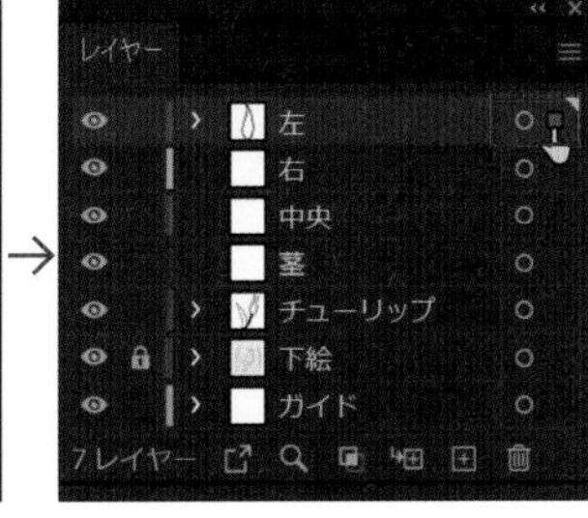

4 同様にして、右側の花びらを「右」レイヤーに、中央の花びらを「中央」レイヤーに、茎を「茎」レイヤーにそれぞれ移動します❶。

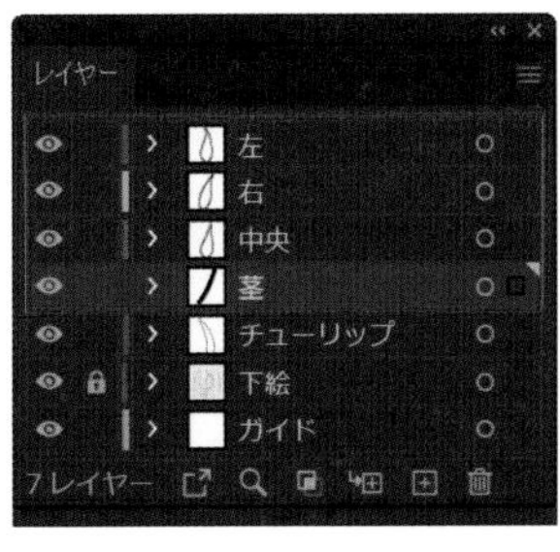

5 レイヤーパネルで「下絵」レイヤーのをクリックして非表示にします❶。

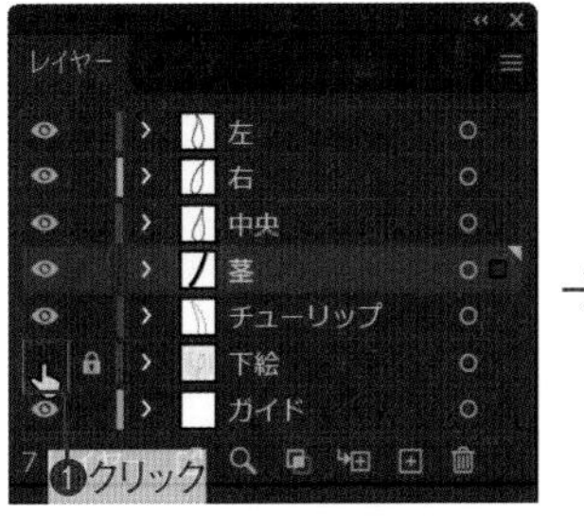

6 ［表示］メニュー→［ガイド］→［ガイドをロック解除］を選んでガイドのロックを解除します❶（ロックが解除されている場合は必要ありません）。続けてガイドの四角形を選び❷、［表示］メニュー→［ガイド］→［ガイドを解除］を選んで❸、ガイドを通常のオブジェクトに戻します。

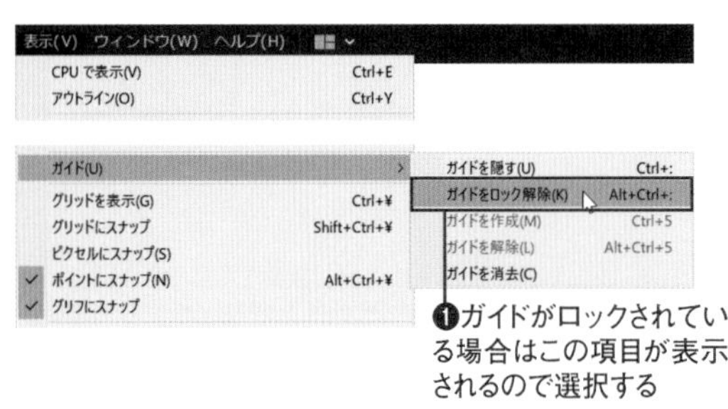

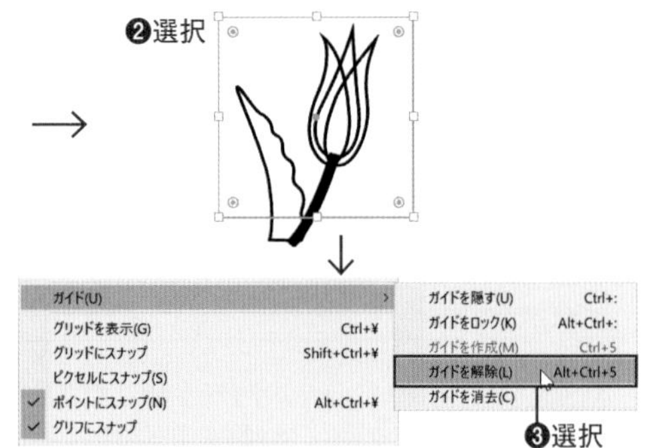

7 四角形が選択された状態で、スウォッチパネルで［塗り］を［ホワイト］❶、［線］の色を［なし］に設定します❷。さらに「ガイド」レイヤーをロックします❸。四角形はロックされ、選択が解除されます❹。

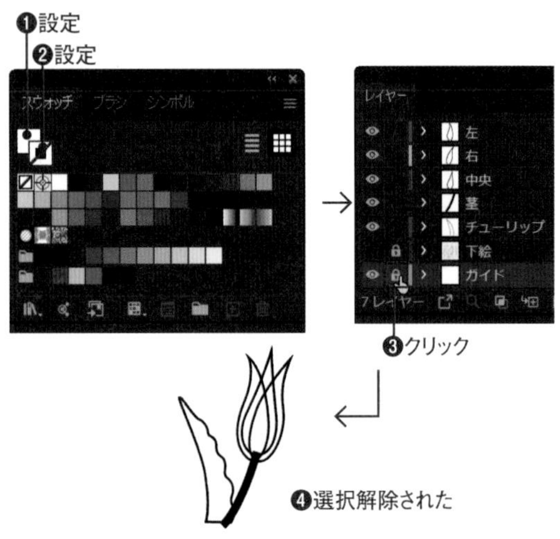

8 選択ツール で、花びらのオブジェクト3つを選択します❶。スウォッチパネルで、［線］の色を［なし］❷、［塗り］の色を［CMYKマゼンタ］❸、にします。

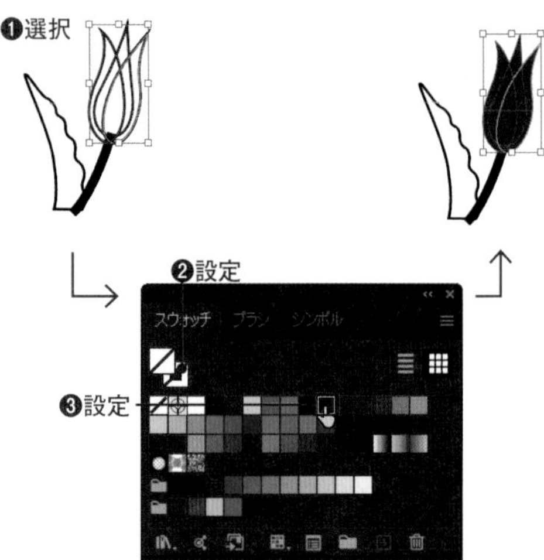

9 茎と葉のオブジェクトを選び❶、スウォッチパネルで［塗り］を［なし］❷、［線］の色を［C=75 M=0 Y=100 K=0］にします❸。

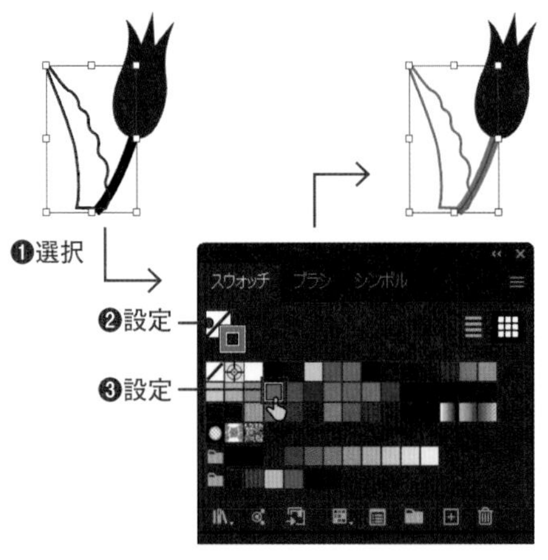

10 葉だけを選択し❶、ツールバーの［塗りと線を入れ替え］をクリックして❷、［線］の色と［塗り］の色を入れ替えます。ここまで操作したら、Ctrl キーと S キーを押して、ファイルを保存します❸。

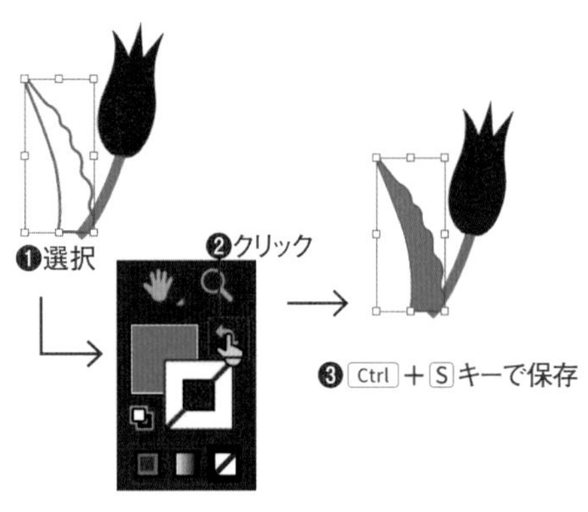

　Macでは、キーは次のようになります。 Ctrl → ⌘　Alt → option　Enter → return

STEP 02 PSDファイルとして書き出す

2021 2020 2019

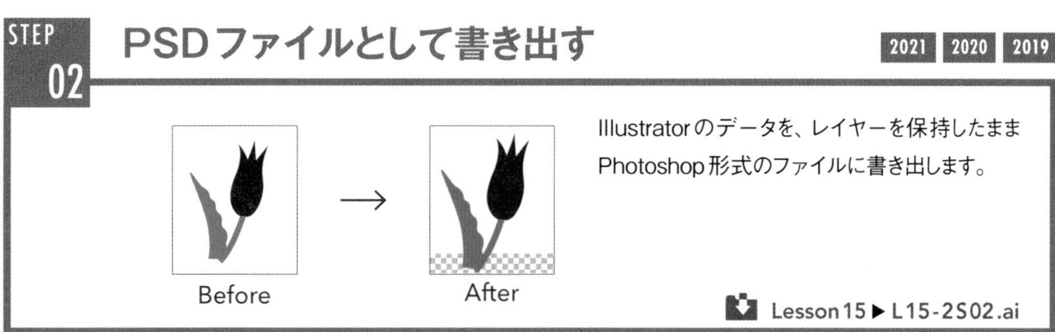

Illustratorのデータを、レイヤーを保持したままPhotoshop形式のファイルに書き出します。

1 STEP01で保存したファイルを引き続き使うか、レッスンファイルを開きます。［ファイル］メニュー→［書き出し］→［書き出し形式］を選びます❶。

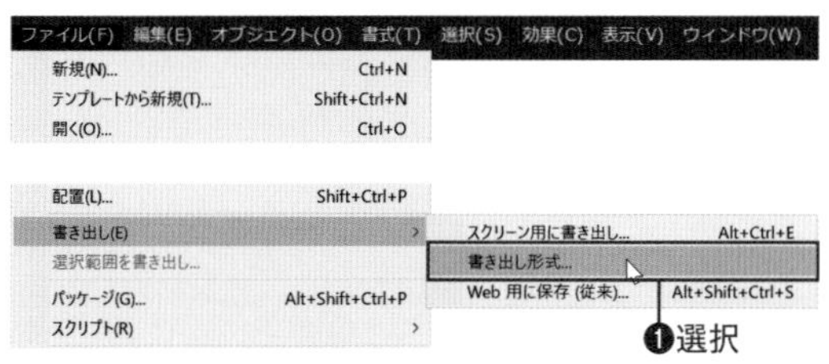

2 ［書き出し］ダイアログボックスが表示されるので、［ファイルの種類］で［Photoshop(*.PSD)］を選び❶、［書き出し］をクリックします❷。

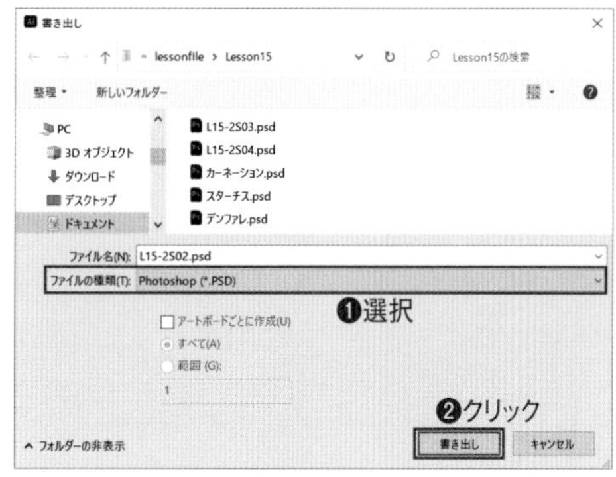

3 ［Photoshop書き出しオプション］ダイアログボックスが表示されるので、［カラーモード］を［CMYK］❶、［解像度］を［高解像度（300ppi）］❷、［レイヤーを保持］にチェック❸、［編集機能を最大限に保持］にチェック❹、［アンチエイリアス］に［アートに最適（スーパーサンプリング）］を選び❺、［ICCプロファイルを埋め込む］をチェックして❻、［OK］をクリックします❼。

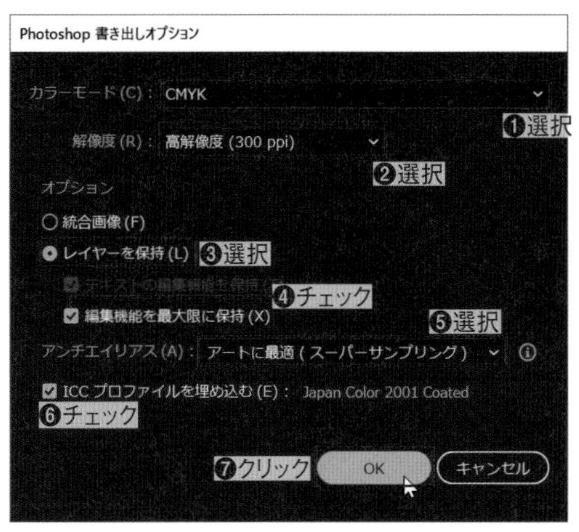

4 書き出したファイルをPhotoshopで開きます❶。レイヤーパネルで、Illustratorのレイヤーが保持されていることを確認します❷。

❶Photoshopで開く

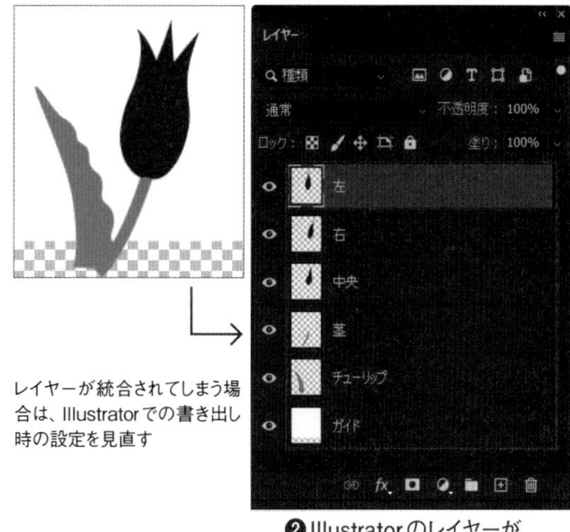

レイヤーが統合されてしまう場合は、Illustratorでの書き出し時の設定を見直す

❷Illustratorのレイヤーが保持されているか確認

Illustratorのオブジェクトをすべて選択したときのバウンディングボックスの大きさで書き出される。［アートボードごとに作成］オプションがチェックされているときは、アートボードごとのサイズで書き出される

STEP 03 Photoshopで色を調整する

2021 2020 2019

Before → After

Illustratorで書き出した画像を、Photoshopの機能を使って加工・修正していきます。

Lesson15 ▶ L15-2S03.psd

レイヤースタイルを適用

STEP02でPhotoshopで開いたファイルを引き続き使用するか、レッスンファイルをPhotoshopで開きます。レイヤーパネルで「ガイド」レイヤーを選択します❶。[レイヤースタイルを追加]をクリックし、表示されたメニューから[パターンオーバーレイ]を選びます❷。[レイヤースタイル]ダイアログボックスが表示されるので、パターンボックスをクリックし❸、ポップアップメニューの中から[従来のパターンとその他]→[従来のパターン]→[カラーペーパー]を開き、一番最後の[黄のライン]を選びます❹。[比率]を「100%」に設定して❺、[OK]をクリックします❻。ガイドレイヤーにパターンオーバーレイが適用されます❼。レイヤーパネルの「ガイド」レイヤーにも、パターンオーバーレイが表示されます❽。

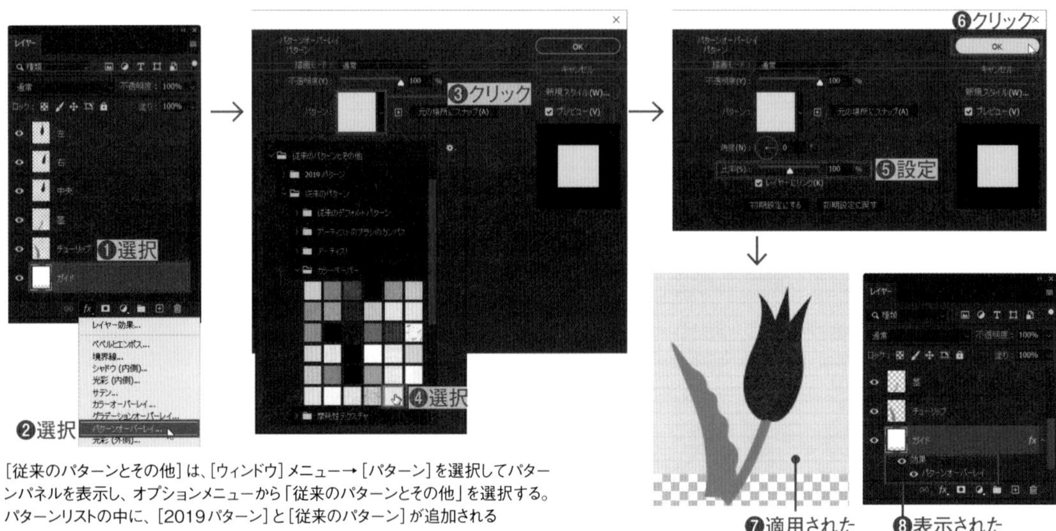

[従来のパターンとその他]は、[ウィンドウ]メニュー→[パターン]を選択してパターンパネルを表示し、オプションメニューから「従来のパターンとその他」を選択する。パターンリストの中に、[2019パターン]と[従来のパターン]が追加される

手描きで加工

1 ツールバーで覆い焼きツール を選びます❶。オプションバーで[範囲]に[シャドウ]を選び❷、「トーンを保護」のチェックをはずします❸。ブラシの直径を「65px」くらいに設定します❹。

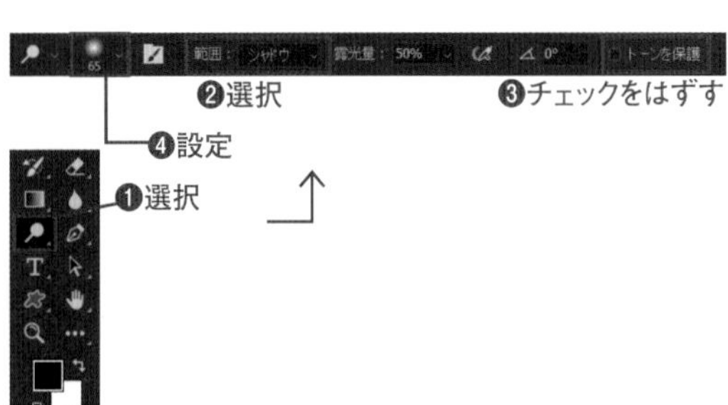

2 レイヤーパネルで「左」レイヤーを選択し❶、花びらの右側のエッジを何度かドラッグします❷。ドラッグした部分が明るくなります。

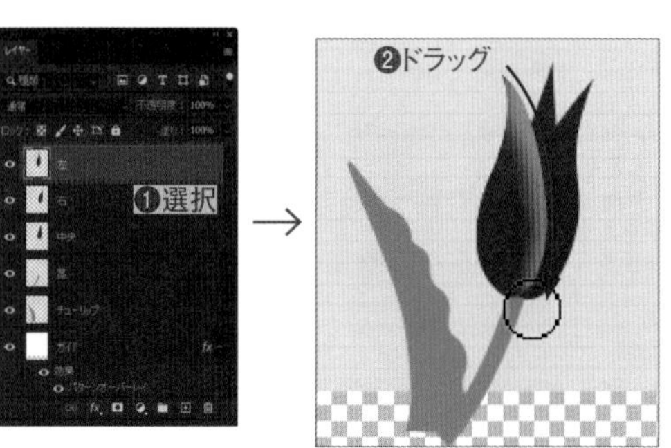

3 「右」レイヤーを選択し❶、同様に、花びらの左側のエッジをドラッグして❷色を明るくします。

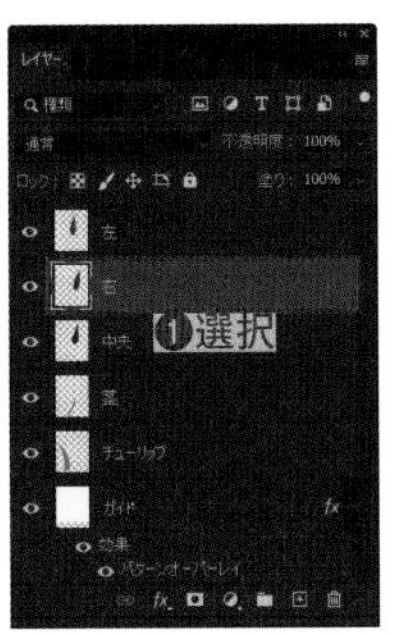

CHECK!

覆い焼きツールと焼き込みツール

覆い焼きツールは、ドラッグした部分を明るくするツールです。部分的な色補正に利用します。
暗くするには、焼き込みツールを使います。
両ツールとも、[トーンの保護]オプションを使うと、ドラッグした周囲のトーンを保持しながら補正します。ここでは、対象が単色のため、オプションをオフにしています。

複数のレイヤーの色を変更

1 レイヤーパネルで「左」「右」「中央」の各レイヤーを選び❶、[新規グループを作成]をクリックします❷。「左」「右」「中央」の各レイヤーが「グループ1」にグループ化されます❸。

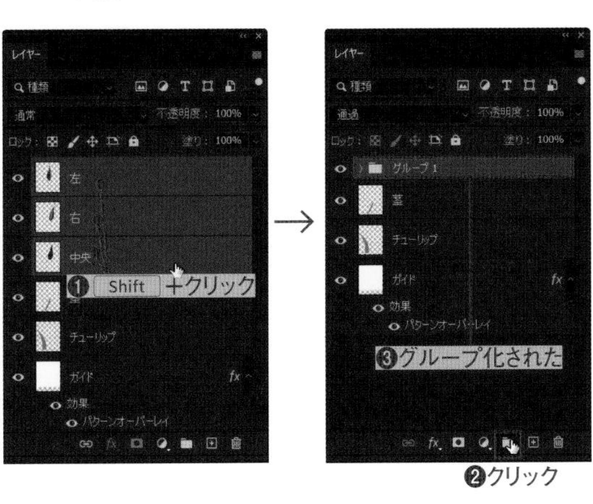

2 レイヤーパネルで「グループ1」が選択された状態で❶、[塗りつぶしまたは調整レイヤーを新規作成]をクリックして❷、表示されたメニューから[色相・彩度]を選択します❸。

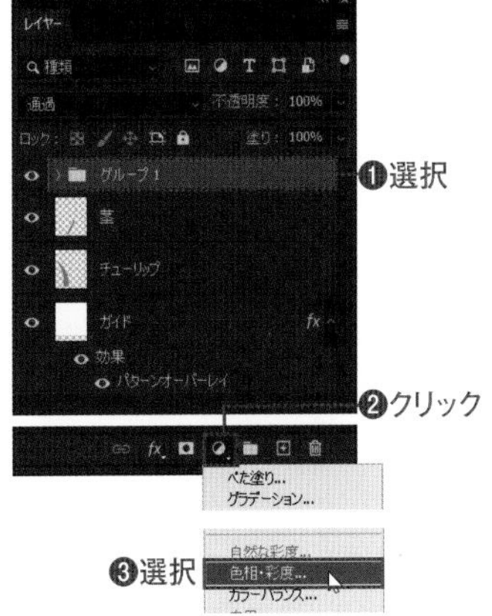

3 表示されたプロパティパネル(2020以前は属性パネル)でをクリックして❶、[色相・彩度]の色調補正を「グループ1」だけに適用するようにクリップします。続いて、[色相]を「+80」❷、[明度]を「+30」❸に設定します。[色相・彩度1]調整レイヤーが「グループ1」にだけクリップしているので❹、花の色だけがオレンジ色に変わります❺。

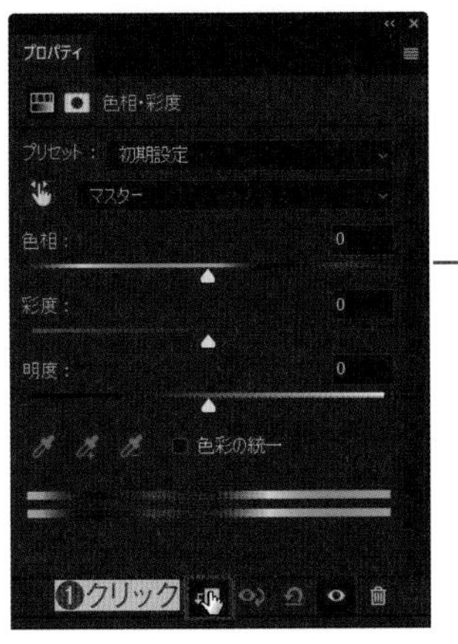

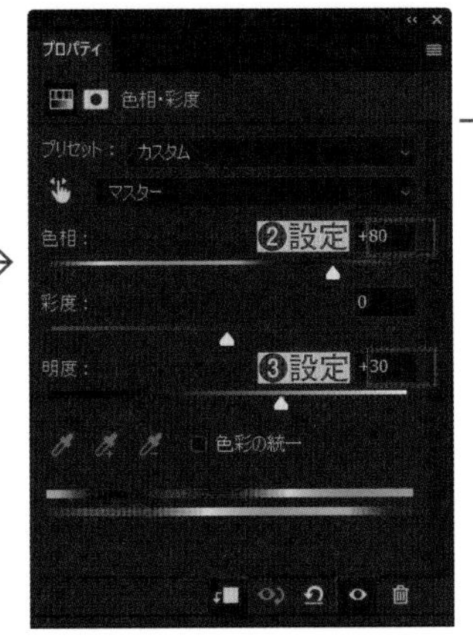

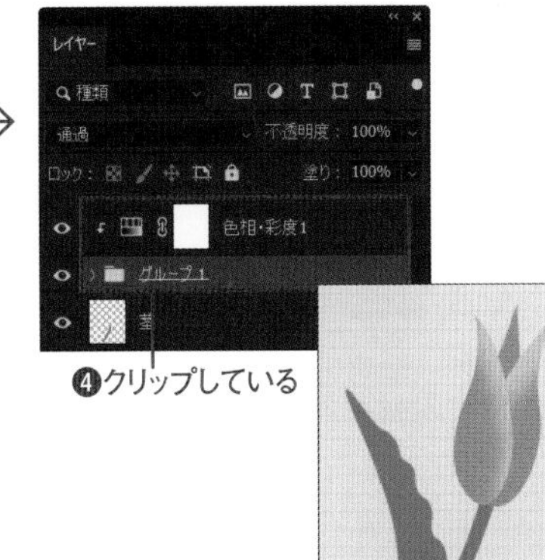

Illustrator と Photoshop の連係 Lesson 15

STEP 04

IllustratorからPhotoshopへペースト

2021 2020 2019

Before

→

After

はみ出しを隠してみて、完成した状態を確認します。問題がなければ不要部分を切り取った最終ファイルを作成します。

Lesson15 ▶ L15-3S04.psd
L15-2S02.ai

Illustratorからパスをコピー

1 STEP03で作成したPhotoshopファイルを引き続き使用するか、レッスンファイル「L15-2S04.psd」を開きます。Illustratorに戻り、STEP02で使ったファイルまたはレッスンファイル「L15-2S02.ai」を開き、レイヤーパネルで「ガイド」レイヤーのロックを解除してから❶、[新規レイヤーを作成]の上にドラッグして❷、コピーレイヤーを作成します。「ガイドのコピー」レイヤーの○の右側をクリックして、コピーしたレイヤーの四角形のオブジェクトを選択します❸。スウォッチパネルで[塗り]の色を[なし]❹、[線]の色を[C=20 M=0 Y=100 K=0]に設定します❺。

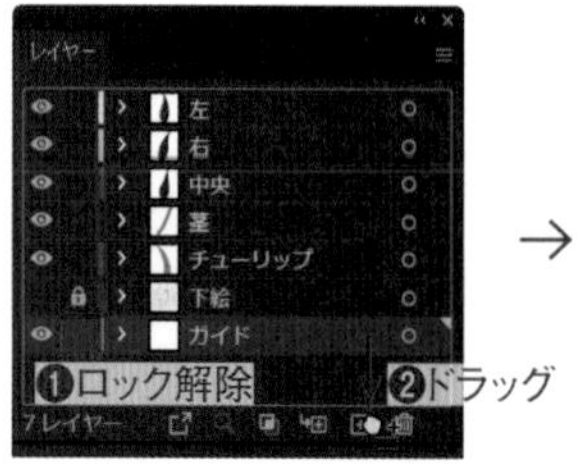

→

→

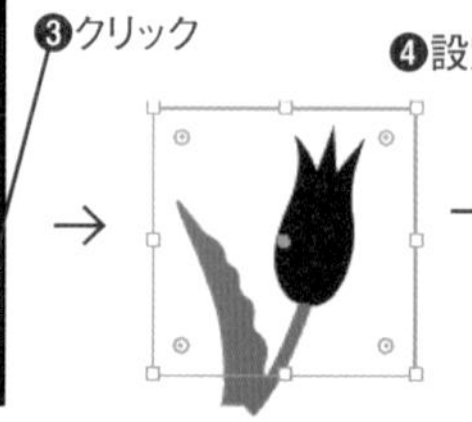

→

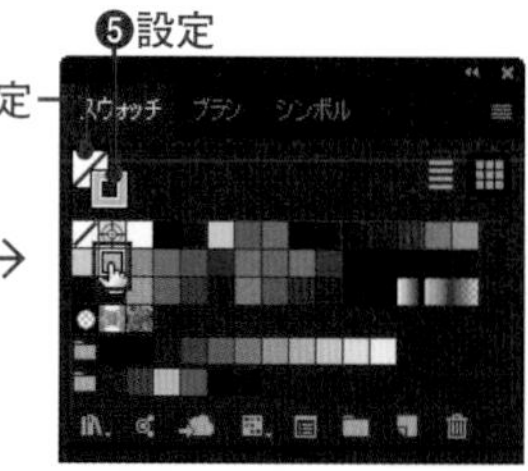

2 ブラシパネルで[木炭画-ぼかし]を選択し❶、線パネルで[線幅]を「0.5pt」に設定します❷。続けて、選択したオブジェクトをPhotoshopにオブジェクトを持って行くために、Ctrlキーと Cキーを押してコピーします❸。

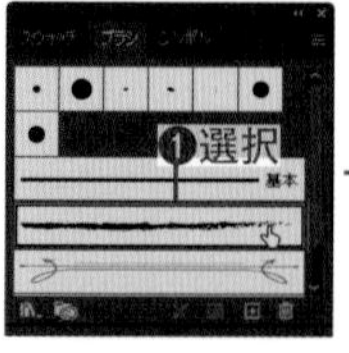

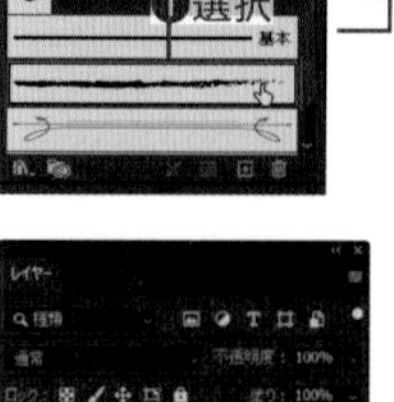

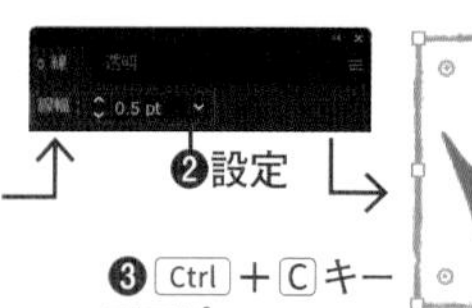

3 Photoshopでの作業に移ります。レイヤーパネルで「ガイド」レイヤーを選択し❶、Ctrlキーと Vキーを押してペーストします❷。[ペースト]ダイアログボックスが表示されるので、[スマートオブジェクト]を選択して❸、[OK]をクリックします❹。

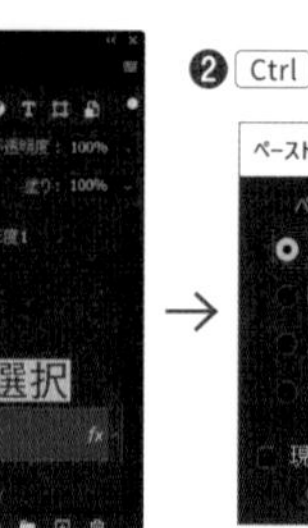

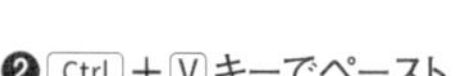

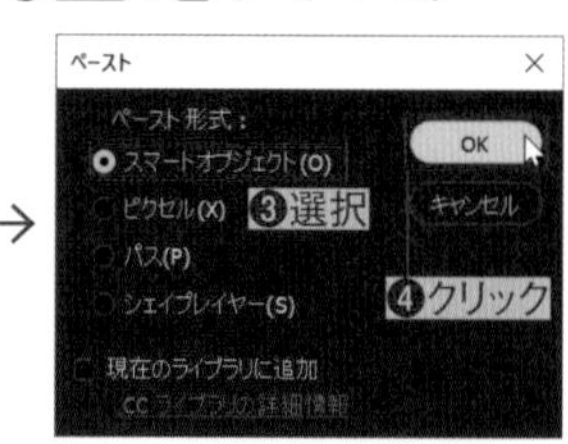

[現在のライブラリに追加]のチェックははずす

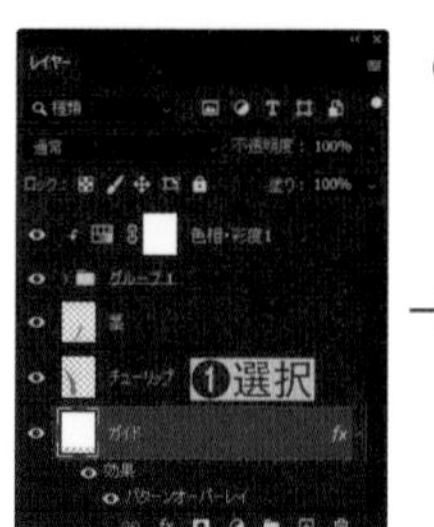

4 Illustratorでコピーした四角形のオブジェクトが、スマートオブジェクトとして配置されます。右下のハンドルをドラッグし❶、縦横比を保持しながら少し縮小します(縦横比が保持されないときは Shift +ドラッグ)。ドラッグして中央に来るように位置を調節し、Enter キーを押して確定します❷。ペーストしたオブジェクトは、「ガイド」レイヤーの上に、「ベクトルスマートオブジェクト」レイヤーとなります❸。

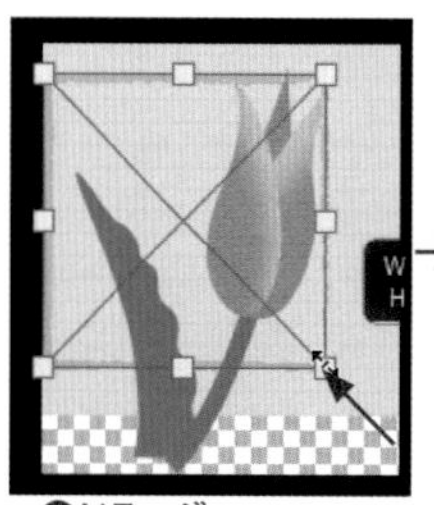
❶ドラッグ

→

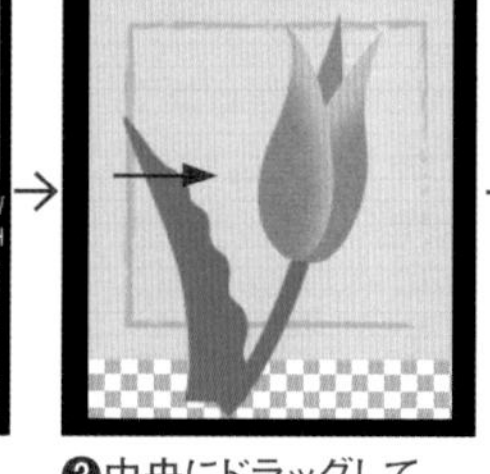
❷中央にドラッグして位置を調節し Enter キー

→

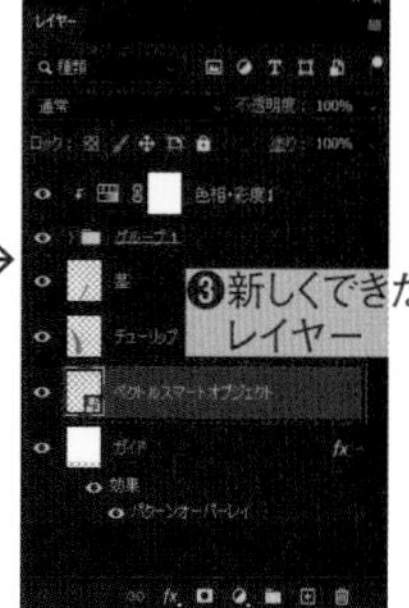

Macでは、キーは次のようになります。 Ctrl → ⌘　Alt → option　Enter → return

レイヤーマスク

1 レイヤーパネルで、Shift キーを押しながらクリックしてすべてのレイヤーを選択し❶、「新規グループを作成」をクリックします❷。「グループ2」が作成されます❸。

❶ Shift +クリックですべて選択

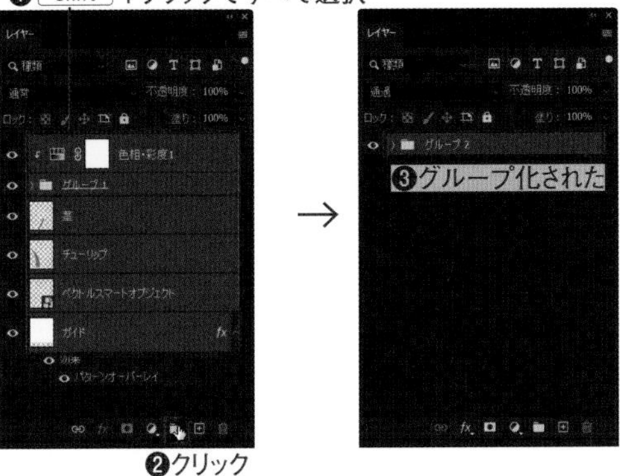

❷クリック

2 「グループ2」の ＞ をクリックしてフォルダーを展開表示します❶。画像に変化はありません❷。

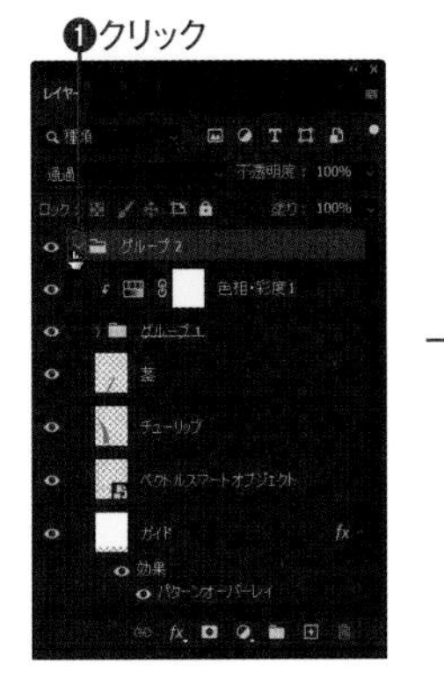

❶クリック

❷変化なし

3 「グループ2」が選択された状態で、「ガイド」レイヤーのサムネールを Ctrl キーを押しながらクリックします❶。「ガイド」レイヤーのピクセルのある部分から選択範囲が作成されます❷。

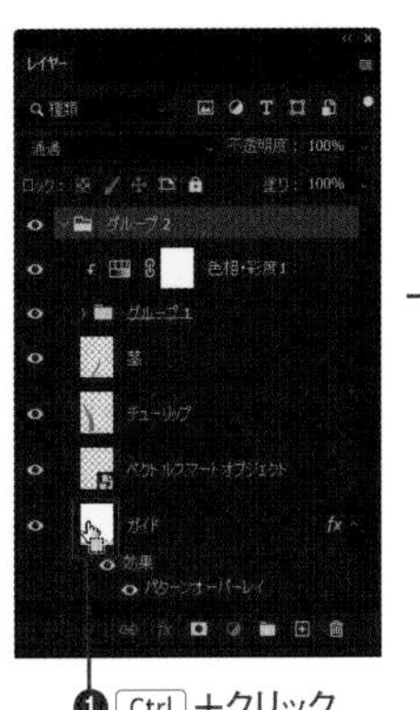

❶ Ctrl +クリック

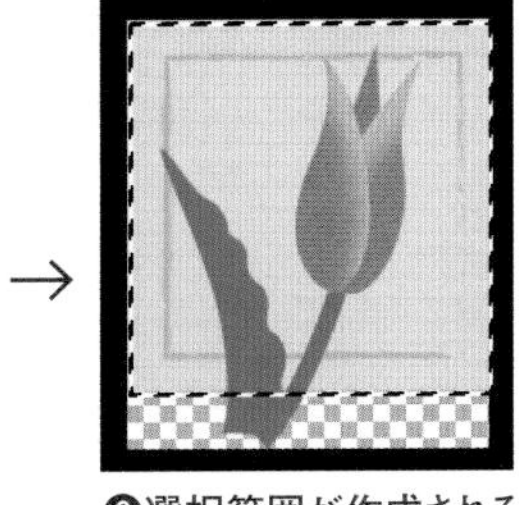

❷選択範囲が作成される

4 レイヤーパネルで、[レイヤーマスクを追加] をクリックします❶。グループ全体にマスクが適用され、「ガイド」レイヤーの外側がマスクされ非表示になります❷。

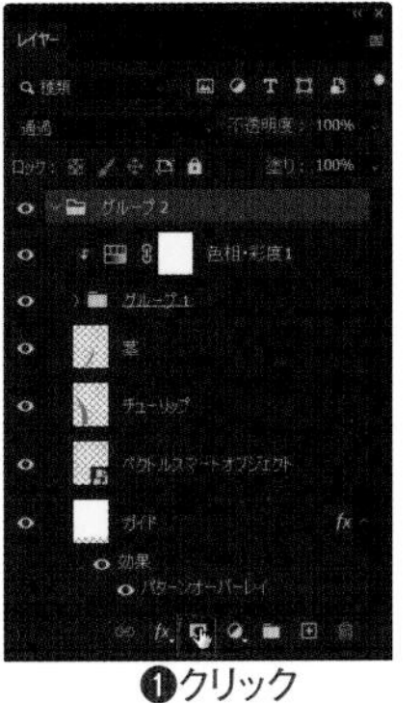

❶クリック

❷マスクされる

CHECK!

レイヤーから選択範囲を作成

レイヤーのサムネールを Ctrl キーを押しながらクリックすると、レイヤーのピクセルから選択範囲を作成できます。

COLUMN

マスク後の処理

レイヤーマスクで、仕上がり状態を確認できたら、不要な部分を削除します。

レイヤーマスクのマスクサムネールを Ctrl キーを押しながらクリックして選択範囲を作成し、[イメージ] メニュー→ [切り抜き] で、切り抜いてください。

なお、IllustratorからPhotoshopに書き出した画像は、アンチエイリアス処理（エッジ部分のぼかし処理）のため、切り抜いた画像の上下左右に、ぼかしのある行または列が生じることがあります。その場合は、[イメージ] メニュー→ [カンバスサイズ] で、1pixel分を小さくするなどして処理してください。

INDEX
[索　引]

アートディレクション　山川香愛
カバー写真　川上尚見
カバーデザイン　加納啓善（山川図案室）
本文デザイン　栗田信二（山川図案室）
本文レイアウト　ピクセルハウス
編集担当　竹内 仁志（技術評論社）

世界一わかりやすい Illustrator & Photoshop 操作とデザインの教科書［改訂3版］

2021年3月11日　初版　第1刷発行
2024年2月14日　初版　第8刷発行

著　者　ピクセルハウス
発行者　片岡　巌
発行所　株式会社技術評論社
東京都新宿区市谷左内町21-13
電話 03-3513-6150　販売促進部
03-3513-6160　書籍編集部
印刷／製本　共同印刷株式会社

ISBN978-4-297-11890-7 C3055
Printed in Japan

お問い合わせに関しまして

本書に関するご質問については、右記の宛先にFAXもしくは弊社Webサイトから、必ず該当ページを明記のうえお送りください。電話によるご質問および本書の内容と関係のないご質問につきましては、お答えできかねます。あらかじめ以上のことをご了承の上、お問い合わせください。
なお、ご質問の際に記載いただいた個人情報は質問の返答以外の目的には使用いたしません。また、質問の返答後は速やかに削除させていただきます。

［宛 先］
〒162-0846
東京都新宿区市谷左内町21-13
株式会社技術評論社
書籍編集部
「世界一わかりやすい Illustrator & Photoshop 操作とデザインの教科書［改訂3版］」係
FAX:03-3513-6167

技術評論社 Webサイト
https://book.gihyo.jp/116/

なお、ソフトウェアの不具合や技術的なサポートが必要な場合は、
アドビ株式会社　Webサイト上のサポートページを
ご利用いただくことをおすすめします。

アドビ ヘルプセンター
https://helpx.adobe.com/jp/support.html

著者略歴

ピクセルハウス（PIXEL HOUSE）

本文・イラスト　奈和浩子
写真　前林正人

イラスト制作・写真撮影・DTP・Web制作等を手がけるグループです。
おもな著書
「速習デザイン Illustrator CS6」
「速習デザイン Illustrator & Photoshop CS6 デザインテクニック」
「世界一わかりやすい Illustrator&Photoshop 操作とデザインの教科書」
「世界一わかりやすい Photoshop プロ技デザインの参考書」
「Illustrator & Photoshop 配色デザイン50選」
（以上、技術評論社）